第四次全国中药资源普查（湖北省）系列丛书

湖北中药资源典藏丛书

总 编 委 会

主　　任：涂远超

副 主 任：张定宇　姚　云　黄运虎

总 主 编：王　平　吴和珍

副总主编（按姓氏笔画排序）：

王汉祥　刘合刚　刘学安　李　涛　李建强　李晓东　余　坤

陈家春　黄必胜　詹亚华

委　　员（按姓氏笔画排序）：

万定荣　马　骏　王志平　尹　超　邓　娟　甘啓良　艾中柱

兰　州　邬　姗　刘　迪　刘　渊　刘军锋　芦　妤　杜鸿志

李　平　杨红兵　余　瑶　汪文杰　汪乐原　张志由　张美娅

陈林霖　陈科力　明　晶　罗晓琴　郑　鸣　郑国华　胡志刚

聂　晶　桂　春　徐　雷　郭承初　黄　晓　龚　玲　康四和

森　林　程桃英　游秋云　熊兴军　潘宏林

湖北潜江

药用植物志

主 编

赵 勇　陈圣堂　王 勇

执行主编

蔡清萍

副主编

李 浩　王艳丽　熊章良　余才兵　何晓萍

编 委

杨小宙	张 锐	徐琪瑞	覃奕侨	廖明花	何 静
赵诗敏	钟虎成	王 坤	张云涛	李 峰	朱本胜
卢宏翼	严 景	王莉莉	王海艳	周星宇	文 敏
杨兰兰	廖寿元	王 军	徐联平	刘汉波	龙 凤
刘江卫	黄素平	余启荣	曹春红	刘艳琼	周国运
陈庆美	乔荣平	刘益平	胡凤园	何 艳	符家安
袁海军	熊 伟	谢 松	王龙顺		

华中科技大学出版社
http://www.hustp.com
中国·武汉

内容简介

本书是潜江市第一部资料齐全、内容翔实、系统新颖的地方性中草药工具书。

本书以通用的植物学分类系统为参考，共收载潜江市野生、栽培或引种成功的植物 364 种，介绍其别名、植物形态、生长环境、药用部位、采收加工、性味归经、功能主治等内容，并配有原植物彩色照片。

本书图文并茂，具有系统性、科学性等特点。本书可供中药植物研究、教育、资源开发利用及科普等领域人员参考使用。

图书在版编目 (CIP) 数据

湖北潜江药用植物志 / 赵勇，陈圣堂，王勇主编 . —武汉 : 华中科技大学出版社，2022.7
ISBN 978-7-5680-8155-9

Ⅰ . ①湖…　Ⅱ . ①赵…　②陈…　③王…　Ⅲ . ①药用植物－植物志－潜江　Ⅳ . ① Q949.95

中国版本图书馆CIP数据核字(2022)第094560号

湖北潜江药用植物志　　　　　　　　　　　　　　　　　　　　赵勇　陈圣堂　王勇　主编
Hubei Qianjiang Yaoyong Zhiwuzhi

策划编辑：罗　伟
责任编辑：罗　伟　李艳艳
封面设计：廖亚萍
责任校对：刘　竣
责任监印：周治超
出版发行：华中科技大学出版社 (中国·武汉)　　　电话：(027)81321913
　　　　　武汉市东湖新技术开发区华工科技园　　　邮编：430223
录　　排：华中科技大学惠友文印中心
印　　刷：湖北金港彩印有限公司
开　　本：889mm×1194mm　1/16
印　　张：29.75　插页：2
字　　数：819 千字
版　　次：2022 年 7 月第 1 版第 1 次印刷
定　　价：399.00 元

＼编 写 说 明 ＼

1. 本志收载潜江野生、栽培或引种成功的植物计 364 种，包括蕨类植物、裸子植物、被子植物。每种植物均附彩色照片。

2. 本志收载的植物的排列顺序参考《中国植物志》。

3. 本志药用植物按植物名、拉丁名、别名、植物形态、生长环境、药用部位、采收加工、性味归经、功能主治等项编写。

4. 植物名，全部采用《中国植物志》所用的名称。

5. 拉丁名，全部采用《中国植物志》所用的名称。

6. 别名，参考《中华本草》及《中国植物志》所用的名称，选择具有一定代表性的名称。

7. 植物形态，主要参考《中国植物志》中的植物形态描述，其次参考《湖北植物志》中的植物形态描述。

8. 生长环境，主要叙述植物野生状态下的生长环境，并记述在潜江市内的分布概况。

9. 药用部位，叙述植物的药用部位或药材名称。

10. 采收加工，简要记述采收季节和产地及加工方法。

11. 性味归经，先写性味，后写归经。

12. 功能主治，功能记述该药用植物本身的主要功能，主治只记述其所治的主要病症。病症的术语，采用地方性医生常用术语或中西医常用术语。主要参考当地中草医的用药习惯。

13. 索引分为植物名索引和拉丁名索引。

序

潜江市位于长江中游江汉平原腹地，地处楚文化核心地带。古云梦泽浩渺无涯，潜江市正处于云梦泽之滨，远古地貌几经变化，受长江汉水的经年冲积，逐渐演变成今天幅员辽阔的江汉平原。潜江市地势平坦，地面海拔 26～31 米，全境为平原地貌，属亚热带季风性湿润气候。潜江市四季分明，夏热冬寒，热量、雨量比较充足，无霜期较长，气候宜人，孕育了较为丰富的野生植物资源。潜江市盛产半夏，目前创建了国家农业产业强镇、湖北省潜半夏现代农业产业园与半夏种子种苗繁育基地。

中医药蕴含着丰富的中国传统文化的精神内核，深烙着中华民族的精神印记。中医在形成发展过程中不断汲取古代思想文化的知识成果，并与古代哲学、诸子文化、两汉经学、魏晋玄学、隋唐佛学、宋明理学、清代朴学等多种文化形态相互渗透、影响，形成了今天的中医药理论体系、思想体系和治法治则。五千年来，一根针、一把草，护佑了千千万万中华儿女。

习近平总书记于 2019 年强调，要遵循中医药发展规律，传承精华，守正创新，加快推进中医药现代化、产业化，坚持中西医并重，推动中医药和西医药相互补充、协调发展，推动中医药事业和产业高质量发展，推动中医药走向世界，充分发挥中医药防病治病的独特优势和作用，为建设健康中国、实现中华民族伟大复兴的中国梦贡献力量。中共中央政治局常委、国务院总理李克强作出批示指出，中医药学是中华民族的伟大创造。在推进建设健康中国的进程中，要坚持以习近平新时代中国特色社会主义思想为指导，深入贯彻党中央、国务院决策部署，大力推动中医药人才培养、科技创新和药品研发，充分发挥中医药在疾病预防、治疗、康复中的独特优势，坚持中西医并重，推动中医药在传承创新中高质量发展，让这一中华文明瑰宝焕发新的光彩，为增进人民健康福祉作出新贡献。

中药资源是中医药事业赖以生存发展的重要物质基础，也是国家重要的战略性资源，全国中药资源普查是基本国情国力调查的重要组成。潜江市作为湖北省第四批中药资源普查试点县市之一，在湖北省卫生健康委员会及潜江市委、市政府的高度重视和支持下，在有关部门的密切配合下，组建了潜江市中药资源普查领导小组、普查办公室和中药普查队。根据国家和湖北省的普查要求，普查队队员们夏冒酷暑，冬顶严寒，爬高上堤，踏遍了全市 16 个乡镇代表区域，对县域内野生植物资源进行了调查，共采集并经鉴定药用植物有 101 科 303 属 364 种，共制作腊叶标本 2194 份，拍摄照片 39800 余张，所占内存达248 GB，基本摸清了潜江市药用植物种类、分布、蕴藏量、生境等信息。普查队队员在对普查成果进行全面总结和梳理的基础上，决定编写与出版《湖北潜江药用植物志》，充分体现了潜江市中药资源普查领导小组、普查队队员在内的全体工作人员的事业心与责任感。

本书从植物名、拉丁名、别名、植物形态、生长环境、药用部位、采收加工、性味归经、功能主治等方面对潜江市野生和常见栽培药用植物进行了较为详细的记录和论述，全书编排严谨、通俗易懂、内容丰富、图文并茂，具有地方性、科学性和实用性的特点。

本书的出版，不仅填补了潜江市地方植物志的空白，而且对于研究潜江市中药资源品种，开展药用植物资源的保护与开发利用，促进生态环境建设以及全市经济的可持续发展，具有重要的参考价值。

谨此为序。

博士，教授，博士生导师
湖北中医药大学药学院院长

╲ 前　言 ╲

　　潜江自公元 965 年（宋乾德三年）建县，迄今已有一千多年的历史，是湖北省直辖县级市，地处湖北省中南部、江汉平原腹地，位于东经 112° 29′ ～ 113° 01′，北纬 30° 04′ ～ 30° 39′，北依汉水，南临长江，地处汉江下游，跨东荆河与上、下西荆河两岸；由园林街道沿汉（口）鱼（泉口）公路东至湖北省省会武汉市 154 千米。潜江市最东端在东荆河左岸幸福闸之东，西端在四湖中干渠（总干渠上游段）右岸西黄家台，南端在五岔河南的窑台，北端在汉江右岸的刘家伙。境内地势平坦，地面海拔 26 ～ 31 米，全境为平原地貌，属亚热带季风性湿润气候。潜江市在地质构造上是江汉盆地的一部分，由该盆地的次一级构造单元潜江凹陷、丫角-新沟低凸起、江陵凹陷等组成。潜江市境内呈现出河渠交织，堤防纵横，滩堤凸起，垸田低平，碟状湖池错落其间的平原地貌景观。潜江市四季分明，夏热冬寒，热量、雨量比较充足，无霜期较长。潜江市气候宜人，孕育了较为丰富的野生植物资源。潜江市盛产半夏，"潜半夏"是地理标志证明商标和农产品地理标志、湖北省二十强农产品区域公用品牌、湖北省"一县一品"道地药材优势品种之一。潜江市现为国家中医药管理局半夏种子种苗繁育基地、湖北省潜半夏研发联合创新基地。

　　据清康熙《潜江县志》记载，木之属有松、柏、桐、梓、杞、桑、柘、杨、柳、椿、楮、栓、楝、樗、榆、槐、枫、槿、皂荚、冬青、乌桕 21 种，果之属 20 种，竹之属 8 种，花之属 32 种。20 世纪 80 年代《潜江县志》记载有野生植物 330 多种。蕨类植物门主要有石松、垂穗石松、水韭、木贼、节节草等 14 种。被子植物门双子叶植物纲主要有三白草、蕺菜、化香树、桑、枸树等 255 种。单子叶植物纲主要有白芽、燕麦、狗尾草等 63 种。这些记载充分说明了潜江市野生植物资源较为丰富。改革开放后，我国经济社会发展较快，生态环境也发生了巨大变化，因此中药资源状况也发生了较大变化，急切需要开展新一轮普查工作。2009 年，国务院决定由国家中医药管理局牵头开展第四次全国中药资源普查工作。2011 年，湖北省为第一批普查试点省份。中药资源是中医药事业赖以生存发展的重要物质基础，也是国家重要的战略性资源，全国中药资源普查是基本国情国力调查的重要组成。根据湖北省中药资源普查试点工作启动会会议精神，2018 年，潜江市作为湖北省第四批中药资源普查试点县市之一，潜江市委、市政府高度重视，精心部署，认真组织落实，确保潜江市中药资源普查工作正常有序开展。为确保潜江市中药资源普查工作有组织、有计划地进行，潜江市成立了由分管副市长任组长，市政府办公室副主任及市卫生健康委员会主任任副组长，其他各有关单位（市发改委、经信委、科技局、质监局、药监局、财政局、农业局、林业局、中医院）分管负责人为成员的"中药资源普查领导小组"，领导小组下设"中药资源普查办公室"，办公室设在潜江市中医院，负责中药资源普查日常工作。在全省第四次中药资源普查工作启动会召开后，潜江市中药资源普查领导小组结合潜江市实际，制订了中药资源普查工作的实施方案，召开普查项目启动会，在组织保障、队伍建设及各项工作的安排部署上做了明确规定，稳步推进了普查的前期工作，会后积极开展培训及相关准备工作。潜江市中医院作为此次普查工作的实施单位，在多方支持下组建了潜江市中药资源普查队。

为实施好潜江市中药资源普查工作，各级普查机构共同努力，精心组织，真抓实干，积极参加湖北中医药大学组织的普查培训，购置了相关野外普查装备和标本制作工具，为全面完成此次普查任务奠定了基础。2018年4月2日，普查队正式展开野外调查工作。普查队队员克服种种困难，每天身负几十斤重的普查设备，带着干粮和水，踏遍全市16个乡镇的偏僻老林和沟沟坎坎，通过前期准备、野外调查、内业整理，于2020年8月，历时29个月，顺利完成潜江市中药资源普查任务。

潜江市境内中药资源较为丰富，本次普查潜江市共设置38块样地190个样方，覆盖潜江市各大乡镇，采集中药材364种，制作腊叶标本2194份，拍摄照片39800余张，所占内存达248 GB。

野生药用植物资源调查采用样线调查与样方调查相结合的方法，全市设置16个调查区域，覆盖了潜江市所有乡镇。

栽培药用植物资源调查采用走访调查和实地调查相结合的方法。通过对潜江市林业局、农业局和各乡镇相关部门和相关人员的走访调查，同时结合对各乡镇栽培药用植物的抽样现场调查，基本了解了潜江市药用植物的种植品种和种植规模。调查结果表明，潜江市药用植物种植面积较小，主要栽培品种有半夏、五月艾、玄参、白芷、地黄等，另外桑葚因近些年价格较高，农家种植收入可观，在潜江市渔洋镇有零星种植，现有3家中药专业合作社在潜江市发展种植药用植物。通过29个月的野外标本采集，共采集并鉴定植物101科303属364种，调查到重点药材106种，收集整理了民间验方4个，走访调查栽培品种种植基地6家，品种23个，医药公司4家及中药种植合作社3个。选择代表区域16个，建立样地38个，遍及潜江市所有乡镇，详细调查了潜江市中药资源种类、数量、分布和蕴藏量等情况，制定了中药资源普查区划与种植发展规划，为今后潜江市中药资源的合理保护和开发利用提供了数据支持。

本书的编写工作是在潜江市中医院的主持下进行的，编写工作得到了湖北省卫生健康委员会、湖北中医药大学、潜江市政府、潜江市卫生健康委员会的大力支持和协助。本书是潜江市第一部资料齐全、内容翔实、系统新颖的地方性中草药工具书。此书的出版有利于促进潜江市发展和保护野生药用植物资源与生态环境，同时也凸显了潜江市道地药材和药用植物的实用性。在编写和出版过程中，得到了华中科技大学出版社编辑的大力支持，并承蒙湖北中医药大学药学院院长吴和珍赐序，谨在此一并表示深切感谢。

由于相关条件的限制，书中难免存在不足和错误，恳请读者批评指正。

编　者

\ 目录 \

单子叶植物纲

蕨类植物门

Pteridophyta

一、木贼科　Equisetaceae

　　小型或中型蕨类，土生，湿生或浅水生。根茎长而横行，黑色，分枝，有节，节上生根，被茸毛。地上枝直立，圆柱形，绿色，有节，中空有腔，表皮常有矽质小瘤，单生或在节上有轮生的分枝；节间有纵行的脊和沟。叶鳞片状，轮生，在每个节上合生成筒状的叶鞘（鞘筒）包围在节间基部，前段分裂呈齿状（鞘齿）。孢子囊穗顶生，圆柱形或椭圆形，有的具长柄；孢子叶轮生，盾状，彼此密接，每片孢子叶下面生有 5 ～ 10 个孢子囊。孢子近球形，有四条弹丝，无裂缝，具薄而透明周壁，有细颗粒状纹饰。

　　本科仅有 1 属约 25 种，全世界广布；中国有 1 属 10 种 3 亚种，全国广布。

　　潜江市有发现。

木贼属 *Equisetum* L.

　　属的特征与科相同。

　　潜江市有 3 种。

1. 问荆 *Equisetum arvense* L.

【别名】接续草、空心草、节节草。

【植物形态】中小型植物。根茎斜升，直立和横走，黑棕色，节和根密生黄棕色长毛或光滑无毛。地上枝当年枯萎。枝二型。能育枝春季先萌发，高 5 ～ 35 厘米，中部直径 3 ～ 5 毫米，节间长 2 ～ 6 厘米，黄棕色，无轮茎分枝，脊不明显；鞘筒栗棕色或淡黄色，长约 0.8 厘米，鞘齿 9 ～ 12 枚，栗棕色，长 4 ～ 7 毫米，狭三角形，鞘背仅上部有一浅纵沟，孢子散后能育枝枯萎。不育枝后萌发，高达 40 厘米，主枝中部直径 1.5 ～ 3.0 毫米，节间长 2 ～ 3 厘米，绿色，轮生分枝多，主枝中部以下有分枝。脊的背部弧形，

无棱，有横纹，无小瘤；鞘筒狭长，绿色，鞘齿三角形，5～6枚，中间黑棕色，边缘膜质，淡棕色，宿存。侧枝柔软纤细，扁平状，有3～4条狭而高的脊，脊的背部有横纹；鞘齿3～5个，披针形，绿色，边缘膜质，宿存。孢子囊穗圆柱形，长1.8～4.0厘米，直径0.9～1.0厘米，顶端钝，成熟时柄伸长，柄长3～6厘米。

【生长环境】生于海拔0～3700米。潜江市各地均有分布，多见。

【药用部位】全草。

【采收加工】夏、秋季采收，割取全草，置通风处阴干，或鲜用。

【性味归经】味甘、苦，性平；归肺、胃、肝经。

【功能主治】止血，利尿，明目。用于鼻衄，吐血，咯血，便血，崩漏，外伤出血，淋证，目赤翳膜。

2. 木贼 *Equisetum hyemale* L.

【别名】木贼草、锉草、节节草、节骨草、响草、接骨叶。

【植物形态】大型植物。根茎横走或直立，黑棕色，节和根有黄棕色长毛。地上枝多年生。枝一型。高达1米或更高，中部直径（3）5～9毫米，节间长5～8厘米，绿色，不分枝或基部有少数直立的侧枝。地上枝有脊16～22条，脊的背部弧形或近方形，无明显小瘤或有小瘤2行；鞘筒0.7～1.0厘米，黑棕色或顶部及基部各有一圈或仅顶部有一圈黑棕色；鞘齿16～22枚，披针形，小，长0.3～0.4厘米。顶端淡棕色，膜质，芒状，早落，下部黑棕色，薄革质，基部的背面有3～4条纵棱，宿存或同鞘筒一起早落。孢子囊穗卵状，长1.0～1.5厘米，直径0.5～0.7厘米，顶端有小尖突，无柄。

【生长环境】生于海拔100～3000米。潜江市渔洋镇有发现。

【药用部位】全草。

【采收加工】夏、秋季采收，割取地上部分，按粗细捆成小把，阴干或晒干。

【性味归经】味甘、苦，性平；无毒；归肺、肝、胆经。

【功能主治】疏散风热，明目退翳。用于风热目赤，迎风流泪，目生云翳。

3. 笔管草 *Equisetum ramosissimum* subsp. *debile*（Roxb. ex Vauch.） Hauke

【别名】通气草、眉毛草、土木贼、节节菜、接骨草、锉刀草、木贼草。

【植物形态】大中型植物。根茎直立和横走，黑棕色，节和根密生黄棕色长毛或光滑无毛。地上枝多年生。枝一型。高达60厘米或更高，中部直径3～7毫米，节间长3～10厘米，绿色，成熟主枝有分枝，但分枝常不多。主枝有脊10～20条，脊的背部弧形，有1行小瘤或有浅色小横纹；鞘筒短，下部绿色，顶部略为黑棕色；鞘齿10～22枚，狭三角形，上部淡棕色，膜质，早落或有时宿存，下部黑棕色，革质，扁平，两侧有明显的棱角，齿上气孔带明显或不明显。侧枝较硬，圆柱状，有脊8～12条，脊上有小瘤或横纹；鞘齿6～10个，披针形，较短，膜质，淡棕色，早落或宿存。孢子囊穗短棒状或椭圆形，长1～2.5厘米，中部直径0.4～0.7厘米，顶端有小尖突，无柄。

【生长环境】生于海拔0～3200米。潜江市各地均有分布，常见。

【药用部位】全草。

【采收加工】夏、秋季采挖，洗净，鲜用或晾通风处阴干。

【性味归经】味甘、苦，性平；无毒；归心、肝、胃、膀胱经。

【功能主治】清肝明目，止血，利尿通淋。

二、海金沙科　Lygodiaceae

陆生攀援植物。根状茎颇长，横走，有毛而无鳞片。叶远生或近生，单轴型，叶轴为无限生长，细长，缠绕攀援，常高达数米，沿叶轴相隔一定距离有向左右方互生的短枝（距），顶上有一个不发育的被茸毛的休眠小芽，从其两侧生出一对开向左右的羽片。羽片分裂为一至二回二叉掌状或一至二回羽状复叶，近二型。不育羽片通常生于叶轴下部；能育羽片位于上部；末回小羽片或裂片为披针形，或长圆形、三角状卵形，基部常为心形、戟形或圆耳形；不育小羽片边缘全缘或有细锯齿。叶脉通常分离，少为疏网状，不具内藏小脉，分离小脉直达加厚的叶边。各小羽柄两侧通常有狭翅，上面隆起，往往有锈毛。能育羽片通常比不育羽片狭，边缘生有流苏状的孢子囊穗，由两行并生的孢子囊组成，孢子囊生于小脉顶端，并被由叶边外长出来的一个反折小瓣包裹，形如囊群盖。孢子囊大，如梨形，横生于短柄上，环带位于小头，由几个厚壁细胞组成，以纵缝开裂。孢子四面型。原叶体绿色，扁平。

本科有1属约45种，分布于热带和亚热带地区。中国现有10种。

潜江市有发现。

海金沙属 *Lygodium* Sw.

属的特征与科相同。

潜江市有1种。

4. 海金沙 *Lygodium japonicum*（Thunb.）Sw.

【别名】左转藤、海金砂。

【植物形态】植株高达4米。叶轴上面有2条狭边，羽片多数，相距9～11厘米，对生于叶轴上的短距两侧，平展，距长达3毫米，顶端有一丛黄色柔毛覆盖腋芽。不育羽片尖三角形，长宽几相等，10～12厘米或较狭，柄长1.5～1.8厘米，同羽轴一样多少被短灰毛，两侧并有狭边，二回羽状；一回羽片2～4对，互生，柄长4～8毫米，和小羽轴都有狭翅及短毛，基部1对卵圆形，长4～8厘米，宽3～6厘米，一回羽状；二回小羽片2～3对，卵状三角形，具短柄或无柄，互生，掌状3裂；末回裂片短阔，中央一条长2～3厘米，宽6～8毫米，基部楔形或心形，先端钝，顶端的二回羽片长2.5～3.5厘米，宽8～10毫米，波状浅裂；向上的一回小羽片近掌状分裂或不分裂，较短，叶缘有不规则的浅圆锯齿。主脉明显，侧脉纤细，从主脉斜上，一至二回二叉分歧，直达锯齿。叶纸质，干后绿褐色，两面沿中肋及脉上略有短毛。能育羽片卵状三角形，长宽几相等，12～20厘米，或长稍大于宽，二回羽状；一回小羽片4～5对，互生，相距2～3厘米，长圆状披针形，长5～10厘米，基部宽4～6厘米，一回羽状，二回小羽片3～4对，卵状三角形，羽状深裂。孢子囊穗长2～4毫米，往往长远超过小羽片的中央不育部分，排列稀疏，暗褐色，无毛。

【生长环境】产于江苏、浙江、安徽南部、福建、台湾、广东、香港、广西、湖南、贵州、四川、云南、

陕西南部。潜江市森林公园有发现。

【药用部位】孢子。

【采收加工】立秋前后孢子成熟时采收，过早或过迟均易脱落。选晴天清晨露水未干时，割下茎叶，放在衬有纸或布的筐内，于避风处晒干。然后用手搓揉、抖动，使叶背的孢子脱落，再用细筛筛去茎叶。

【性味归经】味甘、咸，性寒；归膀胱、小肠经。

【功能主治】清热利湿，通淋止痛。用于热淋，石淋，血淋，膏淋，尿道涩痛。

三、姬蕨科　Dennstaedtiaceae

陆生中型植物，少为蔓性植物。根状茎横走，有管状中柱，被多细胞的灰白色刚毛。叶同型，叶柄基部不以关节着生，叶片一至四回羽状细裂，叶轴上面有一纵沟，两侧为圆形，和叶的两面多少被与根状茎上同样或较短的毛，小羽片或末回裂片偏斜，基部不对称，下侧楔形，上侧截形，多少为耳形凸出；叶脉分离，羽状分枝。叶为草质或厚纸质，有粗糙感。孢子囊群圆形，小，叶缘生或近叶缘顶生于一条小脉上，囊托横断面为长圆形或圆形，不融合；囊群盖或为叶缘生的碗状，或为多少变质的向下反折的叶边的锯齿（或小裂片），或为不齐叶边生的半杯形或小口袋形，其基部和两侧着生于叶肉，上端向叶边开口，或仅以阔基部着生；孢子囊为梨形，有细长的由 3 行细胞组成的柄；环带直立，侧面开裂，常有线状多细胞的夹丝混生；孢子四面型或少为两面型，不具周壁，平滑或有小疣状突起。

本科约 9 属，分布于热带及亚热带。中国有 3 属。

潜江市有 1 种。

鳞盖蕨属　*Microlepia* C. Presl

陆生中型植物。根状茎横走，有管状中柱，被多细胞的淡灰色刚毛，无鳞片。叶中等大小至大型，叶柄基部不以关节着生，有毛，上面有纵向的浅沟；叶片长圆形至长圆状卵形，一至四回羽状复叶，小羽片或裂片偏斜，基部上侧的比下侧的大，常与羽轴或叶轴并行，或呈三角形，少为披针形，通常被淡灰色刚毛或软毛，尤以叶轴和羽轴为多。叶脉分离，羽状分枝，小脉不达叶边。孢子囊群圆形，边内（即离叶边稍远）着生于一条小脉的顶端，常接近裂片间的缺刻；囊群盖为半杯形，以基部及两侧着生于叶肉，上端向叶边开口，上边截形，或囊群盖为肾圆形，仅以基部着生；囊托短；环带直立，基部为囊柄中断。孢子四面型，光滑或有小疣状突起。

中国现有 57 种。

潜江市有 1 种。

5. 边缘鳞盖蕨 *Microlepia marginata* (Houtt.) C. Chr.

【别名】边缘鳞蕨。

【植物形态】植株高约60厘米。根状茎长而横走，密被锈色长柔毛。叶远生；叶柄长20～30厘米，粗1.5～2毫米，深禾秆色，上面有纵沟，几光滑；叶片长圆状三角形，先端渐尖，羽状深裂，基部不变狭，略与叶柄等长，宽13～25厘米，一回羽状；羽片20～25对，基部对生，远离，上部互生，接近，平展，有短柄，披针形，近镰刀状，长10～15厘米，宽1～1.8厘米，先端渐尖，基部不等，上侧钝耳状，下侧楔形，边缘缺裂至浅裂，小裂片三角形，圆头或急尖，偏斜，全缘或有少数齿，上部各羽片渐短，无柄。侧脉明显，在裂片上为羽状，2～3对，上先出，斜出，到达边缘以内。叶纸质，干后绿色，叶下面灰绿色，叶轴密被锈色开展的硬毛，在叶下面各脉及囊群盖上较稀疏，叶上面也多少有毛，少有光滑。孢子囊群圆形，每一小裂片上1～6个，向边缘着生；囊群盖杯形，长宽几相等，上边截形，棕色，坚实，多少被短硬毛，距叶缘较远。

【生长环境】生于林下或溪边，海拔300～1500米。潜江市周矶街道有发现。

【药用部位】嫩叶。

【采收加工】夏、秋季采收，洗净，鲜用或晒干。

【性味归经】味苦，性寒；归肝经。

【功能主治】清热解毒，祛风活络。

四、裸子蕨科　Hemionitidaceae

陆生中小型植物。根状茎横走、斜升或直立，有网状或管状中柱，被鳞片或毛。叶远生、近生或簇生，有柄，柄为禾秆色或栗色，有"U"形或圆形维管束；叶片一至三回羽状（罕为单叶而基部为心形或戟形），多少被毛或鳞片（罕为光滑），草质（罕为软革质），绿色，罕下面被白粉（如粉叶蕨属）；叶脉分离，罕为网状（如泽泻蕨属）、不完全网状（如凤丫蕨属部分种）或仅近叶边连结（金毛裸蕨属的部分种），网眼不具内藏小脉。孢子囊群沿叶脉着生，无盖；孢子四面型或球状四面型，透明，表面有疣状、刺状突起或条纹；罕为光滑。

　　本科约有17属，分布于热带和亚热带地区，少数达北半球温带地区；中国有5属。

　　潜江市有1属。

凤丫蕨属 *Coniogramme* Fee

　　中型陆生喜阴植物。根状茎粗短，横卧，有管状中柱（但由于根状茎缩短，导致叶隙相互重叠，在横切面常表现为网状中柱），连同叶柄基部疏被鳞片；鳞片棕褐色，披针形，有格子形网眼，全缘，基部着生。叶远生或近生，有长柄；柄为禾秆色或饰有棕色或栗棕色，基部以上光滑，维管束断面呈"U"形；叶片大，卵状长圆形、卵状三角形或卵形，一至二回奇数羽状，罕为三出或三回羽状（幼叶通常为阔披针形单叶）；侧生羽片一般5对左右（少则3对，多则10对以上），对生或互生，有柄（向顶部的无柄），如为一回羽状，则顶生羽片和其下侧生羽片同形；如为二回羽状，则仅下部1～3（4）对羽片为一回奇数羽状或三出（偶有仅基部1对羽片二叉），向上的羽片单一，并且顶生羽片和下部侧生羽片上的顶生小羽片同形；小羽片（或单一羽片）大，披针形至长圆状披针形，先端渐尖或尾尖，基部圆形至圆楔形，罕为略不对称的心形或楔形，边缘往往为半透明的软骨质，有锯齿或全缘。主脉明显，上面有纵沟，下面圆形，侧脉一至二回分叉，分离，少有在主脉两侧形成1～3行六角形网眼，网眼内无小脉，网眼以外的小脉分离，小脉的顶端有或多或少膨大的线形、纺锤形或卵形水囊，远离锯齿或伸入锯齿，或直达齿顶与软骨质的叶边汇合。叶草质至纸质，少有近革质，两面光滑或下面（有时上面）疏被淡灰色有节的短柔毛，或基部具乳头的短刚毛。孢子囊群沿侧脉着生，线形或网状，不到叶边，无盖，有短小隔丝（毛）混生；孢子囊为水龙骨型，环带由14～28个加厚细胞组成，有短柄；孢子四面型，透明，表面光滑，无周壁。

　　中国现知39种。

　　潜江市有1种。

6. 凤丫蕨 *Coniogramme japonica* (Thunb.) Diels

　　【别名】安康凤丫蕨。

　　【植物形态】植株高60～120厘米。叶柄长30～50厘米，粗3～5毫米，禾秆色或栗褐色，基部以上光滑；叶片和叶柄等长或稍长，宽20～30厘米，长圆状三角形，二回羽状；羽片通常5对（少则3对），基部1对最大，长20～35厘米，宽10～15厘米，卵圆状三角形，柄长1～2厘米，羽状（偶有二叉）；侧生小羽片1～3对，长10～15厘米，宽1.5～2.5厘米，披针形，有柄或向上的无柄，顶生小羽片远较侧生的大，长20～28厘米，宽2.5～4厘米，阔披针形，长渐尖头，通常向基部略变狭，基部为不对称的楔形或叉裂；第2对羽片三出、二叉或从这对起向上均为单一，但略渐变小，和其下羽片的顶生小羽片同形；顶羽片较其下的大，有长柄；羽片和小羽片边缘有向前伸的疏矮齿。叶脉网状，在羽轴两侧形成2～3行狭长网眼，网眼外的小脉分离，小脉顶端有纺锤形水囊，不到锯齿基部。叶干后纸质，上面暗绿色，下面淡绿色，两面无毛。孢子囊群沿叶脉分布，几达叶边。

　　【生长环境】生于湿润林下和山谷阴湿处，海拔 100 ～ 1300 米。潜江市森林公园有发现。

　　【药用部位】根茎。

　　【采收加工】秋季采挖，除去须根及泥土，晒干。

　　【性味归经】味甘、淡，性平；归膀胱、大肠经。

　　【功能主治】清热利湿，祛风活血。

五、金星蕨科　Thelypteridaceae

　　陆生植物。根状茎粗壮，具放射状对称的网状中柱，分枝或不分枝，直立、斜升或细长而横走，顶端被鳞片；鳞片基生，披针形，罕为卵形，棕色，质厚，筛孔狭长，背面往往有灰白色短刚毛或边缘有睫毛状毛。叶簇生，近生或远生，柄细，禾秆色，不以关节着生，基部横断面有 2 条海马状的维管束，向上逐渐靠合呈 "U" 形，通常基部有鳞片，向上多少有与根状茎上同样的灰白色、单细胞针状毛，罕有多细胞的长毛或顶端呈星状分枝的毛。叶一型，罕近二型，多为长圆状披针形或倒披针形，少为卵形或卵状三角形，通常二回羽裂，少有三至四回羽裂，罕为一回羽状，各回羽片基部对称，羽轴上面或凹陷成一纵沟，但不与叶轴上的沟互通，或圆形隆起，密生灰白色针状毛，羽片基部着生处下面常有一膨大的疣状气囊体。

　　中国有 18 属，现知约 365 种。

　　潜江市有 1 属 1 种。

毛蕨属　*Cyclosorus* Link

　　通常为中型的陆生林下植物。根状茎横走，或长或短，少有为直立的圆柱形，疏被鳞片；鳞片披针形或卵状披针形，质厚，通常被短刚毛，全缘或往往有刚毛状的疏毛。叶疏生或近生，少有簇生，有柄；

叶柄淡绿色，干后禾秆色或淡灰色，基部疏被同样的鳞片（很少密生或向上分布），但通体照例有灰白色单细胞针状毛或柔毛；叶长圆形、三角状披针形或倒披针形，顶端渐尖，通常突然收缩成羽裂的尾状羽片，基部阔或逐渐变狭，叶轴下面在羽片着生处不具褐色的疣状气囊体；二回羽裂，罕为一回羽状，侧生羽片通常 10～30 对或较少，狭披针形或线状披针形，无柄或偶有极短柄，顶部渐尖，基部截形、斜截形、圆楔形或渐变狭，下部羽片往往向下逐渐缩短，或变成耳形或瘤状（有时退化成气囊体），二回羽裂，从 1/5 到达离羽轴不远处，罕有近全缘或近二回羽状；裂片多数，呈篦齿状排列，镰状披针形或三角状披针形至长方形，边缘全缘，罕有少数锯齿，钝头或尖头，基部 1 对特别是上侧一片往往较长。叶脉明显，侧脉在裂片上单一，偶有 2 叉，斜上，通直或微向上弯；以羽轴为底边，相邻裂片间基部 1 对侧脉的顶端彼此交结成钝的或尖的三角形网眼，并自交结点伸出一条或长或短的外行小脉，直达有软骨质的缺刻，或和缺刻下的一条透明膜质连线相接，第 2 对或多对（多至 4 对，偶达 5 对）侧脉的顶端或和外行小脉相连，或伸达膜质连线形成斜方形网眼（星毛蕨型），再向上的侧脉均伸达缺刻以上的叶边。叶质变化甚大，草质至厚纸质，干后淡绿色，罕为黄绿色或黑褐色，两面至少沿叶轴、羽轴、主脉及脉间上面多少被有灰白色的单细胞针状毛，下面往往有或疏或密的橙黄色或橙红色、棒形或球形腺体。孢子囊群大，圆形，背生于侧脉中部，罕生于侧脉基部或顶部，照例有囊群盖；盖棕色或棕褐色，圆肾形，颇坚厚，宿存，偶早消失，上面往往多少被短刚毛或柔毛，有时有腺体。孢子囊光滑，或囊体顶部靠近环带处有刚毛，或具有柄或无柄的棒形腺毛，或囊柄顶部具多细胞柄的球形或棒形腺体。孢子两面型，长圆状肾形，偶四面型，半透明，表面有刺状或疣状突起。染色体 $x = 36$。

中国现知 127 种，为世界分布中心之一。

潜江市有 1 种。

7. 渐尖毛蕨 *Cyclosorus acuminatus*（Houtt.）Nakai

【别名】金星草、小叶凤凰尾巴草、小水花蕨、牛肋巴、黑舒筋、舒筋草。

【植物形态】植株高 70～80 厘米。根状茎长而横走，粗 2～4 毫米，深棕色，老则变棕褐色，先端密被棕色披针形鳞片。叶 2 列远生，相距 4～8 厘米；叶柄长 30～42 厘米，基部粗 1.5～2 毫米，褐色，无鳞片，向上渐变为深禾秆色，略有柔毛；叶片长 40～45 厘米，中部宽 14～17 厘米，长圆状披针形，先端尾状渐尖并羽裂，基部不变狭，二回羽裂；羽片 13～18 对，有极短柄，斜展或斜上，由等宽的间隔分开（间隔宽约 1 厘米），互生，或基部的对生，中部以下的羽片长 7～11 厘米，中部宽 8～12 毫米，基部较宽，披针形，渐尖头，基部不等，上侧凸出，平截，下侧圆楔形或近圆形，羽裂达 1/2～2/3；裂片 18～24 对，斜上，略弯曲，彼此密接，基部上侧一片最长，8～10 毫米，披针形，下侧一片长不及 5 毫米，第 2 对以上的裂片长 4～5 毫米，近镰状披针形，尖头或骤尖头，全缘。叶脉下面隆起，清晰，侧脉斜上，每裂片 7～9 对，单一（基部上侧一片裂片有 13 对，多半 2 叉），基部 1 对出自主脉基部，其先端交接成钝三角形网眼，并自交接点向缺刻下的透明膜质连线伸出一条短的外行小脉，第 2 对和第 3 对的上侧一脉伸达透明膜质连线，即缺刻下有侧脉 $2\frac{1}{2}$ 对。叶坚纸质，干后灰绿色，除羽轴下面疏被针状毛外，羽片上面被极短的糙毛。孢子囊群圆形，生于侧脉中部以上，每裂片 5～8 对；囊群盖大，深棕色或棕色，密生短柔毛，宿存。

【生长环境】生于灌丛、草地、田边、路边、沟旁湿地或山谷乱石中，海拔 100～2700 米。潜江市渔洋镇有发现。

【药用部位】根茎。

【采收加工】夏、秋季采收，晒干。

【性味归经】味苦，性平；归心、肝经。

【功能主治】清热解毒，祛风除湿，健脾。

六、鳞毛蕨科　Dryopteridaceae

中等大小或小型陆生植物。根状茎短而直立或斜升，具簇生叶，或横走具散生或近生叶，连同叶柄（至少下部）密被鳞片，内部放射状结构，有高度发育的网状中柱；鳞片狭披针形至卵形，基部着生，棕色或黑色，质厚，边缘多少具锯齿或毛，无单细胞或多细胞的针状硬毛。叶簇生或散生，有柄；叶柄横切面具 4～7 个或更多的维管束，上面有纵沟，多少被鳞片；叶片一至五回羽状，极少单叶，纸质或革质，干后淡绿色，光滑，或叶轴、各回羽轴和主脉下面多少被披针形或钻形鳞片（鳞片有时呈圆球形或基部呈口袋形），如为二回以上的羽状复叶，则小羽片或为上先出（复叶耳蕨属）或除基部 1 对羽片的一回小羽片为上先出外，其余各回小羽片为下先出（鳞毛蕨属）；各回小羽轴和主脉下面圆而隆起，上面具纵沟，并在着生处开向下一回小羽轴上面的纵沟，基部下侧下延，光滑无毛（偶有淡灰白色的单细胞柔毛，如毛枝蕨属）；羽片和各回小羽片基部对称或不对称（即上侧多少呈耳状突起，下侧斜切楔形），叶边通常有锯齿或有触痛感的芒刺。叶脉通常分离（贯众属为网状），上先出或下先出，小脉单一或 2 叉，不达叶边，顶端往往膨大成球杆状的小囊。孢子囊群小，圆，顶生或背生于小脉，有盖（偶无盖）；盖厚膜质，圆肾形，以深缺刻着生，或圆形，盾状着生，少为椭圆形，草质，近黑色，以外侧边中部凹点着生于囊托，成熟时开向主脉，内侧边缘 1～2 浅裂（石盖蕨属）。孢子两面型、卵圆形，具薄壁。

本科约有 14 属 1200 种，分布于世界各地，但主要集中于北半球温带和亚热带高山地带，中国有 13 属 472 种。

潜江市有 1 属 1 种。

贯众属 *Cyrtomium* C. Presl

陆生植物。根状茎短，直立或斜生，连同叶柄基部密被鳞片。鳞片卵形或披针形，边缘有齿或流苏状。叶簇生，叶柄腹面有浅纵沟，嫩时密生鳞片，成长后渐脱落；叶片卵形或矩圆状披针形，少为三角形，奇数一回羽状或一回羽状，少数仅具一枚顶生小叶（即单叶状），有时下部有 1 对裂片或羽片；侧生羽片多少上弯成镰状，其基部两侧近对称或不对称，有时上侧间或两侧有耳状突起；主脉明显，侧脉羽状，小脉连结在主脉两侧成 2 至多行的网眼，网眼或长或短，呈不规则的近似六角形，有内含小脉。叶纸质至草质，少有草质，背面疏生鳞片或秃净。孢子囊群圆形，背生于内含小脉上，在主脉两侧各 1 至多行；囊群盖圆形，盾状着生。

本属约有 40 种，主要分布在亚洲东部，以中国西南为中心，极少种分布于印度南部和非洲东部。

潜江市有 1 种。

8. 贯众 *Cyrtomium fortunei* J. Sm.

【别名】贯节、贯渠、百头、虎卷。

【植物形态】植株高 25～50 厘米。根茎直立，密被棕色鳞片。叶簇生，叶柄长 12～26 厘米，基部直径 2～3 毫米，禾秆色，腹面有浅纵沟，密生卵形及披针形的棕色（有时中间为深棕色）鳞片，鳞片边缘有齿，有时上部秃净；叶片矩圆状披针形，长 20～42 厘米，宽 8～14 厘米，先端钝，基部不变狭或略变狭，奇数一回羽状；侧生羽片 7～16 对，互生，近平伸，柄极短，披针形，多少上弯成镰状，中部长 5～8 厘米，宽 1.2～2 厘米，先端渐尖，少数成尾状，基部偏斜、上侧近截形（有时略有钝的耳状突起）、下侧楔形，边缘全缘（有时有前倾的小齿）；具羽状脉，小脉连结成 2～3 行网眼，腹面不明显，背面微凸；顶生羽片狭卵形，下部有时有 1 或 2 个浅裂片，长 3～6 厘米，宽 1.5～3 厘米。叶为纸质，两面光滑；叶轴腹面有浅纵沟，疏生披针形及线形棕色鳞片。孢子囊群遍布羽片背面；囊群盖圆形，盾状，全缘。

【生长环境】生于空旷地石灰岩缝或林下，海拔 2400 米以下。潜江市白鹭湖管理区有发现。

【药用部位】根茎。

【采收加工】春、秋季采挖，削去叶柄、须根，除净泥土，晒干。

【性味归经】味苦，性凉；归肝、胃经。

【功能主治】清热解毒，驱虫。用于虫积腹痛，疮疡。

裸子植物门
Gymnospermae

七、银杏科 Ginkgoaceae

落叶乔木，树干高大，分枝繁茂；枝分长枝与短枝。叶扇形，有长柄，具多数叉状并列细脉，在长枝上螺旋状排列散生，在短枝上成簇生状。球花单性，雌雄异株，生于短枝顶部的鳞片状叶的腋内，呈簇生状；雄球花具梗，柔荑花序状，雄蕊多数，螺旋状着生，排列较疏，具短梗，花药2，药室纵裂，药隔不发达；雌球花具长梗，梗端常分2叉，稀不分叉或分3～5叉，叉顶生珠座，各具1枚直立胚珠。种子核果状，具长梗，下垂，外种皮肉质，中种皮骨质，内种皮膜质，胚乳丰富；子叶常2枚，发芽时不出土。

本科仅1属1种，潜江市有发现。

银杏属 Ginkgo L.

属的形态特征与科相同。

潜江市有发现。

9. 银杏 Ginkgo biloba L.

【别名】白果、公孙树、鸭脚子、鸭掌树。

【植物形态】乔木，高达40米，胸径可达4米；幼树树皮浅纵裂，大树树皮呈灰褐色，深纵裂，粗糙；幼年及壮年树冠圆锥形，老年则广卵形；枝近轮生，斜上伸展（雌株的大枝常较雄株开展）；一年生长枝淡黄褐色，二年以上生枝变为灰色，并有细纵裂纹；短枝密被叶痕，黑灰色，短枝上亦可长出长枝；冬芽黄褐色，常为卵圆形，先端钝尖。叶扇形，有长柄，淡绿色，无毛，有多数叉状并列细脉，顶端宽5～8厘米，在短枝上常具波状缺刻，在长枝上常2裂，基部宽楔形，柄长3～10（多为5～8）厘米，幼树及萌生枝上的叶常较大而深裂（叶片长达13厘米，宽15厘米），有时裂片再分裂（这与较原始的化石种类的叶相似），叶在一年生长枝上螺旋状散生，在短枝上3～8叶呈簇生状，秋季落叶前变为黄色。球花雌雄异株，单性，

生于短枝顶端的鳞片状叶的腋内，呈簇生状；雄球花柔荑花序状，下垂，雄蕊排列疏松，具短梗，花药常2个，长椭圆形，药室纵裂，药隔不发达；雌球花具长梗，梗端常分2叉，稀3～5叉或不分叉，每叉顶生一盘状珠座，胚珠着生其上，通常仅一枚叉端的胚珠发育成种子，风媒传粉。种子具长梗，下垂，常为椭圆形、长倒卵形、卵圆形或近圆球形，长2.5～3.5厘米，直径2厘米，外种皮肉质，成熟时黄色或橙黄色，外被白粉，有臭味；中种皮白色，骨质，具2～3条纵脊；内种皮膜质，淡红褐色；胚乳肉质，味甘、略苦；子叶2枚，稀3枚，发芽时不出土，初生叶2～5片，宽条形，长约5毫米，宽约2毫米，先端微凹，第4或第5片之后生叶扇形，先端具1深裂及不规则的波状缺刻，叶柄长0.9～2.5厘米；有主根。花期3—4月，种子9—10月成熟。

【生长环境】喜光树种，深根性，对气候、土壤的适应性较强。潜江市曹禺公园有发现。

【药用部位】种子、叶。

【采收加工】种子：10—11月采收成熟果实，堆放地上，或浸入水中，使肉质外种皮腐烂（亦可捣去外种皮），洗净，晒干。叶：秋季叶尚绿时采收，及时干燥。

【性味归经】果：味甘、苦、涩，性平；有毒；归肺、肾经。叶：味甘、苦、涩，性平；归心、肺经。

【功能主治】果：敛肺定喘，止带缩尿。用于咳嗽痰多，带下白浊，遗尿，尿频。叶：活血化瘀，通络止痛，敛肺平喘，化浊降脂。用于瘀血阻络，胸痹心痛，中风偏瘫，肺虚咳喘，高脂血症。

八、松科　Pinaceae

常绿或落叶乔木，稀为灌木状；枝仅有长枝，或兼有长枝与生长缓慢的短枝，短枝通常明显，稀极度退化而不明显。叶条形或针形，基部不下延生长；条形叶扁平，稀呈四棱形，在长枝上螺旋状散生，在短枝上呈簇生状；针形叶2～5针（稀1针或多至8针）成一束，着生于极度退化的短枝顶端，基部包有叶鞘。花单性，雌雄同株；雄球花腋生或单生于枝顶，或多数集生于短枝顶端，具多数螺旋状着生的雄蕊，每雄蕊具2花药，花粉有气囊或无气囊，或具退化气囊；雌球花由多数螺旋状着生的珠鳞与苞鳞组成，花期时珠鳞小于苞鳞，稀珠鳞较苞鳞大，每珠鳞的腹（上）面具2枚倒生胚珠，背（下）面的苞鳞与珠鳞分离（仅基部合生），花后珠鳞增大发育成种鳞。球果直立或下垂，当年或次年（稀第三年）成熟，成熟时张开，稀不张开；种鳞背腹面扁平，木质或革质，宿存或成熟后脱落；苞鳞与种鳞离生（仅基部合生），较长而露出或不露出，或短小而位于种鳞的基部；种鳞的腹面基部有 2 粒种子，种子通常上端具一膜质翅，稀无翅或几无翅；胚具 2～16 枚子叶，发芽时出土或不出土。

我国有 10 属 113 种 29 变种（其中引种栽培 24 种 2 变种），分布遍及全国。

潜江市有 2 属 2 种。

雪松属 *Cedrus* Trew

常绿乔木；冬芽小，有少数芽鳞，枝有长枝及短枝，枝条基部有宿存的芽鳞，叶脱落后有隆起的叶枕。叶针状，坚硬，通常呈三棱形，或背脊明显呈四棱形，叶在长枝上螺旋状排列、辐射伸展，在短枝上呈簇生状。球花单性，雌雄同株，直立，单生于短枝顶端；雄球花具多数螺旋状着生的雄蕊，花丝极短，花药 2，药室纵裂，药隔显著，鳞片状卵形，边缘有细齿，花粉无气囊；雌球花淡紫色，有多数螺旋状着生的珠鳞，珠鳞背面托一短小苞鳞，腹（上）面基部有 2 枚胚珠。球果第二年（稀第三年）成熟，直立；种鳞木质，宽大，排列紧密，腹面有 2 粒种子，鳞背密生短茸毛；苞鳞短小，成熟时与种鳞一同从宿存的中轴上脱落；球果顶端及基部的种鳞无种子，种子有宽大膜质的种翅；子叶通常 6～10 枚。

本属有 4 种，分布于非洲北部、亚洲西部及喜马拉雅山西部。我国有 1 种和引种栽培 1 种。

潜江市有 1 种。

10. 雪松 *Cedrus deodara*（Roxb.）G. Don

【别名】香柏。

【植物形态】乔木，高达 50 米，胸径达 3 米；树皮深灰色，裂成不规则的鳞状块片；枝平展、微斜展或微下垂，基部宿存芽鳞向外反曲，小枝常下垂，一年生长枝淡灰黄色，密生短茸毛，微有白粉，二年生、三年生枝呈灰色、淡褐灰色或深灰色。叶在长枝上辐射伸展，短枝的叶呈簇生状（每年生出新叶 15～20 枚），针形，坚硬，淡绿色或深绿色，长 2.5～5 厘米，宽 1～1.5 毫米，上部较宽，先端锐尖，下部渐窄，常呈三棱形，稀背脊明显，叶之腹面两侧各有 2～3 条气孔线，背面 4～6 条，幼时气孔线有白粉。雄球花长卵圆形或椭圆状卵圆形，长 2～3 厘米，直径约 1 厘米；雌球花卵圆形，

长约 8 毫米，直径约 5 毫米。球果成熟前呈淡绿色，微有白粉，成熟时呈红褐色，卵圆形或宽椭圆形，长 7 ~ 12 厘米，直径 5 ~ 9 厘米，顶端圆钝，有短梗；中部种鳞扇状倒三角形，长 2.5 ~ 4 厘米，宽 4 ~ 6 厘米，上部宽圆，边缘内曲，中部楔状，下部耳形，基部爪状，鳞背密生短茸毛；苞鳞短小；种子近三角状，种翅宽大，较种子长，连同种子长 2.2 ~ 3.7 厘米。

【生长环境】在气候温和、凉润，土层深厚，排水良好的酸性土壤上生长旺盛。潜江市曹禺公园有发现。

【药用部位】木材、叶。

【采收加工】叶全年可采，木材在伐木时采收，去皮，晒干。

【性味归经】味苦。

【功能主治】清热利湿，散瘀止血。用于痢疾，肠风便血，水肿，风湿痹痛，麻风病。

松属 *Pinus* L.

常绿乔木，稀为灌木；枝轮生，每年生一节、二节或多节；冬芽显著，芽鳞多数，覆瓦状排列。叶有两型：鳞叶（原生叶）单生，螺旋状着生，在幼苗时期为扁平条形，绿色，后则逐渐退化成膜质苞片状，基部下延或不下延；针叶（次生叶）螺旋状着生，辐射伸展，常 2 针、3 针或 5 针成一束，生于苞片状鳞叶的腋部，着生于不发育的短枝顶端，每束针叶基部由 8 ~ 12 枚芽鳞组成的叶鞘所包，叶鞘脱落或宿存，针叶边缘全缘或有细锯齿，背部无或有气孔线，腹面两侧具气孔线，横切面三角形、扇状三角形或半圆形，具 1 ~ 2 个维管束及 2 至 10 多个中生或边生（稀内生）的树脂道。球花单性，雌雄同株；雄球花生于新枝下部的苞片腋部，多数聚集成穗状花序状，无梗，斜展或下垂，雄蕊多数，螺旋状着生，花药 2，药室纵裂，药隔鳞片状，边缘微具细缺齿，花粉有气囊；雌球花单生或 2 ~ 4 个生于新枝近顶端，直立或下垂，由多数螺旋状着生的珠鳞与苞鳞组成，珠鳞的腹（上）面基部有 2 枚倒生胚珠，背（下）面基部有一短小的苞鳞。小球果于第二年春受精后迅速长大，球果直立或下垂，有梗或几无梗；种鳞木质，宿存，排列紧密，上部露出部分为"鳞盾"，有横脊或无横脊，鳞盾的先端或中央有呈瘤状突起的"鳞脐"，鳞脐有刺或无刺；球果第二年（稀第三年）秋季成熟，成熟时种鳞张开，种子散出，稀不张开，种子不脱落，发育的种鳞具 2 粒种子；种子上部具长翅，种翅与种子结合而生，或有关节与种子脱离，或具短翅或无翅；子叶 3 ~ 18 枚，发芽时出土。

我国有 22 种 10 变种，分布几遍全国。潜江市有 1 种。

11. 马尾松 *Pinus massoniana* Lamb.

【别名】青松、山松、枞松。

【植物形态】乔木，高达 45 米，胸径 1.5
米；树皮红褐色，下部灰褐色，裂成不规则的
鳞状块片；枝平展或斜展，树冠宽塔形或伞形，
枝条每年生长一轮，但在广东南部通常生长两
轮，淡黄褐色，无白粉或稀有白粉，无毛；冬
芽卵状圆柱形或圆柱形，褐色，顶端尖，芽鳞
边缘丝状，先端尖或呈渐尖的长尖头，微反曲。
针叶 2 针，稀 3 针成一束，长 12 ～ 20 厘米，
细柔，微扭曲，两面有气孔线，边缘有细锯齿；
横切面皮下层细胞单型，第一层连续排列，第
二层由个别细胞断续排列，树脂道 4 ～ 8 个，
在背面边生，或腹面也有 2 个边生；叶鞘初呈
褐色，后渐变成灰黑色，宿存。雄球花淡红褐
色，圆柱形，弯垂，长 1 ～ 1.5 厘米，聚生于
新枝下部苞腋，穗状，长 6 ～ 15 厘米；雌球花
单生或 2 ～ 4 个聚生于新枝近顶端，淡紫红色，
一年生小球果圆球形或卵圆形，直径约 2 厘米，
褐色或紫褐色，上部珠鳞的鳞脐具向上直立的
短刺，下部珠鳞的鳞脐平钝无刺。球果卵圆形
或圆锥状卵圆形，长 4 ～ 7 厘米，直径 2.5 ～ 4
厘米，有短梗，下垂，成熟前绿色，成熟时栗
褐色，陆续脱落；中部种鳞近矩圆状倒卵形或
近长方形，长约 3 厘米；鳞盾菱形，微隆起或平，
横脊微明显，鳞脐微凹，无刺，生于干燥环境
者常具极短的刺；种子长卵圆形，长 4 ～ 6 毫米，

连翅长 2 ～ 2.7 厘米；子叶 5 ～ 8 枚，长 1.2 ～ 2.4
厘米；初生叶条形，长 2.5 ～ 3.6 厘米，叶缘具疏生刺毛状锯齿。花期 4—5 月，球果翌年 10—12 月成熟。

【生长环境】垂直分布于长江下游海拔 700 米以下，长江中游海拔 1100 米以下等地。潜江市曹禺公
园有发现。

【药用部位】花粉。

【采收加工】春季花刚开时，采摘花穗，晒干，收集花粉，除去杂质。

【性味归经】味甘，性温；归肝、脾经。

【功能主治】收敛止血，燥湿敛疮。用于外伤出血，湿疹，黄水疮，皮肤糜烂，脓水淋漓。

九、杉科　Taxodiaceae

常绿或落叶乔木，树干端直，大枝轮生或近轮生。叶螺旋状排列，散生，很少交叉对生（水杉属），披针形、钻形、鳞状或条形，同一棵树上的叶同型或二型。球花单性，雌雄同株，球花的雄蕊和珠鳞均螺旋状着生，很少交叉对生（水杉属）；雄球花小，单生或簇于枝顶，或排成圆锥花序状，或生于叶腋，雄蕊有 2～9（常 3～4）枚花药，花粉无气囊；雌球花顶生或生于去年生枝近枝顶，珠鳞与苞鳞半合生（仅顶端分离）或完全合生，或珠鳞甚小（杉木属），或苞鳞退化（台湾杉属），珠鳞的腹面基部有 2～9 枚直立或倒生胚珠。球果当年成熟，成熟时张开，种鳞（或苞鳞）扁平或盾形，木质或革质，螺旋状着生或交叉对生（水杉属），宿存或成熟后逐渐脱落，能育种鳞（或苞鳞）的腹面有 2～9 粒种子；种子扁平或三棱形，周围或两侧有窄翅，或下部具长翅；胚有子叶 2～9 枚。

杉科有 10 属 16 种，主要分布于北半球温带地区。我国有 5 属 7 种，引入栽培 4 属 7 种。

潜江市有 3 属 3 种。

落羽杉属　*Taxodium* Rich.

落叶或半常绿性乔木；小枝有两种：主枝宿存，侧生小枝冬季脱落；冬芽球形。叶螺旋状排列，基部下延生长，异型：钻形叶在主枝上斜上伸展，或向上弯曲而靠近小枝，宿存；条形叶在侧生小枝上排成 2 列，冬季与枝一同脱落。雌雄同株；雄球花卵圆形，在球花枝上排成总状花序状或圆锥花序状，生于小枝顶端，有多数或少数（6～8）螺旋状排列的雄蕊，每雄蕊有 4～9 花药，药隔显著，药室纵裂，花丝短；雌球花单生于去年生小枝的顶端，由多数螺旋状排列的珠鳞组成，每珠鳞的腹面基部有 2 胚珠，苞鳞与珠鳞几全部合生。球果球形或卵圆形，具短梗或几无梗；种鳞木质，盾形，顶部呈不规则的四边形；苞鳞与种鳞合生，仅先端分离，向外凸起成三角状小尖头；发育的种鳞各有 2 粒种子，种子呈不规则三角形，有明显锐利的棱脊；子叶 4～9 枚，发芽时出土。

本属有 3 种，原产于北美及墨西哥，我国均已引种，作庭院树及造林树用。

潜江市有 1 种。

12. 池杉　*Taxodium distichum* var. *imbricatum*（Nuttall）Croom

【别名】池柏、沼落羽松。

【植物形态】乔木，在原产地高达 25 米；树干基部膨大，通常有屈膝状的呼吸根（低湿地生长尤为显著）；树皮褐色，纵裂，裂成长条片脱落；枝条向上伸展，树冠较窄，呈尖塔形；当年生小枝绿色，细长，通常微向下弯垂，二年生小枝呈红褐色。叶钻形，微内曲，在枝上螺旋状伸展，上部微向外伸展或近直展，下部通常贴近小枝，基部下延，长 4～10 毫米，基部宽约 1 毫米，向上渐窄，先端有渐尖的锐尖头，下面有棱脊，上面中脉微隆起，每边有 2～4 条气孔线。球果圆球形或矩圆状球形，有短梗，向下斜垂，

成熟时黄褐色，长2～4厘米，直径1.8～3厘米；种鳞木质，盾形，中部种鳞高1.5～2厘米；种子呈不规则三角形，微扁，红褐色，长1.3～1.8厘米，宽0.5～1.1厘米，边缘有锐脊。花期3—4月，球果10月成熟。

【生长环境】生于沼泽地区及水边湿地上。潜江市梅苑有发现。

杉木属 *Cunninghamia*

常绿乔木，枝轮生或不规则轮生；冬芽卵圆形。叶螺旋状着生，披针形或条状披针形，基部下延，边缘有细锯齿，上下两面均有气孔线，上面的气孔线较下面少。雌雄同株，雄球花多数簇生于枝顶，雄蕊多数，螺旋状着生，花药3，下垂，纵裂，药隔伸展，鳞片状，边缘有细缺齿；雌球花单生或2～3个集生于枝顶，球形或长圆球形，苞鳞与珠鳞的下部合生，螺旋状排列；苞鳞大，边缘有不规则细锯齿，先端长尖；珠鳞先端3裂，腹面基部着生3枚胚珠。球果近球形或卵圆形；苞鳞革质，扁平，宽卵形或三角状卵形，先端有硬尖头，边缘有不规则的细锯齿，基部心形，背面中肋两侧具明显稀疏的气孔线，成熟后不脱落；种鳞很小，着生于苞鳞的腹面中下部与苞鳞合生，上部分离、3裂，裂片先端有不规则的细缺齿，发育种鳞的腹面着生3粒种子；种子扁平，两侧边缘有窄翅；子叶2枚，发芽时出土。

本属有2种及2栽培变种。潜江市有1种。

13. 杉木 *Cunninghamia lanceolata*（Lamb.）Hook.

【别名】沙木、沙树、正杉、正木、木头树、刺杉。

【植物形态】乔木，高达30米，胸径可达3米；幼树树冠尖塔形，大树树冠圆锥形，树皮灰褐色，裂成长条片脱落，内皮淡红色；大枝平展，小枝近对生或轮生，常成二列状，幼枝绿色，光滑无毛；冬芽近圆形，有小型叶状的芽鳞，花芽圆球形，较大。叶在主枝上辐射伸展，侧枝的

叶基部扭转成二列状，披针形或条状披针形，通常微弯呈镰状，革质，坚硬，长 2～6 厘米，宽 3～5 毫米，边缘有细缺齿，先端渐尖，稀微钝，上面深绿色，有光泽，除先端及基部外两侧有窄气孔带，微具白粉或白粉不明显，下面淡绿色，沿中脉两侧各有 1 条白粉气孔带；老树的叶通常较短窄、较厚，上面无气孔线。雄球花圆锥状，长 0.5～1.5 厘米，有短梗，通常 40 余个簇生于枝顶；雌球花单生或 2～3（4）个集生，绿色，苞鳞横椭圆形，先端急尖，上部边缘膜质，有不规则的细齿，长宽几相等，3.5～4 毫米。球果卵圆形，长 2.5～5 厘米，直径 3～4 厘米；成熟时苞鳞革质，棕黄色，三角状卵形，长约 1.7 厘米，宽 1.5 厘米，先端有坚硬的刺状尖头，边缘有不规则的锯齿，向外反卷或不反卷，背面的中肋两侧有 2 条稀疏气孔带；种鳞很小，先端 3 裂，侧裂较大，裂片分离，先端有不规则细锯齿，腹面着生 3 粒种子；种子扁平，遮盖种鳞，长卵形或矩圆形，暗褐色，有光泽，两侧边缘有窄翅，

长 7～8 毫米，宽 5 毫米；子叶 2 枚，发芽时出土。花期 4 月，球果 10 月下旬成熟。

【生长环境】我国长江流域、秦岭以南地区栽培广、生长快、经济价值高的用材树种。潜江市各地均可见。

【药用部位】心材及树枝。

【采收加工】四季均可采收，鲜用或晒干。

【性味归经】味辛，性微温；归脾、肺、胃经。

【功能主治】除湿散毒，降逆气，活血止痛。

水杉属 *Metasequoia*

落叶乔木，大枝不规则轮生，小枝对生或近对生；冬芽有 6～8 对交叉对生的芽鳞。叶交叉对生，基部扭转列成二列，羽状，条形，扁平，柔软，无柄或几无柄，上面中脉凹下，下面中脉隆起，每边各有 4～18 条气孔线，冬季与侧生小枝一同脱落。雌雄同株，球花基部有交叉对生的苞片；雄球花单生于叶腋或枝顶，有短梗，球花呈总状花序状或圆锥花序状，雄蕊交叉对生，约 20 枚，每雄蕊有 3 枚花药，花丝短，药隔显著，药室纵裂，花粉无气囊；雌球花有短梗，单生于去年生枝顶或近枝顶，梗上有交叉对生的条形叶，珠鳞 11～14 对，交叉对生，每珠鳞有 5～9 枚胚珠。球果下垂，当年成熟，近球形，微具 4 棱，稀矩圆状球形，有长梗；种鳞木质，盾形，交叉对生，顶部横长斜方形，有凹槽，基部楔形，宿存，发育种鳞有 5～9

粒种子；种子扁平，周围有窄翅，先端有凹缺；子叶2枚，发芽时出土。

本属现仅存1种。潜江市有发现。

14. 水杉 *Metasequoia glyptostroboides* Hu & W. C. Cheng

【植物形态】乔木，高达35米，胸径达2.5米；树干基部常膨大；树皮灰色、灰褐色或暗灰色，幼树裂成薄片脱落，大树裂成长条状脱落，内皮淡紫褐色；枝斜展，小枝下垂，幼树树冠尖塔形，老树树冠广圆形，枝叶稀疏；一年生枝光滑无毛，幼时绿色，后渐变成淡褐色，二年生、三年生枝淡褐灰色或褐灰色；侧生小枝排成羽状，长4～15厘米，冬季凋落；主枝上的冬芽卵圆形或椭圆形，顶端钝，长约4毫米，直径3毫米，芽鳞宽卵形，先端圆钝，长宽几相等，2～2.5毫米，边缘薄而色浅，背面有纵脊。叶条形，长0.8～3.5（常1.3～2）厘米，宽1～2.5（常1.5～2）毫米，上面淡绿色，下面色较淡，沿中脉有2条较边带稍宽的淡黄色气孔带，每条气孔带有4～8条气孔线，叶在侧生小枝上排成二列，羽状，冬季与枝一同脱落。球果下垂，近四棱状球形或矩圆状球形，成熟前绿色，成熟时深褐色，长1.8～2.5厘米，直径1.6～2.5厘米，梗长2～4厘米，其上有交叉对生的条形叶；种鳞木质，盾形，通常11～12对，交叉对生，鳞顶扁菱形，中央有1条横槽，基部楔形，高7～9毫米，能育种鳞有5～9粒种子；种子扁平，倒卵形，间或圆形或矩圆形，周围有翅，先端有凹缺，长约5毫米，直径4毫米；子叶2枚，条形，长1.1～1.3厘米，宽1.5～2毫米，两面中脉微隆起，上面有气孔线，下面无气孔线；初生叶条形，交叉对生，长1～1.8厘米，下面有气孔线。花期2月下旬，球果11月成熟。

【生长环境】喜光的速生树种，对环境条件的适应性较强。潜江市高石碑镇有发现。

十、柏科　Cupressaceae

常绿乔木或灌木。叶交叉对生或 3 ～ 4 片轮生，稀螺旋状着生，鳞形或刺形，或同一树上兼有二型叶。球花单性，雌雄同株或异株，单生于枝顶或叶腋；雄球花具 3 ～ 8 对交叉对生的雄蕊，每雄蕊具 2 ～ 6 花药，花粉无气囊；雌球花有 3 ～ 16 枚交叉对生或 3 ～ 4 枚轮生的珠鳞，全部或部分珠鳞的腹面基部有 1 至多枚直立胚珠，稀胚珠单生于两珠鳞之间，苞鳞与珠鳞完全合生。球果圆球形、卵圆形或圆柱形；种鳞薄或厚，扁平或盾形，木质或近革质，成熟时张开，或肉质合生呈浆果状，成熟时不裂或仅顶端微开裂，发育种鳞有 1 至多粒种子；种子周围具窄翅或无翅，或上端有一长一短的翅。

本科约有 22 属 150 种，分布于南北两半球。我国有 8 属 29 种 7 变种，分布几遍全国。

潜江市有 1 属 1 种。

侧柏属　*Platycladus* Spach

常绿乔木；生鳞叶的小枝直展或斜展，排成一平面，扁平，两面同型。叶鳞形，二型，交叉对生，排成 4 列，基部下延生长，背面有腺点。雌雄同株，球花单生于小枝顶端；雄球花有 6 对交叉对生的雄蕊，花药 2 ～ 4；雌球花有 4 对交叉对生的珠鳞，仅中间 2 对珠鳞各生 1 ～ 2 枚直立胚珠，最下 1 对珠鳞短小，有时退化而不显著。球果当年成熟，成熟时开裂；种鳞 4 对，木质，厚，近扁平，背部顶端的下方有一弯曲的钩状尖头，中部的种鳞发育，各有 1 ～ 2 粒种子；种子无翅，稀有极窄的翅。子叶 2 枚，发芽时出土。

本属仅有 1 种，分布几遍全国。

潜江市有发现。

15. 侧柏　*Platycladus orientalis*（L.）Franco

【别名】香柏、扁桧。

【植物形态】乔木，高 20 余米，胸径 1 米；树皮薄，浅灰褐色，纵裂成条片；枝条向上伸展或斜展，幼树树冠卵状尖塔形，老树树冠广圆形；生鳞叶的小枝细，向上直展或斜展，扁平，排成一平面。叶鳞形，长 1 ～ 3 毫米，先端微钝，小枝中央的叶的露出部分呈倒卵状菱形或斜方形，背面中间有条状腺槽，两侧的叶船形，先端微内曲，背部有钝脊，尖头的下方有腺点。雄球花黄色，卵圆形，长约 2 毫米；雌球花近球形，直径约 2 毫米，蓝绿色，被白粉。球果近卵圆形，长 1.5 ～ 2（2.5）厘米，成熟前近肉质，蓝绿色，被白粉，成熟后木质，开裂，红褐色；中间 2 对种鳞倒卵形或椭圆形，鳞背顶端的下方有一向外弯曲的尖头，上部 1 对种鳞窄长，近柱状，顶端有向上的尖头，下部 1 对种鳞极小，长达 13 毫米，稀退化而不显著；种子卵圆形或近椭圆形，顶端微尖，灰褐色或紫褐色，长 6 ～ 8 毫米，稍有棱脊，无翅或有极窄的翅。花期 3—4 月，球果 10 月成熟。

【生长环境】产于内蒙古南部、吉林、辽宁、河北、山西、山东、江苏、浙江、福建、安徽、江西、河南、陕西、甘肃、四川、云南、贵州、湖北、湖南、广东北部及广西北部等地。潜江市各地均可见。

【药用部位】种仁。

【采收加工】秋、冬季采收成熟球果，晒干，收集种子，碾去种皮，簸净。

【性味归经】味甘，性平；归心、肾、大肠经。

【功能主治】养心安神，敛汗，润肠通便。

十一、罗汉松科　Podocarpaceae

常绿乔木或灌木。叶条形、披针形、椭圆形、钻形、鳞形，或退化成叶状枝，螺旋状散生、近对生或交叉对生。球花单性，雌雄异株，稀同株；雄球花穗状，单生或簇生于叶腋，或生于枝顶，雄蕊多数，螺旋状排列，各具2个外向、一边排列有背腹面区别的花药，药室斜向或横向开裂，花粉有气囊，稀无气囊；雌球花单生于叶腋或苞腋，或生于枝顶，稀穗状，具少数至多数螺旋状着生的苞片，部分或全部，或仅顶端的苞腋着生1枚倒转生或半倒转生（中国种类）、直立或近直立的胚珠，胚珠由辐射对称或近辐射对称的囊状或杯状的套被包围，稀无套被，有梗或无梗。种子核果状或坚果状，全部或部分为肉质或被较薄而干的假种皮所包，或苞片与轴愈合发育成肉质种托，有梗或无梗，有胚乳，子叶2枚。

本科有8属约130种，分布于热带、亚热带及南温带地区，在南半球分布最多。我国有2属14种3变种，分布于长江以南各地。潜江市有1属1种。

罗汉松属 *Podocarpus* L.Her. ex Persoon

常绿乔木或灌木。叶条形、披针形、椭圆状卵形或鳞形，螺旋状排列，近对生或交叉对生，基部通常不扭转，或扭转成二列。雌雄异株，雄球花穗状，单生或簇生于叶腋，或呈分枝状，稀顶生，有总梗或几无总梗，基部有少数螺旋状排列的苞片，雄蕊多数，螺旋状排列，花药2，花粉具2个气囊；雌球花常单生于叶腋或苞腋，稀顶生，有梗或无梗，基部有数枚苞片，最上部有1套被生1枚倒生胚珠，套被与珠被合生，花后套被增厚成肉质假种皮，苞片发育成肥厚或微肥厚的肉质种托，或苞片不增厚不成肉质种托。种子当年成熟，核果状，有梗或无梗，全部为肉质假种皮所包，生于肉质或非肉质的种托上。

本属约有100种，分布于亚热带、热带及南温带地区，多产于南半球。我国有13种3变种，分布于长江以南各地。潜江市有1种。

16. 罗汉松 *Podocarpus macrophyllus*（Thunb.）Sweet

【别名】罗汉杉、土杉。

【植物形态】乔木，高达20米，胸径达60厘米；树皮灰色或灰褐色，浅纵裂成薄片状脱落；枝开展或斜展，较密。叶螺旋状着生，条状披针形，微弯，长7～12厘米，宽7～10毫米，先端尖，基部楔形，上面深绿色，有光泽，中脉显著隆起，下面带白色、灰绿色或淡绿色，中脉微隆起。雄球花穗状、腋生，常3～5个簇生于极短的总梗上，长3～5厘米，基部有数枚三角状苞片；雌球花单生于叶腋，有梗，基部有少数苞片。种子卵圆形，直径约1厘米，先端圆，成熟时肉质假种皮紫黑色，有白粉，种托肉质圆柱形，红色或紫红色，柄长1～1.5厘米。花期4—5月，种子8—9月成熟。

【生长环境】原产于日本。我国江苏、浙江、福建、江西、湖南、湖北、陕西、四川、云南、贵州、广西、广东等地均有栽培，作庭院树；北京有盆栽。潜江市浩口镇有发现。

【药用部位】种子及花托。

【采收加工】秋季种子成熟时连花托一起摘下，晒干。

【性味归经】味甘，性微温。

【功能主治】行气止痛，温中补血。

被子植物门

Angiospermae

双子叶植物纲 Dicotyledoneae

十二、胡桃科　Juglandaceae

　　落叶或半常绿乔木或小乔木，具树脂，芳香，被有橙黄色盾状着生的圆形腺体。芽裸出或具芽鳞，常2～3枚重叠生于叶腋。叶互生或稀对生，无托叶，奇数（稀偶数）羽状复叶；小叶对生或互生，具或不具小叶柄，羽状脉，边缘具锯齿或稀全缘。花单性，雌雄同株，风媒。花序单性或稀两性。雄花序常为柔荑花序，单独或数条成束，生于叶腋或芽鳞腋内；或生于无叶的小枝上而位于顶生的雌花序下方，共同形成一下垂的圆锥式花序束；或生于新枝顶端而位于一顶生的两性花序（雌花序在下端、雄花序在上端）下方，形成直立的伞房式花序束。雄花生于1枚不分裂或3裂的苞片腋内；小苞片2及花被片1～4枚，贴生于苞片内方的扁平花托周围，或无小苞片及花被片；雄蕊3～40枚，插生于花托上，一至多轮排列，花丝极短或不存在，离生或在基部稍稍愈合，花药有毛或无毛，2室，纵缝裂开，药隔不发达，或发达而或多或少伸出于花药的顶端。雌花序穗状，顶生，具少数雌花而直立，或有多数雌花而成下垂的柔荑花序。雌花生于1枚不分裂或3裂的苞片腋内，苞片与子房分离或与2枚小苞片愈合而贴生于子房下端，或与2枚小苞片各自分离而贴生于子房下端，或与花托及小苞片形成一壶状总苞贴生于子房；花被片2～4枚，贴生于子房，具2枚时位于两侧，具4枚时位于正中线上者在外，位于两侧者在内；雌蕊1，由2心皮合生，子房下位，初时1室，后来基部生1或2不完全隔膜而成不完全2室或4室，花柱极短，柱头2裂或稀4裂；胎座生于子房基底，短柱状，初时离生，后来与不完全的隔膜愈合，先端有1直立的无珠柄的直生胚珠。果实由小苞片及花被片或仅由花被片，或由总苞以及子房共同发育成核果状的假核果或呈坚果状；外果皮肉质、革质或膜质，成熟时不开裂或不规则破裂，或4～9瓣开裂；内果皮（果核）由子房本身形成，坚硬，骨质，1室，室内基部具1或2骨质的不完全隔膜，因而成不完全2室或4室；内果皮及不完全的隔膜的壁内在横切面上具或不具各式排列的大小不同的空隙（腔隙）。种子大型，完全填满果室，具1层膜质的种皮，无胚乳；胚根向上，子叶肥大，肉质，常成2裂，基部渐狭或呈心形，胚芽小，常被盾状着生的腺体。

　　本科约有8属60种，大多数分布在北半球热带到温带地区。我国产7属27种1变种，主要分布在长江以南。潜江市有1属1种。

枫杨属 *Pterocarya* Kunth

　　落叶乔木，芽具2～4枚芽鳞或裸出，腋芽单生或数个叠生；木材为散孔型，髓部片状分隔。叶互生，常集生于小枝顶端,奇数(稀偶数)羽状复叶,小叶的侧脉在近叶缘处相互连结成环,边缘有细锯齿或细齿。柔荑花序单性;雄花序长而具多数雄花,下垂,单独生于小枝上端的叶丛下方,自早落的鳞状叶腋内或自叶痕腋内生出。雄花无柄,两侧对称或常不规则,具明显凸起的线形花托,苞片1枚,小苞片2枚,4枚花被片中仅1～3枚发育,雄蕊9～15枚,花药无毛或具毛,药隔在花药顶端几乎不凸出。雌花序单独生于小枝顶端,具极多雌花,开花时俯垂,果时下垂。雌花无柄,辐射对称,苞片1枚及小苞片2枚各自离生,贴生于子房,花被片4枚,贴生于子房,在子房顶端与子房分离,子房下位,2心皮位于正中线上或位于两侧,内具2不完全隔膜而在子房底部成不完全4室,花柱短,柱头2裂,裂片羽状。果实为干的坚果,基部具1宿存的鳞状苞片及具2革质翅(由2小苞片形成),翅向果实两侧或斜上方伸展,顶端留有4枚宿存的花被片及花柱,外果皮薄革质,内果皮木质,在内果皮壁内常具充满薄壁细胞的空隙。子叶4深裂,在种子萌发时伸出地面。

本属约有8种,其中1种产于高加索地区,1种产于日本和我国山东,1种产于越南北部和我国云南东南部,其余5种为我国特有。

潜江市有1种。

17. 枫杨 *Pterocarya stenoptera* C. DC.

【别名】麻柳、蜈蚣柳。

【植物形态】大乔木,高达30米,胸径达1米;幼树树皮平滑,浅灰色,老时则深纵裂;小枝灰色至暗褐色,具灰黄色皮孔;芽具柄,密被锈褐色盾状着生的腺体。叶多为偶数(稀奇数)羽状复叶,长8～16厘米,稀达25厘米,叶柄长2～5厘米,叶轴具翅至翅不甚发达,与叶柄一样被疏或密的短毛;小叶10～16枚,稀6～25枚,无小叶柄,对生或稀近对生,长椭圆形至长椭圆状披针形,长8～12厘米,宽2～3厘米,顶端常圆钝或稀急尖,基部歪斜,上方一侧楔形至阔楔形,下方一侧圆形,边缘有向内弯的细锯齿,上面被有细小的浅色疣状突起,沿中脉及侧脉被极短的星芒状毛,下面幼时被散生的短柔毛,成长后脱落而仅留有极稀疏的腺体及侧脉腋内留有一丛星芒状毛。雄性柔荑花序长6～10厘米,单独生于去年生枝上叶痕腋内,花序轴常被稀疏的星芒状毛。雄花常具1(稀2或3)枚发育的花被片,雄蕊5～12枚。雌性柔荑花序顶生,长10～15厘米,花序轴密被星芒状毛及单毛,下端不生花的部分长达3厘米,具2枚长达5毫米的不孕性苞片。雌花几乎无梗,苞片及小苞片基部常有细小的星芒状毛,并密被腺体。果序长20～45厘米,果序轴常被宿存的毛。果实长椭圆形,长6～7毫米,基部常有宿存的星芒状毛;

果翅狭，条形或阔条形，长 12～20 毫米，宽 3～6 毫米，具近平行的脉。花期 4—5 月，果期 8—9 月。

【生长环境】生于海拔 1500 米以下的沿溪涧河滩、阴湿山坡地的林中。潜江市周矶街道有发现，多地可见，作行道树用。

【药用部位】树皮。

【采收加工】夏、秋季剥取树皮，鲜用或晒干。

【性味归经】味辛、苦，性温；有小毒；归肝、大肠经。

【功能主治】祛风止痛，杀虫敛疮。

十三、杨柳科 Salicaceae

落叶乔木或直立、垫状和匍匐灌木。树皮光滑或开裂粗糙，通常味苦，有顶芽或无顶芽；芽由一至多数鳞片包被。单叶互生，稀对生，不分裂或浅裂，全缘、锯齿缘或齿缘；托叶鳞片状或叶状，早落或宿存。花单性，雌雄异株，罕有杂性；柔荑花序，直立或下垂，先于叶开放，或与叶同时开放，稀叶后开放，花着生于苞片与花序轴间，苞片脱落或宿存；基部有杯状花盘或腺体，稀缺如；雄蕊 2 至多数，花药 2 室，纵裂，花丝分离至合生；雌花子房无柄或有柄，雌蕊由 2～4（5）心皮合成，子房 1 室，侧膜胎座，胚珠多数，花柱不明显至很长，柱头 2～4 裂。蒴果 2～4（5）瓣裂。种子微小，种皮薄，胚直立，无胚乳，或有少量胚乳，基部围有多数白色丝状长毛。

本科有 3 属 620 余种，分布于寒温带、温带和亚热带地区。我国有 3 属 320 余种，各地均有分布，尤以山地和北方地区较为普遍。

潜江市有 2 属 3 种。

杨属 *Populus* L.

乔木。树干通常端直；树皮光滑或纵裂，常为灰白色。有顶芽（胡杨无），芽鳞多数，常有黏脂。枝有长（包括萌枝）短枝之分，圆柱形或具棱线。叶互生，多为卵圆形、卵圆状披针形或三角状卵形，在不同的枝（如长枝、短枝、萌枝）上常为不同的形状，齿状缘；叶柄长，侧扁或圆柱形，先端有或无腺点。柔荑花序下垂，常先于叶开放；雄花序较雌花序稍早开放；苞片先端尖裂或条裂，膜质，早落，花盘斜杯状；雄花有雄蕊 4 至多数，着生于花盘内，花药暗红色，花丝较短，离生；子房花柱短，柱头 2～4 裂。蒴果 2～4（5）裂。种子小，多数，子叶椭圆形。

本属约有 100 种，广泛分布于欧洲、亚洲、北美洲。一般分布在北纬 30°～72° 范围内，垂直分布多在海拔 3000 米以下。我国约有 62 种（包括 6 杂交种），其中引入栽培的约有 4 种，此外还有很多变种、变型和引种的品系。潜江市有 1 种。

18. 意大利 214 杨 *Populus×canadensis* 'I-214'

【植物形态】高大乔木。主干通直或微弯；侧枝发达，密集；树皮初光滑，后变厚，沟裂。幼叶红色，叶长 15 厘米，叶柄带红色。果序长 16 ～ 25 厘米；蒴果较小，柱头 2 裂。

【生长环境】喜温暖湿润气候，耐瘠薄及微碱性土壤。潜江市周矶街道有发现。

【药用部位】雄花序。

【采收加工】春季花蕾开花时，分批摘取雄花序，鲜用或晒干。

【性味归经】味苦，性寒；归大肠经。

【功能主治】清热解毒，化湿止痢。

柳属 *Salix* L.

乔木或匍匐状、垫状、直立灌木。枝圆柱形，髓心近圆形。无顶芽，侧芽通常紧贴枝上，芽鳞单一。叶互生，稀对生，通常狭而长，多为披针形，羽状脉，有锯齿或全缘；叶柄短；具托叶，多有锯齿，常早落，稀宿存。柔荑花序直立或斜展，先于叶开放，或与叶同时开放，稀后于叶开放；苞片全缘，有毛或无毛，宿存，稀早落；雄蕊 2 至多数，花丝离生或部分或全部合生；腺体 1 ～ 2（位于花序轴与花丝之间者为腹腺，近苞片者为背腺）；雌蕊由 2 心皮组成，子房无柄或有柄，花柱长短不一，或缺，单一或分裂，柱头 1 ～ 2，分裂或不分裂。蒴果 2 瓣裂；种子小，多暗褐色。

本属多为灌木，稀乔木，无顶芽、合轴分枝、雄蕊数目较少、虫媒花等特征表明，本属较杨属与钻天柳属进化。本属约有 520 种，主产于北半球温带地区，寒带地区次之，亚热带地区和南半球极少，大洋洲无野生种。我国有 257 种 122 变种 33 变型，各地均产。

潜江市有 2 种。

19. 垂柳 *Salix babylonica* L.

【别名】水柳、垂丝柳、清明柳。

【植物形态】乔木，高 12～18 米，树冠开展而疏散。树皮灰黑色，不规则开裂；枝细，下垂，淡褐黄色、淡褐色或带紫色，无毛。芽线形，先端急尖。叶狭披针形或线状披针形，长 9～16 厘米，宽 0.5～1.5 厘米，先端长渐尖，基部楔形，两面无毛或微有毛，上面绿色，下面色较淡，锯齿缘；叶柄长（3）5～10 毫米，有短柔毛；托叶仅生于萌发枝上，斜披针形或卵圆形，边缘有齿。花序先于叶开放，或与叶同时开放；雄花序长 1.5～2（3）厘米，有短梗，轴有毛；雄蕊 2，花丝与苞片近等长或较长，基部多少有长毛，花药红黄色；苞片披针形，外面有毛；腺体 2；雌花序长 2～3（5）厘米，有梗，基部有 3～4 小叶，轴有毛；子房椭圆形，无毛或下部稍有毛，无柄或近无柄，花柱短，柱头 2～4 深裂；苞片披针形，长 1.8～2（2.5）毫米，外面有毛；腺体 1。蒴果长 3～4 毫米，带绿黄褐色。花期 3—4 月，果期 4—5 月。

【生长环境】产于长江流域与黄河流域，其他各地均有栽培，为道旁、水边等绿化树种。耐水湿，也能生于干旱处。潜江市曹禺公园有发现。

【药用部位】枝条。

【采收加工】春季摘取嫩树枝条，鲜用或晒干。

【性味归经】味苦，性寒；归胃、肝经。

【功能主治】祛风利湿，解毒消肿。

20. 三蕊柳 *Salix nipponica* **Franchet & Savatier**

【别名】毛柳。

【植物形态】灌木或乔木，高 6～10 米。树皮暗褐色或近黑色，有沟裂；小枝褐色或灰绿褐色，幼枝稍有短柔毛。芽卵形，急尖，有棱，无毛，褐色，紧贴枝上。叶阔长圆状披针形、披针形至倒披针形，长 7～10 厘米，宽 1.5～3 厘米，先端常为突尖，基部圆形或楔形，上面深绿色，有光泽，下面苍白色，边缘锯齿有腺点，幼时稍有短柔毛，成叶无毛；叶柄长 5～6（10）毫米，常在其上部有 2 腺点；托叶斜阔卵形或卵状披针形，有明显齿缘，上面常密被黄色腺点；萌发枝的叶披针形，先端长渐尖，可长达 15 厘米，宽 2 厘米；有肾形至卵形的托叶，幼时有短柔毛，后脱落。花序与叶同时开放，有梗，基部具有 2～3 锯齿缘的叶；雄花序长 3（5）厘米；轴有长毛；雄蕊 3，稀为 2、4、5，花丝基部有短柔毛；苞片长圆形或卵形，长 1.5～3 毫米，黄绿色，两面被疏短柔毛，或外面近无毛；腺体 2，背生或腹生，有时 2 裂或 4～5 裂；雌花序长 3.5（6）厘米，有梗，着生有锯齿缘的叶；子房卵状圆锥形，长 4～5 毫米，无毛，绿色，多少呈苍白色，子房柄长 1～2 毫米，花柱短，柱头 2 裂；苞片长圆形，为子房的 1/2，两面被疏短柔毛，或外面近无毛；腺体 2（雌花腺体 1），一般背腺较小，常比子房柄短。花期 4 月，果期 5 月。

【生长环境】生于林区，多沿河生长，海拔 500 米以下。潜江市周矶街道有发现。

十四、杜仲科　Eucommiaceae

落叶乔木。叶互生，单叶，具羽状脉，边缘有锯齿，具柄，无托叶。花雌雄异株，无花被，先于叶开放，或与新叶同时从鳞芽长出。雄花簇生，有短柄，具小苞片；雄蕊 5～10，线形，花丝极短，花药 4 室，纵裂。雌花单生于小枝下部，有苞片，具短花梗，子房 1 室，由合生心皮组成，有子房柄，扁平，顶端 2 裂，柱头位于裂口内侧，先端反折，胚珠 2 枚，并立、倒生、下垂。果不开裂，扁平，长椭圆形的翅果先端 2 裂，果皮薄革质，果梗极短；种子 1 粒，垂生于顶端；胚乳丰富；胚直立，与胚乳同长；子叶肉质，扁平；外种皮膜质。

本科有 1 属 1 种，中国特有，分布于华中、华西、西南及西北地区，现广泛栽培。潜江市有发现。

杜仲属 *Eucommia* Oliver

属的特征与科相同。

潜江市有发现。

21. 杜仲 *Eucommia ulmoides* Oliver

【植物形态】落叶乔木，高达 20 米，胸径约 50 厘米；树皮灰褐色，粗糙，内含橡胶，折断拉开后有细丝。嫩枝有黄褐色毛，不久变秃净，老枝有明显的皮孔。芽体卵圆形，外面发亮，红褐色，有鳞片 6 ～ 8 片，边缘有微毛。叶椭圆形、卵形或矩圆形，薄革质，长 6 ～ 15 厘米，宽 3.5 ～ 6.5 厘米；基部圆形或阔楔形，先端渐尖；上面暗绿色，初时有褐色柔毛，不久变秃净，老叶略有皱纹，下面淡绿色，初时有褐色毛，以后仅在脉上有毛；侧脉 6 ～ 9 对，与网脉在上面下陷，在下面稍凸起；边缘有锯齿；叶柄长 1 ～ 2 厘米，上面有槽，被散生长毛。花生于当年枝基部，雄花无花被；花梗长约 3 毫米，无毛；苞片倒卵状匙形，长 6 ～ 8 毫米，顶端圆形，边缘有睫毛状毛，早落；雄蕊长约 1 厘米，无毛，花丝长约 1 毫米，药隔凸出，花粉囊细长，无退化雌蕊。雌花单生，苞片倒卵形，花梗长 8 毫米，子房无毛，1 室，扁而长，先端 2 裂，子房柄极短。翅果扁平，长椭圆形，长 3 ～ 3.5 厘米，宽 1 ～ 1.3 厘米，先端 2 裂，基部楔形，周围具薄翅；坚果位于中央，稍凸起，子房柄长 2 ～ 3 毫米，与果梗相接处有关节。种子扁平，线形，长 1.4 ～ 1.5 厘米，宽 3 毫米，两端圆形。早春开花，秋后果实成熟。

【生长环境】生于海拔 300 ～ 500 米的低山、谷地或低坡的疏林里，对土壤的要求不高。潜江市总口镇有发现。

【药用部位】树皮。

【采收加工】栽培 10 ～ 20 年，用半环剥法剥取树皮。

【性味归经】味甘、微辛，性温；归肝、肾经。

【功能主治】补肝肾，强筋骨，安胎。

十五、桑科 Moraceae

乔木或灌木，藤本，稀为草本，通常具乳液，有刺或无刺。叶互生，稀对生，全缘或具锯齿，分裂或不分裂，叶脉掌状或羽状，有或无钟乳体；托叶 2 枚，通常早落。花小，单性，雌雄同株或异株，无花瓣；花序腋生，典型成对，总状、圆锥状、头状、穗状或壶状，稀为聚伞状，花序托有时为肉质，增厚或封闭而为隐头花序，或开张而为头状或圆柱状花序。雄花：花被片 2～4 枚，有时仅为 1 枚或更多至 8 枚，分离或合生，覆瓦状或镊合状排列，宿存；雄蕊通常与花被片同数而对生，花丝在芽时内折或直立，花药具尖头，或小而 2 浅裂无尖头，从新月形至陀螺形（具横的赤道裂口），退化雌蕊有或无。雌花：花被片 4，稀更多或更少，宿存；子房 1 室，稀 2 室，上位、下位或半下位，或埋藏于花序轴上的陷穴中，每室有倒生或弯生胚珠 1 枚，着生于子房室的顶部或近顶部；花柱 2 裂或单一，具 2 或 1 个柱头臂，柱头非头状或盾形。果为瘦果或核果状，围以肉质变厚的花被，或藏于其内形成聚花果，或隐藏于壶形花序托内壁，形成隐花果，或陷入发达的花序轴内，形成大型的聚花果。种子大或小，包于内果皮中；种皮膜质或不存；胚悬垂，弯或直；幼根长或短，背倚子叶；子叶皱褶，对折或扁平，叶状或增厚，相等或极不相等。

本科约有 53 属 1400 种。多产于热带、亚热带地区，少数分布在温带地区。我国约有 12 属 153 种和亚种，并有变种及变型 59 个。潜江市有 5 属 5 种。

构属 *Broussonetia* L′ Hert. ex Vent.

乔木或灌木，或攀援藤状灌木；有乳液，冬芽小。叶互生，分裂或不分裂，边缘具锯齿，基生叶脉三出，侧脉羽状；托叶侧生，分离，卵状披针形，早落。花雌雄异株或同株；雄花为下垂柔荑花序或球形头状花序，花被片 3 或 4 裂，雄蕊与花被裂片同数而对生，在花芽时内折，退化雄蕊小；雌花密集成球形头状花序，苞片棍棒状，宿存，花被管状，顶端 3～4 裂或全缘，宿存，子房内藏，具柄，花柱侧生，线形，胚珠自室顶垂悬。聚花果球形，胚弯曲，子叶圆形，扁平或对褶。

本属约有 4 种，分布于亚洲东部和太平洋岛屿。我国均产，主要分布于西南部至东南部地区。潜江市有 1 种。

22. 构树 *Broussonetia papyrifera*（L.）L′ Hert. ex Vent.

【别名】楮桃、楮、谷桑、谷树。

【植物形态】乔木，高 10～20 米；树皮暗灰色；小枝密生柔毛。叶螺旋状排列，广卵形至长椭圆状卵形，长 6～18 厘米，宽 5～9 厘米，先端渐尖，基部心形，两侧常不相等，边缘具粗锯齿，不分裂或 3～5 裂，小树的叶常有明显分裂，表面粗糙，疏生糙毛，背面密被茸毛，基生叶脉三出，侧脉 6～7 对；叶柄长 2.5～8 厘米，密被糙毛；托叶大，卵形，狭渐尖，长 1.5～2 厘米，宽 0.8～1 厘米。花雌雄异株；雄花序为柔荑花序，粗壮，长3～8厘米，苞片披针形，被毛，花被4裂，裂片三角状卵形，被毛，雄蕊4，花药近球形，退化雌蕊小；雌花序球形头状，苞片棍棒状，顶端被毛，花被管状，顶端与花柱紧贴，子房卵圆形，柱头线形，被毛。聚花果直径1.5～3厘米，成熟时橙红色，肉质；瘦果具柄，表面有小瘤，龙骨双层，外果皮壳质。花期4—5月，果期6—7月。

【生长环境】产于我国南北各地，野生或栽培。潜江市各地均可见。

【药用部位】果实。

【采收加工】移栽4～5年，9月果实成熟时采摘，除去灰白色膜状宿存花萼及杂质，晒干。

【性味归经】味甘，性寒；归肝、肾、脾经。

【功能主治】清肝明目，健脾利水，滋肾。

榕属 *Ficus* L.

乔木或灌木，有时为攀援状，或为附生，具乳液。叶互生，稀对生，全缘或具锯齿或分裂，无毛或被毛，有或无钟乳体；托叶合生，包围顶芽，早落，遗留环状疤痕。花雌雄同株或异株，生于肉质壶形花序托内壁；雌雄同株的花序托内有雄花、瘿花和雌花；雌雄异株的花序托内雄花、瘿花同生于一花序托内，而雌花或不育花则生于另一植株花序托内壁（具有雄花、瘿花或雌花的花序托为隐花果，后简称榕果）；雄花，花被片2～6，雄蕊1～3，稀更多，花在花芽时直立，退化雌蕊缺；雌花，花被片与雄花同数或不完全或缺，子房直生或偏斜，花柱顶生或侧生；瘿花，与雌花相似，为膜翅目榕黄蜂科昆虫所栖息。榕果腋生或生于老茎，口部苞片覆瓦状排列，基生苞片3，早落或宿存，有时苞片侧生，有或无总梗。

本属约有1000种，主要分布于热带、亚热带地区。我国约有98种3亚种43变种2变型。分布于西南部至东部和南部地区，其余地区较稀少。

潜江市有1种。

23. 无花果 *Ficus carica* L.

【别名】阿驵。

【植物形态】落叶灌木，高3～10米，多分枝；树皮灰褐色，皮孔明显；小枝直立，粗壮。叶互生，厚纸质，广卵圆形，长宽近相等，10～20厘米，通常3～5裂，小裂片卵形，边缘具不规则钝齿，表面粗糙，背面密生细小钟乳体及灰色短柔毛，基部浅心形，基生侧脉3～5条，侧脉5～7对；叶柄长2～5厘米，粗壮；托叶卵状披针形，长约1厘米，红色。雌雄异株，雄花和瘿花同生于一榕果内壁，雄花生于内壁口部，花被片4～5，雄蕊3，有时1或5，瘿花花柱侧生，短；雌花花被与雄花同，子房卵圆形，光滑，花柱侧生，柱头2裂，线形。榕果单生于叶腋，大而梨形，直径3～5厘米，顶部下陷，成熟时紫红色或黄色，基生苞片3，卵形；瘦果透镜状。花果期5—7月。

【生长环境】我国唐代即从波斯传入，现南北各地均有栽培，新疆南部尤多。潜江市梅苑有发现。

【药用部位】果实。

【采收加工】7—10月果实呈绿色时，分批采摘，或拾取落地的未成熟果实，鲜果用开水烫后，晒干或烘干。

【性味归经】味甘，性凉；归肺、胃、大肠经。

【功能主治】清热生津，健脾开胃，解毒消肿。

葎草属 *Humulus* L.

一年生或多年生草本，茎粗糙，具棱。叶对生，3～7裂。花单性，雌雄异株；雄花为圆锥花序式的总状花序；花被5裂，雄蕊5，在花芽时直立，雌花少数，生于宿存覆瓦状排列的苞片内，排成一假柔荑花序，结果时苞片增大，变成球果状体，每花有一全缘苞片包围子房，花柱2。果为扁平的瘦果。

本属有3种，主要分布于北半球温带及亚热带地区。我国产3种，主要分布于东南部和西南部地区。

潜江市有1种。

24. 葎草 *Humulus scandens* (Lour.) Merr.

【别名】勒草、葛勒子秧、拉拉藤、锯锯藤。

【植物形态】缠绕草本，茎、枝、叶柄均具倒钩刺。叶纸质，肾状五角形，掌状5～7深裂，稀为3裂，长、宽均7～10厘米，基部心形，表面粗糙，疏生糙伏毛，背面有柔毛和黄色腺体，裂片卵状三角形，边缘具锯齿；叶柄长 5 ～ 10 厘米。雄花小，黄绿色，圆锥花序，长 15 ～ 25 厘米；雌花序球果状，直径约 5 毫米，苞片纸质，三角形，顶端渐尖，具白色茸毛；子房为苞片包围，柱头 2，伸出苞片外。瘦果成熟时露出苞片外。花期春、夏季，果期秋季。

【生长环境】我国除新疆、青海外，南北各地均有分布。常生于沟边、荒地、废墟、林缘。潜江市各地均可见。

【药用部位】全草。

【采收加工】9—10 月采收，选晴天，收割地上部分，除去杂质，晒干。

【性味归经】味甘、苦，性寒；归肺、肾经。

【功能主治】清热解毒，利尿通淋。

桑属 *Morus* L.

落叶乔木或灌木，无刺；冬芽具 3 ～ 6 枚芽鳞，覆瓦状排列。叶互生，边缘具锯齿，全缘至深裂，基生叶脉三至五出，侧脉羽状；托叶侧生，早落。花雌雄异株或同株，或同株异序，雌雄花序均为穗状；雄花，花被片 4，覆瓦状排列，雄蕊 4，与花被片对生，在花芽时内折，退化雌蕊陀螺形；雌花，花被片 4，覆瓦状排列，结果时增厚为肉质，子房 1 室，花柱有或无，柱头 2 裂，内面被毛或为乳头状突起；聚花果（俗称桑）由多数包藏于肉质花被片内的核果组成，外果皮肉质，内果皮壳质。种子近球形，胚乳丰富，胚内弯，子叶椭圆形，胚根向上内弯。

本属约有 16 种，主要分布在北半球温带地区，但在亚洲热带山区可达印度尼西亚，在非洲南达热带，在美洲可达安第斯山。我国有 11 种，各地均有分布。

潜江市有 1 种。

25. 桑 *Morus alba* L.

【别名】家桑、桑树。

【植物形态】乔木或灌木，高 3 ～ 10 米或更高，胸径可达 50 厘米，树皮厚，灰色，具不规则浅纵裂；冬芽红褐色，卵形，芽鳞覆瓦状排列，灰褐色，有细毛；小枝有细毛。叶卵形或广卵形，长 5 ～ 15 厘米，宽 5 ～ 12 厘米，先端急尖、渐尖或圆钝，基部圆形至浅心形，边缘锯齿粗钝，有时叶为各种分裂，表面鲜绿色，无毛，背面沿脉有疏毛，脉腋有簇毛；叶柄长 1.5～5.5 厘米，具柔毛；托叶披针形，早落，外面密被细硬毛。花单性，腋生或生于芽鳞腋内，与叶同时生出；雄花序下垂，长 2～3.5 厘米，密被白色柔毛，花被片宽椭圆形，淡绿色。花丝在花芽时内折，花药 2 室，球形至肾形，纵裂；雌花序长 1～2 厘米，被毛，总花梗长 5～10 毫米，被柔毛，雌花无梗，花被片倒卵形，顶端圆钝，外面和边缘被毛，两侧紧抱子房，无花柱，柱头 2 裂，内面有乳头状突起。聚花果卵状椭圆形，长 1～2.5 厘米，成熟时红色或暗紫色。花期 4—5 月，果期 5—8 月。

【生长环境】生于丘陵、山坡、村旁、田野等处，多为人工栽培。潜江市各地均可见。

【药用部位】果穗。

【采收加工】5—6 月当桑的果穗变红色时采收，晒干或蒸后晒干。

【性味归经】味甘、酸，性寒；归肝、肾经。

【功能主治】滋阴养血，生津润肠。

水蛇麻属 *Fatoua* Gaud.

草本。叶互生，边缘具锯齿；托叶早落。花单性同株，雌雄花混生，组成腋生头状聚伞花序，具小苞片；雄花，花被片 4 深裂，裂片镊合状排列；雄蕊 4，花丝在花芽时内折；退化雌蕊很小；雌花；花被 4～6 裂，裂片排列与雄花同，子房歪斜，花柱稍侧生，柱头 2 裂，丝状，胚珠倒生。瘦果小，斜球形，微扁，为宿存花被包围，果皮稍壳质；种皮膜质，无胚乳，内曲，子叶宽，相等，胚根长，向上内弯。

本属有 2 种，分布于亚洲东部、东南亚至澳大利亚北部及新喀里多尼亚等地。我国东南地区、南部地区和中部地区常见，西南地区少见。

潜江市有 1 种。

26. 水蛇麻 *Fatoua villosa*（Thunb.）Nakai

【别名】小蛇麻。

【植物形态】一年生草本，高 30～80 厘米，枝直立，纤细，少分枝或不分枝，幼时绿色，后变黑色，

微被长柔毛。叶膜质，卵圆形至宽卵圆形，长 5 ~ 10 厘米，宽 3 ~ 5 厘米，先端急尖，基部心形至楔形，边缘锯齿三角形，微钝，两面被粗糙贴伏柔毛，侧脉每边 3 ~ 4 条；叶片在基部稍下延成叶柄；叶柄被柔毛。花单性，聚伞花序腋生，直径约 5 毫米；雄花钟形；花被裂片长约 1 毫米，雄蕊伸出花被片外，与花被片对生；雌花，花被片宽舟状，稍长于雄花被片，子房近扁球形，花柱侧生，丝状，长 1 ~ 1.5 毫米，约长于子房 2 倍。瘦果略扁，具 3 棱，表面散生细小瘤体；种子 1 粒。花期 5—8 月。

【生长环境】多生于荒地、道旁，或岩石及灌丛中。潜江市渔洋镇有发现。

十六、荨麻科　Urticaceae

草本、亚灌木或灌木，稀乔木或攀援藤本，有时有刺毛；钟乳体点状、杆状或条形，在叶或有时在茎和花被的表皮细胞内隆起。茎常富含纤维，有时肉质。叶互生或对生，单叶；托叶存在，稀缺。花极小，单性，稀两性，风媒传粉，花被单层，稀 2 层；花序雌雄同株或异株，若同株常为单性，有时两性（即雌雄花混生于同一花序），稀具两性花而成杂性，由若干小的团伞花序（排成聚伞状、圆锥状、总状、伞房状、穗状、串珠式穗状、头状，有时花序轴上端发育成球状、杯状或盘状多少呈肉质的花序托，稀退化成单花。雄花：花被片 4 ~ 5，有时 2 或 3，稀 1，覆瓦状排列或镊合状排列；雄蕊与花被片同数，花药 2 室，成熟时药壁纤维层细胞不等收缩，引起药壁破裂，并与花丝内表皮垫状细胞膨胀运动协调作用，将花粉向上弹射；退化雌蕊常存在。雌花：花被片 5 ~ 9，稀 2 或缺，分生或多少合生，花后常增大，宿存；退化雄蕊鳞片状，或缺；雌蕊由 1 心皮构成，子房 1 室，与花被离生或贴生，具雌蕊柄或无柄；花柱单一或无花柱，柱头头状、画笔头状、钻形、丝形、舌状或盾形；胚珠 1，直立。果实为瘦果，有时为肉质核果状，常包被于宿存的花被内。种子具直生的胚；胚乳常为油质或缺；子叶肉质，卵形、椭圆形或圆形。

本科有 47 属约 1300 种，分布于热带与温带地区。我国有 25 属 352 种 26 亚种 63 变种 3 变型，产于全国各地，以长江流域以南亚热带和热带地区分布较多，多数喜生于阴湿环境。

潜江市有 3 属 3 种。

花点草属 *Nanocnide* Bl.

一年生或多年生草本，具刺毛。茎下部常匍匐，丛生状。叶互生，膜质，具柄，边缘具粗齿或近浅窄裂，基出脉不规则三至五出，侧脉二叉状分枝，钟乳体短杆状；托叶侧生，分离。花单性，雌雄同株；雄聚伞花序，疏松，具梗，腋生；雌花序团伞状，无梗或具短梗，腋生。雄花：花被5裂，稀4裂，稍覆瓦状排列，裂片背面近先端处常有较明显的角状突起；雄蕊与花被裂片同数；退化雌蕊宽倒卵形，透明。雌花：花被不等4深裂，外面一对较大，背面具龙骨状突起，内面一对较窄小而平；子房直立，椭圆形；花柱缺，柱头画笔头状。瘦果宽卵形，两侧压扁，有疣点状突起。

本属有2种，分布于我国云南、四川以东的长江流域和福建、台湾。

潜江市有1种。

27. 毛花点草 *Nanocnide lobata* Wedd.

【别名】灯笼草、蛇药草、小九龙盘、雪药、泡泡草。

【植物形态】一年生或多年生草本。茎柔软，铺散丛生，自基部分枝，长17～40厘米，常半透明，有时下部带紫色，被向下弯曲的微硬毛。叶膜质，宽卵形至三角状卵形，长1.5～2厘米，宽1.3～1.8厘米，先端钝或锐尖，基部近截形至宽楔形，边缘每边具4～5（7）枚不等大的粗圆齿或近裂片状粗齿，齿三角状卵形，顶端锐尖或钝，长2～5毫米，先端的1枚常较大，稀全绿，茎下部的叶较小，扇形，先端钝或圆形，基部近截形或浅心形，上面深绿色，疏生小刺毛和短柔毛，下面浅绿色，略有光泽，在脉上密生紧贴的短柔毛，基出脉3～5条，两面散生短杆状钟乳体；叶柄在茎下部的长于叶片，茎上部的短于叶片，被向下弯曲的短柔毛；托叶膜质，卵形，长约1毫米，具缘毛。雄花序常生于枝的上部叶腋，稀数朵雄花散生于雌花序的下部，具短梗，长5～12毫米；雌花序由多数花组成团聚伞花序，生于枝的顶部叶腋或茎下部裸茎的叶腋内（有时花枝梢也无叶），直径3～7毫米，具短梗或无梗。雄花淡绿色，直径2～3毫米；花被（4）5深裂，裂片卵形，长约1.5毫米，背面上部有鸡冠状突起，其边缘疏生白色小刺毛；雄蕊（4）5，长2～2.5毫米；退化雌蕊宽倒卵形，长约0.5毫米，透明。雌花长1～1.5毫米；花被片绿色，不等4深裂，外面一对较大，近舟形，长超过子房，在背部龙骨上和边缘密生小刺毛，内面一对裂片较小，狭卵形，与子房近等长。瘦果卵形，压扁，褐色，长约1毫米，有疣点状突起，外

面围以稍大的宿存花被片。花期4—6月，果期6—8月。

【生长环境】生于山谷溪旁和石缝、路旁阴湿地区和草丛中，海拔25～1400米。潜江市王场镇有发现。

【药用部位】全草。

【采收加工】春、夏季采收，鲜用或晒干。

【性味归经】味苦，性凉。

【功能主治】清热解毒，散结消肿，止血。

冷水花属 *Pilea* Lindl.

草本或亚灌木，稀灌木，无刺毛。叶对生，具柄，稀同对的1枚近无柄，叶片同对的近等大或极不等大，对称，有时不对称，边缘具齿或全缘，具3出脉，稀羽状脉，钟乳体条形、纺锤形或短杆状，稀点状；托叶膜质鳞片状或草质叶状，在柄内合生。花雌雄同株或异株，花序单生或成对腋生，聚伞状、聚伞总状、聚伞圆锥状、穗状、串珠状、头状，稀雄花序盘状（此时花序具杯状花序托）；苞片小，生于花的基部。花单性，稀杂性；雄花4或5基数，稀2基数：花被片合生至中部或基部，镊合状排列，稀覆瓦状排列，在外面近先端处常有角状突起；雄蕊与花被片同数；退化雌蕊小。雌花通常3基数，有时5、4或2基数：花被片分生或多少合生，在果时增大，常不等大，有时近等大，当3基数时，中间的1枚常较大，外面近先端常有角状突起或呈帽状，有时背面呈龙骨状；退化雄蕊内折，鳞片状，花后常增大，明显或不明显；子房直立，顶端多少歪斜；柱头呈画笔头状。瘦果卵形或近圆形，稀长圆形，多少压扁，常稍偏斜，表面平滑或有瘤状突起，稀隆起呈鱼眼状。种子无胚乳，子叶宽。染色体基数 x=8，12，13，15，18。

本属约有400种。我国约有90种，主要分布于长江以南各地，东北、甘肃等地亦有分布。

潜江市有1种。

28. 粗齿冷水花 *Pilea sinofasciata* C. J. Chen

【别名】扁化冷水花、扇花冷水花、宫麻、紫绿草、阿伯秀。

【植物形态】草本。茎肉质，高25～100厘米，有时上部有短柔毛，几乎不分枝。叶同对近等大，椭圆形、卵形、椭圆状或长圆状披针形，稀卵形，长（2）4～17厘米，宽（1.5）2～7厘米，先端常长尾状渐尖，稀锐尖或渐尖，基部楔形或圆钝，边缘在基部以上有粗大的齿或牙齿状锯齿；下部的叶常渐变小，倒卵形或扇形，先端锐尖或近圆形，有数枚粗钝齿，上面沿着中脉常有2条白斑带，疏生透明短毛，后渐脱落，下面近无毛或有时在脉上有短柔毛，钟乳体蠕虫形，长0.2～0.3毫米，不明显，常在下面围着细脉增大的结节点排成星状，基出脉3条，其侧生的2条与中脉成20°～30°的夹角并伸达上部与邻近侧脉环结，侧脉下部的数对不明显，上部的3～4对明显增粗结成网状；叶柄长（0.5）1～5厘米，

在其上部常有短毛，有时整个叶柄生短柔毛；托叶小，膜质，三角形，长约 2 毫米，宿存。花雌雄异株或同株；花序聚伞圆锥状，具短梗，长不过叶柄。雄花具短梗，在芽时长 1～1.5 毫米；花被片 4 枚，合生至中下部，椭圆形，内凹，先端圆钝，其中 2 枚在外面近先端处有不明显的短角状突起，有时（尤其在花芽时）有较明显的短角；雄蕊 4；退化雌蕊小，圆锥状。雌花小，长约 0.5 毫米；花被片 3 枚，近等大。瘦果卵圆形，顶端歪斜，长约 0.7 毫米，成熟时外面常有细疣点，宿存花被片在下部合生，宽卵形，先端圆钝，边缘膜质，长约为果的一半；退化雄蕊长圆形，长约 0.4 毫米。花期 6—7 月，果期 8—10 月。

【生长环境】生于海拔 700～2500 米山坡林下阴湿处。潜江市森林公园有发现。

【药用部位】全草。

【采收加工】夏、秋季采收，鲜用或晒干。

【性味归经】味辛，性平。

【功能主治】清热解毒，活血祛风，理气止痛。

雾水葛属 *Pouzolzia* Gaudich.

灌木、亚灌木或多年生草本。叶互生，稀对生，边缘有牙状齿或全缘，基出脉 3 条，钟乳体点状；托叶分生，常宿存。团伞花序通常两性，有时单性，生于叶腋，稀形成穗状花序；苞片膜质，小。雄花：花被片（3）4～5 枚，镊合状排列，基部合生，通常合生至中部，椭圆形；雄蕊与花被片对生；退化雌蕊倒卵形或棒状。雌花：花被管状，常卵形，顶端缢缩，有 2～4 个小齿，果期多少增大，有时具纵翅。瘦果卵球形，果皮壳质，常有光泽。染色体基数 x=10，11，12，13，16。

本属约有 40 种，分布于热带和亚热带地区。我国有 8 种，自西南、华南地区分布至湖北、安徽南部，多数产于西南地区。

潜江市有 1 种。

29. 雾水葛 *Pouzolzia zeylanica*（L.）Benn.

【植物形态】多年生草本；茎直立或渐升，高 12～40 厘米（茎披散或稍呈匍匐状，长可达 1 米），不分枝，通常在基部或下部有 1～3 对对生的长分枝，枝条不分枝或有少数极短的分枝，有短伏毛，或混有开展的疏柔毛。叶全部对生，或茎顶部的对生；叶片草质，卵形或宽卵形，长 1.2～3.8 厘米，宽 0.8～2.6 厘米，短分枝的叶很小，长约 6 毫米，顶端短渐尖或微钝，基部圆形，边缘全缘，两面有疏伏毛，或有时下面的毛较密，侧脉 1 对；叶柄长 0.3 ～ 1.6 厘米。团伞花序通常两性，直径 1 ～ 2.5 毫米；苞片三角形，长 2 ～ 3 毫米，顶端骤尖，背面有毛。雄花：花被片 4 枚，狭长圆形或长圆状倒披针形，长约 1.5 毫米，基部稍合生，外面有疏毛；雄蕊 4，长约 1.8 毫米，花药长约 0.5 毫米；退化雌蕊狭倒卵形，长约 0.4 毫米。雌花：花被椭圆形或近菱形，长约 0.8 毫米，顶端有 2 小齿，外面密被柔毛，果期呈菱状卵形，长约 1.5 毫米；柱头长 1.2 ～ 2 毫米。瘦果卵球形，长约 1.2 毫米，淡黄白色，上部褐色或全部黑色，有光泽。花期秋季。

【生长环境】生于平地的草地上或田边，丘陵或低山的灌丛或疏林、沟边，海拔 300 ～ 800 米。潜江市园林街道有发现。

【药用部位】带根全草。

【采收加工】全年均可采收，洗净，鲜用或晒干。

【性味归经】味甘、淡，性寒。

【功能主治】清热解毒，利水通淋，消肿排脓。

十七、蓼科　Polygonaceae

草本，稀灌木或小乔木。茎直立，平卧、攀援或缠绕，通常具膨大的节，稀膝曲，具沟槽或条棱，有时中空。叶为单叶，互生，稀对生或轮生，边缘通常全缘，有时分裂，具叶柄或近无柄；托叶通常连合成鞘状（托叶鞘），膜质，褐色或白色，顶端偏斜、截形或 2 裂，宿存或脱落。花序穗状、总状、头状或圆锥状，顶生或腋生；花较小，两性，稀单性，雌雄异株或雌雄同株，辐射对称；花梗通常具关节；花被 3 ～ 5 深裂，覆瓦状，或花被片 6 枚，成 2 轮，宿存，内花被片有时增大，背部具翅、刺或小瘤；雄蕊 6 ～ 9，稀较少或较多，花丝离生或基部贴生，花药背着，2 室，纵裂；花盘环状，腺状或缺，子房上位，1 室，心皮通常 3，稀 2 ～ 4，合生，花柱 2 ～ 3，稀 4，离生或下部合生，柱头头状、盾状或画笔状，胚珠 1，直生，极少倒生。瘦果卵形或椭圆形，具 3 棱或双凸镜状，极少具 4 棱，有时具翅或刺，包于宿存花被内或外露；胚直立或弯曲，通常偏于一侧，胚乳丰富，粉末状。

　　本科约有50属1150种，世界性分布，但主产于北半球温带地区，少数分布于热带地区，我国有13属235种37变种，产于全国各地。

　　潜江市有4属9种。

何首乌属 *Fallopia* Adans.

　　一年生或多年生草本，稀半灌木。茎缠绕；叶互生、卵形或心形，具叶柄；托叶鞘筒状，顶端截形或偏斜。花序总状或圆锥状，顶生或腋生；花两性，花被5深裂，外面3枚具翅或龙骨状突起，果时增大，稀无翅无龙骨状突起；雄蕊通常8，花丝丝状，花药卵形；子房卵形，具3棱，花柱3，较短，柱头头状。瘦果卵形，具3棱，包于宿存花被内。

　　本属约有20种，主要分布于北半球的温带地区。我国有7种2变种，产于由东北到西北、西南的各地区。

　　潜江市有1种。

30. 何首乌 *Fallopia multiflora*（Thunb.）Harald.

　　【别名】多花蓼、紫乌藤、夜交藤。

　　【植物形态】多年生草本。块根肥厚，长椭圆形，黑褐色。茎缠绕，长2～4米，多分枝，具纵棱，无毛，微粗糙，下部木质化。叶卵形或长卵形，长3～7厘米，宽2～5厘米，顶端渐尖，基部心形或近心形，两面粗糙，边缘全缘；叶柄长1.5～3厘米；托叶鞘膜质，偏斜，无毛，长3～5毫米。花序圆锥状，顶生或腋生，长10～20厘米，分枝开展，具细纵棱，沿棱密被小突起；苞片三角状卵形，具小突起，顶端尖，每苞内具2～4花；花梗细弱，长2～3毫米，下部具关节，果时延长；花被5深裂，白色或淡绿色，花被片椭圆形，大小不相等，外面3枚较大，背部具翅，果时增大，花被果时外形近圆形，直径6～7毫米；雄蕊8，花丝下部较宽；花柱3，极短，柱头头状。瘦果卵形，具3棱，长2.5～3毫米，黑褐色，有光泽，包于宿存花被内。花期8—9月，果期9—10月。

　　【生长环境】生于山谷灌丛、山坡林下、沟边石隙，海拔200～3000米。潜江市园林街道

有发现。

【药用部位】干燥块根。

【采收加工】在秋季落叶后或早春萌发前采挖，除去杂质，洗净，稍浸，润透，切厚片或块，干燥。

【性味归经】味苦、甘、涩，性微温；归肝、心、肾经。

【功能主治】解毒，消痈，截疟，润肠通便。用于疮痈，瘰疬，风疹瘙痒，久疟体虚，肠燥便秘。

蓼属 *Polygonum* L.

一年生或多年生草本，稀为半灌木或小灌木。茎直立、平卧或上升，无毛、被毛或具倒生钩刺，通常节部膨大。叶互生，线形、披针形、卵形、椭圆形、箭形或戟形，全缘，稀具裂片；托叶鞘膜质或草质，筒状，顶端截形或偏斜，全缘或分裂，有缘毛或无缘毛。花序穗状、总状、头状或圆锥状，顶生或腋生，稀花簇生于叶腋；花两性，稀单性，雌雄异株；苞片及小苞片为膜质；花梗具关节；花被 5 深裂，稀 4 裂，宿存；花盘腺状、环状，有时无花盘；雄蕊 8，稀 4 ～ 7；子房卵形；花柱 2 ～ 3，离生或中下部合生；柱头头状。瘦果卵形，具 3 棱或双凸镜状，包于宿存花被内或凸出花被之外。

本属约有 230 种，广布于世界，主要分布于北半球温带地区。我国有 113 种 26 变种，南北各地均有分布。

潜江市有 5 种。

31. 萹蓄 *Polygonum aviculare* L.

【别名】扁竹、竹叶草。

【植物形态】一年生草本。茎平卧、上升或直立，高 10 ～ 40 厘米，自基部多分枝，具纵棱。叶椭圆形、狭椭圆形或披针形，长 1 ～ 4 厘米，宽 3 ～ 12 毫米，顶端圆钝或急尖，基部楔形，边缘全缘，两面无毛，下面侧脉明显；叶柄短或近无柄，基部具关节；托叶鞘膜质，下部褐色（带绿色），上部白色，撕裂脉明显。花单生或数朵簇生于叶腋，遍布于植株；苞片薄膜质；花梗细，顶部具关节；花被 5 深裂，花被片椭圆形，长

2～2.5毫米，绿色，边缘白色或淡红色；雄蕊8，花丝基部扩展；花柱3，柱头头状。瘦果卵形，具3棱，长2.5～3毫米，黑褐色，密被由小点组成的细条纹，无光泽，与宿存花被近等长或稍超过。花期5—7月，果期6—8月。

【生长环境】生于田边、沟边湿地，海拔10～4200米。广布于北半球温带地区。潜江市广布，常见。

【药用部位】全草。

【采收加工】在播种当年的7—8月生长旺盛时采收，齐地割取全株，除去杂草、泥沙，捆成把，鲜用或晒干。

【性味归经】味苦，性微寒；归膀胱、大肠经。

【功能主治】利水通淋，杀虫止痒。

32. 蓼子草 *Polygonum criopolitanum* Hance

【植物形态】一年生草本。茎自基部分枝，平卧，丛生，节部生根，高10～15厘米，被长糙伏毛及稀疏的腺毛。叶狭披针形或披针形，长1～3厘米，宽3～8毫米，顶端急尖，基部狭楔形，两面被糙伏毛，边缘具缘毛及腺；叶柄极短或近无柄；托叶鞘膜质，密被糙伏毛，顶端截形，具长缘毛。花序头状，顶生，花序梗密被腺毛；苞片卵形，长2～2.5毫米，密生糙伏毛，具长缘毛，每苞内具1花；花梗比苞片长，密被腺毛，顶部具关节；花被5深裂，淡紫红色，花被片卵形，长3～4毫米；雄蕊5，花药紫色；花柱2，中上部合生。瘦果椭圆形，双凸镜状，长约2.5毫米，有光泽，包于宿存花被内。花期7—11月，果期9—12月。

【生长环境】生于河滩沙地、沟边湿地，海拔50～900米。潜江市王场镇有发现。

【药用部位】全草。

【采收加工】夏、秋季采收，鲜用或晒干。

【性味归经】味苦、辛，性平；归肺经。

【功能主治】祛风解表，清热解暑。

33. 水蓼 *Polygonum hydropiper* L.

【别名】辣蓼。

【植物形态】一年生草本，高40～70厘米。茎直立，多分枝，无毛，节部膨大。叶披针形或椭圆状披针形，长4～8厘米，宽0.5～2.5厘米，顶端渐尖，基部楔形，边缘全缘，具缘毛，两面无毛，被褐色小点，有时沿中脉具短硬伏毛，具辛辣味，叶腋具闭花受精花；叶柄长4～8毫米；托叶鞘筒状，膜质，褐色，长1～1.5厘米，疏生短硬伏毛，顶端截形，具短缘毛，通常托叶鞘内藏有花簇。总状花序呈穗状，顶生或腋生，长3～8厘米，通常下垂，花稀疏，下部间断；苞片漏斗状，长2～3毫米，绿色，边缘膜质，疏生短缘毛，每苞内具3～5花；花梗比苞片长；花被5深裂，稀4裂，绿色，上部白色或淡红色，被黄褐色透明腺点，花被片椭圆形，长3～3.5毫米；雄蕊6，稀8，比花被短；花柱2～3，柱头头状。瘦果卵形，长2～3毫米，双凸镜状或具3棱，密被小点，黑褐色，无光泽，包于宿存花被内。花期5—9月，果期6—10月。

【生长环境】生于河滩、水沟边、山谷湿地，海拔50～3500米。潜江市广布，常见。

【药用部位】地上部分。

【采收加工】在播种当年的7—8月花期，采割地上部分，鲜用，或铺地晒干。

【性味归经】味辛、苦，性平；归脾、胃、大肠经。

【功能主治】行滞化湿，散瘀止血，祛风止痒，解毒。

34. 红蓼 *Polygonum orientale* L.

【别名】荭草、东方蓼、狗尾巴花。

【植物形态】一年生草本。茎直立，粗壮，高 1～2 米，上部多分枝，密被开展的长柔毛。叶宽卵形、宽椭圆形或卵状披针形，长 10～20 厘米，宽 5～12 厘米，顶端渐尖，基部圆形或近心形，微下延，边缘全缘，密生缘毛，两面密生短柔毛，叶脉上密生长柔毛；叶柄长 2～10 厘米，具开展的长柔毛；托叶鞘筒状，膜质，长 1～2 厘米，被长柔毛，具长缘毛，通常沿顶端具草质、绿色的翅。总状花序穗状，顶生或腋生，长 3～7 厘米，花紧密，微下垂，通常数朵再组成圆锥状；苞片宽漏斗状，长 3～5 毫米，草质，绿色，被短柔毛，边缘具长缘毛，每苞内具 3～5 花；花梗比苞片长；花被 5 深裂，淡红色或白色；花被片椭圆形，长 3～4 毫米；雄蕊 7，比花被长；花盘明显；花柱 2，中下部合生，比花被长，柱头头状。瘦果近圆形，双凹，直径 3～3.5 毫米，黑褐色，有光泽，包于宿存花被内。花期 6—9 月，果期 8—10 月。

【生长环境】生于沟边湿地、村边路旁，海拔 30～2700 米。潜江市高石碑镇有发现。

【药用部位】果实。

【采收加工】秋季果实成熟时，采收果穗，晒干，打下果实，除去杂质。

【性味归经】味咸，性凉；归肝、脾经。

【功能主治】活血消积，健脾利湿，清热解毒，明目。

35. 杠板归 *Polygonum perfoliatum* L.

【别名】刺犁头、贯叶蓼。

【植物形态】一年生草本。茎攀援，多分枝，长 1～2 米，具纵棱，沿棱具稀疏的倒生皮刺。叶三角形，长 3～7 厘米，宽 2～5 厘米，顶端钝或微尖，基部截形或微心形，薄纸质，上面无毛，下面沿叶脉疏生皮刺；叶柄与叶片近等长，具倒生皮刺，盾状着生于叶片的近基部；托叶鞘叶状，草质，绿色，圆形或近圆形，穿叶，直径 1.5～3 厘米。总状花序短穗状，不分枝顶生或腋生，长 1～3 厘米；苞片卵圆形，每苞片内具花 2～4；花被 5 深裂，白色或淡红色，花被片椭圆形，长约 3 毫米，果时增大，呈肉质，深蓝色；雄蕊 8，略短于花被；花柱 3，中上部合生；柱头头状。瘦果球形，直径 3～4 毫米，黑色，有光泽，包于宿存花被内。花期 6—8 月，果期 7—10 月。

【生长环境】生于田边、路旁、山谷湿地，海拔 80 ～ 2300 米。潜江市广布，常见。

【药用部位】干燥地上部分。

【采收加工】夏季开花时采割，晒干。

【性味归经】味酸，性微寒；归肺、膀胱经。

【功能主治】清热解毒，利水消肿，止咳。用于咽喉肿痛，肺热咳嗽，小儿顿咳，水肿尿少，湿热泻痢，湿疹，疖肿，蛇虫咬伤。

虎杖属 *Reynoutria* Houtt.

多年生草本。根状茎横走。茎直立，中空。叶互生，卵形或卵状椭圆形，全缘，具叶柄；托叶鞘膜质，偏斜，早落。花序圆锥状，腋生；花单性，雌雄异株，花被 5 深裂；雄蕊 6 ～ 8；花柱 3，柱头流苏状。雌花外面 3 枚花被片果时增大，背部具翅。瘦果卵形，具 3 棱。

本属约 3 种，分布于东亚地区。我国有 1 种，产于陕西南部、甘肃南部，华东、华中、华南和西南地区。潜江市有 1 种。

36. 虎杖 *Reynoutria japonica* Houtt.

【别名】酸筒杆、酸桶芦、大接骨、斑庄根。

【植物形态】多年生草本。根状茎粗壮，横走。茎直立，高 1 ～ 2 米，粗壮，空心，具明显的纵棱，具小突起，无毛，散生红色或紫红色斑点。叶宽卵形或卵状椭圆形，长 5 ～ 12 厘米，宽 4 ～ 9 厘米，近革质，顶端渐尖，基部宽楔形、截形或近圆形，边缘全缘，疏生小突起，两面无毛，沿叶脉具小突起；叶柄长 1 ～ 2 厘米，具小突起；托叶鞘膜质，偏斜，长 3 ～ 5 毫米，褐色，具纵脉，无毛，顶端截形，无缘毛，常破裂，早落。花单性，雌雄异株，花序圆锥状，长 3 ～ 8 厘米，腋生；苞片漏斗状，长 1.5 ～ 2 毫米，顶端渐尖，无缘毛，每苞内具 2 ～ 4 花；花梗长 2 ～ 4 毫米，中下部具关节；花被 5 深裂，淡绿色，雄花花被片具绿色中脉，无翅，雄蕊 8，比花被长；雌花外面 3 枚花被片背部具翅，果时增大，翅扩展下延，花柱 3，柱头流苏状。瘦果卵形，具 3 棱，长 4 ～ 5 毫米，黑褐色，有光泽，包于宿存花被内。花期 8—9 月，果期 9—10 月。

【生长环境】生于山坡灌丛、山谷、路旁、田边湿地，海拔 140 ～ 2000 米。潜江市龙湾镇有发现。

【药用部位】干燥根茎和根。

【采收加工】春、秋季采挖，除去须根，洗净，趁鲜切短段或厚片，晒干。

【性味归经】味微苦，性微寒；归肝、胆、肺经。

【功能主治】利湿退黄，清热解毒，散瘀止痛，止咳化痰。用于湿热黄疸，淋浊，带下，风湿痹痛，疮痈肿毒，水火烫伤，闭经，癥瘕，跌打损伤，肺热咳嗽。

酸模属 *Rumex* L.

一年生或多年生草本，稀为灌木。根通常粗壮，有时具根状茎。茎直立，通常具沟槽，分枝或上部分枝。叶基生和茎生，茎生叶互生，边缘全缘或波状，托叶鞘膜质，易破裂而早落。花序圆锥状，多花簇生成轮。花两性，有时杂性，稀单性，雌雄异株。花梗具关节；花被片 6 枚，成 2 轮，宿存，外轮 3 枚果时不增大，内轮 3 枚果时增大，边缘全缘，具齿或针刺，背部具小瘤或无小瘤；雄蕊 6，花药基着；子房卵形，具 3 棱，1 室，含 1 胚珠，花柱 3，柱头画笔状。瘦果卵形或椭圆形，具 3 锐棱，包于增大的内花被片内。

本属约有 150 种，分布于全世界，主产于北半球温带地区。我国有 26 种 2 变种，全国各地均产。

潜江市有 2 种。

37. 齿果酸模 *Rumex dentatus* L.

【植物形态】一年生草本。茎直立，高 30 ～ 70 厘米，自基部分枝，枝斜上，具浅沟槽。茎下部叶长圆形或长椭圆形，长 4 ～ 12 厘米，宽 1.5 ～ 3 厘米，顶端圆钝或急尖，基部圆形或近心形，边缘浅波状，茎生叶较小；叶柄长 1.5 ～ 5 厘米。花序总状，顶生和腋生，由数个再组成圆锥花序，长达 35 厘米，多花，轮状排列，花轮间断；花梗中下部具关节；外花被片椭圆形，长约 2 毫米；内花被片果时增大，三角状卵形，长 3.5 ～ 4 毫米，宽 2 ～ 2.5 毫米，顶端急尖，基部近圆形，网纹明显，全部具小瘤，小瘤长 1.5 ～ 2 毫米，边缘每侧具 2 ～ 4 个刺状齿，齿长 1.5 ～ 2 毫米。瘦果卵形，具 3 锐棱，长 2 ～ 2.5 毫米，两端尖，黄褐色，有光泽。花期 5—6 月，果期 6—7 月。

【生长环境】生于沟边湿地、山坡路旁，海拔 30～2500 米。潜江市周矶街道有发现。

【药用部位】叶。

【采收加工】4—5 月采收，鲜用或晒干。

【性味归经】味苦，性寒。

【功能主治】清热解毒，杀虫止痒。

38. 羊蹄　*Rumex japonicus* Houtt.

【植物形态】多年生草本。茎直立，高 50～100 厘米，上部分枝，具沟槽。基生叶长圆形或披针状长圆形，长 8～25 厘米，宽 3～10 厘米，顶端急尖，基部圆形或心形，边缘微波状，下面沿叶脉具小突起；茎上部叶狭长圆形；叶柄长 2～12 厘米；托叶鞘膜质，易破裂。花序圆锥状，花两性，多花轮生；花梗细长，中下部具关节；花被片 6，淡绿色，外花被片椭圆形，长 1.5～2 毫米，内花被片果时增大，宽心形，长 4～5 毫米，顶端渐尖，基部心形，网脉明显，边缘具不整齐的小齿，齿长 0.3～0.5 毫米，全部具小瘤，小瘤长卵形，长 2～2.5 毫米。瘦果宽卵形，具 3 锐棱，长约 2.5 毫米，两端尖，暗褐色，有光泽。花期 5—6 月，果期 6—7 月。

【生长环境】生于田边路旁、河滩、沟边湿地，海拔 30～3400 米。潜江市高石碑镇有发现。

【药用部位】根。

【采收加工】栽种 2 年后，当秋季地上叶变黄时，挖出根部，洗净鲜用或切片晒干。

【性味归经】味苦，性寒；归心、肝、大肠经。

【功能主治】清热通便，凉血止血，杀虫止痒。

十八、商陆科　Phytolaccaceae

　　草本或灌木，稀为乔木。直立，稀攀援；植株通常不被毛。单叶互生，全缘，托叶无或细小。花小，两性或有时退化成单性（雌雄异株），辐射对称或近辐射对称，排列成总状花序或聚伞花序、圆锥花序、穗状花序，腋生或顶生；花被片 4～5，分离或基部连合，大小相等或不等，叶状或花瓣状，在花蕾中覆瓦状排列，椭圆形或圆形，顶端钝，绿色或有时变色，宿存；雄蕊数目变异大，4～5 或多数，着生于花盘上，与花被片互生或对生，或多数不规则生长，花丝线形或钻状，分离或基部略相连，通常宿存，花药背着，2 室，平行，纵裂；子房上位，间或下位，球形，心皮 1 至多数，分离或合生，每心皮有 1 基生、横生或弯生的胚珠；花柱短或无，直立或下弯，与心皮同数，宿存。果实肉质，浆果或核果，稀蒴果；种子小，侧扁，双凸镜状或肾形、球形，直立，外种皮膜质或硬脆，平滑或皱缩；胚乳丰富，粉质或油质，为一弯曲的大胚所围绕。

　　本科有 17 属约 120 种，广布于热带至温带地区，主产于热带美洲、非洲南部，少数产于亚洲。我国有 2 属 5 种，其中 1 属为逸生，另 1 属亦有 1 种逸生。

　　潜江市有 1 属 1 种。

商陆属 *Phytolacca* L.

　　草本，常具肥大的肉质根，或为灌木，稀为乔木，直立，稀攀援。茎、枝圆柱形，有沟槽或棱角，无毛或幼枝和花序被短柔毛。叶片卵形、椭圆形或披针形，顶端急尖或钝，常有大量的针晶体，有叶柄，稀无；托叶无。花通常两性，稀单性或雌雄异株，小型，有梗或无，排成总状花序、聚伞圆锥花序或穗状花序，花序顶生或与叶对生；花被片 5，辐射对称，草质或膜质，长圆形至卵形，顶端钝，开展或反折，宿存；雄蕊 6～33，着生于花被基部，花丝钻状或线形，分离或基部连合，内藏或伸出，花药长圆形或近圆形；子房近球形，上位，心皮 5～16，分离或连合，每心皮有 1 近直生或弯生的胚珠，花柱钻形，直立或下弯。浆果，肉质多汁，后干燥，扁球形；种子肾形，压扁，外种皮硬脆，亮黑色，光滑，内种皮膜质；胚环形，包围粉质胚乳。

本属约有 35 种，分布于热带至温带地区，绝大部分产于南美洲，有杂草状大树，少数产于非洲和亚洲，亚洲种均为宿根草本。我国有 4 种。

潜江市有 1 种。

39. 垂序商陆 *Phytolacca americana* L.

【别名】洋商陆、美国商陆、美洲商陆、美商陆。

【植物形态】多年生草本，高 1～2 米。根粗壮，肥大，倒圆锥形。茎直立，圆柱形，有时带紫红色。叶片椭圆状卵形或卵状披针形，长 9～18 厘米，宽 5～10 厘米，顶端急尖，基部楔形；叶柄长 1～4 厘米。总状花序顶生或侧生，长 5～20 厘米；花梗长 6～8 毫米；花白色，微带红晕，直径约 6 毫米；花被片5，雄蕊、心皮及花柱通常均为 10，心皮合生。果序下垂；浆果扁球形，成熟时紫黑色；种子肾圆形，直径约 3 毫米。花期 6—8 月，果期 8—10 月。

【生长环境】原产于北美，引入栽培，1960 年以后遍及我国河北、陕西、山东、江苏、浙江、江西、福建、河南、湖北、广东、四川、云南，或逸生（云南逸生甚多）。潜江市常见。

【药用部位】干燥根。

【采收加工】秋季至次春采挖，除去须根和泥沙，切成块或片，晒干或阴干。

【性味归经】味苦，性寒；有毒；归肺、脾、肾、大肠经。

【功能主治】逐水消肿，通利二便，外用解毒散结。用于水肿胀满，二便不通；外用治疮痈肿毒。

十九、紫茉莉科　Nyctaginaceae

草本、灌木或乔木，有时为具刺藤状灌木。单叶，对生、互生或假轮生，全缘，具柄，无托叶。花辐射对称，两性，稀单性或杂性；单生、簇生或成聚伞花序、伞形花序；常具苞片或小苞片，有的苞片色彩鲜艳；花被单层，常为花冠状，圆筒形或漏斗状，有时钟形，下部合生成管，顶端5～10裂，在芽内镊合状或折扇状排列，宿存；雄蕊1至多数，通常3～5，下位，花丝离生或基部连合，芽时内卷，花药2室，纵裂；子房上位，1室，内有1枚胚珠，花柱单一，柱头球形，不分裂或分裂。瘦果状掺花果包在宿存花被内，有棱或槽，有时具翅，常具腺；种子有胚乳；胚直生或弯生。

本科约有30属300种，分布于热带和亚热带地区，主产于热带美洲。我国有7属11种1变种，其中常见栽培或有逸生者3种，主要分布于华南和西南地区。

潜江市有1属1种。

紫茉莉属 *Mirabilis* L.

一年生或多年生草本。根肥粗，常呈倒圆锥形。单叶，对生，有柄或上部叶无柄。花两性，1至数朵簇生于枝端或腋生；每花基部包以1个5深裂的萼状总苞，裂片直立，渐尖，折扇状，花后不扩大；花被各色，华丽，香或不香，花被筒伸长，在子房上部稍缢缩，顶端5裂，裂片平展，凋落；雄蕊5～6，与花被筒等长或外伸，花丝下部贴生于花被筒上；子房卵球形或椭圆形；花柱线形，与雄蕊等长或更长，伸出，柱头头状。掺花果球形或倒卵球形，革质、壳质或坚纸质，平滑或有疣状突起；胚弯曲，子叶折叠，包围粉质胚乳。

本属约有50种，主产于热带美洲。我国栽培1种，有时逸为野生。

潜江市有1种。

40. 紫茉莉 *Mirabilis jalapa* L.

【别名】胭脂花、粉豆花、夜饭花、状元花、丁香叶、苦丁香、野丁香。

【植物形态】一年生草本，高可达1米。根肥粗，倒圆锥形，黑色或黑褐色。茎直立，圆柱形，多分枝，无毛或疏生细柔毛，节稍膨大。叶片卵形或卵状三角形，长3～15厘米，宽2～9厘米，顶端渐尖，基部截形或心形，全缘，两面均无毛，脉隆起；叶柄长1～4厘米，上部叶几无柄。花常数朵簇生于枝端；花梗长1～2毫米；总苞钟形，长约1厘米，5裂，裂片三角状卵形，顶端渐尖，无毛，具脉纹，果时宿存；花被紫红色、黄色、白色或杂色，高脚碟状，筒部长2～6厘米，檐部直径2.5～3厘米，5浅裂；花午后开放，有香气，次日午前凋萎；雄蕊5，花丝细长，常伸出花外，花药球形；花柱单生，线形，伸出花外，柱头头状。瘦果球形，直径5～8毫米，革质，黑色，表面具皱纹；种子胚乳白粉质。花期6—10月，果期8—11月。

【生长环境】原产于热带美洲。我国南北各地常栽培。潜江市返湾湖风景区有发现。

【药用部位】根及全草。

【采收加工】秋后挖根，洗净，切片晒干。一般以开白花者作为药用。茎、叶多鲜用，随用随采。

【性味归经】味甘、淡，性凉。

【功能主治】清热解毒，活血调经和滋补。

二十、马齿苋科　Portulacaceae

　　一年生或多年生草本，稀半灌木。单叶，互生或对生，全缘，常肉质；托叶干膜质或刚毛状，稀不存在。花两性，整齐或不整齐，腋生或顶生，单生或簇生，或成聚伞花序、总状花序、圆锥花序；萼片2，稀5，草质或干膜质，分离或基部连合；花瓣4～5，稀更多，覆瓦状排列，分离或基部稍连合，常有鲜艳色，早落或宿存；雄蕊与花瓣同数或更多，对生，分离或成束，或与花瓣贴生，花丝线形，花药2室，内向纵裂；雌蕊由3～5心皮合生，子房上位或半下位，1室，基生胎座或特立中央胎座，有弯生胚珠1至多枚，花柱线形，柱头2～5粒，形成内向的柱头面。蒴果近膜质，盖裂或2～3瓣裂，稀为坚果；种子肾形或球形，多数，稀为2粒，种阜有或无，胚环绕粉质胚乳，胚乳大多丰富。

　　本科约有19属580种，广布于全世界，主产于南美洲。我国应有3属8种（据记载阿尔泰有春美草属下1种，但未见标本），现有2属7种。

　　潜江市有2属2种。

马齿苋属　*Portulaca* L.

　　一年生或多年生肉质草本，无毛或被疏柔毛。茎铺散，平卧或斜升。叶互生或近对生，或在茎上部轮生，叶片圆柱状或扁平；托叶为膜质鳞片状或有毛状的附属物，稀完全退化。花顶生，单生或簇生；花梗有或无；常具数片叶状总苞；萼片2，筒状，其分离部分脱落；花瓣4或5，离生或下部连合，花开后黏液质，先落；

雄蕊 4 至多枚，着生于花瓣上；子房半下位，1 室，胚珠多数，花柱线形，上端 3～9 裂成线状柱头。蒴果盖裂；种子细小，多数，肾形或圆形，光亮，具疣状突起。

本属约有 200 种，广布于热带、亚热带至温带地区。我国有 6 种。

潜江市有 1 种。

41. 马齿苋 *Portulaca oleracea* L.

【别名】马苋、五行草、长命菜、五方草、瓜子菜、麻绳菜、马齿草、马苋菜。

【植物形态】一年生草本，全株无毛。茎平卧或斜倚，伏地铺散，多分枝，圆柱形，长 10～15 厘米，淡绿色或带暗红色。叶互生，有时近对生，叶片扁平，肥厚，倒卵形，似马齿状，长 1～3 厘米，宽 0.6～1.5 厘米，顶端圆钝或平截，有时微凹，基部楔形，全缘，上面暗绿色，下面淡绿色或带暗红色，中脉微隆起；叶柄粗短。花无梗，直径 4～5 毫米，常 3～5 朵簇生于枝端，午时盛开；苞片 2～6，叶状，膜质，近轮生；萼片 2，对生，绿色，盔形，左右压扁，长约 4 毫米，顶端急尖，背部具龙骨状突起，基部合生；花瓣 5，稀 4，黄色，倒卵形，长 3～5 毫米，顶端微凹，基部合生；雄蕊通常 8，或更多，长约 12 毫米，花药黄色；子房无毛，花柱比雄蕊稍长，柱头 4～6 裂，线形。蒴果卵球形，长约 5 毫米，盖裂；种子细小，多数，偏斜球形，黑褐色，有光泽，直径不及 1 毫米，具小疣状突起。花期 5—8 月，果期 6—9 月。

【生长环境】生于菜园、农田、路旁，为田间常见杂草。潜江市老新镇有发现。

【药用部位】全草。

【采收加工】夏、秋季采收，除去泥沙，用沸水略烫或略蒸后鲜用或晒干。

【性味归经】味酸，性寒；归肝、大肠经。

【功能主治】清热解毒，凉血止血，止痢。用于热毒血痢，痈肿疔疮，湿疹，丹毒，蛇虫咬伤，便血，痔血，崩漏下血。

土人参属 *Talinum* Adans.

一年生或多年生草本，或为半灌木，常具粗根。茎直立，肉质，无毛。叶互生或部分对生，叶片扁平，全缘，无柄或具短柄，无托叶。花小，成顶生总状花序或圆锥花序，稀单生于叶腋；萼片 2，分离或基部短合生，卵形，早落，稀宿存；花瓣5，稀多数（8～10），红色，常早落；雄蕊5至多数（10～30），通常贴生于花瓣基部；子房上位，1室，特立中央胎座，胚珠多数，花柱顶端3裂，稀2裂。蒴果常俯垂、球形、卵形或椭圆形，薄膜质，3瓣裂；种子近球形或扁球形，亮黑色，具瘤或棱，种阜淡白色。

　　本属约有50种，主产于美洲温暖地区（特别是墨西哥），非洲、亚洲温暖地区多有逸生。我国有1种，栽培后逸生。潜江市有1种。

42. 土人参 *Talinum paniculatum*（Jacq.）Gaertn.

　　【别名】栌兰、假人参、参草、土高丽参、红参、紫人参、煮饭花。

　　【植物形态】一年生或多年生草本，全株无毛，高30～100厘米。主根粗壮，圆锥形，有少数分枝，皮黑褐色，断面乳白色。茎直立，肉质，基部近木质，多少分枝，圆柱形，有时具槽。叶互生或近对生，具短柄或近无柄，叶片稍肉质，倒卵形或倒卵状长椭圆形，长5～10厘米，宽2.5～5厘米，顶端急尖，有时微凹，具短尖头，基部狭楔形，全缘。圆锥花序顶生或腋生，较大型，常二叉状分枝，具长花序梗；花小，直径约6毫米；总苞片绿色或近红色，圆形，顶端圆钝，长3～4毫米；苞片2，膜质，披针形，顶端急尖，长约1毫米；花梗长5～10毫米；萼片卵形，紫红色，早落；花瓣粉红色或淡紫红色，长椭圆形、倒卵形或椭圆形，长6～12毫米，顶端圆钝，稀微凹；雄蕊（10）15～20，比花瓣短；花柱线形，长约2毫米，基部具关节；柱头3裂，稍开展；子房卵球形，长约2毫米。蒴果近球形，直径约4毫米，3瓣裂，坚纸质；种子多数，扁圆形，直径约1毫米，黑褐色或黑色，有光泽。花期6—8月，果期9—11月。

　　【生长环境】生于阴湿地。潜江市白鹭湖管理区有发现。

　　【药用部位】根和叶。

　　【采收加工】根：秋、冬季采挖，洗净，切片晒干。叶：全年或秋季采收，晒干或蒸后晒干备用。

　　【性味归经】味甘，性平。

　　【功能主治】补中益气，益气生津。

二十一、落葵科　Basellaceae

缠绕草质藤本，全株无毛。单叶，互生，全缘，稍肉质，通常有叶柄；托叶无。花小，两性，稀单性，辐射对称，通常成穗状花序、总状花序或圆锥花序，稀单生；苞片3，早落，小苞片2，宿存；花被片5，离生或下部合生，通常白色或淡红色，宿存，在芽中覆瓦状排列；雄蕊5，与花被片对生，花丝着生于花被上；雌蕊由3心皮合生，子房上位，1室，胚珠1枚，着生于子房基部，弯生，花柱单一或分叉为3。胞果，干燥或肉质，通常被宿存的小苞片和花被包围，不开裂；种子球形，种皮膜质，胚乳丰富，围以螺旋状、半圆形或马蹄状胚。

本科约有4属25种，主要分布于亚洲、非洲及拉丁美洲热带地区。我国有2属3种。

潜江市有1属1种。

落葵属　*Basella* L.

一年生或二年生缠绕草本。叶互生。穗状花序腋生，花序轴粗壮，伸长；花小，无梗，通常淡红色或白色；苞片极小，早落；小苞片和坛状花被合生，肉质，花后膨大，卵球形，花期很少开放，花后肉质，包围果实；花被短5裂，圆钝，裂片有脊，但在果时不为翅状；雄蕊5，内藏，与花被片对生，着生于花被筒近顶部，花丝很短，在芽中直立，花药背着，"丁"字形着生；子房上位，1室，内含1胚珠，花柱3，柱头线形。胞果球形，肉质；种子直立；胚螺旋状，有少量胚乳，子叶大而薄。

本属有5种，2种产于热带非洲，3种产于马达加斯加，1种产于热带地区（可栽培于温带）。

我国栽培1种。潜江市有发现。

43. 落葵　*Basella alba* L.

【别名】蔠葵、繁露、藤菜、木耳菜、潺菜、豆腐菜、紫葵、胭脂菜。

【植物形态】一年生缠绕草本。茎长可达数米，无毛，肉质，绿色或略带紫红色。叶片卵形或近圆形，长3～9厘米，宽2～8厘米，顶端渐尖，基部微心形或圆形，下延成柄，全缘，背面叶脉微凸起；叶柄长1～3厘米，上有凹槽。穗状花序腋生，长3～15（20）厘米；苞片极小，早落；小苞片2，萼状，长圆形，宿存；花被片淡红色或淡紫色，卵状长圆形，全缘，顶端圆钝，内折，下部白色，连合成筒；雄蕊着生于花被筒口，花丝短，基部扁宽，白色，花药淡黄色；柱头椭圆形。果实球形，直径5～6毫米，红色至深红色或黑色，多汁液，外包宿存小苞片及花被。花期5—9月，果期7—10月。

【生长环境】原产于亚洲热带地区。我国南北各地多有种植，南方有逸为野生的。潜江市龙湾镇有发现。

【药用部位】全草。

【采收加工】全年均可采收，鲜用或晒干。

【性味归经】味甘、淡，性凉。

【功能主治】清热解毒，接骨止痛。

二十二、石竹科　Caryophyllaceae

一年生或多年生草本，稀亚灌木。茎节通常膨大，具关节。单叶对生，稀互生或轮生，全缘，基部多少连合；托叶有，膜质，或缺。花辐射对称，两性，稀单性，排列成聚伞花序或聚伞圆锥花序，稀单生，少数呈总状花序、头状花序、假轮伞花序或伞形花序，有时具闭花受精花；萼片5，稀4，草质或膜质，宿存，覆瓦状排列或合生成筒状；花瓣5，稀4，无爪或具爪，瓣片全缘或分裂，通常爪和瓣片之间具2片状或鳞片状副花冠片，稀缺花瓣；雄蕊10，二轮列，稀5或2；雌蕊1，由2～5心皮合生，子房上位，3室或基部1室，上部3～5室，特立中央胎座或基底胎座，具1至多数胚珠；花柱（1）2～5，有时基部合生，稀合生成单花柱。果实为蒴果，长椭圆形、圆柱形、卵形或圆球形，果皮壳质、膜质或纸质，顶端齿裂或瓣裂，开裂数与花柱同数或为其2倍，稀为浆果状、不规则开裂或为瘦果；种子弯生，多数或少数，稀1粒，肾形、卵形、圆盾形或圆形，微扁；种脐通常位于种子凹陷处，稀盾状着生；种皮纸质，表面具有以种脐为圆心的、整齐排列为数层半环形的颗粒状、短线纹或瘤状突起，稀表面近平滑或种皮为海绵质；种脊具槽，圆钝或锐，稀具流苏状篦齿或翅；胚环形或半圆形，围绕胚乳或劲直，胚乳偏于一侧；胚乳粉质。

本科约有75属2000种，世界广布，但主要在北半球的温带和暖温带地区，少数在非洲、大洋洲和南美洲，地中海地区为分布中心。我国约有30属388种58变种8变型，分隶属3亚科，几遍布全国，以北部和西部地区为主要分布区。

潜江市有4属4种。

卷耳属 *Cerastium* L.

一年生或多年生草本，多数被柔毛或腺毛。叶对生，叶片卵形或长椭圆形至披针形。二歧聚伞花序，顶生；萼片5，稀4，离生；花瓣5，稀4，白色，顶端2裂，稀全缘或微凹；雄蕊10，稀5，花丝无毛或被毛；子房1室，具多数胚珠；花柱通常5，稀3，与萼片对生。蒴果圆柱形，薄壳质，露出宿存花萼外，顶端裂齿为花柱数的2倍；种子多数，近肾形，稍扁，常具疣状突起。

本属约有100种，主要分布于北半球温带地区，多见于欧洲至西伯利亚，极少数种见于亚热带山区。我国有17种1亚种3变种，产于北部至西南地区。

潜江市有1种。

44. 球序卷耳 *Cerastium glomeratum* Thuill.

【别名】婆婆指甲菜、圆序卷耳。

【植物形态】一年生草本，高10～20厘米。茎单生或丛生，密被长柔毛，上部混生腺毛。下部茎生叶叶片匙形，顶端钝，基部渐狭成柄状；上部茎生叶叶片倒卵状椭圆形，长1.5～2.5厘米，宽5～10毫米，顶端急尖，基部渐狭成短柄状，两面皆被长柔毛，边缘具缘毛，中脉明显。聚伞花序呈簇生状或头状；花序轴密被腺柔毛；苞片草质，卵状椭圆形，密被柔毛；花梗细，长1～3毫米，密被柔毛；萼片5，披针形，长约4毫米，顶端尖，外面密被长腺毛，边缘狭膜质；花瓣5，白色，线状长圆形，与萼片近等长或微长，顶端2浅裂，基部被疏柔毛；雄蕊明显短于花萼；花柱5。蒴果长圆柱形，长于宿存花萼0.5～1倍，顶端10齿裂；种子褐色，扁三角形，具疣状突起。花期3—4月，果期5—6月。

【生长环境】生于山坡草地。潜江市渔洋镇有发现。

【药用部位】全草。

【采收加工】春、夏季采收，鲜用或晒干。

【性味归经】味甘、微苦，性凉；归肺、胃、肝经。

【功能主治】清热，利湿，凉血解毒。

石竹属 *Dianthus* L.

多年生草本，稀一年生。根有时木质化。茎多丛生，圆柱形或具棱，有关节，节处膨大。叶禾草状，对生，叶片线形或披针形，常苍白色，脉平行，边缘粗糙，基部微合生。花红色、粉红色、紫色或白色，单生或成聚伞花序，有时簇生成头状，围以总苞片；花萼圆筒状，5齿裂，无干膜质接着面，有脉7、9

或 11 条，基部贴生苞片 1～4 对；花瓣 5，具长爪，瓣片边缘具齿或繸状细裂，稀全缘；雄蕊 10；花柱 2，子房 1 室，具多数胚珠，有长子房柄。蒴果圆筒形或长圆形，稀卵球形，顶端 4 齿裂或瓣裂；种子多数，圆形或盾形；胚直生，胚乳常偏于一侧。

　　本属约有 600 种，广布于北半球温带地区，大部分产于欧洲和亚洲，少数产于美洲和非洲。我国有 16 种 10 变种，多分布于北方草原和山区草地，大多生于干燥向阳处，有不少栽培种类，是很好的观赏花卉。

　　潜江市有 1 种。

45. 石竹 *Dianthus chinensis* L.

　　【别名】长萼石竹、丝叶石竹、北石竹、大菊、瞿麦。

　　【植物形态】多年生草本，高 30～50 厘米，全株无毛，带粉绿色。茎由根颈生出，疏丛生，直立，上部分枝。叶片线状披针形，长 3～5 厘米，宽 2～4 毫米，顶端渐尖，基部稍狭，全缘或有细小齿，中脉较显。花单生于枝端或数花集成聚伞花序；花梗长 1～3 厘米；苞片 4，卵形，顶端长渐尖，长达花萼 1/2 以上，边缘膜质，有缘毛；花萼圆筒形，长 15～25 毫米，直径 4～5 毫米，有纵条纹，萼齿披针形，长约 5 毫米，直伸，顶端尖，有缘毛；花瓣长 16～18 毫米，瓣片倒卵状三角形，长 13～15 毫米，紫红色、粉红色、鲜红色或白色，顶缘不整齐齿裂，喉部有斑纹，疏生髯毛状毛；雄蕊露出喉部外，花药蓝色；子房长圆形，花柱线形。蒴果圆筒形，包于宿存花萼内，顶端 4 裂；种子黑色，扁圆形。花期 5—6 月，果期 7—9 月。

　　【生长环境】生于草原和山坡草地。潜江市周矶街道有发现。

　　【药用部位】地上部分。

　　【采收加工】夏、秋季采割全草，除去杂质，切断或不切断，晒干。

　　【性味归经】味苦，性寒；归心、肝、小肠、膀胱经。

　　【功能主治】利小便，清湿热，活血通经。

鹅肠菜属 *Myosoton* Moench

　　二年生或多年生草本。茎下部匍匐，无毛，上部直立，被腺毛。叶对生。花两性，白色，排列成顶生二歧聚伞花序；萼片 5；花瓣 5，比萼片短，2 深裂至基部；雄蕊 10；子房 1 室，花柱 5。蒴果卵形，比萼片稍长，5 瓣裂至中部，裂瓣顶端再 2 齿裂；种子肾圆形，种脊具疣状突起。

本属仅有 1 种，分布于欧洲、亚洲、非洲的温带和亚热带地区。产于我国东北、华北、华东、华中、西南、西北等地区。

潜江市有 1 种。

46. 鹅肠菜 *Myosoton aquaticum*（L.）Moench

【别名】牛繁缕、鹅肠草、石灰菜、大鹅儿肠、鹅儿肠。

【植物形态】二年生或多年生草本，具须根。茎上升，多分枝，长 50 ～ 80 厘米，上部被腺毛。叶片卵形或宽卵形，长 2.5 ～ 5.5 厘米，宽 1 ～ 3 厘米，顶端急尖，基部稍心形，有时边缘具毛；叶柄长 5 ～ 15 毫米，上部叶常无柄或具短柄，疏生柔毛。顶生二歧聚伞花序；苞片叶状，边缘具腺毛；花梗细，长 1 ～ 2 厘米，花后伸长并向下弯，密被腺毛；萼片卵状披针形或长卵形，长 4 ～ 5 毫米，果期长达 7 毫米，顶端较钝，边缘狭膜质，外面被腺柔毛，脉纹不明显；花瓣白色，2 深裂至基部，裂片线形或披针状线形，长 3 ～ 3.5 毫米，宽约 1 毫米；雄蕊 10，稍短于花瓣；子房长圆形，花柱短，线形。蒴果卵圆形，稍长于宿存萼；种子近肾形，直径约 1 毫米，稍扁，褐色，具小疣。花期 5—8 月，果期 6—9 月。

【生长环境】生于海拔 350 ～ 2700 米的河流两旁冲积沙地的低湿处或灌丛、林缘和水沟旁。潜江市梅苑有发现。

【药用部位】全草。

【采收加工】夏、秋季采收，洗净，切段，鲜用或晒干。

【性味归经】味酸，性平。

【功能主治】祛风解毒，外用治疖疮。

繁缕属 *Stellaria* L.

一年生或多年生草本。叶扁平，有各种形状，但很少为针形。花小，多数组成顶生聚伞花序，稀单生于叶腋；萼片 5，稀 4；花瓣 5，稀 4，白色，稀绿色，2 深裂，稀微凹或多裂，有时无花瓣；雄蕊 10，有时少数（8 或 2 ～ 5）；子房 1 室，稀幼时 3 室，胚珠多数，稀仅数枚，1 ～ 2 枚成熟；花柱 3，稀 2。蒴果圆球形或卵形，裂齿数为花柱数的 2 倍；种子多数，稀 1 ～ 2 粒，近肾形，微扁，具瘤或平滑；胚环形。

本属约有120种，广布于温带至寒带地区。我国有63种15变种2变型，广布于全国。潜江市有1种。

47. 鸡肠繁缕 *Stellaria neglecta* Weihe

【别名】赛繁缕、鹅肠繁缕。

【植物形态】一年生或二年生草本，高30～80厘米，淡绿色，被柔毛。根纤细。茎丛生，被一列柔毛。叶具短柄或无柄，叶片卵形或狭卵形，长（1.5）2～3厘米，宽5～13毫米，顶端急尖，基部楔形，稍抱茎，边缘基部和两叶基间茎上被长柔毛。二歧聚伞花序顶生；苞片披针形，草质，被腺柔毛；花梗细，长1～1.5厘米，密被一列柔毛，花后下垂；萼片5，卵状椭圆形至披针形，长3～4（5）毫米，边缘膜质，顶端急尖，内折，外面密被多细胞腺柔毛；花瓣5，白色，与萼片近等长或微露出，稀稍短于萼片，2深裂；雄蕊（6）8～10，微长于花瓣；花柱3。蒴果卵形，长于宿存花萼，6齿裂，裂齿反卷；种子多数，近扁圆形，直径约1.5毫米，褐色，表面疏具圆锥状突起。花期4—6月，果期6—8月。

【生长环境】生于海拔900～1200（3400）米杂木林内。潜江市森林公园有发现。

【药用部位】全草。

【采收加工】春、秋季采挖，鲜用或晒干。

【性味归经】味微苦，性凉。

【功能主治】清热解毒，通淋，化瘀。

二十三、藜科　Chenopodiaceae

一年生草本、半灌木、灌木，较少为多年生草本或小乔木，茎和枝有时具关节。叶互生或对生，扁平或圆柱状及半圆柱状，较少退化成鳞片状，有柄或无柄；无托叶。花为单被花，两性，较少为杂性或单性，如为单性时，雌雄同株，极少雌雄异株；有苞片或无苞片，或苞片与叶近同型；小苞片2，舟状至鳞片状，或无小苞片；花被膜质、草质或肉质，1～5深裂或全裂，花被片（裂片）覆瓦状，很少排列成

2轮，果时常常增大，变硬，或在背面生出翅状、刺状、疣状附属物，较少无显著变化（在滨藜属中，雌花常常无花被，子房着生于2枚特化的苞片内）；雄蕊与花被片（裂片）同数对生或较少，着生于花被基部或花盘上，花丝钻形或条形，离生或基部合生，花药背着，在芽中内曲，2室，外向纵裂或侧面纵裂，顶端钝或药隔凸出形成附属物；花盘有或无；子房上位，卵形至球形，由2～5心皮合成，离生，极少基部与花被合生，1室；花柱顶生，通常极短；柱头通常2，很少3～5，丝形或钻形，很少近头状，四周或仅内侧面具颗粒状或毛状突起；胚珠1，弯生。果实为胞果，很少为盖果；果皮膜质、革质或肉质，与种子贴生或贴伏。种子直立、横生或斜生，扁平圆形、双凸镜形、肾形或斜卵形；种皮壳质、革质、膜质或肉质，内种皮膜质或无；胚乳为外胚乳，粉质或肉质，或无胚乳；胚环形、半环形或螺旋形，子叶通常狭细。

本科约有100属1400种，主要分布于非洲南部、中亚、南美、北美及大洋洲的草原、荒漠、盐碱地，以及地中海、黑海、红海沿岸。我国约有39属186种，主要分布于西北地区、内蒙古及东北等地，尤以新疆最为丰富。

潜江市有2属4种。

藜属 *Chenopodium* L.

一年生或多年生草本，很少为半灌木（中国无此类），有囊状毛（粉）或圆柱状毛，较少为腺毛或完全无毛，很少有气味。叶互生，有柄；叶片通常宽阔扁平，全缘或具不整齐锯齿或浅裂片。花两性或兼有雌性，不具苞片和小苞片，通常数花聚集成团伞花序（花簇），较少为单生，并再排列成腋生或顶生的穗状、圆锥状或复二歧式聚伞状的花序；花被球形，绿色，5裂，较少为3～4裂，裂片腹面凹，背面中央稍肥厚或具纵隆脊，果时花被不变化，较少增大或变为多汁，无附属物；雄蕊5或较少，与花被裂片对生，下位或近周位，花丝基部有时合生；花药矩圆形，不具附属物；花盘通常不存在；子房球形，顶基稍扁，较少为卵形；柱头2，很少3～5，丝状或毛发状，花柱不明显，极少有短花柱；胚珠儿无柄。胞果卵形，双凸镜形或扁球形；果皮薄膜质或稍肉质，与种子贴生，不开裂。种子横生，较少为斜生或直立；种皮壳质，平滑或具洼点，有光泽；胚环形、半环形或马蹄形；胚乳丰富，粉质。

本属约有250种，分布遍及世界各地。我国有19种2亚种。

潜江市有3种。

48. 藜 *Chenopodium album* L.

【别名】灰藋、灰菜。

【植物形态】一年生草本，高30～150厘米。茎直立，粗壮，具条棱及绿色或紫红色色条，多分枝；枝条斜升或开展。叶片菱状卵形至宽披针形，长3～6厘米，宽2.5～5厘米，先端急尖或微钝，基部楔形至宽楔形，上面通常无粉，有时嫩叶的上面有紫红色粉，下面多少有粉，边缘具不整齐锯齿；叶柄与叶片近等长，或为叶片长度的1/2。花两性，花簇于枝上部排列成或大或小的穗状圆锥状或圆锥状花序；

花被裂片 5，宽卵形至椭圆形，背面具纵隆脊，有粉，先端或微凹，边缘膜质；雄蕊 5，花药伸出花被，柱头 2。果皮与种子贴生。种子横生，双凸镜形，直径 1.2 ～ 1.5 毫米，边缘钝，黑色，有光泽，表面具浅沟纹；胚环形。花期 6—9 月，果期 8—11 月。

【生长环境】生于路旁、荒地及田间，为很难除掉的杂草。潜江市广布，常见。

【药用部位】幼嫩全草。

【采收加工】6—7 月采收，鲜用或晒干。

【性味归经】味甘，性平；微毒；归肝、肺经。

【功能主治】清热祛湿，杀虫止痒，解毒消肿。

49. 土荆芥 *Chenopodium ambrosioides* L.

【别名】鹅脚草、臭草、杀虫芥。

【植物形态】一年生或多年生草本，高 50 ～ 80 厘米，有强烈香味。茎直立，多分枝，有色条及钝条棱；枝通常细瘦，有短柔毛并兼有具节的长柔毛，有时近无毛。叶片矩圆状披针形至披针形，先端急尖或渐尖，边缘具稀疏不整齐的大锯齿，基部渐狭，具短柄，上面平滑无毛，下面有散生油点并沿叶脉稍有毛，

下部叶长达 15 厘米，宽达 5 厘米，上部叶逐渐狭小而近全缘。花两性及雌性，通常 3 ～ 5 朵团集，生于上部叶腋；花被裂片 5，较少为 3，绿色，果时通常闭合；雄蕊 5，花药长 0.5 毫米；花柱不明显，柱头通常 3，较少为 4，丝形，伸出花被外。胞果扁球形，完全包于花被内。种子横生或斜生，黑色或暗红色，平滑，有光泽，边缘钝，直径约 0.7 毫米。花期和果期的时间都很长。

【生长环境】喜生于村旁、路边、河岸等地。潜江市王场镇有发现。

【药用部位】全草。

【采收加工】播种当年 8—9 月果实成熟时，割取全草，放于通风处阴干。

【性味归经】味辛、苦，性微温；有小毒。

【功能主治】祛风除湿，杀虫止痒。

50. 小藜 *Chenopodium ficifolium* Smith

【别名】灰菜。

【植物形态】一年生草本，高 20 ～ 50 厘米。茎直立，具条棱及绿色色条。叶片卵状矩圆形，长 2.5 ～ 5 厘米，宽 1 ～ 3.5 厘米，通常 3 浅裂；中裂片两边近平行，先端钝或急尖并具短尖头，边缘具深波状锯齿；侧裂片位于中部以下，通常各具 2 浅裂齿。花两性，数朵团集，排列于上部的枝上形成较开展的顶生圆锥花序；花被近球形，5 深裂，裂片宽卵形，不开展，背面具微隆纵脊并有密粉；雄蕊 5，开花时外伸；柱头 2，丝形。胞果包在花被内，果皮与种子贴生。种子双凸镜形，黑色，有光泽，直径约 1 毫米，边缘微钝，表面具六角形细洼；胚环形。4—5 月开始开花，果期 6—7 月。

【生长环境】普通田间杂草，有时也生于荒地、道旁、垃圾堆等地。潜江市广布，常见。

【药用部位】全草。

【采收加工】3—4 月采收，洗净，除去杂质，鲜用或晒干。

【性味归经】味苦、甘，性平。

【功能主治】疏风清热，解毒祛湿，杀虫。

地肤属 *Kochia* Roth

一年生草本，很少为半灌木，有长柔毛或绵毛，很少无毛。茎直立或斜升，通常多分枝。叶互生，无柄或几无柄，圆柱状、半圆柱状，或为窄狭的平面叶，全缘。花两性，有时兼有雌性，无花梗，通常1～3朵团集于叶腋，无小苞片；花被近球形，草质，通常有毛，5深裂；裂片内曲，果时背面各具1横翅状附属物；翅状附属物膜质，有脉纹；雄蕊5，着生于花被基部，花丝扁平，花药宽矩圆形，外伸，花盘不存在；子房宽卵形，花柱纤细，柱头2～3，丝状，有乳头状突起，胚珠近无柄。胞果扁球形；果皮膜质，不与种子贴生。种子横生，顶基扁，圆形或卵形，接近种脐处微凹；种皮膜质，平滑；胚细瘦，环形；胚乳较少。

本属约有35种，分布于非洲、亚洲温带地区、美洲的北部和西部等。我国有7种3变种1变型。

潜江市有1种。

51. 地肤 *Kochia scoparia*（L.）Schrad.

【别名】扫帚苗、扫帚菜、观音菜、孔雀松。

【植物形态】一年生草本，高50～100厘米。根略呈纺锤形。茎直立，圆柱状，淡绿色或带紫红色，有多数条棱，稍有短柔毛或下部几无毛；分枝稀疏，斜上。叶为平面叶，披针形或条状披针形，长2～5厘米，宽3～7毫米，无毛或稍有毛，先端短渐尖，基部渐狭入短柄，通常有3条明显的主脉，边缘有疏生的锈色绢状缘毛；茎上部叶较小，无柄，1脉。花两性或雌性，通常1～3朵生于上部叶腋，构成疏穗状圆锥花序，花下有时有锈色长柔毛；花被近球形，淡绿色，花被裂片近三角形，无毛或先端稍有毛；翅状附属物三角形至倒卵形，有时近扇形，膜质，脉不明显，边缘微波状或具缺刻；花丝丝状，花药淡黄色；柱头2，丝状，紫褐色，花柱极短。胞果扁球形，果皮膜质，与种子离生。种子卵形，黑褐色，长1.5～2毫米，稍有光泽；胚环形，胚乳块状。花期6—9月，果期7—10月。

【生长环境】生于田边、路旁、荒地等处。潜江市有种植，多见。

【药用部位】成熟果实。

【采收加工】秋季果实成熟时采收，晒干，打下果实，除去杂质。

【性味归经】味辛、苦，性寒；归肾、膀胱经。

【功能主治】清热利湿，祛风止痒。用于小便涩痛，阴痒带下，风疹，湿疹，皮肤瘙痒。

二十四、苋科　Amaranthaceae

一年生或多年生草本，少数为攀援藤本或灌木。叶互生或对生，全缘，少数有微齿，无托叶。花小，两性或单性同株或异株，或杂性，有时退化成不育花，花簇生于叶腋内，成疏散或密集的穗状花序、头状花序、总状花序或圆锥花序；苞片1及小苞片2，干膜质，绿色或着色；花被片3～5，干膜质，覆瓦状排列，常和果实同脱落，少有宿存；雄蕊常和花被片等数且对生，偶较少，花丝分离，或基部合生成杯状或管状，花药2或1室；有或无退化雄蕊；子房上位，1室，具基生胎座，胚珠1或多数，珠柄短或伸长，花柱1～3，宿存，柱头头状或2～3裂。果实为胞果或小坚果，少数为浆果，果皮薄膜质，不裂、不规则开裂或顶端盖裂。种子1或多数，凸镜形或近肾形，光滑或有小疣点；胚环状，胚乳粉质。

本科约有60属850种，分布很广。我国有约13属39种。

潜江市有4属7种。

牛膝属　*Achyranthes* L.

草本或亚灌木。茎具明显的节，枝对生。叶对生，有叶柄。穗状花序顶生或腋生，在花期直立，花期后反折、平展或下倾；花两性，单生于干膜质宿存苞片基部，并有2小苞片，小苞片有1长刺，基部加厚，两旁各有1短膜质翅；花被片4～5，干膜质，顶端芒尖，花后变硬，包裹果实；雄蕊5，少数4或2，远短于花被片，花丝基部连合成一短杯，和5短退化雄蕊互生，花药2室；子房长椭圆形，1室，具1胚珠，花柱丝状，宿存，柱头头状。胞果卵状矩圆形、卵形或近球形，有1粒种子，和花被片及小苞片同脱落。种子矩圆形，凸镜形。

本属约有15种，分布于热带及亚热带地区，我国产3种。

潜江市有1种。

52. 土牛膝　*Achyranthes aspera* L.

【别名】倒钩草、倒梗草、倒扣草。

【植物形态】多年生草本，高20～120厘米；根细长，直径3～5毫米，土黄色；茎四棱形，有柔毛，节部稍膨大，分枝对生。叶片纸质，宽卵状倒卵形或椭圆状矩圆形，长 1.5 ～ 7 厘米，宽 0.4 ～ 4 厘米，顶端圆钝，具突尖，基部楔形或圆形，全缘或波状缘，两面密生柔毛或近无毛；叶柄长 5 ～ 15 毫米，密生柔毛或近无毛。穗状花序顶生，直立，长 10 ～ 30 厘米，花期后反折；总花梗具棱角，粗壮，坚硬，密生白色贴伏或开展柔毛；花长 3 ～ 4 毫米，疏生；苞片披针形，长 3 ～ 4 毫米，顶端长渐尖，小苞片刺状，长 2.5 ～ 4.5 毫米，坚硬，光亮，常带紫色，基部两侧各有 1 薄膜质翅，长 1.5 ～ 2 毫米，全缘，全部贴生于刺部，但易于分离；花被片披针形，长 3.5 ～ 5 毫米，长渐尖，花后变硬且锐尖，具 1 脉；雄蕊长 2.5 ～ 3.5 毫米；退化雄蕊顶端截状或细圆齿状，有具分枝流苏状长缘毛。胞果卵形，长 2.5 ～ 3 毫米。种子卵形，不压扁，长约 2 毫米，棕色。花期 6—8 月，果期 10 月。

【生长环境】生于山坡疏林或村庄附近空旷地，海拔 800 ～ 2300 米。潜江市广布，常见。

【药用部位】根或全草。

【采收加工】夏、秋季采收，除去茎叶，将根晒干，即为"土牛膝"；若将全草晒干则为"倒扣草"。

【性味归经】味甘、微苦、微酸，性寒；归肝、肾经。

【功能主治】活血祛瘀，利尿通淋，泻火解毒。

莲子草属 *Alternanthera* Forsk.

匍匐或上升草本，茎多分枝。叶对生，全缘。花两性，成有或无总花梗的头状花序，单生于苞片腋部；苞片及小苞片干膜质，宿存；花被片 5，干膜质，常不等；雄蕊 2 ～ 5，花丝基部连合成管状或短杯状，花药 1 室；退化雄蕊全缘，有齿或条裂；子房球形或卵形，胚珠 1，垂生，花柱短或长，柱头头状。胞果球形或卵形，不裂，边缘翅状。种子凸镜形。

本属约有 200 种，分布于美洲热带及暖温带地区，我国有 4 种。

潜江市有 1 种。

53. 喜旱莲子草 *Alternanthera philoxeroides*（Mart.）Griseb.

【别名】空心莲子草、空心苋、水蕹菜、革命草、水花生。

【植物形态】多年生草本。茎基部匍匐，上部上升，管状，不明显 4 棱，长 55～120 厘米，具分枝，幼茎及叶腋有白色或锈色柔毛，茎老时无毛，仅在两侧纵沟内保留。叶片矩圆形、矩圆状倒卵形或倒卵状披针形，长 2.5～5 厘米，宽 7～20 毫米，顶端急尖或圆钝，具短尖，基部渐狭，全缘，两面无毛或上面有贴生毛及缘毛，下面有颗粒状突起；叶柄长 3～10 毫米，无毛或微有柔毛。花密生，成具总花梗的头状花序，单生于叶腋，球形，直径 8～15 毫米；苞片及小苞片白色，顶端渐尖，具 1 脉；苞片卵形，长 2～2.5 毫米，小苞片披针形，长 2 毫米；花被片矩圆形，长 5～6 毫米，白色，光亮，无毛，顶端急尖，背部侧扁；雄蕊花丝长 2.5～3 毫米，基部连合成杯状；退化雄蕊矩圆状条形，和雄蕊约等长，顶端裂成窄条；子房倒卵形，具短柄，背面侧扁，顶端圆形。果实未见。花期 5—10 月。

【生长环境】生于池沼、水沟内。潜江市广布，常见。

【药用部位】全草。

【采收加工】春、夏、秋季采收，除去杂草，洗净，鲜用或晒干。

【性味归经】味苦、甘，性寒；归肺、心、肝、膀胱经。

【功能主治】清热利水，凉血解毒。

苋属 *Amaranthus* L.

一年生草本，茎直立或伏卧。叶互生，全缘，有叶柄。花单性，雌雄同株或异株，或杂性，成无梗花簇，腋生，或腋生及顶生，再集合成单一或圆锥形穗状花序；每花有 1 苞片及 2 小苞片，干膜质；花被片 5，少数 1～4，大小相等或近似，绿色或着色，薄膜质，直立或倾斜开展，在果期直立，间或在花期后变硬或基部加厚；雄蕊 5，少数 1～4，花丝钻状或丝状，基部离生，花药 2 室；无退化雄蕊；子房具 1 直生胚珠，花柱极短或缺，柱头 2～3，钻状或条形，宿存，内面有细齿或微硬毛。胞果球形或卵形，侧扁，膜质，盖裂或不规则开裂，常为花被片包裹，或不裂，则和花被片同落。种子球形、凸镜形，侧扁，黑色或褐色，光亮，平滑，边缘锐或钝。

本属约有 40 种，分布于全世界，有些种为伴人植物，我国有 13 种。

潜江市有 3 种。

54. 尾穗苋 *Amaranthus caudatus* L.

【别名】老枪谷。

【植物形态】一年生草本，高达 15 米；茎直立，粗壮，具钝棱角，单一或稍分枝，绿色或常带粉红色，幼时有短柔毛，后渐脱落。叶片菱状卵形或菱状披针形，长 4～15 厘米，宽 2～8 厘米，顶端短渐尖或圆钝，具突尖，基部宽楔形，稍不对称，全缘或波状缘，绿色或红色，除在叶脉上稍有柔毛外，两面无毛；叶柄长 1～15 厘米，绿色或粉红色，疏生柔毛。圆锥花序顶生，下垂，有多数分枝，中央分枝特长，由多数穗状花序形成，顶端钝，花密集成雌花和雄花混生的花簇；苞片及小苞片披针形，长 3 毫米，红色，透明，顶端尾尖，边缘有疏齿，背面有 1 条中脉；花被片长 2～2.5 毫米，红色，透明，顶端具突尖，边缘互压，有 1 条中脉，雄花的花被片矩圆形，雌花的花被片矩圆状披针形；雄蕊稍超出；柱头 3，长不及 1 毫米。胞果近球形，直径 3 毫米，上半部红色，超出花被片。种子近球形，直径 1 毫米，淡棕黄色，有厚的环。花期 7—8 月，果期 9—10 月。

【生长环境】我国各地均有栽培，有时逸为野生。潜江市竹根滩镇有发现。

【药用部位】根。

【采收加工】夏、秋季挖根，除去茎叶，洗净，鲜用或晒干。

【性味归经】味甘，性平；归脾、肾经。

【功能主治】健脾，消疳。

55. 苋 *Amaranthus tricolor* L.

【别名】雁来红、老少年、老来少、三色苋。

【植物形态】一年生草本，高 80～150 厘米；茎粗壮，绿色或红色，常分枝，幼时有毛或无毛。叶片卵形、菱状卵形或披针形，长 4～10 厘米，宽 2～7 厘米，绿色或常呈红色、紫色或黄色，或部分绿色夹杂其他颜色，顶端圆钝或尖凹，具突尖，基部楔形，全缘或波状缘，无毛；叶柄长 2 ～ 6 厘米，绿色或红色。花簇腋生，直到下部叶，或同时具顶生花簇，成下垂的穗状花序；花簇球形，直径 5 ～ 15 毫米，雄花和雌花混生；苞片及小苞片卵状披针形，长 2.5 ～ 3 毫米，透明，顶端有 1 长芒尖，背面具 1 条绿色或红色隆起中脉；花被片矩圆形，长 3 ～ 4 毫米，绿色或黄绿色，顶端有 1 长芒尖，背面具 1 条绿色或紫色隆起中脉；雄蕊比花被片长或短。胞果卵状矩圆形，长 2 ～ 2.5 毫米，环状横裂，包裹在宿存花被片内。种子近圆形或倒卵形，直径约 1 毫米，黑色或黑棕色，边缘钝。花期 5—8 月，果期 7—9 月。

【生长环境】全国各地均有栽培，有时逸为半野生。潜江市王场镇有发现。

【药用部位】茎叶。

【采收加工】春、夏季采收，洗净，鲜用或晒干。

【性味归经】味甘，性微寒；归大肠、小肠经。

【功能主治】清热解毒，通利二便。

56. 皱果苋 *Amaranthus viridis* L.

【别名】绿苋。

【植物形态】一年生草本，高 40 ～ 80 厘米，全体无毛；茎直立，有不明显棱角，稍有分枝，绿色或带紫色。叶片卵形、卵状矩圆形或卵状椭圆形，长 3 ～ 9 厘米，宽 2.5 ～ 6 厘米，顶端尖凹或凹缺，少数圆钝，有 1 芒尖，基部宽楔形或近截形，全缘或微呈波状缘；叶柄长 3 ～ 6 厘米，绿色或带紫红色。圆锥花序顶生，长 6 ～ 12 厘米，宽 1.5 ～ 3 厘米，有分枝，由穗状花序形成，圆柱形，细长，直立，顶生花穗比侧生者长；总花梗长 2 ～ 2.5 厘米；苞片及小苞片披针形，长不及 1 毫米，顶端具突尖；花被片矩圆形或宽倒披针形，长 1.2 ～ 1.5 毫米，内曲，顶端急尖，背部有 1 条绿色隆起中脉；雄蕊比花被片短；柱头 3 或 2。胞果扁球形，直径约 2 毫米，绿色，不裂，极皱缩，超出花被片。种子近球形，直径约 1 毫米，黑色或黑褐色，具薄且锐的环状边缘。花期 6—8 月，果期 8—10 月。

【生长环境】生于杂草地上或田野间。潜江市返湾湖风景区有发现。

【药用部位】全草或根。

【采收加工】春、夏、秋季采收全株或根，洗净，鲜用或晒干。

【性味归经】味甘、淡，性寒；归大肠、小肠经。

【功能主治】清热，利湿，解毒。

青葙属 *Celosia* L.

　　一年生或多年生草本、亚灌木或灌木。叶互生，卵形至条形，全缘或近全缘，有叶柄。花两性，成顶生或腋生、密集或间断的穗状花序，单生或排列成圆锥花序，总花梗有时扁化；每花有1苞片和2小苞片，着色，干膜质，宿存；花被片5，着色，干膜质，光亮，无毛，直立开展，宿存；雄蕊5，花丝钻状或丝状，上部离生，基部连合成杯状；无退化雄蕊；子房1室，具2至多数胚珠，花柱1，宿存，柱头头状，微2～3裂，反折。胞果卵形或球形，具薄壁，盖裂。种子凸镜状肾形，黑色，光亮。

　　本属约有60种，分布于非洲、美洲和亚洲亚热带和温带地区，我国有3种。

　　潜江市有2种。

57. 青葙 *Celosia argentea* L.

【别名】野鸡冠花、鸡冠花、百日红、狗尾草。

【植物形态】一年生草本，高0.3～1米，全体无毛；茎直立，有分枝，绿色或红色，具明显条纹。叶片矩圆状披针形、披针形或披针状条形，少数卵状矩圆形，长5～8厘米，宽1～3厘米，绿色常带红色，顶端急尖或渐尖，具小芒尖，基部渐狭；叶柄长2～15毫米，或无叶柄。花多数，密生，在茎端或枝端成单一、无分枝的塔形或圆柱形穗状花序，长3～10厘米；苞片及小苞片披针形，长3～4毫米，白色，光亮，顶端渐尖，延长成细芒，具1条中脉，在背部隆起；花被片矩圆状披针形，长6～10毫米，初为白色，顶端带红色或全部粉红色，后成白色，顶端渐尖，具1条中脉，在背面凸起；花丝长5～6毫米，分离部分长2.5～3毫米，花药紫色；子房有短柄，花柱紫色，长3～5毫米。胞果卵形，长3～3.5毫米，包裹在宿存花被内。种子凸镜状肾形，直径约1.5毫米。花期5—8月，果期6—10月。

【生长环境】生于平原、田边、丘陵、山坡，海拔高达1100米。潜江市少见。

【药用部位】成熟种子。

【采收加工】秋季果实成熟时采割植株或摘取果穗，晒干，收集种子，除去杂质。

【性味归经】味苦，性微寒；归肝经。

【功能主治】清肝泻火，明目退翳。用于肝热目赤，目生翳膜，视物昏花，肝火眩晕。

58. 鸡冠花 *Celosia cristata* L.

【植物形态】一年生草本。茎直立，高 20 ～ 80 厘米，通常呈红色或紫红色，无毛。叶卵状长圆形或卵状披针形，长 5 ～ 15 厘米，宽 3 ～ 6 厘米，先端渐尖，基部狭楔形，全缘而呈波状，叶脉在下面凸起；叶柄长 2 ～ 6 厘米。花序顶生，花序梗广阔、扁平，整个花序形似鸡冠，有多数小苞片，下部两面密生多数小花；花色多样而艳丽，两性；萼片 5，宽披针形，干膜质状；雄蕊 5，短于萼片，花丝下部连合，

花柱细长，直立，柱头微 2 裂。胞果卵圆形，内有多粒种子，盖裂，包在宿存萼片内；种子小，棕黑色，有光泽。花期 5—8 月，果期 8—10 月。

【生长环境】我国南北各地均有栽培，广布于温暖地区。潜江市园林街道有发现。

【药用部位】花序。

【采收加工】秋季花盛开时采收，晒干。

【性味归经】味甘、涩，性凉；归肝、大肠经。

【功能主治】收敛止血，止带，止痢。用于吐血，崩漏，便血，痔血，赤白带下，久痢不止。

二十五、木兰科　Magnoliaceae

木本。叶互生、簇生或近轮生，单叶不分裂或罕分裂。花顶生、腋生，罕成为 2～3 朵的聚伞花序。花被片通常花瓣状；雄蕊多数，子房上位，心皮多数，离生，罕合生，虫媒传粉，胚珠着生于腹缝线，胚小、胚乳丰富。

本科约有 3 族 18 属 335 种，主要分布于亚洲东南部、南部，北部较少；北美东南部、中美、南美北部及中部较少。我国约有 14 属 165 种，主要分布于我国东南部至西南部，渐向东北部及西北部减少。

潜江市有 3 属 5 种。

鹅掌楸属 *Liriodendron* L.

落叶乔木，树皮灰白色，纵裂成小块状脱落；小枝具分隔的髓心。冬芽卵形，为 2 片黏合的托叶所包围，幼叶在芽中对折，向下弯垂。叶互生，具长柄，托叶与叶柄离生，叶片先端平截或微凹，近基部具 1 对或 2 列侧裂片。花无香气，单生于枝顶，与叶同时开放，两性，花被片 9～17，3 片 1 轮，近相等，药室外向开裂；雌蕊群无柄，心皮多数，螺旋状排列，分离，最下部不育，每心皮具胚珠 2 枚，自子房顶端下垂。聚合果纺锤形，成熟心皮木质，种皮与内果皮愈合，顶端延伸成翅状，成熟时自花托脱落，花托宿存；种子 1～2 粒，具薄而干燥的种皮，胚藏于胚乳中。木材导管壁无螺纹加厚，管间纹孔对列；花粉外壁具极粗而凸起的雕纹覆盖层，外壁 2，缺或甚薄。

本属有 2 种。我国有 1 种，北美有 1 种。

潜江市有发现。

59. 鹅掌楸 *Liriodendron chinense*（Hemsl.）Sarg.

【别名】马褂木。

【植物形态】乔木，高达 40 米，胸径 1 米以上，小枝灰色或灰褐色。叶马褂状，长 4～12（18）厘米，近基部每边具 1 侧裂片，先端具 2 浅裂，下面苍白色，叶柄长 4～8（16）厘米。花杯状，花被片 9，外轮3片绿色，萼片状，向外弯垂，内2轮6片、直立，花瓣状、倒卵形，长3～4厘米，绿色，具黄色纵条纹，花药长10～16毫米，花丝长5～6毫米，花期时雌蕊群超出花被，心皮黄绿色。聚合果长7～9厘米，具翅的小坚果长约6毫米，顶端钝或钝尖，具种子1～2粒。花期5月，果期9—10月。

【生长环境】生于海拔900～1000米的山地林中。潜江市森林公园有发现。

【药用部位】根。

【采收加工】秋季采挖，除去泥土，鲜用或晒干。

【性味归经】味辛，性温。

【功能主治】祛风湿，强筋骨。

木兰属 *Magnolia* L.

乔木或灌木，树皮通常灰色，光滑，或有时粗糙具深沟，通常落叶，少数常绿；小枝具环状的托叶痕，髓心连续或分隔；芽有2型，营养芽（枝、叶芽）腋生或顶生，具芽鳞2，膜质，镊合状合成盔状托叶，包裹着次一幼叶和生长点，与叶柄连生；混合芽（枝、叶及花芽）顶生具1至数枚次第脱落的佛焰苞状苞片，包着1至数个节间，每节间有1腋生的营养芽，末端2节膨大，顶生较大的花蕾；花柄上有数个环状苞片脱落痕。叶膜质或厚纸质，互生，有时密集成假轮生，全缘，稀先端2浅裂；托叶膜质，贴生于叶柄，在叶柄上留有托叶痕，幼叶在芽中直立，对折。花通常芳香，大而美丽，雌蕊常先熟，由甲壳虫传粉，单生于枝顶，很少2～3朵顶生，两性，落叶种类在发叶前开放或与叶同时开放；花被片白色、粉红色或紫红色，很少黄色，9～21（45）片，每轮3～5片，近相等，有时外轮花被片较小，带绿色或黄褐色，呈萼片状；雄蕊早落，花丝扁平，药隔延伸成短尖或长尖，很少不延伸，药室内向或侧向开裂；雌蕊群和雄蕊群相连接，无雌蕊群柄。心皮分离，多数或少数，花柱向外弯曲，沿近轴面为具乳头状突起的柱头面，每心皮有胚珠2枚（很少在下部心皮具胚珠3～4枚）。聚合果成熟时通常为长圆状圆柱形、卵状圆柱形或长圆状卵圆形，常因心皮不育而偏斜弯曲。成熟蓇葖革质或近木质，互相分离，很少连合，沿背缝线开裂，顶端具或短或长的喙，全部宿存于果轴。种子1～2粒，外种皮橙红色或鲜红色，肉质，含油分，内种皮坚硬，种脐有丝状假珠柄与胎座相连，悬挂于种子外。

　　本属约有 90 种，产于亚洲东南部温带及热带地区、印度东北部、马来群岛、日本、北美洲东南部、美洲中部、大安的列斯群岛、小安的列斯群岛。我国约有 31 种，分布于西南、秦岭以南至华东、东北地区。

　　潜江市有 2 种。

60. 望春玉兰 *Magnolia biondii* Pampan.

【别名】辛夷。

【植物形态】落叶乔木，高可达 12 米，胸径达 1 米；树皮淡灰色，光滑；小枝细长，灰绿色，直径 3～4 毫米，无毛；顶芽卵圆形或宽卵圆形，长 1.7～3 厘米，密被淡黄色开展长柔毛。叶椭圆状披针形、卵状披针形、狭倒卵形或卵形，长 10～18 厘米，宽 3.5～6.5 厘米，先端急尖或短渐尖，基部阔楔形或圆钝，边缘干膜质，下延至叶柄，上面暗绿色，下面浅绿色，初被平伏绵毛，后无毛；侧脉每边 10～15 条；叶柄长 1～2 厘米，托叶痕为叶柄长的 1/5～1/3。花先于叶开放，直径 6～8 厘米，芳香；花梗顶端膨大，长约 1 厘米，具 3 苞片脱落痕；花被片 9，外轮 3 片紫红色，近狭倒卵状条形，长约 1 厘米，中内 2 轮近匙形，白色，外面基部常紫红色，长 4～5 厘米，宽 1.3～2.5 厘米，内轮的较狭小；雄蕊长 8～10 毫米，花药长 4～5 毫米，花丝长 3～4 毫米，紫色；雌蕊群长 1.5～2 厘米。聚合果圆柱形，长 8～14 厘米，常因部分不育而扭曲；果梗长约 1 厘米，直径约 7 毫米，残留长绢毛；蓇葖浅褐色，近圆形，侧扁，具凸起瘤点；种子心形，外种皮鲜红色，内种皮深黑色，顶端凹陷，具 "V" 形槽，中部凸起，腹部具深沟，末端短尖不明显。花期 3 月，果期 9 月。

【生长环境】生于海拔 600～2100 米的山林间。潜江市梅苑有发现。

【药用部位】干燥花蕾。

【采收加工】冬末春初花未开放时采收，除去枝梗，阴干。

【性味归经】味辛，性温；归肺、胃经。

【功能主治】散风寒，通鼻窍。用于风寒头痛，鼻塞流涕。

61. 荷花玉兰 *Magnolia grandiflora* L.

【别名】洋玉兰、广玉兰。

【植物形态】常绿乔木，在原产地高达30米；树皮淡褐色或灰色，薄鳞片状开裂；小枝粗壮，具横隔的髓心；小枝、芽、叶下面、叶柄均密被褐色或灰褐色短茸毛（幼树的叶下面无毛）。叶厚革质，椭圆形、长圆状椭圆形或倒卵状椭圆形，长10～20厘米，宽4～7（10）厘米，先端钝或短钝尖，基部楔形，叶面深绿色，有光泽；侧脉每边8～10条；叶柄长1.5～4厘米，无托叶痕，具深沟。花白色，芳香，直径15～20厘米；花被片9～12，厚肉质，倒卵形，长6～10厘米，宽5～7厘米；雄蕊长约2厘米，花丝扁平，紫色，花药内向，药隔伸出成短尖；雌蕊群椭圆状，密被长茸毛；心皮卵形，长1～1.5厘米，花柱呈卷曲状。聚合果圆柱状长圆形或卵圆形，长7～10厘米，直径4～5厘米，密被褐色或淡灰黄色茸毛；蓇葖背裂，背面圆，顶端外侧具长喙；种子近卵圆形或卵形，长约14毫米，直径约6毫米，外种皮红色，除去外种皮的种子顶端延长成短颈。花期5—6月，果期9—10月。

【生长环境】我国长江流域以南各地均有栽培。潜江市曹禺公园有发现。

【药用部位】花和树皮。

【采收加工】春季采收未开放的花蕾，白天暴晒，晚上发汗，五成平时，堆放1～2天，再晒至全干。树皮随时可采。

【性味归经】味辛，性温；归肺、胃、肝经。

【功能主治】祛风散寒，行气止痛。

含笑属 *Michelia* L.

常绿乔木或灌木。叶革质，单叶，互生，全缘；托叶膜质，盔帽状，两瓣裂，与叶柄贴生或离生，脱落后，小枝具环状托叶痕。如贴生则叶柄上亦留有托叶痕。幼叶在芽中直立、对折。花蕾单生于叶腋，由2～4枚次第脱落的佛焰苞状苞片包裹，花梗上有与佛焰苞状苞片同数的环状的苞片脱落痕。如苞片贴生于叶柄，则叶柄亦留有托叶痕。很少一花蕾内包裹的不同节上有2～3花蕾，形成2～3朵花的聚伞花序。花两性，通常芳香，花被片6～21枚，3或6片1轮，近相似，或很少，外轮远较小，雄蕊多数，药室伸长，侧向或近侧向开裂，花丝短或长，药隔伸出成长尖或短尖，很少不伸出；雌蕊群有柄，心皮多数或少数，腹面基部着生于花轴，上部分离，通常部分不发育，心皮背部无纵纹沟，花柱着生于近顶端，柱头面在花柱上部分或近末端，每心皮有胚珠2至数枚。聚合果为离心皮果，常因部分蓇葖不发育形成疏松的穗状聚合果；成熟蓇葖革质或木质，全部宿存于果轴，无柄或有短柄，背缝开裂或腹背为2瓣裂。

种子 2 至数粒，红色或褐色。

　　本属约有 50 种，分布于中国、印度、斯里兰卡、中南半岛、马来群岛、日本南部。我国约有 41 种，主产于西南至东部地区，以西南地区较多；适宜生于温暖湿润气候、酸性土壤中，为常绿阔叶林的重要组成树种。

　　潜江市有 2 种。

62. 含笑花 *Michelia figo*（Lour.）Spreng.

【别名】香蕉花、含笑。

【植物形态】常绿灌木，高 2～3 米，树皮灰褐色，分枝繁密；芽、嫩枝、叶柄、花梗均密被黄褐色茸毛。叶革质，狭椭圆形或倒卵状椭圆形，长 4～10 厘米，宽 1.8～4.5 厘米，先端钝短尖，基部楔形或阔楔形，上面有光泽，无毛，下面中脉上留有褐色平伏毛，余脱落无毛，叶柄长 2～4 毫米，托叶痕长达叶柄顶端。花直立，长 12～20 毫米，宽 6～11 毫米，淡黄色而边缘有时红色或紫色，具甜浓的芳香，花被片 6，肉质，较肥厚，长椭圆形，长 12～20 毫米，宽 6～11 毫米；雄蕊长 7～8 毫米，药隔伸出成急尖头，雌蕊群无毛，长约 7 毫米，超出雄蕊群；雌蕊群柄长约 6 毫米，被淡黄色茸毛。聚合果长 2～3.5 厘米；蓇葖卵圆形或球形，顶端有短尖的喙。花期 3—5 月，果期 7—8 月。

【生长环境】生于阴坡杂木林中，溪谷沿岸尤为茂盛。潜江市梅苑有发现。

【药用部位】花。

【采收加工】夏、秋季开花时采收，鲜用或晒干备用。

【性味归经】味苦、辛，性微温。

【功能主治】化湿，行气，止咳。

63. 深山含笑 *Michelia maudiae* Dunn

【别名】光叶白兰花、莫夫人含笑花。

【植物形态】乔木，高达 20 米，各部均无毛；树皮薄，浅灰色或灰褐色；芽、嫩枝、叶下面、苞片均被白粉。叶革质，长圆状椭圆形，很少卵状椭圆形，长 7～18 厘米，宽 3.5～8.5 厘米，先端骤狭短渐尖或短渐尖而尖头钝，基部楔形、阔楔形或近圆钝，上面深绿色，有光泽，下面灰绿色，被白粉，侧脉每边7～12条，直或稍曲，至近叶缘开叉网结、网眼致密。叶柄长1～3厘米，无托叶痕。花梗绿色，具3环状苞片脱落痕，佛焰苞状苞片淡褐色，薄革质，长约3厘米；花芳香，花被片9，纯白色，基部稍呈淡红色，外轮的倒卵形，长5～7厘米，宽3.5～4厘米，顶端具短急尖，基部具长约1厘米的爪，内2轮则渐狭小，近匙形，顶端尖；雄蕊长1.5～2.2厘米，药隔伸出长1～2毫米的尖头，花丝宽扁，淡紫色，长约4毫米；雌蕊群长1.5～1.8厘米；雌蕊群柄长5～8毫米。心皮绿色，狭卵圆形，连花柱长5～6毫米。聚合果长7～15厘米，蓇葖长圆形、倒卵圆形或卵圆形，顶端圆钝或具短突尖头。种子红色，斜卵圆形，长约1厘米，宽约5毫米，稍扁。花期2—3月，果期9—10月。

【生长环境】生于海拔600～1500米的密林中。潜江市森林公园有发现。

【药用部位】花。

【采收加工】夏、秋季开花时采收，鲜用或晒干备用。

【性味归经】味苦、辛，性微温。

【功能主治】化湿，行气，止咳。

二十六、蜡梅科　Calycanthaceae

落叶或常绿灌木。小枝四方形至近圆柱形，有油细胞。鳞芽或芽无鳞片而被叶柄的基部所包围。单叶对生，全缘或近全缘；羽状脉；有叶柄；无托叶。花两性，辐射对称，单生于侧枝的顶端或腋生，通常芳香，黄色、黄白色、褐红色或粉红白色，先于叶开放；花梗短；花被片多数，未明显地分化成花萼和花瓣，螺旋状着生于杯状的花托外围，花被片形状各式，最外轮的似苞片，内轮的呈花瓣状；雄蕊2轮，外轮的能发育，内轮的败育，发育的雄蕊5～30枚，螺旋状着生于杯状的花托顶端，花丝短而离生，药室外向，2 室，纵裂，药隔伸长或短尖，退化雄蕊 5～25 枚，线形至线状披针形，被短柔毛；心皮少数至多数，离生，着生于中空的杯状花托内面，每心皮有胚珠 2 枚，或 1 枚不发育，倒生，花柱丝状，伸长；花托杯状。聚合瘦果着生于坛状的果托之中，瘦果内有种子 1 粒；种子无胚乳；胚大；子叶叶状，席卷。

　　本科有 2 属 7 种 2 变种，分布于亚洲东部和美洲北部。我国有 2 属 4 种 1 栽培种 2 变种，分布于山东、江苏、安徽、浙江、江西、福建、湖北、湖南、广东、广西、云南、贵州、四川、陕西等地。

　　潜江市有 1 属 1 种。

蜡梅属 *Chimonanthus* Lindl.

　　直立灌木。小枝四方形至近圆柱形。叶对生，落叶或常绿，纸质或近革质，叶面粗糙，羽状脉，有叶柄；鳞芽裸露。花腋生，芳香，直径 0.7～4 厘米；花被片 15～25，黄色或黄白色，有紫红色条纹，膜质；雄蕊 5～6，着生于杯状的花托上，花丝丝状，基部宽而连生，通常被微毛，花药 2 室，外向，退化雄蕊少数至多数，长圆形，被微毛，着生于雄蕊内面的花托上；心皮 5～15，离生，每心皮有胚珠 2 枚或 1 枚败育。果托坛状，被短柔毛；瘦果长圆形，内有种子 1 粒。

　　本属有 3 种，我国特产。日本、朝鲜及欧洲、北美等均有引种栽培。

　　潜江市有 1 种。

64. 蜡梅 *Chimonanthus praecox*（L.）Link

　　【别名】大叶蜡梅、狗矢蜡梅、狗蝇梅、磬口蜡梅、黄梅花、黄金茶、石凉茶、梅花。

　　【植物形态】落叶灌木，高达 4 米；幼枝四方形，老枝近圆柱形，灰褐色，无毛或被疏微毛，有皮孔；鳞芽通常着生于第二年生的枝条叶腋内，芽鳞片近圆形，覆瓦状排列，外面被短柔毛。叶纸质至近革质，卵圆形、椭圆形、宽椭圆形至卵状椭圆形，有时长圆状披针形，长 5～25 厘米，宽 2～8 厘米，顶端急尖至渐尖，有时具尾尖，基部急尖至圆形，除叶背脉上被疏微毛外无毛。花着生于第二年生的枝条叶腋内，先花后叶，芳香，直径 2～4 厘米；花被片圆形、长圆形、倒卵形、椭圆形或匙形，长 5～20 毫米，宽 5～15 毫米，无毛，内部花被片比外部花被片短，基部有爪；雄蕊长 4 毫米，花丝比花药长或等长，花药向内弯，无毛，药隔顶端短尖，退化雄蕊长 3 毫米；心皮基部被疏硬毛，花柱长达子房 3 倍，基部被毛。果托近木质化，坛状或倒卵状椭圆形，长 2～5 厘米，直径 1～2.5 厘米，口部收缩，并具有钻状披针形的被毛附生物。花期 11 月至翌年 3 月，果期 4—11 月。

　　【生长环境】生于山地林中。潜江市森林公园有发现。

　　【药用部位】花蕾。

　　【采收加工】在花刚开放时采收。

　　【性味归经】味辛、甘、微苦，性凉；有小毒；归肺、胃经。

　　【功能主治】清热解毒，理气开郁。

二十七、樟科　Lauraceae

　　常绿或落叶，乔木或灌木，仅有无根藤属为缠绕性寄生草本。树皮通常芳香；木材十分坚硬，细致，通常黄色。鳞芽或裸芽。叶互生、对生、近对生或轮生，具柄，通常革质，有时为膜质或坚纸质，全缘，极少有分裂（如檫木属），与树皮一样常有多数含芳香油或黏液的细胞，羽状脉，三出脉或离基三出脉，小脉常为密网状，脉网通常在鲜时不甚明显，但干时常十分明显，上面具光泽，下面常为粉绿色，毛被若存在通常为单细胞毛；无托叶。花序有限，稀如无根藤属者为无限；或为圆锥状、总状或小头状，开花前全然由大苞片所包裹或近裸露，最末端分枝为3花或多花的聚伞花序；或为假伞形花序，其下有宿存的交互对生的苞片或不规则苞片。花通常小，白色或绿白色，有时黄色，有时淡红色而后转红色，通常芳香，花被片开花时平展或常近闭合。花两性或由于败育而成单性，雌雄同株或异株，辐射对称，通常3基数，亦有2基数。花被筒辐状，漏斗形或坛形，花被裂片6或4，呈2轮排列，或为9而呈3轮排列，等大或外轮花被片较小，互生，脱落或宿存，花后有时坚硬；花被筒脱落或成一果托包围果实的基部，亦有果实或完全包藏于花被筒内或子房与花被筒贴生而形成下位子房的。雄蕊着生于花被筒喉部，周位或上位，数目一定，但在木姜子属一些种亦有数目近于不定的，通常排列呈4轮，每轮2～4枚，但在木姜子属有些种为多轮的，通常最内1轮败育且退化为多少明显的退化雄蕊，稀第1、2轮雄蕊亦为败育，第3轮雄蕊通常能育，极稀不育，通常在花丝的每一侧有一个多少具柄的腺体或腺体的柄与花丝合生而成为近无柄或无柄腺体，极稀全部各轮雄蕊具基生的腺体；花丝存在或花药无柄；第1、2轮花药药室通常内向，第3轮花药药室通常外向，有时全部或部分具顶向或侧向药室，但在木姜子属全部花药药室外向，雄蕊4室或由于败育而成2室，极稀为1室的，2药室雄蕊的药隔通常延伸于花药之上，花药4室时，常2室在上，2室在下，亦有由于有2室侧生而排成一列或成弧形的，通常同属各种具同数药室，稀有1或2轮的花药有不同数的药室，药室自基部向顶部瓣裂，极稀由外向内瓣裂的；外轮退化雄蕊若存在时则呈花瓣状或舌状，第4轮退化雄蕊通常箭形或心状箭形，具柄，极稀具腺体，有时退化雄蕊微小或无，若有4轮以上雄蕊存在时，第4轮及更内轮可具腺体；腺体或小或大，充满于雄蕊间隙，或腺体全然不存在；花粉简单，球形或近球形，无萌发孔，外壁薄，表面常具小刺或小刺状突起。心皮可能3，形成一个单室子房，子房通常为上位，稀为半下位或下位；胚珠单一，下垂，倒向；花柱明显，稀不明显，柱头盘状，扩大或开裂，有时不明显，但自花柱的一侧下延而有不同颜色的组织。果为浆果或核果，小（直径仅5毫米，如山鸡椒）至很大（直径达15厘米或以上，如鳄梨），外果皮肉质、菲薄或厚（鳄梨属的一些种的中果皮可食），有时由增大的花被筒所包藏，此时果与花被筒离生或贴生，花被筒常为木质或全然为下位，有时着生于一裸柄上，有时基部有坚硬而紧抱于果的花被片，有时基部或大部分陷于果托中，有时基部有一扁平的盘状体，若有果托，花被可能多少宿存而不变形，或花被片基部宿存或雄蕊基部宿存，因而果托边缘为双缘，果托边缘或为全缘、波状或具齿裂；果托本身通常肉质，常有圆形大疣点，果梗或为圆柱形或为肉质且着有艳色。假种皮有时存在，包被胚珠顶部。种子无胚乳，有薄的种皮，但无根藤属种皮是坚硬的；子叶大，平凸状，紧抱，胚近盾形，胚芽十分发达，具2～8片叶，常被疏柔毛，极稀有子房分裂成不完全的6～12室，每室嚼烂成子叶。

　　本科有45属2000～2500种，产于热带及亚热带地区，分布中心在东南亚及巴西。我国约有20属423种43变种5变型，大多数种集中分布于长江以南各地，只有少数落叶种类分布较偏北，其中三桠乌药一种分布于辽宁省南部（千山，约北纬41°）。

　　潜江市有1属1种。

樟属 *Cinnamomum* Trew

　　常绿乔木或灌木；树皮、小枝和叶极芳香。芽裸露或具鳞片，具鳞片时鳞片明显或不明显，覆瓦状排列。叶互生、近对生或对生，有时聚生于枝顶，革质，离基三出脉或三出脉，亦有羽状脉。花小或中等大，黄色或白色，两性，稀杂性，组成腋生或近顶生、顶生的圆锥花序，由（1）3至多花的聚伞花序组成。花被筒短，杯状或钟状，花被裂片6，近等大，花后完全脱落，或上部脱落而下部留存在花被筒的边缘上，极稀宿存。能育雄蕊9，稀较少或较多，排列成3轮，第1、2轮花丝无腺体，第3轮花丝近基部有1对具柄或无柄的腺体，花药4室，稀第3轮为2室，第1、2轮花药药室内向，第3轮花药药室外向。退化雄蕊3，位于最内轮，心形或箭形，具短柄。花柱与子房等长，纤细，柱头头状或盘状，有时具三圆裂。果肉质，有果托；果托杯状、钟状或圆锥状，截平或边缘波状，或有不规则小齿，有时有由花被片基部形成的平头裂片6枚。

　　本属约有250种，产于热带、亚热带等地区。我国约有46种1变型，主产于南方各地，北达陕西及甘肃南部。

　　潜江市有1种。

65. 樟 *Cinnamomum camphora*（L.）Presl

【别名】香樟、芳樟、油樟、樟木、乌樟、瑶人柴。

【植物形态】常绿大乔木，高可达30米，直径可达3米，树冠广卵形；枝、叶及木材均有樟脑气味；树皮黄褐色，有不规则的纵裂。顶芽广卵形或圆球形，鳞片宽卵形或近圆形，外面略被绢状毛。枝条圆柱形，淡褐色，无毛。叶互生，卵状椭圆形，长6～12厘米，宽2.5～5.5厘米，先端急尖，基部宽楔形至近圆形，边缘全缘，软骨质，有时呈微波状，上面绿色或黄绿色，有光泽，下面黄绿色或灰绿色，晦暗，两面无毛或下面幼时略被微柔毛，离基三出脉，有时过渡到基部具不显的5脉，中脉两面明显，上部每边有侧脉1～7条，基生侧脉向叶缘一侧有少数支脉，侧脉及支脉脉腋上面明显隆起，下面有明显腺窝，窝内常被柔毛；叶柄纤细，长2～3厘米，腹凹背凸，无毛。圆锥花序腋生，长3.5～7厘米，具梗，总梗长2.5～4.5厘米，各级序轴均无毛或被灰白色至黄褐色微柔毛，被毛时往往在节上尤为明显。花绿白色或带黄色，长约3毫米；花梗长1～2毫米，无毛。花被外面无毛或被微柔毛，内面密被短柔毛，花被筒倒圆锥形，长约1毫米，花被裂片椭圆形，长约2毫米。能育雄蕊9，长约2毫米，花丝被短柔毛。退化雄蕊3，位于最内轮，箭形，长约1毫米，被短柔毛。子房球形，长约1毫米，无毛，花柱长约1毫米。果卵球形或近球形，直径6～8毫米，紫黑色；果托杯状，长约5毫米，顶端截平，宽达4毫米，基部宽约1毫米，具纵向沟纹。花期4—5月，果期8—11月。

【生长环境】常生于山坡或沟谷中，但常有栽培。潜江市广泛种植，常见。

【药用部位】根、树干、枝、叶。

【采收加工】以樟的根、枝、叶及废材经蒸馏所得的颗粒状结晶。除春分至立夏期间含油较少外，其余时间均可采叶，用蒸馏法提取樟脑油。根含樟脑油最多，茎次之，叶最少。

【性味归经】味辛，性热；有小毒；归心、脾经。

【功能主治】通关窍，利滞气，杀虫止痒，消肿止痛。

二十八、毛茛科　Ranunculaceae

多年生或一年生草本，少有灌木或木质藤本。叶通常互生或基生，少数对生，单叶或复叶，通常掌状分裂，无托叶；叶脉掌状，偶尔羽状，网状连结，少有开放的两叉状分枝。花两性，少有单性，雌雄同株或雌雄异株，辐射对称，稀为两侧对称，单生或组成各种聚伞花序或总状花序。萼片下位，4～5或较多，或较少，绿色，或花瓣不存在或特化成分泌器官时常较大，呈花瓣状，有颜色。花瓣存在或不存在，下位，4～5，或较多，常有蜜腺，并常特化成分泌器官，这时常比萼片小得多，呈杯状、筒状或二唇状，基部常有囊状或筒状的距。雄蕊下位，多数，有时少数，螺旋状排列，花药2室，纵裂。退化雄蕊有时存在。心皮分生，少有合生，多数、少数或1枚，在多少隆起的花托上螺旋状排列或轮生，沿花柱腹面生柱头组织，柱头不明显或明显；胚珠多数、少数或1枚，倒生。果实为蓇葖或瘦果，少数为蒴果或浆果。种子有小的胚和丰富胚乳。

本科约有50属2000种，在世界广布，主要分布于北半球温带和寒温带地区。我国有42属（包含引种的1个属，黑种草属），约720种，全国广布。

潜江市有3属3种。

翠雀属 *Delphinium* L.

多年生草本，稀一年生或二年生草本。叶为单叶，互生，有时均基生，掌状分裂，有时近羽状分裂。花序多为总状，有时伞房状，有苞片；花梗有2枚小苞片。花两性，两侧对称。萼片5，花瓣状，紫色、蓝色、白色或黄色，卵形或椭圆形，上萼片有距，距囊形至钻形，2侧萼片和2下萼片无距。花瓣（或称上花瓣）2，条形，生于上萼片与雄蕊之间，无爪，有距，黑褐色或与萼片同色，距伸到萼距中，有分泌组织。退化雄蕊（或称下花瓣）2，分别生于2侧萼片与雄蕊之间，黑褐色或与萼片同色，分化成瓣片和爪两部分，瓣片匙形至倒卵圆形，不分裂或2裂，腹面中央常有一簇黄色或白色髯毛状毛，基部常有2鸡冠状小突起。雄蕊多数，花药椭圆状球形，花丝披针状线形，有1脉。心皮3～5（7），花柱短，胚珠多数成二列生于子房室的腹缝线上。蓇葖有脉网，宿存花柱短。种子四面体形或近球形，只沿棱生膜状翅，或密生鳞状横翅，或生同心的横膜翅。

本属有300种以上，广布于北半球温带地区。我国约有113种，除台湾、海南外，其余各地均有分布。

潜江市有1种。

66. 卵瓣还亮草 *Delphinium anthriscifolium* var. *savatieri*（Franchet）Munz

【植物形态】一年生草本，茎高30～78厘米，无毛或上部疏被反曲的短柔毛，等距地生叶，分枝。叶为二至三回近羽状复叶，间或为三出复叶，有较长柄或短柄，近基部叶在开花时常枯萎；叶片菱状卵形或三角状卵形，长5～11厘米，宽4.5～8厘米，羽片2～4对，对生，稀互生，下部羽片有细柄，狭卵形，长渐尖，通常分裂近中脉，末回裂片狭卵形或披针形，通常宽2～4毫米，表面疏被短柔毛，背面无毛或近无毛；叶柄长2.5～6厘米，无毛或近无毛。总状花序有（1）2～15花；轴和花梗被反曲的短柔毛；基部苞片叶状，其他苞片小，披针形至披针状钻形，长2.5～4.5毫米；花梗长0.4～1.2厘米；

小苞片生于花梗中部，披针状线形，长 2.5 ～ 4 毫米；花长 1 ～ 1.8（2.5）厘米；萼片堇色或紫色，椭圆形至长圆形，长 6 ～ 9（11）毫米，外面疏被短柔毛，圆锥状钻形，长 5 ～ 9（15）毫米，稍向上弯曲或近直；花瓣紫色，无毛，上部变宽；退化雄蕊与萼片同色，无毛，瓣片斧形，近基部 2 深裂；雄蕊无毛；心皮 3，子房疏被短柔毛或近无毛。蓇葖长 1.1 ～ 1.6 厘米；种子扁球形，直径 2 ～ 2.5 毫米，上部有螺旋状生长的横膜翅，下部约有 5 条同心的横膜翅。花期 3—5 月。

【生长环境】生于海拔 30 ～ 1300 米的丘陵、低山山地的林边、灌丛或草坡较阴湿处。潜江市周矶街道有发现。

【药用部位】全草。

【采收加工】夏、秋季采收，洗净，切段，鲜用或晒干。

【性味归经】味辛、苦，性温；有毒；归心、肝、肾经。

【功能主治】祛风除湿，化湿止痛，化食，解毒。

毛茛属 *Ranunculus* L.

多年生或少数一年生草本，陆生或部分水生。须根纤维状簇生，或基部粗厚呈纺锤形，少数有根状茎。茎直立、斜升或有匍匐茎。叶大多基生并茎生，单叶或三出复叶，3 浅裂至 3 深裂，或全缘及有齿；叶柄伸长，基部扩大成鞘状。花单生或成聚伞花序；花两性，整齐，萼片 5，绿色，草质，大多脱落；花瓣 5 片，有时 6 ～ 10 片，黄色，基部有爪，蜜槽呈点状或杯状袋穴，或有分离的小鳞片覆盖；雄蕊通常多数，向心发育，花药卵形或长圆形，花丝线形；心皮多数，离生，含 1 胚珠，螺旋着生于有毛或无毛的花托上；花柱腹面生有柱头组织。聚合果球形或长圆形；瘦果卵球形或两侧压扁，背腹线有纵肋，或边缘有棱至宽翼，果皮有厚壁组织而较厚，无毛或有毛，或有刺及瘤突，喙较短，直伸或外弯。染色体大型，基数为 7。

本属约有 400 种，温带寒带地区广布，多数分布于亚洲和欧洲。我国有 78 种 9 变种，全国广布，多数种分布于西北部和西南部的高山地区。

潜江市有 1 种。

67. 扬子毛茛 *Ranunculus sieboldii* Miq.

【别名】辣子草、地胡椒。

【植物形态】多年生草本。须根伸长簇生。茎铺散，斜升，高20～50厘米，下部节偃地生根，多分枝，密生开展的白色或淡黄色柔毛。基生叶与茎生叶相似，为三出复叶；叶片圆肾形至宽卵形，长2～5厘米，宽3～6厘米，基部心形，中央小叶宽卵形或菱状卵形，3浅裂至较深裂，边缘有锯齿，小叶柄长1～5毫米，生开展柔毛；侧生小叶不等2裂，背面或两面疏生柔毛；叶柄长2～5厘米，密生开展的柔毛，基部扩大成褐色膜质的宽鞘抱茎；上部叶较小，叶柄也较短。花与叶对生，直径1.2～1.8厘米；花梗长3～8厘米，密生柔毛；萼片狭卵形，长4～6毫米，为宽的2倍，外面生柔毛，花期向下反折，迟落；花瓣5，黄色或上面变白色，狭倒卵形至椭圆形，长6～10毫米，宽3～5毫米，有5～9条深色脉纹，下部渐窄成长爪，蜜槽小鳞片位于爪的基部；雄蕊20余枚，花药长约2毫米；花托粗短，密生白柔毛。聚合果圆球形，直径约1厘米；瘦果扁平，长3～4毫米，宽3～3.5毫米，为厚的5倍以上，无毛，边缘有宽约0.4毫米的宽棱，喙长约1毫米，成锥状外弯。花果期5—10月。

【生长环境】生于海拔300～2500米的山坡林边及平原湿地。潜江市广布。

【药用部位】全草。

【采收加工】春、夏季采收，鲜用或晒干。

【性味归经】味辛、苦，性热；有毒；归心经。

【功能主治】除痰结疟，解毒消肿。用于疟疾，瘰肿，毒疮，跌打损伤。

天葵属 *Semiaquilegia* Makino

多年生小草本，具块根。叶基生和茎生，为掌状三出复叶，基生叶具长柄，茎生叶的柄较短。花序为简单的单歧或蝎尾状的聚伞花序；苞片小，3深裂或不裂。花小，辐射对称。萼片5枚，白色，花瓣状，狭椭圆形。花瓣5片，匙形，基部囊状。雄蕊8～14枚，花药宽椭圆形，黄色，花丝丝形，中部以下微变宽；

退化雄蕊约 2 枚，位于雄蕊内侧，白膜质，线状披针形，与花丝近等长。心皮 3 ～ 4（5）枚，花柱约为子房长度的 1/6 ～ 1/5。蓇葖微呈星状展开，卵状长椭圆形，先端具一小细喙，表面有横向脉纹，无毛；种子多数，小，黑褐色，有许多小瘤状突起。

本属仅有 1 种，分布于我国长江流域亚热带地区及日本。

潜江市有发现。

68. 天葵 *Semiaquilegia adoxoides*（DC.）Makino

【别名】麦无踪、千年老鼠屎、紫背天葵、耗子屎。

【植物形态】块根长 1 ～ 2 厘米，粗 3 ～ 6 毫米，外皮棕黑色。茎 1 ～ 5 条，高 10 ～ 32 厘米，直径 1 ～ 2 毫米，被稀疏的白色柔毛，分歧。基生叶多数，为掌状三出复叶；叶片卵圆形至肾形，长 1.2 ～ 3 厘米；小叶扇状菱形或倒卵状菱形，长 0.6 ～ 2.5 厘米，宽 1 ～ 2.8 厘米，3 深裂，深裂片又有 2 ～ 3 个小裂片，两面均无毛；叶柄长 3 ～ 12 厘米，基部扩大呈鞘状。茎生叶与基生叶相似，唯较小。花小，直径 4 ～ 6 毫米；苞片小，倒披针形至倒卵圆形，不裂或 3 深裂；花梗纤细，长 1 ～ 2.5 厘米，被伸展的白色短柔毛；萼片白色，常带淡紫色，狭椭圆形，长 4 ～ 6 毫米，宽 1.2 ～ 2.5 毫米，顶端急尖；花瓣匙形，长 2.5 ～ 3.5 毫米，顶端近截形，基部凸起呈囊状；退化雄蕊约 2 枚，线状披针形，白膜质，与花丝近等长；心皮无毛。蓇葖卵状长椭圆形，长 6 ～ 7 毫米，宽约 2 毫米，表面具凸起的横向脉纹；种子卵状椭圆形，褐色至黑褐色，长约 1 毫米，表面有许多小瘤状突起。花期 3—4 月，果期 4—5 月。

【生长环境】生于海拔 100 ～ 1050 米的疏林下、路旁或山谷地的较阴处。潜江市森林公园有发现。

【药用部位】块根。

【采收加工】夏初采挖，洗净，干燥，除去须根。

【性味归经】味甘、苦，性寒；归肝、胃经。

【功能主治】清热解毒，消肿散结。用于痈肿疔疮，乳痈，瘰疬，蛇虫咬伤。

二十九、小檗科　Berberidaceae

灌木或多年生草本，稀小乔木，常绿或落叶，有时具根状茎或块茎。茎具刺或无。叶互生，稀对生或基生，单叶或一至三回羽状复叶；托叶存在或缺；叶脉羽状或掌状。花序顶生或腋生，花单生、簇生或组成总状花序、穗状花序、伞形花序、聚伞花序或圆锥花序；花具花梗或无；花两性，辐射对称，小苞片存在或缺如，花被通常3基数，偶2基数，稀缺如；萼片6～9，常花瓣状，离生，2～3轮；花瓣6，扁平，盔状或距状，或变为蜜腺状，基部有蜜腺或缺；雄蕊与花瓣同数而对生，花药2室，瓣裂或纵裂；子房上位，1室，胚珠多数或少数，稀1枚，基生或侧膜胎座，花柱存在或缺，有时结果时缩存。浆果、蒴果、蓇葖果或瘦果。种子1至多粒，有时具假种皮；富含胚乳；胚大或小。

本科约有7属650种，主产于北半球温带和亚热带高山地区。中国约有11属320种。全国各地均有分布，但以四川、云南、西藏种类较多。

潜江市有2属2种。

十大功劳属 *Mahonia* Nuttall

常绿灌木或小乔木，高0.3～8米。枝无刺。奇数羽状复叶，互生，无叶柄或具叶柄，叶柄长达14厘米；小叶3～41对，侧生小叶通常无叶柄或具小叶柄；小叶边缘具粗疏或细锯齿，或具牙齿状齿，少有全缘。花序顶生，由（1）3～18个簇生的总状花序或圆锥花序组成，长3～35厘米，基部具芽鳞；花梗长1.5～2.4毫米；苞片较花梗短或长；花黄色；萼片3轮，9枚；花瓣2轮，6片，基部具2枚腺体或无；雄蕊6枚，花药瓣裂；子房含基生胚珠1～7枚，花柱极短或无花柱，柱头盾状。浆果，深蓝色至黑色。染色体$2n = 28$。

本属约有60种，分布于东亚、东南亚、北美、中美和南美西部。中国约有35种，主要分布于四川、云南、贵州和西藏东南部。

潜江市有1种。

69. 细叶十大功劳 *Mahonia fortunei*（Lindl.）Fedde

【别名】十大功劳。

【植物形态】灌木，高0.5～2米。叶倒卵形至倒卵状披针形，长10～28厘米，宽8～18厘米，具2～5对小叶，最下一对小叶外形与往上小叶相似，距叶柄基部2～9厘米，上面暗绿色至深绿色，叶脉不明显，背面淡黄色，偶稍苍白色，叶脉隆起，叶轴粗1～2毫米，节间1.5～4厘米，往上渐短；小叶无柄或近无柄，狭披针形至狭椭圆形，长4.5～14厘米，宽0.9～2.5厘米，基部楔形，边缘每边具5～10刺齿，先端急尖或渐尖。总状花序4～10个簇生，长3～7厘米；芽鳞披针形至三角状卵形，长5～10毫米，宽3～5毫米；花梗长2～2.5毫米；苞片卵形，急尖，长1.5～2.5毫米，宽1～1.2毫米；花黄色；

外萼片卵形或三角状卵形，长 1.5～3 毫米，宽约 1.5 毫米，中萼片长圆状椭圆形，长 3.8～5 毫米，宽 2～3 毫米，内萼片长圆状椭圆形，长 4～5.5 毫米，宽 2.1～2.5 毫米；花瓣长圆形，长 3.5～4 毫米，宽 1.5～2 毫米，基部腺体明显，先端微缺裂，裂片急尖；雄蕊长 2～2.5 毫米，药隔不延伸，顶端平截；子房长 1.1～2 毫米，无花柱，胚珠 2 枚。浆果球形，直径 4～6 毫米，紫黑色，被白粉。花期 7—9 月，果期 9—11 月。

【生长环境】生于山坡沟谷林中、灌丛中、路边或河边，海拔 350～2000 米。潜江市森林公园有发现。

【药用部位】根。

【采收加工】全年均可采挖，洗净泥土，除去须根，切段，鲜用或晒干。

【性味归经】味苦，性寒；归脾、肝、大肠经。

【功能主治】清热燥湿，解毒消肿。

南天竹属 *Nandina* Thunb.

常绿灌木，无根状茎。叶互生，二至三回羽状复叶，叶轴具关节；小叶全缘，叶脉羽状；无托叶。大型圆锥花序顶生或腋生；花两性，3 数，具小苞片；萼片多数，螺旋状排列，由外向内逐渐增大；花瓣 6，较萼片大，基部无蜜腺；雄蕊 6，1 轮，与花瓣对生，花药纵裂，花粉长球形，具 3 孔沟，外壁具明显网状雕纹；子房倾斜椭圆形，近边缘胎座，花柱短，柱头全缘或偶有数小裂。浆果球形，红色或橙红色，顶端具宿存花柱。种子 1～3 粒，灰色或淡棕褐色，无假种皮。

本属仅有 1 种，分布于中国和日本。北美东南部常有栽培。

潜江市有发现，多为栽培。

70. 南天竹 *Nandina domestica* Thunb.

【别名】蓝田竹。

【植物形态】常绿小灌木。茎常丛生而少分枝，高 1～3 米，光滑无毛，幼枝常为红色，老后呈灰色。叶互生，集生于茎的上部，三回羽状复叶，长 30～50 厘米；二至三回羽片对生；小叶薄革质，椭圆形或椭圆状披针形，长2～10厘米，宽0.5～2厘米，顶端渐尖，基部楔形，全缘，上面深绿色，冬季变红色，背面叶脉隆起，两面无毛；近无柄。圆锥花序直立，长20～35厘米；花小，白色，芳香，直径6～7毫米；萼片多轮，外轮萼片卵状三角形，长1～2毫米，向内各轮渐大，最内轮萼片卵状长圆形，长2～4毫米；花瓣长圆形，长约4.2毫米，宽约2.5毫米，先端圆钝；雄蕊6，长约3.5毫米，花丝短，花药纵裂，药隔延伸；子房1室，具1～3枚胚珠。果柄长4～8毫米；浆果球形，直径5～8毫米，成熟时鲜红色，稀橙红色。种子扁圆形。花期3—6月，果期5—11月。

【生长环境】生于山地林下沟旁、路边或灌丛中，海拔1200米以下。潜江市森林公园有发现。

【药用部位】根。

【采收加工】9—10月采收，除去杂质，鲜用或晒干。

【性味归经】味苦，性寒；有小毒；归肺、肝经。

【功能主治】清热解毒，止咳，除湿，祛风化痰。

三十、防己科　Menispermaceae

　　攀援或缠绕藤本，稀直立灌木或小乔木，木质部常有车辐状髓线。叶螺旋状排列，无托叶，单叶，稀复叶，常具掌状脉，较少羽状脉；叶柄两端肿胀。聚伞花序，或由聚伞花序再作圆锥花序式、总状花序式或伞形花序式排列，极少退化为单花；苞片通常小，稀叶状。花通常小而不鲜艳，单性，雌雄异株，通常两被（花萼和花冠分化明显），较少单被；萼片通常轮生，每轮3片，较少4或2片，极少退化至1片，有时螺旋状着生，分离，较少合生，覆瓦状排列或镊合状排列；花瓣通常2轮，较少1轮，每轮3片，很少4或2片，有时退化至1片或无花瓣，通常分离，很少合生，覆瓦状排列或镊合状排列；雄蕊2至多数，通常6～8，花丝分离或合生，花药1～2室或假4室，纵裂或横裂，在雌花中有或无退化雄蕊；心皮3～6，较少1～2或多数，分离，子房上位，1室，常一侧肿胀，内有胚珠2枚，其中1枚早期退化，花柱顶生，柱头分裂或条裂，较少全缘，在雄花中退化雌蕊很小或没有。核果，外果皮革质或膜质，中果皮通常肉质，内果皮骨质或有时木质，较少革质，表面有皱纹或有各式突起，较少平坦；胎座迹半球状、球状、隔膜状或片状，有时不明显或没有；种子通常弯，种皮薄，有或无胚乳；胚通常弯，胚根小，对着花柱残迹，子叶扁平而叶状或厚而半柱状。

　　本科有 65 属 350 余种，分布于热带和亚热带地区，温带地区很少。我国有 19 属 78 种 1 亚种 5 变种 1 变型，主产于长江流域及其以南各地，尤以南部和西南地区为多，北部地区很少。

　　潜江市有 2 属 2 种。

木防己属 *Cocculus* DC.

　　木质藤本，很少直立灌木或小乔木。叶非盾状，全缘或分裂，具掌状脉。聚伞花序或聚伞圆锥花序，腋生或顶生。雄花：萼片 6 或 9，排成 2 或 3 轮，外轮较小，内轮较大而凹，覆瓦状排列；花瓣 6，基部两侧内折呈小耳状，顶端 2 裂，裂片叉开；雄蕊 6 或 9，花丝分离，药室横裂。雌花：萼片和花瓣与雄花的相似；退化雄蕊 6 或没有；心皮 6 或 3，花柱柱状，柱头外弯伸展。核果倒卵形或近圆形，稍扁，花柱残迹近基生，果核骨质，背肋两侧有小横肋状雕纹；种子马蹄形，胚乳少，子叶线形，扁平，胚根短。

　　本属约有 8 种，广布于美洲中部和北部，非洲，亚洲东部、东南部和南部以及太平洋的某些岛屿上。我国有 2 种。

　　潜江市有 1 种。

71. 木防己 *Cocculus orbiculatus*（L.）DC.

【别名】土木香、青藤香。

【植物形态】木质藤本。小枝被茸毛至疏柔毛，或有时近无毛，有条纹。叶片纸质至近革质，形状变异极大，自线状披针形至阔卵状近圆形、狭椭圆形至近圆形、倒披针形至倒心形，有时卵状心形，顶端短尖或钝而有小突尖，有时微缺或 2 裂，边缘全缘或 3 裂，有时掌状 5 裂，长通常 3～8 厘米，很少超过 10 厘米，宽不等，两面被密柔毛至疏柔毛，有时除下面中脉外，两面近无毛；掌状脉 3 条，很少 5 条，在下面微凸起；叶柄长 1～3 厘米，很少超过 5 厘米，被稍密的白色柔毛。聚伞花序少花，腋生，或排成多花，狭窄聚伞圆锥花序，顶生或腋生，长可达 10 厘米或更长，被柔毛。雄花：小苞片 2 或 1，长约 0.5 毫米，紧贴花萼，被柔毛；萼片 6，外轮卵形或椭圆状卵形，长 1～1.8 毫米，内轮阔椭圆形至近圆形，有时阔倒卵形，长达 2.5 毫米或稍过之；花瓣 6，长 1～2 毫米，下部边缘内折，抱着花丝，顶端 2 裂，裂片叉开，渐尖或短尖；雄蕊 6，比花瓣短。雌花：萼片和花瓣与雄花相同；退化雄蕊 6，微小；心皮 6，无毛。核果近球形，红色至紫红色，直径通常 7～8 毫米；果核骨质，直径 5～6 毫米，背部有小横肋状雕纹。

【生长环境】生于灌丛、村边、林缘等处。潜江市森林公园有发现。

【药用部位】根。

【采收加工】春、秋季采挖，以秋季采收质量较好，挖取根部，除去茎、叶、芦头，洗净，晒干。

【性味归经】味苦、辛，性寒；归膀胱、肾、脾、肺经。

【功能主治】祛风除湿，通经活络，解毒消肿。

千金藤属 *Stephania* Lour.

草质或木质藤本，有或无块根；枝有直线纹，稍扭曲。叶柄常很长，两端肿胀，盾状着生于叶片的近基部至近中部；叶片纸质，很少膜质或近革质，三角形、三角状近圆形或三角状近卵形；叶脉掌状，自叶柄着生处放射状伸出，向上和向两侧伸的粗大，向下的常很纤细。花序腋生或生于腋生、无叶或具小型叶的短枝上，很少生于老茎上，通常为伞形聚伞花序，或有时密集成头状（具圆锥花序的种我国不产）；雄花：花被辐射对称，萼片2轮，很少1轮，每轮3～4片，分离或偶有基部合生，花瓣1轮，3～4，与内轮萼片互生，很少2轮或无花瓣，雄蕊合生成盾状聚药雄蕊，花药2～6枚，通常4枚，生于盾盘的边缘，横裂；雌花：花被辐射对称，萼片和花瓣各1轮，每轮3～4片，或左右对称，有1萼片和2花瓣（偶有2萼片和3花瓣），生于花的一侧，心皮1，近卵形。核果鲜时近球形，两侧稍扁，红色或橙红色，花柱残迹近基生；果核通常骨质，倒卵形至倒卵状近椭圆形，背部中肋两侧各有1或2行小横肋状或柱状雕纹，胎座迹两面微凹，穿孔或不穿孔；种子马蹄形，有肉质的胚乳；胚弯成马蹄形，子叶背倚，与胚根近等长或较短。

本属约有60种，分布于亚洲和非洲的热带和亚热带地区，少数产于大洋洲。我国有39种1变种，产于长江流域及其以南各地，以云南和广西的种类为多。

潜江市有1种。

72. 千金藤 *Stephania japonica*（Thunb.）Miers

【植物形态】稍木质藤本，全株无毛；根条状，黄褐色；小枝纤细，有直线纹。叶纸质或坚纸质，通常三角状近圆形或三角状阔卵形，长6～15厘米，通常不超过10厘米，长度与宽度近相等或略小，顶端有小突尖，基部通常微圆，下面粉白色；掌状脉10～11（7～9）条，下面凸起；叶柄长3～12厘米，明显盾状着生。复伞形聚伞花序腋生，通常有伞梗4～8条，小聚伞花序近无柄，密集呈头状。花近无梗；雄花：萼片6或8，膜质，倒卵状椭圆形至匙形，长1.2～1.5毫米，无毛；花瓣3或4，黄色，稍肉质，阔倒卵形，长0.8～1毫米；聚药雄蕊长0.5～1毫米，伸出或不伸出。雌花：萼片和花瓣各3～4，形状和大小与雄花的近似或较小；心皮卵状。果倒卵形至近圆形，长约8毫米，成熟时红色；果核背部有2行小横肋状雕纹，每行8～10条，小横肋常断裂，胎座迹不穿孔或偶有一小孔。

【生长环境】生于村边或旷野灌丛中。潜江市周矶街道有发现。

【药用部位】根或茎叶。

【采收加工】根：9—10月采挖，洗净，晒干。茎叶：7—8月采收，晒干。

【性味归经】味苦、辛；性寒；归肺、脾、大肠经。

【功能主治】清热解毒，祛风止痛，利水消肿。

三十一、睡莲科　Nymphaeaceae

多年生，少数一年生，水生或沼泽生草本；根状茎沉水生。叶常二型：漂浮叶或出水叶互生，心形至盾形，芽时内卷，具长叶柄及托叶；沉水叶细弱，有时细裂。花两性，辐射对称，单生于花梗顶端；萼片3～12，常4～6，绿色至花瓣状，离生或附生于花托；花瓣3至多数，或渐变成雄蕊；雄蕊6至多数，花药内向、侧向或外向，纵裂；心皮3至多数，离生，或连合成一个多室子房，或嵌生在扩大的花托内，柱头离生，成辐射状或环状柱头盘，子房上位、半下位或下位，胚珠1至多数，直生或倒生，从子房顶端垂生或生在子房内壁上。坚果或浆果，不裂或由于种子外面胶质的膨胀而不规则开裂；种子有或无假种皮，有或无胚乳，胚有肉质子叶。

本科约有8属100种，广泛分布。我国约有5属15种。

潜江市有3属3种。

芡属 *Euryale* Salisb.

一年生草本，多刺；根状茎粗壮；茎不明显。叶二型：初生叶为沉水叶，次生叶为浮水叶。萼片4，宿存，生在花托边缘，萼筒和花托基部愈合；花瓣比萼片小；花丝条形，花药矩圆形，药隔先端截状；心皮8，8室，子房下位，柱头盘凹入，边缘和萼筒愈合，每室有少数胚珠。浆果革质，球形，不整齐开裂，顶端有直立宿存萼片；种子20～100粒，有浆质假种皮及黑色厚种皮，具粉质胚乳。

本属仅有1种，广布于中国、朝鲜、日本及印度等地。

潜江市有发现。

73. 芡实 *Euryale ferox* Salisb. ex DC

【别名】鸡头米、鸡头莲、鸡头荷、刺莲藕。

【植物形态】一年生大型水生草本。沉水叶箭形或椭圆状肾形，长4～10厘米，两面无刺；叶柄无刺；浮水叶革质，椭圆状肾形至圆形，直径10～130厘米，盾状，有或无弯缺，全缘，下面带紫色，有短柔毛，两面在叶脉分枝处有锐刺；叶柄及花梗粗壮，长可达25厘米，皆有硬刺。花长约5厘米；萼片披针形，长1～1.5厘米，内面紫色，外面密生稍弯硬刺；花瓣矩圆状披针形或披针形，长1.5～2厘米，紫红色，成数轮排列，向内渐变成雄蕊；无花柱，柱头红色，成凹入的柱头盘。浆果球形，直径3～5厘米，紫红色，外面密生硬刺；种子球形，直径10余毫米，黑色。花期7—8月，果期8—9月。

【生长环境】生于池塘、湖沼中。潜江市王场镇有发现。

【药用部位】成熟种仁。

【采收加工】秋末冬初采收成熟果实，除去果皮，取出种子，洗净，再除去硬壳（外种皮），晒干。

【性味归经】味甘、涩，性平；归脾、肾经。

【功能主治】益肾固精，补脾止泻，除湿止带。用于遗精滑精，遗尿，尿频，脾虚久泻，白浊，带下。

莲属 *Nelumbo* Adans.

多年生水生草本；根状茎横生，粗壮。叶漂浮或高出水面，近圆形，盾状，全缘，叶脉放射状。花大，美丽，伸出水面；萼片4～5；花瓣大，黄色、红色、粉红色或白色，内轮渐变成雄蕊；雄蕊药隔先端成1细长内曲附属物；花柱短，柱头顶生；花托海绵质，果期膨大。坚果矩圆形或球形；种子无胚乳，子叶肥厚。

本属有2种，1种产于亚洲及大洋洲，另1种产于美洲。

潜江市有1种。

74. 莲 *Nelumbo nucifera* Gaertn.

【别名】莲花、芙蕖、芙蓉、菡萏、荷花。

【植物形态】多年生水生草本；根状茎横生，肥厚，节间膨大，内有多数纵行通气孔道，节部缢缩，上生黑色鳞叶，下生须状不定根。叶圆形，盾状，直径25～90厘米，全缘稍呈波状，上面光滑，具白粉，下面叶脉从中央射出，有1～2次叉状分枝；叶柄粗壮，圆柱形，长1～2米，中空，外面散生小刺。花梗和叶柄等长或稍长，也散生小刺；花直径10～20厘米，美丽，芳香；花瓣红色、粉红色或白色，矩圆状椭圆形至倒卵形，长5～10厘米，宽3～5厘米，由外向内渐小，有时变成雄蕊，先端圆钝或微尖；花药条形，花丝细长，着生于花托之下；花柱极短，柱头顶生；花托（莲房）直径5～10厘米。坚果椭圆形或卵形，长1.5～2.5厘米，果皮革质，坚硬，成熟时黑褐色；种子（莲子）卵形或椭圆形，长1.2～1.7厘米，种皮红色或白色。花期6—8月，果期8—10月。

【生长环境】自生或栽培在池塘或水田内。潜江市广布　　见。

【药用部位】成熟种子（莲子）、成熟种子中的干燥　　及胚根（莲子心）、干燥花托（莲房）。

【采收加工】莲子：秋季果实成熟时采割莲房，取出　　，除去果皮，干燥，或除去莲子心后干燥。莲子心：取出，晒干。莲房：秋季果实成熟时采收，除　　实，晒干。

【性味归经】莲子：味甘、涩，性平；归脾、肾　　经。莲子心：味苦，性寒；归心、肾经。莲房：味苦、涩，性温；归肝经。

【功能主治】莲子：补脾止泻，止带，益肾涩　　养心安神。用于脾虚泄泻，带下，遗精，心悸失眠。莲子心：清心安神，交通心肾，涩精止血。用于　　入心包，神昏谵语，心肾不交，失眠遗精，血热吐血。莲房：化瘀止血。用于崩漏，尿血，痔疮出血，　　后瘀阻，恶露不净。

睡莲属 *Nymphaea* L.

多年生水生草本。根状茎横生或直生。叶多浮生在水面上，通常为心形，有时近盾形，全缘，波状或有齿，下面常呈紫红色。花大，多色而艳丽，浮在水面上或高于水面；萼片 4，与花托基部相连；花瓣多层，内层逐渐变化为雄蕊状；雄蕊多数，花丝呈花瓣状，花药细小，线形，向内开裂；子房半下位，心皮多数，排列成一层，环状合生，嵌入肉质的花托中，胚珠多数。果实为一海绵质的浆果，在水中成熟；种子细小，位于囊状肉质的假种皮内，有胚乳。

本属约有 50 种，广布于温带和热带地区。我国有 5 种，各地均产。

潜江市有 1 种。

75. 雪白睡莲 *Nymphaea candida* C. Presl

【植物形态】多年生水生草本；根状茎直立或斜升；叶纸质，近圆形，直径 10 ～ 25 厘米，基部裂片邻接或重叠，裂片尖锐，近平行或开展，全缘或波状，两面无毛，有小点；叶柄长达 50 厘米。花直径 10 ～ 20 厘米，芳香；花梗略和叶柄等长；萼片披针形，长 3 ～ 5 厘米，脱落或花期后腐烂；花瓣 20 ～ 25，白色，卵状矩圆形，长 3 ～ 5.5 厘米，外轮比萼片稍长；花托略四角形；花药先端不延长，花粉粒皱缩，具乳突；内轮花丝披针形；柱头具 6 ～ 14 辐射线，深凹。浆果扁平至半球形，长 2.5 ～ 3 厘米；种子椭圆形，长 3 ～ 4 毫米。花期 6 月，果期 8 月。

【生长环境】生于池沼中。潜江市梅苑有发现。

【药用部位】花。

【采收加工】夏季采收，洗净，除去杂质，晒干。

【性味归经】味甘、苦，性平；归肝、脾经。

【功能主治】消暑，解酒，定惊。

三十二、三白草科　Saururaceae

多年生草本；茎直立或匍匐状，具明显的节。叶互生，单叶；托叶贴生于叶柄上。花两性，聚集成稠密的穗状花序或总状花序，具总苞或无总苞，苞片显著，无花被；雄蕊 3、6 或 8 枚，稀更少，离生或贴生于子房基部或完全上位，花药2室，纵裂；雌蕊由3～4心皮组成，离生或合生，如为离生心皮，则每心皮有胚珠2～4枚，如为合生心皮，则子房1室而具侧膜胎座，在每一胎座上有胚珠6～8枚或多数，花柱离生。果为分果爿或蒴果，顶端开裂；种子有少量的内胚乳和丰富的外胚乳及小的胚。

本科约有4属7种，分布于亚洲东部和北美洲。我国有3属4种，主产于中部以南各地。

潜江市有2属2种。

蕺菜属 *Houttuynia* Thunb.

多年生草本。叶全缘，具柄；托叶贴生于叶柄上，膜质。花小，聚集成顶生或与叶对生的穗状花序，花序基部有4片白色花瓣状的总苞片；雄蕊3枚，花丝长，下部与子房合生，花药长圆形，纵裂；雌蕊由3个部分合生的心皮组成，子房上位，1室，侧膜胎座3，每侧膜胎座有胚珠6～8枚，花柱3枚，柱头侧生。蒴果近球形，顶端开裂。

本属仅有1种，分布于亚洲东部和东南部。我国长江流域及其以南各地常见。

潜江市有发现。

76. 蕺菜 *Houttuynia cordata* Thunb.

【别名】鱼腥草、狗贴耳、侧耳根。

【植物形态】多年生草本，有腥臭味，高30～60厘米；茎下部伏地，节上轮生小根，上部直立，无毛或节上被毛，有时带紫红色。叶薄纸质，有腺点，背面尤甚，卵形或阔卵形，长4～10厘米，宽2.5～6厘米，顶端短渐尖，基部心形，两面有时除叶脉被毛外余均无毛，背面常呈紫红色；叶脉5～7条，全部基出或最内1对从离基约5毫米的中脉发出，如为7脉时，则最外1对很纤细或不明显；叶柄长1～3.5厘米，无毛，托叶膜质，长1～2.5厘米，顶端钝，下部与叶柄合生而成长8～20毫米的鞘，且常有缘毛，基部扩大，略抱茎。花序长约2厘米，宽5～6毫米；总花梗长1.5～3厘米，无毛；总苞片长圆形或倒卵形，长10～15毫米，宽5～7毫米，顶端圆钝；雄蕊长于子房，花丝长为花药的3倍。蒴果长2～3毫米，顶端有宿存的花柱。花期4—7月。

【生长环境】生于沟边、溪边或林下湿地。潜江市龙湾镇有发现。

【药用部位】新鲜全草或干燥地上部分。

【采收加工】鲜品全年均可采割；干品夏季茎叶茂盛、花穗多时采割，除去杂质，晒干。

【性味归经】味辛，性微寒；归肺经。

【功能主治】清热解毒，消痈排脓，利尿通淋。用于肺痈吐脓，痰热喘咳，热痢，热淋，疮痈肿毒。

三白草属 *Saururus* L.

多年生草本，具根状茎。叶全缘，具柄；托叶着生于叶柄边缘上。花小，聚集成与叶对生或兼有顶生的总状花序，无总苞片；苞片小，贴生于花梗基部；雄蕊通常 6 枚，有时 8 枚，稀退化为 3 枚，花丝与花药等长；雌蕊由 3～4 心皮组成，分离或基部合生，子房上位，每心皮有胚珠 2～4 枚，花柱 4，离生，内向具柱头面。果实分裂为 3～4 分果爿。

本属约有 3 种，分布于亚洲东部和北美洲。我国仅有 1 种，产于黄河流域及其以南各地。

潜江市有 1 种。

77. 三白草 *Saururus chinensis*（Lour.）Baill.

【别名】塘边藕。

【植物形态】湿生草本，高约 1 米；茎粗壮，有纵长粗棱和沟槽，下部伏地，常带白色，上部直立，绿色。叶纸质，密生腺点，阔卵形至卵状披针形，长 10～20 厘米，宽 5～10 厘米，顶端短尖或渐尖，基部心形或斜心形，两面均无毛，上部的叶较小，茎顶端的 2～3 片于花期常为白色，呈花瓣状；叶脉 5～7 条，均自基部发出，如为 7 脉时，则最外 1 对纤细，斜升 2～2.5 厘米成弯拱网结，网状脉明显；叶柄长 1～3 厘米，无毛，基部与托叶合生呈鞘状，略抱茎。花序白色，长 12～20 厘米；总花梗长 3～4.5 厘米，无毛，但花序轴密被短柔毛；苞片近匙形，上部圆，无毛或被疏缘毛，下部线形，被柔毛，且贴生于花梗上；雄蕊 6 枚，花药长圆形，纵裂，花丝比花药略长。果近球形，直径约 3 毫米，表面多疣状突起。花期 4—6 月。

【生长环境】生于低湿沟边、塘边或溪旁。

【药用部位】地上部分。

【采收加工】全年均可采收，洗净，晒干。

【性味归经】味甘、辛，性寒；归肺、膀胱经。

【功能主治】利尿消肿，清热解毒。用于水肿，小便不利，淋沥涩痛，带下；外用治疮疡肿毒，湿疹。

三十三、胡椒科　Piperaceae

草本、灌木或攀援藤本，稀乔木，常有香气；维管束多少散生而与单子叶植物的类似。叶互生，少有对生或轮生，单叶，两侧常不对称，具掌状脉或羽状脉；托叶多少贴生于叶柄上或否，或无托叶。花小，两性、单性雌雄异株或间有杂性，密集成穗状花序或由穗状花序再排列成伞形花序，极稀排列成总状花序，花序与叶对生或腋生，少有顶生；苞片小，通常盾状或杯状，少有勺状，花被无；雄蕊 1～10 枚，花丝通常离生，花药 2 室，分离或汇合，纵裂；雌蕊由 2～5 心皮组成，连合，子房上位，1 室，有直生胚珠 1 枚，柱头 1～5，无或有极短的花柱。浆果小，具肉质、薄或干燥的果皮；种子具少量的内胚乳和丰富的外胚乳。

本科有 8 或 9 属近 3100 种，分布于热带和亚热带温暖地区。我国约有 4 属 70 种，产于台湾等地。

潜江市有 1 属 1 种。

草胡椒属 *Peperomia* Ruiz et Pavon

一年生或多年生草本，茎通常矮小，带肉质，常附生于树上或石上；维管束全部分离，散生。叶互生、对生或轮生，全缘，无托叶。花极小，两性，常与苞片同着生于花序轴的凹陷处，排成顶生、腋生或与叶对生的细弱穗状花序，花序单生、双生或簇生，直径几与总花梗相等；苞片圆形、近圆形或长圆形，盾状或否；雄蕊 2 枚，花药圆形、椭圆形或长圆形，有短花丝；子房 1 室，有胚珠 1 枚，柱头球形，顶端钝、短尖、喙状或画笔状，侧生或顶生，不分裂或稀 2 裂。浆果小，不开裂。

本属约有 1000 种，广布于热带和亚热带地区。潜江市有 1 种。

78. 草胡椒 *Peperomia pellucida*（L.）Kunth

【植物形态】一年生肉质草本，高 20～40 厘米；茎直立或基部有时平卧，分枝，无毛，下部节上常生不定根。叶互生，膜质，半透明，阔卵形或卵状三角形，长和宽近相等，1～3.5 厘米，顶端短尖或钝，基部心形，两面均无毛；叶脉 5～7 条，基出，网状脉不明显；叶柄长 1～2 厘米。穗状花序顶生和与叶对生，细弱，长 2～6 厘米，与花序轴均无毛；花疏生；苞片近圆形，直径约 0.5 毫米，中央有细短柄，盾状；花药近圆形，有短花丝；子房椭圆形，柱头顶生，被短柔毛。浆果球形，顶端尖，直径约 0.5 毫米。花期 4—7 月。

【生长环境】生于林下湿地、石缝中或宅舍墙脚下。潜江市森林公园有发现。

【药用部位】全草。

【采收加工】夏、秋季采收，洗净，晒干。

【性味归经】味辛，性凉；归肝、肺经。

【功能主治】散瘀止痛，清热解毒。

三十四、藤黄科 Clusiaceae

乔木或灌木，稀草本，在裂生的空隙或小管道内含有树脂或油。叶为单叶，全缘，对生或有时轮生，一般无托叶。花序各式，聚伞状或伞状，或为单花；小苞片通常生于花萼之紧接下方，与花萼难区分。花两性或单性，轮状排列或部分螺旋状排列，通常整齐，下位。萼片 2 ～ 6，覆瓦状排列或交互对生，内部的有时为花瓣状。花瓣 2 ～ 6，离生，覆瓦状排列或旋卷。雄蕊多数，离生或成 4 ～ 5（10）束，束离生或不同程度合生。子房上位，通常有 5 或 3 个多少合生的心皮，1 ～ 12 室，具中轴或侧生或基生的胎座；胚珠在各室中 1 至多数，横生或倒生；花柱 1 ～ 5 或不存在；柱头 1 ～ 12，常呈放射状。果为蒴果、浆果或核果；种子 1 至多粒，完全被直伸的胚所充满，假种皮有或不存在。

本科约有 40 属 1000 种，隶属于 5 亚科。主要产于热带地区，但有两属即金丝桃属和三腺金丝桃属分布于温带地区。我国有 8 属 87 种，隶属于 3 亚科，几遍布全国各地。

潜江市有 1 属 1 种。

金丝桃属 *Hypericum* L.

灌木或一年生至多年生草本，无毛或被柔毛，具透明或常为暗淡、黑色或红色的腺体。叶对生，全缘，具柄或无柄。花序为聚伞花序，1 至多花，顶生或有时腋生，常呈伞房状。花两性。萼片（4）5，等大或不等大，覆瓦状排列。花瓣（4）5，黄色至金黄色，偶有白色，有时脉上带红色，通常不对称，宿存或脱落。雄蕊连合成束或明显不规则且不连合成束，前种情况或为5束而与花瓣对生，或更有合并成3～4束的，此时合并的束与萼片对生，每束具多至80枚的雄蕊，花丝纤细，几分离至基部，花药背着或多少基着，纵向开裂，药隔上有腺体；无退化雄蕊及不育的雄蕊束。子房3～5室，具中轴胎座，或全然为1室，具侧膜胎座，每胎座具多数胚珠；花柱（2）3～5，离生或部分至全部合生，多少纤细；柱头小或多少呈头状。果为一室间开裂的蒴果，果爿常有含树脂的条纹或囊状腺体。种子小，通常两侧或一侧有龙骨状突起或多少具翅，表面有各种雕纹，无假种皮；胚纤细，直。

　　本属约有400种，除南北两极、荒漠及大部分热带地区外，世界广布。我国约有55种8亚种，几产于全国各地，但主要集中在西南部。

　　潜江市有1种。

79. 金丝桃 *Hypericum monogynum* L.

【别名】狗胡花、金线蝴蝶、过路黄、金丝海棠、金丝莲。

【植物形态】灌木，高0.5～1.3米，丛状或通常有疏生的开张枝条。茎红色，幼时具2（4）纵线棱及两侧压扁，很快为圆柱形；皮层橙褐色。叶对生，无柄或具短柄，柄长达1.5毫米；叶片倒披针形或椭圆形至长圆形，较稀为披针形至卵状三角形或卵形，长2～11.2厘米，宽1～4.1厘米，先端锐尖至圆形，通常具细小尖突，基部楔形至圆形或上部者有时截形至心形，边缘平坦，坚纸质，上面绿色，下面淡绿色但不呈灰白色，主侧脉4～6对，分枝，常与中脉分枝不明显，第三级脉网密集，不明显，腹腺体无，叶片腺体小而呈点状。花序具1～15（30）花，自茎端第1节生出，疏松，近伞房状，有时亦自茎端1～3节生出，稀有1～2对次生分枝；花梗长0.8～2.8（5）厘米；苞片小，线状披针形，早落。花直径3～6.5厘米，星状；花蕾卵珠形，先端近锐尖至钝形。萼片宽或狭椭圆形、长圆形至披针形或倒披针形，先端锐尖至圆形，边缘全缘，中脉分明，细脉不明显，有多或少的腺体，在基部的线形至条纹状，向顶端的点状。花瓣金黄色至柠檬黄色，无红晕，开张，三角状倒卵形，长2～3.4厘米，宽1～2厘米，长为萼片的2.5～4.5倍，边缘全缘，无腺体，有侧生的小尖突，小尖突先端锐尖至圆形或消失。雄蕊5束，每束有雄蕊25～35枚，与花瓣几等长，花药黄色至暗橙色。子房卵珠形或卵珠状圆锥形至近球形，长2.5～5毫米，宽2.5～3毫米；花柱长1.2～2厘米，长为子房的3.5～5倍，合生几达顶端然后向外弯或偶有合生至全长之半；柱头小。蒴果宽卵珠形，稀卵珠状圆锥形至近球形，长6～10毫米，宽4～7毫米。种子深红褐色，圆柱形，长约2毫米，有狭的龙骨状突起，有浅的线状网纹至线状蜂窝纹。染色

体 2n=42。花期 5—8 月，果期 8—9 月。

　　【生长环境】生于山坡、路旁或灌丛中，沿海地区海拔 0 ～ 150 米，但在山地上升至 1500 米。潜江市梅苑有发现。

　　【药用部位】全株。

　　【采收加工】全年均可采收，洗净，晒干。

　　【性味归经】味苦，性凉；归心、肝经。

　　【功能主治】清热解毒，散瘀止痛，祛风湿。

三十五、十字花科　Brassicaceae

　　一年生、二年生或多年生植物，常具有一种含黑芥子硫苷酸的细胞而产生特殊的辛辣气味，多数是草本，很少呈亚灌木状。植株具有各式的毛，毛为单毛、分枝毛、星状毛或腺毛，也有无毛的。根有时膨大成肥厚的块根。茎直立或铺散，有时茎短缩，其形态在本科中变化较大。叶有二型：基生叶呈重叠状或莲座状；茎生叶通常互生，有柄或无柄，单叶全缘、有齿或分裂，基部有时抱茎或半抱茎，有时呈各式深浅不等的羽状分裂（如大头羽状分裂）或羽状复叶；通常无托叶。花整齐，两性，少有退化成单性的；花多数聚集成一总状花序，顶生或腋生，偶有单生的，当花刚开放时，花序近似伞房状，以后花序轴逐渐伸长而成总状花序，每花下无苞或有苞；萼片 4 枚，分离，排成 2 轮，直立或开展，有时基部呈囊状；花瓣 4 片，分离，成"十"字形排列，花瓣白色、黄色、粉红色、淡紫色、淡紫红色或紫色，基部有时具爪，少数种类花瓣退化或缺少，有的花瓣不等大；雄蕊通常 6 枚，也排列成 2 轮，外轮的 2 枚，具较短的花丝，内轮的 4 枚，具较长的花丝，这种 4 枚长 2 枚短的雄蕊称为"四强雄蕊"，有时雄蕊退化至 4 枚或 2 枚，或多至 16 枚，花丝有时成对连合，有时向基部加宽或扩大呈翅状；在花丝基部常具蜜腺，在短雄蕊基部周围的称"侧蜜腺"，在 2 个长雄蕊基部外围或中间的称"中蜜腺"，有时无中蜜腺；雌蕊 1 枚，子房上位，由于假隔膜的形成，子房 2 室，少数无假隔膜时，子房 1 室，每室有胚珠 1 至多枚，排列成 1 或 2 行，生在胎座框上，形成侧膜胎座，花柱短或缺，柱头单一或 2 裂。果实为长角果或短角果，有翅或无翅，有刺或无刺，或有其他附属物；角果成熟后自下而上成 2 果瓣开裂，也有成 4 果瓣开裂的；有的角果一节一节地横断分裂，每节有 1 粒种子，有的种类果实迟裂或不裂；有的果实变为坚果状；果瓣扁平或凸起，或呈舟状，无脉或有 1 ～ 3 脉；少数顶端具或长或短的喙。种子一般较小，表面光滑或具纹理，边缘有翅或无翅，有的湿时发黏，无胚乳。

　　本科约有 300 属 3200 种，主要产地为北半球温带地区，尤以地中海区域分布较多。我国有 95 属 425 种 124 变种 9 变型，全国各地均有分布，以西南、西北、东北高山区及丘陵地带为多，平原及沿海地区较少。

　　潜江市有 3 属 3 种。

芸薹属 *Brassica* L.

一年生、二年生或多年生草木，无毛或有单毛；根细或成块状。基生叶常成莲座状，茎生有柄或抱茎。总状花序伞房状，结果时延长；花中等大，黄色，少数白色；萼片近相等，内轮基部囊状；侧蜜腺柱状，中蜜腺近球形、长圆形或丝状。子房有 5～45 胚珠。长角果线形或长圆形，圆筒状，少有近压扁，常稍扭曲，喙多为锥状，喙部有 1～3 种子或无种子；果瓣无毛，有 1 明显中脉，柱头头状，近 2 裂；隔膜完全，透明。种子每室 1 行，球形或少数卵形，棕色，网孔状；子叶对折。

本属约有 40 种，多分布于地中海地区；我国有 14 栽培种 11 变种 1 变型。

潜江市有 1 种。

80. 芥菜 *Brassica juncea*（L.）Czernajew

【别名】芥。

【植物形态】一年生草本，高 30～150 厘米，常无毛，有时幼茎及叶具刺毛，带粉霜，有辣味；茎直立，有分枝。基生叶宽卵形至倒卵形，长 15～35 厘米，顶端圆钝，基部楔形，大头羽裂，具 2～3 对裂片或不裂，边缘均有缺刻或牙齿状齿，叶柄长 3～9 厘米，具小裂片；茎下部叶较小，边缘有缺刻或牙齿状齿，有时具圆钝锯齿，不抱茎；茎上部叶窄披针形，长 2.5～5 厘米，宽 4～9 毫米，边缘具不明显疏齿或全缘。总状花序顶生，花后延长；花黄色，直径 7～10 毫米；花梗长 4～9 毫米；萼片淡黄色，长圆状椭圆形，长 4～5 毫米，直立开展；花瓣倒卵形，长 8～10 毫米，爪长 4～5 毫米。长角果线形，长 3～5.5 厘米，宽 2～3.5 毫米，果瓣具 1 凸出中脉；喙长 6～12 毫米；果梗长 5～15 毫米。种子球形，直径约 1 毫米，紫褐色。花期 3—5 月，果期 5—6 月。

【生长环境】全国各地均有栽培。潜江市广布，常见。

【药用部位】成熟种子。

【采收加工】夏末秋初果实成熟时采割植株，晒干，打下种子，除去杂质。

【性味归经】味辛，性温；归肺经。

【功能主治】温肺，豁痰利气，散结通络，止痛。用于寒痰咳嗽，胸胁胀痛，痰滞经络，关节麻木、疼痛，痰湿流注，痈疽肿毒。

荠属 *Capsella* Medic.

　　一年生或二年生草本；茎直立或近直立，单一或从基部分枝，无毛或具单毛或分叉毛。基生叶莲座状，羽状分裂至全缘，有叶柄；茎上部叶无柄，叶边缘具弯缺齿至全缘，基部耳状，抱茎。总状花序伞房状，花疏生，果期延长；花梗丝状，果期上升；萼片近直立，长圆形，基部不成囊状；花瓣白色或带粉红色，匙形；花丝线形，花药卵形，蜜腺成对，半月形，常有1外生附属物，子房2室，有12～24胚珠，花柱极短。短角果倒三角形或倒心状三角形，扁平，开裂，无翅，无毛，果瓣近顶端最宽，具网状脉，隔膜窄椭圆形，膜质，无脉。种子每室6～12粒，椭圆形，棕色；子叶背倚胚根。

　　本属约有5种，主产于地中海地区、欧洲及亚洲西部。其中1种为广布种，我国也产。

　　潜江市有1种。

81. 荠 *Capsella bursa-pastoris*（L.）Medic.

　　【别名】荠菜、菱角菜。

　　【植物形态】一年生或二年生草本，高10～50厘米，无毛或有单毛或分叉毛；茎直立，单一或从下部分枝。基生叶丛生呈莲座状，大头羽状分裂，长可达12厘米，宽可达2.5厘米，顶裂片卵形至长圆形，长5～30毫米，宽2～20毫米，侧裂片3～8对，长圆形至卵形，长5～15毫米，顶端渐尖，浅裂或有不规则粗锯齿或近全缘，叶柄长5～40毫米；茎生叶窄披针形或披针形，长5～6.5毫米，宽2～15毫米，基部箭形，抱茎，边缘有缺刻或锯齿。总状花序顶生及腋生，果期延长达20厘米；花梗长3～8毫米；萼片长圆形，长1.5～2毫米；花瓣白色，卵形，长2～3毫米，有短爪。短角果倒三角形或倒心状三角形，长5～8毫米，宽4～7毫米，扁平，无毛，顶端微凹，裂瓣具网脉；花柱长约0.5毫米；果梗长5～15毫米。种子2行，长椭圆形，长约1毫米，浅褐色。花果期4—6月。

　　【生长环境】分布几遍全国，温带地区广布。野生，偶有栽培。生于山坡、田边及路旁。潜江市广布，常见。

　　【药用部位】全草。

　　【采收加工】3—5月采收，除去杂质，洗净，晒干。

　　【性味归经】味甘、淡，性凉；归肝、脾、膀胱经。

【功能主治】凉血止血，平肝明目，清热利湿。

蔊菜属 *Rorippa* Scop.

一年生、二年生或多年生草本，植株无毛或具单毛。茎直立或呈铺散状，多数有分枝。叶全缘，浅裂或羽状分裂。花小，多数，黄色，总状花序顶生，有时生于叶状苞片腋部；萼片4，开展，长圆形或宽披针形；花瓣4或有时缺，倒卵形，基部较狭，稀具爪；雄蕊6或较少。长角果多数呈细圆柱形，也有短角果呈椭圆形或球形的，直立或微弯，果瓣凸出，无脉或仅基部具明显的中脉，有时成4瓣裂；柱头全缘或2裂。种子细小，多数，每室1行或2行；子叶缘倚胚根。

本属约90种，广布于北半球的温暖地区。我国有9种，南北各地均有分布。

潜江市有1种。

82. 风花菜 *Rorippa globosa*（Turcz.）Hayek

【别名】球果蔊菜、圆果蔊菜、银条菜。

【植物形态】一年生或二年生直立粗壮草本，高20～80厘米，植株被白色硬毛或近无毛。茎单一，基部木质化，下部被白色长毛，上部近无毛，分枝或不分枝。茎下部叶具柄，上部叶无柄，叶片长圆形至倒卵状披针形，长5～15厘米，宽1～2.5厘米，基部渐狭，下延成短耳状而半抱茎，边缘具不整齐粗齿，两面被疏毛，尤以叶脉为显。总状花序多数，呈圆锥花序式排列，果期伸长。花小，黄色，具细梗，长4～5毫米；萼片4，长卵形，长约1.5毫米，开展，基部等大，边缘膜质；花瓣4，倒卵形，与萼片等长或稍短，基部渐狭成短爪；雄蕊6，4强，或近等长。短角果近球形，直径约2毫米，果瓣隆起，平滑无毛，有不明显网纹，顶端具宿存短花柱；果梗纤细，呈水平开展或稍向下弯，长4～6毫米。种子多数，淡褐色，极细小，扁卵形，一端微凹；子叶缘倚胚根。花期4—6月，果期7—9月。

【生长环境】生于河岸、湿地、路旁、沟边或草丛中，也生于干旱处，海拔30～2500米均有分布。潜江市高石碑镇有发现。

三十六、金缕梅科　Hamamelidaceae

　　常绿或落叶乔木和灌木。叶互生，很少是对生的，全缘或有锯齿，或为掌状分裂，具羽状脉或掌状脉；通常有明显的叶柄；托叶线形或为苞片状，早落，少数无托叶。花排列成头状花序、穗状花序或总状花序，两性，或单性而雌雄同株，稀雌雄异株，有时杂性；异被，放射对称，或缺花瓣，少数无花被；常为周位花或上位花，亦有为下位花的；萼筒与子房分离或多少合生，萼裂片 4 ～ 5，镊合状或覆瓦状排列；花瓣与萼裂片同数，线形、匙形或鳞片状；雄蕊 4 ～ 5，或更多，有为不定数的，花药通常 2 室，直裂或瓣裂，药隔凸出；退化雄蕊存在或缺；子房半下位或下位，亦有为上位的，2 室，上半部分离；花柱 2，有时伸长，柱头尖细或扩大；胚珠多数，着生于中轴胎座上，或只有 1 个而垂生。果为蒴果，常室间及室背裂开为 4 片，外果皮木质或革质，内果皮角质或骨质；种子多数，常为多角形，扁平或有窄翅，或单独而呈椭圆状卵形，并有明显的种脐；胚乳肉质，胚直生，子叶矩圆形，胚根与子叶等长。

　　本科约有 27 属 140 种，亚洲东部有 21 属 100 种；北美及中美有 5 属 11 种，其中有 2 属是特有属；非洲南部有 1 属 7 种，马尔加什有 1 属 14 种，大洋洲有 2 属 2 种。金缕梅科特别集中于中国南部，有 17 属 75 种 16 变种。

　　潜江市有 1 种。

檵木属 *Loropetalum* R. Br.

　　常绿或半落叶灌木至小乔木，芽体无鳞苞。叶互生，革质，卵形，全缘，稍偏斜，有短柄，托叶膜质。花 4 ～ 8 朵排列成头状或短穗状花序，两性，4 数；萼筒倒锥形，与子房合生，外侧被星毛，萼齿卵形；花瓣带状，白色，在花芽时向内卷曲；雄蕊周位着生，花丝极短，花药有 4 个花粉囊，瓣裂，药隔凸出；退化雄蕊鳞片状，与雄蕊互生；子房半下位，2 室，被星毛，花柱 2 个；胚珠每室 1 枚，垂生。蒴果木质，卵圆形，被星毛，上半部 2 片裂开，每片 2 浅裂，下半部被宿存萼筒所包裹，并完全合生，果梗极短或不存在。种子 1 粒，长卵形，黑色，有光泽，种脐白色；种皮角质，胚乳肉质。

　　本属有 4 种 1 变种，分布于亚洲东部的亚热带地区。我国有 3 种 1 变种，另 1 种在印度。

　　潜江市有 1 种。

83. 红花檵木 *Loropetalum chinense* var. *rubrum* Yieh

　　【别名】红檵花、红桎木、红檵木、红花桎木、红花继木。

　　【植物形态】灌木，有时为小乔木，多分枝，小枝有星毛。叶革质，卵形，长 2 ～ 5 厘米，宽 1.5 ～ 2.5 厘米，先端锐尖，基部钝，不等侧，上面略有粗毛或秃净，干后暗绿色，无光泽，下面被星毛，稍带灰白色，侧脉约 5 对，在上面明显，在下面凸起，全缘；叶柄长 2 ～ 5 毫米，有星毛；托叶膜质，三角状披针形，长 3 ～ 4 毫米，宽 1.5 ～ 2 毫米，早落。花 3 ～ 8 朵簇生，有短花梗，紫红色，比新叶先开放，或与嫩叶同时开放，花序柄长约 1 厘米，被毛；苞片线形，长 3 毫米；萼筒杯状，被星毛，萼齿卵形，长约 2 毫米，花后脱落；花瓣 4 片，带状，长 1～2 厘米，先端圆或钝；雄蕊 4 枚，花丝极短，药隔凸出呈角状；退化雄蕊 4 枚，鳞片状，与雄蕊互生；子房完全下位，被星毛；花柱极短，长约 1 毫米；胚珠 1 枚，垂生于心皮内上角。蒴果卵圆形，长 7～8 毫米，宽 6～7 毫米，先端圆，被褐色星状茸毛，萼筒长为蒴果的 2/3。种子卵圆形，长 4～5 毫米，黑色，发亮。花期 3—4 月。

【生长环境】多属栽培。潜江市南门河游园有发现。

【药用部位】花。

【采收加工】清明前后采收，阴干，于干燥处储存。

【性味归经】味甘、涩，性平；归脾、大肠经。

【功能主治】清热解毒，收敛止血。

三十七、景天科　Crassulaceae

草本、半灌木或灌木，常有肥厚、肉质的茎、叶，无毛或有毛。叶不具托叶，互生、对生或轮生，常为单叶，全缘或稍有缺刻，少有浅裂或单数羽状复叶的。常为聚伞花序，或为伞房状、穗状、总状或圆锥状花序，有时单生。花两性，或为单性而雌雄异株，辐射对称，花各部常为 5 数或其倍数，少有为 3、4 或 6～32 数或其倍数；萼片自基部分离，少有在基部以上合生，宿存；花瓣分离，或多少合生；雄蕊 1 或 2 轮，与萼片或花瓣同数或为其 2 倍，分离，或与花瓣或花冠筒部多少合生，花丝丝状或钻形，少有变宽的，花药基生，少有背着的，内向开裂；心皮常与萼片或花瓣同数，分离或基部合生，常在基部外侧有腺状鳞片 1 枚，花柱钻形，柱头头状或不显著，胚珠倒生，有 2 层珠被，常多数，沿腹缝线排成 2 行，稀少数。蓇葖有膜质或革质的皮，稀为蒴果；种子小，长椭圆形，种皮有皱纹或微乳头状突起，或有沟槽，胚乳不发达或缺。

本科有 34 属 1500 种以上。分布于非洲、亚洲、欧洲、美洲。以我国西南部、非洲南部及墨西哥种类较多。我国有 10 属 242 种。

潜江市有 1 属 1 种。

景天属 *Sedum* L.

一年生或多年生草本，少有茎基部呈木质，无毛或被毛，肉质，直立或外倾的，有时丛生或呈藓状。叶各式，对生、互生或轮生，全缘或有锯齿，少有线形的。花序聚伞状或伞房状，腋生或顶生；花白色、黄色、红色、紫色；常为两性，稀退化为单性；常为不等5基数，少有4～9基数；花瓣分离或基部合生；雄蕊通常为花瓣数的2倍，对瓣雄蕊贴生于花瓣基部或稍上处；鳞片全缘或微缺；心皮分离，或在基部合生，基部宽阔，无柄，花柱短。蓇葖有种子多数或少数。

本属有470种左右。主要分布于北半球，一部分分布于南半球的非洲和拉丁美洲，西半球墨西哥的种类丰富。我国西南部种类繁多。我国有124种1亚种14变种1变型。

潜江市有1种。

84. 珠芽景天 *Sedum bulbiferum* Makino

【别名】马尿花、零余子景天。

【植物形态】多年生草本。根须状。茎高7～22厘米，茎下部常横卧。叶腋常有圆球形、肉质、小型珠芽着生。基部叶常对生，上部叶互生，下部叶卵状匙形，上部叶匙状倒披针形，长10～15毫米，宽2～4毫米，先端钝，基部渐狭。花序聚伞状，分枝3，常再二歧分枝；萼片5，披针形至倒披针形，长3～4毫米，宽达1毫米，有短距，先端钝；花瓣5，黄色，披针形，长4～5毫米，宽1.25毫米，先端有短尖；雄蕊10，长3毫米；心皮5，略叉开，基部1毫米合生，全长4毫米（连花柱长1毫米计入在内）。花期4—5月。

【生长环境】生于海拔1000米以下低山、平地树荫下。潜江市广布，少见。

【药用部位】全草。

【采收加工】夏季采收全草，鲜用或晒干。

【性味归经】味酸、涩，性凉；归肝经。

【功能主治】清热解毒，凉血止血，截疟。

三十八、虎耳草科　Saxifragaceae

草本（通常为多年生），灌木、小乔木或藤本。单叶或复叶，互生或对生，一般无托叶。通常为聚伞状、圆锥状或总状花序，稀单花；花两性，稀单性，下位或多少上位，稀周位，一般为双被，稀单被；花被片4～5基数，稀6～10基数，覆瓦状、镊合状或旋转状排列；萼片有时花瓣状；花冠辐射对称，稀两侧对称，花瓣一般离生；雄蕊（4）5～10，或多数，一般外轮对瓣，或为单轮，如与花瓣同数，则与之互生，花丝离生，花药2室，有时具退化雄蕊；心皮2，稀3～5（10），通常多少合生；子房上位、半下位至下位，多室而具中轴胎座，或1室且具侧膜胎座，稀具顶生胎座，胚珠具厚珠心或薄珠心，有时为过渡型，通常多数，2至多列，稀1枚，具1～2层珠被，孢原细胞通常为单细胞；花柱离生或多少合生。蒴果、浆果、小蓇葖果或核果；种子具丰富胚乳，稀无胚乳；胚乳为细胞型，稀核型；胚小。导管在木本植物中，通常具梯状穿孔板；而在草本植物中则通常具单穿孔板。

本科约有17亚科80属1200种，分布极广，几遍全球，主产于温带地区。我国约有7亚科28属500种，南北各地均产，主产于西南地区。

潜江市有2属2种。

绣球属 *Hydrangea* L.

常绿或落叶亚灌木、灌木或小乔木，少数为木质藤本或藤状灌木；落叶种类常具冬芽，冬芽有鳞片2～3对。叶常2片对生，少数种类兼有3片轮生，边缘有小齿或锯齿，有时全缘；托叶缺。聚伞花序排成伞形状、伞房状或圆锥状，顶生；苞片早落；花二型，极少一型，不育花（或称放射花）存在或缺，具长柄，生于花序外侧，萼片大，花瓣状，2～5片，分离，偶有基部稍连合；孕性花较小，具短柄，生于花序内侧，花萼筒状，与子房贴生，顶端4～5裂，萼齿小；花瓣4～5，分离，镊合状排列，早落或迟落，或少数种类连合成冠盖状花冠，花冠因雄蕊的伸长而整个被推落；雄蕊通常10枚，有时8枚或多达25枚，着生于花盘边缘下侧，花丝线形，花药长圆形或近圆形；子房1/3～2/3上位或完全下位，3～4室，有时2～5室，胚珠多数，生于子房室的内侧上，花柱2～4，少有5，分离或基部连合，具顶生或内斜的柱头，宿存。蒴果2～5室，于顶端花柱基部孔裂，顶端截平或凸出于萼筒；种子多数，细小，两端或周边具翅或无翅，种皮膜质，具脉纹。

本属约有73种，分布于亚洲东部至东南部、北美洲东南部至中美洲和南美洲西部。我国有46种10变种，除海南、黑龙江、吉林、新疆等地外，全国各地均有分布，尤以西南至东南地区种类较多。

潜江市有1种。

85. 绣球 *Hydrangea macrophylla*（Thunb.）Ser.

【别名】八仙花、紫绣球、粉团花、八仙绣球。

【植物形态】灌木，高 1～4 米；茎常于基部发出多数放射枝而形成一圆形灌丛；枝圆柱形，粗壮，紫灰色至淡灰色，无毛，具少数长形皮孔。叶纸质或近革质，倒卵形或阔椭圆形，长 6～15 厘米，宽 4～11.5 厘米，先端骤尖，具短尖头，基部圆钝或阔楔形，边缘于基部以上具粗齿，两面无毛或仅下面中脉两侧被稀疏卷曲短柔毛，脉腋间常具少许髯毛状毛；侧脉 6～8 对，直，向上斜举或上部近边缘处微弯拱，上面平坦，下面微凸，小脉网状，两面明显；叶柄粗壮，长 1～3.5 厘米，无毛。伞房状聚伞花序近球形，直径 8～20 厘米，具短的总花梗，分枝粗壮，近等长，密被紧贴短柔毛，花密集，多数不育；不育花萼片 4，近圆形或阔卵形，长 1.4～2.4 厘米，宽 1～2.4 厘米，粉红色、淡蓝色或白色；孕性花极少数，具 2～4 毫米长的花梗；萼筒倒圆锥状，长 1.5～2 毫米，与花梗疏被卷曲短柔毛，萼齿卵状三角形，长约 1 毫米；花瓣长圆形，长 3～3.5 毫米；雄蕊 10 枚，近等长，不凸出或稍凸出，花药长圆形，长约 1 毫米；子房大，半下位，花柱 3，结果时长约 1.5 毫米，柱头稍扩大，半环状。蒴果未成熟，长陀螺状，连花柱长约 4.5 毫米，顶端凸出部分长约 1 毫米，约等于蒴果长度的 1/3。花期 6—8 月。

【生长环境】生于山谷溪旁或山顶疏林中，海拔 380～1700 米。潜江市曹禺公园有发现。

【药用部位】根、叶和花。

【采收加工】秋季挖根，切片，晒干；夏季采叶，晒干；初夏至深秋采花，晒干。

【性味归经】味苦、微辛，性寒；有小毒。

【功能主治】抗疟，清热，解毒，杀虫。

虎耳草属 *Saxifraga* Tourn. ex L.

多年生、稀一年生或二年生草本。茎通常丛生，或单一。单叶全部基生或兼茎生，有柄或无柄，叶片全缘、具齿或分裂；茎生叶通常互生，稀对生。花通常两性，有时单性，辐射对称，稀两侧对称，黄色、白色、红色或紫红色，多组成聚伞花序，有时单生，具苞片；花托杯状（内壁完全与子房下部愈合），或扁平；萼片 5；花瓣 5，通常全缘，脉显著，具痂体或无痂体；雄蕊 10，花丝棒状或钻形；心皮 2，通常下部合生，有时近离生；子房近上位至半下位，通常 2 室，具中轴胎座，有时 1 室而具边缘胎座，胚珠多数；蜜腺隐藏在子房基部或花盘周围。通常为蒴果，稀蓇葖果；种子多数。

本属约有 400 种，分布于北极和南美洲等，主要生于高山地区。我国有 203 种，南北各地均产，主产于西南部和青海、甘肃等地的高山地区。

潜江市有 1 种。

86. 虎耳草 *Saxifraga stolonifera* Curt.

【别名】石荷叶、金线吊芙蓉、老虎耳、天荷叶、金丝荷叶。

【植物形态】多年生草本，高 8 ～ 45 厘米。匍匐枝细长，密被卷曲长腺毛，具鳞片状叶。茎被长腺毛，具 1 ～ 4 枚苞片状叶。基生叶具长柄，叶片近心形、肾形至扁圆形，长 1.5 ～ 7.5 厘米，宽 2 ～ 12 厘米，先端钝或急尖，基部近截形、圆形至心形，（5）7 ～ 11 浅裂（有时不明显），裂片边缘具不规则齿和腺毛，腹面绿色，被腺毛，背面通常紫红色，被腺毛，有斑点，叶柄被长腺毛；茎生叶披针形，长约 6 毫米，宽约 2 毫米。聚伞花序圆锥状，长 7.3 ～ 26 厘米，具 7 ～ 61 花；花序分枝长 2.5 ～ 8 厘米，被腺毛，具 2 ～ 5 花；花梗长 0.5 ～ 1.6 厘米，细弱，被腺毛；花两侧对称；萼片在花期开展至反曲，卵形，长 1.5 ～ 3.5 毫米，宽 1 ～ 1.8 毫米，先端急尖，边缘具腺毛，腹面无毛，背面被褐色腺毛，3 脉于先端汇合成 1 疣点；花瓣白色，中上部具紫红色斑点，基部具黄色斑点，5 片，其中 3 片较短，卵形，长 2 ～ 4.4 毫米，宽 1.3 ～ 2 毫米，先端急尖，基部具爪，长 0.1 ～ 0.6 毫米，羽状脉序，具 2 级脉（2）3 ～ 6 条，另 2 片较长，披针形至长圆形，长 6.2 ～ 14.5 毫米，宽 2 ～ 4 毫米，先端急尖，基部具爪，0.2 ～ 0.8 毫米，羽状脉序，具 2 级脉 5 ～ 10（11）条。雄蕊长 4 ～ 5.2 毫米，花丝棒状；花盘半环状，围绕于子房一侧，边缘具瘤突；2 心皮下部合生，长 3.8 ～ 6 毫米；子房卵球形，花柱 2，叉开。花果期 4—11 月。

【生长环境】生于海拔 400 ～ 4500 米的林下、灌丛、草甸和阴湿岩隙。潜江市王场镇有发现。

【药用部位】全草。

【采收加工】全年均可采收，但以花后采者更佳。

【性味归经】味苦、辛，性寒；有小毒；归肺、脾、大肠经。

【功能主治】疏风，清热，凉血解毒。

三十九、海桐科　Pittosporaceae

常绿乔木或灌木，秃净或被毛，偶或有刺。叶互生或偶对生，多数革质，全缘，稀有齿或分裂，无托叶。花通常两性，有时杂性，辐射对称，稀左右对称，除子房外，花的各轮均为5数，单生或为伞形花序、伞房花序或圆锥花序，有苞片及小苞片；萼片常分离，或略连合；花瓣分离或连合，白色、黄色、蓝色或红色；雄蕊与萼片对生，花丝线形，花药基部或背部着生，2室，纵裂或孔开；子房上位，子房柄存在或缺，心皮2～3个，有时5个，通常1室或不完全2～5室，倒生胚珠通常多数，侧膜胎座、中轴胎座或基生胎座，花柱短，简单或2～5裂，宿存或脱落。蒴果沿腹缝裂开，或为浆果；种子通常多数，常有黏质或油质包在外面，种皮薄，胚乳发达，胚小。

本科约有9属360种，分布于旧大陆热带和亚热带地区。9属均见于大洋洲，其中海桐属种类最多，广泛分布于西南太平洋的岛屿、大洋洲、东南亚及亚洲东部的亚热带地区。我国只有1属44种。

潜江市有1属1种。

海桐属 *Pittosporum Banks* ex Gaertn.

常绿乔木或灌木，有时呈侏儒状灌木，被毛或秃净。叶互生，常簇生于枝顶呈对生或假轮生状，全缘或有波状浅齿或皱褶，革质，有时为膜质。花两性，稀杂性，单生或排列成伞形、伞房或圆锥花序，生于枝顶或枝顶叶腋；萼片5枚，通常短小而离生；花瓣5片，分离或部分合生；雄蕊5枚，花丝无毛，花药背部着生，多少呈箭形，直裂；子房上位，被毛或秃净，常有子房柄，心皮2～3枚，稀4～5枚，1室或不完全2～5室；胚珠多数，有时1～4枚；侧膜胎座与心皮同数，通常纵向分布于心皮内侧中肋上，或因胚珠减少而形成基生胎座；花柱短，简单或2～5裂，常宿存。蒴果椭圆形或圆球形，有时压扁，果片木质或革质，内侧常有横条；种子有黏质或油状物包着。

本属约有300种，广布于大洋洲、西南太平洋各岛屿、东南亚及亚洲东部的亚热带地区。中国有44种8变种。

潜江市有1种。

87. 海桐 *Pittosporum tobira*（Thunb.）Ait.

【植物形态】常绿灌木或小乔木，高达6米，嫩枝被褐色柔毛，有皮孔。叶聚生于枝顶，二年生，革质，嫩时上下两面被柔毛，以后变秃净，倒卵形或倒卵状披针形，长4～9厘米，宽1.5～4厘米，上面深绿色，发亮，干后黯淡无光，先端圆钝，常微凹入或为微心形，基部窄楔形，侧脉6～8对，在靠近边缘处相结合，有时因侧脉间的支脉较明显而呈多脉状，网脉稍明显，网眼细小，全缘，干后反卷，叶柄长达2厘米。伞形花序或伞房状伞形花序顶生或近顶生，密被黄褐色柔毛，花梗长1～2厘米；苞片披针形，长4～5毫米；小苞片长2～3毫米，均被褐色毛。花白色，芳香，后变黄色；萼片卵形，长 3～4 毫米，被柔毛；花瓣倒披针形，长 1～1.2 厘米，离生；雄蕊二型，退化雄蕊的花丝长 2～3 毫米，花药近不育；正常雄蕊的花丝长 5～6 毫米，花药长圆形，长 2 毫米，黄色；子房长卵形，密被柔毛，侧膜胎座 3 个，胚珠多数，2 列，着生于胎座中段。蒴果圆球形，有棱或呈三角形，直径 12 毫米，多少有毛，子房柄长 1～2 毫米，3 片裂开，果片木质，厚 1.5 毫米，内侧黄褐色，有光泽；种子多数，长 4 毫米，多角形，红色，种柄长约 2 毫米。

【生长环境】分布于长江以南滨海各地，内地多为栽培供观赏。潜江市曹禺公园有发现。

【药用部位】枝、叶。

【采收加工】全年均可采收，鲜用或晒干。

【功能主治】解毒，杀虫。

四十、蔷薇科　Rosaceae

　　草本、灌木或乔木，落叶或常绿，有刺或无刺。冬芽常具数枚鳞片，有时仅具 2 枚。叶互生，稀对生，单叶或复叶，有明显托叶，稀无托叶。花两性，稀单性，通常整齐，周位花或上位花；花轴上端发育成碟状、钟状、杯状、坛状或圆筒状的花托（又称"萼筒"），在花托边缘着生萼片、花瓣和雄蕊；萼片和花瓣同数，通常 4～5，覆瓦状排列，稀无花瓣，萼片有时具副萼；雄蕊 5 至多数，稀 1 或 2，花丝离生，稀合生；心皮 1 至多数，离生或合生，有时与花托连合，每心皮有 1 至数个直立的或悬垂的倒生胚珠；花柱与心皮同数，有时连合，顶生、侧生或基生。果实为蓇葖果、瘦果、梨果或核果，稀蒴果；种子通常不含胚乳，极稀具少量胚乳；子叶为肉质，背部隆起，稀对折或呈卷曲状。

　　本科约有 124 属 3300 种，分布于全世界，北半球温带地区较多。我国约有 51 属 1000 种，产于全国各地。潜江市有 14 属 19 种。

桃属 *Amygdalus* L.

落叶乔木或灌木；枝无刺或有刺。腋芽常3个或2～3个并生，两侧为花芽，中间是叶芽。幼叶在芽中呈对折状，后于花开放，稀与花同时开放，叶柄或叶边常具腺体。花单生，稀2朵生于1芽内，粉红色，罕白色，几无梗或具短梗，稀具较长梗；雄蕊多数；雌蕊1枚，子房常具柔毛，1室具2胚珠。果实为核果，外被毛，极稀无毛，成熟时果肉多汁不开裂，或干燥开裂，腹部有明显的缝合线，果洼较大；核扁圆形、圆形至椭圆形，与果肉粘连或分离，表面具深浅不同的纵、横沟纹和孔穴，极稀平滑；种皮厚，种仁味苦或甜。

桃属全世界有40多种，分布于亚洲中部至地中海地区，栽培品种广泛分布于寒温带、暖温带至亚热带地区。我国有12种，主要产于西部和西北地区，栽培品种全国各地均有分布。

潜江市有2种。

88. 榆叶梅 *Amygdalus triloba*（Lindl.）Ricker

【别名】额勒伯特－其其格、小桃红。

【植物形态】灌木，稀小乔木，高2～3米；枝条开展，具多数短小枝；小枝灰色，一年生枝灰褐色，无毛或幼时微被短柔毛；冬芽短小，长2～3毫米。短枝上的叶常簇生，一年生枝上的叶互生；叶片宽椭圆形至倒卵形，长2～6厘米，宽1.5～3（4）厘米，先端短渐尖，常3裂，基部宽楔形，上面具疏柔毛或无毛，下面被短柔毛，叶边具粗锯齿或重锯齿；叶柄长5～10毫米，被短柔毛。花1～2朵，先于叶开放，直径2～3厘米；花梗长4～8毫米；萼筒宽钟形，长3～5毫米，无毛或幼时微具毛；萼片卵形或卵状披针形，无毛，近先端疏生小锯齿；花瓣近圆形或宽倒卵形，长6～10毫米，先端圆钝，有时微凹，粉红色；雄蕊25～30，短于花瓣；子房密被短柔毛，花柱稍长于雄蕊。果实近球形，直径1～1.8厘米，顶端具短小尖头，红色，外被短柔毛；果梗长5～10毫米；果肉薄，成熟时开裂；核近球形，具厚硬壳，直径1～1.6厘米，两侧几不压扁，顶端圆钝，表面具不整齐的网纹。花期4—5月，果期5—7月。染色体2*n*=64。

【生长环境】生于低至中海拔的坡地或沟旁、灌林下或林缘。目前全国多数公园内均有栽培。潜江市园林街道有发现。

【药用部位】成熟种子。

【采收加工】夏、秋季采收成熟果实，除去果肉和核壳，取出种子，干燥。

【性味归经】味辛、苦、甘，性平；归脾、大肠、小肠经。

【功能主治】润肠通便，下气利水。用于津枯肠燥，食积气滞，腹胀便秘，水肿，小便不利。

89. 桃 *Amygdalus persica* L.

【别名】桃子、粘核油桃、粘核桃、离核油桃、离核桃。

【植物形态】乔木，高 3～8 米；树冠宽广而平展；树皮暗红褐色，老时粗糙呈鳞片状；小枝细长，无毛，有光泽，绿色，向阳处转变成红色，具大量小皮孔；冬芽圆锥形，顶端钝，外被短柔毛，常 2～3 个簇生，中间为叶芽，两侧为花芽。叶片长圆状披针形、椭圆状披针形或倒卵状披针形，长 7～15 厘米，宽 2～3.5 厘米，先端渐尖，基部宽楔形，上面无毛，下面在脉腋间具少数短柔毛或无毛，叶缘具细锯齿或粗锯齿，齿端具腺体或无；叶柄粗壮，长 1～2 厘米，常具 1 至数枚腺体，有时无腺体。花单生，先于叶开放，直径 2.5～3.5 厘米；花梗极短或几无梗；萼筒钟形，被短柔毛，稀几无毛，绿色而具红色斑点；萼片卵形至长圆形，顶端圆钝，外被短柔毛；花瓣长圆状椭圆形至宽倒卵形，粉红色，罕为白色；雄蕊 20～30，花药绯红色；花柱几与雄蕊等长或稍短；子房被短柔毛。果实形状和大小均有变异，卵形、宽椭圆形或扁圆形，直径 3～12 厘米，长与宽几相等，色泽变化由淡绿白色至橙黄色，常在向阳面具红晕，外面密被短柔毛，稀无毛，腹缝明显，果梗短而深入果洼；果肉白色、浅绿白色、黄色、橙黄色或红色，多汁有香味，甜或酸甜；核大，离核或粘核，椭圆形或近圆形，两侧扁平，顶端渐尖，表面具纵、横沟纹和孔穴；种仁味苦，稀味甜。花期 3—4 月，果实成熟期因品种而异，通常为 8—9 月。

【生长环境】原产于我国，各地广泛栽培。世界各地均有栽培。潜江市园林街道有发现。

【药用部位】成熟种子。

【采收加工】果实成熟后采收，除去果肉和核壳，取出种子，晒干。

【性味归经】味苦、甘，性平；归心、肝、大肠经。

【功能主治】活血祛瘀，润肠通便，止咳平喘。用于闭经痛经，癥瘕痞块，肺痈肠痈，跌打损伤，肠燥便秘，咳嗽气喘。桃树干上分泌的胶质，俗称桃胶，为一种聚糖类物质，水解能生成阿拉伯糖、半乳糖、木糖、鼠李糖等，可食用，也可供药用，有破血、和血、益气之效。

樱属 *Cerasus* Mill.

落叶乔木或灌木。腋芽单生或3个并生，中间为叶芽，两侧为花芽。幼叶在芽中为对折状，后于花开放或与花同时开放；叶有叶柄和脱落的托叶，叶边有锯齿或缺刻状锯齿，叶柄、托叶和锯齿常有腺体。花常数朵着生于伞形、伞房状或短总状花序上，或1～2朵生于叶腋内，常有花梗，花序基部有芽鳞宿存或有明显苞片；萼筒钟状或管状，萼片反折或直立开张；花瓣白色或粉红色，先端圆钝、微缺或深裂；雄蕊15～50；雌蕊1，花柱和子房有毛或无毛。核果成熟时肉质多汁，不开裂；核球形或卵球形，核面平滑或稍有皱纹。

樱属有百余种，分布于北半球，亚洲、欧洲至北美洲均有记录，主要种类分布于我国西部和西南部以及日本和朝鲜，由于分类学者意见不一致，因此种的总数颇有出入，有待深入调查研究。

潜江市有1种。

90. 东京樱花 *Cerasus × yedoensis*（Mats.）Yü et Li

【别名】日本樱花、樱花。

【植物形态】乔木，高4～16米，树皮灰色。小枝淡紫褐色，无毛，嫩枝绿色，被疏柔毛。冬芽卵圆形，无毛。叶片椭圆状卵形或倒卵形，长5～12厘米，宽2.5～7厘米，先端渐尖或骤尾尖，基部圆形，稀楔形，边缘有尖锐重锯齿，齿端渐尖，有小腺体，上面深绿色，无毛，下面淡绿色，沿脉被疏柔毛，有侧脉7～10对；叶柄长1.3～1.5厘米，密被柔毛，顶端有1～2个腺体或无；托叶披针形，有羽裂腺齿，被柔毛，早落。花序伞形总状，总梗极短，有花3～4朵，先于叶开放，花直径3～3.5厘米；总苞片褐色，椭圆状卵形，长6～7毫米，宽4～5毫米，两面被疏柔毛；苞片褐色，匙状长圆形，长约5毫米，宽2～3毫米，边缘有腺体；花梗长2～2.5厘米，被短柔毛；萼筒管状，长7～8毫米，宽约3毫米，被疏柔毛；萼片三角状长卵形，长约5毫米，先端渐尖，边缘有腺齿；花瓣白色或粉红色，椭圆状卵形，先端下凹，全缘或2裂；雄蕊约32枚，短于花瓣；花柱基部被疏柔毛。核果近球形，直径0.7～1厘米，黑色，核表面略具棱纹。花期4月，果期5月。

【生长环境】园艺品种很多，供观赏用。潜江市梅苑有发现。

木瓜属 *Chaenomeles* Lindl.

　　落叶或半常绿，灌木或小乔木，有刺或无刺；冬芽小，具 2 枚外露鳞片。单叶，互生，具齿或全缘，有短柄与托叶。花单生或簇生，先于叶开放或后于叶开放；萼片 5，全缘或有齿；花瓣 5，大型，雄蕊 20 或多数排成 2 轮；花柱 5，基部合生，子房 5 室，每室具多数胚珠排成 2 行。梨果大型，萼片脱落，花柱常宿存，内含多粒褐色种子；种皮革质，无胚乳。

　　本属约有 5 种，产于亚洲东部。

　　潜江市有 1 种。

91. 木瓜 *Chaenomeles sinensis*（Thouin）Koehne

　　【别名】榠楂、木李、海棠。

　　【植物形态】灌木或小乔木，高 5 ～ 10 米，树皮呈片状脱落；小枝无刺，圆柱形，幼时被柔毛，不久即脱落，紫红色，二年生枝无毛，紫褐色；冬芽半圆形，先端圆钝，无毛，紫褐色。叶片椭圆状卵形或椭圆状长圆形，稀倒卵形，长 5 ～ 8 厘米，宽 3.5 ～ 5.5 厘米，先端急尖，基部宽楔形或圆形，边缘有刺芒状尖锐锯齿，齿尖有腺，幼时下面密被黄白色茸毛，不久即脱落无毛；叶柄长 5 ～ 10 毫米，微被柔毛，有腺齿；托叶膜质，卵状披针形，先端渐尖，边缘具腺齿，长约 7 毫米。花单生于叶腋，花梗短粗，长 5 ～ 10 毫米，无毛；花直径 2.5 ～ 3 厘米；萼筒钟状，外面无毛；萼片三角状披针形，长 6 ～ 10 毫米，先端渐尖，边缘有腺齿，外面无毛，内面密被浅褐色茸毛，反折；花瓣倒卵形，淡粉红色；雄蕊多数，长不及花瓣的 1/2；花柱 3 ～ 5，基部合生，被柔毛，柱头头状，不明显分裂，约与雄蕊等长或稍长。果实长椭圆形，长 10 ～ 15 厘米，暗黄色，木质，芳香，果梗短。花期 4 月，果期 9—10 月。

　　【生长环境】常见栽培，供观赏，潜江市中医院旁有发现。

　　【药用部位】果实。

　　【采收加工】10—11 月将成熟的果实摘下，纵剖成 2 ～ 4 瓣，置沸水中烫后晒干或烘干。

　　【性味归经】味酸、涩，性平；归胃、肝、肺经。

　　【功能主治】和胃舒筋，祛风湿，消痰止咳。

蛇莓属 *Duchesnea* J. E. Smith

多年生草本，具短根茎。匍匐茎细长，在节处生不定根。基生叶数枚，茎生叶互生，皆为三出复叶，有长叶柄，小叶片边缘有锯齿；托叶宿存，贴生于叶柄。花多单生于叶腋，无苞片；副萼片、萼片及花瓣各5；副萼片大型，和萼片互生，宿存，先端有3～5锯齿；萼片宿存；花瓣黄色；雄蕊20～30；心皮多数，离生；花托半球形或陀螺形，在果期增大，海绵质，红色；花柱侧生或近顶生。瘦果微小，扁卵形；种子1粒，肾形，光滑。

本属有5～6种，分布于亚洲南部、欧洲及北美洲。我国有2种。

潜江市有1种。

92. 蛇莓 *Duchesnea indica*（Andr.）Focke

【别名】蛇泡草、龙吐珠、三爪风。

【植物形态】多年生草本。根茎短，粗壮；匍匐茎多数，长30～100厘米，有柔毛。小叶片倒卵形至菱状长圆形，长2～3.5（5）厘米，宽1～3厘米，先端圆钝，边缘有钝锯齿，两面皆有柔毛，或上面无毛，具小叶柄；叶柄长1～5厘米，有柔毛；托叶窄卵形至宽披针形，长5～8毫米。花单生于叶腋，直径1.5～2.5厘米；花梗长3～6厘米，有柔毛；萼片卵形，长4～6毫米，先端锐尖，外面有散生柔毛；副萼片倒卵形，长5～8毫米，比萼片长，先端常具3～5锯齿；花瓣倒卵形，长5～10毫米，黄色，先端圆钝；雄蕊20～30；心皮多数，离生；花托在果期膨大，海绵质，鲜红色，有光泽，直径10～20毫米，外面有长柔毛。瘦果卵形，长约1.5毫米，光滑或具不明显突起，鲜时有光泽。花期6—8月，果期8—10月。

【生长环境】生于山坡、河岸、草地或潮湿的地方，海拔1800米以下。潜江市广布，常见。

【药用部位】全草。

【采收加工】6—11月采收全草，洗净，鲜用或晒干。

【性味归经】味甘、苦，性寒；归肺、肝、大肠经。

【功能主治】清热解毒，散瘀消肿，凉血止血。全草药用，能散瘀消肿、收敛止血、清热解毒。茎叶捣敷治疗疮有特效，亦可治疗蛇咬伤、烫伤、烧伤。果实煎服能治支气管炎。全草水浸液能防治农业害虫、杀蛆等。

枇杷属 *Eriobotrya* Lindl.

常绿乔木或灌木。单叶互生，边缘有锯齿或近全缘，羽状网脉明显；通常有叶柄或近无柄；托叶多早落。花成顶生圆锥花序，常有茸毛；萼筒杯状或倒圆锥状，萼片5，宿存；花瓣5，倒卵形或圆形，无毛或有毛，芽时呈卷旋状或双盖覆瓦状排列；雄蕊20～40；花柱2～5，基部合生，常有毛，子房下位，合生，2～5室，每室有2胚珠。梨果肉质或干燥，内果皮膜质，有1或数粒大种子。

本属约有30种，分布于亚洲温带及亚热带地区，我国有13种。

潜江市有1种。

93. 枇杷 *Eriobotrya japonica*（Thunb.）Lindl.

【别名】卢橘、金丸。

【植物形态】　常绿小乔木，高可达10米；小枝粗壮，黄褐色，密生锈色或灰棕色茸毛。叶片革质，披针形、倒披针形、倒卵形或椭圆状长圆形，长12～30厘米，宽3～9厘米，先端急尖或渐尖，基部楔形或渐狭成叶柄，上部边缘有疏锯齿，基部全缘，上面光亮，多皱，下面密生灰棕色茸毛，侧脉11～21对；叶柄短或几无柄，长6～10毫米，有灰棕色茸毛；托叶钻形，长1～1.5厘米，先端急尖，有毛。圆锥花序顶生，长10～19厘米，具多花；总花梗和花梗密生锈色茸毛；花梗长2～8毫米；苞片钻形，长2～5毫米，密生锈色茸毛；花直径12～20毫米；萼筒浅杯状，长4～5毫米，萼片三角状卵形，长2～3毫米，先端急尖，萼筒及萼片外面有锈色茸毛；花瓣白色，长圆形或卵形，长5～9毫米，宽4～6毫米，基部具爪，有锈色茸毛；雄蕊20，远短于花瓣，花丝基部扩展；花柱5，离生，柱头头状，无毛，子房顶端有锈色柔毛，5室，每室有2胚珠。果实球形或长圆形，直径2～5厘米，黄色或橘黄色，外有锈色柔毛，不久脱落；种子1～5，球形或扁球形，直径1～1.5厘米，褐色，光亮，种皮纸质。花期10—12月，果期翌年5—6月。

【生长环境】各地广为栽培，潜江市森林公园有发现，多地可见。

【药用部位】叶。

【采收加工】全年均可采收，晒至七八成干时，扎成小把，再晒干。

【性味归经】味苦，性微寒；归肺、胃经。

【功能主治】清肺止咳，降逆止呕。用于肺热咳嗽，气逆喘急，胃热呕逆，烦热口渴。

棣棠花属 *Kerria* DC.

灌木，小枝细长，冬芽具数枝鳞片。单叶互生，具重锯齿；托叶钻形，早落；花两性，大而单生；萼筒短，碟形，萼片5，覆瓦状排列；花瓣黄色，长圆形或近圆形，具短爪；雄蕊多数，排列成数组，花盘环状，被疏柔毛；雌蕊5～8，分离，生于萼筒内；花柱顶生，直立，细长，顶端截形；每心皮有1胚珠，侧生于缝合线中部。瘦果侧扁，无毛。

本属仅有1种，产于中国和日本。欧美各地均有引种栽培。

潜江市有1种。

94. 棣棠花 *Kerria japonica*（L.）DC.

【别名】鸡蛋黄花、土黄条。

【植物形态】落叶灌木，高1～2米，稀达3米；小枝绿色，圆柱形，无毛，常拱垂，嫩枝有棱角。叶互生，三角状卵形或卵圆形，顶端长渐尖，基部圆形、截形或微心形，边缘有尖锐重锯齿，两面绿色，上面无毛或被疏柔毛，下面沿脉或脉腋有柔毛；叶柄长5～10毫米，无毛；托叶膜质，带状披针形，有缘毛，早落。单花，着生于当年生侧枝顶端，花梗无毛；花直径2.5～6厘米；萼片卵状椭圆形，顶端急尖，有小尖头，全缘，无毛，果时宿存；花瓣黄色，宽椭圆形，顶端下凹，比萼片长1～4倍。瘦果倒卵形至半球形，褐色或黑褐色，表面无毛，有皱褶。花期4—6月，果期6—8月。

【生长环境】生于山坡灌丛中，海拔200～3000米。潜江市南门河游园有发现。

【药用部位】茎髓。

【采收加工】秋季割取茎，截成段，趁鲜取出髓部，理直，晒干。

【性味归经】味甘、淡，性微寒；归肺、胃经。

【功能主治】清热利尿，通气下乳。用于湿热淋证，水肿尿少，乳汁不下。

苹果属 *Malus* Mill.

落叶（稀半常绿）乔木或灌木，通常不具刺；冬芽卵形，外被数枚覆瓦状鳞片。单叶互生，叶片有齿或分裂，在芽中呈对折状，有叶柄和托叶。伞形总状花序；花瓣近圆形或倒卵形，白色、浅红色至艳红色；雄蕊 15～50，具有黄色花药和白色花丝；花柱 3～5，基部合生，无毛或有毛，子房下位，3～5 室，每室有 2 胚珠。梨果，通常不具石细胞，或少数种类有石细胞，萼片宿存或脱落，子房壁软骨质，3～5 室，每室有 1～2 粒种子；种皮褐色或近黑色，子叶平凸。

本属约有 35 种，广泛分布于北半球温带地区，亚洲、欧洲和北美洲均产。我国约有 20 种。

潜江市有 3 种。

95. 垂丝海棠 *Malus halliana* Koehne

【植物形态】乔木，高达 5 米，树冠开展；小枝细弱，微弯曲，圆柱形，最初有毛，不久脱落，紫色或紫褐色；冬芽卵形，先端渐尖，无毛或仅在鳞片边缘具柔毛，紫色。叶片卵形，或椭圆形至长椭圆状卵形，长 3.5～8 厘米，宽 2.5～4.5 厘米，先端长渐尖，基部楔形至近圆形，边缘有圆钝细锯齿，中脉有时具短柔毛，其余部分均无毛，上面深绿色，有光泽并常带紫晕；叶柄长 5～25 毫米，幼时被疏柔毛，老时近无毛；托叶小，膜质，披针形，内面有毛，早落。伞房花序，具花 4～6 朵，花梗细弱，长 2～4 厘米，下垂，被疏柔毛，紫色；花直径 3～3.5 厘米；萼筒外面无毛；萼片三角状卵形，长 3～5 毫米，先端钝，全缘，外面无毛，内面密被茸毛，与萼筒等长或稍短；花瓣倒卵形，长约 1.5 厘米，基部有短爪，粉红色，常在 5 数以上；雄蕊 20～25，花丝长短不齐，约等于花瓣的 1/2；花柱 4 或 5，较雄蕊长，基部有长茸毛，顶花有时缺少雌蕊。果实梨形或倒卵形，直径 6～8 毫米，略带紫色，成熟很迟，萼片脱落；果梗长 2～5 厘米。花期 3—4 月，果期 9—10 月。嫩枝、嫩叶均带紫红色，花粉红色，下垂，早春期间甚美丽，各地常见栽培供观赏用，有重瓣、白花等变种。

【生长环境】生于山坡丛林中或山溪边，海拔 50～1200 米。潜江市森林公园有发现。

【药用部位】花。

【采收加工】3—4 月花盛开时采收，晒干。

【性味归经】味淡、苦，性平；归肝经。

【功能主治】调经和血。用于血崩。

96. 湖北海棠 *Malus hupehensis*（Pamp.）Rehd.

【别名】野海棠、野花红、花红茶、秋子、茶海棠。

【植物形态】乔木，高达8米；小枝最初有短柔毛，不久脱落，老枝紫色至紫褐色；冬芽卵形，先端急尖，鳞片边缘疏生短柔毛，暗紫色。叶片卵形至卵状椭圆形，长5～10厘米，宽2.5～4厘米，先端渐尖，基部宽楔形，稀近圆形，边缘有细锐锯齿，嫩时具稀疏短柔毛，不久脱落无毛，常呈紫红色；叶柄长1～3厘米，嫩时具稀疏短柔毛，逐渐脱落；托叶草质至膜质，线状披针形，先端渐尖，疏生柔毛，早落。伞房花序，具花4～6朵，花梗长3～6厘米，无毛或稍有长柔毛；苞片膜质，披针形，早落；花直径3.5～4厘米；萼筒外面无毛或稍有长柔毛；萼片三角状卵形，先端渐尖或急尖，长4～5毫米，外面无毛，内面有柔毛，略带紫色，与萼筒等长或稍短；花瓣倒卵形，长约1.5厘米，基部有短爪，粉白色或近白色；雄蕊20，花丝长短不齐，约等于花瓣的1/2；花柱3，稀4，基部有长茸毛，较雄蕊稍长。果实椭圆形或近球形，直径约1厘米，黄绿色，稍带红晕，萼片脱落；果梗长2～4厘米。花期4—5月，果期8—9月。

【生长环境】生于山坡或山谷丛林中，海拔50～2900米。潜江市森林公园有发现。

【药用部位】嫩叶及果实。

【采收加工】夏、秋季采叶，鲜用；8—9月采果实，鲜用。

【性味归经】味酸，性平。

【功能主治】消积化滞，健脾和胃。

97. 海棠花 *Malus spectabilis*（Ait.）Borkh.

【别名】海棠。

【植物形态】乔木，高可达8米；小枝粗壮，圆柱形，幼时具短柔毛，逐渐脱落，老时红褐色或紫褐色，无毛；冬芽卵形，先端渐尖，微被柔毛，紫褐色，有数枚外露鳞片。叶片椭圆形至长椭圆形，长5～8厘米，宽2～3厘米，先端短渐尖或圆钝，基部宽楔形或近圆形，边缘有紧贴细锯齿，有时部分近全缘，幼嫩时上下两面具稀疏短柔毛，以后脱落，老叶无毛；叶柄长1.5～2厘米，具短柔毛；托叶膜质，窄披针形，先端渐尖，全缘，内面具长柔毛。花序近伞形，有花 4 ～ 6 朵，花梗长 2 ～ 3 厘米，具柔毛；苞片膜质，披针形，早落；花直径 4 ～ 5 厘米；萼筒外面无毛或有白色茸毛；萼片三角状卵形，先端急尖，全缘，外面无毛或偶有稀疏茸毛，内面密被白色茸毛，萼片比萼筒稍短；花瓣卵形，长 2 ～ 2.5 厘米，宽 1.5 ～ 2 厘米，基部有短爪，白色，在芽中呈粉红色；雄蕊20 ～ 25，花丝长短不等，长约花瓣的 1/2；花柱 5，稀 4，基部有白色茸毛，比雄蕊稍长。果实近球形，直径 2 厘米，黄色，萼片宿存，基部不下陷，梗洼隆起；果梗细长，先端肥厚，长 3 ～ 4 厘米。花期 4—5 月，果期 8—9 月。观赏树种。

【生长环境】平原或山地，海拔 50 ～ 2000 米。潜江市森林公园有发现。

石楠属 *Photinia* Lindl.

落叶或常绿乔木或灌木；冬芽小，具覆瓦状鳞片。叶互生，革质或纸质，多数有锯齿，稀全缘，有托叶。花两性，多数，成顶生伞形、伞房或复伞房花序，稀成聚伞花序；萼筒杯状、钟状或筒状，有短萼片 5；花瓣 5，开展，在芽中成覆瓦状或卷旋状排列；雄蕊 20，稀较多或较少；心皮 2，稀 3 ～ 5，花柱离生或基部合生，子房半下位，2 ～ 5 室，每室 2 胚珠。果实为 2 ～ 5 室小梨果，微肉质，成熟时不裂开，先端或 1/3 部分与萼筒分离，有宿存萼片，每室有 1 ～ 2 粒种子；种子直立，子叶平凸。

本属约有 60 种，分布于亚洲东部及南部，我国约有 40 种。

潜江市有 1 种。

98. 中华石楠 *Photinia beauverdiana* Schneid.

【别名】假思桃、牛筋木、波氏石楠。

【植物形态】落叶灌木或小乔木，高 3 ～ 10 米；小枝无毛，紫褐色，有散生灰色皮孔。叶片薄纸质，长圆形、倒卵状长圆形或卵状披针形，长 5 ～ 10 厘米，宽 2 ～ 4.5 厘米，先端渐尖，基部圆形或楔形，边缘疏生具腺锯齿，上面光亮，无毛，下面中脉疏生柔毛，侧脉 9 ～ 14 对；叶柄长 5 ～ 10 毫米，微有柔毛。花多数，成复伞房花序，直径 5 ～ 7 厘米；总花梗和花梗无毛，密生疣点，花梗长 7 ～ 15 毫米；花直径 5 ～ 7 毫米；萼筒杯状，长 1 ～ 1.5 毫米，外面微有毛；萼片三角状卵形，长 1 毫米；花瓣白色，卵形或倒卵形，长 2 毫米，先端圆钝，无毛；雄蕊 20；花柱 3，基部合生。果实卵形，长 7 ～ 8 毫米，直径 5 ～ 6 毫米，紫红色，无毛，微有疣点，先端有宿存萼片；果梗长 1 ～ 2 厘米。花期 5 月，果期 7—8 月。

【生长环境】生于山坡或山谷林下，海拔 1000 ～ 1700 米。潜江市森林公园有发现。

【药用部位】根、叶。

【采收加工】夏、秋季采叶，晒干；根全年可采收，洗净，切片，晒干。

【性味归经】味辛、苦，性平。

【功能主治】行气活血，祛风止痛。

委陵菜属 *Potentilla* L.

多年生草本，稀为一年生草本或灌木。茎直立、上升或匍匐。叶为奇数羽状复叶或掌状复叶；托叶与叶柄不同程度合生。花通常两性，单生、聚伞花序或聚伞圆锥花序；萼筒下凹，多呈半球形，萼片 5，镊合状排列，副萼片 5，与萼片互生；花瓣 5，通常黄色，稀白色或紫红色；雄蕊通常 20 枚，稀较少或更多（11 ～ 30 枚），花药 2 室；雌蕊多数，着生于微凸起的花托上，彼此分离；花柱顶生、侧生或基生；每心皮有 1 胚珠，上升或下垂，倒生胚珠、横生胚珠或近直生胚珠。瘦果多数，着生于干燥花托上，萼片宿存；种子 1 粒，种皮膜质。

本属约 200 种，大多分布于北半球温带、寒带及高山地区，极少数种接近赤道。我国有 80 多种，全国各地均产，但主要分布于东北部、西北部和西南部。有些高山种成垫状，为高山草甸植被重要成分。

潜江市有 1 种。

99. 朝天委陵菜 *Potentilla supina* L.

【别名】伏委陵菜、仰卧委陵菜、铺地委陵菜、鸡毛菜。

【植物形态】一年生或二年生草本。主根细长，并有稀疏侧根。茎平展，上升或直立，叉状分枝，长 20 ～ 50 厘米，被疏柔毛或脱落几无毛。基生叶羽状复叶，有小叶 2 ～ 5 对，间隔 0.8 ～ 1.2 厘米，连叶柄长 4 ～ 15 厘米，叶柄被疏柔毛或脱落几无毛；小叶互生或对生，无柄，最上面 1 ～ 2 对小叶基部下延与叶轴合生，小叶片长圆形或倒卵状长圆形，通常长 1～2.5 厘米，宽 0.5～1.5 厘米，顶端圆钝或急尖，基部楔形或宽楔形，边缘有圆钝或缺刻状锯齿，两面绿色，被稀疏柔毛或脱落几无毛；茎生叶与基生叶相似，向上小叶对数逐渐减少；基生叶托叶膜质，褐色，外面被疏柔毛或几无毛，茎生叶托叶草质，绿色，全缘，有齿或分裂。花茎上多叶，下部花生于叶腋，顶端呈伞房状聚伞花序；花梗长 0.8～1.5 厘米，常密被短柔毛；花直径 0.6～0.8 厘米；萼片三角状卵形，顶端急尖，副萼片长椭圆形或椭圆状披针形，顶端急尖，比萼片稍长或近等长；花瓣黄色，倒卵形，顶端微凹，与萼片近等长或较短；花柱近顶生，基部乳头状膨大，花柱扩大。瘦果长圆形，先端尖，表面具脉纹，腹部鼓胀若翅或有时不明显。花果期 3—10 月。

【生长环境】生于田边、荒地、河岸沙地、草甸、山坡湿地，海拔 100～2000 米。潜江市高石碑镇有发现。

【药用部位】全草。

【采收加工】夏季枝叶茂盛时采割，除去杂质，扎成把晒干。

【性味归经】味甘、酸，性寒。

【功能主治】收敛止泻，凉血止血，滋阴益肾。

李属 *Prunus* L.

落叶小乔木或灌木。分枝较多；顶芽常缺，腋芽单生，卵圆形，有数枚覆瓦状排列鳞片。单叶互生，幼叶在芽中为席卷状或对折状；有叶柄，在叶片基部边缘或叶柄顶端常有 2 小腺体；托叶早落。花单生或 2～3 朵簇生，具短梗，先于叶开放或与叶同时开放；有小苞片，早落；萼片和花瓣均为 5 数，覆瓦状排列；雄蕊多数（20～30）；雌蕊 1，周位花，子房上位，心皮无毛，1 室具 2 枚胚珠。核果，具有 1 粒成熟种子，外面有沟，无毛，常被蜡粉；核两侧扁平，平滑，稀有沟或皱纹；子叶肥厚。

本属约有 30 种，主要分布于北半球温带地区，现已广泛栽培，我国原产及习见栽培有 7 种。

潜江市有 2 种。

100. 樱桃李 *Prunus cerasifera* Ehrhart

【别名】樱李、红叶晚李、矮樱。

【植物形态】灌木或小乔木，高可达8米。多分枝，枝条细长，开展，暗灰色，有时有棘刺；小枝暗红色，无毛；冬芽卵圆形，先端急尖，有数枚覆瓦状排列鳞片，紫红色，有时鳞片边缘有疏毛。叶片椭圆形、卵形或倒卵形，极稀椭圆状披针形，长（2）3～6厘米，宽2～4（6）厘米，先端急尖，基部楔形或近圆形，边缘有圆钝锯齿，有时混有重锯齿，上面深绿色，无毛，中脉微下陷，下面颜色较淡，除沿中脉有柔毛或脉腋有髯毛状毛外，其余部分无毛，中脉和侧脉均凸起，侧脉5～8对；叶柄长6～12毫米，通常无毛或幼时微被短柔毛，无腺；托叶膜质，披针形，先端渐尖，边缘有带腺细锯齿，早落。花1朵，稀2朵；花梗长1～2.2厘米，无毛或微被短柔毛；花直径2～2.5厘米；萼筒钟状，萼片长卵形，先端圆钝，边缘有稀疏浅锯齿，与萼片近等长，萼筒和萼片外面无毛，萼筒内面疏生短柔毛；花瓣白色，长圆形或匙形，边缘波状，基部楔形，着生于萼筒边缘；雄蕊25～30，花丝长短不等，紧密地排成不规则2轮，比花瓣稍短；雌蕊1，心皮被长柔毛，柱头盘状，花柱比雄蕊稍长，基部被稀长柔毛。核果近球形或椭圆形，长宽几相等，直径2～3厘米，黄色、红色或黑色，微被蜡粉，具有浅侧沟，粘核；核椭圆形或卵球形，先端急尖，浅褐色带白色，表面平滑或粗糙，或有时呈蜂窝状，背缝具沟，腹缝有时扩大具2侧沟。花期4月，果期8月。染色体2n=16，17，24。

【生长环境】生于山坡林中或多石砾的坡地以及峡谷水边等处，海拔800～2000米。潜江市曹禺公园有发现。

101. 李 *Prunus salicina* Lindl.

【别名】山李子、嘉庆子、嘉应子、玉皇李。

【植物形态】落叶乔木，高9～12米；树冠广圆形，树皮灰褐色，起伏不平；老枝紫褐色或红褐色，无毛；小枝黄红色，无毛；冬芽卵圆形，紫红色，有数枚覆瓦状排列鳞片，通常无毛，稀鳞片边缘有极稀疏毛。叶片长圆状倒卵形、长椭圆形，稀长圆状卵形，长6～8（12）厘米，宽3～5厘米，先端渐尖、急尖或短尾尖，基部楔形，边缘有圆钝重锯齿，常混有单锯齿，幼时齿尖带腺，上面深绿色，有光泽，侧脉6～10对，不到达叶片边缘，与主脉成45°角，两面均无毛，有时下面沿主脉有疏柔毛或脉腋有髯毛状毛；托叶膜质，线形，先端渐尖，边缘有腺，早落；叶柄长1～2厘米，通常无毛，顶端有2个腺体或无，有时在叶片基部边缘有腺体。花通常3朵并生；花梗1～2厘米，通常无毛；花直径1.5～2.2厘米；萼筒钟状；萼片长圆状卵形，长约5毫米，先端急尖或圆钝，边缘有疏齿，与萼筒近等长，萼筒和萼片外面均无毛，内面在萼筒基部被疏柔毛；花瓣白色，长圆状倒卵形，先端啮蚀状，基部楔形，有明显带紫色脉纹，具短爪，着生于萼筒边缘，比萼筒长 2～3 倍；雄蕊多数，花丝长短不等，排成不规则 2 轮，比花瓣短；雌蕊 1，柱头盘状，花柱比雄蕊稍长。核果球形、卵球形或近圆锥形，直径 3.5～5厘米，栽培品种可达 7 厘米，黄色或红色，有时为绿色或紫色，梗凹陷，顶端微尖，基部有纵沟，外被蜡粉；核卵圆形或长圆形，有皱纹。花期 4 月，果期 7—8 月。

【生长环境】生于山坡灌丛中、山谷疏林中或水边、沟底、路旁等处，海拔 400～2600 米。潜江市园林街道有发现。

【药用部位】根。

【采收加工】全年均可采收。

【性味归经】味苦，性寒；归脾、胃经。

【功能主治】清热解毒，利湿。

火棘属 *Pyracantha* Roem.

常绿灌木或小乔木，常具枝刺；芽细小，被短柔毛。单叶互生，具短叶柄，边缘有圆钝锯齿、细锯齿或全缘；托叶细小，早落。花白色，成复伞房花序；萼筒短，萼片 5；花瓣 5，近圆形，开展；雄蕊15～20，花药黄色；心皮 5，在腹面离生，在背面约 1/2 与萼筒相连，每心皮具 2 胚珠，子房半下位。梨果小，球形，顶端萼片宿存，内含小核 5 粒。

本属共 10 种，产于亚洲东部至欧洲南部。中国有 7 种。

潜江市有 1 种。

102. 火棘 *Pyracantha fortuneana*（Maxim.）Li

【别名】火把果、救兵粮、救军粮、救命粮、红子。

【植物形态】常绿灌木，高达 3 米；侧枝短，先端呈刺状，嫩枝外被锈色短柔毛，老枝暗褐色，无毛；芽小，外被短柔毛。叶片倒卵形或倒卵状长圆形，长 1.5～6 厘米，宽 0.5～2 厘米，先端圆钝或微凹，有时具短尖头，基部楔形，下延连于叶柄，边缘有钝锯齿，齿尖向内弯，近基部全缘，两面皆无毛；叶柄短，无毛或嫩时有柔毛。花集成复伞房花序，直径 3～4 厘米，花梗和总花梗近无毛，花梗长约 1 厘米；

花直径约1厘米；萼筒钟状，无毛；萼片三角状卵形，先端钝；花瓣白色，近圆形，长约4毫米，宽约3毫米；雄蕊20，花丝长3～4毫米，花药黄色；花柱5，离生，与雄蕊等长，子房上部密生白色柔毛。果实近球形，直径约5毫米，橘红色或深红色。花期3—5月，果期8—11月。

【生长环境】生于山地、丘陵地阳坡、灌丛草地及河沟路旁，海拔500～2800米。潜江市周矶街道有发现。

【药用部位】叶。

【采收加工】全年均可采收，鲜用，随采随用。

【性味归经】味微苦，性凉；归肝经。

【功能主治】清热解毒，止血。我国西南部田边习见栽培作绿篱，果实磨粉可作代食品。

蔷薇属 *Rosa* L.

直立、蔓延或攀援灌木，多数被皮刺、针刺或刺毛，稀无刺，有毛、无毛或有腺毛。叶互生，奇数羽状复叶，稀单叶；小叶边缘有锯齿；托叶贴生或着生于叶柄上，稀无托叶。花单生或成伞房状，稀复伞房状或圆锥状花序；萼筒（花托）球形、坛形至杯形，颈部缢缩；萼片5，稀4，开展，覆瓦状排列，有时呈羽状分裂；花瓣5，稀4，开展，覆瓦状排列，白色、黄色、粉红色至红色；花盘环绕萼筒口部；雄蕊多数，分为数轮，着生于花盘周围；心皮多数，稀少数，着生于萼筒内，无柄，极稀有柄，离生；花柱顶生至侧生，外伸，离生或上部合生；胚珠单生，下垂。瘦果木质，多数，稀少数，着生于肉质萼筒内形成蔷薇果；种子下垂。

本属约有200种，广泛分布于亚洲、欧洲、北美洲寒温带至亚热带地区。我国有82种。

潜江市有3种。

103. 月季 *Rosa chinensis* Jacq.

【别名】月月红、月月花。

【植物形态】直立灌木，高1～2米；小枝粗壮，圆柱形，近无毛，有短粗的钩状皮刺或无刺。小叶3～5，稀7，连叶柄长5～11厘米，小叶片宽卵形至卵状长圆形，长2.5～6厘米，宽1～3厘米，先端长渐尖或渐尖，基部近圆形或宽楔形，边缘有锐锯齿，两面近无毛，上面暗绿色，常有光泽，下面颜色较浅，顶生小叶有柄，侧生小叶近无柄，总叶柄较长，有散生皮刺和腺毛；托叶大部贴生于叶柄，仅顶端分离部分呈耳状，边缘常有腺毛。花儿朵集生，稀单生，直径4～5厘米；花梗长2.5～6厘米，近无毛或有腺毛，萼片卵形，先端尾状渐尖，有时呈叶状，边缘常有羽状裂片，稀全缘，外面无毛，内面密被长柔毛；花瓣重瓣至半重瓣，红色、粉红色至白色，倒卵形，先端有凹缺，基部楔形；花柱离生，伸出萼筒口外，

约与雄蕊等长。果卵球形或梨形，长1～2厘米，红色，萼片脱落。花期4—9月，果期6—11月。

【生长环境】原产于中国，各地普遍栽培。潜江市周矶街道有发现。

【药用部位】花、根、叶。

【采收加工】全年均可采收，花微开时采摘，阴干或低温干燥。

【性味归经】味甘，性温；归肝经。

【功能主治】活血调经，疏肝解郁。用于气滞血瘀，月经不调，痛经，闭经，胸胁胀痛。花含挥发油、槲皮苷、没食子酸、色素等，用于月经不调，痛经，痈疖肿毒。叶用于跌打损伤。鲜花或叶外用，捣烂敷患处。

104. 野蔷薇 *Rosa multiflora* Thunb.

【别名】刺花、多花蔷薇、蔷薇。

【植物形态】攀援灌木。小枝圆柱形，通常无毛，有短粗、稍弯曲皮束。小叶5～9，近花序的小叶有时3，连叶柄长5～10厘米；小叶片倒卵形、长圆形或卵形，长1.5～5厘米，宽8～28毫米，先端急尖或圆钝，基部近圆形或楔形，边缘有尖锐单锯齿，稀混有重锯齿，上面无毛，下面有柔毛；小叶柄和叶轴有柔毛或无毛，有散生腺毛；托叶篦齿状，大部贴生于叶柄，边缘有或无腺毛。花多朵，排列成圆锥状花序，花梗长1.5～2.5厘米，无毛或有腺毛，有时基部有篦齿状小苞片；花直径1.5～2厘米，萼片披针形，有时中部具2个线形裂片，外面无毛，内面有柔毛；花瓣白色，宽倒卵形，先端微凹，基部楔形；花柱结合成束，无毛，比雄蕊稍长。果近球形，直径6～8毫米，红褐色或紫褐色，有光泽，无毛，萼片脱落。

【生长环境】多生于山坡、灌丛或河边等处，海拔可达 1300 米。潜江市高石碑镇有发现。

【药用部位】根、花。

【采收加工】根：秋季挖根，洗净，切片，晒干备用。花：5—6 月花盛开时，择晴天采收，晒干。

【性味归经】根：味苦、涩，性凉；归脾、胃、肾经。花：味苦、涩，性凉；归胃、大肠经。

【功能主治】根：清热解毒，祛风除湿，活血调经，固精缩尿，消骨鲠。花：清暑，解毒，活血止血，和胃。

105. 七姊妹 *Rosa multiflora* var. *carnea* Thory

【别名】十姊妹。

【植物形态】攀援灌木。小枝圆柱形，通常无毛，有短粗、稍弯曲皮束。小叶 5～9，近花序的小叶有时 3，连叶柄长 5～10 厘米；小叶片倒卵形、长圆形或卵形，长 1.5～5 厘米，宽 8～28 毫米，先端急尖或圆钝，基部近圆形或楔形，边缘有尖锐单锯齿，稀混有重锯齿，上面无毛，下面有柔毛；小叶柄和叶轴有柔毛或无毛，有散生腺毛；托叶篦齿状，大部贴生于叶柄，边缘有或无腺毛。花多朵，排列成圆锥状花序，花梗长 1.5～2.5 厘米，无毛或有腺毛，有时基部有篦齿状小苞片；花直径 1.5～2 厘米，萼片披针形，有时中部具 2 个线形裂片，外面无毛，内面有柔毛；花瓣粉红色，重瓣，宽倒卵形，先端微凹，基部楔形；花柱结合成束，无毛，比雄蕊稍长。果近球形，直径 6～8 毫米，红褐色或紫褐色，有光泽，无毛，萼片脱落。

【生长环境】常见庭院栽培，见于潜江市半夏种植基地。

【药用部位】根、花。

【采收加工】根：秋季采挖，洗净，切片，晒干备用。花：5—6 月花盛开时，择晴天采收，晒干。

【性味归经】根：味苦、涩，性凉；归脾、胃、肾经。花：味苦、涩，性凉；归胃、大肠经。

【功能主治】根：清热解毒，祛风除湿，活血调经，固精缩尿，消骨鲠。花：清暑，解毒，活血止血，和胃。

悬钩子属 *Rubus* L.

落叶稀常绿灌木、半灌木或多年生匍匐草本。茎直立、攀援、平铺、拱曲或匍匐，具皮刺、针刺或刺毛及腺毛，稀无刺。叶互生，单叶、掌状复叶或羽状复叶，边缘常具锯齿或裂片，有叶柄；托叶与叶柄合生，常较狭窄，线形、钻形或披针形，不分裂，宿存，或着生于叶柄基部及茎上，离生，较宽大，常分裂，宿存或脱落。花两性，稀单性而雌雄异株，组成聚伞状圆锥花序、总状花序、伞房花序或数朵簇生及单生；花萼 5 裂，稀 3～7 裂；萼片直立或反折，果时宿存；花瓣 5，稀缺，直立或开展，白色或红色；雄蕊多数，直立或开展，着生于花萼上部；心皮多数，有时仅数枚，分离，着生于球形或圆锥形的花托上，花柱近顶生，子房 1 室，每室 2 胚珠。果实为由小核果集生于花托上而成的聚合果，或与花托连合成一体而实心，或与花托分离而空心，多浆或干燥，红色、黄色或黑色，无毛或被毛；种子下垂，种皮膜质，子叶平凸。

本属现知约 700 种，分布于全世界，主要产地在北半球温带地区，少数种分布到热带地区等地，我国有 194 种。

潜江市有 1 种。

106. 高粱泡 *Rubus lambertianus* Ser.

【别名】蓬蘽、冬牛、冬菠、刺五泡藤。

【植物形态】半落叶藤状灌木，高达 3 米；枝幼时有细柔毛或近无毛，有微弯小皮刺。单叶宽卵形，稀长圆状卵形，长 5～10（12）厘米，宽 7～8 厘米，顶端渐尖，基部心形，上面疏生柔毛或沿叶脉有柔毛，下面被疏柔毛，沿叶脉毛较密，中脉上常疏生小皮刺，边缘明显 3～5 裂或呈波状，有细锯齿；叶柄长 2～4（5）厘米，具细柔毛或近无毛，有稀疏小皮刺；托叶离生，线状深裂，有细柔毛或近无毛，常脱落。圆锥花序顶生，生于枝上部叶腋内的花序常近总状，有时仅数朵花簇生于叶腋；总花梗、花梗和花萼均被细柔毛；花梗长 0.5～1 厘米；苞片与托叶相似；花直径约 8 毫米；萼片卵状披针形，顶端渐尖、全缘，外面边缘和内面均被白色短柔毛，仅在内萼片边缘具灰白色茸毛；花瓣倒卵形，白色，无毛，稍短于萼片；雄蕊多数，稍短于花瓣，花丝宽扁；雌蕊 15～20，通常无毛。果实小，近球形，直径 6～8 毫米，由多数小核果组成，无毛，成熟时红色；核较小，长约 2 毫米，有明显皱纹。花期 7—8 月，果期 9—11 月。

【生长环境】生于低海拔山坡、山谷或路旁灌丛阴湿处或林缘及草坪。潜江市白鹭湖管理区有发现。

【药用部位】根、叶。

【采收加工】夏、秋季采收，晒干。

【性味归经】味甘、苦，性平；归肺、肝经。

【功能主治】清热凉血，解毒疗疮。果实成熟后食用及酿酒，种子可榨油作发油。

四十一、豆科　Fabaceae

乔木、灌木、亚灌木或草本，直立或攀援，常有能固氮的根瘤。叶常绿或落叶，通常互生，稀对生，常为一回或二回羽状复叶，少数为掌状复叶或 3 小叶、单小叶、单叶，罕可变为叶状柄，叶具叶柄或无；托叶有或无，有时叶状或变为棘刺。花两性，稀单性，辐射对称或两侧对称，通常排列成总状花序、聚伞花序、穗状花序、头状花序或圆锥花序；花被 2 轮；萼片 3 ～ 5（6），分离或连合成管，有时二唇形，稀退化或消失；花瓣的数目常与萼片相等，稀较少或无，分离或连合成具花冠裂片的管，大小有时可不等，或有时构成蝶形花冠，近轴的 1 片称旗瓣，侧生的 2 片称翼瓣，远轴的 2 片常合生，称龙骨瓣，遮盖住雄蕊和雌蕊；雄蕊通常 10 枚，有时 5 枚或多数，分离或连合成管，单体或二体雄蕊，花药 2 室，纵裂或有时孔裂，花粉单粒或常连成复合花粉；雌蕊通常由单心皮组成，稀较多且离生，子房上位，1 室，基部常有柄或无，沿腹缝线具侧膜胎座，胚珠 2 至多枚，悬垂或上升，排成互生的 2 列，为横生、倒生或弯生的胚珠；花柱和柱头单一，顶生。果为荚果，形状多种，成熟后沿缝线开裂或不开裂，或断裂成含单粒种子的荚节；种子通常具革质或膜质的种皮，生于长短不等的珠柄上，有时由珠柄形成一多少肉质的假种皮，胚大，内胚乳无或极薄。

本科约有 650 属 18000 种，广布于全世界。我国有 172 属 1485 种 13 亚种 153 变种 16 变型，各地均有分布。

潜江市有 20 属 23 种。

合欢属 *Albizia* Durazz.

乔木或灌木，稀藤本，通常无刺，很少托叶变为刺状。二回羽状复叶，互生，通常落叶；羽片 1 至多对；总叶柄及叶轴上有腺体；小叶对生，1至多对。花小，常两型，5基数，两性，稀杂性，有梗或无梗，组成头状花序、聚伞花序或穗状花序，再排列成腋生或顶生的圆锥花序；花萼钟状或漏斗状，具5齿或5浅裂；花瓣常在中部以下合生成漏斗状，上部具5裂片；雄蕊20～50枚，花丝凸出于花冠之外，基部合生成管，花药小，有腺体或无；子房有胚珠多枚。荚果带状，扁平，果皮薄，种子间无间隔，不开裂或迟裂；种子圆形或卵形，扁平，无假种皮，种皮厚，具马蹄形痕。

本属约有150种，产于亚洲、非洲、大洋洲及美洲的热带、亚热带地区。我国有17种，大部分产于西南部、南部及东南部。

潜江市有1种。

107. 合欢 *Albizia julibrissin* Durazz.

【别名】绒花树、马缨花。

【植物形态】落叶乔木，高可达16米，树冠开展；小枝有棱角，嫩枝、花序和叶轴被茸毛或短柔毛。托叶线状披针形，较小叶小，早落。二回羽状复叶，总叶柄近基部及最顶1对羽片着生处各有1枚腺体；羽片4～12对，栽培的有时达20对；小叶10～30对，线形至长圆形，长6～12毫米，宽1～4毫米，向上偏斜，先端有小尖头，有缘毛，有时在下面或仅中脉上有短柔毛；中脉紧靠上边缘。头状花序于枝顶排列成圆锥花序；花粉红色；花萼管状，长3毫米；花冠长8毫米，裂片三角形，长1.5毫米，花萼、花冠外均被短柔毛；花丝长2.5厘米。荚果带状，长9～15厘米，宽1.5～2.5厘米，嫩荚有柔毛，老荚无毛。花期6—7月，果期8—10月。

【生长环境】生长迅速，能耐砂质土及干燥气候，开花如绒簇，十分可爱，常为城市行道树、观赏树。潜江市返湾湖风景区有发现。

【药用部位】花或花蕾、皮。

【采收加工】花：夏季花初开时采收，除去枝叶，晒干。皮：夏、秋季剥皮，切段，晒干。

【性味归经】花：味甘、苦，性平；归心、脾经。皮：味甘，性平；归心、肝经。

【功能主治】花：解郁安神，理气开胃，活血止痛，祛风明目。皮：解郁安神，活血化瘀。

紫穗槐属 *Amorpha* L.

落叶灌木或亚灌木，有腺点。叶互生，奇数羽状复叶，小叶多数，小、全缘，对生或近对生；托叶针形，早落；小托叶线形至刚毛状，脱落或宿存。花小，组成顶生、密集的穗状花序；苞片钻形，早落；花萼钟状，5齿裂，近等长或下方的萼齿较长，常有腺点；蝶形花冠退化，仅存旗瓣1枚，蓝紫色，向内弯曲并包裹雄蕊和雌蕊，翼瓣和龙骨瓣不存在；雄蕊10，下部合生成鞘，上部分裂，成熟时花丝伸出旗瓣，花药一室；子房无柄，有胚珠2枚，花柱外弯，无毛或有毛，柱头顶生。荚果短，长圆形，镰状或新月形，不开裂，表面密布疣状腺点；种子1～2粒，长圆形或近肾形。

本属约有25种，主产于北美至墨西哥。我国引种1种。

潜江市有1种。

108. 紫穗槐 *Amorpha fruticosa* L.

【别名】椒条、棉条、棉槐、紫槐、槐树。

【植物形态】落叶灌木，丛生，高1～4米。小枝灰褐色，被疏毛，后变无毛，嫩枝密被短柔毛。叶互生，奇数羽状复叶，长10～15厘米，有小叶11～25，基部有线形托叶；叶柄长1～2厘米；小叶卵形或椭圆形，长1～4厘米，宽0.6～2.0厘米，先端圆形、锐尖或微凹，有一短而弯曲的尖刺，基部宽楔形或圆形，上面无毛或被疏毛，下面有白色短柔毛，具黑色腺点。穗状花序常1至数个顶生和枝端腋生，长7～15厘米，密被短柔毛；花有短梗；苞片长3～4毫米；花萼长2～3毫米，被疏毛或几无毛，萼齿三角形，较萼筒短；旗瓣心形，紫色，无翼瓣和龙骨瓣；雄蕊10，下部合生成鞘，上部分裂，包于旗瓣之中，伸出花冠外。荚果下垂，长6～10毫米，宽2～3毫米，微弯曲，顶端具小尖，棕褐色，表面有凸起的疣状腺点。花果期5—10月。

【生长环境】现我国山东、安徽、江苏、河南、湖北、广西、四川等地均有栽培。潜江市竹根滩镇有发现。

【药用部位】叶。

【采收加工】春、夏季采收，鲜用或晒干。

【性味归经】味微苦，性凉。

【功能主治】清热解毒，祛湿消肿。

落花生属 *Arachis* L.

一年生草本。偶数羽状复叶，具小叶2～3对；托叶大而显著，部分与叶柄贴生；无小托叶。花单生或数朵簇生于叶腋内，无柄；花萼膜质，萼管纤弱，随花的发育而伸长，裂片5，上部4裂片合生，下部1裂片分离；花冠黄色，旗瓣近圆形，具瓣柄，无耳，翼瓣长圆形，具瓣柄，有耳，龙骨瓣内弯，具喙，雄蕊10，单体，1枚常缺如，花药二型，长短互生，长者具长圆形近背着的花药，短者具小球形基着的花药，子房近无柄，胚珠2～3枚，稀4～6枚，花柱细长，胚珠受精后子房柄逐渐延长，下弯成一坚强的柄，将尚未膨大的子房插入土下，并于地下发育成熟。荚果长椭圆形，有凸起的网脉，不开裂，通常于种子之间缢缩，有种子1～4粒。

本属约有22种，分布于热带美洲，其中落花生现已广泛栽培于世界各地，我国亦有引种。

潜江市有1种。

109. 落花生 *Arachis hypogaea* L.

【别名】花生、地豆、番豆、长生果。

【植物形态】一年生草本。根部有丰富的根瘤；茎直立或匍匐，长30～80厘米，茎和分枝均有棱，被黄色长柔毛，后变无毛。叶通常具小叶2对；托叶长2～4厘米，具纵脉纹，被毛；叶柄基部抱茎，长5～10厘米，被毛；小叶纸质，卵状长圆形至倒卵形，长2～4厘米，宽0.5～2厘米，先端圆钝，有时微凹，具小刺尖头，基部近圆形，全缘，两面被毛，边缘具毛；侧脉每边约10条；叶脉边缘互相连结成网状；小叶柄长2～5毫米，被黄棕色长毛；花长约8毫米；苞片2，披针形；小苞片披针形，长约5毫米，具纵脉纹，被柔毛；萼管细，长4～6厘米；花冠黄色或金黄色，旗瓣直径1.7厘米，开展，先端凹入；翼瓣与龙骨瓣分离，翼瓣长圆形或斜卵形，细长；龙骨瓣长卵圆形，内弯，先端渐狭成喙状，较翼瓣短；花柱延伸于萼管咽部之外，柱头顶生，小，疏被柔毛。荚果长2～5厘米，宽1～1.3厘米，膨胀，荚厚，种子横径0.5～1厘米。花果期6—8月。

【生长环境】宜生于气候温暖、雨量适中的沙质土地区，生长季节较长。潜江市王场镇有发现。

【药用部位】种子。

【采收加工】秋末挖取果实，剥去果壳，取种子，晒干。

【性味归经】味甘，性平；无毒；归脾、肺经。

【功能主治】健脾和胃，润肺化痰。

刀豆属 *Canavalia* DC.

一年生或多年生草本。茎缠绕、平卧或近直立。羽状复叶具3小叶。托叶小，有时为疣状或不显著，有小托叶。总状花序腋生；花稍大，紫堇色、红色或白色，单生或2～6朵簇生于花序轴上肉质、隆起的节上；苞片和小苞片微小，早落；花梗极短；花萼钟状或管状，顶部二唇形，上唇大，截平或具2裂齿，下唇小，全缘或具3裂齿；花冠伸出于萼外，旗瓣大，近圆形，基部具2痂状体，翼瓣狭，镰刀状或稍扭曲，比旗瓣略短，离生，龙骨瓣较宽，顶端钝或具旋卷的喙尖；雄蕊单体，对旗瓣的1枚雄蕊基部离生，中部与其他雄蕊合生，花药同型；子房具短柄，有胚珠多枚，花柱内弯，无髯毛状毛。荚果大，带形或长椭圆形，扁平或略膨胀，近腹缝线的两侧通常有隆起的纵脊或狭翅，2瓣裂，果瓣革质，内果皮纸质；种子椭圆形或长圆形，种脐线形。

本属约有50种，产于热带及亚热带地区。我国包括引入栽培的共有6种，产于西南部至东南部。

潜江市有1种。

110. 刀豆 *Canavalia gladiata*（Jacq.）DC.

【别名】挟剑豆。

【植物形态】缠绕草本，长达数米，无毛或稍被毛。羽状复叶具3小叶，小叶卵形，长8～15厘米，宽（4）8～12厘米，先端渐尖或具急尖的尖头，基部宽楔形，两面薄被微柔毛或近无毛，侧生小叶偏斜；叶柄常较小叶片短；小叶柄长约7毫米，被毛。总状花序具长总花梗，有花数朵生于总轴中部以上；花梗极短，生于花序轴隆起的节上；小苞片卵形，长约1毫米，早落；花萼长15～16毫米，稍被毛，上唇约为萼管长的1/3，具2枚阔而圆的裂齿，下唇3裂，齿小，长2～3毫米，急尖；花冠白色或粉红色，长3～3.5厘米，旗瓣宽椭圆形，顶端凹入，基部具不明显的耳及阔瓣柄，翼瓣和龙骨瓣均弯曲，具向下的耳；子房线形，被毛。荚果带状，略弯曲，长20～35厘米，宽4～6厘米，离缝线约5毫米处有棱；种子椭圆形或长椭圆形，长约3.5厘米，宽约2厘米，厚约1.5厘米，种皮红色或褐色，种脐约为种子周长的3/4。花期7—9月，果期10月。

【生长环境】长江以南各地有栽培。潜江市园林街道有发现。

【药用部位】种子。

【采收加工】在播种当年8—11月分批采摘成熟果荚，剥出种子，晒干或烘干。

【性味归经】味甘，性温；无毒；归脾、胃、大肠、肾经。

【功能主治】温中下气，益肾补元。

决明属 *Cassia* L.

　　乔木、灌木、亚灌木或草本。叶丛生，偶数羽状复叶；叶柄和叶轴上常有腺体；小叶对生，无柄或具短柄；托叶多样，无小托叶。花近辐射对称，通常黄色，组成腋生的总状花序或顶生的圆锥花序，或有时1至数朵簇生于叶腋；苞片与小苞片多样；萼筒很短，裂片5，覆瓦状排列；花瓣通常5片，近相等或下面2片较大；雄蕊（4）10枚，常不相等，其中有些花药退化，花药背着或基着，孔裂或短纵裂；子房纤细，有时弯扭，无柄或有柄，有胚珠多枚，花柱内弯，柱头小。荚果形状多样，圆柱形或扁平，很少具4棱或有翅、木质、革质或膜质，2瓣裂或不开裂，内面与种子之间有横隔；种子横生或纵生，有胚乳。

　　本属约有600种，分布于热带和亚热带地区，少数分布至温带地区；我国原产10余种，包括引种栽培的共有20余种，广布于南北各地。

　　潜江市有2种。

111. 决明 *Cassia tora* L.

【别名】草决明、假花生、假绿豆、马蹄决明。

【植物形态】一年生亚灌木状草本，直立、粗壮，高1～2米。叶长4～8厘米；叶柄上无腺体；叶轴上每对小叶间有棒状的腺体1枚；小叶3对，膜质，倒卵形或倒卵状长椭圆形，长2～6厘米，宽1.5～2.5厘米，顶端圆钝而有小尖头，基部渐狭，偏斜，上面被稀疏柔毛，下面被柔毛；小叶柄长1.5～2毫米；托叶线状，被柔毛，早落。花腋生，通常2朵聚生；总花梗长6～10毫米；花梗长1～1.5厘米，丝状；萼片稍不等大，卵形或卵状长圆形，膜质，外面被柔毛，长约8毫米；花瓣黄色，下面2片略长，长12～15毫米，宽5～7毫米；能育雄蕊7枚，花药四方形，顶孔开裂，长约4毫米，花丝短于花药；子房无柄，被白色柔毛。荚果纤细，近四棱形，两端渐尖，长达15厘米，宽3～4毫米，膜质；种子约25粒，菱形，光亮。花果期8—11月。

【生长环境】生于山坡、旷野及河滩沙地上。潜江市竹根滩镇有发现。

【药用部位】成熟种子。

【采收加工】秋季采收成熟果实，晒干，打下种子，除去杂质。

【性味归经】味甘、苦、咸，性微寒；归肝、大肠经。

【功能主治】清热明目，润肠通便。用于目赤涩痛，羞明多泪，头痛眩晕，目暗不明，大便秘结。种子（决明子）还可提取蓝色染料，苗叶和嫩果可食。

112. 望江南 *Cassia occidentalis* L.

【别名】野扁豆、狗屎豆、羊角豆、黎茶。

【植物形态】亚灌木或灌木，直立、少分枝，无毛，高 0.8～1.5 米；枝带草质，有棱；根黑色。叶长约 20 厘米；叶柄近基部有大而带褐色、圆锥形的腺体 1 枚；小叶 4～5 对，膜质，卵形至卵状披针形，长 4～9 厘米，宽 2～3.5 厘米，顶端渐尖，有小缘毛；小叶柄长 1～1.5 毫米，揉之有腐败气味；托叶膜质，卵状披针形，早落。花数朵组成伞房状总状花序，腋生和顶生，长约 5 厘米；苞片线状披针形或长卵形，长渐尖，早脱；花长约 2 厘米；萼片不等大，外生的近圆形，长 6 毫米，内生的卵形，长 8～9 毫米；花瓣黄色，外生的卵形，长约 15 毫米，宽 9～10 毫米，其余可长达 20 毫米，宽 15 毫米，顶端圆形，均有短狭的瓣柄；雄蕊 7 枚发育，3 枚不育，无花药。荚果带状镰形，褐色，压扁，长 10～13 厘米，宽 8～9 毫米，稍弯曲，边颜色较淡，加厚，有尖头；果柄长 1～1.5 厘米；种子 30～40 粒，种子间有薄隔膜。花期 4—8 月，果期 6—10 月。

【生长环境】常生于河边滩地、旷野或丘陵的灌木林或疏林中，也是村边荒地习见植物。潜江市梅苑有发现。

【药用部位】茎叶、根、种子。

【采收加工】夏季植株生长旺盛时采收，阴干，亦可随采新鲜茎叶鲜用。

【性味归经】味苦，性寒；归肺、肝、胃经。

【功能主治】肃肺，清肝，利尿，通便，解毒消肿。常将本植物用作缓泻剂，种子炒后治疟疾；根有利尿功效；鲜叶捣碎治毒蛇毒虫咬伤。但有微毒，牲畜误食过量可以致死。

紫荆属 *Cercis* L.

灌木或乔木，单生或丛生，无刺。叶互生，单叶，全缘或先端微凹，具掌状叶脉；托叶小，鳞片状或薄膜状，早落。花两侧对称，两性，紫红色或粉红色，具梗，排列成总状花序，单生于老枝上或聚生成花束簇生于老枝或主干上，通常先于叶开放；苞片鳞片状，聚生于花序基部，覆瓦状排列，边缘常被毛；小苞片极小或缺；花萼短钟状，微歪斜，红色，喉部具一短花盘，先端不等5裂，裂齿短三角状；花瓣5，近蝶形，具柄，不等大，旗瓣最小，位于最里面；雄蕊10枚，分离，花丝下部常被毛，花药背部着生，药室纵裂；子房具短柄，有胚珠2～10枚，花柱线形，柱头头状。荚果扁狭长圆形，两端渐尖或钝，于腹缝线一侧常有狭翅，不开裂或开裂；种子2至多粒，小，近圆形，扁平，无胚乳，胚直立。

　　本属约有8种，其中2种分布于北美，1种分布于欧洲东部和南部，5种分布于我国。通常生于温带地区。潜江市有1种。

113. 紫荆 *Cercis chinensis* Bunge

【别名】裸枝树、紫珠。

【植物形态】丛生或单生灌木，高2～5米；树皮和小枝灰白色。叶纸质，近圆形或三角状圆形，长5～10厘米，宽与长相等或略短于长，先端急尖，基部浅至深心形，两面通常无毛，嫩叶绿色，仅叶柄略带紫色，叶缘膜质透明，新鲜时明显可见。花紫红色或粉红色，2～10朵成束，簇生于老枝和主干上，尤以主干上花束较多，越到上部幼嫩枝条则花越少，通常先于叶开放，但嫩枝或幼株上的花则与叶同时开放，花长1～1.3厘米；花梗长3～9毫米；龙骨瓣基部具深紫色斑纹；子房嫩绿色，花蕾时光亮无毛，后期则密被短柔毛，有胚珠6～7枚。荚果扁狭长形，绿色，长4～8厘米，宽1～1.2厘米，翅宽约1.5毫米，先端急尖或短渐尖，喙细而弯曲，基部长渐尖，两侧缝线对称或近对称；果颈长2～4毫米；种子2～6粒，阔长圆形，长5～6毫米，宽约4毫米，黑褐色，有光泽。花期3—4月，果期8—10月。

【生长环境】常见的栽培植物，多植于庭院、屋旁、寺街边，少数生于密林或石灰岩地区。潜江市梅苑有发现。

【药用部位】花、皮。

【采收加工】花：4—5月采收，晒干。皮：7—8月剥取树皮，晒干。

【性味归经】花：味苦，性平；归肝、脾、

小肠经。皮：味苦，性平；归肝、脾经。

【功能主治】清热凉血，通淋解毒。树皮入药有清热解毒、行气活血、消肿止痛之功效，用于产后血气痛，疔疮肿毒，喉痹；花入药用于风湿筋骨痛。

皂荚属 *Gleditsia* L.

落叶乔木或灌木。干和枝通常具分枝的粗刺。叶互生，常簇生，一回和二回偶数羽状复叶常并存于同一植株上；叶轴和羽轴具槽；小叶多数，近对生或互生，基部两侧稍不对称或近对称，边缘具细锯齿或钝齿，少有全缘；托叶小，早落。花杂性或单性异株，淡绿色或绿白色，组成腋生或少有顶生的穗状花序或总状花序，稀为圆锥花序；花托钟状，外面被柔毛，里面无毛；萼裂片 3～5，近相等；花瓣 3～5，稍不等，与萼裂片等长或稍长；雄蕊 6～10，伸出，花丝中部以下稍扁宽并被长曲柔毛，花药背着；子房无柄或具短柄，花柱短，柱头顶生；胚珠 1 至多枚。荚果扁，劲直、弯曲或扭转，不裂或迟开裂；种子 1 至多粒，卵形或椭圆形，扁或近柱形。

本属约有 16 种。分布于亚洲中部、东南部和南北美洲。我国有 6 种 2 变种，广布于南北各地。

潜江市有 1 种。

114. 皂荚 *Gleditsia sinensis* Lam.

【别名】皂角、皂荚树、猪牙皂、牙皂、刀皂。

【植物形态】落叶乔木或小乔木，高可达 30 米；枝灰色至深褐色；刺粗壮，圆柱形，常分枝，多呈圆锥状，长达 16 厘米。叶为一回羽状复叶，长 10～18（26）厘米；小叶（2）3～9 对，纸质，卵状披针形至长圆形，长 2～8.5（12.5）厘米，宽 1～4（6）厘米，先端急尖或渐尖，顶端圆钝，具小尖头，基部圆形或楔形，有时稍歪斜，边缘具细锯齿，上面被短柔毛，下面中脉上稍被柔毛；网脉明显，在两面凸起；小叶柄长 1～2（5）毫米，被短柔毛。花杂性，黄白色，组成总状花序；花序腋生或顶生，长 5～14 厘米，被短柔毛；雄花：直径 9～10 毫米；花梗长 2～8（10）毫米；花托长 2.5～3 毫米，深棕色，外面被柔毛；萼片 4，三角状披针形，长 3 毫米，两面被柔毛；花瓣 4，长圆形，长 4～5 毫米，被微柔毛；雄蕊 8（6）；退化雌蕊长 2.5 毫米。两性花：直径 10～12 毫米；花梗长 2～5 毫米；萼片、花瓣与雄花的相似，唯萼片长 4～5 毫米，花瓣长 5～6 毫米；雄蕊 8；子房缝线上及基部被毛（偶有少数湖北标本子房

全体被毛），柱头浅 2 裂；胚珠多数。荚果带状，长 12 ～ 37 厘米，宽 2 ～ 4 厘米，劲直或扭曲，果肉稍厚，两面鼓起，或有的荚果短小，多少呈柱形，长 5 ～ 13 厘米，宽 1 ～ 1.5 厘米，弯曲为新月形，通常称猪牙皂，内无种子；果颈长 1 ～ 3.5 厘米；果瓣革质，棕褐色或红褐色，常被白色粉霜；种子多粒，长圆形或椭圆形，长 11 ～ 13 毫米，宽 8 ～ 9 毫米，棕色，光亮。花期 3—5 月，果期 5—12 月。

【生长环境】生于山坡林中或谷地、路旁，海拔自平地至 2500 米。常栽培于庭院或宅旁。潜江市森林公园有发现。

【药用部位】果实或不育果实。前者称皂荚，后者称猪牙皂。

【采收加工】栽培 5 ～ 6 年后即结果，秋季果实成熟变黑时采摘，晒干。

【性味归经】味辛、咸，性温；有毒；归肺、大肠经。

【功能主治】祛痰止咳，开窍通闭，杀虫散结。

大豆属 *Glycine* Willd.

一年生或多年生草本。根草质或近木质，通常具根瘤；茎粗状或纤细，缠绕、攀援、匍匐或直立。羽状复叶通常具 3 小叶，罕为 4 ～ 5（7）；托叶小，和叶柄离生，通常脱落；小托叶存在。总状花序腋生，在植株下部的常单生或簇生；苞片小，着生于花梗的基部，小苞片成对，着生于花萼基部，在花后均不增大；花萼膜质，钟状，有毛，深裂为近二唇形，上部 2 裂片通常合生，下部 3 裂片披针形至刚毛状；花冠微伸出萼外，通常紫色、淡紫色或白色，无毛，各瓣均具长瓣柄，旗瓣大，近圆形或倒卵形，基部有不显著的耳，翼瓣狭，与龙骨瓣稍粘连，龙骨瓣钝，比翼瓣短，先端不扭曲；雄蕊单体（10）或对旗瓣的 1 枚离生而成二体（9+1）；子房近无柄，有胚珠数枚，花柱微内弯，柱头顶生，头状。荚果线形或长椭圆形，扁平或稍膨胀，直或弯镰状，具果颈，种子间有隔膜，果瓣于开裂后弯曲；种子 1 ～ 5 粒，卵状长椭圆形、近扁圆状方形、扁圆形或球形。

本属约有 10 种，分布于东半球热带、亚热带至温带地区。我国有 6 种。

潜江市有 1 种。

115. 大豆 *Glycine max*（L.）Merr.

【别名】菽、黄豆。

【植物形态】一年生草本，高 30 ～ 90 厘米。茎粗壮，直立，或上部近缠绕状，上部多少具棱，密被褐色长硬毛。叶通常具 3 小叶；托叶宽卵形，渐尖，长 3 ～ 7 毫米，具脉纹，被黄色柔毛；叶柄长 2 ～ 20 厘米，嫩时散生疏柔毛或具棱并被长硬毛；小叶纸质，宽卵形、近圆形或椭圆状披针形，顶生 1 枚较大，长 5 ～ 12 厘米，宽 2.5 ～ 8 厘米，先端渐尖或近圆形，稀钝形，具小突尖，基部宽楔形或圆形，侧生小叶较小，斜卵形，通常两面散生糙毛或下面无毛；侧脉每边5条；小托叶披针形，长1～2毫米；小叶柄长1.5～4毫米，被黄褐色长硬毛。总状花序短的少花，长的多花；总花梗长10～35毫米或更长，通常有5～8朵无柄、紧挤的花，植株下部的花有时单生或成对生于叶腋间；苞片披针形，长2～3毫米，被糙伏毛；小苞片披针形，长2～3毫米，被贴伏的刚毛；萼片长4～6毫米，密被长硬毛或糙伏毛，常深裂成二唇形，裂片5，披针形，上部2裂片常合生至中部以上，下部3裂片分离，均密被白色长柔毛，花紫色、淡紫色或白色，长4.5～8（10）毫米，旗瓣倒卵状近圆形，先端微凹并通常外反，基部具瓣柄，翼瓣篦状，基部狭，具瓣柄和耳状体，龙骨瓣斜倒卵形，具短瓣柄；雄蕊二体；子房基部有不发达的腺体，被毛。荚果肥大，长圆形，稍弯，下垂，黄绿色，长4～7.5厘米，宽8～15毫米，密被黄褐色长毛；种子2～5粒，椭圆形、近球形、卵圆形至长圆形，长约1厘米，宽5～8毫米，种皮光滑，淡绿色、黄色、褐色和黑色等，因品种而异，种脐明显，椭圆形。花期6—7月，果期7—9月。

【生长环境】全国各地均有栽培。潜江市园林街道有发现。

【药用部位】成熟种子经发芽干燥的炮制加工品。

【采收加工】取干净大豆，用水浸泡至膨胀，放水，用湿布覆盖，每日淋水2次，待芽长0.5～1厘米时，取出，干燥。

【性味归经】味甘，性平；归脾、胃、肺经。

【功能主治】祛暑解表，清热利湿。用于暑湿感冒，湿温初起，发热汗少，胸闷脘痞，肢体酸重，小便不利。

116. 野大豆 *Glycine soja* Sieb. et Zucc.

【别名】小落豆、小落豆秧、落豆秧、山黄豆、乌豆、野黄豆。

【植物形态】一年生缠绕草本，长1～4米。茎、小枝纤细，全体疏被褐色长硬毛。叶具3小叶，长可达14厘米；托叶卵状披针形，急尖，被黄色柔毛。顶生小叶卵圆形或卵状披针形，长3.5～6厘米，宽1.5～2.5厘米，先端锐尖至圆钝，基部近圆形，全缘，两面均被绢状的糙伏毛，侧生小叶斜卵状披针形。总状花序通常短，稀长至13厘米；花小，长约5毫米；花梗密生黄色长硬毛；苞片披针形；花萼钟状，密生长毛，裂片5，三角状披针形，先端锐尖；花冠淡紫红色或白色，旗瓣近圆形，先端微凹，基部具短瓣柄，翼瓣斜倒卵形，有明显的耳状体，龙骨瓣比旗瓣及翼瓣短小，密被长毛；花柱短而向一侧弯曲。荚果长圆形，稍弯，两侧稍扁，长17～23毫米，宽4～5毫米，密被长硬毛，种子间稍缢缩，干时易裂；

种子 2～3 粒，椭圆形，稍扁，长 2.5～4 毫米，宽 1.8～2.5 毫米，褐色至黑色。花期 7—8 月，果期 8—10 月。

【生长环境】生于海拔 150～2650 米潮湿的田边、园边、沟旁、河岸、湖边、沼泽、草甸，稀见于沿河岸疏林下。潜江市龙展馆有发现。

【药用部位】茎、叶及根。

【采收加工】秋季采收，晒干。

【性味归经】味甘，性凉，归肝、脾经。

【功能主治】清热敛汗，舒经止痛。全草药用，有补气血、强壮、利尿等功效，用于盗汗，肝火，目疾，黄疸，小儿疳积。

鸡眼草属 *Kummerowia* Schindl.

一年生草本，常多分枝。叶为三出羽状复叶；托叶膜质，大而宿存，通常比叶柄长。花通常 1～2 朵簇生于叶腋，稀 3 朵或更多，小苞片 4 枚生于花萼下方，其中有 1 枚较小；花小，旗瓣与翼瓣近等长，通常均较龙骨瓣短，正常花的花冠和雄蕊管在果时脱落，闭锁花或不发达花的花冠、雄蕊管和花柱在成果时与花托分离，连在荚果上，至后期才脱落；雄蕊二体（9+1）；子房有 1 胚珠。荚果扁平，具 1 节，1 种子，不开裂。

本属有 2 种，广布于我国、朝鲜、日本等地。

潜江市有 1 种。

117. 鸡眼草 *Kummerowia striata*（Thunb.）Schindl.

【别名】掐不齐、牛黄黄、公母草。

【植物形态】一年生草本，披散或平卧，多分枝，高（5）10～45 厘米，茎和枝上被倒生的白色细毛。叶为三出羽状复叶；托叶大，膜质，卵状长圆形，比叶柄长，长 3～4 毫米，具条纹，有缘毛；叶柄极短；小叶纸质，倒卵形、长倒卵形或长圆形，较小，长 6～22 毫米，宽 3～8 毫米，先端圆形，稀微缺，基部近圆形或宽楔形，全缘；两面沿中脉及边缘有白色粗毛，但上面毛较稀少，侧脉多而密。花小，单生或 2～3 朵簇生于叶腋；花梗下端具 2 枚大小不等的苞片，萼基部具 4 枚小苞片，其中 1 枚极小，位于花梗关节处，小苞片常具 5 ～ 7 条纵脉；花萼钟状，带紫色，5 裂，裂片宽卵形，具网状脉，外面及边缘具白毛；花冠粉红色或紫色，长 5 ～ 6 毫米，较花萼长，旗瓣椭圆形，下部渐狭成瓣柄，具耳状体，龙骨瓣比旗瓣稍长或近等长，翼瓣比龙骨瓣稍短。荚果圆形或倒卵形，稍侧扁，长 3.5 ～ 5 毫米，较萼稍长或长 1 倍，先端短尖，被小柔毛。花期 7—9 月，果期 8—10 月。

【生长环境】生于路旁、田边、溪旁、缓山坡草地，海拔 500 米以下。

【药用部位】全草。

【采收加工】7—8 月采收，鲜用或晒干。

【性味归经】味甘、辛、微苦，性平；归肝、脾、肺、肾经。

【功能主治】清热解毒，健脾利湿，活血止血。全草药用有利尿通淋、解热止痢之功效，煎水可治风疹，又可作饲料和绿肥。

扁豆属 *Lablab* Adans.

多年生缠绕藤本或近直立。羽状复叶具 3 小叶；托叶反折，宿存；小托叶披针形。总状花序腋生，花序轴上有肿胀的节；花萼钟状，裂片二唇形，上唇全缘或微凹，下唇 3 裂；花冠紫色或白色，旗瓣圆形，常反折，具附属体及耳，龙骨瓣弯成直角；对旗瓣的 1 枚雄蕊离生或贴生，花药 1 室；子房具多数胚珠；花柱弯曲不超过 90°，一侧扁平，基部无变细部分，近顶部内缘被毛，柱头顶生。荚果长圆形或长圆状镰形，顶冠以宿存花柱，有时上部边缘具疣状体，具海绵质隔膜；种子卵形，扁，种脐线形，具线形或半圆形假种皮。

本属有 1 种 3 亚种，原产于非洲，现热带地区均有栽培。潜江市有 1 种。

118. 扁豆 *Lablab purpureus*（L.）Sweet

【别名】蘵豆、火镰扁豆、膨皮豆、藤豆、沿篱豆、鹊豆。

【植物形态】多年生缠绕藤本。全株几无毛，茎长可达 6 米，常呈淡紫色。羽状复叶具 3 小叶；托叶基着，披针形；小托叶线形，长 3 ～ 4 毫米；小叶宽三角状卵形，长 6 ～ 10 厘米，宽约与长相等，侧生小叶两边不等大，偏斜，先端急尖或渐尖，基部近截平。总状花序直立，长 15 ～ 25 厘米，花序轴粗壮，总花梗长8～14厘米；小苞片2，近圆形，长3毫米，脱落；花2至多朵簇生于每一节上；花萼钟状，长约6毫米，上方2裂齿几完全合生，下方的3枚近相等；花冠白色或紫色，旗瓣圆形，基部两侧具2枚长而直立的小附属体，附属体下有2耳状体，翼瓣宽倒卵形，具截平的耳状体，龙骨瓣呈直角弯曲，基部渐狭成瓣柄；子房线形，无毛，花柱比子房长，弯曲不超过90°，一侧扁平，近顶部内缘被毛。荚果长圆状镰形，长5～7厘米，近顶端最阔，宽1.4～1.8厘米，扁平，直或稍向背弯曲，顶端有弯曲的尖喙，基部渐狭；种子3～5粒，扁平，长椭圆形，在白花品种中为白色，在紫花品种中为紫黑色，种脐线形，长约占种子周长的2/5。花期4—12月。

【生长环境】各地广泛栽培。潜江市各地均有栽培。

【药用部位】成熟种子。

【采收加工】秋、冬季采收成熟果实，晒干，取出种子，再晒干。

【性味归经】味甘，性微温；归脾、胃经。

【功能主治】健脾化湿，和中消暑。用于脾胃虚弱，食欲不振，大便溏泄，白带过多，暑湿吐泻，胸闷腹胀。炒白扁豆健脾化湿。用于脾虚泄泻，白带过多。

苜蓿属 *Medicago* L.

一年生或多年生草本，稀灌木，无香草气味。羽状复叶，互生；托叶部分与叶柄合生，全缘或齿裂；小叶3，边缘通常具锯齿，侧脉直伸至齿尖。总状花序腋生，有时呈头状或单生，花小，一般具花梗；苞片小或无；花萼钟状或筒状，萼齿5，等长；花冠黄色，紫苜蓿及其他杂交种常为紫色、堇青色、褐色等，旗瓣倒卵形至长圆形，基部窄，常反折，翼瓣长圆形，一侧有齿尖凸起与龙骨瓣的耳状体互相钩住，授粉后脱开，龙骨瓣钝头；雄蕊二体，花丝顶端不膨大，花药同型；花柱短，锥形或线形，两侧略扁，无毛，柱头顶生，子房线形，无柄或具短柄，胚珠1至多数。荚果螺旋形弯曲、肾形、镰形或近挺直，比花萼长，背缝常具棱或刺；有种子1至多粒。种子小，通常平滑，多少呈肾形，无种阜；幼苗出土子叶基部不膨大，也无关节。

本属约有70种，分布于地中海区域、西南亚、中亚和非洲。我国有13种1变种。

潜江市有1种。

119. 天蓝苜蓿 *Medicago lupulina* L.

【别名】天蓝。

【植物形态】一年生、二年生或多年生草本，高 15～60 厘米，全株被柔毛或有腺毛。主根浅，须根发达。茎平卧或上升，多分枝，叶茂盛。羽状三出复叶；托叶卵状披针形，长可达 1 厘米，先端渐尖，基部圆状或戟状，常齿裂；下部叶柄较长，长 1～2 厘米，上部叶柄比小叶短；小叶倒卵形、阔倒卵形或倒心形，长 5～20 毫米，宽 4～16 毫米，纸质，先端多少截平或微凹，具细尖，基部楔形，边缘在上半部具不明显尖齿，两面均被毛，侧脉近 10 对，平行达叶边，几不分叉，上下均平坦；顶生小叶较大，小叶柄长 2～6 毫米，侧生小叶柄甚短。花序小头状，具花 10～20 朵；总花梗细，挺直，比叶长，密被贴伏柔毛；苞片刺毛状，甚小；花长 2～2.2 毫米；花梗短，长不到 1 毫米；花萼钟形，长约 2 毫米，密被毛，萼齿线状披针形，稍不等长，比萼筒略长或等长；花冠黄色，旗瓣近圆形，顶端微凹，翼瓣和龙骨瓣近等长，均比旗瓣短；子房阔卵形，被毛，花柱弯曲，胚珠 1 枚。荚果肾形，长 3 毫米，宽 2 毫米，表面具同心弧形脉纹，被疏毛，成熟时变黑；有种子 1 粒。种子卵形，褐色，平滑。花期 7—9 月，果期 8—10 月。

【生长环境】喜凉爽气候及水分良好的土壤，但在各种条件下都有野生，常见于河岸、路边、田野及林缘。潜江市周矶街道有发现。

【药用部位】全草。

【采收加工】夏季采挖，鲜用或切碎晒干。

【性味归经】味甘、苦、微涩，性凉；有小毒；归肺、肝、胆、肾经。

【功能主治】清热利湿，舒筋活络，止咳平喘，凉血解毒。

草木樨属 *Melilotus* (L.) Mill.

一年生、二年生或短期多年生草本。主根直。茎直立，多分枝。叶互生。羽状三出复叶；托叶全缘或具齿裂，先端锥尖，基部与叶柄合生；顶生小叶具较长小叶柄，侧小叶几无柄，边缘具锯齿，有时不明显；无小托叶。总状花序细长，着生于叶腋，花序轴伸长，多花疏列，果期常延续伸展；苞片针刺状，无小苞片；花小；花萼钟状，无毛或被毛，萼齿 5，近等长，具短梗；花冠黄色或白色，偶带淡紫色晕斑，花瓣分离，旗瓣长圆状卵形，先端钝或微凹，基部几无瓣柄，翼瓣狭长圆形，等长或稍短于旗瓣，龙骨瓣阔镰形，钝头，通常最短；雄蕊二体，上方1枚完全离生或中部连合于雄蕊筒，其余9枚花丝合生成雄蕊筒，花丝顶端不膨大，花药同型；子房具胚珠2～8枚，无毛或被微毛，花柱细长，先端上弯，果时常宿存，柱头点状。荚果阔卵形、球形或长圆形，伸出花萼外，表面具网状或波状脉纹或皱褶；果梗在果熟时与荚果一起脱落，有种子1～2粒。种子阔卵形，光滑或具细疣点。

　　本属有20余种，分布于欧洲地中海区域、东欧和亚洲。世界各地均有引种。我国有4种1亚种。

　　潜江市有1种。

120. 草木樨 *Melilotus officinalis*（L.）Pall.

【别名】辟汗草、黄香草木樨。

【植物形态】二年生草本，高40～100（250）厘米。茎直立，粗壮，多分枝，具纵棱，微被柔毛。羽状三出复叶；托叶镰状线形，长3～5（7）毫米，中央有1条脉纹，全缘或基部有1尖齿；叶柄细长；小叶倒卵形、阔卵形、倒披针形至线形，长15～25（30）毫米，宽5～15毫米，先端圆钝或截形，基部阔楔形，边缘具不整齐疏浅齿，上面无毛，粗糙，下面散生短柔毛，侧脉8～12对，平行直达齿尖，两面均不隆起，顶生小叶稍大，具较长的小叶柄，侧小叶的小叶柄短。总状花序长6～15（20）厘米，腋生，具花30～70朵，初时稠密，花开后渐疏松，花序轴在花期中显著伸展；苞片刺毛状，长约1毫米；花长3.5～7毫米；花梗与苞片等长或稍长；花萼钟状，长约2毫米，脉纹5条，甚清晰，萼齿三角状披针形，稍不等长，比萼筒短；花冠黄色，旗瓣倒卵形，与翼瓣近等长，与龙骨瓣稍短或三者近等长；雄蕊筒在花后常宿存包于果外；子房卵状披针形，胚珠4、6或8粒，花柱长于子房。荚果卵形，长3～5毫米，宽约2毫米，先端具宿存花柱，表面具凹凸不平的横向细网纹，棕黑色；有种子1～2粒。种子卵形，长2.5毫米，黄褐色，平滑。花期5—9月，果期6—10月。

【生长环境】生于山坡、河岸、路旁、沙质草地及林缘。潜江市广布，多见。

【药用部位】全草。

【采收加工】6—8月开花期采割地上部分，切段，鲜用或晒干。

【性味归经】味辛、甘、微苦，性凉；有小毒；归肝、脾、胃经。

【功能主治】清暑利湿，健胃和中。

含羞草属 *Mimosa* L.

多年生、有刺草本或灌木，稀乔木或藤本。托叶小，钻状。二回羽状复叶，常很敏感，触之即闭合而下垂，叶轴上通常无腺体；小叶细小，多数。花小，两性或杂性（雄花、两性花同株），通常4～5数，组成稠密的球形头状花序或圆柱形的穗状花序，花序单生或簇生；花萼钟状，具短裂齿；花瓣下部合生；雄蕊与花瓣同数或为花瓣数的2倍，分离，伸出花冠外，花药顶端无腺体；子房无柄或有柄，胚珠2至多数。荚果长椭圆形或线形，扁平，直或略弯曲，有荚节3～6，荚节脱落后具长刺毛的荚缘宿存于果柄上；种子卵形或圆形，扁平。

本属约有500种，大部分产于热带美洲，少数广布于热带、温带地区。我国有3种1变种，见于台湾、广东、广西、云南，均非原产。

潜江市有1种。

121. 含羞草 *Mimosa pudica* L.

【别名】知羞草、呼喝草、怕丑草。

【植物形态】披散、亚灌木状草本，高可达1米；茎圆柱状，具分枝，有散生、下弯的钩刺及倒生刺毛。托叶披针形，长5～10毫米，有刚毛。羽片和小叶触之即闭合而下垂；羽片通常2对，指状排列于总叶柄之顶端，长3～8厘米；小叶10～20对，线状长圆形，长8～13毫米，宽1.5～2.5毫米，先端急尖，边缘具刚毛。头状花序圆球形，直径约1厘米，具长总花梗，单生或2～3个生于叶腋；花小，淡红色，多数；苞片线形；花萼极小；花冠钟状，裂片4，外面被短柔毛；雄蕊4枚，伸出花冠外；子房有短柄，无毛；胚珠3～4枚，花柱丝状，柱头小。荚果长圆形，长1～2厘米，宽约5毫米，扁平，稍弯曲，荚缘波状，具刺毛，成熟时节间脱落，荚缘宿存；种子卵形，长3.5毫米。花期3—10月，果期5—11月。

【生长环境】生于旷野荒地、灌丛中，长江流域常有栽培供观赏。潜江市曹禺公园有发现。

【药用部位】全草。

【采收加工】夏季采收，除去泥沙，洗净，鲜用，或扎成把，晒干。

【性味归经】味苦、涩、微苦，性微寒；有小毒；归心、肝、胃、大肠经。

【功能主治】凉血解毒，清热除湿，镇静安神。

葛属 *Pueraria* DC.

缠绕藤本，茎草质或基部木质。叶为具 3 小叶的羽状复叶；托叶基部着生或盾状着生，有小托叶；小叶大，卵形或菱形，全裂或具波状 3 裂片。总状花序或圆锥花序腋生而具延长的总花梗或数个总状花序簇生于枝顶；花序轴上通常具稍凸起的节；苞片小或狭，极早落；小苞片小而近宿存或微小而早落；花通常数朵簇生于花序轴的每一节上，花萼钟状，上部 2 枚裂齿部分或完全合生；花冠伸出萼外，天蓝色或紫色，旗瓣基部有附属体及内向的耳状体，翼瓣狭，长圆形或倒卵状镰刀形，通常与龙骨瓣中部贴生，龙骨瓣与翼瓣等大，稍直或顶端弯曲，或呈喙状，对旗瓣的 1 枚雄蕊仅中部与雄蕊管合生，基部分离，稀完全分离，花药 1 室；子房无柄或近无柄，胚珠多枚，花柱丝状，上部内弯，柱头小，头状。荚果线形，稍扁或圆柱形，2 瓣裂；果瓣薄革质；种子间有或无隔膜，或充满软组织；种子扁，近圆形或长圆形。

本属约有 35 种，分布于印度至日本，南至马来西亚。我国有 8 种 2 变种，主要分布于西南、中南至东南地区，长江以北少见。

潜江市有 1 种。

122. 葛 *Pueraria montana*（Lour.）Merr.

【别名】野葛、葛藤。

【植物形态】粗壮藤本，长可达 8 米，全体被黄色长硬毛，茎基部木质，有粗厚的块状根。羽状复叶具 3 小叶；托叶背着，卵状长圆形，具线条；小托叶线状披针形，与小叶柄等长或较长；小叶 3 裂，偶尔全缘，顶生小叶宽卵形或斜卵形，长 7 ～ 15（19）厘米，宽 5 ～ 12（18）厘米，先端长渐尖，侧生小叶斜卵形，稍小，上面被淡黄色、平伏的疏柔毛。下面较密；小叶柄被黄褐色茸毛。总状花序长 15 ～ 30 厘米，中部以上有颇密集的花；苞片线状披针形至线形，远比小苞片长，早落；小苞片卵形，长不及 2 毫米；花 2 ～ 3 朵聚生于花序轴的节上；花萼钟状，长 8 ～ 10 毫米，被黄褐色柔毛，裂片披针形，渐尖，比萼管略长；花冠长 10 ～ 12 毫米，紫色，旗瓣倒卵形，基部有 2 耳状体及一黄色硬痂状附属体，具短瓣柄，翼瓣镰状，较龙骨瓣狭，基部有线形、向下的耳，龙骨瓣镰状长圆形，基部有极小、急尖的耳；对旗瓣的 1 枚雄蕊仅上部离生；子房线形，被毛。荚果长椭圆形，长 5 ～ 9 厘米，宽 8 ～ 11 毫米，扁平，被褐色长硬毛。花期 9—10 月，果期 11—12 月。

【生长环境】生于山地疏林或密林中。潜江市王场镇有发现。

【药用部位】根。

【采收加工】秋、冬季采挖，趁鲜切成厚片或小块，干燥。

【性味归经】味甘、辛，性凉；归脾、胃、肺经。

【功能主治】解肌清热，生津止渴，透疹，升阳止泻，通经活络，解酒毒。用于外感发热头痛，项背强痛，消渴，麻疹不透，热痢，泄泻，眩晕头痛，中风偏瘫，胸痹心痛，酒毒伤中。

鹿藿属 *Rhynchosia* Lour.

攀援、匍匐或缠绕藤本，稀直立灌木或亚灌木。叶具羽状 3 小叶；小叶下面通常有腺点；托叶常早落；小托叶存或缺。花组成腋生的总状花序或复总状花序，稀单生于叶腋；苞片常脱落，稀宿存；花萼钟状，5 裂，上面 2 裂齿多少合生，下面 1 裂齿较长；花冠内藏或凸出，旗瓣圆形或倒卵形，基部具内弯的耳，有或无附属体，龙骨瓣和翼瓣近等长，内弯；雄蕊二体（9+1）；子房无柄或近无柄，通常有胚珠 2 枚，稀 1 枚；花柱常于中部以上弯曲，常仅于下部被毛，柱头顶生。荚果长圆形、倒披针形、倒卵状椭圆形、斜圆形、镰形或椭圆形，扁平或膨胀，先端常有小喙；种子 2 粒，稀 1 粒，通常近圆形或肾形，种阜小或缺。

本属约有 200 种，分布于热带和亚热带地区，亚洲和非洲最多。我国有 9 种，主要分布于长江以南各地。潜江市有 1 种。

123. 鹿藿 *Rhynchosia volubilis* Lour.

【别名】老鼠眼、痰切豆。

【植物形态】缠绕草质藤本。全株各部多少被灰色至淡黄色柔毛；茎略具棱。叶为羽状或有时近指状 3 小叶；托叶小，披针形，长 3～5 毫米，被短柔毛；叶柄长 2～5.5 厘米；小叶纸质，顶生小叶菱形或倒卵状菱形，长 3～8 厘米，宽 3～5.5 厘米，先端钝，或为急尖，常有小突尖，基部圆形或阔楔形，两面均被灰色或淡黄色柔毛，下面尤密，并被黄褐色腺点；基出脉 3；小叶柄长 2～4 毫米，侧生小叶较小，常偏斜。总状花序长 1.5～4 厘米，1～3 个腋生；花长约 1 厘米，排列稍密集；花梗长约 2 毫米；花萼钟状，长约 5 毫米，裂片披针形，外面被短柔毛及腺点；花冠黄色，旗瓣近圆形，有宽而内弯的耳，翼瓣倒卵状长圆形，基部一侧具长耳，龙骨瓣具喙；雄蕊二体；子房被毛及密集的小腺点，胚珠 2 枚。荚果长圆形，紫红色，长 1～1.5 厘米，宽约 8 毫米，极扁平，在种子间略收缩，稍被毛或近无毛，先端有小喙；种子通常 2 粒，椭圆形或近肾形，黑色，光亮。花期 5—8 月，果期 9—12 月。

【生长环境】常生于海拔 200～1000 米的山坡、路旁、草丛中。潜江市园林街道有发现。

【药用部位】根、叶。

【采收加工】5—6 月采收，鲜用或晒干，储存于干燥处。

【性味归经】味苦、酸，性平；归胃、脾、肝经。

【功能主治】祛风除湿，活血，解毒。根：祛风和血，镇咳祛痰。用于风湿骨痛，气管炎。叶：外用治疗疮。

槐属 *Sophora* L.

　　落叶或常绿乔木、灌木、亚灌木，或多年生草本，稀攀援状。奇数羽状复叶；小叶多数，全缘；托叶有或无，少数具小托叶。花序总状或圆锥状，顶生、腋生或与叶对生；花白色、黄色或紫色，苞片小，线形，或缺如，常无小苞片；花萼钟状或杯状，萼齿 5，等大，或上方 2 齿近合生而近二唇形；旗瓣形状、大小多变，圆形、长圆形、椭圆形、倒卵状长圆形或倒卵状披针形，翼瓣单侧生或双侧生，具皱褶或无，形状与大小多变，龙骨瓣与翼瓣相似，无皱褶；雄蕊 10，分离或基部有不同程度的连合，花药卵形或椭圆形，丁字着生；子房具柄或无，胚珠多数，花柱直或内弯，无毛，柱头棒状或点状，稀被长柔毛，呈画笔状。荚果圆柱形或稍扁，串珠状，果皮肉质、革质或壳质，有时具翅，不裂或有不同的开裂方式；种子 1 至多粒，卵形、椭圆形或近球形，种皮黑色、深褐色、赤褐色或鲜红色；子叶肥厚，偶具胶质内胚乳。

　　本属约有 70 种，广泛分布于两半球的热带至温带地区。我国有 21 种 14 变种 2 变型，主要分布于西南、华南和华东地区，少数种分布到华北、西北和东北地区。

　　潜江市有 2 种。

124. 槐 *Sophora japonica* L.

【别名】守宫槐、槐花木、槐花树、豆槐、金药树。

【植物形态】乔木，高达 25 米；树皮灰褐色，具纵裂纹。当年生枝绿色，无毛。羽状复叶长达 25 厘米；叶轴初被疏柔毛，旋即脱净；叶柄基部膨大，包裹着芽；托叶形状多变，有时呈卵形、叶状，有时呈线形或钻状，早落；小叶 4～7 对，对生或近互生，纸质，卵状披针形或卵状长圆形，长 2.5～6 厘米，宽 1.5～3 厘米，先端渐尖，具小尖头，基部宽楔形或近圆形，稍偏斜，下面灰白色，初被稀疏短柔毛，后变无毛；小托叶 2 枚，钻状。圆锥花序顶生，常呈金字塔形，长达 30 厘米；花梗比花萼短；小苞片 2 枚，形似小托叶；花萼浅钟状，长约 4 毫米，萼齿 5，近等大，圆形或钝三角形，被灰白色短柔毛，萼管近无毛；花冠白色或淡黄色，旗瓣近圆形，长和宽约 11 毫米，具短柄，有紫色脉纹，先端微缺，基部浅心形，翼瓣卵状长圆形，长 10 毫米，宽 4 毫米，先端浑圆，基部斜戟形，无皱褶，龙骨瓣阔卵状长圆形，与翼瓣等长，宽达 6 毫米；雄蕊近分离，宿存；子房近无毛。荚果串珠状，长 2.5～5 厘米或稍长，直径约 10 毫米，种子间缢缩不明显，种子排列较紧密，具肉质果皮，成熟后不开裂，具种子1～6粒；种子卵球形，淡黄绿色，干后黑褐色。花期7—8月，果期8—10月。

【生长环境】现南北各地广泛栽培，华北和黄土高原地区尤为多见。潜江市少见。

【药用部位】花及花蕾、果实。

【采收加工】夏季花开放或花蕾形成时采收，及时干燥，除去枝、梗及杂质。前者习称"槐花"，后者习称"槐米"。果实：冬季采收，除去杂质，干燥。

【性味归经】花：味苦，性微寒；归肝、大肠经。果实：味苦，性寒；归肝、大肠经。

【功能主治】花：凉血止血，清肝泻火。用于便血，痔血，血痢，崩漏，吐血，通血，肝热目赤，头痛眩晕。果实：清热泻火，凉血止血。用于肠热便血，痔肿出血，肝热头痛，眩晕目赤。花和荚果入药，有清凉收敛、止血降压功效；叶和根皮有清热解毒功效，可治疗疮毒。

125. 龙爪槐 *Sophora japonica* L. var. *japonica* f. *pendula* Hort.

【别名】蟠槐、倒栽槐。

【植物形态】本变型枝和小枝均下垂，并向不同方向弯曲盘悬，形似龙爪，易与其他类型区别。供栽培观赏。

【生长环境】供栽培观赏。潜江市梅苑有发现。

【药用部位】花及花蕾、果实。

【采收加工】夏季花开放或花蕾形成时采收，及时干燥，除去枝、梗及杂质。前者习称"槐花"，后者习称"槐米"。果实：冬季采收，除去杂质，干燥。

【性味归经】花：味苦，性微寒；归肝、大肠经。果实：味苦，性寒；归肝、大肠经。

【功能主治】花：凉血止血，清肝泻火。用于便血，痔血，血痢，崩漏，吐血，肝热目赤，头痛眩晕。果实：清热泻火，凉血止血。用于肠热便血，痔肿出血，肝热头痛，眩晕目赤。

车轴草属 *Trifolium* L.

一年生或多年生草本。有时具横出的根茎。茎直立、匍匐或上升。掌状复叶，小叶通常 3 枚，偶为 5～9 枚；托叶显著，通常全缘，部分合生于叶柄上；小叶具锯齿。花具梗或近无梗，集合成头状或短总状花序，偶为单生，花序腋生或假顶生，基部常具总苞或无；花萼筒状或钟状，或花后增大，肿胀或膨大，萼喉开张，或具二唇状胼胝体而闭合，或具一圈环毛，萼齿等长或不等长，萼筒具脉纹 5、6、10、20 条，偶有 30 条；花冠红色、黄色、白色或紫色，也有具双色的，无毛，宿存，旗瓣离生或基部和翼瓣、龙骨瓣连合，后二者相互贴生；雄蕊 10 枚，二体，上方 1 枚离生，全部或 5 枚花丝的顶端膨大，花药同型；子房无柄或具柄，胚珠 2～8 枚。荚果不开裂，包藏于宿存花萼或花冠中，稀伸出；果瓣多为膜质，阔卵形、长圆形至线形；通常有种子 1～2 粒，稀 4～8 粒。种子形状各样，传播时连宿存花萼或整个头状花序为一整体。

本属约有 250 种，分布于欧亚大陆，非洲，南、北美洲的温带地区，以地中海区域为中心。我国包括引种栽培的有 13 种 1 变种。

潜江市有 1 种。

126. 白车轴草 *Trifolium repens* L.

【别名】白三叶、荷兰翘摇。

【植物形态】短期多年生草本，生长期达 5 年，高 10～30 厘米。主根短，侧根和须根发达。茎匍匐蔓生，上部稍上升，节上生根，全株无毛。掌状三出复叶；托叶卵状披针形，膜质，基部抱茎成鞘状，离生部分锐尖；叶柄较长，长 10～30 厘米；小叶倒卵形至近圆形，长 8～20（30）毫米，宽 8～16（25）毫米，先端凹陷或圆钝，基部楔形渐窄至小叶柄，中脉在下面隆起，侧脉约 13 对，与中脉成 50°角展开，两面均隆起，近叶边分叉并伸达锯齿齿尖；小叶柄长 1.5 毫米，微被柔毛。花序球形，顶生，直径 15～40 毫米；总花梗甚长，比叶柄长近 1 倍，具花 20～50（80）朵，密集；无总苞；苞片披针形，膜质，锥尖；花长 7～12 毫米；花梗比花萼稍长或等长，开花立即下垂；花萼钟状，具脉纹 10 条，萼齿 5，披针形，稍不等长，短于萼筒，萼喉开张，无毛；花冠白色、乳黄色或淡红色，具香气。旗瓣椭圆形，比翼瓣和龙骨瓣长近 1 倍，龙骨瓣比翼瓣稍短；子房线状长圆形，花柱比子房略长，胚珠 3～4 枚。荚果长圆形，种子通常 3 粒。种子阔卵形。花果期 5—10 月。

【生长环境】我国常见种植，在湿润草地、河岸、路边呈半自生状态。潜江市广布，作为绿肥、堤岸防护草种、草坪装饰。

【药用部位】全草。

【采收加工】夏、秋季花盛期采收，晒干。

【性味归经】味微甘，性平；归心、脾经。

【功能主治】清热凉血，宁心。

野豌豆属 *Vicia* L.

一年生、二年生或多年生草本。茎细长、具棱，但不呈翅状，多分枝，攀援、蔓生或匍匐，稀直立。多年生种类根部常膨大呈木质化块状，表皮黑褐色、具根瘤。偶数羽状复叶，叶轴先端具卷须或短尖头；托叶通常半箭形，少数种类具腺点，无小托叶；小叶（1）2～12对，长圆形、卵形、披针形至线形，先端圆、平截或渐尖，微凹，有细尖，全缘。花序腋生，总状或复总状，长于或短于叶；花多数、密集着生于长花序轴上部，稀单生或2～4簇生于叶腋，苞片甚小而且多数早落，大多数无小苞片；花萼近钟状，基部偏斜，上萼齿通常短于下萼齿，多少被柔毛；花冠淡蓝色、蓝紫色或紫红色，稀黄色或白色；旗瓣倒卵形、长圆形或提琴形，先端微凹，下方具较大的瓣柄，翼瓣与龙骨瓣耳部相互嵌合，雄蕊二体（9+1），雄蕊管上部偏斜，花药同型；子房近无柄，胚珠2～7粒，花柱圆柱形，顶端四周被毛；或侧向压扁于远轴端具一束髯毛状毛。荚果扁（除蚕豆外），两端渐尖，无（稀有）种隔膜，腹缝开裂；种子2～7粒，球形、扁球形、肾形或扁圆柱形，种皮褐色、灰褐色或棕黑色，稀具紫黑色斑点或花纹；种脐相当于种子周长的1/6～1/3，胚乳微量，子叶扁平、不出土。

本属约有200种，产于北半球温带至南美洲温带和东非地区，北半球温带（全温带）地区间断分布，但以地中海地区为中心。我国有43种5变种，广布于全国各地，西北、华北、西南地区较多。

潜江市有1种。

127. 野豌豆 *Vicia sepium* L.

【别名】滇野豌豆。

【植物形态】多年生草本，高30～100厘米。根茎匍匐，茎柔细，斜升或攀援，具棱，疏被柔毛。偶数羽状复叶长7～12厘米，叶轴顶端卷须发达；托叶半戟形，有2～4裂齿；小叶5～7对，长卵圆形或长圆状披针形，长0.6～3厘米，宽0.4～1.3厘米，先端钝或平截，微凹，有短尖头，基部圆形，两面被疏柔毛，下面较密。短总状花序，花2～4（6）朵腋生；花萼钟状，萼齿披针形或锥形，短于萼筒；花冠红色或近紫色至浅粉红色，稀白色；旗瓣近提琴形，先端凹，翼瓣短于旗瓣，龙骨瓣内弯，最短；子房线形，无毛，胚珠5，子房柄短，花柱与子房连接处成近90°角；柱头远轴面有一束黄色髯毛状毛。荚果宽长圆状，近菱形，长2.1～3.9厘米，宽0.5～0.7厘米，成熟时亮黑色，先端具喙，微弯。种子5～7粒，扁圆球形，表皮棕色有斑，种脐长相当于种子周长的2/3。花期6月，果期7—8月。

【生长环境】生于海拔1000～2200米山坡、林缘草丛。潜江市广布，常见。

【药用部位】全草。

【采收加工】夏季采割地上部分，除去杂质，晒干。

【性味归经】味辛、甘，性温。

【功能主治】祛风除湿，活血消肿。叶及花果药用有清热、消炎解毒之功效。

豇豆属 *Vigna* Savi

缠绕或直立草本，稀亚灌木。羽状复叶具3小叶；托叶盾状着生或基着。总状花序或1至多花的花簇腋生或顶生，花序轴上花梗着生处常增厚并有腺体；苞片及小苞片早落；花萼5裂，二唇形，下唇3裂，中裂片最长，上唇中2裂片完全或部分合生；花冠小或中等大，白色、黄色、蓝色或紫色；旗瓣圆形，基部具附属体，翼瓣远较旗瓣短，龙骨瓣与翼瓣近等长，无喙或有一内弯、稍旋卷的喙（但不超过360°）；雄蕊二体，对旗瓣的一枚雄蕊离生，其余合生；子房无柄，胚珠3至多数，花柱线形，上部增厚，内侧具髯毛状毛或粗毛，下部喙状，柱头侧生。荚果线形、线状长圆形、圆柱形或扁平，直或稍弯曲，二瓣裂，通常多少具隔膜；种子通常肾形或近四方形；种脐小或延长，有假种皮或无。

本属约有150种，分布于热带地区。我国有16种3亚种3变种，产于东南部、南部至西南部。

潜江市有1种。

128. 绿豆 *Vigna radiata*（L.）Wilczek

【植物形态】一年生直立草本，高20～60厘米。茎被褐色长硬毛。羽状复叶具3小叶；托叶盾状着生，卵形，长0.8～1.2厘米，具缘毛；小托叶显著，披针形；小叶卵形，长5～16厘米，宽3～12厘米，侧生的多少偏斜，全缘，先端渐尖，基部阔楔形或浑圆，两面多少被疏长毛，基部3脉明显；叶柄长5～21厘米；叶轴长1.5～4厘米；小叶柄长3～6毫米。总状花序腋生，有花4至数朵，最多可达25朵；总花梗长2.5～9.5厘米；花梗长2～3毫米；小苞片线状披针形或长圆形，长4～7毫米，近宿存；萼管无毛，长3～4毫米，裂片狭三角形，长1.5～4毫米，具缘毛，上方的一对合生成一先端2裂的裂片；旗瓣近方形，长1.2厘米，宽1.6厘米，外面黄绿色，里面有时粉红色，顶端微凹，内弯，无毛；翼瓣卵形，黄色；龙骨瓣镰刀状，绿色而染粉红色，右侧有显著的囊。荚果线状圆柱形，平展，长4～9厘米，宽5～6毫米，被淡褐色、散生的长硬毛，种子间多少收缩；种子8～14粒，淡绿色或黄褐色，短圆柱形，长2.5～4毫米，宽2.5～3毫米，种脐白色而不凹陷。花期初夏，果期6—8月。

【生长环境】我国南北各地均有栽培。潜江市多地栽培。

【药用部位】种子。

【采收加工】立秋后种子成熟时采收，拔取全株，晒干，打下种子，簸净杂质。

【性味归经】味甘，性寒，归心、胃经。

【功能主治】清热解毒，消暑，利尿。

紫藤属 *Wisteria* Nutt.

落叶大藤本。冬芽球形至卵形，芽鳞3～5枚。奇数羽状复叶互生；托叶早落；小叶全缘；具小托叶。总状花序顶生，下垂；花多数，散生于花序轴上；苞片早落，无小苞片；具花梗；花萼杯状，萼齿5，略呈二唇形，上方2枚短，大部分合生，最下1枚较长，钻形；花冠蓝紫色或白色，通常大，旗瓣圆形，基部具2胼胝体，花开后反折，翼瓣长圆状镰形，有耳状体，与龙骨瓣离生或先端稍黏合，龙骨瓣内弯，钝头；雄蕊二体，对旗瓣的1枚离生或在中部与雄蕊管黏合，花丝顶端不扩大，花药同型；花盘明显被密腺环；子房具柄，花柱无毛，圆柱形，上弯，柱头小，点状，顶生，胚珠多数。荚果线形，伸长，具颈，种子间缢缩，迟裂，瓣片革质，种子大，肾形，无种阜。

本属约有 10 种，分布于东亚、北美和大洋洲。我国有 5 种 1 变型，其中引进栽培 1 种。

潜江市有 1 种。

129. 紫藤　*Wisteria sinensis*（Sims）DC.

【植物形态】落叶藤本。茎左旋，枝较粗壮，嫩枝被白色柔毛，后秃净；冬芽卵形。奇数羽状复叶长 15～25 厘米；托叶线形，早落；小叶 3～6 对，纸质，卵状椭圆形至卵状披针形，上部小叶较大，基部 1 对最小，长 5～8 厘米，宽 2～4 厘米，先端渐尖至尾尖，基部圆钝或楔形，或歪斜，嫩叶两面被平伏毛，后秃净；小叶柄长 3～4 毫米，被柔毛；小托叶刺毛状，长 4～5 毫米，宿存。总状花序生于去年短枝的腋芽或顶芽，长 15～30 厘米，直径 8～10 厘米，花序轴被白色柔毛；苞片披针形，早落；花长 2～2.5 厘米，芳香；花梗细，长 2～3 厘米；花萼杯状，长 5～6 毫米，宽 7～8 毫米，密被细绢毛，上方 2 齿甚钝，下方 3 齿卵状三角形；花冠细绢毛，上方 2 齿甚钝，下方 3 齿卵状三角形；花冠紫色，旗瓣圆形，先端略凹陷，花开后反折，基部有 2 胼胝体，翼瓣长圆形，基部圆，龙骨瓣较翼瓣短，阔镰形，子房线形，密被茸毛，花柱无毛，上弯，胚珠 6～8 枚。荚果倒披针形，长 10～15 厘米，宽 1.5～2 厘米，密被茸毛，悬垂枝上不脱落，有种子 1～3 粒；种子褐色，有光泽，圆形，宽 1.5 厘米，扁平。花期 4 月中旬至 5 月上旬，果期 5—8 月。

【生长环境】栽培作庭院棚架植物，先于叶开花，紫穗满垂缀以稀疏嫩叶，十分美丽。野生种略有变异，常见有 1 变型。潜江市梅苑有发现，观赏植物。

【药用部位】茎或茎皮。

【采收加工】夏季采收茎或茎皮，晒干。

【性味归经】味甘、苦，性微温；有小毒；归肾经。

【功能主治】利水，除痹，杀虫。

四十二、酢浆草科　Oxalidaceae

一年生或多年生草本，极少灌木或乔木。根茎或鳞茎状块茎，通常肉质，或有地上茎。指状或羽状复叶或小叶萎缩而成单叶，基生或茎生；小叶在芽时或晚间背折而下垂，通常全缘；无托叶或有而细小。花两性，辐射对称，单花或组成近伞形花序或伞房花序，少有总状花序或聚伞花序；萼片 5，离生或基部合生，覆瓦状排列，少数为镊合状排列；花瓣 5，有时基部合生，旋转排列；雄蕊 10 枚，2 轮，5 长 5 短，外转与花瓣对生，花丝基部通常连合，有时 5 枚无花药，花药 2 室，纵裂；雌蕊由 5 枚合生心皮组成，子房上位，5 室，每室有 1 至数枚胚珠，中轴胎座，花柱 5 枚，离生，宿存，柱头通常头状，有时浅裂。果为开裂的蒴果或为肉质浆果。种子通常被肉质、干燥时产生弹力的外种皮，或极少具假种皮，胚乳肉质。

我国约有 3 属 10 种，分布于南北各地。其中阳桃属是已经驯化了的引进栽培乔木，是我国南方木本水果之一。

潜江市有 1 属 3 种。

酢浆草属　*Oxalis* L.

一年生或多年生草本。根具肉质鳞茎状或块茎状地下根茎。茎匍匐或披散。叶互生或基生，指状复叶，通常有 3 小叶，小叶在避光时闭合下垂；无托叶或托叶极小。花基生或为聚伞花序式，总花梗腋生或基生；花黄色、红色、淡紫色或白色；萼片 5，覆瓦状排列；花瓣 5，覆瓦状排列，有时基部微合生；雄蕊 10，长短互间，全部具花药，花丝基部合生或分离；子房 5 室，每室具 1 至多枚胚珠，花柱 5，常二型或三型，分离。果为室背开裂的蒴果，果瓣宿存于中轴上。种子具 2 瓣状的假种皮，种皮光滑，有横或纵肋纹；胚乳肉质，胚直立。

本属约有 500 种，全世界广布，但主要分布于南美和南非，特别是好望角。我国有 5 种 3 亚种 1 变种，其中 2 种为驯化的外来种。另外尚有多个外来种，均属庭院栽培。

潜江市有 3 种。

130. 红花酢浆草 *Oxalis corymbosa* DC.

【别名】大酸味草、铜锤草、南天七、紫花酢浆草、多花酢浆草。

【植物形态】多年生直立草本。无地上茎，地下部分有球状鳞茎，外层鳞片膜质，褐色，背具 3 条肋状纵脉，被长缘毛，内层鳞片呈三角形，无毛。叶基生；叶柄长 5～30 厘米或更长，被毛；小叶 3，扁圆状倒心形，长 1～4 厘米，宽 1.5～6 厘米，顶端凹入，两侧角圆形，基部宽楔形，表面绿色，被毛或近无毛；背面浅绿色，通常两面或有时仅边缘有干后呈棕黑色的小腺体（近边处有红色腺点），背面尤甚，并被疏毛；托叶长圆形，顶部狭尖，与叶柄基部合生。总花梗基生，二歧聚伞花序，通常排列成伞形花序式，总花梗长 10～40 厘米或更长，被毛；花梗、苞片、萼片均被毛；花梗长 5～25 毫米，每花梗有披针形干膜质苞片 2 枚；萼片 5，披针形，长 4～7 毫米，先端有暗红色长圆形的小腺体 2 枚，顶部腹面被疏柔毛；花瓣 5，倒心形，长 1.5～2 厘米，为萼片长度的 2～4 倍，淡紫色至紫红色，基部颜色较深；雄蕊 10 枚，长的 5 枚超出花柱，另 5 枚长至子房中部，花丝被长柔毛；子房 5 室，花柱 5，被锈色长柔毛，柱头浅 2 裂。蒴果短线形，长 1.7～2 厘米，有毛。花果期 3—12 月。

【生长环境】生于低海拔的山地、路旁、荒地或水田中。潜江市南门河游园有发现。

【药用部位】全草。

【采收加工】3—6 月采收，洗净，鲜用或晒干。

【性味归经】味酸，性寒；归肝、大肠经。

【功能主治】散瘀消肿，清热利湿，解毒。用于跌打损伤，赤白痢，止血。

131. 酢浆草 *Oxalis corniculata* L.

【别名】酸味草、鸠酸、酸醋酱。

【植物形态】草本，高 10～35 厘米，全株被柔毛。根茎稍肥厚。茎细弱，多分枝，直立或匍匐，匍匐茎节上生根。叶基生或茎上互生；托叶小，长圆形或卵形，边缘被密长柔毛，基部与叶柄合生，或同一植株下部托叶明显而上部托叶不明显；叶柄长 1～13 厘米，基部具关节；小叶 3，无柄，倒心形，长 4～16 毫米，宽 4～22 毫米，先端凹入，基部宽楔形，两面被柔毛或表面无毛，沿脉被毛较密，边缘具贴伏缘毛。花单生或数朵集为伞形花序状，腋生，总花梗淡红色，与叶近等长；花梗长 4～15 毫米，果后延伸；小苞片 2，披针形，长 2.5～4 毫米，膜质；萼片 5，披针形或长圆状披针形，长 3～5 毫米，背面和边缘被柔毛，宿存；花瓣 5，黄色，长圆状倒卵形，长 6～8 毫米，宽 4～5 毫米；雄蕊 10，花丝白色半透明，有时被稀疏短柔毛，基部合生，长短互间，长者花药较大且早熟；子房长圆形，5 室，被短伏毛，花柱 5，柱头头状。蒴果长圆柱形，长 1～2.5 厘米，5 棱。种子长卵形，长 1～1.5 毫米，褐色或红棕色，具横向肋状网纹。花果期 2—9 月。

【生长环境】生于山坡草池、河谷沿岸、路边、田边、荒地或林下阴湿处等。

【药用部位】全草。

【采收加工】全年均可采收，尤以夏、秋季为宜，洗净，鲜用或晒干。

【性味归经】味酸，性寒；归肝、肺、膀胱经。

【功能主治】清热利湿，解毒散瘀，解毒消肿。茎叶含草酸，可用于磨镜或擦铜器。牛羊食用过多可中毒致死。

132. 紫叶酢浆草 *Oxalis triangularis* 'Urpurea'

【植物形态】多年生常绿草本，株高 20～30 厘米，叶基生，三出复叶，小叶倒三角形，顶端微凹，叶紫色，边全缘；伞房花序，花萼 5，绿色，花瓣 5，花为淡紫色，基部绿色。花期春季至秋季。

【生长环境】原产于巴西，我国引种栽培。

四十三、牻牛儿苗科 Geraniaceae

草本，稀亚灌木或灌木。叶互生或对生，叶片通常掌状或羽状分裂，具托叶。聚伞花序腋生或顶生，稀花单生；花两性，整齐，辐射对称，稀两侧对称；萼片通常 5，稀为 4，覆瓦状排列；花瓣 5，稀 4，覆瓦状排列；雄蕊 10～15，2 轮，外轮与花瓣对生，花丝基部合生或分离，花药"丁"字形着生，纵裂；蜜腺通常 5，与花瓣互生；子房上位，心皮通常 3～5 室，每室具 1～2 倒生胚珠，花柱与心皮同数，通常下部合生，上部分离。果实为蒴果，通常由中轴延伸成喙，稀无喙，室间开裂，稀不开裂，每果瓣具 1 粒种子，成熟时果瓣通常爆裂、稀不开裂，开裂的果瓣常由基部向上反卷或成螺旋状卷曲，顶部通常附着于中轴顶端。种子具微小胚乳或无胚乳，子叶折叠。

本科约有 11 属 750 种。广泛分布于温带、亚热带和热带山地。我国约有 4 属 67 种。

潜江市有 1 属 1 种。

老鹳草属 Geranium L.

草本，稀亚灌木或灌木，通常被倒向毛。茎具明显的节。叶对生或互生，具托叶，通常具长叶柄；叶片通常掌状分裂，稀二回羽状或仅边缘具齿。花序聚伞状或单生，每总花梗通常具 2 花，稀为单花或多花；总花梗具腺毛或无腺毛；花整齐，花萼和花瓣 5，覆瓦状排列，腺体 5，每室具 2 胚珠。蒴果具长喙，5 果瓣，每果瓣具 1 粒种子，果瓣在喙顶部合生，成熟时沿主轴从基部向上端反卷开裂，弹出种子或种子与果瓣同时脱落，附着于主轴的顶部，果瓣内无毛。种子具胚乳或无。

本属约有 400 种，世界广布，但主要分布于温带及热带山区。我国约有 55 种 5 变种，全国广布，但主要分布于西南地区、内陆山地和温带落叶、阔叶林区。

潜江市有 1 种。

133. 野老鹳草 *Geranium carolinianum* L.

【植物形态】一年生草本，高 20～60 厘米，根纤细，单一或分枝，茎直立或仰卧，单一或多数，具棱角，密被倒向短柔毛。基生叶早枯，茎生叶互生或最上部对生；托叶披针形或三角状披针形，长 5～7 毫米，宽 1.5～2.5 毫米，外被短柔毛；茎下部叶具长柄，柄长为叶片的 2～3 倍，被倒向短柔毛，上部叶柄渐短；叶片肾圆形，长 2～3 厘米，宽 4～6 厘米，基部心形，掌状 5～7 裂近基部，裂片楔状倒卵形或菱形，下部楔形、全缘，上部羽状深裂，小裂片条状矩圆形，先端急尖，表面被短伏毛，背面主要沿脉被短伏毛。花序腋生和顶生，长于叶，被倒生短柔毛和开展的长腺毛，每总花梗具 2 花，顶生总花梗常数个集生，花序呈伞状；花梗与总花梗相似，等于或稍短于花；苞片钻状，长 3～4 毫米，被短柔毛；萼片长卵形或近椭圆形，长 5～7 毫米，宽 3～4 毫米，先端急尖，具长约 1 毫米尖头，外被短柔毛或沿脉被开展的糙柔毛和腺毛；花瓣淡紫红色，倒卵形，稍长于萼片，先端圆形，基部宽楔形，雄蕊稍短于萼片，中部以下被长糙柔毛；雌蕊稍长于雄蕊，密被糙柔毛。蒴果长约 2 厘米，被短糙毛，果瓣由喙上部先裂向下卷曲。花期 4—7 月，果期 5—9 月。

【生长环境】生于平原和低山荒坡杂草丛中。潜江市广布，常见。

【药用部位】地上部分。

【采收加工】夏、秋季果实近成熟时采割，捆成把，晒干。

【性味归经】味辛、苦，性平；归肝、肾、脾经。

【功能主治】祛风湿，通经络，止泻痢。

四十四、大戟科　Euphorbiaceae

乔木、灌木或草本，稀木质或草质藤本；木质根，稀肉质块根；通常无刺；常有乳状汁液，白色，稀淡红色。叶互生，少有对生或轮生，单叶，稀复叶，或叶退化呈鳞片状，边缘全缘或有锯齿，稀掌状深裂；具羽状脉或掌状脉；叶柄长至极短，基部或顶端有时具有 1～2 枚腺体；托叶 2，着生于叶柄的基部两侧，早落或宿存，稀托叶鞘状，脱落后具环状托叶痕。花单性，雌雄同株或异株，单花或组成各式花序，通常为聚伞或总状花序，在大戟类中为特殊化的杯状花序（此花序由 1 朵雌花居中，周围环绕数朵或多朵仅有 1 枚雄蕊的雄花）；萼片分离或在基部合生，覆瓦状或镊合状排列，在特殊化的花序中有时萼片极度退化或无；花瓣有或无；花盘环状或分裂成为腺体状，稀无花盘；雄蕊 1 至多枚，花丝分离或合生成柱状，在花蕾时内弯或直立，花药外向或内向，基生或背部着生，药室 2，稀 3～4，纵裂，稀顶孔开裂或横裂，药隔截平或凸起；雄花常有退化雌蕊；子房上位，3 室，稀 2 或 4 室或更多或更少，每室有 1～2 枚胚珠着生于中轴胎座上，花柱与子房室同数，分离或基部连合，顶端常 2 至多裂，直立、平展或卷曲，柱头形状多变，常呈头状、线状、流苏状、折扇形或羽状分裂，表面平滑或有小颗粒状突起，稀被毛或有皮刺。果为蒴果，常从宿存的中央轴柱分离成分果爿，或为浆果状或核果状；种子常有显著种阜，胚乳丰富，肉质或油质，胚大而直或弯曲，子叶通常扁而宽，稀卷叠式。

本科约有 300 属 5000 种，广布于全球，但主产于热带和亚热带地区。最大的属是大戟属，约 2000 种。我国包括引入栽培共约有 70 属 460 种，分布于全国各地，但主产地为西南地区、台湾。

潜江市有 6 属 8 种。

铁苋菜属 *Acalypha* L.

一年生或多年生草本，灌木或小乔木。叶互生，通常膜质或纸质，叶缘具齿或近全缘，具基出脉 3～5 条或为羽状脉；叶柄长或短；托叶披针形或钻状，有的很小，凋落。雌雄同株，稀异株，花序腋生或顶生，雌雄花同序或异序；雄花序穗状，雄花多朵簇生于苞腋或在苞腋排列成团伞花序；雌花序总状或穗状花序，通常每苞腋具雌花 1～3 朵，雌花的苞片具齿或裂片，花后通常增大；雌花和雄花同序（两性的），花的排列形式多样，通常雄花生于花序的上部，呈穗状，雌花 1～3 朵，位于花序下部；花无花瓣，无花盘。雄花：花萼花蕾时闭合，花萼裂片 4 枚，镊合状排列；雄蕊通常 8 枚，花丝离生，花药 2 室，药室叉开或悬垂，细长、扭转、蠕虫状；不育雌蕊缺。雌花：萼片 3～5 枚，覆瓦状排列，近基部合生；子房 3 或 2 室，每室具胚珠 1 枚，花柱离生或基部合生，撕裂为多条线状的花柱枝。蒴果，小，通常具 3 个分果爿，果皮具毛或软刺；种子近球形或卵圆形，种皮壳质，有时具明显种脐或种阜，胚乳肉质，子叶阔、扁平。

本属约有 450 种，广布于热带、亚热带地区。我国约有 17 种，其中栽培 2 种，除西北部外，各地均有分布。

潜江市有 1 种。

134. 铁苋菜 *Acalypha australis* L.

【别名】海蚌含珠、蚌壳草。

【植物形态】一年生草本，高 0.2～0.5 米，小枝细长，被贴伏柔毛，毛逐渐稀疏。叶膜质，长卵形、近菱状卵形或阔披针形，长 3～9 厘米，宽 1～5 厘米，顶端短渐尖，基部楔形，稀圆钝，边缘具圆锯，上面无毛，下面沿中脉具柔毛；基出脉 3 条，侧脉 3 对；叶柄长 2～6 厘米，具短柔毛；托叶披针形，长 1.5～2 毫米，具短柔毛。雌雄花同序，花序腋生，稀顶生，长 1.5～5 厘米，花序梗长 0.5～3 厘米，花序轴具短毛，雌花苞片 1～2（4）枚，卵状心形，花后增大，长 1.4～2.5 厘米，宽 1～2 厘米，边缘具三角形齿，外面沿掌状脉具疏柔毛，苞腋具雌花 1～3 朵；花梗无；雄花生于花序上部，排列呈穗状或头状，雄花苞片卵形，长约 0.5 毫米，苞腋具雄花 5～7 朵，簇生；花梗长 0.5 毫米；雄花：花蕾时近球形，无毛，花萼裂片 4 枚，卵形，长约 0.5 毫米，雄蕊 7～8 枚；雌花：萼片 3 枚，长卵形，长 0.5～1 毫米，具疏毛；子房具疏毛，花柱 3 枚，长约 2 毫米，撕裂 5～7 条。蒴果直径 4 毫米，具 3 个分果爿，果皮具疏生毛和毛基变厚的小瘤体；种子近卵状，长 1.5～2 毫米，种皮平滑，假种阜细长。花果期 4—12 月。

【生长环境】生于海拔 20～1200（1900）米平原或山坡较湿润耕地和空旷草地，有时生于石灰岩山、疏林下。潜江市广布，常见。

【药用部位】全草。

【采收加工】5—7 月采收，除去泥土，鲜用或晒干。

【性味归经】味苦、涩，性凉；归心、肺、大肠、小肠经。

【功能主治】清热利湿，凉血解毒，消积。

秋枫属 *Bischofia* Blume

大乔木，有乳管组织，汁液呈红色或淡红色。叶互生，三出复叶，稀5小叶，具长柄，小纤片边缘具细锯齿；托叶小，早落。花单性，雌雄异株，稀同株，组成腋生圆锥花序或总状花序；花序通常下垂；无花瓣及花盘；萼片5，离生；雄花：萼片镊合状排列，初时包围着雄蕊，后外弯，雄蕊5，分离，与萼片对生，花丝短，花药大，药室2，平行，内向，纵裂，退化雌蕊短而宽，有短柄；雌花：萼片覆瓦状排列，形状和大小与雄花的相同，子房上位，3室，稀4室，每室有胚珠2枚，花柱2～4，长而肥厚，顶端伸长，直立或外弯。果实小，浆果状，圆球形，不分裂，外果皮肉质，内果皮坚纸质；种子3～6粒，长圆形，无种阜，外种皮脆壳质，胚乳肉质，胚直立，子叶宽而扁平。

本属约有2种，分布于亚洲南部及东南地区至澳大利亚和波利尼西亚。我国主要分布于西南、华中、华东和华南等地。

潜江市有1种。

135. 重阳木 *Bischofia polycarpa*（Levl.）Airy Shaw

【别名】乌杨、茄冬树、红桐。

【植物形态】落叶乔木，高达15米，胸径50厘米，有时达1米；树皮褐色，厚6毫米，纵裂；木材表面槽棱不显；树冠伞状，大枝斜展，小枝无毛，当年生枝绿色，皮孔明显，灰白色，老枝变褐色，皮孔变锈褐色；芽小，顶端稍尖或钝，具有少数芽鳞；全株均无毛。三出复叶；叶柄长9～13.5厘米；顶生小叶通常较两侧的大，小叶片纸质，卵形或椭圆状卵形，有时长圆状卵形，长5～9（14）厘米，宽3～6（9）厘米，顶端突尖或短渐尖，基部圆或浅心形，边缘具钝细锯齿，每厘米4～5个；顶生小叶柄长1.5～4（6）厘米，侧生小叶柄长3～14毫米；托叶小，早落。花雌雄异株，春季与叶同时开放，组成总状花序；

花序通常着生于新枝的下部，花序轴纤细而下垂；雄花序长 8～13 厘米；雌花序 3～12 厘米；雄花：萼片半圆形，膜质，向外张开，花丝短，有明显的退化雌蕊；雌花：萼片与雄花的相同，有白色膜质的边缘，子房 3～4 室，每室 2 胚珠，花柱 2～3，顶端不分裂。果实浆果状，圆球形，直径 5～7 毫米，成熟时红褐色。花期 4—5 月，果期 10—11 月。心材与边材明显，心材鲜红色至暗红褐色，边材淡红色至淡红褐色，材质略重而坚韧，结构细而匀，有光泽。

【生长环境】生于海拔 1000 米以下山地林中，或平原栽培，在长江中下游平原习见，常栽培为行道树。潜江市周矶街道有发现。

【药用部位】根、皮。

【采收加工】全年均可采收，浸酒或晒干。

【性味归经】味辛、涩，性凉；归心经。

【功能主治】理气活血，解毒消肿。

大戟属 *Euphorbia* L.

一年生、二年生或多年生草本、灌木或乔木；植物体具乳状液汁。根圆柱状，或纤维状，或具不规则块根。叶常互生或对生，少轮生，常全缘，少分裂或具齿或不规则；叶常无叶柄，少数具叶柄；托叶常无，少数存在或呈钻状或呈刺状。杯状聚伞花序，单生或组成复花序，复花序呈单歧、二歧或多歧分枝，多生于枝顶或植株上部，少数腋生；每个杯状聚伞花序由 1 枚位于中间的雌花和多枚位于周围的雄花同生于 1 个杯状总苞内，为本属所特有，故又称大戟花序；雄花无花被，仅有 1 枚雄蕊，花丝与花梗间具不明显的关节；雌花常无花被，少数具退化的且不明显的花被；子房 3 室，每室 1 枚胚珠；花柱 3，常分裂或基部合生；柱头 2 裂或不裂。蒴果，成熟时分裂为 3 个 2 裂的分果爿（极个别种成熟时不开裂）；种子每室 1 粒，常卵球状，种皮革质，深褐色或淡黄色，具纹饰或否；种阜存在或否。胚乳丰富，子叶肥大。

本属约有 2000 种，是被子植物中的特大属，遍布世界各地，其中非洲和中南美洲较多；我国原产约 66 种，另有栽培和归化 14 种，共计 80 种，南北各地均产，但以西南的横断山区和西北的干旱地区较多。

潜江市有 3 种。

136. 泽漆 *Euphorbia helioscopia* L.

【别名】五朵云、五灯草、五风草。

【植物形态】一年生草本。根纤细，长 7～10 厘米，直径 3～5 毫米，下部分枝。茎直立，单一或自基部多分枝，分枝斜展向上，高 10～30（50）厘米，直径 3～5（7）毫米，光滑无毛。叶互生，倒卵形或匙形，长 1～3.5 厘米，宽 5～15 毫米，先端具齿，中部以下渐狭或呈楔形；总苞叶 5 枚，倒卵状长圆形，长 3～4 厘米，宽 8～14 毫米，先端具齿，基部略渐狭，无柄；总伞幅 5 枚，长 2～4 厘米；苞叶 2 枚，卵圆形，先端具齿，基部呈圆形。花序单生，有柄或近无柄；总苞钟状，高约 2.5 毫米，直径约 2 毫米，光滑无毛，边缘 5 裂，裂片半圆形，边缘和内侧具柔毛；腺体 4，盘状，中部内凹，基部具短柄，淡褐色。雄花数枚，明显伸出总苞外；雌花 1 枚，子房柄略伸出总苞边缘。蒴果三棱状阔圆形，光滑，无毛；具明显的 3 纵沟，长 2.5～3.0 毫米，直径 3～4.5 毫米；成熟时分裂为 3 个分果爿。种子卵形，长约 2 毫米，直径约 1.5 毫米，暗褐色，具明显的脊网；种阜扁平状，无柄。花果期 4—10 月。

【生长环境】生于山沟、路旁、荒野和山坡，较常见。潜江市广布，多见。

【药用部位】全草。

【采收加工】4—5 月开花时采收，除去根及泥沙，晒干。

【性味归经】味辛、苦，性微寒；有毒；归大肠、小肠、脾、肺经。

【功能主治】行水消肿，清热祛痰，解毒杀虫，化痰止咳。种子含油量达 30%，可供工业用。

137. 地锦草 *Euphorbia humifusa* Willd.

【别名】铺地锦、田代氏大戟。

【植物形态】一年生草本。根纤细，长 10～18 厘米，直径 2～3 毫米，常不分枝。茎匍匐，自基部以上多分枝，偶先端斜向上伸展，基部常红色或淡红色，长达 20（30）厘米，直径 1～3 毫米，被柔毛或疏柔毛。叶对生，矩圆形或椭圆形，长 5～10 毫米，宽 3～6 毫米，先端圆钝，基部偏斜，略渐狭，边缘常于中部以上具细锯齿；叶面绿色，叶背淡绿色，有时淡红色，两面被疏柔毛；叶柄极短，长 1～2 毫米。花序单生于叶腋，基部具 1～3 毫米的短柄；总苞陀螺状，高与直径均约 1 毫米，边缘 4 裂，裂片三角形；腺体 4，矩圆形，边缘具白色或淡红色附属物。雄花数枚，近与总苞边缘等长；雌花 1 枚，子房柄伸出至总苞边缘；子房三棱状卵形，光滑无毛；花柱 3，分离；柱头 2 裂。蒴果三棱状卵球形，长约 2 毫米，直径约 2.2 毫米，成熟时分裂为 3 个分果爿，花柱宿存。种子三棱状卵球形，长约 1.3 毫米，直径约 0.9 毫米，灰色，每个棱面无横沟，无种阜。花果期 5—10 月。

【生长环境】生于荒地、路旁、田间、沙丘、海滩、山坡等地，较常见，特别是长江以北地区。潜江市老新镇有发现。

【药用部位】全草。

【采收加工】10 月采收全株，洗净，鲜用或晒干。

【性味归经】味辛，性平；归肺、肝、胃、大肠、膀胱经。

【功能主治】清热解毒，活血止血，利湿退黄，通乳，杀虫。

138. 斑地锦 *Euphorbia maculata* L.

【植物形态】一年生草本。根纤细，长 4 ～ 7 厘米，直径约 2 毫米。茎匍匐，长 10 ～ 17 厘米，直径约 1 毫米，被白色疏柔毛。叶对生，长椭圆形至肾状长圆形，长 6 ～ 12 毫米，宽 2 ～ 4 毫米，先端钝，基部偏斜，不对称，略呈渐圆形，边缘中部以下全缘，中部以上常具细小疏锯齿；叶面绿色，中部常有 1 个长圆形的紫色斑点，叶背淡绿色或灰绿色，新鲜时可见紫色斑，干时不明显，两面无毛；叶柄极短，长约 1 毫米；托叶钻状，不分裂，边缘具毛。花序单生于叶腋，基部具短柄，柄长 1 ～ 2 毫米；总苞狭杯状，高 0.7 ～ 1.0 毫米，直径约 0.5 毫米，外部具白色疏柔毛，边缘 5 裂，裂片三角状圆形；腺体 4，黄绿色，横椭圆形，边缘具白色附属物。雄花 4 ～ 5，微伸出总苞外；雌花 1，子房柄伸出总苞外，且被柔毛；子房被疏柔毛；花柱短，近基部合生；柱头 2 裂。蒴果三角状卵形，长约 2 毫米，直径约 2 毫米，被疏柔毛，成熟时易分裂为 3 个分果爿。种子四棱状卵形，长约 1 毫米，直径约 0.7 毫米，灰色或灰棕色，每个棱面具 5 个横沟，无种阜。花果期 4—9 月。

【生长环境】生于平原或低山坡的路旁。潜江市森林公园有发现。

【药用部位】全草。

【采收加工】10 月采收全株，洗净，鲜用或晒干。

【性味归经】味辛，性平；归肺、肝、胃、大肠、膀胱经。

【功能主治】清热解毒，活血止血，利湿退黄。

叶下珠属 *Phyllanthus* L.

灌木或草本，少数为乔木；无乳汁。单叶，互生，通常在侧枝上排成 2 列，呈羽状复叶状，全缘；羽状脉；具短柄；托叶 2，小，着生于叶柄基部两侧，常早落。花通常小、单性，雌雄同株或异株，单生、簇生或组成聚伞、团伞、总状或圆锥花序；花梗纤细；无花瓣；雄花：萼片（2）3 ～ 6，离生，1 ～ 2 轮，覆瓦状排列，花盘通常分裂为离生，且与萼片互生的腺体 3 ～ 6 枚，雄蕊 2 ～ 6，花丝离生或合生成柱状，花药 2 室，外向，药室平行、基部叉开或完全分离，纵裂、斜裂或横裂，药隔不明显，无退化雌蕊；雌花：萼片与雄花同数或较多，花盘腺体通常小，离生或合生呈环状或坛状，围绕子房；子房通常 3 室，稀 4 ～ 12 室，每室有胚珠 2 枚，花柱与子房室同数，分离或合生，顶端全缘或 2 裂，直立、伸展或下弯。蒴果，通常基顶压扁呈扁球形，成熟后常 2 裂为 3 个分果爿，中轴通常宿存；种子三棱形，种皮平滑或有网纹，无假种皮和种阜。

本属约有 600 种，主要分布于热带及亚热带地区，少数分布于北半球温带地区。我国有 33 种 4 变种，主要分布于长江以南各地。

潜江市有 1 种。

139. 叶下珠 *Phyllanthus urinaria* L.

【别名】阴阳草、假油树、珍珠草、珠仔草。

【植物形态】一年生草本，高 10 ～ 60 厘米，茎通常直立，基部多分枝，枝倾卧而后上升；枝具翅状纵棱，上部被一纵列疏短柔毛。叶片纸质，因叶柄扭转而呈羽状排列，长圆形或倒卵形，长 4 ～ 10 毫米，宽 2 ～ 5 毫米，顶端圆钝或急尖而有小尖头，下面灰绿色，近边缘或边缘有 1 ～ 3 列短粗毛，侧脉每边 4 ～ 5 条，明显；叶柄极短；托叶卵状披针形，长约 1.5 毫米。花雌雄同株，直径约 4 毫米；雄花：2 ～ 4 朵簇生于叶腋，通常仅上面 1 朵开花，下面的很小，花梗长约 0.5 毫米，基部有苞片 1 ～ 2 枚，萼片 6，倒卵形，长约 0.6 毫米，顶端钝，雄蕊 3，花丝全部合生成柱状，花粉粒长球形，通常具 5 孔沟，少数 3、4、6 孔沟，内孔横长椭圆形，花盘腺体 6，分离，与萼片互生；雌花：单生于小枝中下部的叶腋内，花梗长约 0.5 毫米；萼片 6，近相等，卵状披针形，长约 1 毫米，边缘膜质，黄白色，花盘圆盘状，边全缘；子房卵状，有鳞片状突起，花柱分离，顶端 2 裂，裂片弯卷。蒴果圆球状，直径 1 ～ 2 毫米，红色，表面具小突刺，有宿存的花柱和萼片，开裂后轴柱宿存；种子长 1.2 毫米，橙黄色。花期 4—6 月，果期 7—11 月。

【生长环境】通常生于海拔 500 米以下旷野平地、旱田、山地路旁或林缘，在云南海拔 1100 米的湿润山坡草地亦有生长。潜江市渔洋镇有发现。

【药用部位】带根全草。

【采收加工】夏、秋季采收，除去杂质，鲜用或晒干。

【性味归经】味微苦，性凉；归肝、脾、肾经。

【功能主治】清热解毒，利水消肿，明目，消积。用于目赤肿痛，肠炎腹泻，痢疾，肝炎，小儿疳积，肾炎水肿，尿路感染等。

蓖麻属 *Ricinus* L.

一年生草本或草质灌木；茎常被白霜。叶互生，纸质，掌状分裂，盾状着生，叶缘具锯齿；叶柄的基部和顶端均具腺体；托叶合生，凋落。花雌雄同株，无花瓣，花盘缺；圆锥花序，顶生，后变为与叶对生，雄花生于花序下部，雌花生于花序上部，均多朵簇生于苞腋；花梗细长；雄花：花萼花蕾时近球形，萼裂片 3～5 枚，镊合状排列，雄蕊极多，可达 1000 枚，花丝合生成数目众多的雄蕊束，花药 2 室，药室近球形，彼此分离，纵裂，无不育雌蕊；雌花：萼片 5 枚，镊合状排列，花后凋落，子房具软刺或无刺，3 室，每室具胚珠 1 枚，花柱 3 枚，基部稍合生，顶部各 2 裂，密生乳头状突起。蒴果，具 3 个分果爿，具软刺或平滑；种子椭圆形，微扁平，种皮硬壳质，平滑，具斑纹，胚乳肉质，子叶阔、扁平；种阜大。

单种属。广泛栽培于热带地区。我国大部分地区均有栽培。

潜江市有发现。

140. 蓖麻 *Ricinus communis* L.

【植物形态】一年生粗壮草本或草质灌木，高达 5 米；小枝、叶和花序通常被白霜，茎多液汁。叶轮廓近圆形，长和宽达 40 厘米或更大，掌状 7～11 裂，裂缺几达中部，裂片卵状长圆形或披针形，顶端急尖或渐尖，边缘具锯齿；掌状脉 7～11 条。网脉明显；叶柄粗壮，中空，长可达 40 厘米，顶端具 2 枚盘状腺体，基部具盘状腺体；托叶长三角形，长 2～3 厘米，早落。总状花序或圆锥花序，长 15～30 厘米或更长；苞片阔三角形，膜质，早落；雄花：花萼裂片卵状三角形，长 7～10 毫米，雄蕊束众多；雌花：萼片卵状披针形，长 5～8 毫米，凋落；子房卵状，直径约 5 毫米，密生软刺或无刺，花柱红色，长约 4 毫米，顶部 2 裂，密生乳头状突起。蒴果卵球形或近球形，长 1.5～2.5 厘米，果皮具软刺或光滑；种子椭圆形，微扁平，长 8～18 毫米，光滑，斑纹淡褐色或灰白色；种阜大。花期几全年或 6—9 月（栽培）。

【生长环境】分布于华南和西南地区，海拔 20～500 米（云南海拔 2300 米），村旁疏林或河流两岸冲积地常有逸为野生，多年生灌木。潜江市周矶街道有发现。

【药用部位】种子及种仁油。

【采收加工】当年 8—11 月蒴果呈棕色、未开裂时，选晴天，分批剪下果序，摊晒，脱粒，扬净。

【性味归经】味甘、辛，性平；有小毒；归大肠、肺、脾、肝经。

【功能主治】种子：消肿拔毒，泻下导滞，通络利窍。种仁油：滑肠，润肤。

乌桕属 Triadica Lour.

乔木或灌木。叶互生，罕有近对生，全缘或有锯齿，具羽状脉；叶柄顶端有 2 腺体，罕有不存在；托叶小。花单性，雌雄同株或异株，若为雌雄同株则雌花生于花序轴下部，雄花生于花序轴上部，密集成顶生的穗状花序，穗状圆锥花序或总状花序，稀生于上部叶腋内，无花瓣和花盘；苞片基部具 2 腺体。雄花小，黄色或淡黄色，数朵聚生于苞腋内，无退化雌蕊；花萼膜质，杯状，2～3 浅裂或具 2～3 小齿；雄蕊 2～3 枚，花丝离生，常短，花药 2 室，纵裂。雌花比雄花大，每一苞腋内仅 1 朵雌花；花萼杯状，3 深裂或管状而具 3 齿，稀为 2～3 萼片；子房 2～3 室，每室具 1 胚珠，花柱通常 3 枚，分离或下部合生，柱头外卷。蒴果球形、梨形或为 3 个分果爿，稀浆果状，通常 3 室，室背弹裂、不整齐开裂或有时不裂；种子近球形，常附于三角柱状、宿存的中轴上，迟落，外面被蜡质的假种皮或否，外种皮坚硬；胚乳肉质，子叶宽而平坦。

本属约有 120 种，广布于全球，但主产于热带地区，尤以南美洲最多。我国有 9 种，多分布于东南部至西南部丘陵地区。

潜江市有 1 种。

141. 乌桕 *Triadica sebifera*（L.）Small

【别名】腊子树、桕子树、木子树。

【植物形态】乔木，高 5～10 米，各部均无毛；枝带灰褐色，具细纵棱，有皮孔。叶互生，纸质，叶片阔卵形，长 6～10 厘米，宽 5～9 厘米，顶端短渐尖，基部阔而圆、截平或有时微凹，全缘，近叶柄处常向腹面微卷；中脉两面微凸起，侧脉 7～9 对，互生或罕有近对生，平展或略斜上升，离缘 2～5 毫米弯拱网结，网脉明显；叶柄纤弱，长 2～6 厘米，顶端具 2 腺体；托叶三角形，长 1～1.5 毫米。花单性，雌雄同株，聚集成顶生、长 3～12 毫米的总状花序，雌花生于花序轴下部，雄花生于花序轴上部或有时整个花序全为雄花。雄花：花梗纤细，长 1～3 毫米；苞片卵形或阔卵形，长 1.5～2 毫米，宽 1.5～1.8 毫米，顶端短尖至渐尖，基部两侧各具一肾形的腺体，每一苞片内有 5～10 朵花；小苞片长圆形，蕾期紧抱花梗，长 1～1.5 毫米，顶端浅裂或具齿；花萼杯状，具不整齐的小齿；雄蕊 2 枚，罕有 3 枚，伸出于花萼之外，花丝分离，与近球形的花药近等长。雌花：花梗圆柱形，粗壮，长 2～5 毫米；苞片和小苞片与雄花的相似；花萼 3 深裂几达基部，裂片三角形，长约 2 毫米，宽近 1 毫米；子房卵状球形，3 室，花柱合生部分与子房近等长，柱头 3，外卷。蒴果近球形，成熟时黑色，横切面呈三角形，直径 3～5 毫米，外薄被白色、蜡质的假种皮。花期 5—7 月。

【生长环境】生于旷野、塘边或疏林中。潜江市园林街道有发现。

【药用部位】根皮或树皮。

【采收加工】全年均可采收，剥下浆皮，除去栓皮，晒干。

【性味归经】味苦，性微温；有毒；归大肠，胃经。

【功能主治】泄下逐水，消肿散结，解蛇虫毒。

四十五、芸香科　Rutaceae

常绿或落叶乔木、灌木或草本，稀攀援灌木。通常有油点，有或无刺，无托叶。叶互生或对生，单叶或复叶。花两性或单性，稀杂性同株，辐射对称，很少两侧对称；聚伞花序，稀总状或穗状花序，更少单花，甚或叶上生花；萼片 4 或 5 片，离生或部分合生；花瓣 4 或 5 片，很少 2～3 片，离生，极少下部合生，覆瓦状排列，稀镊合状排列，极少无花瓣与萼片之分，则花被片 5～8 片，且排列成 1 轮；雄蕊 4 或 5 枚，或为花瓣数的倍数，花丝分离或部分连生成多束或呈环状，花药纵裂，药隔顶端常有油点；雌蕊通常由 4 或 5 个、稀较少或更多心皮组成，心皮离生或合生，蜜盘明显，环状，有时变态成子房柄，子房上位，稀半下位，花柱分离或合生，柱头常增大，很少与花柱同粗，中轴胎座，稀侧膜胎座，每心皮有上下叠置、稀两侧并列的胚珠 2 枚，稀 1 枚或较多，胚珠向上转，倒生或半倒生。果为蓇葖、蒴果、翅果、核果，或具革质果皮，或具翼，或果皮稍近肉质的浆果；种子有或无胚乳，子叶平凸或皱褶，常富含油点，胚直立或弯生，很少多胚。

本科约有 150 属 1600 种。全世界广布，主产于热带和亚热带地区，少数分布至温带地区。我国连引进栽培的共约有 28 属 151 种 28 变种，分布于全国各地，主产于西南等地区。

潜江市有 2 属 5 种。

柑橘属 *Citrus* L.

小乔木。枝有刺，新枝扁而具棱。单生复叶，翼叶通常明显，很少甚窄至仅具痕迹，单叶的仅 1 种（香橼，但香橼的杂交种常具翼叶），叶缘有细钝裂齿，很少全缘，密生有芳香气味的透明油点。花两性，或因发育不全而趋于单性，单花腋生或数花簇生，或为少花的总状花序；花萼杯状，3～5 浅裂，很少被毛；花瓣 5 片，覆瓦状排列，盛花时常向背卷，白色或背面紫红色，芳香；雄蕊 20～25 枚，很少多达 60 枚，子房 7～15 室或更多，每室有胚珠 4～8 或更多，柱头大，花盘明显，有密腺。柑果，果蒂的一端称为果底、果基或基部，相对一端称为果顶或顶部，外果皮由外表皮和下表皮细胞组织构成，密生油点，油点又称为油胞，外果皮和中果皮的外层构成果皮的有色部分，内含多种色素体，中果皮的最内层由白色线网状组成，称为橘白或橘络，内果皮由多个心皮发育而成，发育成熟的心皮称为瓢囊，瓢囊内壁上的细胞发育成菱形或纺锤形半透明晶体状的肉条，称为汁胞，汁胞常有纤细的柄；种子甚多或经人工选育成为无籽，种皮平滑或有肋状棱，子叶及胚乳白色或绿色，很少乳黄色，单胚或多胚，多胚的其中一个可能是有性胚，其余为无性胚，种子萌发时子叶不出土。

本属约有 20 种，原产于亚洲东南部及南部。现热带及亚热带地区常有栽培。我国连引进栽培的约有 15 种，其中多数为栽培种。

潜江市有 3 种。

142. 酸橙 *Citrus×aurantium* L.

【植物形态】小乔木，枝叶茂密，刺多，徒长枝的刺长达 8 厘米。叶色浓绿，质地颇厚，翼叶倒卵形，基部狭尖，长 1～3 厘米，宽 0.6～1.5 厘米，或个别品种几无翼叶。总状花序有花少数，有时兼有腋生单花，有单性花倾向，即雄蕊发育，雌蕊退化；花蕾椭圆形或近圆球形；花萼 5 或 4 浅裂，有时花后增厚，无毛或个别品种被毛；花大小不等，花径 2～3.5 厘米；雄蕊 20～25 枚，通常基部合生成多束。果圆球形或扁圆形，果皮稍厚至甚厚，难剥离，橙黄色至朱红色，油胞大小不均匀，凹凸不平，果心实或半充实，瓢囊 10～13 瓣，果肉味酸，有时有苦味或兼有特异气味；种子多且大，常有肋状棱，子叶乳白色，单胚或多胚。花期 4—5 月，果期 9—12 月。

【生长环境】种植，潜江市多地可见。

【药用部位】枳壳（未成熟的果实）、枳实（干燥幼果）。

【采收加工】枳壳：7 月下旬至 8 月上旬，果实近成熟时采摘。枳实：5—6 月收集自落的果实，除去杂质，自中部横切为两半，晒干或低温干燥，较小者直接晒干或低温干燥。

【性味归经】枳壳：味苦、辛、酸，性微寒；归脾、胃经。枳实：味苦、辛、酸，性微寒；归脾、胃经。

【功能主治】枳壳：理气宽中，行滞消胀。用于胸胁气滞，胀满疼痛，食积不化，痰饮内停，脏器下垂。枳实：破气消积，化痰散痞。用于积滞内停，痞满胀痛，泻痢后重，大便不通，痰滞气阻，胸痹，结胸，脏器下垂。

143. 柚 *Citrus maxima*（Burm.）Merr.

【别名】抛、文旦。

【植物形态】乔木。嫩枝、叶背、花梗、花萼及子房均被柔毛，嫩叶通常暗紫红色，嫩枝扁且有棱。叶质颇厚，色浓绿，阔卵形或椭圆形，连翼叶长 9～16 厘米，宽 4～8 厘米，或更大，顶端圆钝，有时短尖，基部圆，翼叶长 2～4 厘米，宽 0.5～3 厘米，个别品种的翼叶甚狭窄。总状花序，有时兼有腋生单花；花蕾淡紫红色，稀乳白色；花萼不规则 3～5 浅裂；花瓣长 1.5～2 厘米；雄蕊 25～35 枚，有时部分雄蕊不育；花柱粗长，柱头略较子房大。果圆球形、扁圆形、梨形或阔圆锥状，横径通常 10 厘米以上，淡黄色或黄绿色，杂交种有朱红色的，果皮甚厚或薄，海绵质，油胞大，凸起，果心实但松软，瓢囊 10～15 瓣或多至 19 瓣，汁胞白色、粉红色或鲜红色，少有带乳黄色；种子多达 200 粒，亦有无子的，形状不规则，通常近似长方形，上部质薄且常截平，下部饱满，多兼有发育不全的，有明显纵肋棱，子叶乳白色，单胚。花期 4—5 月，果期 9—12 月。

【生长环境】全为栽培。潜江市广布，多地可见。

【药用部位】果实。

【采收加工】10—11 月果实成熟时采收，鲜用。

【性味归经】味甘、酸，性寒；归肝、脾、胃经。

【功能主治】消食，化痰，醒酒。

144. 柑橘 *Citrus reticulata* Blanco

【别名】橘子。

【植物形态】小乔木。分枝多，枝扩展或略下垂，刺较少。单身复叶，翼叶通常狭窄或仅有痕迹，叶片披针形、椭圆形或阔卵形，大小变异较大，顶端常有凹口，中脉由基部至凹口附近成叉状分枝，叶缘至少上半段通常有钝或圆裂齿，很少全缘。花单生或 2～3 朵簇生；花萼不规则 3～5 浅裂；花瓣通常长 1.5 厘米以内；雄蕊 20～25 枚，花柱细长，柱头头状。果形多种，通常扁圆形至近圆球形，果皮甚薄而光滑，或厚而粗糙，淡黄色、朱红色或深红色，甚易或稍易剥离，橘络甚多或较少，呈网状，易分离，通常柔嫩，中心柱大而常空，稀充实，瓤囊 7～14 瓣，稀较多，囊壁薄或略厚，柔嫩或颇韧，汁胞通常纺锤形，短而膨大，稀细长，果肉酸或甜，或有苦味，或另有特异气味；种子多或少数，稀无籽，通常卵形，顶部狭尖，基部浑圆，子叶深绿色、淡绿色或间有近乳白色，合点紫色，多胚，少有单胚。花期 4—5 月，果期 10—12 月。

【生长环境】种植，潜江市少见。

【药用部位】青皮：干燥幼果或未成熟果实的果皮。陈皮：干燥成熟果皮。

【采收加工】青皮：5—6 月收集自落的幼果，晒干，习称"个青皮"；7—8 月采收未成熟的果实，在果皮上纵剖成四瓣至基部，除尽瓤瓣，晒干，习称"四花青皮"。陈皮：采摘成熟果实，剥取果皮，晒干或低温干燥。

【性味归经】青皮：味苦、辛，性温；归肝、胆、胃经。陈皮：味苦、辛，性温；归肺、脾经。

【功能主治】青皮：疏肝破气，消积化滞。用于胸胁胀痛，疝气疼痛，乳癖，乳痛，食积气滞。陈皮：理气健脾，燥湿化痰。用于脘腹胀满，食少吐泻，咳嗽痰多。

花椒属 *Zanthoxylum* L.

乔木、灌木或木质藤本，常绿或落叶。茎枝有皮刺。叶互生，奇数羽状复叶，稀单或 3 小叶，小叶互生或对生，全缘或通常叶缘有小裂齿，齿缝处常有较大的油点。圆锥花序或伞房状聚伞花序，顶生或腋生；花单性，若花被片排列成1轮，则花被片4～8片，无萼片与花瓣之分，若排成2轮，则外轮为萼片，内轮为花瓣，均4或5片；雄花的雄蕊4～10枚，药隔顶部常有1油点，退化雌蕊垫状凸起，花柱2～4裂，稀不裂；雌花无退化雄蕊，或有则呈鳞片状或短柱状，极少有个别的雄蕊具花药，花盘细小，雌蕊由2～5个离生心皮组成，每心皮有并列的胚珠2枚，花柱靠合或彼此分离而略向背弯，柱头头状。蓇葖果，外果皮红色，有油点，内果皮干后软骨质，成熟时内外果皮彼此分离，每分果瓣有种子1粒，极少2粒，贴着于增大的珠柄上；种脐短线状，平坦，外种皮脆壳质，褐黑色，有光泽，外种皮脱离后有细点状网纹，胚乳肉质，含油丰富，胚直立或弯生，罕有多胚，子叶扁平，胚根短。

　　本属约有250种，广布于亚洲、非洲、大洋洲、北美洲的热带和亚热带地区，温带地区较少。是本科分布最广的一属。我国有39种14变种，自辽东半岛至海南，东南部自台湾至西藏东南部均有分布。

　　潜江市有2种。

145. 竹叶花椒 *Zanthoxylum armatum DC.*

【别名】万花针、白总管、竹叶总管、山花椒、狗椒、野花椒。

【植物形态】高3～5米的落叶小乔木。茎枝多锐刺，刺基部宽而扁，红褐色，小枝上的刺劲直，水平抽出，小叶背面中脉上常有小刺，仅叶背基部中脉两侧有丛状柔毛，或嫩枝梢及花序轴均被褐锈色短柔毛。叶有小叶3～9片，稀11片，翼叶明显，稀仅有痕迹；小叶对生，通常披针形，长3～12厘米，宽1～3厘米，两端尖，有时基部宽楔形，干后叶缘略向背卷，叶面稍粗皱；或为椭圆形，长4～9厘米，宽2～4.5厘米，顶端中央一片最大，基部一对最小；有时为卵形，叶缘有甚小且疏离的裂齿，或近全缘，仅在齿缝处或沿小叶边缘有油点；小叶柄甚短或无柄。花序近腋生或同时生于侧枝之顶，长2～5厘米，有花30朵以内；花被片6～8片，形状与大小几乎相同，长约1.5毫米；雄花的雄蕊5～6枚，药隔顶端有1干后变褐黑色油点；不育雌蕊垫状凸起，顶端2～3浅裂；雌花有心皮3～2个，背部近顶侧各有1油点，花柱斜向背弯，不育雄蕊短线状。果紫红色，有微凸起少数油点，单个分果瓣直径4～5毫米；种子直径3～4毫米，褐黑色。花期4—5月，果期8—10月。

【生长环境】潜江市龙湾镇有发现。

【药用部位】果实。

【采收加工】6—8月果实成熟时采收，浆果皮晒干，除去种子备用。

【性味归经】味辛、微苦，性温；有小毒；归肺、大肠经。

【功能主治】温中燥湿，散寒止痛，驱虫止痒。

146. 花椒 *Zanthoxylum bungeanum* Maxim.

【别名】椒、樱、大椒、秦椒、蜀椒。

【植物形态】高 3 ～ 7 米的落叶小乔木。茎干上的刺常早落，枝有短刺，小枝上的刺基部宽而扁且为劲直的长三角形，当年生枝被短柔毛。叶有小叶 5 ～ 13 片，叶轴常有甚狭窄的叶翼；小叶对生，无柄，卵形、椭圆形，稀披针形，位于叶轴顶部的较大，近基部的有时圆形，长 2 ～ 7 厘米，宽 1 ～ 3.5 厘米，叶缘有细裂齿，齿缝有油点，其余无或散生肉眼可见的油点；叶背基部中脉两侧有丛毛或小叶两面均被柔毛，中脉在叶面微凹陷，叶背干后常有红褐色斑纹。花序顶生或生于侧枝之顶，花序轴及花梗密被短柔毛或无毛；花被片 6 ～ 8 片，黄绿色，形状及大小大致相同；雄花的雄蕊 5 枚或多至 8 枚；退化雌蕊顶端叉状浅裂；雌花很少有发育雄蕊，有心皮 3 或 2 个，间有 4 个，花柱斜向背弯。果紫红色，单个分果瓣直径 4 ～ 5 毫米，散生微凸起的油点，顶端有甚短的芒尖或无；种子长 3.5 ～ 4.5 毫米。花期 4—5 月，果期 8—9 月或 10 月。

【生长环境】耐旱，喜阳光，各地多栽培。潜江市森林公园有发现。

【药用部位】干燥成熟果皮。

【采收加工】秋季采收成熟果实，晒干，除去种子和杂质。

【性味归经】味辛，性温；归脾、胃、肾经。

【功能主治】温中止痛，杀虫止痒。用于脘腹冷痛，呕吐泄泻，虫积腹痛；外用治湿疹，阴痒，又可作表皮麻醉剂。

四十六、楝科　Meliaceae

乔木或灌木，稀为亚灌木。叶互生，很少对生，通常羽状复叶，很少 3 小叶或单叶；小叶对生或互生，很少有锯齿，基部多少偏斜。花两性或杂性异株，辐射对称，通常组成圆锥花序，稀总状花序或穗状花序；通常 5 基数，稀少基数或多基数；萼小，常浅杯状或短管状，4～5 齿裂或为 4～5 萼片组成，芽时覆瓦状或镊合状排列；花瓣 4～5，少有 3～7 枚的，芽时覆瓦状、镊合状或旋转排列，分离或下部与雄蕊管合生；雄蕊 4～10，花丝合生成一短于花瓣的圆筒形、圆柱形、球形或陀螺形等不同形状的管或分离，花药无柄，直立，内向，着生于管的内面或顶部，内藏或凸出；花盘生于雄蕊管的内面或缺，如存在则成环状、管状或柄状等；子房上位，2～5 室，少有 1 室的，每室有胚珠 1～2 枚或更多；花柱单生或缺，柱头盘状或头状，顶部有槽纹或有小齿 2～4 个。果为蒴果、浆果或核果，开裂或不开裂；果皮革质、木质或很少肉质；种子有胚乳或无胚乳，常有假种皮。

本科约 50 属 1400 种，分布于热带和亚热带地区，少数分布于温带地区，我国有 15 属 62 种 12 变种，此外引入栽培的有 3 属 3 种，主产于长江以南各地，少数分布至长江以北地区。

潜江市有 1 属 1 种。

楝属 *Melia* L.

落叶乔木或灌木，幼嫩部分常被星状毛；小枝有明显的叶痕和皮孔。叶互生，一至三回羽状复叶；小叶具柄，通常有锯齿或全缘。圆锥花序腋生，多分枝，由多个二歧聚伞花序组成；花两性；花萼 5～6 深裂，覆瓦状排列；花瓣白色或紫色，5～6 片，分离，线状匙形，开展，旋转排列；雄蕊管圆筒形，管顶有 10～12 齿裂，管部有线纹 10～12 条，口部扩展，花药 10～12 枚，着生于雄蕊管上部的裂齿间，内藏或部分凸出；花盘环状；子房近球形，3～6 室，每室有叠生的胚珠 2 枚，花柱细长，柱头头状，3～6 裂。果为核果，近肉质，核骨质，每室有种子 1 粒；种子下垂，外种皮硬壳质，胚乳肉质，薄或无胚乳，子叶叶状，薄，胚根圆柱形。

本属约 3 种，产于东半球热带和亚热带地区。我国有 2 种，黄河以南各地普遍分布。

潜江市有 1 种。

147. 楝 *Melia azedarach* L.

【别名】苦楝、楝树、紫花树、森树。

【植物形态】落叶乔木，高达 10 余米。树皮灰褐色，纵裂。分枝广展，小枝有叶痕。叶为二至三回奇数羽状复叶，长 20～40 厘米；小叶对生，卵形、椭圆形至披针形，顶生一片通常略大，长 3～7 厘米，宽 2～3 厘米，先端短渐尖，基部楔形或宽楔形，多少偏斜，边缘有钝锯齿，幼时被星状毛，后两面均无毛，侧脉每边 12～16 条，广展，向上斜举。圆锥花序约与叶等长，无毛或幼时被鳞片状短柔毛；花芳香；花萼 5 深裂，裂片卵形或长圆状卵形，先端急尖，外面被微柔毛；花瓣淡紫色，倒卵状匙形，长约 1 厘米，两面均被微柔毛，通常外面较密；雄蕊管紫色，无毛或近无毛，长 7～8 毫米，有纵细脉，管口有钻形、2～3 齿裂的狭裂片 10 枚，花药 10 枚，着生于裂片内侧，且与裂片互生，长椭圆形，顶端微突尖；子房近球形，5～6 室，无毛，每室有胚珠 2 枚，花柱细长，柱头头状，顶端具 5 齿，不伸出雄蕊管。核果球形至椭圆形，长 1～2 厘米，宽 8～15 毫米，内果皮木质，4～5 室，每室有种子 1 粒；种子椭圆形。花期 4—5 月，果期 10—12 月。

【生长环境】生于低海拔旷野、路旁或疏林中，目前已广泛引为栽培。潜江市广布，常见。

【药用部位】干燥树皮和根皮。

【采收加工】春、秋季剥取，晒干，或除去粗皮，晒干。

【性味归经】味苦，性寒；有毒；归肝、脾、胃经。

【功能主治】杀虫，疗癣。用于蛔虫病，虫积腹痛；外用治疗癣瘙痒。鲜叶可灭钉螺和作农药，根皮可驱蛔虫和钩虫，但有毒，用时要严遵医嘱，根皮粉调醋可治疗癣，苦楝子做成油膏可治头癣；果核仁油可制油漆、润滑油和肥皂。

四十七、槭树科　Aceraceae

乔木或灌木，落叶稀常绿。冬芽具多数覆瓦状排列的鳞片，稀仅具 2 或 4 枚对生的鳞片或裸露。叶对生，具叶柄，无托叶，单叶稀羽状或掌状复叶，不裂或掌状分裂。花序伞房状、穗状或聚伞状，由着叶小枝的顶芽或侧芽生出；花序的下部常有叶，稀无叶，叶在开花以前生长或与花同时生长，稀在开花以后；花小，绿色或黄绿色，稀紫色或红色，整齐，两性、杂性或单性，雄花与两性花同株或异株；萼片 5 或 4，覆瓦状排列；花瓣 5 或 4，稀不发育；花盘环状、褶状或现裂纹，稀不发育，生于雄蕊的内侧或外侧；雄蕊 4～12，通常 8；子房上位，2 室，花柱 2 裂，仅基部连合，稀大部分连合，柱头常反卷；子房每室具 2 枚胚珠，每室仅 1 枚发育，直立或倒生。果实系小坚果，常有翅，又称翅果；种子无胚乳，外种皮很薄，膜质，胚倒生，子叶扁平，折叠或卷折。

本科现仅有 2 属。主要产于亚洲、欧洲、美洲的北半球温带地区，中国约有 140 种。

潜江市有 1 属 2 种。

槭属 *Acer* L.

乔木或灌木，落叶或常绿。冬芽具多数覆瓦状排列的鳞片，或仅具 2 或 4 枚对生的鳞片。叶对生，单叶或复叶（小叶最多达 11 枚），不裂或分裂。花序由着叶小枝的顶芽生出，下部具叶，或由小枝旁边的侧芽生出，下部无叶；花小，整齐，雄花与两性花同株或异株，稀单性，雌雄异株；萼片与花瓣均 5 或 4，稀缺花瓣；花盘环状或微裂，稀不发育；雄蕊 4～12，通常 8，生于花盘内侧、外侧，稀生于花盘上；子房 2 室，花柱 2 裂，稀不裂，柱头通常反卷。果实系 2 枚相连的小坚果，凸起或扁平，侧面有长翅，张开成大小不同的角度。

本属共有 200 余种，分布于亚洲、欧洲及美洲。

潜江市有 2 种。

148. 三角槭 *Acer buergerianum* Miq.

【别名】三角枫。

【植物形态】落叶乔木，高 5～10 米，稀达 20 米。树皮褐色或深褐色，粗糙。小枝细瘦；当年生枝紫色或紫绿色，近无毛；多年生枝淡灰色或灰褐色，稀被蜡粉。冬芽小，褐色，长卵圆形，鳞片内侧被长柔毛。叶纸质，基部近圆形或楔形，长 6～10 厘米，通常浅 3 裂，裂片向前延伸，稀全缘，中央裂片三角状卵形，急尖、锐尖或短渐尖；侧裂片短钝尖或甚小，以至于不发育，裂片边缘通常全缘，稀具少数锯齿；裂片间的凹缺钝尖；上面深绿色，下面黄绿色或淡绿色，被白粉，略被毛，在叶脉上较密；初生脉 3 条，稀基部叶脉也发育良好，成 5 条，在上面不显著，在下面显著；侧脉通常在两面都不显著；叶柄长 2.5～5 厘米，淡紫绿色，细瘦，无毛。花多数，常成顶生被短柔毛的伞房花序，直径约 3 厘米，总花梗长 1.5～2 厘米，开花在叶长大以后；萼片 5，黄绿色，卵形，无毛，长约 1.5 毫米；花瓣 5，淡黄色，狭窄披针形或匙状披针形，先端圆钝，长约 2 毫米，雄蕊 8，与萼片等长或微短，花盘无毛，微分裂，位于雄蕊外侧；子房密被淡黄色长柔毛，花柱无毛，很短、2 裂，柱头平展或略反卷；花梗长 5～10 毫米，细瘦，嫩时被长柔毛，渐老近无毛。翅果黄褐色；小坚果特别凸起，直径 6 毫米；翅与小坚果共长 2～2.5 厘米，稀达 3 厘米，宽 9～10 毫米，中部最宽，基部狭窄，张开成锐角或近直立。花期 4 月，果期 8 月。

【生长环境】生于海拔 300～1000 米的阔叶林中。潜江市森林公园有发现。

149. 鸡爪槭 *Acer palmatum* Thunb.

【别名】七角枫。

【植物形态】落叶小乔木。树皮深灰色。小枝细瘦；当年生枝紫色或淡紫绿色；多年生枝淡灰紫色或深紫色。叶纸质，外貌圆形，直径7~10厘米，基部心形或近心形，稀截形，5~9掌状分裂，通常7裂，裂片长圆状卵形或披针形，先端锐尖或长锐尖，边缘具紧贴的尖锐锯齿；裂片间的凹缺钝尖或锐尖，深达叶片直径的1/2或1/3；上面深绿色，无毛；下面淡绿色，在叶脉的脉腋被白色丛毛；主脉在上面微显著，在下面凸起；叶柄长4~6厘米，细瘦，无毛。花紫色，杂性，雄花与两性花同株，生于无毛的伞房花序，总花梗长2~3厘米，叶发出以后才开花；萼片5，卵状披针形，先端锐尖，长3毫米；花瓣5，椭圆形或倒卵形，先端圆钝，长约2毫米；雄蕊8，无毛，较花瓣略短而藏于其内；花盘位于雄蕊的外侧，微裂；子房无毛，花柱长，2裂，柱头扁平，花梗长约1厘米，细瘦，无毛。翅果嫩时紫红色，成熟时淡棕黄色；小坚果球形，直径7毫米，脉纹显著；翅与小坚果共长2~2.5厘米，宽1厘米，张开成钝角。花期5月，果期9月。

【生长环境】生于海拔200~1200米的林边或疏林中。潜江市白鹭湖管理区有发现。

【药用部位】枝、叶。

【采收加工】夏季采收枝叶，切段，晒干。

【性味归经】味辛、微苦，性平。

【功能主治】行气止痛，解毒消肿。

四十八、无患子科 Sapindaceae

乔木或灌木，有时为草质或木质藤本。羽状复叶或掌状复叶，很少单叶，互生，通常无托叶。聚伞圆锥花序顶生或腋生；苞片和小苞片小；花通常小，单性，很少杂性或两性，辐射对称或两侧对称。雄花：萼片4或5，有时6，等大或不等大，离生或基部合生，覆瓦状排列或镊合状排列；花瓣4或5，很少6，有时无花瓣或只有1~4个发育不全的花瓣，离生，覆瓦状排列，内面基部通常有鳞片或被毛；花盘肉质，环状、碟状、杯状或偏于一边，全缘或分裂，很少无花盘；雄蕊 5 ～ 10，通常 8，偶有多数，着生于花盘内或花盘上，常伸出，花丝分离，极少基部至中部连生，花药背着，纵裂，退化雌蕊很小，常密被毛。雌花：花被和花盘与雄花相同，不育雄蕊的外貌与雄花中能育雄蕊常相似，但花丝较短，花药有厚壁，不开裂；雌蕊由 2 ～ 4 心皮组成，子房上位，通常 3 室，很少 1 或 4 室，全缘或 2 ～ 4 裂，花柱顶生或着生于子房裂片间，柱头单一或 2 ～ 4 裂；胚珠每室 1 或 2 枚，偶有多枚，通常上升着生于中轴胎座上，很少为侧膜胎座。果为室背开裂的蒴果，或不开裂而呈浆果状或核果状，全缘或深裂为分果爿，1 ～ 4 室；种子每室 1 粒，很少 2 粒或多粒，种皮膜质至革质，很少骨质，假种皮有或无；胚通常弯拱，无胚乳或有很薄的胚乳，子叶肥厚。

本科约 150 属 2000 种，分布于全世界的热带和亚热带地区，温带地区很少。我国有 25 属 53 种 2 亚种 3 变种，多数分布于西南部至东南部，北部很少。

潜江市有 2 属 2 种。

栾树属 *Koelreuteria* Laxm.

落叶乔木或灌木。叶互生，一回或二回奇数羽状复叶，无托叶；小叶互生或对生，通常有锯齿或分裂，很少全缘。聚伞圆锥花序大型，顶生，很少腋生；分枝多，广展；花中等大，杂性同株或异株，两侧对称；萼片，或少有 4 片，镊合状排列，外面 2 片较小；花瓣 4 或有时 5，略不等长，具爪，瓣片内面基部有深 2 裂的小鳞片；花盘厚，偏于一侧，上端通常有圆裂齿；雄蕊通常 8 枚，有时较少，着生于花盘之内，花丝分离，常被长柔毛；子房 3 室，花柱短或稍长，柱头 3 裂或近全缘；胚珠每室 2 枚，着生于中轴的中部以上。蒴果膨胀，卵形、长圆形或近球形，具 3 棱，室背开裂为 3 果瓣，果瓣膜质，有网状脉纹；种子每室 1 粒，球形，无假种皮，种皮脆壳质，黑色；胚旋卷，胚根稍长。

本属约 5 种，3 种及 1 变种产于我国，1 种产于斐济。

潜江市有 1 种。

150. 栾树 *Koelreuteria paniculata* Laxm.

【别名】木栾、栾华、五乌拉叶、乌拉、乌拉胶、黑色叶树、石栾树。

【植物形态】落叶乔木或灌木。树皮厚，灰褐色至灰黑色，老时纵裂；皮孔小，灰色至暗褐色；小枝具疣点，与叶轴、叶柄均被皱曲的短柔毛或无毛。叶丛生于当年生枝上，平展，一回、不完全二回或偶为二回羽状复叶，长可达 50 厘米；小叶（7）11 ～ 18 片（顶生小叶有时与最上部的一对小叶在中部以下合生），无柄或具极短的柄，对生或互生，纸质，卵形、阔卵形至卵状披针形，长（3）5 ～ 10 厘米，宽 3 ～ 6 厘米，顶端短尖或短渐尖，基部钝形至近截形，边缘有不规则的钝锯齿，齿端具小尖头，有时近基部的齿疏离呈缺刻状，或羽状深裂达中肋而形成二回羽状复叶，上面仅中脉上散生皱曲的短柔毛，下面在脉腋具髯毛状毛，有时小叶背面被茸毛。聚伞圆锥花序长 25 ～ 40 厘米，密被微柔毛，分枝长而广展，末次分枝上的聚伞花序具花 3 ～ 6 朵，密集呈头状；苞片狭披针形，被小粗毛；花淡黄色，稍芬芳；

花梗长 2.5～5 毫米；萼裂片卵形，边缘具腺状缘毛，呈啮蚀状；花瓣 4，开花时向外反折，线状长圆形，长 5～9 毫米，瓣爪长 1～2.5 毫米，被长柔毛，瓣片基部的鳞片初时黄色，开花时橙红色，有参差不齐的深裂，被疣状皱曲的毛；雄蕊 8 枚，在雄花中长 7～9 毫米，雌花中长 4～5 毫米，花丝下半部密被白色、开展的长柔毛；花盘偏斜，有圆钝小裂片；子房三棱形，除棱上具缘毛外无毛，退化子房密被小粗毛。蒴果圆锥形，具 3 棱，长 4～6 厘米，顶端渐尖，果瓣卵形，外面有网纹，内面光滑且略有光泽；种子近球形，直径 6～8 毫米。花期 6—8 月，果期 9—10 月。

【生长环境】耐寒耐旱，常栽培作庭院观赏树。潜江市园林街道有发现。

【药用部位】花。

【采收加工】6—7 月采花，阴干或晒干。

【性味归经】味苦，性寒；归肝经。

【功能主治】清肝明目。

无患子属 *Sapindus* L.

乔木或灌木。偶数羽状复叶，很少单叶。互生，无托叶；小叶全缘，对生或互生。聚伞圆锥花序大型，多分枝，顶生或在小枝顶部丛生；苞片和小苞片均小而钻形；花单性，雌雄同株或有时异株，辐射对称或两侧对称；萼片 5 或有时 4，覆瓦状排列，外面 2 片较小；花瓣 5，有爪，内面基部有 2 个耳状小鳞片或边缘增厚，无爪，内面基部有 1 枚大型鳞片；花盘肉质，碟状或半月状，有时浅裂；雄蕊（雄花）8，很少更多或较少，伸出，花丝中部以下或基部被毛；子房（雌花）倒卵形或陀螺形，通常 3 浅裂，3 室，花柱顶生；胚珠每室 1 枚，上升。果深裂为 3 分果爿，通常仅 1 或 2 发育，发育果爿近球形或倒卵圆形，背部略扁，内侧附着有 1 或 2 个半月形的不育果爿，成熟后果爿彼此脱离，接合面淡褐色，阔椭圆形或近圆形，果皮肉质，富含皂素，内面在种子着生处有绢质长毛；种子，与果爿近同形，黑色或淡褐色，种皮骨质，无假种皮，种脐线形；胚弯拱，子叶肥厚，叠生，背面的一片大。

本属约 13 种，分布于美洲、亚洲和大洋洲较温暖的地区。我国有 4 种 1 变种，产于长江流域及其以南各地。

潜江市有 1 种。

151. 无患子 *Sapindus saponaria* L.

【别名】木患子、油患子、苦患树、黄目树、目浪树、油罗树、洗手果。

【植物形态】落叶大乔木，高可达20余米，树皮灰褐色或黑褐色；嫩枝绿色，无毛。叶连柄长25～45厘米或更长，叶轴稍扁，上面两侧有直槽，无毛或被微柔毛；小叶5～8对，通常近对生，叶片薄纸质，长椭圆状披针形或稍呈镰形，长7～15厘米或更长，宽2～5厘米，顶端短尖或短渐尖，基部楔形，稍不对称，腹面有光泽，两面无毛或背面被微柔毛；侧脉纤细而密，15～17对，近平行；小叶柄长约5毫米。花序顶生，圆锥形；花小，辐射对称，花梗常很短；萼片卵形或长圆状卵形，大的长约2毫米，外面基部被疏柔毛；花瓣5，披针形，有长爪，长约2.5毫米，外面基部被长柔毛或近无毛，鳞片2个，小耳状；花盘碟状，无毛；雄蕊8，伸出，花丝长约3.5毫米，中部以下密被长柔毛；子房无毛。果的发育分果片近球形，直径2～2.5厘米，橙黄色，干时变黑。花期春季，果期夏秋季。

【生长环境】各地寺庙、庭院和村边常见栽培。潜江市园林街道有发现。

【药用部位】种子、果皮。

【采收加工】种子：秋季采摘成熟果实，除去果肉和果皮，取种子晒干。果皮：秋季果实成熟时，剥取果肉，晒干。

【性味归经】种子：味苦、辛，性寒；有小毒；归心、肺经。果皮：味苦，性平；有小毒；归心、肝、脾经。

【功能主治】种子：清热，祛痰，消积，杀虫。果皮：清热化痰，止痛消积。根和果入药，味苦、微甘，有小毒，具有清热解毒、化痰止咳的作用；果皮含有皂素，可代替肥皂，尤适于丝织品的清洗；木材质软，边材黄白色，心材黄褐色，可做箱板和木梳等。

四十九、冬青科　Aquifoliaceae

乔木或灌木，常绿或落叶；单叶，互生，稀对生或假轮生，叶片通常革质、纸质，稀膜质，具锯齿、腺状锯齿或刺齿，或全缘，具柄；托叶无或小，早落。花小，辐射对称，单性，稀两性或杂性，雌雄异株，排列成腋生、腋外生或近顶生的聚伞花序、假伞形花序、总状花序、圆锥花序或簇生，稀单生；花萼 4～6，覆瓦状排列，宿存或早落；花瓣 4～6，分离或基部合生，通常圆形，或先端具 1 内折的小尖头，覆瓦状排列，稀镊合状排列；雄蕊与花瓣同数，且与之互生，花丝短，花药 2 室，内向，纵裂，或 4～12，1 轮，花丝短而粗或缺，药隔增厚，花药延长或增厚呈花瓣状，（雌花中退化雄蕊存在，常呈箭状）；花盘缺；子房上位，心皮 2～5，合生，2 至多室，每室具 1 枚胚珠，稀 2 枚悬垂、横生或弯生的胚珠，花柱短或无，柱头头状、盘状或浅裂（雄花中败育雌蕊存在，近球形或叶枕状）。果通常为浆果状核果，具 2 至多数分核，通常 4，稀 1，每分核具 1 粒种子；种子含丰富的胚乳，胚小，直立，子房扁平。

本科 4 属，400～500 种。我国约有 1 属 204 种，分布于秦岭南坡、长江流域及其以南地区，以西南地区最盛。

潜江市有 1 属 2 种。

冬青属 *Ilex* L.

常绿或落叶乔木或灌木；单叶互生，稀对生；叶片革质、纸质或膜质，长圆形、椭圆形、卵形或披针形，全缘或具锯齿或具刺，具柄或近无柄；托叶小，胼胝质，通常宿存。花序为聚伞花序或伞形花序，单生于当年生枝条的叶腋内或簇生于二年生枝条的叶腋内，稀单花腋生；花小，白色、粉红色或红色，辐射对称，常由于败育而呈单性，雌雄异株。雄花：花萼盘状，4～6 裂，覆瓦状排列；花瓣 4～8 枚，基部略合生；雄蕊通常与花瓣同数，且互生，花丝短，花药长圆状卵形，内向，纵裂；败育子房上位，近球形或叶枕状，具喙。雌花：花萼 4～8 裂；花瓣 4～8，伸展，基部稍合生；败育雄蕊箭形或心形；子房上位，卵球形，1～10 室，通常 4～8 室，无毛或被短柔毛，花柱稀发育，柱头头状、盘状或柱状。果为浆果状核果，通常为球形，成熟时红色，稀黑色，外果皮膜质或坚纸质，中果皮肉质或明显革质，内果皮木质或石质。分核（内果皮）1～18 粒，通常 4～6，表面平滑，具条纹、棱及沟槽或多皱及洼穴，具 1 种子。

本属 400 种以上，分布于两半球的热带、亚热带至温带地区，主产于中南美洲和亚洲热带地区。我国 200 余种，分布于秦岭南坡、长江流域及其以南广大地区，而以西南和华南地区较多。

潜江市有 2 种。

152. 冬青 *Ilex chinensis* Sims

【植物形态】常绿乔木，高达 13 米；树皮灰黑色，当年生小枝浅灰色，圆柱形，具细棱；二至多年生枝具不明显的小皮孔，叶痕新月形，凸起。叶片薄革质至革质，椭圆形或披针形，稀卵形，长 5～11 厘米，宽 2～4 厘米，先端渐尖，基部楔形或钝，边缘具圆齿，或有时在幼叶为锯齿，叶面绿色，有光泽，干时深褐色，背面淡绿色，主脉在叶面平，背面隆起，侧脉 6～9 对，在叶面不明显，背面明显，无毛，或有时在雄株幼枝顶芽、幼叶叶柄及主脉上有长柔毛；叶柄长 8～10 毫米，上面平或有时具窄沟。雄花：花序具三至四回分枝，总花梗长 7～14 毫米，二级轴长 2～5 毫米，花梗长 2 毫米，无毛，每分枝具花 7～24

朵；花淡紫色或紫红色，4～5基数；花萼浅杯状，裂片阔卵状三角形，具缘毛；花冠辐状，直径约5毫米，花瓣卵形，长2.5毫米，宽约2毫米，开放时反折，基部稍合生；雄蕊短于花瓣，长1.5毫米，花药椭圆形；退化子房圆锥状，长不足1毫米。雌花：花序具一至二回分枝，具花3～7朵，总花梗长3～10毫米，扁，二级轴发育不好；花梗长6～10毫米；花萼和花瓣同雄花，退化雄蕊长约为花瓣的1/2，败育花药心形；子房卵球形，柱头具不明显的4～5裂，厚盘形。果长球形，成熟时红色，长10～12毫米，直径6～8毫米；分核4～5，狭披针形，长9～11毫米，宽约2.5毫米，背面平滑，凹形，断面呈三棱形，内果皮厚革质。花期4—6月，果期7—12月。

【生长环境】生于海拔500～1000米的山坡常绿阔叶林中和林缘。潜江市梅苑有发现。

【药用部位】树皮及根皮、果实。

【采收加工】树皮及根皮：全年均可采收，鲜用或晒干。果实：冬季果实成熟时采摘，晒干。

【性味归经】树皮及根皮：味甘、苦，性凉；归肝、脾经。果实：味甘、苦，性凉；归肝、肾经。

【功能主治】树皮及根皮：凉血解毒，止血止带。果实：补肝肾，祛风湿，止血敛疮。树皮及种子供药用，为强壮剂，且有较强的抑菌和杀菌作用。叶有清热利湿、消肿镇痛的功效，用于肺炎，急性咽喉炎，痢疾，胆道感染；外用治烧伤，下肢溃疡，皮炎，湿疹等。根亦可入药，有抗菌、清热解毒、消炎的功效，用于上呼吸道感染，慢性支气管炎，痢疾；外用治烧伤、烫伤、冻疮、乳腺炎。

153. 枸骨 *Ilex cornuta* Lindl. et Paxt.

【别名】猫儿刺、老虎刺、八角刺、鸟不宿。

【植物形态】常绿灌木或小乔木，高（0.6）1～3米；幼枝具纵脊及沟，沟内被微柔毛或变无毛，二年生枝褐色，三年生枝灰白色，具纵裂缝及隆起的叶痕，无皮孔。叶片厚革质，二型，四角状长圆形或卵形，长4～9厘米，宽2～4厘米，先端具3枚尖硬刺齿，中央刺齿常反曲，基部圆形或近截形，两侧各具1～2枚刺齿，有时全缘（此情况常出现在卵形叶），叶面深绿色，有光泽，背面淡绿色，无光泽，两面无毛，主脉在上面凹下，背面隆起，侧脉5或6对，于叶缘附近网结，在叶面不明显，在背面凸起，网状脉两面不明显；叶柄长4～8毫米，上面具狭沟，被微柔毛；托叶胼胝质，宽三角形。花序簇生于二年生枝的叶腋内，基部宿存鳞片近圆形，被柔毛，具缘毛；苞片卵形，先端钝或具短尖头，被短柔毛和缘毛；花淡黄色，4基数。雄花：花梗长5～6毫米，无毛，基部具1～2枚阔三角形的小苞片；花萼盘状；直径约2.5毫米，裂片膜质，阔三角形，长约0.7毫米，宽约1.5毫米，疏被微柔毛，具缘毛；

花冠辐状，直径约 7 毫米，花瓣长圆状卵形，长 3～4 毫米，反折，基部合生；雄蕊与花瓣近等长或稍长，花药长圆状卵形，长约 1 毫米；退化子房近球形，先端钝或圆形，不明显的 4 裂。雌花：花梗长 8～9 毫米，果期长达 14 毫米，无毛，基部具 2 枚小的阔三角形苞片；花萼与花瓣与雄花类似；退化雄蕊长为花瓣的 4/5，略长于子房，败育花药卵状箭形；子房长圆状卵球形，长 3～4 毫米，直径 2 毫米，柱头盘状，4 浅裂。果球形，直径 8～10 毫米，成熟时鲜红色，基部具四角形宿存花萼，顶端宿存柱头盘状，明显 4 裂；果梗长 8～14 毫米。分核 4，轮廓倒卵形或椭圆形，长 7～8 毫米，背部宽约 5 毫米，遍布皱纹和皱纹状纹孔，背部中央具 1 纵沟，内果皮骨质。花期 4—5 月，果期 10—12 月。

【生长环境】生于海拔 150～1900 米的山坡、丘陵等灌丛中、疏林中以及路边、溪旁和村舍附近。潜江市梅苑有发现。

【药用部位】树皮、果实。

【采收加工】树皮：全年均可采剥，去净杂质，晒干。果实：冬季采摘成熟的果实，除去果柄等杂质，晒干。

【性味归经】树皮：味微苦，性凉；归肝、肾经。果实：味苦、涩，性微温；归肝、肾经。

【功能主治】树皮：补肝肾，强腰膝。果实：补肝肾，强筋活络，固涩下焦。根：滋补强壮，活络，清风热，祛风湿。枝叶：用于肺痨咳嗽，劳伤失血，腰膝痿弱，风湿痹痛。果实：用于阴虚身热，淋浊，筋骨疼痛。

五十、卫矛科　Celastraceae

常绿或落叶乔木、灌木或藤本灌木及匍匐小灌木。单叶对生或互生，少为 3 叶轮生并类似互生；托叶细小，早落或无，稀明显而与叶俱存。花两性或退化为功能性不育的单性花，杂性同株，较少异株；聚伞花序 1 至多次分枝，具有较小的苞片和小苞片；花 4～5 数，花部同数或心皮减数，花萼花冠分化明显，极少花萼与花冠相似或花冠退化，花萼基部通常与花盘合生，花萼分为 4～5 萼片，花冠具 4～5 分离花瓣，少为基部贴合，常具明显肥厚花盘，极少花盘不明显或近无，雄蕊与花瓣同数，着生于花盘之上或花盘之下，花药2或1室，心皮2～5，合生，子房下部常陷入花盘而与之合生或与之融合而无明显界线，或仅基部与花盘相连，大部游离，子房室与心皮同数或退化成不完全室或1室，倒生胚珠，通常每室2～6，少为1，轴生、室顶垂生，较少基生。多为蒴果，亦有核果、翅果或浆果；种子多少被肉质具色假种皮包围，稀无假种皮，胚乳肉质丰富。

本科约有60属850种。主要分布于热带、亚热带等地区，少数分布于寒温带地区。我国有12属201种，全国均产，其中引进栽培有1属1种。

潜江市有2属3种。

南蛇藤属 *Celastrus* L.

落叶或常绿藤状灌木，小枝圆柱状，稀具纵棱，除幼期及个别种外，通常光滑无毛，具多数明显长椭圆形或圆形灰白色皮孔。单叶互生，边缘具各种锯齿，叶脉为羽状网脉；托叶小，线形，常早落。花通常功能性单性，异株或杂性，稀两性，聚伞花序呈圆锥状或总状，有时单出或分枝，腋生或顶生，或顶生与腋生并存；花黄绿色或黄白色，直径6～8毫米，小花梗具关节；花5数；花萼钟状，5片，三角形、半圆形或长方形；花瓣椭圆形或长方形，全缘或具腺状缘毛或为啮蚀状；花盘膜质，浅杯状，稀肉质，扁平，全缘或5浅裂；雄蕊着生于花盘边缘，稀出自扁平花盘下面，花丝一般丝状，在雌花中花丝短，花药不育；子房上位，与花盘离生，稀微连合，通常3室，稀1室，每室2胚珠或1胚珠，着生于子房室基部，胚珠基部具杯状假种皮，柱头3裂，每裂常又2裂，在雄花中雌蕊小而不育。蒴果类球状，通常黄色，顶端常具宿存花柱，基部有宿存花萼，成熟时室背开裂；果轴宿存；种子1～6粒，椭圆状或新月形至半圆形，假种皮肉质红色，全包种子，胚直立，具丰富胚乳。

本属有30余种，分布于亚洲、大洋洲、美洲及马达加斯加的热带及亚热带地区。我国约有24种2变种，除青海、新疆尚未见记载外，各地均有分布，而长江以南分布最多。

潜江市有1种。

154. 南蛇藤 *Celastrus orbiculatus* Thunb.

【别名】蔓性落霜红、南蛇风、大南蛇、香龙草、果山藤。

【植物形态】落叶藤状灌木，高达12米。小枝光滑无毛，灰棕色或棕褐色，具稀而不明显的皮孔；腋芽小，卵状至卵圆状，长1～3毫米。叶通常阔倒卵形、近圆形或长方状椭圆形，长5～13厘米，宽3～9厘米，先端圆阔，具有小尖头或短渐尖，基部阔楔形至近圆钝，边缘具锯齿，两面光滑无毛或叶背脉上具稀疏短柔毛，侧脉3～5对；叶柄细长，1～2厘米。聚伞花序腋生，间有顶生，花序长1～3厘米，小花1～3朵，偶仅1～2朵，小花梗关节在中部以下或近基部；雄花萼片钝三角形；花瓣倒卵状椭圆形或长方形，长3～4厘米，宽2～2.5毫米；花盘浅杯状，裂片浅，顶端圆钝；雄蕊长2～3毫米，退化雌蕊不发达；雌花花冠较雄花窄小，花盘稍深厚，肉质，退化雄蕊极短小；子房近球状，花柱长约1.5毫米，柱头3深裂，裂端再2浅裂。蒴果近球状，直径8～10毫米；种子椭圆状，稍扁，长4～5毫米，直径 2.5 ～ 3 毫米，赤褐色。花期 5—6 月，果期 7—10 月。

【生长环境】生于海拔 450 ～ 2200 米山坡灌丛。潜江市王场镇有发现，多地可见。

【药用部位】藤茎。

【采收加工】春、秋季采收，鲜用或切段晒干。

【性味归经】味苦、辛，性微温；归肝、膀胱经。

【功能主治】祛风除湿，通经止痛，活血解毒。

卫矛属 *Euonymus* L.

常绿、半常绿或落叶灌木或小乔木，或倾斜、披散以至藤本。叶对生，极少为互生或 3 叶轮生。花为三至多次分枝的聚伞圆锥花序；花两性，较小，一般直径 5 ～ 12 毫米；花部 4 ～ 5 数，花萼绿色，多为宽短半圆形；花瓣较花萼长、大，多为白绿色或黄绿色，偶为紫红色；花盘发达，一般肥厚扁平、圆或方，有时 4 ～ 5 浅裂；雄蕊着生于花盘上面，多在靠近边缘处，少在靠近子房处，花药"个"字形着生或基着，2 或 1 室，药隔发达，托于花药之下，常使花粉囊呈皿状，花丝细长或短或仅呈突起状；子房半沉于花盘内，4 ～ 5 室，胚珠每室 2 ～ 12，轴生或室顶垂生，花柱单 1，明显或极短，柱头细小或呈小圆头状。蒴果近球状、倒锥状，不分裂或上部 4 ～ 5 浅凹，或 4 ～ 5 深裂至近基部，果皮平滑或被刺突或瘤突，心皮背部有时延长外伸呈扁翅状，成熟时胞间开裂，果皮完全裂开或内层果皮不裂而与外层果皮分离，在果内凸起呈假轴状；种子每室多为 1 ～ 2 粒成熟，稀 6 粒以上，种子外被红色或黄色肉质假种皮；假种皮包围种子的全部，或仅包围一部分而呈杯状、舟状或盔状。

本属约有 220 种，分布于亚热带等地区，仅少数种类北伸至寒温带地区。我国有 111 种 10 变种 4 变型。

潜江市有 2 种。

155. 扶芳藤 *Euonymus fortunei*（Turcz.）Hand.–Mazz.

【别名】爬行卫矛、胶东卫矛、文县卫矛、胶州卫矛、常春卫矛。

【植物形态】常绿藤本灌木，高 1 至数米；小枝方棱不明显。叶薄革质，椭圆形、长方状椭圆形或长倒卵形，宽窄变异较大，可窄至近披针形，长 3.5 ～ 8 厘米，宽 1.5 ～ 4 厘米，先端钝或急尖，基部楔形，边缘齿浅不明显，侧脉细微和小脉全不明显；叶柄长 3～6 毫米。聚伞花序 3～4 次分枝；花序梗长 1.5～3 厘米，第一次分枝长 5～10 毫米，第二次分枝 5 毫米以下，最终小聚伞花密集，有花 4～7 朵，分枝中央有单花，小花梗长约 5 毫米；花白绿色，4 数，直径约 6 毫米；花盘方形，直径约 2.5 毫米；花丝细长，长 2～3 毫米，花药圆心形；子房三角锥状，四棱，粗壮明显，花柱长约 1 毫米。蒴果粉红色，果皮光滑，近球状，直径 6～12 毫米；果序梗长 2～3.5 厘米；小果梗长 5～8 毫米；种子长方状椭圆状，棕褐色，假种皮鲜红色，全包种子。花期 6 月，果期 10 月。

【生长环境】生于山坡丛林中。潜江市白鹭湖管理区有发现。

【药用部位】带叶茎枝。

【采收加工】茎、叶全年均可采收，去除杂质，切碎，晒干。

【性味归经】味苦、甘、微辛，性微温；归肝、脾、肾经。

【功能主治】舒筋活络，益肾壮腰，止血消瘀。

156. 白杜 *Euonymus maackii* Rupr.

【别名】明开夜合。

【植物形态】小乔木，高达 6 米。叶卵状椭圆形、卵圆形或窄椭圆形，长 4～8 厘米，宽 2～5 厘米，先端长渐尖，基部阔楔形或近圆形，边缘具细锯齿，有时极深而锐利；叶柄通常细长，常为叶片的 1/4～1/3，但有时较短。聚伞花序 3 至多花，花序梗略扁，长 1～2 厘米；花 4 数，淡白绿色或黄绿色，直径约 8 毫米；小花梗长 2.5～4 毫米；雄蕊花药紫红色，花丝细长，长 1～2 毫米。蒴果倒圆心形，4 浅裂，长 6～8 毫米，直径 9～10 毫米，成熟后果皮粉红色；种子长椭圆形，长 5～6 毫米，直径约 4 毫米，种皮棕黄色，假种皮橙红色，全包种子，成熟后顶端常有小口。花期 5—6 月，果期 9 月。

【生长环境】全国各地均有，但长江以南常以栽培为主。潜江市高石碑镇有发现。

【药用部位】根、树皮。

【采收加工】全年均可采收，洗净，切片，晒干。

【性味归经】味苦、辛，性凉；归肝、脾、肾经。

【功能主治】祛风除湿，活血通络，解毒止血。用于风湿性关节炎，腰痛，跌打损伤，血栓闭塞性脉管炎，肺痈，衄血，疮疖肿毒。

五十一、鼠李科　Rhamnaceae

灌木、藤状灌木或乔木，稀草本，通常具刺，或无刺。单叶互生或近对生，全缘或具齿，具羽状脉，或3～5基出脉；托叶小，早落或宿存，或有时变为刺。花小，整齐，两性或单性，稀杂性，雌雄异株，常排列成聚伞花序、穗状圆锥花序、聚伞总状花序、聚伞圆锥花序，或有时单生或数个簇生，通常4基数，稀5基数；花萼钟状或筒状，淡黄绿色，萼片镊合状排列，常坚硬，内面中肋中部有时具喙状突起，与花瓣互生；花瓣通常较萼片小，极凹，匙形或兜状，基部常具爪，或有时无花瓣，着生于花盘边缘下的萼筒上；雄蕊与花瓣对生，为花瓣抱持；花丝着生于花药外面或基部，与花瓣爪部离生，花药2室，纵裂，花盘明显发育，薄或厚，贴生于萼筒上，或填塞于萼筒内面，杯状、壳斗状或盘状，全缘，具圆齿或浅裂；子房上位、半下位至下位，通常3或2室，稀4室，每室有1基生的倒生胚珠，花柱不分裂或上部3裂。核果、浆果状核果、蒴果状核果或蒴果，沿腹缝线开裂或不开裂，或有时果实顶端具纵向的翅或具平展的翅状边缘，基部常为宿存的萼筒所包围，1～4室，具2～4个开裂或不开裂的分核，每分核具1粒种子，种子背部无沟或具沟，或基部具孔状开口，通常有少而明显分离的胚乳或有时无胚乳，胚大而直，黄色或绿色。

本科约58属，900种以上，广泛分布于温带至热带地区。我国有14属133种32变种1变型，全国各地均有分布，以西南和华南地区的种类较为丰富。

潜江市有3属3种。

马甲子属 *Paliurus* Mill.

落叶乔木或灌木。单叶互生，有锯齿或近全缘，具基生三出脉，托叶常变成刺。花两性，5基数，排成腋生或顶生聚伞花序或聚伞圆锥花序，花梗短，结果时常增长；花萼5裂，萼片有明显的网状脉，中肋在内面凸起；花瓣匙形或扇形，两侧常内卷；雄蕊基部与瓣爪离生；花盘厚、肉质，与萼筒贴生，五边形或圆形，无毛，边缘 5 或 10 齿裂或浅裂，中央下陷与子房上部分离，子房上位，大部分藏于花盘内，基部与花盘愈合，顶端伸出于花盘上，3 室（稀 2 室），每室具 1 胚珠，花柱柱状或扁平，通常 3 深裂。核果杯状或草帽状，周围具木栓质或革质的翅，基部有宿存的萼筒，3 室，每室有 1 粒种子。

本属有 6 种，分布于欧洲南部和亚洲东部及南部。我国有 5 种 1 栽培，分布于西南、中南、华东等地区。潜江市有 1 种。

157. 马甲子 *Paliurus ramosissimus*（Lour.）Poir.

【别名】白棘、铁篱笆、铜钱树、马鞍树、雄虎刺。

【植物形态】灌木，高达 6 米；小枝褐色或深褐色，被短柔毛，稀近无毛（幼枝密生锈色短茸毛，后几无毛）。叶互生，纸质，宽卵形、卵状椭圆形或近圆形，长 3 ～ 5.5（7）厘米，宽 2.2 ～ 5 厘米，顶端圆钝，基部宽楔形、楔形或近圆形，稍偏斜，边缘具钝细锯齿或细锯齿，稀上部近全缘，上面沿脉被棕褐色短柔毛，幼叶下面密生棕褐色细柔毛，后渐脱落，仅沿脉被短柔毛或无毛，基生三出脉；叶柄长 5 ～ 9 毫米，被毛，基部有 2 个紫红色斜向直立的针刺，长 0.4 ～ 1.7 厘米。腋生聚伞花序，被黄色茸毛；萼片宽卵形，长 2 毫米，宽 1.6 ～ 1.8 毫米；花瓣匙形，短于萼片，长 1.5 ～ 1.6 毫米，宽 1 毫米；雄蕊与花瓣等长或略长于花瓣；花盘圆形，边缘 5 或 10 齿裂；子房 3 室，每室具 1 胚珠，花柱 3 深裂。核果杯状（盘状），被黄褐色或棕褐色茸毛，周围具木栓质 3 浅裂的窄翅，直径 1 ～ 1.7 厘米，长 7 ～ 8 毫米；果梗被棕褐色茸毛；种子紫红色或红褐色，扁圆形。花期 5—8 月，果期 9—10 月。

【生长环境】生于海拔 2000 米以下的山地和平原，野生或栽培。潜江市竹根滩镇有发现。

【药用部位】根。

【采收加工】全年均可采收，晒干。

【性味归经】味苦，性平；归心、肺经。

【功能主治】祛风散瘀，解毒消肿，活血止痛。

鼠李属 *Rhamnus* L.

灌木或乔木，无刺或小枝顶端常变成针刺；芽裸露或有鳞片。叶互生或近对生，稀对生，具羽状脉，边缘有锯齿或稀全缘；托叶小，早落，稀宿存。花小，两性，或单性或雌雄异株，稀杂性，单生或数个簇生，或排列成腋生聚伞花序、聚伞总状花序或聚伞圆锥花序，黄绿色；花萼钟形或漏斗状钟形，4～5裂，萼片卵状三角形，内面有凸起的中肋；花瓣4～5，短于萼片，兜状，基部具短爪，顶端常2浅裂，稀无花瓣；雄蕊4～5枚，背着花药，为花瓣抱持，与花瓣等长或短于花瓣；花盘薄，杯状；子房上位，球形，着生于花盘上，不为花盘包围，2～4室，每室有1胚珠，花柱2～4裂。浆果状核果倒卵状球形或圆球形，基部为宿存萼筒所包围，具2～4分核，分核骨质或软骨质，开裂或不开裂，各有1粒种子；种子倒卵形或长圆状倒卵形，背面或背侧具纵沟，或稀无沟。

　　本属约有200种，分布于温带至热带地区，主要集中于亚洲东部和北美洲的西南部地区，少数分布于欧洲和非洲。我国有57种14变种，分布于全国各地，其中以西南和华南地区的种类较多。

　　潜江市有1种。

158. 长叶冻绿 *Rhamnus crenata* Sieb. et Zucc.

【别名】黄药、长叶绿柴、冻绿、绿柴、山绿篱、绿篱柴、山黑子。

【植物形态】落叶灌木或小乔木，高达7米；幼枝带红色，被毛，后脱落，小枝被疏柔毛。叶纸质，倒卵状椭圆形、椭圆形或倒卵形，稀倒披针状椭圆形或长圆形，长4～14厘米，宽2～5厘米，顶端渐尖、尾状长渐尖或骤缩成短尖，基部楔形或钝，边缘具圆齿状齿或细锯齿，上面无毛，下面被柔毛或沿脉多少被柔毛，侧脉每边7～12条；叶柄长4～10（12）毫米，密被柔毛。花数朵或10余朵密集成腋生聚伞花序，总花梗长4～10毫米，稀15毫米，被柔毛，花梗长2～4毫米，被短柔毛；萼片三角形，与萼管等长，外面有疏微毛；花瓣近圆形，顶端2裂；雄蕊与花瓣等长而短于萼片；子房球形，无毛，3室，每室具1胚珠，花柱不分裂，柱头不明显。核果球形或倒卵状球形，绿色或红色，成熟时黑色或紫黑色，长5～6毫米，直径6～7毫米，果梗长3～6毫米，无或有疏短毛，具3分核，各有种子1粒；种子无沟。花期5—8月，果期8—10月。

【生长环境】常生于海拔2000米以下的山地林下或灌丛中。潜江市王场镇有发现。

【药用部位】根或根皮。

【采收加工】秋后采收，鲜用或切片晒干，或剥皮晒干。

【性味归经】味苦、辛，性平；有毒；归肝经。

【功能主治】清热解毒，杀虫利湿。根有毒。民间常用根、根皮煎水或醋浸洗，用于治疗顽癣或疥疮，根和果实含黄色染料。

枣属 *Ziziphus* Mill.

落叶或常绿乔木，或藤状灌木；枝常具皮刺。叶互生，具柄，边缘具齿，或稀全缘，具基生三出脉，稀五出脉；托叶通常变成针刺。花小，黄绿色，两性，5 基数，常排列成腋生具总花梗的聚伞花序、腋生或顶生聚伞总状花序或聚伞圆锥花序；萼片卵状三角形或三角形，内面有凸起的中肋；花瓣具爪，倒卵圆形或匙形，有时无花瓣，与雄蕊等长；花盘厚，肉质，5 或 10 裂；子房球形，下半部或大部分藏于花盘内，且部分合生，2 室，稀 3～4 室，每室有 1 胚珠，花柱 2，稀 3～4 浅裂或半裂，稀深裂。核果圆球形或矩圆形，不开裂，顶端有小尖头，基部有宿存的萼筒，中果皮肉质或软木栓质，内果皮硬骨质或木质，1～2 室，稀 3～4 室，每室具 1 粒种子；种子无或有稀少的胚乳；子叶肥厚。

本属约 100 种，主要分布于亚洲和美洲的热带和亚热带地区，少数种在非洲和温带地区也有分布。我国有 12 种 3 变种，除枣和无刺枣在全国各地栽培外，主要产于西南和华南地区。

潜江市有 1 种。

159. 枣 *Ziziphus jujuba* Mill.

【别名】枣树、枣子、大枣、红枣树、刺枣、枣子树、贯枣、老鼠屎。

【植物形态】落叶小乔木，稀灌木，高达 10 余米；树皮褐色或灰褐色；有长枝，短枝和无芽小枝（即新枝）比长枝光滑，紫红色或灰褐色，呈"之"字形曲折，具 2 个托叶刺，长刺可达 3 厘米，粗直，短刺下弯，长 4～6 毫米；短枝短粗，矩状，自老枝发出；当年生小枝绿色，下垂，单生或 2～7 个簇生于短枝上。叶纸质，卵形、卵状椭圆形或卵状矩圆形；长 3～7 厘米，宽 1.5～4 厘米，顶端钝或圆形，稀锐尖，具小尖头，基部稍不对称，近圆形，边缘具圆齿状锯齿，上面深绿色，无毛，下面浅绿色，无毛或仅沿脉多少疏被微毛，基生三出脉；叶柄长 1～6 毫米，在长枝上的可达 1 厘米，无毛或疏被微毛；托叶刺纤细，后期常脱落。花黄绿色，两性，5 基数，无毛，具短总花梗，单生或 2～8 个密集成腋生聚伞花序；花梗长 2～3 毫米；萼片卵状三角形；花瓣倒卵圆形，基部有爪，与雄蕊等长；花盘厚，肉质，圆形，5 裂；子房下部藏于花盘内，与花盘合生，2 室，每室有 1 胚珠，花柱 2 半裂。核果矩圆形或长卵圆形，长 2～3.5 厘米，直径 1.5～2 厘米，成熟时红色，后变紫红色，中果皮肉质，厚，味甜，核顶端锐尖，基部锐尖或钝，2 室，具 1 或 2 种子，果梗长 2～5 毫米；种子扁椭圆形，长约 1 厘米，宽 8 毫米。花期 5—7 月，果期 8—9 月。

【生长环境】生于海拔 1700 米以下的山区、丘陵或平原。潜江市园林街道有发现。

【药用部位】成熟果实。

【采收加工】秋季果实成熟时采收，晒干。

【性味归经】味甘，性温；归脾、胃、心经。

【功能主治】补中益气，养血安神。用于脾虚食少，乏力便溏，妇人脏躁。

五十二、葡萄科　Vitaceae

攀援木质藤本，稀草质藤本，具有卷须，或直立灌木，无卷须。单叶、羽状或掌状复叶，互生；托叶通常小而脱落，稀大而宿存。花小，两性或杂性同株或异株，排列成伞房状多歧聚伞花序、复二歧聚伞花序或圆锥状多歧聚伞花序，4～5 基数；花萼碟状或浅杯状，萼片细小；花瓣与萼片同数，分离或凋谢时呈帽状黏合脱落；雄蕊与花瓣对生，在两性花中雄蕊发育良好，在单性雌花中雄蕊常较小或极不发达，败育；花盘呈环状或分裂，稀极不明显；子房上位，通常 2 室，每室有 2 枚胚珠，或多室而每室有 1 枚胚珠。果实为浆果，有种子 1 至数粒。胚小，胚乳形状各异，"W"形、"T"形或呈嚼烂状。

本科约有 16 属 700 种，主要分布于热带和亚热带地区，少数种类分布于温带地区。我国有 9 属 150 余种，南北各地均产，野生种类主要集中分布于华中、华南及西南地区，东北、华北地区种类较少，新疆和青海迄今未发现。

潜江市有 3 属 3 种。

乌蔹莓属 *Cayratia* Juss.

木质藤本。卷须通常二至三叉分枝，稀总状多分枝。叶为 3 小叶或鸟足状 5 小叶，互生。花 4 数，两性或杂性同株，伞房状多歧聚伞花序或复二歧聚伞花序；花瓣展开，各自分离脱落；雄蕊 5；花盘发达，边缘 4 浅裂或波状浅裂；花柱短，柱头微扩大或不明显扩大；子房 2 室，每室有 2 枚胚珠。浆果球形或近球形，有种子 1～4 粒。种子呈半球形，背面凸起，腹部平，有一近圆形孔被膜封闭，或种子倒卵圆形，腹部中棱脊凸出，两侧洼穴呈倒卵形、半月形或沟状，种脐与种脊一体呈带形或在种子中部呈椭圆形；胚乳横切面呈半月形或 T 形。

本属有 30 余种，分布于亚洲、大洋洲和非洲。我国有 16 种，南北各地均有分布。

潜江市有 1 种。

160. 乌蔹莓 *Cayratia japonica*（Thunb.）Gagnep.

【别名】五爪龙、虎葛。

【植物形态】草质藤本。小枝圆柱形，有纵棱纹，无毛或微被疏柔毛。卷须二至三叉分枝，相隔 2

节间断与叶对生。叶为鸟足状5小叶，中央小叶长椭圆形或椭圆状披针形，长2.5～4.5厘米，宽1.5～4.5厘米，顶端急尖或渐尖，基部楔形，侧生小叶椭圆形或长椭圆形，长1～7厘米，宽0.5～3.5厘米，顶端急尖或圆形，基部楔形或近圆形，边缘每侧有6～15个锯齿，上面绿色，无毛，下面浅绿色，无毛或微被毛；侧脉5～9对，网脉不明显；叶柄长1.5～10厘米，中央小叶柄长0.5～2.5厘米，侧生小叶无柄或有短柄，

侧生小叶总柄长0.5～1.5厘米，无毛或微被毛；托叶早落。花序腋生，复二歧聚伞花序；花序梗长1～13厘米，无毛或微被毛；花梗长1～2毫米，几无毛；花蕾卵圆形，高1～2毫米，顶端圆形；花萼碟状，边缘全缘或波状浅裂，外面被乳突状毛或几无毛；花瓣4，三角状卵圆形，高1～1.5毫米，外面被乳突状毛；雄蕊4，花药卵圆形，长宽近相等；花盘发达，4浅裂；子房下部与花盘合生，花柱短，柱头微扩大。果实近球形，直径约1厘米，有种子2～4粒；种子三角状倒卵形，顶端微凹，基部有短喙，种脐在种子背面近中部呈带状椭圆形，上部种脊凸出，表面有凸出肋纹，腹部中棱脊凸出，两侧洼穴呈半月形，从近基部向上达种子近顶端。花期3—8月，果期8—11月。

【生长环境】生于山谷林中或山坡灌丛，海拔300～2500米。潜江市广布，常见。

【药用部位】全草或根。

【采收加工】夏、秋季割取藤茎或挖出根部，除去杂质，洗净，切段，鲜用或晒干。

【性味归经】味苦、酸，性寒；归心、肝、胃经。

【功能主治】清热利湿，解毒消肿。

地锦属 *Parthenocissus* Planch.

木质藤本。卷须总状多分枝，嫩时顶端膨大或细尖微卷曲而不膨大，后遇附着物扩大成吸盘。叶为单叶、3小叶或掌状5小叶，互生。花5数，两性，组成圆锥状或伞房状疏散多歧聚伞花序；花瓣展开，各自分离脱落；雄蕊5；花盘不明显或偶有5个蜜腺状的花盘；花柱明显；子房2室，每室有2枚胚珠。

浆果球形，有种子 1 ～ 4 粒。种子倒卵圆形，种脐在背面中部呈圆形，腹部中棱脊凸出，两侧洼穴呈沟状，从基部向上斜展达种子顶端，胚乳横切面呈"W"形。

　　本属约有 13 种，分布于亚洲和北美。我国有 10 种，其中 1 种由北美引入栽培。

　　潜江市有 1 种。

161. 地锦 *Parthenocissus tricuspidata*（Sieb. et Zucc.）Planch.

【别名】爬山虎、土鼓藤、红葡萄藤、趴墙虎。

【植物形态】木质藤本。小枝圆柱形，几无毛或疏被微柔毛。卷须 5 ～ 9 分枝，相隔 2 节间断与叶对生。卷须顶端嫩时膨大呈圆珠形，后遇附着物扩大成吸盘。叶为单叶，通常着生于短枝上者为 3 浅裂，时有着生于长枝上者小型不裂，叶片通常倒卵圆形，长 4.5 ～ 17 厘米，宽 4 ～ 16 厘米，顶端裂片急尖，基部心形，边缘有粗锯齿，上面绿色，无毛，下面浅绿色，无毛或中脉上疏生短柔毛，基出脉 5，中央脉有侧脉 3 ～ 5 对，网脉上面不明显，下面微凸出；叶柄长 4 ～ 12 厘米，无毛或疏生短柔毛。花序着生于短枝，基部分枝，形成多歧聚伞花序，长 2.5 ～ 12.5 厘米，主轴不明显；花序梗长 1 ～ 3.5 厘米，几乎无毛；花梗长 2 ～ 3 毫米，无毛；花蕾倒卵状椭圆形，高 2 ～ 3 毫米，顶端圆形；花萼碟状，边缘全缘或呈波状，无毛；花瓣 5，长椭圆形，高 1.8 ～ 2.7 毫米，无毛；雄蕊 5，花丝长 1.5 ～ 2.4 毫米，花药长椭圆状卵形，长 0.7 ～ 1.4 毫米，花盘不明显；子房椭球形，花柱明显，基部粗，柱头不扩大。果实球形，直径 1 ～ 1.5 厘米，有种子 1 ～ 3 粒；种子倒卵圆形，顶端圆形，基部急尖成短喙，种脐在背面中部呈圆形，腹部中棱脊凸出，两侧洼穴呈沟状，从种子基部向上达种子顶端。花期 5—8 月，果期 9—10 月。

【生长环境】生于山坡或灌丛，海拔 150 ～ 1200 米。潜江市老新镇有发现。

【药用部位】藤茎或根。

【采收加工】藤茎：秋季采收，去掉叶片，切段，鲜用或晒干。根：冬季挖取，洗净，切片，鲜用或晒干。

【性味归经】味辛、微涩，性温；归肝经。

【功能主治】祛风止痛，活血通络。

葡萄属 *Vitis* L.

木质藤本，有卷须。叶为单叶、掌状或羽状复叶；有托叶，通常早落。花 5 数，通常杂性异株，稀两性，排列成聚伞圆锥花序；花萼碟状，萼片细小；花瓣凋谢时呈帽状黏合脱落；花盘明显，5裂；雄蕊与花瓣对生，在雌花中不发达，败育；子房2室，每室有2枚胚珠；花柱纤细，柱头微扩大。果实为一肉质浆果，有种子2～4粒。种子倒卵圆形或倒卵状椭圆形，基部有短喙，种脐在种子背部呈圆形或近圆形，腹面两侧洼穴狭窄呈沟状或较阔呈倒卵状长圆形，从种子基部向上通常达种子1/3处；胚乳呈"M"形。

本属有60余种，分布于温带或亚热带地区。我国约38种。

潜江市有1种。

162. 蘡薁　*Vitis bryoniifolia* Bunge

【别名】野葡萄、华北葡萄。

【植物形态】木质藤本。小枝圆柱形，有棱纹，嫩枝密被蛛丝状茸毛或柔毛，以后脱落变稀疏。卷须二叉分枝，每隔2节间断与叶对生。叶长圆状卵形，长2.5～8厘米，宽2～5厘米，叶片3～5（7）深裂或浅裂，稀混生有不裂叶，中裂片顶端急尖至渐尖，基部常缢缩凹成圆形，边缘每侧有9～16缺刻粗齿或成羽状分裂，基部心形或深心形，基缺凹成圆形，下面密被蛛丝状茸毛和柔毛，以后脱落变稀疏；基生脉五出，中脉有侧脉4～6对，上面网脉不明显或微凸出，有时下面茸毛脱落后柔毛明显可见；叶柄长0.5～4.5厘米，初时密被蛛丝状茸毛或茸毛和柔毛，以后脱落变稀疏；托叶卵状长圆形或长圆状披针形，膜质，褐色，长3.5～8毫米，宽2.5～4毫米，顶端钝，边缘全缘，无毛或近无毛。花杂性异株，圆锥花序与叶对生，基部分枝发达或有时退化成一卷须，稀狭窄而基部分枝不发达；花序梗长0.5～2.5厘米，初时被蛛状丝茸毛，以后变稀疏；花梗长1.5～3毫米，无毛；花蕾倒卵状椭圆形或近球形，高1.5～2.2毫米，顶端圆形；花萼碟状，高约0.2毫米，近全缘，无毛；花瓣5，呈帽状黏合脱落；雄蕊5，花丝丝状，长1.5～1.8毫米，花药黄色，椭圆形，长0.4～0.5毫米，在雌花内雄蕊短而不发达，败育；花盘发达，5裂；雌蕊1，子房椭圆状卵形，花柱细短，柱头扩大。果实球形，成熟时紫红色，直径0.5～0.8厘米；种子倒卵形，顶端微凹，基部有短喙，种脐在种子背面中部呈圆形或椭圆形，腹面中棱脊凸出，两侧洼穴狭窄，向上达种子3/4处。花期4—8月，果期6—10月。

【生长环境】生于山谷林中、灌丛、沟边或田埂，海拔150～2500米。潜江市周矶街道有发现。

【药用部位】果实。

【采收加工】夏、秋季果实成熟时采收，鲜用或晒干。

【性味归经】味甘、酸，性平；归肝、胃经。

【功能主治】生津止渴。

五十三、锦葵科　Malvaceae

草本、灌木或乔木。叶互生，单叶或分裂，叶脉通常掌状，具托叶。花腋生或顶生，单生、簇生、聚伞花序至圆锥花序；花两性，辐射对称；萼片 3 ～ 5，分离或合生，其下附有总苞状的小苞片（又称副萼）3 至多数；花瓣 5，彼此分离，但与雄蕊管的基部合生；雄蕊多数，连合成一管，称雄蕊柱，花药 1 室，花粉被刺；子房上位，2 至多室，通常 5 室，由 2 ～ 5 枚或较多的心皮环绕中轴而成，花柱上部分枝或为棒状，每室被胚珠 1 至多枚，花柱与心皮同数或为其 2 倍。蒴果，常几枚果爿分裂，很少浆果状，种子肾形或倒卵形，被毛或光滑无毛，有胚乳。子叶扁平，折叠状或回旋状。

本科约有 50 属 1000 种，分布于热带至温带地区。我国有 16 属 81 种 36 变种或变型，产于全国各地，以热带和亚热带地区种类较多。

潜江市有 5 属 7 种。

秋葵属 *Abelmoschus* Medicus

一年生、二年生或多年生草本。叶全缘或掌状分裂。花单生于叶腋；小苞片 5 ～ 15，线形，很少为披针形；花萼佛焰苞状，一侧开裂，先端具 5 齿，早落；花黄色或红色，漏斗状，花瓣 5；雄蕊柱较花冠短，基部具花药；子房 5 室，每室具胚珠多枚，花柱 5 裂。蒴果长尖，室背开裂，密被长硬毛；种子肾形或球形，多数，无毛。

本属约有 15 种，分布于东半球热带和亚热带地区。我国有 6 种 1 变种（包括栽培种），产于东南至西南地区。

潜江市有 2 种。

163. 咖啡黄葵 *Abelmoschus esculentus*（L.）Moench

【别名】越南芝麻、羊角豆、糊麻、秋葵。

【植物形态】一年生草本，高 1 ～ 2 米；茎圆柱形，疏生散刺。叶掌状 3 ～ 7 裂，直径 10 ～ 30 厘米，裂片阔至狭，边缘具粗齿及凹缺，两面均被疏硬毛；叶柄长 7 ～ 15 厘米，被长硬毛；托叶线形，长 7 ～ 10 毫米，被疏硬毛。花单生于叶腋，花梗长 1 ～ 2 厘米，疏被糙硬毛；小苞片 8 ～ 10，线形，长约 1.5 厘米，疏被硬毛；花萼钟状，较小苞片长，密被星状短茸毛；花黄色，内面基部紫色，直径 5 ～ 7 厘米，花瓣倒卵形，长 4 ～ 5 厘米。蒴果筒状尖塔形，长 10 ～ 25 厘米，直径 1.5 ～ 2 厘米，顶端具长喙，疏被糙硬毛；种子球形，多数，直径 4 ～ 5 毫米，具毛脉纹。花期 5—9 月。种子含油量达 15% ～ 20%，油内含少量的棉酚，有小毒，但经高温处理后可食用或供工业用。

【生长环境】由于生长周期短，耐干热，已广泛栽培于热带和亚热带地区。潜江市园林街道有发现。

【药用部位】根、叶、花或种子。

【采收加工】根：11 月至翌年 2 月挖取，除去泥土，晒干或烘干。叶：9—10 月采收，晒干。花：6—8 月采摘，晒干。种子：9—10 月果实成熟时采摘，脱粒，晒干。

【性味归经】味淡，性寒。

【功能主治】利咽，通淋，下乳，调经。

164. 黄蜀葵 *Abelmoschus manihot*（L.）Medicus

【别名】秋葵、棉花葵、假阳桃、野芙蓉、黄芙蓉、黄花莲、鸡爪莲。

【植物形态】一年生或多年生草本，高 1～2 米，疏被长硬毛。叶掌状 5～9 深裂，直径 15～30厘米，裂片长圆状披针形，长 8～18 厘米，宽 1～6 厘米，具粗钝锯齿，两面疏被长硬毛；叶柄长 6～18厘米，疏被长硬毛；托叶披针形，长 1～1.5 厘米。花单生于枝端叶腋；小苞片 4～5，卵状披针形，长15～25 毫米，宽 4～5 毫米，疏被长硬毛；花萼佛焰苞状，5 裂，近全缘，较小苞片长，被柔毛，果时脱落；花大，淡黄色，内面基部紫色，直径约 12 厘米；雄蕊柱长 1.5～2 厘米，花药近无柄；柱头紫黑色，匙状盘形。蒴果卵状椭圆形，长 4～5 厘米，直径 2.5～3 厘米，被硬毛；种子多数，肾形，被多条柔毛组成的条纹。花期 8—10 月。本种的花大色美，栽培供园林观赏用；根含黏质，可作造纸糊料；种子、根和花可入药。

【生长环境】常生于山谷草丛、田边或沟旁灌丛间。潜江市火车站附近有发现。

【药用部位】根、花、种子。

【采收加工】根：秋季采挖，洗净，晒干。花：7—10 月，除留种外，分批采摘花蕾，晒干。种子：9—11 月果实成熟时采收，晒干脱粒，簸去杂质，再晒至全干。

【性味归经】根：味甘、苦，性寒；归肺、肾、膀胱经。花：味甘、辛，性凉；归心、肾、膀胱经。种子：味甘，性寒；归肾、膀胱、胃经。

【功能主治】根：利水，通经，解毒。花：利尿通淋，活血止血，解毒消肿。种子：利水，通经，解毒消肿。

苘麻属 *Abutilon* Mill.

草本、亚灌木状或灌木。叶互生，基部心形，掌状叶脉。花顶生或腋生，单生或排列成圆锥花序状；小苞片缺如；花萼钟状，裂片 5；花冠钟形、轮形，很少管形，花瓣 5，基部连合，与雄蕊柱合生；雄蕊柱顶端具多数花丝；子房具心皮 8 ～ 20，花柱分枝与心皮同数，子房每室具胚珠 2 ～ 9。蒴果近球形，陀螺状、磨盘状或灯笼状，分果爿 8 ～ 20；种子肾形。

本属约有 150 种，分布于热带和亚热带地区。我国有 9 种（包括栽培种），分布于南北各地。

潜江市有 1 种。

165. 苘麻 *Abutilon theophrasti* Medicus

【别名】车轮草、磨盘草、桐麻、白麻、青麻、孔麻、塘麻、椿麻、苘麻。

【植物形态】一年生亚灌木状草本，高达 1 ～ 2 米，茎枝被柔毛。叶互生，圆心形，长 5 ～ 10 厘米，先端长渐尖，基部心形，边缘具细圆锯齿，两面均密被星状柔毛；叶柄长 3 ～ 12 厘米，被星状细柔毛；托叶早落。花单生于叶腋，花梗长 1 ～ 3 厘米，被柔毛，近顶端具节；花萼杯状，密被短茸毛，裂片 5，卵形，长约 6 毫米；花黄色，花瓣倒卵形，长约 1 厘米；雄蕊柱平滑无毛，心皮 15 ～ 20，长 1 ～ 1.5 厘米，顶端平截，具扩展、被毛的长芒 2，排列成轮状，密被软毛。蒴果半球形，直径约 2 厘米，长约 1.2 厘米，分果爿 15 ～ 20，被粗毛，顶端具长芒 2；种子肾形，褐色，被星状柔毛。花期 7—8 月。

【生长环境】常生于路旁、荒地和田野间。潜江市多地可见。

【药用部位】成熟种子或全草。

【采收加工】秋季采收成熟果实，晒干，打下种子，除去杂质。

【性味归经】味苦，性平；归大肠、小肠、膀胱经。

【功能主治】清热解毒，利湿，退翳。用于赤白痢疾，淋证涩痛，疮痈肿毒，目生翳膜。种子作药用称"冬葵子"，为润滑性利尿剂，并有通乳汁、消乳腺炎、顺产等功效。

棉属 *Gossypium* L.

一年生或多年生草本，有时呈乔木状。叶掌状分裂。花大，单生于枝端叶腋，白色、黄色，有时花瓣基部紫色，凋萎时常变色；小苞片 3 ～ 7，叶状，分离或连合，分裂或呈流苏状，具腺点；花萼杯状，近平截或 5 裂；花瓣 5，芽时旋转排列；雄蕊柱有多数具花药的花丝，顶端平截；子房 3 ～ 5 室，每室具胚珠 2 至多枚。蒴果圆球形或椭圆形，室背开裂；种子圆球形，密被白色长棉毛，或混生具紧贴种皮而不易剥离的短纤毛，或无纤毛。

本属约有 20 种，分布于热带和亚热带地区。我国栽培的有 4 种 2 变种。

潜江市有 1 种。

166. 陆地棉 *Gossypium hirsutum* L.

【别名】美棉、墨西哥棉、美洲棉、大陆棉、高地棉。

【植物形态】一年生草本，高 0.6 ～ 1.5 米，小枝疏被长毛。叶阔卵形，直径 5 ～ 12 厘米，长、宽近相等或较宽，基部心形或心状截形，常 3 浅裂，很少为 5 裂，中裂片常深裂达叶片的 1/2，裂片宽三角状卵形，先端突渐尖，基部宽，上面近无毛，沿脉被粗毛，下面疏被长柔毛；叶柄长 3 ～ 14 厘米，疏被柔毛；托叶卵状镰形，长 5 ～ 8 毫米，早落。花单生于叶腋，花梗通常较叶柄略短；小苞片 3，分离，基部心形，具腺体 1 个，边缘具 7 ～ 9 齿，连齿长达 4 厘米，宽约 2.5 厘米，被长硬毛和纤毛；花萼杯状，裂片 5，三角形，具缘毛；花白色或淡黄色，后变淡红色或紫色，长 2.5 ～ 3 厘米；雄蕊柱长 1.2 厘米。蒴果卵圆形，长 3.5 ～ 5 厘米，具喙，3 ～ 4 室；种子分离，卵圆形，具白色长绵毛和灰白色不易剥离的短绵毛。花期夏秋季。

【生长环境】已广泛栽培于全国各产棉区，且已取代树棉和草棉。潜江市广布，常见。

【药用部位】种子上的棉毛。

【采收加工】秋季采收，晒干。

【性味归经】味甘，性温；归心、肝经。

【功能主治】止血。

木槿属 *Hibiscus* L.

草本、灌木或乔木。叶互生，掌状分裂或不分裂，具掌状叶脉，具托叶。花两性，5 数，花常单生于叶腋间；小苞片 5 或多数，分离或于基部合生；花萼钟状，很少为浅杯状或管状，5 齿裂，宿存；花瓣5，各色，基部与雄蕊柱合生；雄蕊柱顶端平截或 5 齿裂，花药多数，生于柱顶；子房 5 室，每室具胚珠3 至多枚，花柱 5 裂，柱头头状。蒴果胞背开裂成 5 果爿；种子肾形，被毛或为腺状乳突。

本属约有 200 种，分布于热带和亚热带地区。我国有 24 种 16 变种或变型（包括引入栽培种），产于全国各地。

潜江市有 2 种。

167. 木芙蓉 *Hibiscus mutabilis* L.

【别名】芙蓉花、酒醉芙蓉。

【植物形态】落叶灌木或小乔木，高 2 ～ 5 米；小枝、叶柄、花梗和花萼均密被星状毛与直毛混合的细绵毛。叶宽卵形至卵圆形或心形，直径 10 ～ 15 厘米，常 5 ～ 7 裂，裂片三角形，先端渐尖，具圆钝锯齿，上面疏被星状细毛，下面密被星状细茸毛；主脉 7 ～ 11 条；叶柄长 5 ～ 20 厘米；托叶披针形，长 5 ～ 8 毫米，常早落。花单生于枝端叶腋间，花梗长 5 ～ 8 厘米，近端具节；小苞片 8，线形，长10 ～ 16 毫米，宽约 2 毫米，密被星状绵毛，基部合生；花萼钟状，长 2.5 ～ 3 厘米，裂片 5，卵形，渐尖头；花初开时白色或淡红色，后变深红色，直径约 8 厘米，花瓣近圆形，直径 4 ～ 5 厘米，外面被毛，基部具髯毛状毛；雄蕊柱长 2.5 ～ 3 厘米，无毛；花柱枝 5，疏被毛。蒴果扁球形，直径约 2.5 厘米，被淡黄色刚毛和绵毛，果爿 5；种子肾形，背面被长柔毛。花期 8—10 月。

【生长环境】为我国久经栽培的园林观赏植物。潜江市园林街道有发现。

【药用部位】叶。

【采收加工】夏、秋季采收，干燥。

【性味归经】味辛，性平；归肺、肝经。

【功能主治】凉血，解毒，消肿，止痛。用于痈疖肿毒，缠腰蛇丹，烫伤，目赤肿痛，跌打损伤。

168. 木槿 *Hibiscus syriacus* L.

【别名】木棉、荆条、朝开暮落花、喇叭花。

【植物形态】落叶灌木，高 3～4 米，小枝密被黄色星状茸毛。叶菱形至三角状卵形，长 3～10 厘米，宽 2～4 厘米，具深浅不同的 3 裂或不裂，先端钝，基部楔形，边缘具不整齐齿缺，下面沿叶脉微被毛或近无毛；叶柄长 5～25 毫米，上面被星状柔毛；托叶线形，长约 6 毫米，疏被柔毛。花单生于枝端叶腋间，花梗长 4～14 毫米，被星状短茸毛；小苞片 6～8，线形，长 6～15 毫米，宽 1～2 毫米，密被星状疏茸毛；花萼钟状，长 14～20 毫米，密被星状短茸毛，裂片 5，三角形；花钟形，淡紫色，直径 5～6 厘米，花瓣倒卵形，长 3.5～4.5 厘米，外面疏被纤毛和星状长柔毛；雄蕊柱长约 3 厘米；花柱枝无毛。蒴果卵圆形，直径约 12 毫米，密被黄色星状茸毛；种子肾形，背部被黄白色长柔毛。花期 7—10 月。

【生长环境】栽培。潜江市周矶街道有发现。

【药用部位】根、叶、花。

【采收加工】根：全年均可采挖，洗净，切片，鲜用或晒干。叶：全年均可采收，鲜用或晒干。花：夏、秋季选晴天早晨，花半开时采摘，晒干。

【性味归经】根：味甘，性凉，归肺、肾、大肠经。叶：味苦，性寒；归心、胃、大肠经。花：味甘、苦，性凉；归脾、肺、肝经。

【功能主治】根：清热解毒，消痈肿。叶：清热解毒。花：清热利湿，凉血解毒。

黄花稔属 *Sida* L.

草本或亚灌木，具星状毛。叶为单叶或稍分裂。花单生，簇生或圆锥花序式，腋生或顶生；无小苞片；花萼钟状或杯状，5裂；花瓣黄色，5片，分离，基部合生；雄蕊柱顶端着生多数花药；子房具心皮5～10，花柱枝与心皮同数，柱头头状，每心皮具1胚珠。蒴果盘状或球形，分果爿顶端具2芒或无芒，成熟时与中轴分离。

本属约有90种，分布于全世界。我国有13种4变种，产于西南至华东地区。

潜江市有1种。

169. 黄花稔 *Sida acuta* Burm. f.

【别名】扫把麻、亚罕闷（云南西双版纳傣语）。

【植物形态】直立亚灌木状草本，高1～2米；分枝多，小枝被柔毛至近无毛。叶披针形，长2～5厘米，宽4～10毫米，先端短尖或渐尖，基部圆钝，具锯齿，两面均无毛或疏被星状柔毛，上面偶被单毛；叶柄长4～6毫米，疏被柔毛；托叶线形，与叶柄近等长，常宿存。花单朵或成对生于叶腋，花梗长4～12毫米，被柔毛，中部具节；花萼浅杯状，无毛，长约6毫米，下半部合生，裂片5，尾状渐尖；花黄色，直径8～10毫米，花瓣倒卵形，先端圆，基部狭，长6～7毫米，被纤毛；雄蕊柱长约4毫米，疏被硬毛。蒴果近圆球形，分果爿4～9，但通常为5～6，长约3.5毫米，顶端具2短芒，果皮具网状皱纹。花期冬春季。

【生长环境】常生于山坡灌丛、路旁或荒坡。潜江市周矶街道有发现。

【药用部位】叶或根。

【采收加工】叶：夏、秋季采收，鲜用或晾干、晒干。根：早春植株萌芽前挖取，洗去泥沙，切片，晒干。

【性味归经】味辛，性凉；归肺、肝、大肠经。

【功能主治】清湿热，解毒消肿，抗菌消炎，活血止痛。

五十四、瑞香科　Thymelaeaceae

落叶或常绿灌木或小乔木，稀草本；茎通常具韧皮纤维。单叶互生或对生，革质或纸质，稀草质，边缘全缘，基部具关节，羽状叶脉，具短叶柄，无托叶。花辐射对称，两性或单性，雌雄同株或异株，头状、穗状、总状、圆锥或伞形花序，有时单生或簇生，顶生或腋生；花萼通常为花冠状，白色、黄色或淡绿色，稀红色或紫色，常连合成钟状、漏斗状、筒状的萼筒，外面被毛或无毛，裂片 4 ～ 5，在芽中覆瓦状排列；花瓣缺，或呈鳞片状，与花萼裂片同数；雄蕊通常为花萼裂片的 2 倍或同数，稀退化为 2，多与裂片对生，或另一轮与裂片互生，花药卵形、长圆形或线形，2 室，向内直裂，稀侧裂；花盘环状、杯状或鳞片状，稀不存在；子房上位，心皮 2 ～ 5 个合生，稀 1 个，1 室，稀 2 室，每室有悬垂胚珠 1 枚，稀 2 ～ 3 枚，近室顶端倒生，花柱长或短，顶生或近顶生，有时侧生，柱头通常头状。浆果、核果或坚果，稀为 2 瓣开裂的蒴果，果皮膜质、革质、木质或肉质；种子下垂或倒生；胚乳丰富或无胚乳，胚直立，子叶厚而扁平，稍隆起。

本科约 48 属，650 种以上，广布于热带和温带地区，多分布于非洲、大洋洲和地中海沿岸。我国约有 10 属 100 种，各地区均有分布，但主产于长江流域及以南地区。

潜江市有 2 属 2 种。

瑞香属 *Daphne* L.

落叶或常绿灌木或亚灌木，小枝有毛或无毛；冬芽小，具数个鳞片。叶互生，稀近对生，具短柄，无托叶。花通常两性，稀单性，整齐，通常组成顶生头状花序，稀为圆锥、总状或穗状花序，有时花序腋生，通常具苞片，花白色、玫瑰色、黄色或淡绿色；花萼筒短或伸长，钟状、筒状或漏斗状管形，外面具毛或无毛，顶端 4 裂，稀 5 裂，裂片开展，覆瓦状排列，通常大小不等；无花瓣；雄蕊 8 或 10，2 轮，不外露，有时花药部分伸出于喉部，通常包藏于花萼筒的近顶部和中部；花盘杯状、环状或一侧发达呈鳞片状；子房 1 室，通常无柄，有 1 枚下垂胚珠，花柱短，柱头头状。浆果肉质或干燥而为革质，常为近干燥的花萼筒所包围，有时花萼筒全部脱落而裸露，通常为红色或黄色；种子 1 粒，种皮薄；胚肉质，无胚乳，子叶扁平而隆起。

本属约有 95 种，主要分布于欧洲，经地中海、中亚到中国、日本，南到印度至印度尼西亚。我国有 44 种，主产于西南和西北地区，全国均有分布。

潜江市有 1 种。

170. 瑞香 *Daphne odora* Thunb.

【别名】睡香、露甲、风流树、蓬莱花、千里香、瑞兰、沈丁花。

【植物形态】常绿直立灌木。枝粗壮，通常二歧分枝，小枝近圆柱形，紫红色或紫褐色，无毛。叶互生，纸质，长圆形或倒卵状椭圆形，长7～13厘米，宽2.5～5厘米，先端钝尖，基部楔形，边缘全缘，上面绿色，下面淡绿色，两面无毛，侧脉7～13对，与中脉在两面均明显隆起；叶柄粗壮，长4～10毫米，散生极少的微柔毛或无毛。花外面淡紫红色，内面肉红色，无毛，数朵至12朵组成顶生头状花序；苞片披针形或卵状披针形，长5～8毫米，宽2～3毫米，无毛，脉纹显著隆起；花萼筒管状，长6～10毫米，无毛，裂片4，心状卵形或卵状披针形，基部心形，与花萼筒等长或比花萼筒长；雄蕊8，2轮，下轮雄蕊着生于花萼筒中部以上，上轮雄蕊的花药伸出花萼筒的喉部，花丝长0.7毫米，花药长圆形，长2毫米；子房长圆形，无毛，顶端钝形，花柱短，柱头头状。果实红色。花期3—5月，果期7—8月。

【生长环境】广为栽培，少有野生。潜江市潜半夏公司有发现。

【药用部位】根或根皮。

【采收加工】夏季采挖，洗净，切片，晒干。

【性味归经】味辛、甘，性平；归脾、肝、胃经。

【功能主治】解毒，活血止痛。

结香属 *Edgeworthia* Meisn.

落叶灌木，多分枝；树皮强韧。叶互生，厚膜质，窄椭圆形至倒披针形，常簇生于枝顶，具短柄。花两性，组成紧密的头状花序，顶生或生于侧枝的顶端或腋生，具短或极长的花序梗；苞片数枚组成1总苞，小苞片早落，花梗基部具关节，先于叶开放或与叶同时开放；花萼圆柱形，常内弯，外面密被银色长柔毛；裂片4，伸张，喉部内面裸露，宿存或凋落；雄蕊8，2列，着生于花萼筒喉部，花药长圆形，花丝极短；子房1室，无柄，被长柔毛，花柱长，有时被疏柔毛，柱头棒状，具乳突，下位花盘杯状，浅裂。果干燥或稍肉质，基部为宿存花萼所包围。

本属共有5种，主产于亚洲，自印度、尼泊尔、不丹、缅甸、中国、日本至美洲东南部有分布。我国有4种。

潜江市有1种。

171. 结香 *Edgeworthia chrysantha* Lindl.

【别名】黄瑞香、打结花、雪里开、梦花、雪花皮、山棉皮、蒙花。

【植物形态】灌木，高0.7～1.5米，小枝粗壮，褐色，常作三叉分枝，幼枝常被短柔毛，韧皮极坚韧，叶痕大，直径约5毫米。叶在花前凋落，长圆形、披针形至倒披针形，先端短尖，基部楔形或渐狭，长8～20厘米，宽2.5～5.5厘米，两面均被银灰色绢状毛，下面较多，侧脉纤细，弧形，每边10～13条，被柔毛。头状花序顶生或侧生，具花30～50朵呈绒球状，外围以10枚左右被长毛而早落的总苞；花序梗长1～2厘米，被灰白色长硬毛；花芳香，无梗，花萼长1.3～2厘米，宽4～5毫米，外面密被白色丝状毛，内面无毛，黄色，顶端4裂，裂片卵形，长约3.5毫米，宽约3毫米；雄蕊8，2列，上列4枚与花萼裂片对生，下列4枚与花萼裂片互生，花丝短，花药近卵形，长约2毫米；子房卵形，长约4毫米，直径约2毫米，顶端被丝状毛，花柱线形，长约2毫米，无毛，柱头棒状，长约3毫米，具乳突，花盘浅杯状，膜质，边缘不整齐。果椭圆形，绿色，长约8毫米，直径约3.5毫米，顶端被毛。花期冬末春初，果期春、夏季。

【生长环境】产于河南、陕西及长江流域以南各地。野生或栽培。潜江市曹禺公园有发现。

【药用部位】花蕾。

【采收加工】冬末或初春花末开放时采摘花序，晒干备用。

【性味归经】味甘，性平；归肾、肝经。

【功能主治】滋养肝肾，明目消翳。用于跌打损伤，风湿痛。茎皮纤维可作高级纸及人造棉原料，全株入药能舒筋活络，消炎止痛，也可作兽药，用于牛跌打损伤。亦可栽培供观赏。

五十五、大风子科　Flacourtiaceae

常绿或落叶乔木或灌木，多数无刺，稀有枝刺和皮刺（如菲柞属、鼻烟盒树属、箣柊属、锡兰莓属、刺篱木属、柞木属等）。单叶，互生，稀对生和轮生（我国无），有时排成2列或螺旋式，全缘或有锯齿，多数在齿尖有圆腺体，有的有透明或半透明的腺点和腺条，有时在叶基有腺体和腺点；叶柄常基部和顶部增粗，有的有腺点（如山桐子属）；托叶小，通常早落或缺，稀有大的和叶状的，或宿存。花通常小，稀较大，两性，或单性，雌雄异株或杂性同株，稀同序的（如山拐枣属）；单生或簇生，排列成顶生或腋生的总状花序、圆锥花序、团伞花序（聚伞花序）；花梗常在基部或中部处有关节，有的花梗完全和中脉及叶柄连合（我国无）；萼片2～7片或更多，覆瓦状排列，稀镊合状和螺旋状排列，分离或在基部连合成萼管；花瓣2～7片，稀更多或缺，稀有翼瓣片，分离或基部连合，通常花瓣与萼片相似而同数，稀比萼片更多，覆瓦状排列或镊合状排列，稀轮状排列，排列整齐，早落或宿存，通常与萼片互生；花托通常有腺体，或腺体开展成花盘，有的花盘中央变深而成为花盘管；雄蕊通常多数，稀少数，有的与花瓣同数而和花瓣对生，花丝分离，稀连合成管状和束状，与腺体互生，药隔有一短的附属物；雌蕊由2～10个心皮形成；子房上位、半下位，稀完全下位，通常1室；有2～10个侧膜胎座和2至多枚胚珠；侧膜胎座有时向内凸到子房室的中央而形成多室的中轴胎座；胚珠倒生或半倒生。果实为浆果和蒴果，稀为核果和干果（我国无），有的有棱条，角状或多刺；有1至多粒种子；种子有时有假种皮，或种子边缘有翅，稀被绢状毛，通常有丰富的、肉质的胚乳，胚直立或弯曲，子叶通常较大，心状或叶状。

　　本科约有93属1300种，主要分布于热带和亚热带一些地区，其中非洲约有41属500种，美洲约有31属410种，亚洲约有22属310种，大洋洲仅1属，有2～5种。我国现有13属2栽培属（鼻烟盒树属和锡兰莓属），约54种。主产于华南、西南地区，少数种类分布到秦岭和长江以南各地。

　　潜江市有1属1种。

柞木属 *Xylosma* G. Forst.

　　小乔木或灌木，树干和枝上通常有刺，单叶，互生，薄革质，边缘有锯齿，稀全缘；有短柄；托叶缺。花小，单性，雌雄异株，稀杂性，排列成腋生花束或短的总状花序、圆锥花序；苞片小，早落；花萼小，4～5片，覆瓦状排列；花瓣缺；雄花的花盘通常4～8裂，稀全缘；雄蕊多数，花丝丝状，花药基部着生，顶端无附属物；退化子房缺；雌花的花盘环状，子房1室，侧膜胎座2个，稀3～6个，每个胎座上有胚珠2至多枚，花柱短或缺，柱头头状，或2～6裂。浆果核果状，黑色，果皮薄革质；种子少数，倒卵形，种皮骨质，光滑，子叶宽大，绿色。

　　本属有40～50种，分布于热带和亚热带地区，少数种分布于暖温带南沿地区。我国有4种和3变种或变型，分布于秦岭以南、北回归线以北及横断山脉以东各地。

　　潜江市有1种。

172. 柞木 *Xylosma congesta*（Lour.）Merr.

【别名】凿子树、蒙子树、葫芦刺、红心刺。

【植物形态】常绿大灌木或小乔木，高4～15米；树皮棕灰色，从下向上不规则反卷成小片，裂片向上反卷；幼时有枝刺，结果株无刺；枝条近无毛或有疏短毛。叶薄革质，雌雄株稍有区别，通常雌株的叶有变化，菱状椭圆形至卵状椭圆形，长4～8厘米，宽2.5～3.5厘米，先端渐尖，基部楔形或圆形，边缘有锯齿，两面无毛或在近基部中脉有污毛；叶柄短，长约2毫米，有短毛。花小，总状花序腋生，长1～2厘米，花梗极短，长约3毫米；花萼4～6枚，卵形，长2.5～3.5毫米，外面有短毛；花瓣缺；雄花有多数雄蕊，花丝细长，长约 4.5 毫米，花药椭圆形；花盘由多数腺体组成，包围着雄蕊；雌花的萼片与雄花同；子房椭圆形，无毛，长约 4.5 毫米，1 室，有 2 侧膜胎座，花柱短，柱头 2 裂；花盘圆形，边缘稍呈波状。浆果黑色，球形，顶端有宿存花柱，直径 4 ～ 5 毫米；种子 2 ～ 3 粒，卵形，长 2 ～ 3 毫米，鲜时绿色，干后褐色，有黑色条纹。花期春季，果期冬季。

【生长环境】生于海拔 800 米以下的林边、丘陵和平原或村边附近灌丛中。潜江市森林公园有发现。

【药用部位】根、皮、叶。

【采收加工】根：秋季采挖，洗净，切片晒干，亦可鲜用。皮：夏、秋季剥取树皮，晒干。叶：全年均可采收，晒干。

【性味归经】根：味苦，性平；归肝、脾经。皮：味苦、酸，性微寒；归肝、脾经。叶：味苦、涩，性寒；归心经。

【功能主治】根：解毒，利湿，散瘀，催产。皮：清热利湿，催产。叶：清热解毒，散瘀消肿。

五十六、堇菜科　Violaceae

多年生草本、半灌木或小灌木，稀为一年生草本、攀援灌木或小乔木。叶为单叶，通常互生，少数对生，全缘、有锯齿或分裂，有叶柄；托叶小或呈叶状。花两性或单性，少有杂性，辐射对称或两侧对称，单生或组成腋生或顶生的穗状、总状或圆锥状花序，有 2 枚小苞片，有时有闭花受精花；萼片下位，5，同型或异型，覆瓦状，宿存；花瓣下位，5 片，覆瓦状或旋转状，异型，下面 1 片通常较大，基部囊状或有距；雄蕊 5，通常下位，花药直立，分离或围绕子房环状靠合，药隔延伸于药室顶端成膜质附属物，花丝很短或无，下方 2 枚雄蕊基部有距状蜜腺；子房上位，完全被雄蕊覆盖，1 室，由 3 ～ 5 心皮连合构成，具 3 ～ 5 侧膜胎座，花柱单一稀分裂，柱头形状多变化，胚珠 1 至多枚，倒生。果实为沿室背弹裂的蒴果或为浆果状；种子无柄或具极短的种柄，种皮坚硬，有光泽，常有油质体，有时具翅，胚乳丰富，肉质，胚直立。

本科约有 22 属 900 种，分布于温带、亚热带及热带地区。我国约有 4 属 130 种。

潜江市有 1 属 2 种。

堇菜属 *Viola* L.

多年生，少数为二年生草本，稀为半灌木，具根状茎。地上茎发达或缺少，有时具匍匐枝。叶为单叶，互生或基生，全缘、具齿或分裂；托叶小或大，呈叶状，离生或不同程度地与叶柄合生。花两性，两侧对称，单生，稀2花，有两种类型的花，生于春季者有花瓣，生于夏季者无花瓣，名闭花。花梗腋生，有2枚小苞片；萼片5，略同型，基部延伸成明显或不明显的附属物；花瓣5，异形，稀同型，下方（远轴）1瓣通常稍大且基部延伸成距；雄蕊5，花丝极短，花药环生于雌蕊周围，药隔顶端延伸成膜质附属物，下方2枚雄蕊的药隔背方近基部处形成距状蜜腺，伸入下方花瓣的距中；子房1室，3心皮，侧膜胎座，有多数胚珠；花柱棍棒状，基部较细，通常稍膝曲，顶端浑圆、平坦或微凹，有各种不同的附属物，前方具喙或无喙，柱头孔位于喙端或在柱头面上。蒴果球形、长圆形或卵圆形，成熟时3瓣裂；果瓣舟状，有厚而硬的龙骨，当薄的部分干燥而收缩时，果瓣则向外弯曲弹射出种子。种子倒卵状，种皮坚硬，有光泽，内含丰富的内胚乳。花粉粒有3沟孔，粒形类似，雕纹皆为细网纹；仅三色堇的花粉粒有4～5（6）沟孔，粒形较大。

本属约500种，广布于温带、热带及亚热带地区，主要分布于北半球的温带地区。我国约有111种，南北各地均有分布，大多数种类分布于西南地区，其次，在东北、华北地区种类也较多。

潜江市有2种。

173. 长萼堇菜 *Viola inconspicua* Blume

【别名】犁头草。

【植物形态】多年生草本，无地上茎。根状茎垂直或斜生，较粗壮，长1～2厘米，粗2～8毫米，节密生，通常被残留的褐色托叶包被。叶均基生，呈莲座状；叶片三角形、三角状卵形或戟形，长1.5～7厘米，宽1～3.5厘米，最宽处在叶的基部，中部向上渐变狭，先端渐尖或尖，基部宽心形，弯缺呈宽半圆形，两侧垂片发达，通常平展，稍下延于叶柄成狭

翅，边缘具圆锯齿，两面通常无毛，少有在下面的叶脉及近基部的叶缘上有短毛，上面密生乳头状小白点，但在较老的叶上则变成暗绿色；叶柄无毛，长2～7厘米；托叶3/4与叶柄合生，分离部分披针形，长3～5毫米，先端渐尖，边缘疏生流苏状短齿，稀全缘，通常有褐色锈点。花淡紫色，有暗色条纹；花梗细弱，通常与叶等长或稍高出于叶，无毛或上部被柔毛，中部稍上处有2枚线形小苞片；萼片卵状披针形或披针形，长4～7毫米，顶端渐尖，基部附属物伸长，长2～3毫米，末端具缺刻状浅齿，具狭膜质缘，无毛或具纤毛；花瓣长圆状倒卵形，长7～9毫米，侧方花瓣里面基部有须毛，下方花瓣连距长10～12毫米；距管状，长2.5～3毫米，直，末端钝；下方雄蕊背部的距呈角状，长约2.5毫米，顶端尖，基部宽；子房球形，无毛，花柱棍棒状，长约2毫米，基部稍膝曲，顶端平，两侧具较宽的缘边，前方具明显的短喙，喙端具向上开口的柱头孔。蒴果长圆形，长8～10毫米，无毛。

种子卵球形，长 1 ～ 1.5 毫米，直径 0.8 毫米，深绿色或棕褐色。花果期 3—11 月。

　　【生长环境】生于林缘、山坡草地、田边及溪旁等处。潜江市广布，多见。

　　【药用部位】全草。

　　【采收加工】夏、秋季采收，洗净，除去杂质，鲜用或晒干。

　　【性味归经】味苦、辛，性寒。

　　【功能主治】清热解毒，凉血消肿，利湿化瘀。

174. 紫花地丁 *Viola philippica* Cav.

　　【别名】辽堇菜、野堇菜、光瓣堇菜。

　　【植物形态】多年生草本，无地上茎，高 4 ～ 14 厘米，果期高可达 20 厘米。根状茎短，垂直，淡褐色，长 4 ～ 13 毫米，粗 2 ～ 7 毫米，节密生，有数条淡褐色或近白色的细根。叶多数，基生，莲座状；叶片下部者通常较小，呈三角状卵形或狭卵形，上部者较长，呈长圆形、狭卵状披针形或长圆状卵形，长 1.5 ～ 4 厘米，宽 0.5 ～ 1 厘米，先端圆钝，基部截形或楔形，稀微心形，边缘具较平的圆齿，两面无毛或被细短毛，有时仅下面沿叶脉被短毛，果期叶片增大，长可达 10 余厘米，宽可达 4 厘米；叶柄在花期通常比叶片长，上部具极狭的翅，果期长可达 10 余厘米，上部具较宽的翅，无毛或被细短毛；托叶膜质，苍白色或淡绿色，长 1.5 ～ 2.5 厘米，2/3 ～ 4/5 与叶柄合生，离生部分线状披针形，边缘疏生具腺体的流苏状细齿或近全缘。花中等大，紫堇色或淡紫色，稀呈白色，喉部色较淡并带有紫色条纹；花梗通常多数，细弱，与叶片等长或高出于叶片，无毛或有短毛，中部附近有 2 枚线形小苞片；萼片卵状披针形或披针形，长 5 ～ 7 毫米，先端渐尖，基部附属物短，长 1 ～ 1.5 毫米，末端圆形或截形，边缘具膜质白边，无毛或有短毛；花瓣倒卵形或长圆状倒卵形，侧方花瓣长，1 ～ 1.2 厘米，里面无毛或有须毛，下方花瓣连距长 1.3 ～ 2 厘米，里面有紫色脉纹；距细管状，长 4 ～ 8 毫米，末端圆；花药长约 2 毫米，药隔顶部的附属物长约 1.5 毫米，下方 2 枚雄蕊背部的距呈细管状，长 4 ～ 6 毫米，末端细；子房卵形，无毛，花柱棍棒状，比子房稍长，基部稍膝曲，柱头三角形，两侧及后方稍增厚成微隆起的缘边，顶部略平，前方具短喙。蒴果长圆形，长 5 ～ 12 毫米，无毛；种子卵球形，长 1.8 毫米，淡黄色。花果期 4 月中下旬至 9 月。

　　【生长环境】生于田间、荒地、山坡草丛、林缘或灌丛中。潜江市渔洋镇有发现。

　　【药用部位】全草。

　　【采收加工】春、秋季采收，除去杂质，晒干。

【性味归经】味苦、辛，性寒；归心、肝经。

【功能主治】清热解毒，凉血消肿。用于疔疮肿毒，痈疽发背，丹毒，毒蛇咬伤。

五十七、葫芦科　Cucurbitaceae

　　一年生或多年生草质或木质藤本，极稀为灌木或乔木状；一年生植物的根为须根，多年生植物的根常为球状或圆柱状块根；茎通常具纵沟纹，匍匐或借助卷须攀援。具卷须，极稀无卷须，卷须侧生于叶柄基部，单一或二至多歧，大多数在分歧点之上旋卷，少数在分歧点上下同时旋卷，稀伸直、仅顶端钩状。叶互生，通常为 2/5 叶序，无托叶，具叶柄；叶片不分裂或掌状浅裂至深裂，稀为鸟足状复叶，边缘具锯齿或稀全缘，具掌状脉。花单性（罕两性），雌雄同株或异株，单生、簇生或集成总状花序、圆锥花序或近伞形花序。雄花：花萼辐状、钟状或管状，5 裂，裂片覆瓦状排列或开放式排列；花冠插生于花萼筒的檐部，基部合生呈筒状或钟状，或完全分离，5 裂，裂片在芽中覆瓦状排列或内卷式镊合状排列，全缘或边缘呈流苏状；雄蕊 5 或 3，插生于花萼筒基部、近中部或檐部，花丝分离或合生呈柱状，花药分离或靠合，药室在 5 枚雄蕊中，全部 1 室，在 3 枚雄蕊中，通常为 1 枚 1 室、2 枚 2 室，稀全部 2 室，药室通直、弯曲或 S 形曲折至多回曲折，药隔伸出或不伸出，纵向开裂，花粉粒圆形或椭圆形；退化雌蕊有或无。雌花：花萼与花冠同雄花；退化雄蕊有或无；子房下位或稀半下位，通常由 3 心皮合生而成，极稀具 4～5 心皮，3 室或 1（2）室，有时为假 4～5 室，侧膜胎座，胚珠通常多数，在胎座上常排列成 2 列，水平生，下垂或上升成倒生胚珠，有时仅具几枚胚珠，极稀具 1 枚胚珠；花柱单一或在顶端 3 裂、稀完全分离，柱头膨大，2 裂或流苏状。果实小型至大型，常为肉质浆果状或果皮木质，不开裂或在成熟后盖裂或 3 瓣纵裂，1 或 3 室。种子常多数，稀少数或 1 粒，压扁，水平生或下垂生，种皮骨质、硬革质或膜质，有各种纹饰，边缘全缘或有齿；无胚乳；胚直，具短胚根，子叶大、扁平，常含丰富的油脂。

　　本科约有 113 属 800 种，大多数分布于热带和亚热带地区，少数种类散布到温带地区。我国有 32 属 154 种 35 变种，主要分布于西南和南部地区，少数散布到北部地区。

　　潜江市有 9 属 9 种。

盒子草属 *Actinostemma* Griff.

纤细攀援草本。叶有柄，叶片心状戟形、心状卵形、宽卵形或披针状三角形，不分裂或 3～5 裂，边缘有疏锯齿或微波状；卷须分二叉，稀单一。花单性，雌雄同株，稀两性。雄花序总状或圆锥状，稀单生或双生。花萼辐状，筒部杯状，裂片线状披针形；花冠辐状，裂片披针形，尾状渐尖；雄蕊 5（6），离生，花丝短，丝状，花药近卵形，外向，基底着生药隔在花药背面乳头状突出，1 室，纵缝开裂，无退化雌蕊。雌花单生、簇生或稀雌雄同序，花萼和花冠同雄花；子房卵珠形，常具疣状突起，1 室，花柱短，柱头 3，肾形。胚珠 2（4）枚，着生于室壁近顶端，因而胚珠成下垂生。果实卵状，自中部以上环状盖裂，顶盖圆锥状，具 2（4）粒种子。种子稍扁，卵形，种皮有不规则的雕纹。

本属有 1 种，分布于东亚（从日本到东喜马拉雅）。我国南北各地普遍分布。

潜江市有发现。

175. 盒子草 *Actinostemma tenerum* Griff.

【植物形态】柔弱草本；枝纤细，疏被长柔毛，后变无毛。叶柄细，长 2～6 厘米，被短柔毛；叶形变异大，心状戟形、心状狭卵形或披针状三角形，不分裂或 3～5 裂或仅在基部分裂，边缘波状或具小圆齿或具疏齿，基部弯缺，半圆形、长圆形、深心形，裂片顶端狭三角形，先端稍钝或渐尖，顶端有小尖头，两面具疏散疣状突起，长 3～12 厘米，宽 2～8 厘米。卷须细，二歧。花单性，雌雄同株；雄花序总状，有时圆锥状，小花序基部具长 6 毫米的叶状 3 裂总苞片，罕 1～3 花生于短缩的总梗上。花序轴细弱，长 1～13 厘米，被短柔毛；苞片线形，长约 3 毫米，密被短柔毛，长 3～12 毫米；花萼裂片线状披针形，边缘有疏小齿，长 2～3 毫米，宽 0.5～1 毫米；花冠裂片披针形，先端尾状钻形，具 1 脉，稀 3 脉，疏生短柔毛，长 3～7 毫米，宽 1～1.5 毫米；雄蕊 5，花丝被柔毛或无毛，长 0.5 毫米，花药长 0.3 毫米，药隔稍伸出于花药呈乳头状。雌花单生、双生或雌雄同序；雌花梗具关节，长 4～8 厘米，花萼和花冠同雄花；子房卵状，有疣状突起。果实绿色、卵形、阔卵形、长圆状椭圆形，长 1.6～2.5 厘米，直径 1～2 厘米，疏生暗绿色鳞片状突起，自近中部盖裂，果盖锥形，具种子 2～4 粒。种子表面有不规则雕纹，长 11～13 毫米，宽 8～9 毫米，厚 3～4 毫米。花期 7—9 月，果期 9—11 月。

【生长环境】多生于水边草丛中。潜江市周矶街道有发现。

【药用部位】全草或种子。

【采收加工】全草：夏、秋季采收，晒干。种子：秋季采收成熟果实，收集种子，晒干。

【性味归经】味苦，性寒；归肾、膀胱经。

【功能主治】清热解毒，利水消肿。

冬瓜属 *Benincasa* Savi

一年生蔓生草本，全株密被硬毛。叶掌状5浅裂，叶柄无腺体。卷须二至三歧。花大型，黄色，通常雌雄同株，单独腋生。雄花花萼筒宽钟状，裂片5，近叶状，有锯齿，反折；花冠辐状，通常5裂，裂片倒卵形，全缘；雄蕊3，离生，着生于花被筒，花丝短粗，花药1枚1室，其他2室，药室多回曲折，药隔宽，退化子房腺体状。雌花花萼和花冠同雄花；退化雄蕊3；子房卵珠状，具3胎座，胚珠多数；水平生，花柱插生于花盘上，柱头3，膨大，2裂。果实大型，长圆柱状或近球状，具糙硬毛及白霜，不开裂，具多粒种子。种子圆形，扁，边缘肿胀。

本属有1种，分布于热带、亚热带和温带地区。我国南北各地普遍栽培。

潜江市有发现。

176. 冬瓜 *Benincasa hispida*（Thunb.）Cogn.

【别名】广瓜、枕瓜、白瓜、扁蒲、大瓠子、瓠子瓜、蒲瓜。

【植物形态】一年生蔓生或架生草本；茎被黄褐色硬毛及长柔毛，有棱沟。叶柄粗壮，长5～20厘米，被黄褐色的硬毛和长柔毛；叶片肾状近圆形，宽15～30厘米，5～7浅裂或有时中裂，裂片宽三角形或卵形，先端急尖，边缘有小齿，基部深心形，弯缺张开，近圆形，深、宽均为2.5～3.5厘米，表面深绿色，稍粗糙，有疏柔毛，老后渐脱落，近无毛；背面粗糙，灰白色，有粗硬毛，叶脉在叶背面稍隆起，密被毛。卷须二至三歧，被粗硬毛和长柔毛。花单生，雌雄同株；雄花梗长5～15厘米，密被黄褐色短刚毛和长柔毛，常在花梗的基部具1苞片，苞片卵形或宽长圆形，长6～10毫米，先端急尖，有短柔毛；花萼筒宽钟状，宽12～15毫米，密生刚毛状长柔毛，裂片披针形，长8～12毫米，有锯齿，反折；花冠黄色，辐状，裂片宽倒卵形，长3～6厘米，宽2.5～3.5厘米，两面有疏柔毛，先端圆钝，具5脉；雄蕊3，离生，花丝长2～3毫米，基部膨大，被毛，花药长5毫米，宽7～10毫米，药室三回曲折，雌花梗长不及5厘米，密生黄褐色硬毛和长柔毛；子房卵形或圆筒形，密生黄褐色茸毛状硬毛，长2～4厘米；花柱长2～3毫米，柱头3，长12～15毫米，2裂。果实长圆柱状或近球状，大型，有硬毛和白霜，长25～60厘米，直径10～25厘米。种子卵形，白色或淡黄色，压扁，有边缘，长10～11毫米，宽5～7毫米，厚2毫米。

【生长环境】栽培。潜江市广布，多见。

【药用部位】外层果皮。

【采收加工】食用冬瓜时，洗净，削去外层果皮，晒干。

【性味归经】味甘，性凉；归脾、小肠经。

【功能主治】利尿消肿。用于水肿胀满，小便不利，暑热口渴，小便短赤。

西瓜属 *Citrullus* Schrad.

一年生或多年生蔓生草本；茎、枝稍粗壮，粗糙。卷须二至三歧，稀不分歧，极稀变为刺状。叶片圆形或卵形，3～5深裂，裂片又羽状或二回羽状浅裂或深裂。雌雄同株。雌雄花单生，稀簇生，黄色。雄花：花萼筒宽钟状，裂片5；花冠辐状或宽钟状，深5裂，裂片长圆状卵形，钝；雄蕊3，生于花被筒基部，花丝短，离生，花药稍靠合，1枚1室，其余的2室，药室线形，曲折，药隔膨大，不伸出；退化雌蕊腺体状。雌花：花萼和花冠与雄花同；退化雄蕊3，刺毛状或舌状；子房卵球形，3胎座，胚珠多数，水平着生，花柱短，柱状，柱头3，肾形，2浅裂。果实大，球形至椭圆形，果皮平滑，肉质，不开裂。种子多粒，长圆形或卵形，压扁，平滑。

本属有9种，分布于地中海东部、非洲热带地区、亚洲西部。我国栽培1种。

潜江市有1种。

177. 西瓜 *Citrullus lanatus*（Thunb.）Matsum. et Nakai

【别名】寒瓜。

【植物形态】一年生蔓生藤本；茎、枝粗壮，具明显的棱沟，被长而密的白色或淡黄褐色长柔毛。卷须较粗壮，具短柔毛，二歧，叶柄粗，长3～12厘米，粗0.2～0.4厘米，具不明显的沟纹，密被柔毛；叶片纸质，轮廓三角状卵形，带白绿色，长8～20厘米，宽5～15厘米，两面具短硬毛，脉上和背面较多，3深裂，中裂片较长，倒卵形、长圆状披针形或披针形，顶端急尖或渐尖，裂片又羽状或二回羽状浅裂或深裂（又作不规则的羽状分裂），边缘波状或有疏齿，末次裂片通常有少数浅锯齿，先端圆钝，叶片基部心形，有时形成半圆形的弯缺，弯缺宽1～2厘米，深0.5～0.8厘米。雌雄同株。雌花、雄花均单生于叶腋。雄花：花梗长3～4厘米，密被黄褐色长柔毛；花萼筒宽钟状，密被长柔毛，花萼裂片狭披针形，与花萼筒近等长，长2～3毫米；花冠淡黄色，直径2.5～3厘米，外面带绿色，被长柔毛，裂片卵状长圆形，长1～1.5厘米，宽0.5～0.8厘米，顶端钝或稍尖，脉黄褐色，被毛；雄蕊3，近离生，1枚1室，2枚2室，花丝短，药室曲折。雌花：花萼和花冠与雄花同；子房卵形，长0.5～0.8厘米，宽0.4厘米，密被长柔毛，花柱长4～5毫米，柱头3，肾形。果实大型，近球形或椭圆形，肉质，多汁，果皮光滑，色泽及纹饰各式。种子多粒，卵形，黑色、红色，有时为白色、黄色、淡绿色或有斑纹，两面平滑，基部圆钝，通常边缘稍拱起，长1～1.5厘米，宽0.5～0.8厘米，厚1～2毫米，花果期夏季。

【生长环境】栽培，潜江市多见。

【药用部位】新鲜果实。

【性味归经】味咸，性寒；归肺、胃、大肠经。

【功能主治】清热泻火，消肿止痛，降温去暑，清热，利尿，降血压。用于咽喉肿痛，喉痹，口疮。

黄瓜属 *Cucumis* L.

一年生攀援或蔓生草本；茎、枝有棱沟，密被白色或稍黄色的糙硬毛。卷须纤细，不分歧。叶片近圆形、肾形或心状卵形，不分裂或 3～7 浅裂，具锯齿，两面粗糙，被短刚毛。雌雄同株，稀异株。雄花：簇生或稀单生；花萼筒钟状或近陀螺状，5 裂，裂片近钻形；花冠辐状或近钟状，黄色，5 裂，裂片长圆形或卵形；雄蕊 3，离生，着生于花被筒上，花丝短，花药长圆形，1 枚 1 室，2 枚 2 室，药室线形，曲折，药隔伸出呈乳头状；退化雌蕊腺体状。雌花单生，稀簇生；花萼和花冠与雄花相同；退化雄蕊缺如；子房纺锤形或近圆筒形，具 3～5 胎座，花柱短，柱头 3～5，靠合；胚珠多数，水平着生。果实多形，肉质或质硬，通常不开裂，平滑或具瘤状突起。种子多数，压扁，光滑，无毛，种子边缘不拱起。

本属约有 70 种，分布于世界热带到温带地区，以非洲种类较多。我国有 4 种 3 变种。

潜江市有 1 种。

178. 菜瓜 *Cucumis melo* subsp. *agrestis*（Naudin）Pangalo

【别名】马泡瓜、菜瓜、越瓜、稍瓜、白瓜、生瓜。

【植物形态】果实长圆状圆柱形或近棒状，长 20～30（50）厘米，直径 6～10（15）厘米，上部比下部略粗，两端圆或稍呈截形，平滑无毛，淡绿色，有纵线条，果肉白色或淡绿色，无香甜味。花果期夏季。

【生长环境】栽培。潜江市高石碑镇有发现。

【药用部位】果实。

【采收加工】夏、秋季果实成熟时采收。

【性味归经】味甘，性寒；归胃、小肠经。

【功能主治】除烦热，生津液，利小便。

绞股蓝属 *Gynostemma* Bl.

多年生攀援草本，无毛或被短柔毛。叶互生，鸟足状，具3～9小叶，稀单叶，小叶片卵状披针形。卷须二歧，稀单一。花雌雄异株，组成腋生或顶生圆锥花序，花梗具关节，基部具小苞片。雄花：花萼筒短，5裂，裂片狭卵形；花冠辐状，淡绿色或白色，5深裂，裂片披针形或卵状长圆形，芽时内卷；雄蕊5，着生于花被筒基部，花丝短，合生成柱，花药卵形，直立，2室，纵缝开裂，药隔狭，不延长；花粉粒球形或椭圆形，具纵条纹或平滑，孔裂；退化雌蕊无。雌花：花萼与花冠同雄花；具退化雄蕊；子房球形，2～3室，花柱3，稀2，分离，柱头2或新月形，具不规则裂齿；胚珠每室2枚，下垂。浆果球形，似豌豆大小，不开裂，或蒴果，顶端3裂，顶部具鳞脐状突起或3枚冠状物，具2～3粒种子。种子阔卵形、压扁、无翅，具乳突状突起或具小突刺。

本属约有13种，产于亚洲热带地区至东亚，自喜马拉雅至日本、马来群岛和新几内亚岛。我国有11种2变种，产于陕西南部和长江以南广大地区，以西南地区种类最多。

潜江市有1种。

179. 绞股蓝 *Gynostemma pentaphyllum*（Thunb.）Makino

【别名】毛绞股蓝。

【植物形态】草质攀援植物。茎细弱，具分枝，具纵棱及槽，无毛或疏被短柔毛。叶膜质或纸质，鸟足状，具3～9小叶，通常5～7小叶，叶柄长3～7厘米，被短柔毛或无毛；小叶片卵状长圆形或披针形，中央小叶长3～12厘米，宽1.5～4厘米，侧生小叶较小，先端急尖或短渐尖，基部渐狭，边缘具波状齿或圆齿状齿，上面深绿色，背面淡绿色，两面均疏被短硬毛，侧脉6～8对，上面平坦，背面凸起，细脉网状；小叶柄略叉开，长1～5毫米。卷须纤细，二歧，稀单一，无毛或基部被短柔毛。花雌雄异株。雄花：圆锥花序，花序轴纤细，多分枝，长10～15（30）厘米，分枝广展，长3～4（15）厘米，有时基部具小叶，被短柔毛；花梗丝状，长1～4毫米，基部具钻状小苞片；花萼筒极短，5裂，裂片三角形，长约0.7毫米，先端急尖；花冠淡绿色或白色，5深裂，裂片卵状披针形，长2.5～3毫米，宽约1毫米，先端长渐尖，具1脉，边缘具缘毛状小齿；雄蕊5，花丝短，连合成柱，花药着生于柱顶。雌花：圆锥花序，远较雄花短小，花萼及花冠似雄花；子房球形，2～3室，花柱3枚，短而叉开，柱头

2裂；具短小的退化雄蕊5枚。果实肉质，不开裂，球形，直径5～6毫米，成熟后黑色，光滑无毛，内含倒垂种子2粒。种子卵状心形，直径约4毫米，灰褐色或深褐色，顶端钝，基部心形，压扁，两面具乳突状突起。花期3—11月，果期4—12月。

【生长环境】生于海拔300～3200米的山谷密林、山坡疏林、灌丛或路旁草丛中。潜江市森林公园有发现。

【药用部位】全草。

【采收加工】每年夏、秋季可采收3～4次，洗净，晒干。

【性味归经】味苦、微甘，性凉；归肺、脾、肾经。

【功能主治】清热，补虚，解毒。

苦瓜属 *Momordica* L.

一年生或多年生攀援或匍匐草本。卷须不分歧或二歧。叶柄有腺体或无，叶片近圆形或卵状心形，掌状3～7浅裂或深裂，稀不分裂，全缘或有齿。花雌雄异株或稀同株。雄花单生或成总状花序；花梗上通常具1大型的兜状苞片；苞片圆肾形；花萼筒短，钟状、杯状或短漏斗状，裂片卵形、披针形或长圆状披针形；花冠黄色或白色，辐状或宽钟状，通常5深裂到基部，稀5浅裂，裂片倒卵形、长圆形或卵状长圆形，雄蕊3，极稀5或2，着生于花萼筒喉部，花丝短，离生，花药起初靠合，后来分离，1枚1室，其余2室，药室曲折，极稀直或弯曲，药隔不伸长；退化雌蕊腺体状或缺。雌花单生，花梗具1苞片或无；花萼和花冠同雄花；退化雄蕊腺体状或无；子房椭圆形或纺锤形，三胎座，花柱细长，柱头3，不分裂或2裂；胚珠多数，水平着生。果实卵形、长圆形、椭圆形或纺锤形，不开裂或3瓣裂，常具瘤状、刺状突起，顶端有喙或无。种子少数或多数，卵形或长圆形，平滑或有各种刻纹。

本属约有80种，多数种分布于非洲热带地区，少数种在温带地区有栽培。我国有4种，主要分布于南部和西南地区，个别种南北各地普遍栽培。

潜江市有1种。

180. 苦瓜 *Momordica charantia* L.

【别名】凉瓜、癞葡萄。

【植物形态】一年生攀援状柔弱草本，多分枝；茎、枝被柔毛。卷须纤细，长达20厘米，具微柔毛，不分歧。叶柄细，初时被白色柔毛，后变近无毛，长4～6厘米；叶片轮廓卵状肾形或近圆形，膜质，长、宽均4～12厘米，上面绿色，背面淡绿色，脉上密被明显的微柔毛，其余毛较稀疏，5～7深裂，裂片卵状长圆形，边缘具粗齿或有不规则小裂片，先端多半圆钝，稀急尖，基部弯缺半圆形，叶脉掌状。雌雄同株。雄花：单生于叶腋，花梗纤细，被微柔毛，长3～7厘米，中部或下部具1苞片；苞片绿色，肾形或圆形，全缘，稍有缘毛，两面被疏柔毛，长、宽均5～15毫米；花萼裂片卵状披针形，被白色柔毛，长4～6毫米，宽2～3毫米，急尖；花冠黄色，裂片倒卵形，先端钝，急尖或微凹，长1.5～2厘米，宽0.8～1.2厘米，被柔毛；雄蕊3，离生，药室二回曲折。雌花：单生，花梗被微柔毛，长10～12厘米，基部常具1苞片；子房纺锤形，密生瘤状突起，柱头3，膨大，2裂。果实纺锤形或圆柱形，多瘤皱，长10～20厘米，成熟后橙黄色，由顶端3瓣裂。种子多数，长圆形，具红色假种皮，两端各具3小齿，两面有刻纹，长1.5～2厘米，宽1～1.5厘米。花果期5—10月。果实味苦，主作蔬菜，也可糖渍；成熟果肉和假种皮也可食用。

【生长环境】栽培。潜江市森林公园有发现。

【药用部位】果实。

【采收加工】秋季采收，鲜用或切片晒干。

【性味归经】味苦，性寒；归心、脾、肺经。

【功能主治】清暑涤热，明目，解毒。

赤瓟属 *Thladiantha* Bunge

多年生或稀一年生草质藤本，攀援或匍匐生。根块状或稀须根。茎草质，具纵向棱沟。卷须单一或二歧；叶绝大多数为单叶，心形，边缘有锯齿，极稀掌状分裂或呈鸟足状3～5（7）小叶。雌雄异株。雄花：雄花序总状或圆锥状，稀单生；花萼筒短钟状或杯状，裂片5，线形、披针形、卵状披针形或长圆形，1～3脉；花冠钟状，黄色，5深裂，裂片全缘，长圆形、宽卵形或倒卵形，常5～7条脉；雄蕊5，插生于花萼筒部，分离，通常4枚两两成对，第5枚分离，花丝短，花药长圆形或卵形，全部1室，药室通直；退化子房腺体状。雌花：单生、双生或3～4朵簇生于一短梗上，花萼和花冠同雄花；子房卵形、长圆形或纺锤形，表面平滑或有瘤状突起，花柱3裂，柱头2裂，肾形；具3胎座，胚珠多数，水平生。果实中等大，浆质，不开裂，平滑或具多数瘤状突起，有明显纵肋或无。种子多数，水平生。

本属有23种10变种，主要分布于我国西南地区，少数种在黄河流域以北地区有分布；个别种在朝鲜、日本、印度半岛东北部、中南半岛和大巽他群岛有分布。

潜江市有1种。

181. 南赤瓟 *Thladiantha nudiflora* Hemsl. ex Forbes et Hemsl.

【别名】野丝瓜、丝瓜南。

【植物形态】全体密生柔毛状硬毛。根块状。茎草质攀援状，有较深的棱沟。叶柄粗壮，长3～10厘米；叶片质稍硬，卵状心形、宽卵状心形或近圆状心形，长5～15厘米，宽4～12厘米，先端渐尖或锐尖，边缘具胼胝状小尖头的细锯齿，基部弯缺开放或有时闭合，弯缺深2～2.5厘米，宽1～2厘米，上面深绿色，粗糙，有短而密的细刚毛，背面色淡，密被淡黄色短柔毛，基部侧脉沿叶基弯缺向外展开。卷须稍粗壮，密被硬毛，下部有明显的沟纹，上部二歧。雌雄异株。雄花为总状花序，多数花集生于花序轴的上部；花序轴纤细，长4～8厘米，密生短柔毛；花梗纤细，长1～1.5厘米；花萼密生淡黄色长柔毛，筒部宽钟形，上部宽5～6毫米，裂片卵状披针形，长5～6毫米，基部宽2.5毫米，顶端急尖，3脉；花冠黄色，裂片卵状长圆形，长1.2～1.6厘米，宽0.6～0.7厘米，顶端急尖或稍钝，5脉；雄蕊5，着生于花萼筒的檐部，花丝有微柔毛，长4毫米，花药卵状长圆形，长2.5毫米。雌花单生，花梗细，长1～2厘米，有长柔毛；花萼和花冠同雄花，但较雄花大；子房狭长圆形，长1.2～1.5厘米，直径0.4～0.5厘米，密被淡黄色的长柔毛状硬毛，上部渐狭，基部圆钝，花柱粗短，自2毫米长处3裂，分生部分长1.5毫米，柱头膨大，圆肾形，2浅裂；退化雄蕊5，棒状，长1.5毫米。果梗粗壮，长2.5～5.5厘米；果实长圆形，干后红色或红褐色，长4～5厘米，直径3～3.5厘米，顶端稍钝或有时渐狭，基部圆钝，有时密生毛及不甚明显的纵纹，后渐无毛。种子卵形或宽卵形，长5毫米，宽3.5～4毫米，厚1～1.5毫米，顶端尖，基部圆，表面有明显的网纹，两面稍拱起。花期春、夏季，果期秋季。

【生长环境】常生于海拔900～1700米的沟边、林缘或山坡灌丛中。潜江市王场镇有发现。

【药用部位】根、叶。

【采收加工】叶：春、夏季采收，鲜用或晒干。根：秋后采收，鲜用或切片晒干。

【性味归经】味苦，性凉。

【功能主治】清热解毒，消食化滞。

栝楼属 *Trichosanthes* L.

一年生或具块状根的多年生藤本；茎攀援或匍匐，多分枝，具纵向棱及槽。单叶互生，具柄，叶片膜质、纸质或革质，叶形多变，通常卵状心形或圆心形，全缘或3～7（9）裂，边缘具细齿，稀为具3～5小叶的复叶。卷须二至五歧，稀单一。花雌雄异株或同株。雄花通常排列成总状花序，有时有1单花与之并生，或为1单花；通常具苞片，稀无；花萼筒筒状，延长，通常自基部向顶端逐渐扩大，5裂，裂片披针形、全缘、具锯齿或条裂；花冠白色，稀红色，5裂，裂片披针形、倒卵形或扇形，先端具流苏；雄蕊3，着生于花被筒内，花丝短，分离，花药外向，靠合，1枚1室、2枚2室，药室对折，药隔狭，不伸长；花粉粒球形，无刺，具3槽，3～4孔。雌花单生，极稀为总状花序；花萼与花冠同雄花；子房下位，纺锤形或卵球形，1室，具3个侧膜胎座，花柱纤细，伸长，柱头3，全缘或2裂；胚珠多数，水平生或半下垂。果实肉质，不开裂，球形、卵形或纺锤形，无毛且平滑，稀被长柔毛，具多数种子。种子褐色，1室，长圆形、椭圆形或卵形，压扁，或3室，鼓胀，两侧室空。

本属约有50种，分布于东南亚，由此向南经马来西亚至澳大利亚北部，向北经中国至朝鲜、日本。我国有34种6变种，分布于全国各地，以华南和西南地区较多。

潜江市有1种。

182. 栝楼 *Trichosanthes kirilowii* Maxim.

【别名】瓜蒌、瓜楼、药瓜。

【植物形态】攀援藤本，长达10米；块根圆柱状，粗大肥厚，富含淀粉，淡黄褐色。茎较粗，多分枝，具纵棱及槽，被白色伸展柔毛。叶片纸质，轮廓近圆形，长宽均5～20厘米，常3～5（7）浅裂至中裂，稀深裂或不分裂而仅有不等大的粗齿，裂片菱状倒卵形、长圆形，先端钝或急尖，边缘常再浅裂，叶基心形，弯缺深2～4厘米，上表面深绿色，粗糙，背面淡绿色，两面沿脉被长柔毛状硬毛，基出掌状脉5条，细脉网状；叶柄长3～10厘米，具纵条纹，被长柔毛。卷须三至七歧，被柔毛。花雌雄异株。雄总状花序单生，或与一单花并生，或在枝条上部者单生，总状花序长10～20厘米，粗壮，具纵棱与槽，被微柔毛，顶端有5～8花，小苞片倒卵形或阔卵形，长1.5～2.5（3）厘米，宽1～2厘米，中上部具粗齿，基部具柄，被短柔毛；花萼筒筒状，长2～4厘米，顶端扩大，直径约10毫米，中、下部直径约5毫米，被短柔毛，裂片披针形，长10～15毫米，宽3～5毫米，全缘；花冠白色，裂片倒卵形，长20毫米，宽18毫米，顶端中央具1绿色尖头，两侧具丝状流苏，被柔毛；花药靠合，长约6毫米，直径约4毫米，花丝分离，粗壮，被长柔毛。雌花单生，花梗长7.5厘米，被短柔毛；花萼筒圆筒形，长2.5厘米，直径1.2厘米，裂片和花冠同雄花；子房椭圆形，绿色，长2厘米，直径1厘米，花柱长2厘米，柱头3。果梗粗壮，长4～11厘米；果实椭圆形或圆形，长7～10.5厘米，成熟时黄褐色或橙黄色；种子卵状椭圆形，压扁，长11～16毫米，宽7～12毫米，淡黄褐色，近边缘处具棱线。花期5—8月，果期8—10月。

【生长环境】生于海拔200～1800米的山坡林下、灌丛中、草地和村旁田边。潜江市白鹭湖管理区有发现。

【药用部位】果实、根。

【采收加工】果实：秋季果实成熟时，连果梗剪下，置通风处阴干。根：秋、冬季采挖，洗净，除去外皮，切段或纵剖成瓣，干燥。

【性味归经】果实：味甘、微苦，性寒；归肺、胃、大肠经。根：味甘、微苦，性微寒；归肺、胃经。

【功能主治】果实：清热化痰，宽胸散结，润肺止咳。润燥滑肠。用于肺热咳嗽，痰浊黄稠，胸痹心痛，结胸痞满，乳痈，肺痈，肠痈，大便秘结。根：清热泻火，生津止渴，消肿排脓。用于热病烦渴，肺热燥咳，内热消渴，疮疡肿毒。本种为传统的中药，根中蛋白称天花粉蛋白，有引产作用，是良好的避孕药。

马㼎儿属 *Zehneria* Endl.

攀援或匍匐草本，一年生或多年生。叶具明显的叶柄；叶片膜质或纸质，形状多变，全缘或 3～5 浅裂至深裂。卷须纤细，单一，稀二歧。雌雄同株或异株。雄花序总状或近伞房状，稀同时单生；花萼钟状，裂片 5；花冠钟状，黄色或黄白色，裂片 5；雄蕊 3 枚，着生于筒的基部，花药全部为 2 室、2 枚 2 室或 1 枚 1 室，长圆形或卵状长圆形，药室常通直或稍弯曲，药隔稍伸出或不伸出，退化雌蕊形状不变。雌花单生或少数几朵呈伞房状；花萼和花冠同雄花；子房卵球形或纺锤形，3 室，胚珠多数，水平着生，花柱柱状，基部由一环状盘围绕，柱头 3。果实圆球形或长圆形或纺锤形，不开裂。种子多数，卵形，扁平，边缘拱起或不拱起。

全世界约有 7 种，分布于非洲和亚洲热带至亚热带地区。我国有 5 种 1 变种。

潜江市有 1 种。

183. 马㼎儿 *Zehneria japonica*（Thunberg）H. Y. Liu

【别名】老鼠拉冬瓜、马交儿。

【植物形态】攀援或平卧草本；茎、枝纤细，疏散，有棱沟，无毛。叶柄细，长 2.5～3.5 厘米，初时有长柔毛，最后变无毛；叶片膜质，三角状卵形、卵状心形或戟形，不分裂或 3～5 浅裂，长 3～5 厘米，宽 2～4 厘米，若分裂时中间的裂片较长，三角形或披针状长圆形；侧裂片较小，三角形或披针状三角形，上面深绿色，粗糙，脉上有极短的柔毛，背面淡绿色，无毛；顶端急尖，稀短渐尖，基部弯缺半圆形，边缘微波状或有疏齿，脉掌状。雌雄同株。雄花：单生或稀 2～3 朵生于短的总状花序上；花序梗纤细，极短，无毛；花梗丝状，长 3～5 毫米，无毛；花萼宽钟状，基部急尖或稍钝，长 1.5 毫米；花冠淡黄色，有极短的柔毛，裂片长圆形或卵状长圆形，长2～2.5毫米，宽1～1.5毫米；雄蕊3，2枚2室、1枚1室或全部2室，生于花萼筒基部，花丝短，长0.5毫米，花药卵状长圆形或长圆形，有毛，长1毫米，药室稍弯曲，有毛，药隔宽，稍伸出。雌花：与雄花在同一叶腋内单生或稀双生；花梗丝状，无毛，长1～2厘米，花冠阔钟形，直径2.5毫米，裂片披针形，先端稍钝，长2.5～3毫米，宽1～1.5毫米；子房狭卵形，有疣状突起，长3.5～4毫米，直径1～2毫米，花柱短，长1.5毫米，柱头3裂，退化雄蕊腺体状。果梗纤细，无毛，长2～3厘米；果实长圆形或狭卵形，两端钝，外面无毛，长1～1.5厘米，宽0.5～0.8（1）厘米，成熟后橘红色或红色。种子灰白色，卵形，基部稍变狭，边缘不明显，长3～5毫米，宽3～4毫米。花期4—7月，果期7—10月。

【生长环境】常生于海拔500～1600米的林中阴湿处以及路旁、田边及灌丛中。潜江市多地可见。

【药用部位】全草。

【采收加工】夏、秋季采挖块根，除去泥土及细根，洗净，切厚片；茎叶切碎，鲜用或晒干。

【性味归经】味甘、苦，性凉；归肺、肝、脾经。

【功能主治】清热解毒，消肿散结，化痰利尿。

五十八、千屈菜科 Lythraceae

草本、灌木或乔木；枝通常四棱形，有时具棘状短枝。叶对生，稀轮生或互生，全缘，叶片下面有时具黑色腺点；托叶细小或无托叶。花两性，通常辐射对称，稀左右对称，单生或簇生，或组成顶生或腋生的穗状花序、总状花序或圆锥花序；花萼筒状或钟状，平滑或有棱，有时有距，与子房分离而包围子房，3～6裂，很少16裂，镊合状排列，裂片间有附属体或无；花瓣与花萼裂片同数或无花瓣，花瓣如存在，则着生于萼筒边缘，在芽时呈皱褶状，雄蕊通常为花瓣的倍数，有时较多或较少，着生于萼筒上，但位于花瓣的下方，花丝长短不一，在芽时常内折，花药2室，纵裂；子房上位，通常无柄，2～16室，每室具倒生胚珠数枚，极少减少到3或2枚，着生于中轴胎座上，其轴有时不到子房顶部，花柱单生，长短不一，柱头头状，稀2裂。蒴果革质或膜质，2～6室，稀1室，横裂、瓣裂或不规则开裂，稀不裂；

种子多粒，形状不一，有翅或无翅，无胚乳；子叶平坦，稀折叠。

本科约有 25 属 550 种，广布于全世界，但主要分布于热带和亚热带地区。我国约有 11 属 47 种，南北各地均有。

潜江市有 2 属 2 种。

萼距花属 *Cuphea* P. Br.

草本或灌木，全株多数具有黏质的腺毛。叶对生或轮生，稀互生。花左右对称，单生或组成总状花序，生于叶柄之间，稀腋生或腋外生；小苞片 2 枚；花萼筒延长而呈花冠状，有颜色，有棱 12 条，基部有突起，口部偏斜，有 6 齿或 6 裂片，具同数的附属体；花瓣 6，不相等，稀只有 2 或缺；雄蕊 11 枚，稀 9、6 或 4 枚，内藏或凸出，不等长，2 枚较短，花药小，2 裂或矩圆形；子房通常上位，无柄，基部有腺体，具不等的 2 室，每室有 3 至多数胚珠，花柱细长，柱头头状，2 浅裂。蒴果长椭圆形，包藏于萼管内，侧裂。

本属约有 300 种，原产于美洲和夏威夷群岛。花美丽，多栽培于温室供观赏。现我国引种栽培的有 7 种。

潜江市有 1 种。

184. 萼距花 *Cuphea hookeriana* Walp.

【别名】细叶萼距花。

【植物形态】灌木或亚灌木状，高 30 ～ 70 厘米，直立，粗糙，被粗毛及短小硬毛，分枝细，密被短柔毛。叶薄革质，披针形或卵状披针形，稀矩圆形，顶部的线状披针形，长 2 ～ 4 厘米，宽 5 ～ 15 毫米，顶端长渐尖，基部圆形至阔楔形，下延至叶柄，幼时两面被贴伏短粗毛，后渐脱落而粗糙，侧脉约 4 对，在上面凹入，在下面明显凸起，叶柄极短，长约 1 毫米。花单生于叶柄之间或近腋生，组成少花的总状花序；花梗纤细；花萼基部上方具短距，带红色，背部特别明显，密被黏质的柔毛或茸毛；花瓣 6，其中上方 2 片特大而显著，矩圆形，深紫色，波状，具爪，其余 4 片极小，锥形，有时消失；雄蕊 11 枚，有时 12 枚，其中 5 ～ 6 枚较长，凸出萼筒之外，花丝被茸毛；子房矩圆形。

【生长环境】原产于墨西哥。我国北京等地有引种。潜江市南门河游园有发现。

紫薇属 *Lagerstroemia* L.

落叶或常绿灌木或乔木。叶对生、近对生或聚生于小枝的上部，全缘；托叶极小，圆锥状，脱落。花两性，辐射对称，顶生或腋生的圆锥花序；花梗在小苞片着生处具关节；花萼半球形或陀螺形，革质，常具棱或翅，5～9 裂；花瓣通常 6，或与花萼裂片同数，基部有细长的爪，边缘波状或有皱纹；雄蕊 6 至多数，着生于萼筒近基部，花丝细长，长短不一；子房无柄，3～6 室，每室有多数胚珠，花柱长，柱头头状。蒴果木质，基部有宿存的花萼包围，多少与花萼黏合，成熟时室背开裂为 3～6 果瓣；种子多数，顶端有翅。

本属约有 55 种，分布于亚洲东部、东南部、南部的热带、亚热带地区，大洋洲也产。我国有 16 种，引入栽培的有 2 种，共 18 种，主要分布于西南地区至台湾。

潜江市有 1 种。

185. 紫薇 *Lagerstroemia indica* L.

【别名】痒痒花、痒痒树、紫金花、紫兰花、蚊子花、西洋水杨梅、百日红。

【植物形态】落叶灌木或小乔木，高可达 7 米；树皮平滑，灰色或灰褐色；枝干多扭曲，小枝纤细，具 4 棱，略呈翅状。叶互生或有时对生，纸质，椭圆形、阔矩圆形或倒卵形，长 2.5～7 厘米，宽 1.5～4 厘米，顶端短尖或钝形，有时微凹，基部阔楔形或近圆形，无毛或下面沿中脉有微柔毛，侧脉 3～7 对，小脉不明显；无柄或叶柄很短。花淡红色、紫色或白色，直径 3～4 厘米，常组成 7～20 厘米的顶生圆锥花序；花梗长 3～15 毫米，中轴及花梗均被柔毛；花萼长 7～10 毫米，外面平滑无棱，但鲜时萼筒有微凸起的短棱，两面无毛，裂片 6，三角形，直立，无附属体；花瓣 6，皱缩，长 12～20 毫米，具长爪；雄蕊 36～42 枚，外面 6 枚着生于花萼上，比其余的长得多；子房 3～6 室，无毛。蒴果椭圆状球形或阔椭圆形，长 1～1.3 厘米，幼时绿色至黄色，成熟时或干燥时呈紫黑色，室背开裂；种子有翅，长约 8 毫米。花期 6—9 月，果期 9—12 月。

【生长环境】半阴生，喜生于肥沃湿润的土壤上，耐旱，不论钙质土或酸性土都生长良好。潜江市梅苑有发现。

【药用部位】花、茎皮和根皮。

【采收加工】花：5—8月采花，晒干。茎皮和根皮：5—6月剥取茎皮，秋、冬季挖根，剥取根皮，洗净，切片晒干。

【性味归经】花：味苦、微酸，性寒。茎皮和根皮：味苦，性寒。

【功能主治】花：清热解毒，凉血止血。茎皮和根皮：清热解毒，利湿祛风，散瘀解毒。树皮及花可作强泻剂，根和树皮煎剂可用于咯血，吐血，便血。

五十九、菱科　Trapaceae

一年生浮水或半挺水草本。根二型：着泥根细长，黑色，呈铁丝状，生于水底泥中；同化根由托叶边缘衍生而来，生于沉水叶叶痕两侧，对生或呈轮生状，羽状丝裂，淡绿褐色，不脱落，是具有同化和吸收作用的不定根。茎常细长柔软，分枝，出水后节间缩短。叶二型：沉水叶互生，仅见于幼苗或幼株上，叶片小，宽圆形，边缘有锯齿，叶柄半圆柱状，肉质，早落；浮水叶互生或呈轮生状，先后发出多数绿叶集聚于茎的顶部，呈重叠莲座状镶嵌排列，形成菱盘，叶片菱状圆形，边缘中上部具凹圆形或不整齐的缺刻状锯齿，边缘中下部宽楔形或半圆形，全缘；叶柄上部膨大成海绵质气囊；托叶2枚，生于沉水叶或浮水叶的叶腋，卵形或卵状披针形，膜质，早落，着生于水下的常衍生出羽状丝裂的同化根。花小，两性，单生于叶腋，由下向上的顺序发生，水面开花，具短柄；花萼宿存或早落，与子房基部合生，裂片4，排成2轮，其中1、2、3或4片膨大形成刺角，或部分或全部退化；花瓣4，排成1轮，在芽内呈覆瓦状排列，白色或带淡紫色，着生于上部花盘的边缘；花盘常呈鸡冠状分裂或全缘；雄蕊4，排成2轮，与花瓣交互对生；花丝纤细，花药背着，呈"丁"字形着生，内向；雌蕊，基部膨大为子房，花柱细，柱头头状，子房半下位或稍呈周位，2室，每室胚珠1枚，生于室内上部，下垂，仅1枚胚珠发育。果实为坚果状，革质或木质，在水中成熟，有刺状角1、2、3或4个，稀无角，不开裂，果的顶端具1果喙；胚芽、胚根和胚茎三者形成一个锥状体，藏于果颈和果喙内的空腔中，胚根向上，位于胚芽一侧而较胚芽小，萌发时由果喙伸出果外，果实表面有时由花萼、花瓣、雄蕊退化残存而成各形结节物和形成刺角。种子1粒，子叶2枚，通常1大1小，其间由一细小子叶柄相连接，较大一片萌发后仍保留在果实内，另一片极小，鳞片状，位于胚芽和胚根之间，随胚茎伸长而伸出果外，有时亦有2枚子叶等大，萌发后均留在果内；胚乳不存在。开花在水面之上，果实成熟后掉落水底；子叶肥大，充满果腔，内富含淀粉。

本科仅有1属，约30种和变种，分布于欧亚大陆及非洲热带、亚热带和温带地区，北美和澳大利亚有引种栽培。我国有15种11变种，全国各地均产，长江流域亚热带地区分布与栽培最多。

潜江市有1属1种。

菱属 *Trapa* L.

属的特征、种数、分布等与科同。

潜江市有发现。

186. 欧菱 *Trapa* natans

【别名】大头菱、扒菱、大湾角菱。

【植物形态】一年生浮水或半挺水草本。根二型：着泥根铁丝状，着生于水底泥中；同化根，羽状细裂，裂片丝状，淡绿色或暗红褐色。茎圆柱形、细长或粗短。叶二型：浮水叶互生，聚生于茎端，在水面形成莲座状菱盘，叶片广菱形，长 3～4.5 厘米，宽 4～6 厘米，表面深亮绿色，无毛，背面绿色或紫红色，密被淡黄褐色短毛（幼叶）或灰褐色短毛（老叶），边缘中上部具凹形的浅齿，边缘下部全缘，基部广楔形；叶柄长 2～10.5 厘米；中上部膨大成海绵质气囊，被短毛；沉水叶小，早落。花小，单生于叶腋，花梗长 1～1.5 厘米；萼筒 4 裂，仅 1 对萼裂被毛，其中 2 裂片演变为角；花瓣 4，白色，着生于上位花盘的边缘；雄蕊 4，花丝纤细，花药"丁"字形着生，背着花药，内向；雌蕊 2 心皮，2 室，子房半下位，花柱钻状，柱头头状。果具水平开展的 2 角，有倒刺或无，先端向下弯曲，弯牛角形，果高 2.5～3.6 厘米，幼皮紫红色，成熟时紫黑色，微被极短毛，果喙不明显，果梗粗壮有关节，长 1.5～2.5 厘米。种子白色，元宝形，两角钝，白色粉质。花期 4—8 月，果期 7—9 月。种子白色脆嫩，含淀粉，作蔬菜或加工制成菱粉。

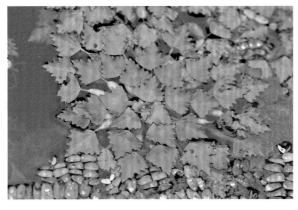 

【生长环境】人工栽培。潜江市周矶街道有发现。

【药用部位】果肉。

【采收加工】8—9 月采收，鲜用或晒干。

【性味归经】味甘、性凉；归脾、胃经。

【功能主治】健脾益胃，除烦止渴，解毒。

六十、石榴科　Punicaceae

落叶乔木或灌木；冬芽小，有2对鳞片。单叶，通常对生或簇生，有时呈螺旋状排列，无托叶。花顶生或近顶生，单生或几朵簇生或组成聚伞花序，两性，辐射对称；花萼革质，萼管与子房贴生，且高于子房，近钟状，裂片5～9，镊合状排列，宿存；花瓣5～9，多皱褶，覆瓦状排列；雄蕊生于萼筒内壁上部，多数，花丝分离，芽中内折，花药背部着生，2室纵裂，子房下位或半下位，心皮多数，1轮或2～3轮，初呈同心环状排列，后渐叠生（外轮移至内轮之上），最低1轮具中轴胎座，较高的1～2轮具侧膜胎座，胚珠多数。浆果球形，顶端有宿存花萼裂片，果皮厚；种子多数，种皮外层肉质，内层骨质；胚直，无胚乳，子叶旋卷。

本科有1属2种，产于地中海至亚洲西部地区。我国引入栽培的有1种。

潜江市有1属1种。

石榴属 *Punica* L.

落叶乔木或灌木；冬芽小，有2对鳞片。单叶，通常对生或簇生，有时呈螺旋状排列，无托叶。花顶生或近顶生，单生或几朵簇生或组成聚伞花序，两性，辐射对称；花萼革质，萼管与子房贴生，且高于子房，近钟状，裂片5～9，镊合状排列，宿存；花瓣5～9，多皱褶，覆瓦状排列；雄蕊生于萼筒内壁上部，多数，花丝分离，芽中内折，花药背部着生，2室纵裂，子房下位或半下位，心皮多数，1轮或2～3轮，初呈同心环状排列，后渐成叠生（外轮移至内轮之上），最低一轮具中轴胎座，较高的1～2轮具侧膜胎座，胚珠多数。浆果球形，顶端有宿存花萼裂片，果皮厚；种子多数，种皮外层肉质，内层骨质；胚直，无胚乳，子叶旋卷。

本属有2种，我国引入栽培1种。

潜江市有1种。

187. 石榴 *Punica granatum* L.

【别名】安石榴、山力叶、丹若、若榴木。

【植物形态】落叶灌木或乔木，高通常3～5米，稀达10米，枝顶常成尖锐长刺，幼枝具棱角，无毛，老枝近圆柱形。叶通常对生，纸质，矩圆状披针形，长2～9厘米，顶端短尖、钝尖或微凹，基部短尖至稍钝形，上面光亮，侧脉稍细密；叶柄短。花大，1～5朵生于枝顶；萼筒长2～3厘米，通常红色或淡黄色，裂片略外展，卵状三角形，长8～13毫米，外面近顶端有1黄绿色腺体，边缘有小乳突；花瓣通常大，红色、黄色或白色，长1.5～3厘米，宽1～2厘米，顶端圆形；花丝无毛，长达13毫米；花柱长超过雄蕊。浆果近球形，直径5～12厘米，通常为淡黄褐色或淡黄绿色，有时白色，稀暗紫色。种子多数，钝角形，红色至乳白色，肉质的外种皮供食用。全世界的温带和热带地区都有种植。

【生长环境】潜江市多地可见。

【药用部位】果皮。

【采收加工】秋季果实成熟后收集果皮，晒干。

【性味归经】味酸、涩，性温；归大肠经。

【功能主治】涩肠止泻，止血，驱虫。用于久泻，久痢，便血，脱肛，崩漏，带下，虫积腹痛。根皮可驱绦虫和蛔虫。树皮、根皮和果皮均含大量鞣质（20%～30%），可提制栲胶。

六十一、柳叶菜科　Onagraceae

一年生或多年生草本，有时为半灌木或灌木，稀为小乔木，有的为水生草本。叶互生或对生；托叶小或不存在。花两性，稀单性，辐射对称或两侧对称，单生于叶腋或排列成顶生的穗状花序、总状花序或圆锥花序。花通常4数，稀2或5数；花管（由花萼、花冠合生而成，有时还有花丝的下部）存在或不存在；萼片（2）4或5；花瓣4或5，在芽时常旋转或覆瓦状排列，脱落；雄蕊（2）4，或8或10排成2轮；花药"丁"字形着生，稀基部着生；花粉单一，或为四分体，花粉粒以黏丝连接；子房下位，4～5室，每室有少数或多数胚珠，中轴胎座；花柱1，柱头头状、棍棒状或具裂片。果为蒴果，室背开裂、室间开裂或不开裂，有时为浆果或坚果。种子为倒生胚珠，多数或少数，稀1，无胚乳。

本科约有15属650种，广泛分布于全世界温带与热带地区，以温带地区为多，大多数属分布于北美西部。我国有7属68种8亚种，其中分布于旧大陆的3个属我国均产，广布于全国各地，3属系引种并逸为野生，1属为引种栽培。

潜江市有1属1种。

丁香蓼属 *Ludwigia* L.

直立或匍匐草本，多为水生植物，稀灌溉木或小乔木（中国不产）。水生植物的茎常膨胀呈海绵状；

节上生根，常束生白色海绵质根状浮水器。叶互生或对生，稀轮生；常全缘；托叶存在，常早落。花单生于叶腋，或组成顶生的穗状花序或总状花序，有小苞片2枚，（3）4～5数；花管不存在；萼片（3）4～5，花后宿存；花瓣与萼片同数，稀不存在，易脱落，黄色，稀白色，先端全缘或微凹；雄蕊与萼片同数或为萼片的2倍；花药以单体或四合花粉授粉；花盘位于花柱基部，隆起呈锥状，在雄蕊着生基部有下陷的蜜腺；柱头头状，常浅裂，裂片数与子房室数一致；子房室数与萼片数相等，中轴胎座；胚珠每室多列或1列，稀上部多列而下部1列。蒴果室间开裂、室背开裂、不规则开裂或不裂。种子多数，与内果皮离生，或单个嵌入海绵质或木质的硬内果皮近圆锥状小盒里，近球形、长圆形或不规则肾形；种脊多少明显，带形。

本属约有80种，广布于泛热带地区，少数种可分布至温带地区。我国有9种（含1杂交种），产于华东、华南与西南热带、亚热带地区，少数种可分布至温带地区。

潜江市有1种。

188. 丁香蓼 *Ludwigia prostrata* Roxb.

【别名】小石榴树、小石榴叶、小疔药。

【植物形态】一年生直立草本。茎高25～60厘米，粗2.5～4.5毫米，下部圆柱状，上部四棱形，常淡红色（略带紫色），近无毛，多分枝，小枝近水平开展。叶狭椭圆形，长3～9厘米，宽1.2～2.8厘米，先端锐尖或稍钝，基部狭楔形，在下部骤变窄，侧脉每侧5～11条，至近边缘渐消失，两面近无毛或幼时脉上疏生微柔毛；叶柄长5～18毫米，稍具翅；托叶几乎全退化。萼片4，三角状卵形至披针形，长1.5～3毫米，宽0.8～1.2毫米，疏被微柔毛或近无毛；花瓣黄色，匙形，长1.2～2毫米，宽0.4～0.8毫米，先端近圆形，基部楔形，雄蕊4，花丝长0.8～1.2毫米；花药扁圆形，宽0.4～0.5毫米，开花时以四合花粉直接授在柱头上；花柱长约1毫米；柱头近卵状或球状，直径约0.6毫米；花盘位于花柱基部，稍隆起，无毛。蒴果圆柱形，略具4棱，长1.2～2.3厘米，粗1.5～2毫米，淡褐色（稍带紫色），无毛，成熟时室背迅速不规则开裂；果梗长3～5毫米。种子呈一列横卧于每室内，里生，卵状，长0.5～0.6毫米，直径约0.3毫米，顶端稍偏斜，具小尖头，表面有横条排成的棕褐色纵横条纹；种脊线形，长约0.4毫米。花期6—7月，果期8—9月。

【生长环境】生于稻田、河滩、溪谷旁湿处，海拔100～700米。潜江市浩口镇有发现。

【药用部位】全草。

【采收加工】秋季结果时采收，切段，鲜用或晒干。

【性味归经】味苦，性寒。

【功能主治】清热解毒，利尿通淋，化瘀止血。

六十二、小二仙草科　Haloragaceae

水生或陆生草本，有时呈灌木状（中国不产）。叶互生、对生或轮生，生于水中的常为篦齿状分裂；托叶缺。花小，两性或单性，腋生、单生或簇生，或成顶生的穗状花序、圆锥花序、伞房花序；萼筒与子房合生，萼片2～4或缺；花瓣2～4，早落，或缺；雄蕊2～8，排成2轮，外轮对萼分离，花药基着生；子房下位，2～4室；柱头2～4裂，无柄或具短柄；胚珠与花柱同数，倒垂于其顶端。果为坚果或呈核果状，小型，有时有翅，不开裂或很少瓣裂。

本科约有8属100种，广布于全世界，主产于大洋洲。我国有2属7种1变种，几乎产于全国各地，常生于河塘湿地环境。

潜江市有1属1种。

狐尾藻属 *Myriophyllum* L.

水生或半湿生草本；根系发达，在水底泥中蔓生。叶互生、轮生，无柄或近无柄，线形至卵形，全缘或有锯齿而多篦齿状分裂。花水上生，很小，无柄，单生于叶腋或轮生，或少有成穗状花序；苞片2，全缘或分裂。花单性同株或两性，稀雌雄异株。雄花：具短萼筒，先端2～4裂或全缘；花瓣2～4，早落；退化雌蕊存在或缺；雄蕊2～8，分离，花丝丝状；花药线状长圆形，基着生，纵裂。雌花：萼筒与子房合生，具4深槽，萼裂4或不裂；花瓣小，早落或缺；退化雄蕊存在或缺；子房下位，4室，稀2室，每室具1倒生胚珠；花柱4（2）裂，通常弯曲；柱头羽毛状。果实成熟后分裂成4（2）小坚果状的果瓣，果皮光滑或有瘤状物，每小坚果状的果瓣具1种子。种子圆柱形，种皮膜质，胚具胚乳。

本属约有45种，广布于全世界。我国约有5种1变种，产于南北各地。

潜江市有1种。

189. 狐尾藻 *Myriophyllum verticillatum* L.

【别名】轮叶狐尾藻。

【植物形态】多年生粗壮沉水草本。根状茎发达，在水底泥中蔓延，节部生根。茎圆柱形，长20～40厘米，多分枝。叶通常4片轮生，或3～5片轮生，水中叶较长，长4～5厘米，丝状全裂，无叶柄；裂片8～13对，互生，长0.7～1.5厘米；水上叶互生，披针形，较强壮，鲜绿色，长约1.5厘米，裂片较宽。秋季于叶腋中生出棍棒状冬芽而越冬。苞片羽状篦齿状分裂。花单性，雌雄同株或杂性，单生于水上叶腋内，每轮具 4 朵花，花无柄，比叶片短。雌花：生于水上茎下部叶腋中；萼片与子房合生，顶端 4 裂，裂片较小，长不到 1 毫米，卵状三角形；花瓣 4，舟状，早落；雌蕊 1，子房广卵形，4 室，柱头 4 裂，裂片三角形；花瓣 4，椭圆形，长 2～3 毫米，早落。雄花：雄蕊 8，花药椭圆形，长 2 毫米，淡黄色，花丝丝状，开花后伸出花冠外。果实广卵形，长 3 毫米，具 4 条浅槽，顶端具残存的萼片及花柱。可作为猪、鱼、鸭的饲料。

【生长环境】生于中国南北各地池塘、河沟、沼泽中，常与穗状狐尾藻混在一起。潜江市龙湾镇有发现。

六十三、八角枫科　Alangiaceae

落叶乔木或灌木，稀攀援，极稀有刺。枝圆柱形，有时略呈"之"字形。单叶互生，有叶柄，无托叶，全缘或掌状分裂，基部两侧常不对称，羽状叶脉或由基部生出 3～7 条主脉呈掌状。花序腋生，聚伞状，极稀伞形或单生，小花梗常分节；苞片线形、钻形或三角形，早落。花两性，淡白色或淡黄色，通常有香气，花萼小，萼管钟形与子房合生，具 4～10 齿状的小裂片或近截形，花瓣 4～10，线形，在花芽中彼此密接，镊合状排列，基部常互相黏合或否，花开后花瓣的上部常向外反卷；雄蕊与花瓣同数而互生或为花瓣数目的 2～4 倍，花丝略扁，线形，分离或其基部和花瓣微黏合，内侧常有微毛，花药线形，2 室，纵裂；花盘肉质，子房下位，1（2）室，花柱位于花盘的中部，柱头头状或棒状，不分裂或 2～4 裂，胚珠单生，下垂，有 2 层珠被。核果椭圆形、卵形或近球形，顶端有宿存的萼齿和花盘；种子 1 粒，具大型的胚和丰富的胚乳，子叶矩圆形至近圆形。

本科仅有 1 属，约 30 种，我国有 1 属 8 种。

潜江市有发现。

八角枫属 *Alangium* Lam.

落叶乔木或灌木，稀攀援，极稀有刺。枝圆柱形，有时略呈"之"字形。单叶互生，有叶柄，无托叶，全缘或掌状分裂，基部两侧常不对称，羽状叶脉或由基部生出 3～7 条主脉呈掌状。花序腋生，聚伞状，极稀伞形或单生，小花梗常分节；苞片线形、钻形或三角形，早落。花两性，淡白色或淡黄色，通常有香气，花萼小，萼管钟形与子房合生，具 4～10 齿状的小裂片或近截形，花瓣 4～10，线形，在花芽中彼此密接，镊合状排列，基部常互相黏合或否，花开后花瓣的上部常向外反卷；雄蕊与花瓣同数而互生或为花瓣数目的 2～4 倍，花丝略扁，线形，分离或其基部和花瓣微黏合，内侧常有微毛，花药线形，2 室，纵裂；花盘肉质，子房下位，1（2）室，花柱位于花盘的中部，柱头头状或棒状，不分裂或 2～4 裂，胚珠单生，下垂，有 2 层珠被。核果椭圆形、卵形或近球形，顶端有宿存的萼齿和花盘；种子 1 粒，具大型的胚和丰富的胚乳，子叶矩圆形至近圆形。

本属约有 30 种，分布于亚洲、大洋洲和非洲。我国有 9 种，除黑龙江、内蒙古、新疆、宁夏和青海外，其余各地均有分布。

潜江市有 1 种。

190. 八角枫 *Alangium chinense*（Lour.）Harms

【别名】华瓜木、枢木、白龙须（根）、白龙条（茎）。

【植物形态】落叶乔木或灌木。高 3～5 米，稀达 15 米，胸高直径 20 厘米；小枝略呈"之"字形，幼枝紫绿色，无毛或有疏柔毛，冬芽锥形，生于叶柄的基部内，鳞片细小。叶纸质，近圆形或椭圆形、卵形，顶端短锐尖或钝尖，基部两侧常不对称，一侧微向下扩张，另一侧向上倾斜，阔楔形、截形、稀近心形，长 13～19（26）厘米，宽 9～15（22）厘米，不分裂或 3～7（9）裂，裂片短锐尖或钝尖，叶上面深绿色，无毛，下面淡绿色，除脉腋有丛状毛外，其余部分近无毛；基出脉 3～5（7），掌状，侧脉 3～5 对；叶柄长 2.5～3.5 厘米，紫绿色或淡黄色，幼时有微柔毛，后无毛。聚伞花序腋生，长 3～4 厘米，被稀疏微柔毛，有 7～30（50）花，花梗长 5～15 毫米；小苞片线形或披针形，长 3 毫米，常早落；总花梗长 1～1.5 厘米，常分节；花冠圆筒形，长 1～1.5 厘米，花萼长 2～3 毫米，顶端分裂为 5～8 枚齿状萼片，长 0.5～1 毫米，宽 2.5～3.5 毫米；花瓣 6～8，线形，长 1～1.5 厘米，宽 1 毫米，基部黏合，上部开花后反卷，外面有微柔毛，初为白色，后变黄色；雄蕊和花瓣同数而近等长，花丝略扁，长 2～3 毫米，有短柔毛，花药长 6～8 毫米，药隔无毛，外面有时有皱褶；花盘近球形；子房 2 室，花柱无毛，疏生短柔毛，柱头头状，常 2～4 裂。核果卵圆形，长 5～7 毫米，直径 5～8 毫米，幼时绿色，成熟后黑色，顶端有宿存的萼齿和花盘，种子 1 粒。花期 5—7 月和 9—10 月，果期 7—11 月。树皮纤维可编绳索，木材可作家具及天花板。

【生长环境】生于海拔 1800 米以下的山地或疏林中。潜江市多地可见。

【药用部位】根、须根及根皮。

【采收加工】全年均可采收，挖取须根，洗净，晒干。

【性味归经】味辛、苦，性微温；有小毒；归肝、肾、心经。

【功能主治】祛风除湿，舒经活络，散瘀止痛。

六十四、蓝果树科　Nyssaceae

　　落叶乔木，稀灌木。单叶互生，有叶柄，无托叶，卵形、椭圆形或矩圆状椭圆形，全缘或边缘锯齿状。花序头状、总状或伞形；花单性或杂性，异株或同株，常无花梗或有短花梗。雄花：花萼小，裂片齿状，或短裂片状或不发育；花瓣5，稀更多，覆瓦状排列；雄蕊常为花瓣的2倍或较少，常排列成2轮，花丝线形或钻形，花药内向，椭圆形；花盘肉质，垫状，无毛。雌花：花萼的管状部分常与子房合生，上部裂成齿状的裂片5；花瓣小，5或10，覆瓦状排列；花盘垫状，无毛，有时不发育；子房下位，1室或6～10室，每室有1枚下垂的倒生胚珠，花柱钻形，上部微弯曲，有时分枝。果实为核果或翅果，顶端有宿存的花萼和花盘，1室或3～5室，每室有下垂种子1粒，外种皮很薄，纸质或膜质；胚乳肉质，子叶较厚或较薄，近叶状，胚根圆筒状。

　　本科有3属约10种，分布于亚洲和美洲。

　　潜江市有1属1种。

喜树属 *Camptotheca* Decne.

　　落叶乔木。叶互生，卵形，顶端锐尖，基部近圆形，叶脉羽状。头状花序近球形，苞片肉质；花杂性；花萼杯状，上部裂成5齿状的裂片；花瓣5，卵形，覆瓦状排列；雄蕊10，不等长，着生于花盘外侧，排列成2轮，花药4室；子房下位，在雄花中不发育，在雌花及两性花中发育良好，1室，胚珠1枚，下垂，花柱的上部常分2枝。果实为矩圆形翅果，顶端截形，有宿存的花盘，1室1种子，无果梗，着生成头状果序；子叶很薄，胚根圆筒形。

　　本属仅有1种，我国特产。

　　潜江市有发现。

191. 喜树 *Camptotheca acuminata* Decne.

【别名】千丈树、旱莲木、薄叶喜树。

【植物形态】落叶乔木，高达 20 米。树皮灰色或浅灰色，纵裂呈浅沟状。小枝圆柱形，平展，当年生枝紫绿色，有灰色微柔毛，多年生枝淡褐色或浅灰色，无毛，有很稀疏的圆形或卵形皮孔；冬芽腋生，锥状，有 4 对卵形的鳞片，外面有短柔毛。叶互生，纸质，矩圆状卵形或矩圆状椭圆形，长 12～28 厘米，宽 6～12 厘米，顶端短锐尖，基部近圆形或阔楔形，全缘，上面亮绿色，幼时脉上有短柔毛，其后无毛，下面淡绿色，疏生短柔毛，叶脉上更密，中脉在上面微下凹，在下面凸起，侧脉 11～15 对，在上面显著，在下面略凸起；叶柄长 1.5～3 厘米，上面扁平或略呈浅沟状，下面圆形，幼时有微柔毛，其后几无毛。头状花序近球形，直径 1.5～2 厘米，常由 2～9 个头状花序组成圆锥花序，顶生或腋生，通常上部为雌花序，下部为雄花序，总花梗圆柱形，长 4～6 厘米，幼时有微柔毛，其后无毛。花杂性，同株；苞片 3 枚，三角状卵形，长 2.5～3 毫米，内外两面均有短柔毛；花萼杯状，5 浅裂，裂片齿状，边缘睫毛状；花瓣 5，淡绿色，矩圆形或矩圆状卵形，顶端锐尖，长 2 毫米，外面密被短柔毛，早落；花盘显著，微裂；雄蕊 10 枚，外轮 5 枚较长，常长于花瓣，内轮 5 枚较短，花丝纤细，无毛，花药 4 室；子房在两性花中发育良好，下位，花柱无毛，长 4 毫米，顶端通常分 2 枝。翅果矩圆形，长 2～2.5 厘米，顶端具宿存的花盘，两侧具窄翅，幼时绿色，干燥后黄褐色，着生成近球形的头状果序。花期 5—7 月，果期 9 月。

【生长环境】常生于海拔 1000 米以下的林边或溪边。潜江市曹禺公园有发现。

【药用部位】果实或根及根皮。

【采收加工】果实：10—11 月果实成熟时采收，晒干。根及根皮：全年均可采收，但以秋季采剥为好，除去外层粗皮，晒干或烘干。

【性味归经】味苦、辛，性寒；有毒；归脾、胃、肝经。

【功能主治】清热解毒，抗癌，散结消癥。用于食道癌，贲门癌，胃癌，肠癌，肝癌，白血病，牛皮癣，疮肿。

六十五、五加科　Araliaceae

乔木、灌木或木质藤本，稀多年生草本，有刺或无刺。叶互生，稀轮生，单叶、掌状复叶或羽状复叶；托叶通常与叶柄基部合生呈鞘状，稀无托叶。花整齐，两性或杂性，稀单性异株，聚生为伞形花序、头状花序、总状花序或穗状花序，通常再组成圆锥状复花序；苞片宿存或早落；小苞片不显著；花梗无关节或有关节；萼筒与子房合生，边缘波状或有萼齿；花瓣 5～10，在花芽中镊合状排列或覆瓦状排列，通常离生，稀合生成帽状体；雄蕊与花瓣同数而互生，有时为花瓣的 2 倍，或无定数，着生于花盘边缘；花丝线形或舌状；花药长圆形或卵形，"丁"字状着生；子房下位，2～15 室，稀 1 室或多室至无定数；花柱与子房室同数，离生，或下部合生上部离生，或全部合生呈柱状，稀无花柱而柱头直接生于子房上；花盘上位，肉质，扁圆锥形或环形；胚珠倒生，单个悬垂于子房室的顶端。果实为浆果或核果，外果皮通常肉质，内果皮骨质、膜质或肉质而与外果皮不易区别。种子通常侧扁，胚乳嚼烂状。

本科约有 80 属 900 种，分布于热带至温带地区。我国约有 22 属 160 种，除新疆未发现外，分布于全国各地。

潜江市有 1 属 1 种。

八角金盘属 *Fatsia* Decne. et Planch.

灌木或小乔木。叶为单叶，叶片掌状分裂，托叶不明显。花两性或杂性，聚生为伞形花序，再组成顶生圆锥花序；花梗无关节；萼筒全缘或有 5 小齿；花瓣 5，在花芽中镊合状排列；雄蕊 5；子房 5 或 10 室；花柱 5 或 10，离生；花盘隆起。果实卵形。

本属有 2 种，一种分布于日本，另一种系我国台湾特产。

潜江市有 1 种。

192. 八角金盘 *Fatsia japonica*（Thunb.）Decne. et Planch.

【别名】手树。

【植物形态】灌木或小乔木。叶为单叶，叶片掌状分裂，托叶不明显。花两性或杂性，聚生为伞形花序，再组成顶生圆锥花序；花梗无关节；萼筒全缘或有 5 小齿；花瓣 5，在花芽中镊合状排列；雄蕊 5；子房 5 或 10 室；花柱 5 或 10，离生；花盘隆起。果实卵形。

【生长环境】多为栽培。潜江市梅苑有发现。

【药用部位】叶或根皮。

【采收加工】夏、秋季采叶，根皮全年均可采收，均洗净，鲜用或晒干。

【性味归经】味辛、苦，性温；有小毒。

【功能主治】化痰止咳，散风除湿，化瘀止痛。用于咳嗽痰多，风湿痹痛，痛风，跌打损伤。

六十六、伞形科　Apiaceae

一年生至多年生草本，很少是矮小的灌木（在热带与亚热带地区）。根通常直生，肉质而粗，有时为圆锥形或有分枝自根颈斜出，很少根成束、圆柱形或棒形。茎直立或匍匐上升，通常圆形，稍有棱和槽，或有钝棱，空心或有髓。叶互生，叶片通常分裂或多裂，一回掌状分裂或一至四回羽状分裂的复叶，或一至二回三出式羽状分裂的复叶，很少为单叶；叶柄的基部有叶鞘，通常无托叶，稀为膜质。花小，两性或杂性，成顶生或腋生的复伞形花序或单伞形花序，很少为头状花序；伞形花序的基部有总苞片，全缘、齿裂，很少羽状分裂；小伞形花序的基部有小总苞片，全缘或很少羽状分裂；花萼与子房贴生，萼齿5或无；花瓣5，在花蕾时覆瓦状或镊合状排列，基部窄狭，有时成爪或内卷成小囊，顶端圆钝或有内折的小舌片，或顶端延长如细线；雄蕊5，与花瓣互生。子房下位，2室，每室有1枚倒悬的胚珠，顶部有盘状或短圆锥状的花柱基；花柱2，直立或外曲，柱头头状。果实在大多数情况下是干果，通常裂成两个分生果，很少不裂，呈卵形、圆心形、长圆形至椭圆形，果实由2个背面或侧面压扁的心皮合成，成熟时2心皮从合生面分离，每个心皮有1纤细的心皮柄和果柄相连而倒悬其上，因此2个分生果又称双悬果，心皮柄顶端分裂或裂至基部，心皮的外面有5条主棱（1条背棱、2条中棱、2条侧棱），外果皮表面平滑或有毛、皮刺、瘤状突起，棱和棱之间有沟槽，有时槽处发展为次棱，而主棱不发育，很少全部主棱和次棱（共9条）都同样发育；中果皮层内的棱槽内和合生面通常有纵走的油管1至多数。胚乳软骨质，胚乳的腹面有平直、凸出或凹入的，胚小。

全世界约有200属2500种，广布于亚热带地区。我国约有90属。

潜江市有8属8种。

当归属　*Angelica* L.

二年生或多年生草本，通常有粗大的圆锥状直根。茎直立，圆筒形，常中空，无毛或有毛。叶三出式羽状分裂或羽状多裂，裂片宽或狭，有锯齿、牙齿状齿或浅齿，少为全缘；叶柄膨大成管状或囊状的叶鞘。复伞形花序，顶生和侧生；总苞片和小总苞片少数至多数，全缘，稀缺少；伞辐多数至少数；花白色带绿色，稀淡红色或深紫色；萼齿通常不明显；花瓣卵形至倒卵形，顶端渐狭，内凹成小舌片，背面无毛，少有毛；花柱基扁圆锥状至垫状，花柱短至细长，开展或弯曲。果实卵形至长圆形，光滑或有柔毛，背棱及中棱线形、肋状，稍隆起，侧棱宽阔或狭翅状，成熟时两个分生果互相分开；分生果横剖面半月形，每棱槽中有油管1至数个，合生面有油管2至数个。胚乳腹面平直或稍凹入；心皮柄2裂至基部。

本属约有80种，大部分产于北半球温带地区和新西兰。我国有26种5变种1变型，分布于南北各地，主产于东北、西北和西南地区。

潜江市有1种。

193. 白芷 *Angelica dahurica*（Fisch. ex Hoffm.）Benth. et Hook. f. ex Franch. e

【别名】香白芷、走马芹、兴安白芷。

【植物形态】多年生高大草本，高1～2.5米。根圆柱形，有分枝，直径3～5厘米，外表皮黄褐色至褐色，有浓烈气味。茎基部直径2～5厘米，有时可达7～8厘米，通常带紫色，中空，有纵长沟纹。基生叶一回羽状分裂，有长柄，叶柄下部有管状抱茎边缘膜质的叶鞘；茎上部叶二至三回羽状分裂，叶片轮廓为卵形至三角形，长15～30厘米，宽10～25厘米，叶柄长至15厘米，下部为囊状膨大的膜质叶鞘，无毛或稀有毛，常带紫色；末回裂片长圆形、卵形或线状披针形，多无柄，长2.5～7厘米，宽1～2.5厘米，急尖，边缘有不规则的白色软骨质粗锯齿，具短尖头，基部两侧常不等大，沿叶轴下延呈翅状；花序下方的叶简化成无叶的、显著膨大的囊状叶鞘，外面无毛。复伞形花序顶生或侧生，直径10～30厘米，花序梗长5～20厘米，花序梗、伞辐和花柄均有短糙毛；伞辐18～40，中央主伞有时伞辐多至70；总苞片通常缺或有1～2，成长卵形膨大的鞘；小总苞片5～10，线状披针形，膜质，花白色；无萼齿；花瓣倒卵形，顶端内曲呈凹头状；子房无毛或有短毛；花柱比短圆锥状的花柱基长2倍。果实长圆形至卵圆形，黄棕色，有时带紫色，

长 4 ～ 7 毫米，宽 4 ～ 6 毫米，无毛，背棱扁，厚而圆钝，近海绵质，远较棱槽宽，侧棱翅状，较果体狭；棱槽中有油管 1，合生面油管 2。花期 7—8 月，果期 8—9 月。

【生长环境】常生于林下、林缘、溪旁、灌丛及山谷草地。潜江市竹根滩镇有栽培。

【药用部位】根。

【采收加工】夏、秋季叶黄时采挖，除去须根和泥沙，晒干或低温干燥。

【性味归经】味辛，性温；归胃、大肠、肺经。

【功能主治】解表散寒，祛风止痛，宣通鼻窍，燥湿止带，消肿排脓。用于感冒头痛，眉棱骨痛，鼻塞流涕，牙痛，带下，疮疡肿痛。

芹属 *Apium* L.

一年生至多年生草本。根圆锥形。茎直立或匍匐，有分枝，无毛。叶膜质，一回羽状分裂至三出式羽状多裂，裂片近圆形、卵形至线形；叶柄基部有膜质叶鞘。花序为疏松或紧密的单伞形花序或复伞形花序，花序梗顶生或侧生，有些伞形花序无梗；总苞片和小总苞片缺乏或显著；伞辐上升开展；花柄不等长；花白色或稍带黄绿色；萼齿细小或退化；花瓣近圆形至卵形，顶端有内折的小舌片；花柱基幼时通常压扁，花柱短或向外反曲。果实近圆形、卵形、圆心形或椭圆形，侧面压扁，合生面有时收缩；果棱尖锐或圆钝，每棱槽内有油管 1，合生面油管 2；分生果横剖面近圆形，胚乳腹面平直，心皮柄不分裂或顶端 2 浅裂至 2 深裂。

本属约有 20 种，分布于全世界温带地区。我国有 2 种。

潜江市有 1 种。

194. 细叶旱芹 *Apium leptophyllum*（Pers.）F.Muell.

【植物形态】一年生草本，高 25 ～ 45 厘米。茎多分枝，光滑。根生叶有柄，柄长 2 ～ 5（11）厘米，基部边缘略扩大成膜质叶鞘；叶片轮廓呈长圆形至长圆状卵形，长 2 ～ 10 厘米，宽 2 ～ 8 厘米，三至四回羽状多裂，裂片线形至丝状；茎生叶通常三出式羽状多裂，裂片线形，长 10 ～ 15 毫米。复伞形花序顶生或腋生，通常无梗或少有短梗，无总苞片和小总苞片；伞辐 2 ～ 3（5），长 1 ～ 2 厘米，无毛；小伞形花序有花 5 ～ 23，花柄不等长；无萼齿；花瓣白色、绿白色或略带粉红色，卵圆形，长约 0.8 毫米，

宽 0.6 毫米，顶端内折，有中脉 1 条；花丝短于花瓣，很少与花瓣同长，花药近圆形，长约 0.1 毫米；花柱基压扁，花柱极短。果实圆心形或卵圆形，长、宽均 1.5～2 毫米，分生果的棱 5 条，圆钝；胚乳腹面平直，每棱槽内有油管 1，合生面油管 2。心皮柄顶端 2 浅裂。花期 5 月，果期 6—7 月。

【生长环境】生于杂草地及水沟边，为外来种。潜江市白鹭湖管理区有发现。

积雪草属 *Centella* L.

多年生草本，有匍匐茎。叶有长柄，圆形、肾形或马蹄形，边缘有钝齿，基部心形，光滑或有柔毛；叶柄基部有鞘。单伞形花序，梗极短，单生或 2～4 个聚生于叶腋，伞形花序通常有花 3～4；花近无柄，草黄色、白色至紫红色；苞片 2，卵形，膜质；萼齿细小；花瓣 5，花蕾时覆瓦状排列，卵圆形，顶端稍内卷；雄蕊 5，与花瓣互生；花柱与花丝等长，基部膨大。果实肾形或圆形，两侧压扁，合生面收缩，分果有主棱 5，棱间有小横脉，表面网状；内果皮骨质。种子侧扁，横剖面狭长圆形，棱槽内油管不显著。

本属约有 20 种，分布于热带与亚热带地区，主产于南非；我国有 1 种，广布于华东、中南及西南地区。潜江市有 1 种。

195. 积雪草 *Centella asiatica*（L.）Urban

【别名】铁灯盏、钱齿草、大金钱草、铜钱草、老鸦碗、马蹄草、崩大碗、雷公根。

【植物形态】多年生草本，茎匍匐，细长，节上生根。叶片膜质至草质，圆形、肾形或马蹄形，长 1～2.8 厘米，宽 1.5～5 厘米，边缘有钝锯齿，基部阔心形，两面无毛或在背面脉上疏生柔毛；掌状脉 5～7，两面隆起，脉上部分叉；叶柄长 1.5～27 厘米，无毛或上部有柔毛，基部叶鞘透明，膜质。伞形花序梗 2～4 个，聚生于叶腋，长 0.2～1.5 厘米，有毛或无毛；苞片通常 2，很少 3，卵形，膜质，长 3～4 毫米，宽 2.1～3 毫米；每一伞形花序有花 3～4，聚集呈头状，花无柄或有 1 毫米长的短柄；花瓣卵形，紫红色或乳白色，膜质，长 1.2～1.5 毫米，宽 1.1～1.2 毫米；花柱长约 0.6 毫米；花丝短于花瓣，与花柱等长。果实两侧压扁，圆球形，基部心形至平截形，长 2.1～3 毫米，宽 2.2～3.6 毫米，每侧有纵棱数条，棱间有明显的小横脉，网状，表面有毛或平滑。花果期 4—10 月。

【生长环境】喜生于阴湿的草地或水沟边，海拔 200～1900 米。潜江市竹根滩镇有发现。

【药用部位】全草。

【采收加工】夏季采收，鲜用或晒干。

【性味归经】味苦、辛，性寒；归肺、脾、肾、膀胱经。

【功能主治】清热利湿，活血止血，解毒消肿。用于发热，咳喘，咽喉肿痛，肠炎，痢疾，湿热黄疸，水肿，淋证，尿血，衄血，痛经，崩漏，丹毒，瘰疬，疔疮肿毒，带状疱疹，跌打肿痛，外伤出血，蛇虫咬伤。

蛇床属 *Cnidium* Cuss.

一年生至多年生草本。叶通常为二至三回羽状复叶，稀为一回羽状复叶，末回裂片线形、披针形至倒卵形。复伞形花序顶生或侧生；总苞片线形至披针形；小总苞片线形、长卵形至倒卵形，常具膜质边缘；花白色，稀带粉红色；萼齿不明显；花柱 2，向下反曲。果实卵形至长圆形，果棱翅状，常木栓化；分生果横剖面近五角形；每棱槽内油管 1，合生面油管 2；胚乳腹面近于平直。

本属约有 20 种，主产于欧洲和亚洲。我国有 4 种 1 变种，分布几遍全国。

潜江市有 1 种。

196. 蛇床 *Cnidium monnieri*（L.）Cuss.

【别名】山胡萝卜、蛇米、蛇粟、蛇床子。

【植物形态】一年生草本，高 10 ～ 100 厘米。根圆锥状，较细长。茎直立或斜上，多分枝，中空，表面具深条棱，粗糙。下部叶具短柄，叶鞘短宽，边缘膜质，上部叶柄全部鞘状；叶片轮廓卵形至三角状卵形，长 3 ～ 8 厘米，宽 2 ～ 5 厘米，二至三回三出式羽状全裂，羽片轮廓卵形至卵状披针形，长 1 ～ 3 厘米，宽 0.5 ～ 1 厘米，先端常略呈尾状，末回裂片线形至线状披针形，长 3 ～ 10 毫米，宽 1 ～ 1.5 毫米，具小尖头，边缘及脉上粗糙。复伞形花序直径 2 ～ 3 厘米；总苞片 6 ～ 10，线形至线状披针形，长约 5 毫米，边缘膜质，具细睫毛状毛；伞辐 8 ～ 20，不等长，长 0.5 ～ 2 厘米，棱上粗糙；小总苞片多数，线形，长 3 ～ 5 毫米，边缘具细睫毛状毛；小伞形花序具花 15 ～ 20，萼齿无；花瓣白色，先端具内折小舌片；花柱基略隆起，花柱长 1 ～ 1.5 毫米，向下反曲。分生果长圆状，长 1.5 ～ 3 毫米，宽 1 ～ 2 毫米，横剖面近五角形，主棱 5，均扩大成翅；每棱槽内油管 1，合生面油管 2；胚乳腹面平直。花期 4—7 月，果期 6—10 月。

【生长环境】生于田边、路旁、草地及河边湿地。潜江市各地均可见。

【药用部位】果实。

【采收加工】夏、秋季果实成熟时采收，除去杂质，晒干。

【性味归经】味辛、苦，性温；有小毒；归肾经。

【功能主治】燥湿祛风，杀虫止痒，温肾壮阳。用于阴痒带下，湿疹瘙痒，湿痹腰痛，肾虚阳痿，宫冷不孕。

胡萝卜属 *Daucus* L.

一年生或二年生草本，根肉质。茎直立，有分枝。叶有柄，叶柄具鞘；叶片薄膜质，羽状分裂，末回裂片窄小。花序为疏松的复伞形花序，花序梗顶生或腋生；总苞具多数羽状分裂或不分裂的苞片；小总苞片多数，3裂、不裂或缺乏；伞辐少数至多数，开展；花白色或黄色，小伞形花序中心的花呈紫色，通常不孕；花柄开展，不等长；萼齿小或不明显；花瓣倒卵形，先端凹陷，有1内折的小舌片，靠外缘的花瓣为辐射瓣；花柱基短圆锥形，花柱短。果实长圆形至卵圆形，棱上有刚毛或刺毛，每棱槽内有油管1，合生面油管2；胚乳腹面略凹陷或近平直；心皮柄不分裂或顶端2裂。

本属约有60种，分布于欧洲、非洲、美洲和亚洲。我国有1种1栽培变种。

潜江市有1种。

197. 野胡萝卜 *Daucus carota* L.

【别名】鹤虱草。

【植物形态】二年生草本，高15～120厘米。茎单生，全体有白色粗硬毛。基生叶薄膜质，长圆形，二至三回羽状全裂，末回裂片线形或披针形，长2～15毫米，宽0.5～4毫米，顶端尖锐，有小尖头，光滑或有糙硬毛；叶柄长3～12厘米；茎生叶近无柄，有叶鞘，末回裂片小或细长。复伞形花序，花序梗长10～55厘米，有糙硬毛；总苞有多数苞片，呈叶状，羽状分裂，少有不裂的，裂片线形，长3～30

毫米；伞辐多数，长2～7.5厘米，结果时外缘的伞辐向内弯曲；小总苞片5～7，线形，不分裂或2～3裂，边缘膜质，具纤毛；花通常白色，有时带淡红色；花柄不等长，长3～10毫米。果实卵圆形，长3～4毫米，宽2毫米，棱上有白色刺毛。花期5—7月，果期7—8月。

【生长环境】生于山坡路旁、旷野或田间。潜江市各地均可见。

【药用部位】果实。

【采收加工】秋季果实成熟时割取果枝，晒干，打下果实，除去杂质。

【性味归经】味苦、辛，性平；有小毒；归脾、胃经。

【功能主治】杀虫消积。用于蛔虫病，蛲虫病，绦虫病，虫积腹痛，小儿疳积。

水芹属 *Oenanthe* L.

　　光滑草本，二年生至多年生，很少为一年生，有成簇的须根。茎细弱或粗大，通常呈匍匐性上升或直立，下部节上常生根。叶有柄，基部有叶鞘；叶片羽状分裂至多回羽状分裂，羽片或末回裂片卵形至线形，边缘有锯齿呈羽状半裂，或叶片有时简化成线形管状的叶柄。花序为疏松的复伞形花序，花序顶生与侧生；总苞缺或有少数窄狭的苞片；小总苞片多数，狭窄，比花柄短；伞辐多数，开展；花白色；萼齿披针形，宿存；小伞形花序，外缘花的花瓣通常增大为辐射瓣；花柱基平压或圆锥形，花柱伸长，花后挺直，很少脱落。果实卵圆形至长圆形，光滑，侧面略扁平，果棱圆钝，木栓质，两个心皮的侧棱通常略相连，较背棱和中棱宽而大。分生果背部压扁；每棱槽中有油管1，合生面油管2；胚乳腹面平直；无心皮柄。

　　本属约有30种，分布于北半球温带地区和南非洲。我国产9种1变种，主产于西南及中部地区。

　　潜江市有1种。

198. 水芹 *Oenanthe javanica*（Bl.）DC.

　　【别名】野芹菜、水芹菜。

　　【植物形态】多年生草本，高15～80厘米，茎直立或基部匍匐。基生叶有柄，柄长达10厘米，基部有叶鞘；叶片轮廓三角形，一至二回羽状分裂，末回裂片卵形至菱状披针形，长2～5厘米，宽1～2厘米，边缘有牙齿状齿或圆齿状锯齿；茎上部叶无柄，裂片和基生叶的裂片相似，较小。复伞形花序顶生，花序梗长2～16厘米；无总苞；伞辐6～16，不等长，长1～3厘米，直立，开展；小总苞片2～8，线形，长2～4毫米；小伞形花序有花20余朵，花柄长2～4毫米；萼齿线状披针形，长与花柱基相等；花瓣白色，倒卵形，长1毫米，宽0.7毫米，有一长而内折的小舌片；花柱基圆锥形，花柱直立或两侧分开，长2毫米。果实近四角状椭圆形或筒状长圆形，长2.5～3毫米，宽2毫米，侧棱较背棱和中棱隆起，木栓质，分生果横剖面呈近五边状的半圆形；每棱槽内油管1，合生面油管2。花期6—7月，果期8—9月。

　　【生长环境】多生于浅水低洼地方或池沼、水沟旁。农舍附近常见栽培。潜江市各地均可见。

　　【药用部位】全草。

　　【采收加工】9—10月采割地上部分，洗净，鲜用或晒干。

【性味归经】味辛、甘，性凉；归肺、肝、膀胱经。

【功能主治】清热解毒，利尿，止血。用于感冒，暑热烦渴，吐泻，浮肿，小便不利，淋痛，尿血，便血，吐血，衄血，崩漏，经多，目赤，咽痛，喉肿，口疮，牙疳，乳痈，痈疖，瘰疬，痄腮，带状疱疹，痔疮，跌打伤肿。

前胡属 *Peucedanum* L.

通常为多年生直立草本。根细长或稍粗，呈圆柱形或圆锥形，根颈部短粗，常存留有枯萎叶鞘纤维和环状叶痕。茎圆柱形，有细纵条纹，上部有叉状分枝。叶有柄，基部有叶鞘，茎生叶鞘稍膨大。复伞形花序顶生或侧生，伞辐多数或少数，圆柱形或有时呈四棱形；总苞片多数或缺，小总苞片多数，稀少数或缺；花瓣圆形至倒卵形，顶端微凹，有内折的小舌片，通常白色，少为粉红色和深紫色；萼齿短或不明显；花柱基短圆锥形，花柱短或长。果实椭圆形、长圆形或近圆形，背部压扁，光滑或有毛，中棱和背棱丝线形稍凸起，侧棱扩展成较厚的窄翅，合生面不易分离；棱槽内油管 1 至数个，合生面油管 2 至多数；胚乳腹面平直或稍凹入。

本属约有 120 种，广布于全球。我国有 30 余种，各地均产。

潜江市有 1 种。

199. 前胡 *Peucedanum praeruptorum* Dunn

【别名】白花前胡、鸡脚前胡、官前胡、山独活。

【植物形态】多年生草本，高 0.6～1 米。根颈粗壮，直径 1～1.5 厘米，灰褐色，存留多数越年枯鞘纤维；根圆锥形，末端细瘦，常分叉。茎圆柱形，下部无毛，上部分枝多有短毛，髓部充实。基生叶具长柄，叶柄长 5～15 厘米，基部有卵状披针形叶鞘；叶片轮廓宽卵形或三角状卵形，二至三回三出式分裂，第一回羽片具柄，柄长 3.5～6 厘米，末回裂片菱状倒卵形，先端渐尖，基部楔形至截形，无柄或具短柄，边缘具不整齐的 3～4 粗或圆锯齿，有时下部锯齿呈浅裂或深裂状，长 1.5～6 厘米，宽 1.2～4 厘米，下表面叶脉明显凸起，两面无毛，或有时在下表面叶脉上以及边缘有疏短毛；茎下部叶具短柄，叶片形状与茎生叶相似；茎上部叶无柄，叶鞘稍宽，边缘膜质，叶片三出分裂，裂片狭窄，基部楔形，中间一枚基部下延。复伞形花序多数，顶生或侧生，伞形花序直径 3.5～9 厘米；花序梗上端多短毛；总苞片无或 1 至数片，线形；伞辐 6 ～ 15，不等长，长 0.5 ～ 4.5 厘米，内侧有短毛；小总苞片 8 ～ 12，卵状披针形，在同一小伞形花序上，宽度和大小常有差异，比花柄长，与果柄近等长，有短糙毛；小伞形花序有花 15 ～ 20；花瓣卵形，小舌片内曲，白色；萼齿不显著；花柱短，弯曲，花柱基圆锥形。果实卵圆形，背部压扁，长约 4 毫米，宽 3 毫米，棕色，有疏短毛，背棱线形稍凸起，侧棱呈翅状，比果体窄，稍厚；棱槽内油管 3 ～ 5，合生面油管 6 ～ 10；胚乳腹面平直。花期 8—9 月，果期 10—11 月。

【生长环境】生于海拔 250 ～ 2000 米的山坡、林缘、路旁或半阴性的山坡草丛中。潜江市竹根滩镇有栽培。

【药用部位】根。

【采收加工】冬季至次春茎叶枯萎或未抽花茎时采挖，除去须根，洗净，晒干或低温干燥。

【性味归经】味苦、辛，性微寒；归肺经。

【功能主治】降气化痰，散风清热。用于痰热喘满，咯痰黄稠，风热咳嗽痰多。

窃衣属 *Torilis* Adans.

一年生或多年生草本，全体被刺毛、粗毛或柔毛。根细长，圆锥形。茎直立，单生，有分枝。叶有柄，柄有鞘；叶片近膜质，一至二回羽状分裂或多裂，一回羽片卵状披针形，边缘羽状深裂或全缘，有短柄，末回裂片狭窄。复伞形花序顶生、腋生或与叶对生，疏松，总苞片数枚或无；小总苞片 2 ～ 8，线形或钻形；伞辐 2 ～ 12，直立，开展；花白色或紫红色，萼齿三角形，尖锐；花瓣倒卵圆形，有狭窄内凹的顶端，背部中间至基部有粗伏毛；花柱基圆锥形，花柱短、直立或向外反曲，心皮柄顶端 2 浅裂。果实卵圆形或长圆形，主棱线状，棱间有直立或呈钩状的皮刺，皮刺基部开展、粗糙；胚乳腹面凹陷，在每一次棱下方有油管 1，合生面油管 2。

本属约有 20 种，分布于欧洲、亚洲、美洲及非洲的热带地区和新西兰。我国有 2 种。

潜江市有 1 种。

200. 窃衣 *Torilis scabra*（Thunb.）DC.

【别名】华南鹤虱、水防风。

【生长环境】一年生或多年生草本，全体被刺毛、粗毛或柔毛。根细长，圆锥形。茎直立，单生，有分枝。叶有柄，柄有鞘；叶片近膜质，一至二回羽状分裂或多裂，一回羽片卵状披针形，边缘羽状深裂或全缘，有短柄，末回裂片狭窄。复伞形花序顶生、腋生或与叶对生，疏松，总苞片通常无，很少有1钻形或线形的苞片；小总苞片2～8，线形或钻形；伞辐2～4，直立，开展，长1～5厘米，粗壮，有纵棱及向上紧贴的粗毛；花白色或紫红色，萼齿三角形，尖锐；花瓣倒卵圆形，有狭窄内凹的顶端，背部中间至基部有粗伏毛；花柱基圆锥形，花柱短、直立或向外反曲，心皮柄顶端2浅裂。果实长圆形，长4～7毫米，宽2～3毫米，主棱线状，棱间有直立或呈钩状的皮刺，皮刺基部开展、粗糙；胚乳腹面凹陷，在每一次棱下方有油管1，合生面油管2。花果期4—11月。

【药用部位】果实或全草。

【采收加工】生于山坡、林下、路旁、河边及空旷草地上，海拔250～2400米。潜江市各地均可见。

【性味归经】味苦、辛，性平；归脾、大肠经。

【功能主治】杀虫止泻，祛湿止痒。用于虫积腹痛，泄泻，疮疡溃烂，阴痒带下，风湿疹。

六十七、报春花科　Primulaceae

多年生或一年生草本，稀亚灌木。茎直立或匍匐，具互生、对生或轮生之叶，或无地上茎而叶全部基生，并常形成稠密的莲座状叶丛。花单生或组成总状、伞形或穗状花序，两性，辐射对称；花萼通常5裂，稀4或6～9裂，宿存；花冠下部合生成短或长筒，上部通常5裂，稀4或6～9裂，仅1单种属（海乳草属）无花冠；雄蕊多少贴生于花冠上，与花冠裂片同数而对生，极少具1轮鳞片状退化雄蕊，花丝分离或下部连合成筒；子房上位，仅1属（水茴草属）半下位，1室；花柱单一；胚珠通常多数，生于特立中央胎座上。蒴果通常5齿裂或瓣裂，稀盖裂；种子小，有棱角，常为盾状，种脐位于腹面的中心；胚小而直，藏于丰富的胚乳中。

本科约有22属1000种，分布于全世界，主产于北半球温带地区。我国约有13属500种，产于全国各地，西部高原和山区种类特别丰富。

潜江市有2属5种。

点地梅属 *Androsace* L.

多年生或一年生、二年生小草本。叶同型或异型，基生或簇生于根状茎或根出条端，形成莲座状叶丛，极少互生于直立的茎上。叶单生、数枚簇生或多数紧密排列，使植株成为半球形的垫状体。花组成伞形花序生于花葶端，很少单生而无花葶；花萼钟状至杯状，5浅裂至深裂；花冠白色、粉红色或深红色，少有黄色，筒部短，通常呈坛状，约与花萼等长，喉部常收缩成环状突起，裂片5，全缘或先端微凹；雄蕊5，花丝极短，贴生于花冠筒上；花药卵形，先端钝；子房上位，花柱短，不伸出花冠筒。蒴果近球形，5瓣裂；种子通常少数，稀多数。

本属约有100种，广布于北半球温带地区。我国有71种7变种，主产于四川、云南和西藏等地，西北、华北、东北、华东以及华南地区亦有少量种类分布。

潜江市有1种。

201. 点地梅 *Androsace umbellata*（Lour.）Merr.

【别名】喉咙草、佛顶珠、白花草、清明花、天星花。

【植物形态】一年生或二年生草本。主根不明显，具多数须根。叶全部基生，叶片近圆形或卵圆形，直径5～20毫米，先端圆钝，基部浅心形至近圆形，边缘具三角状钝齿，两面均被贴伏的短柔毛；叶柄长1～4厘米，被开展的柔毛。花葶通常数枚自叶丛中抽出，高4～15厘米，被白色短柔毛。伞形花序4～15花；苞片卵形至披针形，长3.5～4毫米；花梗纤细，长1～3厘米，果时可伸长达6厘米，被柔毛并杂生短柄腺体；花萼杯状，长3～4毫米，密被短柔毛，分裂近达基部，裂片菱状卵圆形，具3～6纵脉，果期增大，呈星状展开；花冠白色，直径4～6毫米，筒部长约2毫米，短于花萼，喉部黄色，裂片倒卵状长圆形，长2.5～3毫米，宽1.5～2毫米。蒴果近球形，直径2.5～3毫米，果皮白色，近膜质。花期2—4月，果期5—6月。

【生长环境】生于林缘、草地和疏林下。潜江市泽口镇有发现。

【药用部位】全草或果实。

【采收加工】清明前后采收全草，晒干。

【性味归经】味苦、辛，性微寒。

【功能主治】清热解毒，消肿止痛。用于咽喉肿痛，疔疮，牙痛，头痛，赤眼，风湿痹痛，哮喘，淋浊，疗疮肿毒，烫火伤，蛇咬伤，跌打损伤。民间用全草治扁桃体炎，咽喉炎，口腔炎和跌打损伤。

珍珠菜属 *Lysimachia* L.

直立或匍匐草本，极少亚灌木，无毛或被多细胞毛，通常有腺点。叶互生、对生或轮生，全缘。花单出腋生或排列成顶生或腋生的总状花序或伞形花序；总状花序常缩短成近头状或有时复出而成圆锥花序；花萼5深裂，极少6～9裂，宿存；花冠白色或黄色，稀为淡红色或淡紫红色，辐状或钟状，5深裂，稀6～9裂，裂片在花蕾中旋转状排列；雄蕊与花冠裂片同数而对生，花丝分离或基部合生成筒，多少贴生于花冠上；花药基着或中着，顶孔开裂或纵裂；花粉粒具3孔沟，圆球形至长球形，表面近平滑或具网状纹饰；子房球形，花柱丝状或棒状，柱头钝。蒴果卵圆形或球形，通常5瓣开裂；种子具棱角或有翅。

本属约有180种，主要分布于北半球温带和亚热带地区，少数种类产于非洲、拉丁美洲和大洋洲。我国有132种1亚种17变种，部分种为民间常用草药和香料。

潜江市有4种。

202. 泽珍珠菜 *Lysimachia candida* Lindl.

【别名】泽星宿菜、白水花、水硼砂。

【植物形态】一年生或二年生草本，全体无毛。茎单生或数条簇生，直立，高10～30厘米，单一或有分枝。基生叶匙形或倒披针形，长2.5～6厘米，宽0.5～2厘米，具有狭翅的柄，开花时存在或早凋；茎叶互生，很少对生，叶片倒卵形、倒披针形或线形，长1～5厘米，宽2～12毫米，先端渐尖或钝，基部渐狭，下延，边缘全缘或微皱呈波状，两面均有黑色或带红色的小腺点，无柄或近无柄。总状花序顶生，初时因花密集而呈阔圆锥形，其后渐伸长，果时长5～10厘米；苞片线形，长4～6毫米；花梗长约为苞片的2倍，花序最下方的长达1.5厘米；花萼长3～5毫米，分裂近达基部，裂片披针形，边缘膜质，背面沿中肋两侧有黑色短腺条；花冠白色，长6～12毫米，筒部长3～6毫米，裂片长圆形或倒卵状长圆形，先端圆钝；雄蕊稍短于花冠，花丝贴生至花冠的中下部，分离部分长约1.5毫米；花药近线形，长约1.5毫米；花粉粒具3孔沟，长球形，表面具网状纹饰；子房无毛，花柱长约5毫米。蒴果球形，直径2～3毫米。花期3—6月，果期4—7月。

【生长环境】生于田边、溪边和山坡路旁潮湿处，垂直分布上限可达海拔 2100 米。潜江市周矶街道有发现。

【药用部位】全草或根。

【采收加工】4—6 月采收，鲜用或晒干。

【性味归经】味苦，性凉。

【功能主治】清热解毒，活血止痛，利湿消肿。用于咽喉肿痛，疮痈肿毒，乳痈，毒蛇咬伤，跌打骨折，风湿痹痛，脚气水肿，稻田性皮炎。

203. 临时救 *Lysimachia congestiflora* Hemsl.

【别名】聚花过路黄、黄花珠、九莲灯、大疮药、爬地黄。

【植物形态】草本，细弱，多年生。茎下部匍匐，节上生根，上部及分枝上升，长 6～50 厘米，圆柱形，密被多细胞卷曲柔毛；分枝纤细，有时仅顶端具叶。叶对生，茎端的 2 对间距短，近密聚，叶片卵形、阔卵形至近圆形，近等大，长 0.7～4.5 厘米，宽 0.6～3 厘米，先端锐尖或钝，基部近圆形或截形，稀略呈心形，上面绿色，下面淡绿色，有时沿中肋和侧脉带紫红色，两面多少被具节糙伏毛，稀近无毛，近边缘有暗红色或有时变为黑色的腺点，侧脉 2～4 对，在下面稍隆起，网脉纤细，不明显；叶柄比叶片短，具草质狭边缘。花 2～4 朵集生茎端和枝端成近头状的总状花序，在花序下方的 1 对叶腋有时具单生之花；花梗极短或长 2 毫米；花萼长 5～8.5 毫米，分裂近达基部，裂片披针形，宽约 1.5 毫米，背面被疏柔毛；花冠黄色，内面基部紫红色，长 9～11 毫米，基部合生部分长 2～3 毫米，5 裂（偶有 6 裂的），裂片卵状椭圆形至长圆形，宽 3～6.5 毫米，先端锐尖或钝，散生暗红色或变黑色的腺点；花丝下部合生成高约 2.5 毫米的筒，分离部分长 2.5～4.5 毫米；花药长圆形，长约 1.5 毫米；花粉粒近长球形，[（30～36）微米 ×（26.5～29）微米]，表面具网状纹饰；子房被毛，花柱长 5～7 毫米。蒴果球形，直径 3～4 毫米。花期 5—6 月，果期 7—10 月。

【生长环境】生于水沟边、田埂上、山坡林缘、草地等湿润处，垂直分布上限可达海拔 2100 米。潜江市熊口镇有发现。

【药用部位】全草。

【采收加工】在栽种当年 10—11 月，可采收 1 次，第 2、3 年的 5—6 月和 10—11 月可采收 2 次，齐地面割下，择净杂草，晒干或烘干。

【性味归经】味辛、微苦，性微温；归心、脾经。

【功能主治】祛风散寒，化痰止咳，解毒利湿，消积排石。用于风寒头痛，咳嗽痰多，咽喉肿痛，黄疸，尿路结石，小儿疳积，痈疖疔疮，毒蛇咬伤。

204. 小叶珍珠菜 *Lysimachia parvifolia* Franch. ex Hemsl.

【植物形态】多年生草本。茎簇生，近直立或下部倾卧，长 30～50 厘米，常自基部发出匍匐枝，茎上部亦多分枝；匍匐枝纤细，常伸长呈鞭状。叶互生，近于无柄，叶片狭椭圆形、倒披针形或匙形，长 1～4.5 厘米，宽 5～10 毫米，先端锐尖或圆钝，基部楔形，两面均散生暗紫色或黑色腺点。总状花序顶生，初时花稍密集，后渐疏松；苞片钻形，长 5～10 毫米；最下方的花梗长达 1.5 厘米，向顶端渐次缩短；花萼长约 5 毫米，分裂近达基部，裂片狭披针形，先端渐尖，边缘膜质，背面有黑色腺点；花冠白色，狭钟形，长 8～9 毫米，合生部分长约 4 毫米，裂片长圆形，宽约 2 毫米，先端钝；雄蕊短于花冠，花丝贴生于花冠裂片的中下部，分离部分长约 2 毫米；花药狭长圆形，长 1.5～2 毫米；花粉粒具 3 孔沟，长球形［（26.5～29）微米 ×（18.5～20.5）微米］，表面具网状纹饰；子房球形，花柱自花蕾中伸出，长约 6 毫米。蒴果球形，直径约 3 毫米。花期 4—6 月，果期 7—9 月。

【生长环境】生于田边、溪边湿地。潜江市熊口镇有发现。

205. 北延叶珍珠菜 *Lysimachia silvestrii*（Pamp.）Hand. –Mazz.

【植物形态】一年生草本，全体无毛。茎直立，稍粗壮，高 30～75 厘米，圆柱形，单一或上部分枝。叶互生，卵状披针形或椭圆形，稀卵形，长 3～7 厘米，宽 1～3.5 厘米，先端渐尖，基部渐狭，干时近膜质，上面绿色，下面淡绿色，边缘和先端有暗紫色或黑色粗腺条；叶柄长 1.5～3 厘米。总状花序顶生，疏花；花序最下方的苞片叶状，上部的渐次缩小呈钻形，长约 6 毫米；花梗长 1～2 厘米；花萼长约 6 毫米，分裂近达基部，裂片披针形，先端渐尖，常向外反曲，背面有暗紫色或黑色短腺条，先端尤密；花冠白色，长约 6 毫米，基部合生部分长约 2 毫米，裂片倒卵状长圆形，先端钝或稍锐尖，裂片间的弯缺圆钝；雄蕊比花冠略短或花药顶端露出花冠外，花丝贴生于花冠裂片的基部，分离部分长 2.5 毫米；花药狭椭圆形，长约 1 毫米；花粉粒具 3 孔沟，长球形［（25～29）微米 ×（19～20）微米］，表面具网状纹饰；子房无毛，花柱长 4 毫米。蒴果球形，直径 3～4 毫米。花期 5—7 月，果期 8 月。

【生长环境】生于山坡草地、沟边和疏林下，垂直分布的上限可达海拔 2400 米。潜江市王场镇有发现。

六十八、柿科　Ebenaceae

乔木或直立灌木，不具乳汁，少数有枝刺。叶为单叶，互生，很少对生，排成2列，全缘，无托叶，具羽状叶脉。花多半单生，通常雌雄异株，或为杂性，雌花腋生，单生，雄花常生于小聚伞花序上或簇生，或为单生，整齐；花萼3～7裂，多少深裂，在雌花或两性花中宿存，常在果时增大，裂片在花蕾中镊合状或覆瓦状排列，花冠3～7裂，早落，裂片旋转排列，很少覆瓦状排列或镊合状排列；雄蕊离生或着生于花冠管的基部，常为花冠裂片数的2～4倍，很少和花冠裂片同数而与之互生，花丝分离或两枚连生成对，花药基着，2室，内向，纵裂，雌花常具退化雄蕊或无雄蕊；子房上位，2～16室，每室具1～2悬垂的胚珠；花柱2～8枚，分离或基部合生；柱头小，全缘或2裂；在雄花中，雌蕊退化或缺。浆果多肉质；种子有胚乳，胚乳有时为嚼烂状，胚小，子叶大，叶状；种脐小。

本科约有3属500种，主要分布于热带地区，在亚洲的温带和美洲的北部地区种类少。我国约有1属57种。

潜江市有1属1种。

柿属　*Diospyros* L.

落叶或常绿乔木或灌木。无顶芽。叶互生，偶有或有微小的透明斑点。花单性，雌雄异株或杂性；雄花常较雌花小，组成聚伞花序，雄花序腋生于当年生枝上，或很少在较老的枝上侧生，雌花常单生叶腋；萼通常深裂，4（3～7）裂，有时顶端截平，绿色，雌花的萼结果时常增大；花冠壶状、钟状或管状，浅裂或深裂，4～5（3～7）裂，裂片向右旋转排列，很少覆瓦状排列；雄蕊4至多枚，通常16枚，常2枚连生成对而形成2列；子房2～16室；花柱2～5枚，分离或在基部合生，通常顶端2裂，每室有胚珠 1 ～ 2 枚；在雌花中有退化雄蕊 1 ～ 16 枚或无雄蕊。浆果肉质，基部通常有增大的宿存花萼；种子较大，通常两侧压扁。

本属约有 500 种，主产于热带地区。我国有 57 种 6 变种 1 变型 1 栽培种，北至辽宁，南至广东、广西和云南等地都有，主要分布于西南至东南地区。

潜江市有 1 种。

206. 柿 *Diospyros kaki* Thunb.

【别名】柿子。

【植物形态】落叶大乔木，通常高 10 米以上，胸高直径达 65 厘米，高龄老树有高达 27 米的；树皮深灰色至灰黑色，或黄灰褐色至褐色，沟纹较密，裂成长方块状；树冠球形或长圆球形，老树冠直径 10 ～ 13 米，有达 18 米的。枝开展，带绿色至褐色，无毛，散生纵裂的长圆形或狭长圆形皮孔；嫩枝初时有棱，有棕色柔毛、茸毛或无毛。冬芽小，卵形，长 2 ～ 3 毫米，先端钝。叶纸质，卵状椭圆形至倒卵形或近圆形，通常较大，长 5 ～ 18 厘米，宽 2.8 ～ 9 厘米，先端渐尖或钝，基部楔形，圆钝或近截形，很少为心形，新叶疏生柔毛，老叶上面有光泽，深绿色，无毛，下面绿色，有柔毛或无毛，中脉在上面凹下，有微柔毛，在下面凸起，侧脉每边 5 ～ 7 条，上面平坦或稍凹下，下面略凸起，下部的脉较长，上部的脉较短，向上斜生，稍弯，将近叶缘网结，小脉纤细，在上面平坦或微凹下，连结成小网状；叶柄长 8 ～ 20 毫米，变无毛，上面有浅槽。花雌雄异株，但间或雄株中有少数雌花、雌株中有少数雄花的，花序腋生，为聚伞花序；雄花序小，长 1 ～ 1.5 厘米，弯垂，有短柔毛或茸毛，有花 3 ～ 5 朵，通常有花 3 朵；总花梗长约 5 毫米，有微小苞片；雄花小，长 5 ～ 10 毫米；花萼钟状，两面有毛，深 4 裂，裂片卵形，长约 3 毫米，有毛；花冠钟状，长不超过花萼的 2 倍，黄白色，外面或两面有毛，长约 7 毫米，4 裂，裂片卵形或心形，开展，两面有绢毛或外面脊上有长伏柔毛，里面近无毛，先端钝，雄蕊 16 ～ 24 枚，着生于花冠管的基部，连生成对，腹面 1 枚较短，花丝短，先端有柔毛，花药椭圆状长圆形，顶端渐尖，药隔背部有柔毛，退化子房微小；花梗长约 3 毫米。退化雄蕊 8 枚，着生于花冠管的基部，带白色，有长柔毛；子房近扁球形，直径约 6 毫米，多少具 4 棱，无毛或有短柔毛，8 室，每室有胚珠 1 枚；花柱 4 深裂，柱头 2 浅裂；花梗长 6 ～ 20 毫米，密生短柔毛。果形多种，有球形、扁球形、球形而略呈方形、卵形等，直径 3.5 ～ 8.5 厘米，基部通常有棱，嫩时绿色，后变黄色、橙黄色，果肉较脆硬，成熟时果肉柔软多汁，橙红色或大红色等，有种子数粒；种子褐色，椭圆状，长约 2 厘米，宽约 1 厘米，侧扁，在栽培品种中

通常无种子或有少数种子；宿存花萼在花后增大增厚，宽 3 ~ 4 厘米，4 裂，方形或近圆形，近扁平，厚革质或干时近木质，外面有伏柔毛，后变无毛，里面密被棕色绢毛，裂片革质，宽 1.5 ~ 2 厘米，长 1 ~ 1.5 厘米，两面无毛，有光泽；果柄粗壮，长 6 ~ 12 毫米。花期 5—6 月，果期 9—10 月。

【生长环境】喜温暖气候，充足阳光和深厚、肥沃、湿润、排水良好的土壤，适生于中性土壤，较能耐寒、瘠薄，抗旱性强，但不耐盐碱土。潜江市园林街道有发现。

【药用部位】宿存花萼。

【采收加工】冬季果实成熟时采摘，食用时收集，洗净，晒干。

【性味归经】味苦、涩，性平；归胃经。

【功能主治】降逆止呃。用于呃逆。

六十九、木樨科　Oleaceae

乔木，直立或藤状灌木。叶对生，稀互生或轮生，单叶、三出复叶或羽状复叶，稀羽状分裂，全缘或具齿；具叶柄，无托叶。花辐射对称，两性，稀单性或杂性，雌雄同株、异株或杂性异株，通常聚伞花序排列成圆锥花序，或为总状、伞状、头状花序，顶生或腋生，或聚伞花序簇生于叶腋，稀花单生；花萼 4 裂，有时多达 12 裂，稀无花萼；花冠 4 裂，有时多达 12 裂，浅裂、深裂至近离生，或有时在基部成对合生，稀无花冠，花蕾时覆瓦状或镊合状排列；雄蕊 2 枚，稀 4 枚，着生于花冠管上或花冠裂片基部，花药纵裂，花粉通常具 3 沟；子房上位，由 2 心皮组成 2 室，每室具胚珠 2 枚，有时 1 枚或多枚，胚珠下垂，稀向上，花柱单一或无花柱，柱头 2 裂或头状。果为翅果、蒴果、核果、浆果或浆果状核果；种子具 1 枚伸直的胚；具胚乳或无胚乳；子叶扁平；胚根向下或向上。

本科约有 27 属 400 种，广布于热带和温带地区，亚洲地区种类尤为丰富。我国有 12 属 178 种 6 亚种 25 变种 15 变型，其中 14 种 1 亚种 7 变型系栽培，南北各地均有分布。

潜江市有 3 属 5 种。

素馨属　*Jasminum* L.

小乔木，直立或攀援状灌木，常绿或落叶。小枝圆柱形或具棱角和沟。叶对生或互生，稀轮生，单叶、三出复叶或为奇数羽状复叶，全缘或深裂；叶柄有时具关节，无托叶。花两性，排列成聚伞花序，聚伞花序再排列成圆锥状、总状、伞房状、伞状或头状花序；苞片常呈锥形或线形，有时花序基部的苞片呈小叶状；花通常芳香；花萼钟状、杯状或漏斗状，具齿 4 ~ 12 枚；花冠常呈白色或黄色，稀红色或紫色，高脚碟状或漏斗状，裂片 4 ~ 12 枚，花蕾时覆瓦状排列，栽培时常为重瓣；雄蕊 2 枚，内藏，着生于花冠管近中部，花丝短，花药背着，药室内向侧裂；子房 2 室，每室具向上胚珠 1 ~ 2 枚，花柱常异长，丝状，柱头头状或 2 裂。浆果双生或其中一个不育而成单生，果成熟时呈黑色或蓝黑色，果皮肥厚或膜质，果爿球形或椭圆形；种子无胚乳；胚根向下。

本属约有 200 种，分布于非洲、亚洲、澳大利亚以及太平洋南部诸岛屿；南美洲仅有 1 种。我国有 47 种 1 亚种 4 变种 4 变型，其中 2 种系栽培，分布于秦岭以南各地。

潜江市有 1 种。

207. 迎春花 *Jasminum nudiflorum* Lindl.

【别名】重瓣迎春。

【植物形态】落叶灌木，直立或匍匐，高 0.3 ～ 5 米，枝条下垂。枝稍扭曲，光滑无毛，小枝四棱形，棱上多少具狭翼。叶对生，三出复叶，小枝基部常具单叶；叶轴具狭翼，叶柄长 3 ～ 10 毫米，无毛；叶片和小叶片幼时两面稍被毛，老时仅叶缘具睫毛状毛；小叶片卵形、长卵形或椭圆形、狭椭圆形，稀倒卵形，先端锐尖或钝，具短尖头，基部楔形，叶缘反卷，中脉在上面微凹入，下面凸起，侧脉不明显；顶生小叶片较大，长 1 ～ 3 厘米，宽 0.3 ～ 1.1 厘米，无柄或基部延伸成短柄，侧生小叶片长 0.6 ～ 2.3 厘米，宽 0.2 ～ 11 厘米，无柄；单叶为卵形或椭圆形，有时近圆形，长 0.7 ～ 2.2 厘米，宽 0.4 ～ 1.3 厘米。花单生于去年生小枝的叶腋，稀生于小枝顶端；苞片小叶状，披针形、卵形或椭圆形，长 3 ～ 8 毫米，宽 1.5 ～ 4 毫米；花梗长 2 ～ 3 毫米；花萼绿色，裂片 5 ～ 6 枚，窄披针形，长 4 ～ 6 毫米，宽 1.5 ～ 2.5 毫米，先端锐尖；花冠黄色，直径 2 ～ 2.5 厘米，花冠管长 0.8 ～ 2 厘米，基部直径 1.5 ～ 2 毫米，向上渐扩大，裂片 5 ～ 6 枚，长圆形或椭圆形，长 0.8 ～ 1.3 厘米，宽 3 ～ 6 毫米，先端锐尖或圆钝。

【生长环境】生于山坡灌丛中，海拔 800 ～ 2000 米。潜江市梅苑有发现。

【药用部位】花、叶、根。

【采收加工】花：4—5 月开花时采收，鲜用或晾干。叶：夏、秋季采收，鲜用或晒干。根：全年或秋季采挖，洗净泥土，切片或切段晒干。

【性味归经】花：味苦、微辛，性平。叶：味苦，性寒。根：味苦，性平。

【功能主治】花：清热解毒，活血消肿。用于发热头痛，咽喉肿痛，小便热痛，恶疮肿毒，跌打损伤。叶：清热，利湿，解毒。用于感冒发热，小便淋痛，外阴瘙痒，肿毒恶疮，跌打损伤，刀伤出血。根：清热息风，活血调经。用于肺热咳嗽，小儿惊风，月经不调。

女贞属 *Ligustrum* L.

落叶或常绿、半常绿的灌木、小乔木或乔木。叶对生，单叶，叶片纸质或革质，全缘；具叶柄。聚伞花序常排列成圆锥花序，多顶生于小枝顶端，稀腋生；花两性；花萼钟状，先端截形或具4齿，或为不规则齿裂；花冠白色，近辐状、漏斗状或高脚碟状，花冠管长于裂片或近等长，裂片4枚，花蕾时镊合状排列；雄蕊2枚，着生于近花冠管喉部，内藏或伸出，花药椭圆形、长圆形至披针形，药室近外向开裂；子房近球形，2室，每室具下垂胚珠2枚，花柱丝状，长或短，柱头肥厚，常2浅裂。果为浆果状核果，内果皮膜质或纸质，稀为核果状而室背开裂；种子1～4粒，种皮薄；胚乳肉质；子叶扁平，狭卵形；胚根短，向上。染色体基数 $x=23$。

本属约有30种，分布于亚洲东南地区和美洲。我国有25种3变种，其中1种系栽培，主产于南部和西南地区。

潜江市有3种。

208. 女贞 *Ligustrum lucidum* Ait.

【别名】大叶女贞、冬青、落叶女贞。

【植物形态】灌木或乔木，高可达25米；树皮灰褐色。枝黄褐色、灰色或紫红色，圆柱形，疏生圆形或长圆形皮孔。叶片常绿，革质，卵形、长卵形或椭圆形至宽椭圆形，长6～17厘米，宽3～8厘米，先端锐尖至渐尖或钝，基部圆形或近圆形，有时宽楔形或渐狭，叶缘平坦，上面光亮，两面无毛，中脉在上面凹入，下面凸起，侧脉4～9对，两面稍凸起或有时不明显；叶柄长1～3厘米，上面具沟，无毛。圆锥花序顶生，长8～20厘米，宽8～25厘米；花序梗长0～3厘米；花序轴及分枝轴无毛，紫色或黄棕色，果时具棱；花序基部苞片常与叶同型，小苞片披针形或线形，长0.5～6厘米，宽0.2～1.5厘米，凋落；花无梗或近无梗，长不超过1毫米；花萼无毛，长1.5～2毫米，齿不明显或近截形；花冠长4～5毫米，花冠管长1.5～3毫米，裂片长2～2.5毫米，反折；花丝长1.5～3毫米，花药长圆形，长1～1.5毫米；花柱长1.5～2毫米，柱头棒状。果肾形或近肾形，长7～10毫米，直径4～6毫米，深蓝色或黑色，成熟时呈红黑色，被白粉；果梗长0～5毫米。花期5—7月，果期7月至翌年5月。

【生长环境】生于海拔2900米以下疏、密林中。潜江市各地均可见。

【药用部位】成熟果实。

【采收加工】冬季果实成熟时采收，除去枝叶，稍蒸或置沸水中略烫后干燥，或直接干燥。

【性味归经】味甘、苦，性凉；归肝、肾经。

【功能主治】滋补肝肾，明目乌发。用于肝肾阴虚，眩晕耳鸣，腰膝酸软，须发早白，目暗不明，内热消渴，骨蒸潮热。

209. 小叶女贞 *Ligustrum quihoui* Carr.

【别名】小叶水蜡。

【植物形态】落叶灌木，高1～3米。小枝淡棕色，圆柱形，密被微柔毛，后脱落。叶片薄革质，形状和大小变异较大，披针形、长圆状椭圆形、椭圆形、倒卵状长圆形至倒披针形或倒卵形，长1～4（5.5）厘米，宽0.5～2（3）厘米，先端锐尖、钝或微凹，基部狭楔形至楔形，叶缘反卷，上面深绿色，下面淡绿色，常具腺点，两面无毛，稀沿中脉被微柔毛，中脉在上面凹入，下面凸起，侧脉2～6对，不明显，在上面微凹入，下面略凸起，近叶缘处网结不明显；叶柄长0～5毫米，无毛或被微柔毛。圆锥花序顶生，近圆柱形，长4～15（22）厘米，宽2～4厘米，分枝处常有1对叶状苞片；小苞片卵形，具睫毛状毛；花萼无毛，长1.5～2毫米，萼齿宽卵形或钝三角形；花冠长4～5毫米，花冠管长2.5～3毫米，裂片卵形或椭圆形，长1.5～3毫米，先端钝；雄蕊伸出裂片外，花丝与花冠裂片近等长或稍长。果倒卵形、宽椭圆形或近球形，长5～9毫米，直径4～7毫米，呈紫黑色。花期5—7月，果期8—11月。

【生长环境】生于沟边、路旁、河边灌丛或山坡，海拔100～2500米。潜江市园林街道有发现。

【药用部位】叶。

【采收加工】全年或夏、秋季采收，鲜用或晒干。

【性味归经】味苦，性凉。

【功能主治】清热祛暑，解毒消肿。用于伤暑发热，风火牙痛，咽喉肿痛，口舌生疮，疮痈肿毒，水火烫伤。

210. 小蜡 *Ligustrum sinense* Lour.

【别名】山指甲、花叶女贞。

【植物形态】落叶灌木或小乔木，高2～4（7）米。小枝圆柱形，幼时被淡黄色短柔毛或柔毛，老时近无毛。叶片纸质或薄革质，卵形、椭圆状卵形、长圆形、长圆状椭圆形至披针形，或近圆形，长2～7（9）厘米，宽1～3（3.5）厘米，先端锐尖、短渐尖至渐尖，或钝而微凹，基部宽楔形至近圆形，或为楔形，上面深绿色，疏被短柔毛或无毛，或仅沿中脉被短柔毛，下面淡绿色，疏被短柔毛或无毛，常沿中脉被短柔毛，侧脉4～8对，上面微凹入，下面略凸起；叶柄长2～8毫米，被短柔毛。圆锥花序顶生或腋生，塔形，长4～11厘米，宽3～8厘米；花序轴被较密淡黄色短柔毛或柔毛至近无毛；花梗长1～3毫米，被短柔毛或无毛；花萼无毛，长1～1.5毫米，先端呈截形或呈浅波状齿；花冠长3.5～5.5毫米，花冠管长1.5～2.5毫米，裂片长圆状椭圆形或卵状椭圆形，长2～4毫米；花丝与裂片近等长或长于裂片，花药长圆形，长约1毫米。果近球形，直径5～8毫米。花期3—6月，果期9—12月。

【生长环境】生于山坡、山谷、溪边、河旁、路边的密林、疏林或混交林中，海拔200～2600米。潜江市南门河游园有发现。

【药用部位】树皮及枝叶。

【采收加工】夏、秋季采收树皮及枝叶，鲜用或晒干。

【性味归经】味苦，性凉。

【功能主治】清热利湿，解毒消肿。用于感冒发热，肺热咳嗽，咽喉肿痛，口舌生疮，湿热黄疸，痢疾，疮痈肿毒，湿疹，皮炎，跌打损伤，烫伤。果实可酿酒，种子榨油可制肥皂，各地普遍栽培作绿篱。

木樨属 *Osmanthus* Lour.

常绿灌木或小乔木。叶对生，单叶，叶片厚革质或薄革质，全缘或具锯齿，两面通常具腺点；具叶柄。花两性，通常雌蕊或雄蕊不育而成单性花，雌雄异株或雄花、两性花异株，聚伞花序簇生于叶腋，或再组成腋生或顶生的短小圆锥花序；苞片2枚，基部合生；花萼钟状，4裂；花冠白色或黄白色，少数栽培品种为橘红色，呈钟状，圆柱形或坛状，浅裂、深裂或深裂至基部，裂片4枚，花蕾时覆瓦状排列；雄蕊2枚，稀4枚，着生于花冠管上部，药隔常延伸成小尖头；子房2室，每室具下垂胚珠2枚，花柱长于或短于子房，柱头头状或2浅裂，不育雌蕊呈钻状或圆锥状。果为核果，椭圆形或歪斜椭圆形，内果皮坚硬或骨质，常具种子1粒；胚乳肉质；子叶扁平；胚根向上。染色体基数 $x=23$。

本属约有30种，分布于亚洲东南地区和美洲。我国有25种3变种，其中1种系栽培，主产于南部和西南地区。

潜江市有 1 种。

211. 木樨 *Osmanthus fragrans*（Thunb.）Lour.

【别名】丹桂、刺桂、桂花、四季桂、银桂、桂、彩桂。

【植物形态】常绿乔木或灌木，高 3 ～ 5 米，最高可达 18 米；树皮灰褐色。小枝黄褐色，无毛。叶片革质，椭圆形、长椭圆形或椭圆状披针形，长 7 ～ 14.5 厘米，宽 2.6 ～ 4.5 厘米，先端渐尖，基部渐狭呈楔形或宽楔形，全缘或通常上半部具细锯齿，两面无毛，腺点在两面连成小水泡状突起，中脉在上面凹入，下面凸起，侧脉 6 ～ 8 对，多达 10 对，在上面凹入，下面凸起；叶柄长 0.8 ～ 1.2 厘米，最长可达 15 厘米，无毛。聚伞花序簇生于叶腋，或近帚状，每腋内有花多朵；苞片宽卵形，质厚，长 2 ～ 4 毫米，具小尖头，无毛；花梗细弱，长 4 ～ 10 毫米，无毛；花极芳香；花萼长约 1 毫米，裂片稍不整齐；花冠黄白色、淡黄色、黄色或橘红色，长 3 ～ 4 毫米，花冠管仅长 0.5 ～ 1 毫米；雄蕊着生于花冠管中部，花丝极短，长约 0.5 毫米，花药长约 1 毫米，药隔在花药先端稍延伸成不明显的小尖头；雌蕊长约 1.5 毫米，花柱长约 0.5 毫米。果歪斜，椭圆形，长 1 ～ 1.5 厘米，呈紫黑色。花期 9—10 月，果期翌年 3 月。

【生长环境】全国各地广泛栽培。潜江市各地均可见。

【药用部位】花。

【采收加工】9—10 月开花时采收，除去杂质，阴干，密闭储藏。

【性味归经】味辛，性温。归肺、脾、肾经。

【功能主治】温肺化饮，散寒止痛。用于痰饮咳喘，脘腹冷痛，肠风血痢，闭经痛经，寒疝腹痛，牙痛，口臭。

七十、夹竹桃科 Apocynaceae

乔木、直立灌木或木质藤木，也有多年生草本；具乳汁或水液；无刺，稀有刺。单叶对生、轮生，稀互生，全缘，稀有细齿；羽状脉；通常无托叶或退化成腺体，稀有假托叶。花两性，辐射对称，单生或多杂组成聚伞花序，顶生或腋生；花萼裂片 5 枚，稀 4 枚，基部合生成筒状或钟状，裂片通常为双盖覆瓦状排列，基部内面通常有腺体；花冠合瓣，高脚碟状、漏斗状、坛状、钟状、盆状，稀辐状，裂片 5 枚，稀 4 枚，覆瓦状排列，其基部边缘向左或向右覆盖，稀镊合状排列，花冠喉部通常有副花冠或鳞片、膜质或毛状附属体；雄蕊 5 枚，着生于花冠筒上或花冠喉部，内藏或伸出，花丝分离，花药长圆形或箭形，2 室，分离或互相黏合并贴生于柱头上；花粉颗粒状；花盘环状、杯状或舌状，稀无花盘；子房上位，稀半下位，1～2 室，或由 2 枚离生或合生心皮组成；花柱 1 枚，基部合生或裂开；柱头通常环状、头状或棍棒状，顶端通常 2 裂；胚珠 1 至多枚，着生于腹面的侧膜胎座上。果为浆果、核果、蒴果或蓇葖；种子通常一端被毛，稀两端被毛或仅有膜翅或毛翅均缺，通常有胚乳及直胚。

　　本科约有 250 属 2000 种，分布于热带、亚热带地区，少数在温带地区。我国有 46 属 176 种 33 变种，主要分布于长江以南各地，少数分布于北部及西北地区。

　　潜江市有 3 属 3 种。

长春花属 *Catharanthus* G. Don

　　一年生或多年生草本，有水液。叶草质，对生；叶腋内和叶腋间有腺体。花 2～3 朵组成聚伞花序，顶生或腋生；花萼 5 深裂，基部内面无腺体；花冠高脚碟状，花冠筒圆筒状，花冠喉部紧缩，内面具刚毛，花冠裂片向左覆盖；雄蕊着生于花冠筒中部之上，但并不露出，花丝圆形，比花药短，花药长圆状披针形；花盘由 2 片舌状腺体组成，与心皮互生而较长；子房由 2 个离生心皮组成，胚珠多数，花柱丝状，柱头头状。蓇葖双生，直立，圆筒状具条纹；种子 15～30 粒，长圆状圆筒形，两端截形，黑色，具颗粒状小瘤；胚乳肉质，胚直立；子叶卵圆形。

　　本属约有 6 种，产于非洲东部及亚洲东南地区。我国栽培 1 种 2 变种。

　　潜江市有 1 种。

212. 长春花 *Catharanthus roseus*（L.）G. Don

【别名】雁来红、日日草、日日新、三万花。

【植物形态】半灌木，略有分枝，高达 60 厘米，有水液，全株无毛或仅有微毛；茎近方形，有条纹，灰绿色；节间长 1～3.5 厘米。叶膜质，倒卵状长圆形，长 3～4 厘米，宽 1.5～2.5 厘米，先端浑圆，有短尖头，基部广楔形至楔形，渐狭而成叶柄；叶脉在叶面扁平，在叶背略隆起，侧脉约 8 对。聚伞花序腋生或顶生，有花 2～3 朵；花萼 5 深裂，内面无腺体或腺体不明显，萼片披针形或钻状渐尖，长约 3 毫米；花冠红色，高脚碟状，花冠筒圆筒状，长约 2.6 厘米，内面具疏柔毛，喉部紧缩，具刚毛；花冠裂片宽倒卵形，长和宽约 1.5 厘米；雄蕊着生于花冠筒的上半部，但花药隐藏于花喉之内，与柱头离生；子房和花盘与属的特征相同。蓇葖双生，直立，平行或略叉开，长约 2.5 厘米，直径 3 毫米；外果皮厚纸质，有条纹，被柔毛；种子黑色，长圆状圆筒形，两端截形，具有颗粒状小瘤。花果期几乎全年。

【生长环境】我国栽培于西南、中南及华东等地。潜江市园林街道有发现。

【药用部位】全草。

【采收加工】当年 9 月下旬至 10 月上旬采收，选晴天收割地上部分，先切除植株茎部木质化硬茎，再切成长 6 厘米的小段，晒干。

【性味归经】味苦，性寒；有毒；归肝、肾经。

【功能主治】解毒抗癌，清热平肝。用于多种癌肿，高血压，疮痈肿毒，烫伤。

夹竹桃属 *Nerium* L.

直立灌木，枝条灰绿色，含水液。叶轮生，稀对生，具柄，革质，羽状脉，侧脉密生而平行。伞房状聚伞花序顶生，具总花梗；花萼 5 裂，裂片披针形，双盖覆瓦状排列，内面基部具腺体；花冠漏斗状，红色，栽培有演变为白色或黄色，花冠筒圆筒形，上部扩大呈钟状，喉部具 5 枚阔鳞片状副花冠，每片顶端撕裂；花冠裂片 5，或更多而呈重瓣，斜倒卵形，花蕾时向右覆盖；雄蕊 5，着生于花冠筒中部以上，花丝短，花药箭形，附着在柱头周围，基部具耳，顶端渐尖，药隔延长呈丝状，被长柔毛；无花盘；子房由 2 枚离生心皮组成，花柱丝状或中部以上加厚，柱头近球状，基部膜质环状，顶端具尖头；每心皮有胚珠多枚。蓇葖 2，离生，长圆形；种子长圆形，种皮被短柔毛，顶端具种毛。

本属约有 4 种，分布于地中海沿岸及亚洲热带、亚热带地区。我国引入栽培有 2 种 1 栽培变种。

潜江市有 1 种。

213. 夹竹桃 *Nerium oleander* L.

【别名】红花夹竹桃、欧洲夹竹桃。

【植物形态】常绿直立大灌木，高达 5 米，枝条灰绿色，含水液；嫩枝条具棱，被微毛，老时毛脱落。叶 3 ～ 4 枚轮生，下枝为对生，窄披针形，顶端急尖，基部楔形，叶缘反卷，长 11 ～ 15 厘米，宽 2 ～ 2.5 厘米，叶面深绿，无毛，叶背浅绿色，有多数洼点，幼时被疏微毛，老时毛渐脱落；中脉在叶面凹入，在叶背凸起，侧脉两面扁平，纤细，密生而平行，每边达 120 条，直达叶缘；叶柄扁平，基部稍宽，长 5 ～ 8 毫米，幼时被微毛，老时毛脱落；叶柄内具腺体。聚伞花序顶生，着花数朵；总花梗长约 3 厘米，被微毛；花梗长 7 ～ 10 毫米；苞片披针形，长 7 毫米，宽 1.5 毫米；花芳香；花萼 5 深裂，红色，披针形，长 3～4 毫米，宽 1.5～2 毫米，外面无毛，内面基部具腺体；花冠深红色或粉红色，栽培演变有白色或黄色，花冠为单瓣呈 5 裂时，其花冠为漏斗状，长和直径约 3 厘米，其花冠筒圆筒形，上部扩大呈钟形，长 1.6～2 厘米，花冠筒内面被长柔毛，花冠喉部具 5 片宽鳞片状副花冠，每片其顶端撕裂，并伸出花冠喉部之外，花冠裂片倒卵形，顶端圆形，长 1.5 厘米，宽 1 厘米；花冠为重瓣呈 15～18 枚时，裂片组成 3 轮，内轮为漏斗状，外面 2 轮为辐状，分裂至基部或每 2～3 片基部连合，裂片长 2～3.5 厘米，宽 1～2 厘米，每花冠裂片基部具长圆形而顶端撕裂的鳞片；雄蕊着生于花冠筒中部以上，花丝短，被长柔毛，花药箭形，内藏，与柱头连生，基部具耳，顶端渐尖，药隔延长呈丝状，被柔毛；无花盘；心皮 2，离生，被柔毛，花柱丝状，长 7～8 毫米，柱头近圆球形，顶端突尖；每心皮有胚珠多枚。蓇葖 2，离生，平行或并连，长圆形，两端较窄，长 10～23 厘米，直径 6～10 毫米，绿色，无毛，具细纵条纹；种子长圆形，基部较窄，顶端钝，褐色，种皮被锈色短柔毛，顶端具黄褐色绢质种毛；种毛长约 1 厘米。花期几乎全年，夏、秋季最盛，果期一般在冬、春季，栽培很少结果。花大、艳丽、花期长，常作观赏；用插条、压条繁殖，极易成活。茎皮纤维为优良混纺原料；种子含油量约为 58.5%，可榨油供制润滑油。叶、树皮、根、花、种子毒性极强，人、畜误食可致死。

【生长环境】我国南方有栽培。潜江市南门河游园有发现。

【药用部位】叶及枝皮。

【采收加工】对 3 年生以上的植株，结合整枝修剪，采集叶片及枝皮，晒干或烘干。

【性味归经】味苦，性寒；有大毒；归心经。

【功能主治】强心利尿，祛痰定喘，镇痛，祛瘀。用于心脏病，心力衰竭，喘咳，癫痫，跌打肿痛，血瘀闭经。

蔓长春花属 *Vinca* L.

半灌木，蔓性，有水液。叶对生。花单生于叶腋内，极少2朵；花萼5裂；花冠漏斗状，花冠筒比花萼长，花喉展开或为鳞片紧闭，花冠裂片斜形；雄蕊5枚，着生于花冠筒的中部以下，花丝扁平，比花药长，花药顶端具有一丛毛的膜贴于柱头；花盘由2或数个舌状片组成，与心皮互生而较短；子房由2个离生心皮组成，花柱的端部膨大，柱头有毛，基部成为一增厚的环状圆盘。蓇葖2个，直立；种子6～8粒。

本属约有10种，分布于欧洲。我国东部栽培有2种1变种。

潜江市有1种。

214. 花叶蔓长春花 *Vinca major* var. *variegata* Loud.

【植物形态】蔓性半灌木，茎偃卧，花茎直立；除叶缘、叶柄、花萼及花冠喉部有毛外，其余均无毛。叶椭圆形，长2～6厘米，宽1.5～4厘米，先端急尖，基部下延；侧脉约4对；叶柄长1厘米；叶缘为白色，并有黄白色斑点。花单朵腋生；花梗长4～5厘米；花萼裂片狭披针形，长9毫米；花冠蓝色，花冠筒漏斗状，花冠裂片倒卵形，长12毫米，宽7毫米，先端圆形；雄蕊着生于花冠筒中部以下，花丝短而扁平，花药的顶端有毛；子房由2个心皮组成。蓇葖长约5厘米。花期3—5月。

【生长环境】一般用作观赏。

七十一、萝藦科　Asclepiadaceae

具有乳汁的多年生草本、藤本，直立或攀援灌木，根部木质或肉质成块状。叶对生或轮生，具柄，全缘，羽状脉；叶柄顶端通常具有丛生的腺体，稀无叶；通常无托叶。聚伞花序通常伞形，有时成伞房状或总状，腋生或顶生；花两性，整齐，5数；花萼筒短，裂片5，双盖覆瓦状或镊合状排列，内面基部通常有腺体；花冠合瓣，辐状、坛状，稀高脚碟状，顶端5裂片，裂片旋转，覆瓦状或镊合状排列；副花冠通常存在，由 5 枚离生或基部合生的裂片或鳞片组成，有时双轮，生于花冠筒上、雄蕊背部或合蕊冠上，稀退化成 2 纵列毛或瘤状突起；雄蕊 5，与雌蕊黏生成中心柱，称合蕊柱；花药连生成一环而腹部贴生于柱头基部的膨大处；花丝合生成为 1 个有蜜腺的筒，称合蕊冠，或花丝离生，药隔顶端通常具有阔卵形而内弯的膜片；花粉粒连合包在 1 层软韧的薄膜内而成块状，称花粉块，通常通过花粉块柄而系结于着粉腺上，每花药有花粉块 2 或 4 个；或花粉器通常为匙形，直立，其上部为载粉器，内藏有四合花粉，载粉器下面有 1 载粉器柄，基部有 1 黏盘，黏于柱头上，与花药互生，稀有 4 个载粉器黏生成短柱状，基部有 1 共同的载粉器柄和黏盘；无花盘；雌蕊 1，子房上位，由 2 个离生心皮组成，花柱 2，合生，柱头基部具五棱，顶端各式；胚珠多数，数排，着生于腹面的侧膜胎座上。蓇葖双生，或因 1 个不发育而成单生；种子多粒，其顶端具有丛生的白（黄）色绢质的种毛；胚直立，子叶扁平。

本科约有 180 属 2200 种，主要分布于热带、亚热带地区，少数分布于温带地区。我国有 44 属 245 种 33 变种，西南及东南地区分布较多，少数分布于西北与东北地区。

潜江市有 1 属 1 种。

萝藦属 *Metaplexis* R. Br.

多年生草质藤本或藤状半灌木，具乳汁。叶对生，卵状心形，具柄。聚伞花序总状式，腋生，具有长总花梗；花中等大或小；花萼 5 深裂，裂片双盖覆瓦状排列，花萼内面基部具有 5 个小腺体；花冠近辐状，花冠筒短，裂片 5，向左覆盖；副花冠环状，着生于合蕊冠上，5 短裂，裂片兜状；雄蕊 5，着生于花冠基部，腹部与雌蕊黏生，花丝合生成短筒状，花药顶端具内弯的膜片；花粉块每室 1 个，下垂；子房由 2 枚离生心皮组成，每心皮有胚珠多枚，花柱短，柱头延伸成 1 长喙，顶端 2 裂。蓇葖叉生，纺锤形或长圆形，外果皮粗糙或平滑；种子顶端具白色绢质种毛。

本属约有 6 种，分布于亚洲东部。我国有 2 种，分布于西南、西北、东北和东南地区。

潜江市有 1 种。

215. 萝藦 *Metaplexis japonica*（Thunb.）Makino

【别名】老鸹瓢。

【植物形态】多年生草质藤本，长达 8 米，具乳汁；茎圆柱状，下部木质化，上部较柔韧，表面淡绿色，有纵条纹，幼时密被短柔毛，老时被毛渐脱落。叶膜质，卵状心形，长 5 ～ 12 厘米，宽 4 ～ 7 厘米，顶端短渐尖，基部心形，叶耳圆，长 1 ～ 2 厘米，两叶耳展开或紧接，叶面绿色，叶背粉绿色，两面无毛，或幼时被微毛，老时被毛脱落；侧脉每边 10 ～ 12 条，在叶背略明显；叶柄长，长 3 ～ 6 厘米，顶端具丛生腺体。总状式聚伞花序腋生或腋外生，具长总花梗；总花梗长 6 ～ 12 厘米，被短柔毛；花梗长 8 毫米，被短柔毛，着花通常 13 ～ 15 朵；小苞片膜质，披针形，长 3 毫米，顶端渐尖；花蕾圆锥状，顶端尖；花萼裂片披针形，长 5 ～ 7 毫米，宽 2 毫米，外面被微毛；花冠白色，有淡紫红色斑纹，近辐状，花冠筒短，花冠裂片披针形，张开，顶端反折，基部向左覆盖，内面被柔毛；副花冠环状，着生于合蕊冠上，短 5 裂，裂片兜状；雄蕊连生成圆锥状，并包围雌蕊在其中，花药顶端具白色膜片；花粉块卵圆形，下垂；子房无毛，柱头延伸成1长喙，顶端2裂。蓇葖叉生，纺锤形，平滑无毛，长8～9厘米，直径2厘米，顶端急尖，基部膨大；种子扁平，卵圆形，长5毫米，宽3毫米，有膜质边缘，褐色，顶端具白色绢质种毛；种毛长1.5厘米。花期7—8月，果期9—12月。

【生长环境】生于林边荒地、山脚、河边、路旁灌丛中。潜江市王场镇有发现，多地常见。

【药用部位】全草或根。

【采收加工】全草：7—8月采收，鲜用或晒干。根：夏、秋季采挖，洗净，晒干。

【性味归经】味甘、辛，性平。

【功能主治】补精益气，通乳，解毒。用于虚损劳伤，阳痿，遗精带下，乳汁不足，丹毒，瘰疬，疔疮，蛇虫咬伤。全株可药用，果用于劳伤，虚弱，腰腿疼痛，缺奶，带下，咳嗽等；根用于跌打，蛇咬伤，疔疮，瘰疬，阳痿；茎叶可治小儿疳积，疔肿；种毛可止血；乳汁可除瘊子。

七十二、茜草科　Rubiaceae

乔木、灌木或草本，有时为藤本，少数为具肥大块茎的适蚁植物；植物体中常累积铝；含多种生物碱，以吲哚类生物碱最常见；草酸钙结晶存在于叶表皮细胞和薄壁组织中，类型多样，以针晶为多；茎有时不规则次生生长，但无内生韧皮部，节为单叶隙，较少为3叶隙。叶对生或有时轮生，有时具不等叶性，通常全缘，极少有齿缺；托叶通常生于叶柄间，较少生于叶柄内，分离或程度不等地合生，宿存或脱落，极少退化至仅存一条连接对生叶叶柄间的横线纹，里面常有黏液毛。花序各式，均由聚伞花序复合而成，很少单花或少花的聚伞花序；花两性、单性或杂性，通常花柱异长，动物（主要是昆虫）传粉；花萼通常4～5裂，很少更多裂，极少2裂，裂片通常小或几乎消失，有时其中1或几个裂片明显增大成叶状，其色白或艳丽；花冠合瓣，管状、漏斗状、高脚碟状或辐状，通常4～5裂，很少3裂或8～10裂，裂片镊合状、覆瓦状或旋转状排列，整齐，很少不整齐，偶有二唇形；雄蕊与花冠裂片同数而互生，偶有2枚，着生于花冠管的内壁上，花药2室，纵裂或少有顶孔开裂；雌蕊通常由2心皮，极少3或更多心皮组成，合生，子房下位，极罕上位或半下位，子房室数与心皮数相同，有时隔膜消失而为1室，或由于假隔膜的形成而为多室，通常为中轴胎座或有时为侧膜胎座，花柱顶生，具头状或分裂的柱头，很少花柱分离；胚珠每子房室 1 至多数，倒生、横生或曲生。浆果、蒴果或核果，或干燥而不开裂，或为分果，有时为双果爿；种子裸露或嵌于果肉或肉质胎座中，种皮膜质或革质，较少脆壳质，极少骨质，表面平滑、蜂巢状或有小瘤状突起，有时有翅或有附属物，胚乳核型，肉质或角质，有时退化为一薄层或无胚乳，坚实或呈嚼烂状；胚直或弯，轴位于背面或顶部，有时棒状而内弯，子叶扁平或半柱状，靠近种脐或远离，位于上方或下方。

本科约有 500 属 9000 种，广布于热带、亚热带地区。我国约有 70 属 450 种，南北各地均有分布。

潜江市有 4 属 4 种。

拉拉藤属 *Galium* L.

一年生或多年生草本，稀基部木质而呈灌木状，直立、攀缘或匍匐；茎通常柔弱，分枝或不分枝，常具 4 角棱，无毛、具毛或具小皮刺。叶 3 至多片轮生，稀 2 片对生，宽或狭，无柄或具柄；托叶叶状。花小，两性，稀单性同株，4 数，稀 3 或 5 数，组成腋生或顶生的聚伞花序，常再排列成圆锥花序式，稀单生，无总苞；萼管卵形或球形，萼檐不明显；花冠辐状，稀钟状或短漏斗状，通常深 4 裂，裂片镊合状排列，冠管常很短；雄蕊与花冠裂片互生，花丝常短，花药双生，伸出；花盘环状；子房下位，2 室，每室有胚珠 1 枚，胚珠横生，着生于隔膜上，花柱 2，短，柱头头状。果为小坚果，小，革质或近肉质，有时膨大，干燥，不开裂，常为双生、稀单生的分果爿，平滑或有小瘤状突起，无毛或有毛，毛常为钩状硬毛；种子附着在外果皮上，背面凸，腹面具沟纹，外种皮膜质，胚乳角质；胚弯，子叶叶状，胚根伸长，圆柱形，下位。

本属约有 300 种，广布于全世界，主产于温带地区，热带地区极少。我国有 58 种 1 亚种 38 变种，除海南等地尚未发现外，全国均有分布，尤以西南和北方地区为多。

潜江市有 1 种。

216. 猪殃殃 *Galium spurium* L.

【别名】八仙草、爬拉殃、光果拉拉藤、拉拉藤。

【植物形态】多枝、蔓生或攀缘状草本，通常高 30～90 厘米；茎有 4 棱角；棱上、叶缘、叶脉上均有倒生的小刺毛。叶纸质或近膜质，6～8 枚轮生，稀为 4～5 枚，带状倒披针形或长圆状倒披针形，长 1～5.5 厘米，宽 1～7 毫米，顶端有针状突尖头，基部渐狭，两面常有紧贴的刺状毛，常萎软状，干时常卷缩，1 脉，近无柄。聚伞花序腋生或顶生，少至多花，花小，4 数，有纤细的花梗；花萼被钩毛，萼檐近截平；花冠黄绿色或白色，辐状，裂片长圆形，长不及 1 毫米，镊合状排列；子房被毛，花柱 2 裂至中部，柱头头状。果干燥，有 1 或 2 个近球状的分果爿，直径达 5.5 毫米，肿胀，密被钩毛，果柄直，长可达 2.5 厘米，较粗，每一爿有 1 颗平凸的种子。花期 3—7 月，果期 4—11 月。植株矮小，柔弱；花序常单花。

【生长环境】生于田野，海拔约 680 米。潜江市周矶街道有发现，多地常见。

【药用部位】全草。

【采收加工】秋季采收，鲜用或晒干。

【性味归经】味辛、微苦，性微寒。

【功能主治】清热解毒，利尿通淋，消肿止痛。用于疮痈肿毒，乳腺炎，阑尾炎，水肿，感冒发热，痢疾，尿路感染，尿血，牙龈出血，刀伤出血。

栀子属 *Gardenia* Ellis

灌木或很少为乔木，无刺或很少具刺。叶对生，少有 3 片轮生或与总花梗对生的 1 片不发育；托叶生于叶柄内，三角形，基部常合生。花大，腋生或顶生，单生、簇生或很少组成伞房状的聚伞花序；萼管常为卵形或倒圆锥形，萼檐管状或佛焰苞状，顶部常 5 ～ 8 裂，裂片宿存，稀脱落；花冠高脚碟状、漏斗状或钟状，裂片 5 ～ 12，扩展或外弯，旋转排列；雄蕊与花冠裂片同数，着生于花冠喉部，花丝极短或缺，花药背着，内藏或伸出；花盘通常环状或圆锥形；子房下位，1 室，或因胎座沿轴粘连而为假 2 室，花柱粗厚，有或无槽，柱头棒形或纺锤形，全缘或 2 裂，胚珠多数，2 列，着生于 2 ～ 6 个侧膜胎座上。浆果常大，平滑或具纵棱，革质或肉质；种子多粒，常与肉质的胎座胶结而成一球状体，扁平或肿胀，种皮革质或膜质，胚乳常角质；胚小或中等大，子叶阔，叶状。

本属约有 250 种，分布于东半球的热带和亚热带地区。我国有 5 种 1 变种，产于中部以南各地。

潜江市有 1 种。

217. 栀子 *Gardenia jasminoides* Ellis

【别名】黄栀子、栀子花、小叶栀子、山栀子。

【植物形态】灌木，高 0.3 ～ 3 米；嫩枝常被短毛，枝圆柱形，灰色。叶对生，革质，稀纸质，少为 3 枚轮生，叶形多样，通常为长圆状披针形、倒卵状长圆形、倒卵形或椭圆形，长 3 ～ 25 厘米，宽 1.5 ～ 8 厘米，顶端渐尖、骤然长渐尖或短尖而钝，基部楔形或短尖，两面常无毛，上面亮绿，下面色较暗；侧脉 8 ～ 15 对，在下面凸起，在上面平；叶柄长 0.2 ～ 1 厘米；托叶膜质。花芳香，通常单朵生于枝顶，花梗长 3 ～ 5 毫米；萼管倒圆锥形或卵形，长 8 ～ 25 毫米，有纵棱，萼檐管形，膨大，顶部 5 ～ 8 裂，通常 6 裂，裂片披针形或线状披针形，长 10～30 毫米，宽 1～4 毫米，结果时增长，宿存；花冠白色或乳黄色，高脚碟状，喉部有疏柔毛，冠管狭圆筒形，长 3～5 厘米，宽 4～6 毫米，顶部 5～8 裂，通常 6 裂，裂片广展，倒卵形或倒卵状长圆形，长 1.5～4 厘米，宽 0.6～2.8 厘米；花丝极短，花药线形，长 1.5～2.2 厘米，伸出；花柱粗厚，长约 4.5 厘米，柱头纺锤形，伸出，长 1～1.5 厘米，宽 3～7 毫米，子房直径约 3 毫米，黄色，平滑。果卵形、近球形、椭圆形或长圆形，黄色或橙红色，长 1.5～7 厘米，直径 1.2～2 厘米，有翅状纵棱 5～9 条，顶部的宿存萼片长达 4 厘米，宽达 6 毫米；种子多数，扁，近圆形而稍有棱角，长约 3.5 毫米，宽约 3 毫米。花期 3—7 月，果期 5 月至翌年 2 月。

【生长环境】生于旷野、丘陵、山谷、山坡、溪边的灌丛或林中。潜江市梅苑有发现，多地有栽培。

【药用部位】成熟果实。

【采收加工】9—11 月果实成熟呈红黄色时采收，除去果梗和杂质，蒸至上气或置沸水中略烫，取出，干燥。

【性味归经】栀子：味苦，性寒；归心、肺、三焦经。焦栀子：味苦，性寒；归心、肺、三焦经。

【功能主治】栀子：泻火除烦，清热利湿，凉血解毒。用于热病心烦，湿热黄疸，淋证涩痛，血热吐衄，目赤肿痛，火毒疮疡；外用治扭挫伤痛，消肿止痛。焦栀子：凉血止血。用于血热吐血，衄血，尿血，崩漏。

鸡矢藤属 *Paederia* L.

　　柔弱缠绕灌木或藤本，揉之发出强烈的臭味；茎圆柱形，蜿蜒状。叶对生，很少 3 枚轮生，具柄，通常膜质；托叶在叶柄内，三角形，脱落。花排列成腋生或顶生的圆锥花序式的聚伞花序，具小苞片或无；萼管陀螺形或卵形，萼檐 4～5 裂，裂片宿存；花冠管漏斗形或管形，被毛，喉部无毛或被茸毛，顶部 4～5 裂，裂片扩展，镊合状排列，边缘皱褶；雄蕊 4～5，生于冠管喉部，内藏，花丝极短，花药背着或基着，线状长圆形，顶部钝；花盘肿胀；子房 2 室，柱头 2，纤毛状，旋卷；胚珠每室 1 枚，由基部直立，倒生。果球形或扁球形，外果皮膜质，脆，有光泽，分裂为 2 个圆形或长圆形小坚果；小坚果膜质或革质，背面压扁；种子与小坚果合生，种皮薄；子叶阔心形，胚茎短而向下。

　　本属有 20～30 种，大部分产于亚洲热带地区，其他热带地区亦有少量分布。我国有 11 种 1 变种，分布于西南、中南至东部地区，而以西南地区为多。

　　潜江市有 1 种。

218. 鸡矢藤 *Paederia foetida* L.

【别名】鸡屎藤、女青、牛皮冻、毛鸡屎藤、狭叶鸡矢藤、疏花鸡矢藤、毛鸡矢藤。

【植物形态】藤状灌木，无毛或被柔毛（长达5米，有臭气）。叶对生，膜质，卵形或披针形，长5～10厘米，宽2～4厘米，顶端短尖或削尖，基部浑圆，有时心形，叶上面无毛，在下面脉上被微毛；侧脉每边4～5条，在上面柔弱，在下面凸起；叶柄长1～3厘米；托叶卵状披针形，长2～3毫米，顶部2裂。圆锥花序腋生或顶生，长6～18厘米，扩展；小苞片微小，卵形或锥形，有小毛；花有小梗，生于柔弱的三歧常作蝎尾状的聚伞花序上；花萼钟状，萼檐裂片钝齿形；花冠紫蓝色，长12～16毫米，通常被茸毛，裂片短。果阔椭圆形，压扁，长、宽均6～8毫米，光亮，顶部冠以圆锥形的花盘和微小宿存的萼檐裂片；小坚果浅黑色，具1阔翅。花期5—6月。

【生长环境】生于低海拔的疏林内。潜江市各地均可见。

【药用部位】全草或根。

【采收加工】全草：栽后9—10月，除留种的外，每年都可割取地上部分，晒干或晾干。根：秋季采挖，洗净，切片晒干。

【性味归经】味甘、微苦，性平；归心、肝、脾、肾经。

【功能主治】祛风除湿，消食化滞，解毒消肿，活血止痛。用于风湿痹痛，食积腹胀，小儿疳积，腹泻，痢疾、中暑、黄疸、肝炎、肝脾肿大、咳嗽、瘰疬、肠痈、无名肿毒、脚湿肿烂、烫火伤、湿疹、皮炎、跌打损伤，蛇咬蝎蜇。

茜草属 *Rubia* L.

直立或攀援草本，基部有时带木质，通常有糙毛或小皮刺，茎延长，有直棱或翅。叶无柄或有柄，通常4～6枚，有时多枚轮生，极罕对生而有托叶，具掌状脉或羽状脉。花小，通常两性，有花梗，聚伞花序腋生或顶生；萼管卵圆形或球形，萼檐不明显；花冠辐状或近钟状，冠檐部5裂，很少4裂，裂片镊合状排列；雄蕊5或有时4，生于冠管上，花丝短，花药2室，内藏或稍伸出；花盘小，肿胀；子房2室，或有时退化为1室，花柱2裂，短，柱头头状；胚珠每室1枚，直立，生于中隔壁上，横生胚珠。果2裂，肉质浆果状，2或1室；种子近直立，腹面平坦或无网纹，和果皮粘连，种皮膜质，胚乳角质；

胚近内弯，子叶叶状，胚根延长，向下。

本属约有 70 种，分布于西欧、北欧、地中海沿岸、非洲、亚洲温带地区、喜马拉雅地区、墨西哥至美洲热带地区。我国有 36 种 2 变种，产于全国各地，以云南、四川、西藏和新疆种类较多。

潜江市有 1 种。

219. 茜草 *Rubia cordifolia* L.

【别名】活血草、红茜草。

【植物形态】草质攀援藤本，长通常 1.5 ～ 3.5 米；根状茎和其节上的须根均红色；茎数条，从根状茎的节上发出，细长，方柱形，有 4 棱，棱上生倒生皮刺，中部以上多分枝。叶通常 4 片轮生，纸质，披针形或长圆状披针形，长 0.7 ～ 3.5 厘米，顶端渐尖，有时钝尖，基部心形，边缘有齿状皮刺，两面粗糙，脉上有微小皮刺；基出脉 3 条，极少外侧有 1 对很小的基出脉。叶柄长通常 1 ～ 2.5 厘米，有倒生皮刺。聚伞花序腋生和顶生，多回分枝，有花 10 余朵至数十朵，花序和分枝均细瘦，有微小皮刺；花冠淡黄色，干时淡褐色，盛开时花冠檐部直径 3 ～ 3.5 毫米，花冠裂片近卵形，微伸展，长约 1.5 毫米，外面无毛。果球形，直径通常 4 ～ 5 毫米，成熟时橘黄色。花期 8—9 月，果期 10—11 月。

【生长环境】常生于疏林、林缘、灌丛或草地上。潜江市各地均可见。

【药用部位】根和根茎。

【采收加工】春、秋季采挖，除去泥沙，干燥。

【性味归经】味苦，性寒；归肝经。

【功能主治】凉血，祛瘀，止血，通经。用于吐血，衄血，崩漏，外伤出血，瘀阻闭经，关节痹痛，跌打肿痛。

七十三、旋花科 Convolvulaceae

草本、亚灌木或灌木，偶为乔木，在干旱地区有些种类变成多刺的矮灌丛，或为寄生植物（菟丝子属 Cuscuta）；被各式单毛或分叉的毛；植物体常有乳汁；具双韧维管束；有些种类地下具肉质的块根。茎缠绕或攀援，有时平卧或匍匐，偶有直立。叶互生，螺旋排列，寄生种类无叶或退化成小鳞片，通常为单叶，全缘，或不同深度的掌状或羽状分裂，甚至全裂，叶基常心形或戟形；无托叶，有时有假托叶（为缩短的腋枝的叶）；通常有叶柄。花通常美丽，单生于叶腋，或少花至多花组成腋生聚伞花序，有时总状、圆锥状、伞形或头状，极少为二歧蝎尾状聚伞花序。苞片成对，通常很小，有时叶状，有时总苞状，或盾苞藤属苞片在果期极增大托于果下。花整齐，两性，5数；花萼分离或仅基部连合，外萼片常比内萼片大，宿存，有些种类在果期增大。花冠合瓣，漏斗状、钟状、高脚碟状或坛状；冠檐近全缘或5裂，极少每裂片又具2小裂片，花蕾期旋转折扇状或镊合状至内向镊合状；花冠外常有5条明显的被毛或无毛的瓣中带。雄蕊与花冠裂片等数互生，着生于花冠管基部或中部稍下，花丝丝状，有时基部稍扩大，等长或不等长；花药2室，内向开裂或侧向纵长开裂；花粉粒无刺或有刺；在菟丝子属中，花冠管内雄蕊之下有流苏状的鳞片。花盘环状或杯状。子房上位，由2（稀3～5）心皮组成，1～2室，或因有发育的假隔膜而为4室，稀3室，心皮合生，极少深2裂；中轴胎座，每室有2枚倒生无柄胚珠，子房4室时每室1胚珠；花柱1～2，丝状，顶生或少有着生心皮基底间，不裂或上部2尖裂，或几无花柱；柱头各式。通常为蒴果，室背开裂、周裂、盖裂或不规则破裂，或为不开裂的肉质浆果，或果皮干燥坚硬呈坚果状。种子和胚珠同数，或由于不育而减少，通常呈三棱形，种皮光滑或有各式毛；胚乳小，肉质至软骨质；胚大，具宽的、折扇状、全缘或凹头或2裂的子叶，菟丝子属的胚线形螺旋，无子叶或退化为细小的鳞片状。

本属约有56属1800种，广泛分布于热带、亚热带和温带地区，主产于美洲和亚洲的热带、亚热带地区。我国约有22属125种，南北各地均有，大部分属种产于西南和华南地区。

潜江市有6属6种。

打碗花属 *Calystegia* R. Br.

多年生缠绕或平卧草本，通常无毛，有时被短柔毛。叶箭形或戟形，具圆形、有角或分裂的基裂片。花腋生，单一或稀为少花的聚伞花序；苞片2，叶状，卵形或椭圆形，包藏着花萼，宿存；萼片5，近相等，卵形至长圆形，锐尖或钝，草质，宿存；花冠钟状或漏斗状，白色或粉红色，外面具5条明显的瓣中带，冠檐不明显5裂或近全缘；雄蕊及花柱内藏；雄蕊5，贴生于花冠管，花丝近等长，基部扩大；花粉粒球形，平滑；花盘环状；子房1室或不完全的2室，4胚珠；花柱1，柱头2，长圆形或椭圆形，扁平。蒴果卵形或球形，1室，4瓣裂。种子4，光滑或具小疣。

本属约有25种，分布于温带和亚热带地区。我国有5种，南北各地均产。

潜江市有1种。

220. 打碗花 *Calystegia hederacea* Wall.

【别名】老母猪草、旋花苦蔓、扶子苗、扶苗、狗儿秧、小旋花、狗耳苗、狗耳丸。

【植物形态】一年生草本，全体不被毛，植株通常矮小，高8～30（40）厘米，常自基部分枝，具细长白色的根。茎细，平卧，有细棱。基部叶片长圆形，长 2 ～ 3（5.5）厘米，宽 1 ～ 2.5 厘米，顶端圆，基部戟形，上部叶片 3 裂，中裂片长圆形或长圆状披针形，侧裂片近三角形，全缘或 2 ～ 3 裂，叶片基部心形或戟形；叶柄长 1 ～ 5 厘米。花腋生，1 朵，花梗长于叶柄，有细棱；苞片宽卵形，长 0.8 ～ 1.6 厘米，顶端钝或锐尖至渐尖；萼片长圆形，长 0.6 ～ 1 厘米，顶端钝，具小短尖头，内萼片稍短；花冠淡紫色或淡红色，钟状，长 2 ～ 4 厘米，冠檐近截形或微裂；雄蕊近等长，花丝基部扩大，贴生于花冠管基部，被小鳞毛；子房无毛，柱头 2 裂，裂片长圆形，扁平。蒴果卵球形，长约 1 厘米，宿存萼片与之近等长或稍短。种子黑褐色，长 4 ～ 5 毫米，表面有小疣。花期 4—10 月，果期 6—11 月。

【生长环境】为农田、荒地、路旁常见的杂草。潜江市王场镇熊家咀村有发现。

【药用部位】全草。

【采收加工】夏、秋季采收，洗净，鲜用或晒干。

【性味归经】味甘、微苦，性平。

【功能主治】健脾，利湿，调经。用于脾胃虚弱，消化不良，小儿吐乳，疳积，带下，月经不调。

菟丝子属 *Cuscuta* L.

寄生草本，无根，全体不被毛。茎缠绕，细长，线形，黄色或红色，不为绿色，借助吸器固着寄主。无叶，或退化成小的鳞片。花小，白色或淡红色，无梗或有短梗，成穗状、总状或簇生成头状的花序；苞片小或无；花 4 ～ 5 出数；萼片近等大，基部或多或少连合；花冠管状、壶状、球形或钟状，在花冠管内面基部雄蕊之下具有边缘分裂或流苏状的鳞片；雄蕊着生于花冠喉部或花冠裂片相邻处，通常稍微伸出，具短的花丝及内向的花药；花粉粒椭圆形，无刺；子房 2 室，每室 2 胚珠，花柱 2，完全分离或多少连合，柱头球形或伸长。蒴果球形或卵形，有时稍肉质，周裂或不规则破裂。种子 1 ～ 4，无毛；胚在肉质的胚乳之中，线状，成圆盘形弯曲或螺旋状，无子叶或稀具细小的鳞片状的遗痕。

本属约有 170 种，广泛分布于亚温带地区，主产于美洲。我国有 8 种，南北均产，另有 3 种未见标本，仅有记载。

潜江市有 1 种。

221. 菟丝子 *Cuscuta chinensis* Lam.

【别名】朱匣琼瓦、禅真、雷真子、无娘藤、无根藤、无叶藤、黄丝藤。

【植物形态】一年生寄生草本。茎缠绕，黄色，纤细，直径约 1 毫米，无叶。花序侧生，少花或多花簇生成小伞形或小团伞花序，近无总花序梗；苞片及小苞片小，鳞片状；花梗稍粗壮，长仅 1 毫米；花萼杯状，中部以下连合，裂片三角状，长约 1.5 毫米，顶端钝；花冠白色，壶形，长约 3 毫米，裂片三角状卵形，顶端锐尖或钝，向外反折，宿存；雄蕊着生于花冠裂片弯缺微下处；鳞片长圆形，边缘长流苏状；子房近球形，花柱 2，等长或不等长，柱头球形。蒴果球形，直径约 3 毫米，几乎全被宿存的花冠包围，成熟时整齐周裂。种子 2～4 粒，淡褐色，卵形，长约 1 毫米，表面粗糙。花期 7 月，果期 8 月。

【生长环境】生于海拔 200～3000 米的田边、山坡阳处、路边灌丛或海边沙丘，通常寄生于豆科、菊科、蒺藜科等多种植物上。潜江市各地均可见。

【药用部位】成熟种子。

【采收加工】秋季果实成熟时采收植株，晒干，打下种子，除去杂质。

【性味归经】味辛、甘，性平；归肝、肾、脾经。

【功能主治】补益肝肾，固精缩尿，安胎，明目，止泻。用于肝肾不足，腰膝酸软，阳痿遗精，遗尿尿频，肾虚胎漏，胎动不安，目昏耳鸣，脾肾虚泻；外用治白癜风，消风祛斑。

番薯属 *Ipomoea* L.

草本或灌木，通常缠绕，有时平卧或直立，很少漂浮于水上。叶通常具柄，全缘或有各式分裂。花单生或组成腋生聚伞花序或伞形至头状花序；苞片各式；花大或中等大小或小；萼片 5，相等或偶不等，通常钝，等长或内面 3 片（少有外面的）稍长，无毛或被毛，宿存，常于结果时多少增大；花冠整齐，漏斗状或钟状，具五角形或多少 5 裂的冠檐，瓣中带以 2 明显的脉清楚分界；雄蕊内藏，不等长，插生于花冠的基部，花丝丝状，基部常扩大而稍被毛，花药卵形至线形，有时扭转；花粉粒球形，有刺；子房 2～4 室，4 胚珠，花柱 1，线形，不伸出，柱头头状，或 2 瘤状突起或裂成 2 球状；花盘环状。蒴果球形或卵形，果皮膜质或革质，4（少有 2）瓣裂。种子 4 或较少，无毛或被短毛或长绢毛。

本属约有 300 种，广泛分布于热带、亚热带和温带地区。我国约有 20 种，南北均产，但大部分产于华南和西南地区。

潜江市有 1 种。

222. 三裂叶薯 *Ipomoea triloba* L.

【别名】小花假番薯、红花野牵牛。

【植物形态】草本。茎缠绕或有时平卧，无毛或散生毛，且主要在节上。叶宽卵形至圆形，长 2.5 ～ 7 厘米，宽 2 ～ 6 厘米，全缘或有粗齿，或深 3 裂，基部心形，两面无毛或散生疏柔毛；叶柄长 2.5 ～ 6 厘米，无毛或有时有小疣。花序腋生，花序梗短于或长于叶柄，长 2.5 ～ 5.5 厘米，较叶柄粗壮，无毛，明显有棱角，顶端具小疣，1 至数朵花成伞形聚伞花序；花梗多少具棱，有小瘤突，无毛，长 5 ～ 7 毫米；苞片小，披针状长圆形；萼片近相等或稍不等，长 5 ～ 8 毫米，外萼片稍短或近等长，长圆形，钝或锐尖，具小短尖头，背部散生疏柔毛，边缘明显有缘毛，内萼片有时稍宽，椭圆状长圆形，锐尖，具小短尖头，无毛或散生毛；花冠漏斗状，长约 1.5 厘米，无毛，淡红色或淡紫红色，冠檐裂片短而钝，有小短尖头；雄蕊内藏，花丝基部有毛；子房有毛。蒴果近球形，高 5 ～ 6 毫米，具花柱基形成的细尖，被细刚毛，2 室，4 瓣裂。种子 4 或较少，长 3.5 毫米，无毛。

【生长环境】生于丘陵路旁、荒草地或田野。潜江市老新镇老新村有发现。

鱼黄草属 *Merremia* Dennst.

草本或灌木，通常缠绕，但也有为匍匐或直立草本，或为下部直立的灌木。叶通常具柄，大小形状多变，全缘或具齿，分裂或掌状三小叶，或鸟足状分裂或复出（稀很小且钻状）。花腋生、单生或成腋生少花至多花的具各式分枝的聚伞花序；苞片通常小；萼片 5，通常近等大或外面 2 片稍短，椭圆形至披针形，锐尖或渐尖，或卵形至圆形，钝头或微缺，通常具小短尖头，有些种类结果时增大；花冠整齐，漏斗状或钟状，白色、黄色或橘红色，通常有 5 条明显有脉的瓣中带；冠檐浅 5 裂；雄蕊 5，内藏，花药通常弯曲，花丝丝状，通常不等，基部扩大；花粉粒无刺；子房 2 或 4 室，罕为不完全的 2 室，4 胚珠；花柱 1，丝状，柱头 2 头状；花盘环状。蒴果 4 瓣裂或多少成不规则开裂，1 ～ 4 室。种子 4 或因败育而更少，无毛或被微柔毛以至长柔毛，尤其在边缘处。

本属约有 80 种，广布于热带地区。我国约有 16 种，主产于台湾、广东、广西、云南等地。

潜江市有 1 种。

223. 北鱼黄草 *Merremia sibirica*（L.）Hall. F.

【别名】钻之灵、西伯利亚鱼黄草、北茉栾藤。

【植物形态】缠绕草本，植株各部分近无毛。茎圆柱状，具细棱。叶卵状心形，长 3 ～ 13 厘米，宽 1.7 ～ 7.5 厘米，顶端长渐尖或尾状渐尖，基部心形，全缘或稍波状，侧脉 7 ～ 9 对，纤细，近平行射出，近边缘弧曲向上；叶柄长 2 ～ 7 厘米，基部具小耳状假托叶。聚伞花序腋生，有（1）3 ～ 7 朵花，花序梗通常比叶柄短，有时超出叶柄，长 1 ～ 6.5 厘米，明显具棱或狭翅；苞片小，线形；花梗长 0.3 ～ 0.9（1.5）厘米，向上增粗；萼片椭圆形，近相等，长 0.5 ～ 0.7 厘米，顶端具明显钻状短尖头，无毛；花冠淡红色，钟状，长 1.2 ～ 1.9 厘米，无毛，冠檐具三角形裂片；花药不弯曲；子房无毛，2 室。蒴果近球形，顶端圆，高 5 ～ 7 毫米，无毛，4 瓣裂。种子 4 或较少，黑色，椭圆状三棱形，顶端圆钝，长 3 ～ 4 毫米，无毛。

【生长环境】生于海拔 600 ～ 2800 米的路边、田边、山地草丛或山坡灌丛。潜江市周矶街道有发现。

【药用部位】全草。

【采收加工】夏季采收，洗净，鲜用或晒干。

【性味归经】味辛、微苦，性微寒；归脾、肾经。

【功能主治】活血解毒。用于劳伤疼痛，疔疮。贵州用全草治劳伤疼痛，下肢肿痛及疔疮。

牵牛属 *Pharbitis* Choisy

一年生或多年生缠绕草本，茎通常具糙硬毛或绵状毛，很少无毛。叶心形，全缘或 3（5）裂。花大，鲜艳显著，腋生，单一或疏松的二歧聚伞花序；萼片 5，相等或偶有不等长，草质，顶端通常为或长或短的渐尖，外面常被硬毛；花冠钟状或钟形漏斗状；雄蕊和花柱内藏；花柱 1，柱头头状；子房 3 室，每室 2 胚珠。蒴果 3 室，具 6 或 4 种子。

本属约有 24 种，广布于温带和亚热带地区。我国有 3 种，南北均产。

潜江市有 1 种。

224. 牵牛 *Pharbitis nil*（L.）Choisy

【别名】裂叶牵牛、牵牛花、喇叭花、筋角拉子、大牵牛花。

【植物形态】一年生缠绕草本，茎上被倒向的短柔毛及杂有倒向或开展的长硬毛。叶宽卵形或近圆形，深或浅 3 裂，偶 5 裂，长 4 ～ 15 厘米，宽 4.5 ～ 14 厘米，基部圆，心形，中裂片长圆形或卵圆形，渐尖或骤尖，侧裂片较短，三角形，裂口锐或圆，叶面疏或密被微硬的柔毛；叶柄长 2 ～ 15 厘米，毛被同茎。花腋生，单一或通常 2 朵着生于花序梗顶，花序梗长短不一，长 1.5 ～ 18.5 厘米，通常短于叶柄，有时较长，毛被同茎；苞片线形或叶状，被开展的微硬毛；花梗长 2 ～ 7 毫米；小苞片线形；萼片近等长，长 2 ～ 2.5 厘米，披针状线形，内面 2 片稍狭，外面被开展的刚毛，基部更密，有时也杂有短柔毛；花冠漏斗状，长 5 ～ 8（10）厘米，蓝紫色或紫红色，花冠管色淡；雄蕊及花柱内藏；雄蕊不等长；花丝基部被柔毛；子房无毛，柱头头状。蒴果近球形，直径 0.8 ～ 1.3 厘米，3 瓣裂。种子卵状三棱形，长约 6 毫米，黑褐色或米黄色，被褐色短茸毛。花期 5—9 月，果期 9—10 月。

【生长环境】生于海拔 100 ～ 200（1600）米的山坡灌丛、干燥河谷、路边、园边宅旁、山地路边，或为栽培。潜江市多地可见。

【药用部位】裂叶牵牛或圆叶牵牛的干燥成熟种子。

【采收加工】秋末果实成熟、果壳未开裂时采割植株，晒干，打下种子，除去杂质。

【性味归经】味苦，性寒；有毒；归肺、肾、大肠经。

【功能主治】泻水通便，消痰涤饮，杀虫攻积。用于水肿胀满，二便不通，痰饮积聚，气逆喘咳，虫积腹痛。

茑萝属 *Quamoclit* Mill.

　　一年生柔弱缠绕草本，大多无毛。叶心形或卵形，通常有角或掌状 3 ～ 5 裂，稀羽状深裂。花大多腋生，通常为二歧聚伞花序，稀单生。萼片 5，草质至膜质，无毛，顶端常为芒状，近等长或外萼片较短；花冠小或中等大小，通常亮红色，稀黄色或白色，无毛，高脚碟状，管长，上部稍扩大，冠檐平展，全缘或浅裂；雄蕊 5，外伸，花丝不等长；子房无毛，4 室，4 胚珠；花柱伸出，柱头头状。蒴果 4 室，4 瓣裂。种子 4，无毛或稀被微柔毛，暗黑色。

　　本属约有 10 种，产于热带美洲。我国栽培有 3 种，为美丽的庭院观赏植物。

　　潜江市有 1 种。

225. 茑萝松 *Quamoclit pennata*（Desr.）Boj.

【别名】金丝线、锦屏封、茑萝。

【植物形态】一年生柔弱缠绕草本，无毛。叶卵形或长圆形，长 2～10 厘米，宽 1～6 厘米，羽状深裂至中脉，具 10～18 对线形至丝状的平展的细裂片，裂片先端锐尖；叶柄长 8～40 毫米，基部常具假托叶。花序腋生，由少数花组成聚伞花序；总花梗大多超过叶，长 1.5～10 厘米，花直立，花柄较花萼长，长 9～20 毫米，在果时增厚成棒状；萼片绿色，稍不等长，椭圆形至长圆状匙形，外面 1 枚稍短，长约 5 毫米，先端钝而具小突尖；花冠高脚碟状，长 2.5 厘米以上，深红色，无毛，管柔弱，上部稍膨大，冠檐开展，直径 1.7～2 厘米，5 浅裂；雄蕊及花柱伸出；花丝基部具毛；子房无毛。蒴果卵形，长 7～8 毫米，4 室，4 瓣裂，隔膜宿存，透明。种子 4，卵状长圆形，长 5～6 毫米，黑褐色。花期夏、秋季。

【生长环境】原产于热带美洲，现广布于温带及热带地区，为美丽的庭院观赏植物。潜江市龙展馆有发现。

【药用部位】全草。

【采收加工】夏、秋季采收，晒干。

【性味归经】味甘，性寒；归心、大肠经。

【功能主治】清热解毒，凉血止血。

七十四、紫草科　Boraginaceae

多数为草本，较少为灌木或乔木，一般被硬毛或刚毛。叶为单叶，互生，极少对生，全缘或有锯齿，不具托叶。花序为聚伞花序或镰状聚伞花序，极少花单生，有苞片或无。花两性，辐射对称，很少左右对称；花萼具 5 个基部至中部合生的萼片，大多宿存；花冠筒状、钟状、漏斗状或高脚碟状，一般可分筒部、喉部、檐部三部分，檐部具 5 裂片，裂片在蕾中覆瓦状排列，很少旋转状，喉部或筒部具或不具 5 个附属物，附属物大多为梯形，较少为其他形状；雄蕊 5，着生于花冠筒部，稀上升到喉部，轮状排列，极少螺旋状排列，内藏，稀伸出花冠外，花药内向，2 室，基部背着，纵裂；蜜腺在花冠筒内面基部环状排列，或在子房下的花盘上；雌蕊由 2 心皮组成，子房 2 室，每室含 2 胚珠，或由内果皮形成隔膜而成 4 室，每室含 1 胚珠，或子房 4（2）裂，每裂瓣含 1 胚珠，花柱顶生或生于子房裂瓣之间的雌蕊基上，不分枝或分枝；胚珠近直生、倒生或半倒生；雌蕊基果期平或不同程度升高呈金字塔形至锥形。果实为含 1～4

粒种子的核果，或为子房 4（2）裂瓣形成的 4（2）个小坚果，果皮多汁或大多干燥，常具各种附属物。种子直立或斜生，种皮膜质，无胚乳，稀含少量内胚乳；胚伸直，很少弯曲，子叶平，肉质，胚根在上方。

　　本科约有 100 属 2000 种，分布于温带和热带地区，地中海地区为其分布中心。我国有 48 属 269 种，遍布全国，但以西南地区最为丰富。

　　潜江市有 2 属 2 种。

斑种草属 *Bothriospermum* Bunge

　　一年生或二年生草本，被伏毛及硬毛，硬毛基部具基盘。茎直立或伏卧。叶互生，多样，卵形、椭圆形、长圆形、披针形或倒披针形。花小，蓝色或白色，具柄，排列为具苞片的镰状聚伞花序；花萼 5 裂，裂片披针形，狭或宽，果期通常不增大，或有时稍增大；花冠辐状，筒短，喉部有 5 个鳞片状附属物，附属物近闭锁，裂片 5，圆钝，在芽中覆瓦状排列，开放时呈辐射状展开；雄蕊 5，着生于花冠筒部，内藏，花药卵形，圆钝，花丝极短；子房 4 裂，裂片分离，各具 1 枚倒生胚珠，花柱短，不及子房裂片，柱头头状，雌蕊基平。小坚果 4，或稀有不发育者，背面圆，具瘤状突起，腹面有长圆形、椭圆形或圆形的环状凹陷，珠的边缘增厚而突起，全缘或有时具小齿，着生面位于基部近胚根一端，种子通常不弯曲，子叶平展。

　　本属约有 5 种，广布于亚洲热带及温带地区，我国均产，广布于南北各地。

　　潜江市有 1 种。

226. 柔弱斑种草 *Bothriospermum zeylanicum*（J. Jacq.）Druce

　　【植物形态】一年生草本，高 15 ～ 30 厘米。茎细弱，丛生，直立或平卧，多分枝，被向上贴伏的糙伏毛。叶椭圆形或狭椭圆形，长 1 ～ 2.5 厘米，宽 0.5 ～ 1 厘米，先端钝，具小尖，基部宽楔形，上下两面被向上贴伏的糙伏毛或短硬毛。花序柔弱，细长，长 10 ～ 20 厘米；苞片椭圆形或狭卵形，长 0.5 ～ 1 厘米，宽 3 ～ 8 毫米，被伏毛或硬毛；花梗短，长 1 ～ 2 毫米，果期不增长或稍增长；花萼长 1 ～ 1.5 毫米，果期增大，

长约 3 毫米，外面密生向上的伏毛，内面无毛或中部以上散生伏毛，裂片披针形或卵状披针形，裂至近基部；花冠蓝色或淡蓝色，长 1.5 ～ 1.8 毫米，基部直径 1 毫米，檐部直径 2.5 ～ 3 毫米，裂片圆形，长、宽约 1 毫米，喉部有 5 个梯形的附属物，附属物高约 0.2 毫米；花柱圆柱形，极短，长约 0.5 毫米，约为花萼 1/3 或不及。小坚果肾形，长 1 ～ 1.2 毫米，腹面具椭圆形的环状凹陷。花果期 2—10 月。

　　【生长环境】生于海拔 300 ～ 1900 米山坡路边、田间草丛、山坡草地及溪边阴湿处。潜江市运粮湖

管理区有发现。

　　【药用部位】全草。

　　【采收加工】夏、秋季采收，拣净，晒干。

　　【性味归经】味苦、涩，性平；有小毒；归肺经。

　　【功能主治】止咳，止血。

附地菜属 *Trigonotis* Stev.

　　多年生、二年生，稀一年生草本。茎单一或丛生，直立或铺散，通常被糙毛或柔毛，稀无毛。单叶互生。镰状聚伞花序单一或二歧式分枝，无苞片或下部的花梗具苞片，稀全具苞片（花单生腋外）；花萼5裂或5深裂，结实后不增大或稍增大；花冠小型，蓝色或白色，花筒通常较花萼短，裂片5，覆瓦状排列，圆钝，开展，喉部附属物5，半月形或梯形；雄蕊5，内藏，花药长圆形或椭圆形，先端钝或尖；子房深4裂，花柱线形，通常短于花冠筒，柱头头状；雌蕊基平坦。小坚果4，半球状四面体形、倒三棱锥状四面体形或斜三棱锥状四面体形，平滑无毛具光泽，或被短柔毛，稀具瘤状突起，背面平或凸起，有锐棱或具软骨质钝棱，稀具狭窄的棱翅，腹面的3个面近等大，或基底面较小而其他2个侧面近等大，中央具1纵棱，有短柄或无，柄生于腹面3个面汇合处，直立或向一侧弯曲；柄之末端着生于雌蕊基上，无柄的小坚果的着生面位于腹面3个面汇合处。胚直生，子叶卵形。

　　本属约有57种，分布于亚洲中部，中国、日本、朝鲜、菲律宾等。我国有34种6变种，分布中心为云南和四川。

　　潜江市有1种。

227. 附地菜 *Trigonotis peduncularis*（Trev.）Benth. ex Baker et Moore

　　【别名】地胡椒、黄瓜香。

　　【植物形态】一年生或二年生草本。茎通常多条丛生，稀单一，密集，铺散，高5～30厘米，基部多分枝，被短糙伏毛。基生叶呈莲座状，有叶柄，叶片匙形，长2～5厘米，先端圆钝，基部楔形或渐狭，两面被糙伏毛，茎上部叶长圆形或椭圆形，具短柄或无。花序生于茎顶，幼时卷曲，后渐次伸长，长5～20厘米，通常占全茎的1/2～4/5，只在基部具2～3个叶状苞片，其余部分无苞片；花梗短，花后伸长，长3～5

毫米，顶端与花萼连接部分变粗呈棒状；花萼裂片卵形，长 1 ～ 3 毫米，先端急尖；花冠淡蓝色或粉色，筒部甚短，檐部直径 1.5 ～ 2.5 毫米，裂片平展，倒卵形，先端圆钝，喉部附属 5，白色或带黄色；花药卵形，长 0.3 毫米，先端具短尖。小坚果 4，斜三棱锥状四面体形，长 0.8 ～ 1 毫米，有短毛或平滑无毛，背面三角状卵形，具 3 锐棱，腹面的 2 个侧面近等大而基底面略小，凸起，具短柄，柄长约 1 毫米，向一侧弯曲。早春开花，花期甚长。嫩叶可供食用。花美观可用以点缀花园。

【生长环境】生于平原、丘陵草地、林缘、田间及荒地。潜江市周矶街道有发现。

【药用部位】全草。

【采收加工】初夏采收，鲜用或晒干。

【性味归经】味辛、苦，性平；归心、肝、脾、肾经。

【功能主治】行气止痛，解毒消肿。用于温中健胃，消肿止痛。

七十五、马鞭草科 Verbenaceae

灌木或乔木，有时为藤本，极少数为草本。叶对生，很少轮生或互生，单叶或掌状复叶，很少羽状复叶；无托叶。花序顶生或腋生，多数为聚伞、总状、穗状、伞房状聚伞或圆锥花序；花两性，极少退化为杂性，左右对称或很少辐射对称；花萼宿存，杯状、钟状或管状，稀漏斗状，顶端有 4 ～ 5 齿或为截头状，很少有 6 ～ 8 齿，通常在果实成熟后增大或不增大，或有颜色；花冠管圆柱形，管口裂为二唇形或略不相等的 4 ～ 5 裂，很少多裂，裂片通常向外开展，全缘或下唇中间 1 裂片的边缘呈流苏状；雄蕊 4，极少 2 或 5 ～ 6，着生于花冠管上，花丝分离，花药通常 2 室，基部或背部着生于花丝上，内向纵裂或顶端先开裂而成孔裂；花盘通常不显著；子房上位，通常由 2 心皮组成，少为 4 或 5，全缘或微凹或 4 浅裂，极稀深裂，通常 2 ～ 4 室，有时由假隔膜分为 4 ～ 10 室，每室有 2 胚珠，或因假隔膜而每室有 1 胚珠；胚珠倒生而基生、半倒生而侧生或直立，或顶生而悬垂，珠孔向下；花柱顶生，极少数多少下陷于子房裂片中；柱头明显分裂或不裂。果实为核果、蒴果或浆果状核果，外果皮薄，中果皮干或肉质，内果皮多少质硬成核，核单一或可分为 2 或 4 个，个别 8 ～ 10 个分核。种子通常无胚乳，胚直立，有扁平、多少厚或褶皱的子叶，胚根短，通常下位。

本科约有 80 属 3000 种，主要分布于热带和亚热带地区，少数延至温带地区。我国现有 21 属 175 种 31 变种 10 变型。

潜江市有 3 属 3 种。

大青属 *Clerodendrum L.*

落叶或半常绿灌木或小乔木，少为攀援状藤本或草本。冬芽圆锥状；幼枝四棱形至近圆柱形，有浅或深棱槽，皮孔明显或不明显；植物体外部被疏或密的柔毛、短柔毛、糙毛、节状腺毛、腺毛、绢毛、茸毛或光滑无毛，通常多少具腺点、盘状腺体、鳞片状腺体或毛。单叶对生，少为 3 ～ 5 叶轮生，全缘、波状或有各式锯齿，很少浅裂至掌状分裂。聚伞花序或由聚伞花序组成疏展或紧密的伞房状或圆锥状花序，或短缩近头状，顶生、假顶生（生于小枝顶叶腋）或腋生；直立或下垂；苞片宿存或早落；花萼有色泽，钟状、杯状，很少管状，顶端近平截或有 5 钝齿至 5 深裂，偶见 6 齿或 6 裂，花后多少增大，宿存，全部或部分包被果实；花冠高脚杯状或漏斗状，花冠管通常长于花萼，少等于或短于花萼，顶端 5 裂，裂片近等长或有 2 片较短，多少偏斜，稀 6 裂；雄蕊通常 4，花丝等长或 2 长 2 短，稀有 5 ～ 6 雄蕊，着生于花冠管上部，花蕾时内卷，开花后通常伸出花冠外，谢粉后卷曲，花药卵形或长卵形，纵裂；子房 4室，每室有 1 下垂或侧生胚珠；花柱线形，长或短于雄蕊，柱头 2 浅裂，裂片等长或不等长。浆果状核果，外面常有 4 浅槽或成熟后分裂为 4 分核，或因发育不全而为 1 ～ 3 分核；种子长圆形，无胚乳。

本属约有 400 种，分布于热带和亚热带地区，少数分布于温带地区，主产于东半球。我国有 34 种 6 变种，大多数分布于西南、华南地区。

潜江市有 1 种。

228. 臭牡丹 *Clerodendrum bungei* Steud.

【别名】臭枫根、大红袍、矮桐子、臭梧桐、臭八宝。

【植物形态】灌木，高 1 ～ 2 米，植株有臭味；花序轴、叶柄密被褐色、黄褐色或紫色脱落性的柔毛；小枝近圆形，皮孔显著。叶片纸质，宽卵形或卵形，长 8 ～ 20 厘米，宽 5 ～ 15 厘米，顶端尖或渐尖，基部宽楔形、截形或心形，边缘具粗或细锯齿，侧脉 4 ～ 6 对，表面散生短柔毛，背面疏生短柔毛和散生腺点或无毛，基部脉腋有数个盘状腺体；叶柄长 4 ～ 17 厘米。伞房状聚伞花序顶生，密集；苞片叶状，披针形或卵状披针形，长约 3 厘米，早落或花时不落，早落后在花序梗上残留凸起的痕迹，小苞片披针形，长约 1.8 厘米；花萼钟状，长 2 ～ 6 毫米，被短柔毛及少数盘状腺体，萼齿三角形或狭三角形，长 1 ～ 3毫米；花冠淡红色、红色或紫红色，花冠管长 2 ～ 3 厘米，裂片倒卵形，长 5 ～ 8 毫米；雄蕊及花柱均凸出花冠外；花柱短于、等于或稍长于雄蕊；柱头 2 裂，子房 4 室。核果近球形，直径 0.6 ～ 1.2 厘米，成熟时蓝黑色。花果期 5—11 月。

【生长环境】生于海拔 2500 米以下的山坡、林缘、沟谷、路旁、灌丛湿润处。潜江市广布，多见。

【药用部位】根、茎、叶。

【采收加工】夏季采收茎叶，鲜用或切段晒干。

【性味归经】味辛、苦，性平；归心、肝、脾经。

【功能主治】解毒消肿，祛风湿，降血压。近来还可用于治疗子宫脱垂。

马鞭草属 *Verbena* L.

一年生、多年生草本或亚灌木。茎直立或匍匐，有毛或无。叶对生，稀轮生或互生，近无柄，边缘有齿至羽状深裂，极少无齿。花常排列成顶生穗状花序，有时为圆锥状或伞房状，稀有腋生花序，花后因穗轴延长而花疏离，穗轴无凹穴；花生于狭窄的苞片腋内，蓝色或淡红色；花萼膜质，管状，有5棱，延伸成5齿；花冠管直或弯，向上扩展成开展的5裂片，裂片长圆形，顶端钝、圆或微凹，在芽中覆瓦状排列；雄蕊4，着生于花冠管的中部，2枚在上，2枚在下，花药卵形，药室平行或微叉开；子房不分裂或顶端浅4裂，4室，每室有1直立向底部侧面着生的胚珠；花柱短，柱头2浅裂。果干燥包藏于萼内，成熟后4瓣裂为4个狭小的分核。种子无胚乳，幼根向下。

本属约有250种，除2～3种产于东半球外，全部产于热带至温带美洲地区；我国除野生1种外，庭院常见栽培有美女樱及细叶美女樱。

潜江市有1种。

229. 马鞭草 *Verbena officinalis* L.

【别名】铁马鞭、马鞭子。

【植物形态】多年生草本，高30～120厘米。茎四方形，近基部可为圆形，节和棱上有硬毛。叶片卵圆形至倒卵形或长圆状披针形，长2～8厘米，宽1～5厘米，基生叶的边缘通常有粗锯齿和缺刻，茎生叶多数3深裂，裂片边缘有不整齐锯齿，两面均有硬毛，背面脉上尤多。穗状花序顶生和腋生，细弱，结果时长达25厘米；花小，无柄，最初密集，结果时疏离；苞片稍短于花萼，具硬毛；花萼长约2毫米，有硬毛，有5脉，脉间凹穴处质薄而色淡；花冠淡紫色至蓝色，长4～8毫米，外面有微毛，裂片5；雄蕊4，着生于花冠管的中部，花丝短；子房无毛。果长圆形，长约2毫米，外果皮薄，成熟时4瓣裂。花期6—8月，果期7—10月。

【生长环境】常生于路边、山坡、溪边或林旁。潜江市广布，常见。

【药用部位】干燥地上部分。

【采收加工】6—8月花开时采割，除去杂质，晒干。

【性味归经】味苦，性凉；归肝、脾经。

【功能主治】活血散瘀，解毒，利水，退黄，截疟。用于癥瘕积聚，痛经闭经，喉痹，痈肿，水肿，黄疸，疟疾。

牡荆属 *Vitex* L.

乔木或灌木。小枝通常四棱形，无毛或有微柔毛。叶对生，有柄，掌状复叶，小叶3～8，稀单叶，小叶片全缘或有锯齿，浅裂至深裂。花序顶生或腋生，为有梗或无梗的聚伞花序，或由聚伞花序组成圆锥状、伞房状至近穗状花序；苞片小；花萼钟状，稀管状或漏斗状，顶端近截平或有5小齿，有时略为二唇形，外面常有微柔毛和黄色腺点，宿存，结果时稍增大；花冠白色、浅蓝色、淡蓝紫色或淡黄色，略长于花萼，二唇形，上唇2裂，下唇3裂，中间的裂片较大；雄蕊4，2长2短或近等长，内藏或伸出花冠外；子房近圆形或微卵形，2～4室，每室有胚珠1～2；花柱丝状，柱头2裂。果实球形、卵形至倒卵形，中果皮肉质，内果皮骨质；种子倒卵形、长圆形或近圆形，无胚乳。子叶通常肉质。

本属约有250种，主要分布于热带和温带地区。我国有14种7变种3变型，主产于长江以南，经秦岭至西藏高原、经华北至辽宁等地亦有分布。

潜江市有1种。

230. 牡荆 *Vitex negundo* var. *cannabifolia*（Sieb. et Zucc.）Hand.–Mazz.

【植物形态】落叶灌木或小乔木，小枝四棱形。叶对生，掌状复叶，小叶5，少有3；小叶片披针形或椭圆状披针形，顶端渐尖，基部楔形，边缘有粗锯齿，表面绿色，背面淡绿色，通常被柔毛。圆锥花序顶生，长10～20厘米；花冠淡紫色。果实近球形，黑色。花期6—7月，果期8—11月。

【生长环境】生于山坡、路边、灌丛中。潜江市梅苑有发现。

【药用部位】果实、根。

【采收加工】果实：8—9月采摘果实，晾晒，干燥。根：2月或8月采收，洗净，鲜用或切片晒干。

【性味归经】果实：味辛、苦，性温；归肺、胃、肝经。根：味辛、微苦，性温；归心经。

【功能主治】果实：祛风解表，止咳平喘，理气消食，止痛。根：解表，止咳，祛风除湿，理气，止痛。茎皮可造纸及制人造棉，茎叶治久痢，种子为清凉性镇静、镇痛药，根可以驱蛲虫，花和枝叶可提取芳香油。

七十六、唇形科 Lamiaceae

一年生至多年生草本，半灌木或灌木，极稀乔木或藤本，常具含芳香油的表皮，具有柄或无柄的腺体，及各种各样的单毛、具节毛，甚至星状毛和树枝状毛，常具有四棱及沟槽的茎和对生或轮生的枝条。根纤维状，稀增厚成纺锤形，极稀具小块根。偶有新枝形成具多少退化叶的气生茎或地下匍匐茎，后者往往具肥短节间及无色叶片。叶为单叶，全缘至具有各种锯齿，浅裂至深裂，稀为复叶，对生（常交互对生），稀 3～8 枚轮生，极稀部分互生。花很少单生。花序聚伞式，通常由两个小的 3 至多花的二歧聚伞花序在节上形成明显轮状的轮伞花序（假轮）；或多分枝而过渡成一对单歧聚伞花序，稀仅为 1～3 花的小聚伞花序，后者形成每节双花的现象。主轴完全退化而形成密集的无柄花序，或主轴及侧枝均或多或少发达，苞叶退化成苞片状，由数个轮伞花序聚合成顶生或腋生的总状、穗状、圆锥状，稀头状的复合花序，稀由于花向主轴一面聚集而成背腹状（开向一面），极稀每苞叶承托 1 花，由于花亦互生而形成真正的总状花序。苞叶常在茎上向上逐渐过渡成苞片，每花下常又有 1 对纤小的小苞片（在单歧花序中则仅 1 片发达）；很少不具苞片及有小苞片，或苞片及小苞片趋于发达而有色，具针刺，叶状或为特殊形状。花两侧对称，稀多少辐射对称，两性，或经过退化而成雌花；两性花异株，稀杂性，极稀花为两性而具闭花受精的花，较稀有大小花或大中小花不同株的现象。花图式为 $S_5P_5A_4G_{(2)}$。花萼下位，宿存（稀 2 片盾形，其中至少 1 片脱落），在果时常不同程度增大、加厚，甚至肉质，钟状、管状或杯状，稀壶状或球形，直至弯，合萼，5（稀 4）基数，芽时开放，有分离相等或近相等的齿或裂片，极稀分裂至近底部，如连合则常形成各式各样的二唇形（3/2 或 1/4 式，极稀 5/0 式），主脉 5 条，其间简单、交叉或重复，分枝的第二次脉在较大或小的范围内发育，因而形成 8、11、13、15～19 脉，贯入萼齿内的侧脉有时缘边或网结，齿间极稀有侧脉连结形成的胼胝体，脉尖偶形成附属物或附齿，如此，则齿有 10 枚（有时 5 长 5 短），萼口部平或斜，喉内面有时被毛，或在萼筒内中部形成毛环（果盖），萼外有时被各种茸毛及腺体。花冠合瓣，通常有色，大小不一，具相当发育的、通常伸出萼外（稀内藏）、管状或向上宽展、直或弯（极稀倒扭）的花冠筒，筒内有时有各式的茸毛或毛环（蜜腺盖），基部极稀具囊或距，内有蜜腺；冠檐 5（稀 4）裂，通常经不同形式和程度的连合而成二唇形（2/3 式，或较少 4/1 式），稀成假单唇形或单唇形（0/5 式），稀 5（4）裂片近相等，卷叠式覆瓦状，通常在芽内开放，或双盖覆瓦状，后裂片在芽时在最外，如为二唇形，则上唇常外凸或呈盔状，稀较扁平，下唇中裂片常最发达，多半平展，侧裂片有时不发达，稀形成盾片或小齿，颚上有时有褶襞或加厚部分，但在 4/1 式中下唇有时呈舟状、囊状或各种形状。雄蕊在花冠上着生，与花冠裂片互生，通常 4 枚，二强，有时退化为 2 枚，稀其第 5 枚（后）退化雄蕊，分离或药室贴近两两成对，极稀在基部连合或呈鞘状，通常前对较长，稀后对较长，不同程度伸出花冠筒外，稀内藏，通常两两平行，上升而靠于花冠的盔状上唇内，或平展而直伸向前，稀下倾，平卧于花冠下唇上或包于其内，稀两对不互相平行（则后对雄蕊下倾或上升）；花丝有毛或无，通常直伸，稀在芽时内卷，有时较长，稀在花后伸出很长，后对花丝基部有时有各式附属器；药隔伸出或否；花药通常长圆形、卵圆形至线形，稀球形，2 室，内向，有时平行，但通常不同程度地叉开甚至平展开，每室纵裂，稀在花后贯通为 1 室，有时前对或后对药室退化为 1 室形成半药，有时平展开（则花药球形），稀被发达的药隔分开，后者变成丝状并着生于花丝，无毛或被各式毛。下位花盘通常肉质，显著，全缘至 2～4 浅裂，具有与子房裂片对生或互生的裂片，前（或偶有后）裂片有时呈指状增大，稀不具而花托中央有一突起。雌蕊由 2 中向心皮形成，早期即因收缩而分裂为 4 枚具胚珠的裂片，极稀浅裂或不裂；子房上位，无柄，稀具柄；胚珠单被，倒生，直立，基生，着生于中轴胎座上，珠脊向轴，珠孔向下，极稀侧生而多少半倒生，直立，个别为多少弯生；花柱一般着生于子房基部，稀着生点高于子房基部，顶端具 2 等长稀不等长的裂片，稀不裂，个别为 4 裂。果通常裂成 4 枚果皮干燥的小坚果，稀核果状而具多少坚硬的内果皮及肉质或多汁的外果皮，倒卵圆形或四棱形，光滑，具毛或有皱纹、雕纹，稀具边或顶生或周生的翅（有时背腹压扁，稀背腹分化），具小的基生果脐，稀由于侧腹面相接而形成大而显著、高度有时超过果轴一半的果脐，极稀近背面相接（具基部 – 背部的合生面，如薰衣草属），稀花托的小部分与小坚果分离而形成一油质体（如筋骨草属、野芝麻属及迷迭香属）；坚果单生，直立，极稀横生而皱曲，具薄且以后常全部被吸收的种皮，基生，稀侧生。胚乳在果时无，如存在则极不发育。胚扁平、稀凸或有褶、微肉质、与果轴平行或横生的子叶；幼根短，在下面，个别弯曲而位于一片子叶上。

　　本科为世界性分布较广的科。全世界约有 10 亚科 220 属 3500 种，其中单种属约占 1/3，寡种属亦约占 1/3。我国有 99 属 800 余种。

　　潜江市有 14 属 16 种。

风轮菜属 *Clinopodium* L.

　　多年生草本。叶具柄或无柄，具齿。轮伞花序少花或多花，稀疏或密集，偏向于一侧或不偏向于一侧，多少呈圆球状，具梗或无梗，梗多分枝或少分枝，生于主茎及分枝的上部叶腋中，聚集成紧缩圆锥花序或多头圆锥花序，或彼此远隔而分离；苞叶叶状，通常向上渐小至苞片状；苞片线形或针状，具肋或不明显具肋，与花萼等长或较之短许多。花萼管状，具 13 脉，等宽或中部横缢，基部常一边膨胀，直伸或微弯，喉部内面疏生茸毛，但不明显成毛环，二唇形，上唇 3 齿，较短，后来略外反或不外反，下唇 2 齿，较长，平伸，齿尖均为芒尖，齿缘均被睫毛状毛。花冠紫红色、淡红色或白色，冠筒超出花萼，外面常被微柔毛，内面在下唇片下方的喉部常具 2 列茸毛，均向上渐宽大，至喉部最宽大，冠檐二唇形，上唇直伸，先端微缺，下唇 3 裂，中裂片较大，先端微缺或全缘，侧裂片全缘。雄蕊 4，有时后对退化仅具前对，前对较长，延伸至上唇片下，通常内藏，或前对微露出，花药 2 室，室水平叉开，多少偏斜地着生于扩展的药隔上。花柱不伸出或微露出，先端极不相等 2 裂，前裂片扁平，披针形，后裂片常不显著。花盘平顶。子房 4 裂，无毛。小坚果极小，卵球形或近球形，通常宽不及 1 毫米，褐色，无毛，具一基生小果脐。

　　本属约有 20 种，分布于欧洲、中亚及亚洲东部。我国有 11 种 5 变种 1 变型。

潜江市有 1 种。

231. 风轮菜 *Clinopodium chinense*（Benth.）O. Ktze.

【别名】野薄荷、山薄荷、九层塔、苦刀草、野凉粉藤。

【植物形态】多年生草本。茎基部匍匐生根，上部上升，多分枝，高可达 1 米，四棱形，具细条纹，密被短柔毛及腺微柔毛。叶卵圆形，不偏斜，长 2 ～ 4 厘米，宽 1.3 ～ 2.6 厘米，先端急尖或钝，基部圆形呈阔楔形，边缘具大小均匀的圆齿状锯齿，坚纸质，上面橄榄绿色，密被平伏短硬毛，下面灰白色，被疏柔毛，脉上尤密，侧脉 5 ～ 7 对，与中肋在上面微凹陷而下面隆起，网脉在下面清晰可见；叶柄长 3 ～ 8 毫米，腹凹背凸，密被疏柔毛。轮伞花序多花密集，半球状，位于下部者直径 3 厘米，最上部者直径 1.5 厘米，彼此远隔；苞叶叶状，向上渐小至苞片状；苞片针状，极细，无明显中肋，长 3 ～ 6 毫米，多数，被柔毛状缘毛及微柔毛；总梗长 1 ～ 2 毫米，分枝多数；花梗长约 2.5 毫米，与总梗及序轴被柔毛状缘毛及微柔毛。花萼狭管状，常染紫红色，长约 6 毫米，13 脉，外面主要沿脉上被疏柔毛及腺微柔毛，内面在齿上被疏柔毛，果时基部稍一边膨胀，上唇 3 齿，齿近外反，长三角形，先端具硬尖，下唇 2 齿，齿稍长，直伸，先端芒尖。花冠紫红色，长约 9 毫米，外面被微柔毛，内面在下唇下方喉部具 2 列茸毛，冠筒伸出，向上渐扩大，至喉部宽近 2 毫米，冠檐二唇形，上唇直伸，先端微缺，下唇 3 裂，中裂片稍大。雄蕊 4，前对稍长，均内藏或前对微露出，花药 2 室，近水平叉开。花柱微露出，先端不相等 2 浅裂，裂片扁平。花盘平顶。子房无毛。小坚果倒卵形，长约 1.2 毫米，宽约 0.9 毫米，黄褐色。花期 5—8 月，果期 8—10 月。

【生长环境】生于山坡、草丛、路边、沟边、灌丛、林下，海拔在 1000 米以下。潜江市广布，常见。

【药用部位】全草。

【采收加工】夏、秋季采收，洗净，切段，鲜用或晒干。

【性味归经】味辛、苦，性凉。

【功能主治】疏风清热，解毒消肿，止血。

活血丹属 *Glechoma* L.

多年生草本，通常具匍匐茎，逐节生根及分枝。茎上升或匍匐状，全部具叶。叶具长柄，对生，叶片通常为圆形、心形或肾形，薄纸质，先端钝或急尖，基部心形，边缘具圆齿或粗齿。轮伞花序 2 ～ 6 花，稀具 6 花以上；苞叶与茎叶同型，苞片、小苞片常为钻形。花两性，为雌花、两性花异株或雌花、两性花同株。花萼管状或钟状，近喉部微弯，具 15 脉，齿 5，锐三角形或卵状三角形至卵形，成不明显的二唇，上唇 3 齿，略长，下唇 2 齿，较短。花冠管状，上部膨大，冠檐二唇形，上唇直立，不成盔状，顶端微凹或 2 裂，下唇平展，3 裂，中裂片卵形或心形，最大，顶端微凹，两侧裂片长圆形或卵形，较小。雄蕊 4，前对着生于下唇侧裂片下，后对着生于上唇下近喉部，花丝纤细，无毛，在雌花中不发达，药室长圆形，平行或略叉开。花柱纤细，先端近相等 2 裂。花盘杯状，全缘或稀具微齿，前方呈指状膨大。小坚果长圆状卵形，深褐色，光滑或有小凹点。

本属约有 8 种 4 变种，广布于欧亚大陆温带地区，美洲有栽培。我国有 5 种 2 变种。

潜江市有 1 种。

232. 活血丹 *Glechoma longituba*（Nakai）Kupr.

【别名】特巩消、退骨草、透骨草、通骨消、接骨消。

【植物形态】多年生草本，具匍匐茎，上升，逐节生根。茎高 10～20（30）厘米，四棱形，基部通常呈淡紫红色，几无毛，幼嫩部分被疏长柔毛。叶草质，下部者较小，叶片心形或近肾形，叶柄长为叶片的 1～2 倍；上部者较大，叶片心形，长 1.8～2.6 厘米，宽 2～3 厘米，先端急尖或钝三角形，基部心形，边缘具圆齿或

粗锯齿状圆齿，上面被疏粗伏毛或微柔毛，叶脉不明显，下面常带紫色，被疏柔毛或长硬毛，常仅限于脉上，脉隆起，叶柄长为叶片的 1.5 倍，被长柔毛。轮伞花序通常 2 花，稀具 4～6 花；苞片及小苞片线形，长达 4 毫米，被缘毛。花萼管状，长 9～11 毫米，外面被长柔毛，尤沿肋上为多，内面多少被微柔毛，齿 5，上唇 3 齿，较长，下唇 2 齿，略短，齿卵状三角形，长为萼长的 1/2，先端芒状，边缘具缘毛。花冠淡蓝色、蓝色至紫色，下唇具深色斑点，冠筒直立，上部渐膨大成钟状，有长筒与短筒两型，长筒者长 1.7～2.2 厘米，短筒者通常藏于花萼内，长 1～1.4 厘米，外面多少被长柔毛及微柔毛，内面仅下唇喉部被疏柔毛或几无毛，冠檐二唇形。上唇直立，2 裂，裂片近肾形，下唇伸长，斜展，3 裂，中裂片

最大，肾形，较上唇片大 1～2 倍，先端凹入，两侧裂片长圆形，宽为中裂片的 1/2。雄蕊 4，内藏，无毛，后对着生于上唇下，较长，前对着生于两侧裂片下方花冠筒中部，较短；花药 2 室，略叉开。子房 4 裂，无毛。花盘杯状，微斜，前方呈指状膨大。花柱细长，无毛，略伸出，先端近相等 2 裂。成熟小坚果深褐色，长圆状卵形，长约 1.5 毫米，宽约 1 毫米，顶端圆，基部略呈三棱形，无毛，果脐不明显。花期 4—5 月，果期 5—6 月。

【生长环境】生于林缘、疏林下、草地中、溪边等阴湿处，海拔 50～2000 米。潜江市熊口镇有发现，多地可见。

【药用部位】全草。

【采收加工】4—5 月采收，鲜用或晒干。

【性味归经】味苦、辛，性凉；归肝、胆、膀胱经。

【功能主治】利尿通淋，清热解毒，散瘀消肿。用于膀胱结石，尿路结石，伤风咳嗽，流感，吐血，咯血，衄血，下血，尿血，痢疾，疟疾，妇女月经不调，痛经，红崩，带下，产后血虚头晕，小儿支气管炎，口疮、胎毒，惊风，疳积，黄疸，肺结核，糖尿病及风湿性关节炎，小儿惊痫，慢性肺炎；外用治跌打损伤，骨折，外伤出血，疮疖痈肿，丹毒，风癣。

野芝麻属 *Lamium* L.

一年生或多年生草本。叶圆形或肾形至卵圆形或卵圆状披针形，边缘具极深的圆齿或牙齿状锯齿；苞叶与茎叶同型，比花序长许多。轮伞花序 4～14 花；苞片小，披针状钻形或线形，早落。花萼管状钟形至钟形，具 5 肋及其间不明显的副脉或 10 脉，外面多少被毛，喉部微倾斜或等齐，萼齿 5，近相等，锥尖，与萼筒等长或比萼筒长。花冠紫红色、粉红色、浅黄色至污白色，通常较花萼长 1 倍，稀至 2 倍，外面被毛，内面在冠筒近基部有或无毛环，如有毛环，则为近水平向或斜向，冠筒直伸或弯曲，等大或在毛环上渐扩展，几鼓胀，冠檐二唇形，上唇直伸，长圆形，先端圆形或微凹，多少盔状内弯，下唇向下伸展，3 裂，中裂片较大，倒心形，先端微缺或 2 深裂，侧裂片不明显的浅半圆形或浅圆裂片状，边缘常有 1 至多个锐尖小齿。雄蕊 4，前对较长，均上升至上唇片之下，花丝丝状，被毛，插生于花冠喉部，花药被毛，2 室，室水平叉开。花柱丝状，先端近相等 2 浅裂。花盘平顶，具圆齿。子房裂片先端截形，无毛或具疣，少数有膜质边缘。

本属约有 40 种，产于欧洲、北非及亚洲，输入北美。我国有 3 种 4 变种。

潜江市有 2 种。

233. 宝盖草 *Lamium amplexicaule* L.

【别名】珍珠莲、接骨草、莲台夏枯草。

【植物形态】一年生或二年生植物。茎高 10～30 厘米，基部多分枝，上升，四棱形，具浅槽，常为深蓝色，几无毛，中空。茎下部叶具长柄，柄与叶片等长或超过叶片，上部叶无柄，叶片均圆形或肾形，长 1～2 厘米，宽 0.7～1.5 厘米，先端圆，基部截形或截状阔楔形，半抱茎，边缘具极深的圆齿，顶部的齿通常较其余的大，上面暗橄榄绿色，下面稍淡，两面均疏生小糙伏毛。轮伞花序 6～10 花，其中常有闭花受精的花；苞片披针状钻形，长约 4 毫米，宽约 0.3 毫米，具缘毛。花萼管状钟形，长 4～5 毫米，宽 1.7～2 毫米，外面密被白色直伸的长柔毛，内面除萼上被白色直伸长柔毛外，余部无毛，萼齿 5，披针状锥形，长 1.5～2 毫米，边缘具缘毛。花冠紫红色或粉红色，长 1.7 厘米，外面除上唇被有较密带紫红色的短柔毛外，余部均被微柔毛，内面无毛环，冠筒细长，长约 1.3 厘米，直径约 1 毫米，筒口宽约 3 毫米，冠檐二唇形，上唇直伸，长圆形，长约 4 毫米，先端微弯，下唇稍长，3 裂，中裂片倒心形，先端深凹，基部收缩，侧裂片浅圆裂片状。雄蕊花丝无毛，花药被长硬毛。花柱丝状，先端不相等 2 浅裂。花盘杯状，具圆齿。子房无毛。小坚果倒卵圆形，具 3 棱，先端近截状，基部收缩，长约 2 毫米，宽约 1 毫米，淡灰黄色，表面有白色大疣状突起。花期 3—5 月，果期 7—8 月。

【生长环境】生于路旁、林缘、沼泽草地及宅旁等，或为田间杂草，海拔可高达 4000 米。潜江市梅苑有发现。

【药用部位】全草。

【采收加工】夏季采收，洗净，鲜用或晒干。

【性味归经】味辛、苦，性微温。

【功能主治】活血通络，解毒消肿。用于外伤骨折，跌打损伤，毒疮，瘫痪，半身不遂，高血压，小儿肝热及脑漏。

234. 野芝麻 *Lamium barbatum* Sieb. et Zucc.

【别名】地蚤、野藿香、山麦胡、山苏子。

【植物形态】多年生植物，根茎有长地下匍匐枝。茎高达 1 米，单生，直立，四棱形，具浅槽，中空，几无毛。茎下部的叶卵圆形或心形，长 4.5～8.5 厘米，宽 3.5～5 厘米，先端尾状渐尖，基部心形，茎上部的叶卵圆状披针形，较茎下部的叶长而狭，先端长尾状渐尖，边缘有微内弯的牙齿状锯齿，齿尖具胼胝体的小突尖，草质，两面均被短硬毛，叶柄长达 7 厘米，茎上部的渐变短。轮伞花序 4～14 花，着生于茎端；苞片狭线形或丝状，长 2～3 毫米，锐尖，具缘毛。花萼钟状，长约 1.5 厘米，宽约 4 毫米，外面疏被伏毛，膜质，萼齿披针状钻形，长 7～10 毫米，具缘毛。花冠白色或浅黄色，长约 2 厘米，冠筒基部直径 2 毫米，稍上方呈囊状膨大，筒口宽 6 毫米，外面在上部被疏硬毛或近茸毛状毛被，余部几无毛，内面冠筒近基部有毛环，冠檐二唇形，上唇直立，倒卵圆形或长圆形，长约 1.2 厘米，先端圆形或微缺，边缘具缘毛及长柔毛，下唇长约 6 毫米，3 裂，中裂片倒肾形，先端深凹，基部急收缩，侧裂片宽，浅圆裂片状，长约 0.5 毫米，先端有针状小齿。雄蕊花丝扁平，被微柔毛，彼此粘连，花药深紫色，被柔毛。花柱丝状，先端近相等的 2 浅裂。花盘杯状。子房裂片长圆形，无毛。小坚果倒卵圆形，先端截形，基部渐狭，长约 3 毫米，直径 1.8 毫米，淡褐色。花期 4—6 月，果期 7—8 月。

【生长环境】生于路边、溪旁、田埂及荒坡上，海拔可达 2600 米。潜江市梅苑有发现，多地可见。

【药用部位】全草。

【采收加工】5—6 月采收，鲜用或阴干。

【性味归经】味辛、甘，性平。

【功能主治】凉血止血，活血止痛，利水消肿。民间入药，花用于子宫及泌尿系统疾病，带下及行经困难；全草用于跌打损伤，小儿疳积。

益母草属 *Leonurus* L.

一年生、二年生或多年生直立草本。叶 3～5 裂，下部叶宽大，近掌状分裂，上部茎叶及花序上的苞叶渐狭，全缘，具缺刻或 3 裂。轮伞花序多花密集，腋生，多数排列成长穗状花序；小苞片钻形或刺状，坚硬或柔软。花萼倒圆锥形或管状钟形，5 脉，齿 5，近等大，不明显二唇形，下唇 2 齿较长，靠合，开展或不甚开展，上唇 3 齿直立。花冠白色、粉红色至淡紫色，冠筒比萼筒长，内面无毛环或具斜向或近水平向的毛环，在毛环上膨大或不膨大，冠檐二唇形，上唇长圆形、倒卵形或卵状圆形，全缘，直伸，外面被柔毛或无毛，下唇直伸或开张，有斑纹，3 裂，中裂片与侧裂片等大，长圆状卵圆形，或中裂片大于侧裂片，微心形，边缘膜质，而侧裂片短小，卵形。雄蕊 4，前对较长，开花时卷曲或向下弯，后对平行排列于上唇片之下，花药 2 室，室平行。花柱先端相等 2 裂，裂片钻形。花盘平顶。小坚果锐三棱形，顶端截平，基部楔形。

本属约有 20 种，分布于欧洲、亚洲温带地区，少数种在美洲、非洲各地逸生。我国有 12 种 2 变型。潜江市有 1 种。

235. 益母草 *Leonurus japonicus* Houtt.

【别名】益母蒿、坤草、野麻、九重楼、野天麻、益母花、童子益母草、铁麻干、野芝麻、溪麻、六角天麻、野故草。

【植物形态】一年生或二年生草本，有于其上密生须根的主根。茎直立，通常高 30～120 厘米，钝四棱形，微具槽，有倒向糙伏毛，在节及棱上尤为密集，在基部有时近无毛，多分枝，或仅于茎中部以上有能育的小枝条。叶轮廓变化很大，茎下部叶轮廓为卵形，基部宽楔形，掌状 3 裂，裂片呈长圆状菱形至卵圆形，通常长 2.5～6 厘米，宽 1.5～4 厘米，裂片上再分裂，上面绿色，有糙伏毛，叶脉稍下陷，下面淡绿色，被疏柔毛及腺点，叶脉凸出，叶柄纤细，长 2～3 厘米，由于叶基下延而在上部略具翅，腹面具槽，背面圆形，被糙伏毛；茎中部叶轮廓为菱形，较小，通常分裂成 3 个或偶有多个长圆状线形的裂片，基部狭楔形，叶柄长 0.5～2 厘米；花序最上部的苞叶近无柄，线形或线状披针形，长 3～12 厘米，宽 2～8 毫米，全缘或具稀少齿。轮伞花序腋生，具 8～15 花，轮廓为圆球形，直径 2～2.5 厘米，多数远离而组成长穗状花序；小苞片刺状，向上伸出，基部略弯曲，比萼筒短，长约 5 毫米，有贴生的微柔毛；花梗无。花萼管状钟形，长 6～8 毫米，外面有贴生微柔毛，内面于离基部 1/3 以上被微柔毛，5 脉，显著，齿 5，前 2 齿靠合，长约 3 毫米，后 3 齿较短，等长，长约 2 毫米，齿均宽三角形，先端刺尖。花冠粉红色至淡紫红色，长 1～1.2 厘米，外面于伸出萼筒部分被柔毛，冠筒长约 6 毫米，等大，内面在离基部 1/3

处有近水平向的不明显鳞毛毛环，毛环在背面间断，其上部多少有鳞状毛，冠檐二唇形，上唇直伸，内凹，长圆形，长约 7 毫米，宽 4 毫米，全缘，内面无毛，边缘具纤毛，下唇略短于上唇，内面在基部疏被鳞状毛，3 裂，中裂片倒心形，先端微缺，边缘薄膜质，基部收缩，侧裂片卵圆形，细小。雄蕊 4，均延伸至上唇片之下，平行，前对较长，花丝丝状，扁平，疏被鳞状毛，花药卵圆形，二室。花柱丝状，略超出于雄蕊而与上唇片等长，无毛，先端相等 2 浅裂，裂片钻形。花盘平顶。子房褐色，无毛。小坚果长圆状三棱形，长 2.5 毫米，顶端截平而略宽大，基部楔形，淡褐色，光滑。花期通常 6—9 月，果期 9—10 月。

【生长环境】生于多种生境，尤以阳处为多，海拔可高达 3400 米。潜江市广布，常见。

【药用部位】新鲜或干燥地上部分。

【采收加工】鲜品：春季幼苗期至初夏开花前期采割；干品：夏季茎叶茂盛、花未开或初开时采割，晒干或切段晒干。

【性味归经】味苦、辛，性微寒；归肝、心、膀胱经。

【功能主治】活血调经，利尿消肿，清热解毒。用于月经不调，痛经闭经，恶露不净，水肿尿少，疮疡肿毒。

地笋属 *Lycopus* L.

多年生沼泽或湿地草本，通常具肥大的根茎。叶具齿或羽状分裂，苞叶与叶同型，渐小。轮伞花序无梗，多花密集，其下承以小苞片；小苞片小，外方者长于或等于花萼。花小，无梗。花萼钟状，近整齐，萼齿 4～5，等大或有 1 枚特大，先端钝、锐尖或刺尖，内面无毛。花冠等于或稍超出花萼，钟状，内面在喉部有交错的柔毛，冠檐二唇形，上唇全缘或微凹，下唇 3 裂，中裂片稍大。前对雄蕊能育，稍超出花冠，直伸，花丝无毛，花药 2 室，室平行，其后略叉开，后对雄蕊退化消失，或呈丝状，先端棍棒形或呈头状。花柱丝状，伸出于花冠，先端 2 裂，裂片扁平，锐尖，等大或后裂片较小。花盘平顶。小坚果背腹扁平，腹面多少具棱，先端截平，基部楔形，边缘加厚，褐色，无毛或腹面具腺点。

本属约有 10 种，广布于东半球温带及北美地区。我国有 4 种 4 变种。

潜江市有 1 种。

236. 地笋 *Lycopus lucidus* Turcz.

【别名】提娄、地参。

【植物形态】多年生草本，高 0.6～1.7 米；根茎横走，具节，节上密生须根，先端肥大呈圆柱形，此时节上具鳞叶及少数须根，或侧生有肥大的具鳞叶的地下枝。茎直立，通常不分枝，四棱形，具槽，绿色，常于节上多少带紫红色，无毛，或在节上疏生小硬毛。叶具极短柄或近无柄，长圆状披针形，多少弯曲，通常长 4～8 厘米，宽 1.2～2.5 厘米，先端渐尖，基部渐狭，边缘具锐尖粗牙齿状锯齿，两面或上面具光泽，亮绿色，两面均无毛，下面具凹陷的腺点，侧脉 6～7 对，与中脉在上面不显著，下面凸出。轮伞花序无梗，轮廓圆球形，花时直径 1.2～1.5 厘米，多花密集，其下承以小苞片；小苞片卵圆形至披针形，先端刺尖，位于外方者超过花萼，长达 5 毫米，具 3 脉，位于内方者长 2～3 毫米，短于或等于花萼，具 1 脉，边缘均具小纤毛。花萼钟状，长 3 毫米，两面无毛，外面具腺点，萼齿 5，披针状三角形，长 2 毫米，具刺尖头，边缘具小缘毛。花冠白色，长 5 毫米，外面在冠檐上具腺点，内面在喉部具白色短柔毛，冠筒长约 3 毫米，冠檐不明显二唇形，上唇近圆形，下唇 3 裂，中裂片较大。雄蕊仅前对能育，超出花冠，先端略下弯，花丝丝状，无毛，花药卵圆形，2 室，室略叉开，后对雄蕊退化，丝状，先端棍棒状。花柱伸出花冠，先端相等 2 浅裂，裂片线形。花盘平顶。小坚果倒卵圆状四边形，基部略狭，长 1.6 毫米，宽 1.2 毫米，褐色，边缘加厚，背面平，腹面具棱，有腺点。花期 6—9 月，果期 8—11 月。

【生长环境】生于沼泽地、水边、沟边等潮湿处，海拔 320～2100 米。潜江市森林公园有发现。

【药用部位】根茎。

【采收加工】秋季采挖，除去地上部分，洗净，晒干。

【性味归经】味甘、辛，性平。

【功能主治】化瘀止血，利水益气。

薄荷属 *Mentha* L.

芳香，多年生、稀一年生草本，直立或上升，不分枝或多分枝。叶具柄或无柄，上部茎叶靠近花序者大都无柄或近无柄，叶片边缘具牙齿、锯齿或圆齿，先端通常锐尖或为钝形，基部楔形、圆形或心形；苞叶与叶相似，变小。轮伞花序稀2～6花，通常为多花密集，具梗或无梗；苞片披针形或线状钻形及线形，通常不显著；花梗明显。花两性或单性，雄性花有退化子房，雌性花有退化的短雄蕊，同株或异株，同株时常常不同性别的花序在不同的枝条上或同一花序上有不同性别的花。花萼钟形、漏斗形或管状钟形，10～13脉，萼齿5，相等或近3/2式二唇形，内面喉部无毛或具毛。花冠漏斗形，大都近整齐或稍不整齐，冠筒通常不超出花萼，喉部稍膨大或前方呈囊状膨大，具毛或无毛，冠檐具4裂片，上裂片大都稍宽，全缘或先端微凹或2浅裂，其余3裂片等大，全缘。雄蕊4，近等大，叉开，直伸，大都明显从花冠伸出，也有不超出花冠筒的，后对着生稍高于前对，花丝无毛，花药2室，室平行。花柱伸出，先端相等2浅裂。花盘平顶。小坚果卵形，干燥，无毛或稍具瘤，顶端钝，稀顶端被毛。

由于多型性及种间杂交的关系，本属种数极不确切，保守认为有15种左右，但近二三十年来，由于采取细分，据记载有30种左右，广泛分布于北半球的温带地区，少数种见于南半球，在南半球1种见于非洲南部，1种见于南美及1种见于亚洲热带至澳大利亚。我国现今连栽培种（可能是杂交起源）在内比较确切的有12种，其中有6种为野生种。

潜江市有1种。

237. 薄荷 *Mentha canadensis* L.

【别名】野薄荷、南薄荷、夜息香、野仁丹草、见肿消、水薄荷、水益母、接骨草。

【植物形态】多年生草本。茎直立，高30～60厘米，下部数节具纤细的须根及水平匍匐根状茎，锐四棱形，具4槽，上部被倒向微柔毛，下部仅沿棱上被微柔毛，多分枝。叶片长圆状披针形、披针形、椭圆形或卵状披针形，稀长圆形，长3～5（7）厘米，宽0.8～3厘米，先端锐尖，基部楔形至近圆形，边缘在基部以上疏生粗大的牙齿状锯齿，侧脉5～6对，与中肋在上面微凹陷下面显著，上面绿色；沿脉上密生、余部疏生微柔毛，或除脉外余部近无毛，上面淡绿色，通常沿脉上密生微柔毛；叶柄长2～10毫米，腹凹背凸，被微柔毛。轮伞花序腋生，轮廓球形，花时直径约18毫米，具梗或无梗，具梗时梗可长达 3 毫米，被微柔毛；花梗纤细，长 2.5 毫米，被微柔毛或近无毛。花萼管状钟形，长约 2.5 毫米，外被微柔毛及腺点，内面无毛，10 脉，不明显，萼齿 5，狭三角状钻形，先端长锐尖，长 1 毫米。花冠淡紫色，长 4 毫米，外面略被微柔毛，内面在喉部以下被微柔毛，冠檐 4 裂，上裂片先端 2 裂，较大，其余 3 裂片近等大，长圆形，先端钝。雄蕊 4，前对较长，长约 5 毫米，均伸出花冠之外，花丝丝状，无毛，花药卵圆形，2 室，室平行。花柱略超出雄蕊，先端近相等 2 浅裂，裂片钻形。花盘平顶。小坚果卵珠形，黄褐色，具小腺窝。花期 7—9 月，果期 10 月。

【生长环境】生于水旁潮湿地，海拔可高达 3500 米。潜江市王场镇有发现。

【药用部位】干燥地上部分。

【采收加工】夏、秋季茎叶茂盛或花开至 3 轮时，选晴天，分次采割，晒干或阴干。

【性味归经】味辛，性凉，归肺、肝经。

【功能主治】疏散风热，清利头目，利咽，透疹，疏肝行气。用于风热感冒，风温初起，头痛，目赤，喉痹，口疮，风疹，麻疹，胸胁胀闷。

石荠苎属 *Mosla* Buch.–Ham. ex Maxim.

一年生植物，揉之有强烈香味。叶具柄，具齿，下面有明显凹陷腺点。轮伞花序 2 花，在主茎及分枝上组成顶生的总状花序；苞片小，或下部的叶状；花梗明显。花萼钟状，10 脉，果时增大，基部一边膨胀，萼齿 5，齿近相等或二唇形，如为二唇形，则上唇 3 齿锐尖或钝，下唇 2 齿较长，披针形，内面喉部被毛。花冠白色、粉红色至紫红色，冠筒常超出花萼或内藏，内面无毛或具毛环，冠檐近二唇形，上唇微缺，下唇 3 裂，侧裂片与上唇近相似，中裂片较大，常具圆齿。雄蕊 4，后对能育，花药具 2 室，室叉开，前对退化，药室常不显著。花柱先端近相等 2 浅裂。花盘前方呈指状膨大。小坚果近球形，具疏网纹或深穴状雕纹，果脐基生，点状。

本属约有 22 种，分布于印度、中南半岛、马来西亚，南至印度尼西亚及菲律宾，北至我国、朝鲜及日本。我国有 12 种 1 变种。

潜江市有 1 种。

238. 石荠苎 *Mosla scabra*（Thunb.）C. Y. Wu et H. W. Li

【别名】母鸡窝、痱子草、叶进根、紫花草、北风头上一枝香。

【植物形态】一年生草本。茎高 20～100 厘米，多分枝，分枝纤细，茎、枝均四棱形，具细条纹，密被短柔毛。叶卵形或卵状披针形，长 1.5～3.5 厘米，宽 0.9～1.7 厘米，先端急尖或钝，基部圆形或宽楔形，边缘近基部全缘，自基部以上为锯齿状，纸质，上面橄榄绿色，被灰色微柔毛，下面灰白色，密布凹陷腺点，近无毛或被极疏短柔毛；叶柄长 3～16（20）毫米，被短柔毛。总状花序生于主茎及侧枝上，长 2.5～15 厘米；苞片卵形，长 2.7～3.5 毫米，先端尾状渐尖，花时及果时均超过花梗；花梗花时长约 1 毫米，果时长至 3 毫米，与序轴密被灰白色小疏柔毛。花萼钟状，长约 2.5 毫米，宽约 2 毫米，外面被疏柔毛，二唇形，上唇 3 齿呈卵状披针形，先端渐尖，中齿略小，下唇 2 齿，线形，先端锐尖，果时花萼长至 4 毫米，宽至 3 毫米，脉纹显著。花冠粉红色，长 4～5 毫米，外面被微柔毛，内面基部具毛环，冠筒向上渐扩大，冠檐二唇形，上唇直立，扁平，先端微凹，下唇 3 裂，中裂片较大，边缘具齿。雄蕊 4，后对能育，药室 2，叉开，前对退化，药室不明显。花柱先端相等 2 浅裂。花盘前方呈指状膨大。小坚果黄褐色，球形，直径约 1 毫米，具深雕纹。花期 5—11 月，果期 9—11 月。

【生长环境】生于山坡、路旁或灌丛下，海拔 50～1150 米。潜江市园林街道有发现，多地可见。

【药用部位】全草。

【采收加工】7—8 月采收，鲜用或晒干。

【性味归经】味辛、苦，性凉。

【功能主治】疏风解表，清暑除湿，解毒止痒。用于感冒，中暑发高烧，痱子，皮肤瘙痒，疟疾，便秘，内痔，便血，疥疮，脚气，外伤出血，跌打损伤。此外全草能杀虫，根可治疮毒。

罗勒属 *Ocimum* L.

草本，半灌木或灌木，极芳香。叶具柄，具齿。轮伞花序通常 6 花，极稀近 10 花，多数排列成具梗的穗状或总状花序，此花序单一顶生或多数复合组成圆锥花序；苞片细小，早落，常具柄，极全缘，极少比花长。花通常白色，小或中等大，花梗直伸，先端下弯。花萼卵珠状或钟状，果时下倾，外面常被腺点，内面喉部无毛或偶有柔毛，萼齿 5，呈二唇形，上唇 3 齿，中齿圆形或倒卵圆形，宽大，边缘呈翅状下延至萼筒，花后反折，侧齿常较短，下唇 2 齿，较狭，先端渐尖或刺尖，有时十分靠合。花冠筒稍短于花萼或极稀伸出花萼，内面无毛环，喉部常膨大呈斜钟形，冠檐二唇形，上唇近相等 4 裂，稀有 3 裂，下唇几不伸长或稍伸长，下倾，极全缘，扁平或稍内凹。雄蕊 4，伸出，前对较长，均下倾于花冠下唇，花丝丝状，离生或前对基部靠合，均无毛或后对基部具齿或柔毛簇附属器，花药卵圆状肾形，汇合成 1 室，或其后平铺。花盘具齿，齿不超过子房，或前方 1 齿呈指状膨大，其长超过子房。花柱超出雄蕊，先端 2 浅裂，裂片近等大，钻形或扁平。小坚果卵珠形或近球形，光滑或有具腺穴陷，湿时具黏液，基部有 1 白色果脐。

本属有 100 ～ 150 种，分布于温暖地带，非洲及美洲巴西的分布较亚洲多，非洲南部尤为广布。我国连栽培在内的有 5 种 3 变种。

潜江市有 1 种。

239. 罗勒 *Ocimum basilicum* L.

【别名】零陵香、兰香、香菜、翳子草、矮糠、家佩兰、省头草、光明子（种子名）、薰草。

【植物形态】一年生草本，高 20 ～ 80 厘米，具圆锥形主根及自其上生出的密集须根。茎直立，钝四棱形，上部微具槽，基部无毛，上部被倒向微柔毛，绿色，常染有红色，多分枝。叶卵圆形至卵圆状长圆形，长 2.5 ～ 5 厘米，宽 1 ～ 2.5 厘米，先端微钝或急尖，基部渐狭，边缘具不规则齿或近全缘，两面近无毛，下面具腺点，侧脉 3 ～ 4 对，与中脉在上面平坦下面多少明显；叶柄伸长，长约 1.5 厘米，近扁平，向叶基多少具狭翅，被微柔毛。总状花序顶生于茎、枝上，各部均被微柔毛，通常长 10 ～ 20 厘米，由多数具 6 花交互对生的轮伞花序组成，下部的轮伞花序远离，彼此相距可达 2 厘米，上部轮伞花序靠近；苞片细小，倒披针形，长 5 ～ 8 毫米，短于轮伞花序，先端锐尖，基部渐狭，无柄，边缘具纤毛，常具色泽；花梗明显，花时长约 3 毫米，果时伸长，长约 5 毫米，先端明显下弯。花萼钟状，长 4 毫米，宽 3.5 毫米，外面被短柔毛，内面在喉部被疏柔毛，萼筒长约 2 毫米，萼齿 5，呈二唇形，上唇 3 齿，中齿最宽大，长 2 毫米，宽 3 毫米，近圆形，内凹，具短尖头，边缘下延至萼筒，侧齿宽卵圆形，长 1.5 毫米，先端锐尖，下唇 2 齿，披针形，长 2 毫米，具刺尖头，齿边缘均具缘毛，果时花萼宿存，明显增大，长达 8 毫米，宽 6 毫米，明显下倾，脉纹显著。花冠淡紫色，或上唇白色、下唇紫红色，伸出花萼，长约 6 毫米，外面在唇片上被微柔毛，内面无毛，冠筒内藏，长约 3 毫米，喉部多少增大，冠檐二唇形，上唇宽大，长 3 毫米，宽 4.5 毫米，4 裂，裂片近相等，近圆形，常具波状皱曲，下唇长圆形，长 3 毫米，宽 1.2 毫米，下倾，全缘，近扁平。雄蕊 4，分离，略超出花冠，插生于花冠筒中部，花丝丝状，后对花丝基部具齿状附属物，其上有微柔毛，花药卵圆形，汇合成 1 室。花柱超出雄蕊之上，先端相等 2 浅裂。花盘平顶，具 4 齿，齿不超出子房。小坚果卵珠形，长 2.5 毫米，宽 1 毫米，黑褐色，有具腺穴陷，基部有 1 白色果脐。花期通常 7—9 月，果期 9—12 月。

【生长环境】多为栽培，南部各地有逸为野生的。潜江市总口镇有发现。

【药用部位】全草。

【采收加工】开花后割取地上部分，鲜用或阴干。

【性味归经】味辛、甘，性温；归肺、脾、胃、大肠经。

【功能主治】疏风解表，化湿和中，行气活血，解毒消肿。全草入药，用于胃痛，胃痉挛，胃肠胀气，消化不良，肠炎腹泻，外感风寒，头痛，胸痛，跌打损伤，瘀肿，风湿性关节炎，小儿发热，肾炎，蛇咬伤；煎水洗用于湿疹及皮炎。茎叶为产科要药，可使分娩前血行良好；种子用于目翳，并试用于避孕。

紫苏属 *Perilla* L.

一年生草本，有香味。茎四棱形，具槽。叶绿色或常带紫色或紫黑色，具齿。轮伞花序 2 花，组成顶生和腋生、偏向于一侧的总状花序，每花有苞片 1 枚；苞片大，宽卵圆形或近圆形。花小，具梗。花萼钟状，10 脉，具 5 齿，直立，结果时增大，平伸或下垂，基部一边肿胀，二唇形，上唇宽大，3 齿，中齿较小，下唇 2 齿，齿披针形，内面喉部有疏柔毛环。花冠白色至紫红色，冠筒短，喉部斜钟形，冠檐近二唇形，上唇微缺，下唇 3 裂，侧裂片与上唇相近似，中裂片较大，常具圆齿。雄蕊 4，近相等或前对稍长，直伸而分离，药室 2，由小药隔隔开，平行，其后略叉开或极叉开。花盘环状，前面呈指状膨大。花柱不伸出，先端 2 浅裂，裂片钻形，近相等。小坚果近球形，有网纹。

本属有 1 种 3 变种，产于亚洲东部。

潜江市有 1 种。

240. 紫苏 *Perilla frutescens*（L.）Britt.

【别名】苏、桂荏、荏、白苏、荏子（银子）、赤苏、红勾苏。

【植物形态】一年生直立草本。茎高 0.3～2 米，绿色或紫色，钝四棱形，具 4 槽，密被长柔毛。叶阔卵形或圆形，长 7～13 厘米，宽 4.5～10 厘米，先端短尖或突尖，基部圆形或阔楔形，边缘在基部以上有粗锯齿，膜质或草质，两面绿色或紫色，或仅下面紫色，上面被疏柔毛，下面被贴生柔毛，侧脉 7～8 对，位于下部者稍靠近，斜上升，与中脉在上面微凸起、下面明显凸起，色稍淡；叶柄长 3～5 厘米，背腹扁平，密被长柔毛。轮伞花序2花,组成长1.5～15厘米、密被长柔毛、偏向一侧的顶生及腋生总状花序;苞片宽卵圆形或近圆形,长宽约4毫米,先端具短尖,外被红褐色腺点,无毛,边缘膜质;花梗长1.5毫米,密被柔毛。花萼钟状,10脉,长约3毫米,直伸,下部被长柔毛,夹有黄色腺点,内面喉部有疏柔毛环,结果时增大,长至1.1厘米,平伸或下垂,基部一边肿胀,萼檐二唇形,上唇宽大,3齿,中齿较小,下唇比上唇稍长,2齿,齿披针形。花冠白色至紫红色,长3～4毫米,外面略被微柔毛,内面在下唇片基部略被微柔毛,冠筒短,长2～2.5毫米,喉部斜钟形,冠檐近二唇形,上唇微缺,下唇3裂,中裂片较大,侧裂片与上唇相近似。雄蕊4,几不伸出,前对稍长,离生,插生喉部,花丝扁平,花药2室,室平行,其后略叉开或极叉开。花柱先端相等2浅裂。花盘前方呈指状膨大。小坚果近球形,灰褐色,直径约1.5毫米,具网纹。花期8—11月,果期8—12月。

【生长环境】全国各地广泛栽培。潜江市广布,常见。

【药用部位】干燥成熟果实、叶、梗。

【采收加工】果实:秋季果实成熟时采收,除去杂质,晒干。叶:夏季枝叶茂盛时采收,除去杂质,晒干。梗:秋季果实成熟后采割,除去杂质,晒干,或趁鲜切片,晒干。

【性味归经】果实:味辛,性温;归肺经。叶:味辛,性温;归肺、脾经。梗:味辛,性温;归肺、脾经。

【功能主治】果实:降气化痰,止咳平喘,润肠通便。用于痰壅气逆,咳嗽气喘,肠燥便秘。叶:解表散寒,行气和胃。用于风寒感冒,妊娠呕吐,鱼蟹中毒。梗:理气宽中,止痛,安胎。用于胸膈痞闷,胃脘疼痛,暖气呕吐,胎动不安。

夏枯草属 *Prunella* L.

多年生草本,具直立或上升的茎。叶具锯齿或羽状分裂或近全缘。轮伞花序6花,多数聚集成卵状或卵圆状穗状花序,其下承以苞片;苞片宽大,膜质,具脉,覆瓦状排列,小苞片小或无;花梗极短或无。

花萼管状钟形，近背腹扁平，不规则 10 脉，其间具网脉纹，外面上方无毛，下方具毛，内面喉部无毛，二唇形，上唇扁平，先端宽截形，具短的 3 齿，下唇 2 半裂，裂片披针形，果时花萼缢缩闭合，尖端向上（空气湿度大时则开放而平展）。冠筒向上逐渐一侧膨大，喉部稍为缢缩，常常伸出于花萼，内面近基部有短毛及鳞片的毛环，冠檐二唇形，上唇直立，盔状，内凹，近龙骨状，在背上具毛或无毛，全缘，下唇 3 裂，中裂片较大，内凹，具齿状小裂片，侧裂片长圆形，反折下垂。雄蕊 4，前对较长，均上升至上唇片之下，成对并列而离生，花丝尤其是后对先端 2 齿，下齿具花药，上齿超出花药或不明显呈瘤状，花丝基部无毛且无齿，花药成对靠近，二室叉分。花柱无毛，先端相等 2 裂，裂片钻形。花盘近平顶。小坚果圆形、卵圆形或长圆形，无毛，光滑或具瘤，棕色，具数脉或具二脉及中央小沟槽，基部有一锐尖白色着生面，先端圆钝。

本属约有 15 种，广布于欧亚温带地区及热带山区，非洲西北部及北美洲也有。我国有 4 种 3 变种，其中 1 种为引种栽培。

潜江市有 1 种。

241. 夏枯草 *Prunella vulgaris* L.

【别名】麦穗夏枯草、铁线夏枯草、麦夏枯、铁线夏枯、燕面、铁色草。

【植物形态】多年生草木。根茎匍匐，在节上生须根。茎高 20～30 厘米，上升，下部伏地，自基部多分枝，钝四棱形，浅槽紫红色，被疏糙毛或近无毛。茎叶卵状长圆形或卵圆形，大小不等，长 1.5～6 厘米，宽 0.7～2.5 厘米，先端钝，基部圆形、截形至宽楔形，下延至叶柄成狭翅，边缘具不明显的波状齿或近全缘，草质，上面橄榄绿色，具短硬毛或几无毛，下面淡绿色，几无毛，侧脉 3～4 对，在下面略凸出，叶柄长 0.7～2.5 厘米，自下部向上渐变短；花序下方的一对苞叶似茎叶，近卵圆形，无柄或具不明显的短柄。轮伞花序密集组成顶生长 2～4 厘米的穗状花序，每一轮伞花序下承以苞片；苞片宽心形，通常长约 7 毫米，宽约 11 毫米，先端具长 1～2 毫米的骤尖头，脉纹放射状，外面在中部以下沿脉上疏生刚毛，内面无毛，边缘具睫毛状毛，膜质，浅紫色。花萼钟状，连齿长约 10 毫米，筒长 4 毫米，倒圆锥形，外面疏生刚毛，二唇形，上唇扁平，宽大，近扁圆形，先端几截平，具 3 个不太明显的短齿，中齿宽大，齿尖均呈刺状微尖，下唇较狭，2 深裂，裂片达唇片之半或以下，边缘具缘毛，先端渐尖，尖头微刺状。花冠紫色、蓝紫色或紫红色，长约 13 毫米，略超出花萼，冠筒长 7 毫米，基部宽约 1.5 毫米，其上向前方膨大，至喉部宽约 4 毫米，外面无毛，内面约近基部 1/3 处具鳞毛毛环，冠檐二唇形，上唇近圆形，直径约 5.5 毫米，内凹，多少呈盔状，先端微缺，下唇约为上唇 1/2，3 裂，中裂片较大，近倒心形，先端边缘具流苏状小裂片，侧裂片长圆形，垂向下方，细小。雄蕊 4，前对长很多，均上升至上唇片之下，彼此分离，花丝略扁平，无毛，前对花丝先端 2 裂，1 裂片能育具花药，另 1 裂片钻形，长过花药，稍弯曲或近直立，后对花丝的不育裂片微呈瘤状突出，花药 2 室，室极叉开。花柱纤细，先端相等 2 裂，裂片钻形，外弯。花盘近平顶。子房无毛。小坚果黄褐色，长圆状卵形，长 1.8 毫米，宽约 0.9 毫米，微具沟纹。花期 4—6 月，果期 7—10 月。

【生长环境】生于荒坡、草地、溪边及路旁等湿润处，海拔高可达 3000 米。潜江市竹根滩镇有发现。

【药用部位】干燥果穗。

【采收加工】夏季果穗呈棕红色时采收，除去杂质，晒干。

【性味归经】味辛、苦，性寒；归肝、胆经。

【功能主治】清肝泻火，明目，散结消肿。用于目赤肿痛，目珠夜痛，头痛眩晕，瘰疬，瘿瘤，乳痈，乳癖，乳房胀痛。据《滇南本草》记载，"味苦、微辛，性微温，入肝经，祛肝风，行经络。治口眼歪斜，止筋骨疼，舒肝气，开肝郁。治目珠夜（胀）痛，消散瘰疬（周身结核），手足、周身节骨酸疼。"

鼠尾草属 *Salvia* L.

草本或半灌木或灌木。叶为单叶或羽状复叶。轮伞花序2至多花，组成总状或总状圆锥或穗状花序，稀全部花为腋生。苞片小或大，小苞片常细小。花萼卵状、筒状或钟状，喉部内面有毛或无毛，二唇形，上唇全缘或具3齿或具3短尖头，下唇2齿。花冠筒内藏或外伸，平伸或向上弯或腹部增大，有时内面基部有斜生或横生、完全或不完全毛环，或具簇生的毛或无毛，冠檐二唇形，上唇平伸或竖立，两侧折合，稀平展，直或弯镰形，全缘或顶端微缺，下唇平展，或长或短，3裂，中裂片通常最宽大，全缘或微缺或呈流苏状或分成2小裂片，侧裂片长圆形或圆形，展开或反折。能育雄蕊2，生于冠筒喉部的前方，花丝短，水平生出或竖立，药隔延长，线形，横架于花丝顶端，以关节联结，成"丁"字形，其上臂顶端着生椭圆形或线形有粉的药室，下臂或粗或细，顶端着生有粉或无粉的药室或无药室，二下臂分离或连合；退化雄蕊2，生于冠筒喉部的后边，呈棍棒状或小点，或不存在。花柱直伸，先端2浅裂，裂片钻形、线形或圆形，等大或前裂片较大或后裂片极不明显。花盘前面略膨大或近等大。子房4全裂。小坚果卵状三棱形或长圆状三棱形，无毛，光滑。

本属有700～1050种，生于热带或温带地区。我国有78种24变种8变型，分布于全国各地，尤以西南地区为多。

潜江市有2种。

242. 朱唇 *Salvia coccinea* L.

【别名】小红花。

【植物形态】一年生或多年生草本；根纤维状，密集。茎直立，高达70厘米，四棱形，具浅槽，被开展的长硬毛及向下弯的灰白色疏柔毛，单一或多分枝，分枝细弱，伸长。叶片卵圆形或三角状卵圆形，长2～5厘米，宽1.5～4厘米，先端锐尖，基部心形或近截形，边缘具锯齿或钝锯齿，草质，上面绿色，被短柔毛，下面灰绿色，被灰色的短茸毛；叶柄长0.5～2厘米，被向下的疏柔毛及开展的长硬毛或仅被茸毛状柔毛。轮伞花序4至多花，疏离，组成顶生总状花序；苞片卵圆形，比花梗长，先端尾状渐尖，基部圆形，上面无毛，下面被疏柔毛，边缘具长缘毛；花梗长2～3毫米，与花序轴密被白色向下的短疏柔毛。花萼筒状钟形，长7～9毫米，外被短疏柔毛及微柔毛，其间混生浅黄色腺点，内面在中部及以上被微硬伏毛，二唇形，上唇卵圆形，长约2.5毫米，宽3毫米，全缘，先端具小尖头，边缘被小缘毛，下唇与上唇近等长，深裂成2齿，齿卵状三角形，先端锐尖。花冠深红色或绯红色，长2～2.3厘米，外被短柔毛，内面无毛，冠筒长约1.6厘米，基部宽1.5毫米，斜向上升，向上渐宽，至喉部宽达4毫米，冠檐二唇形，上唇比下唇短，伸直，长圆形，长约6毫米，宽约4毫米，先端微凹，下唇较上唇稍长，长7毫米，宽8.5毫米，3裂，中裂片最大，倒心形，长5毫米，宽8.5毫米，先端微缺，边缘波状，侧裂片卵圆形，短，宽2毫米。能育雄蕊2，伸出，花丝长约4毫米，药隔长约1.5厘米，极纤细，近伸直，下臂药室不育，顶端彼此分离，上下臂近等长。花柱伸出，先端稍增大，2裂，后裂片极小，不明显。花盘平顶。小坚果倒卵圆形，长1.5～2.5毫米，黄褐色，具棕色斑纹。花期4—7月。花美观，供观赏用。

【生长环境】在我国有栽培，云南南部及东南部已逸为野生。潜江市总口镇有发现。

【药用部位】全草。

【采收加工】夏、秋季采收，晒干。

【性味归经】味辛、微苦、涩，性凉；归肝、脾经。

【功能主治】凉血止血，清热利湿。用于血崩，高热，腹痛不适。

243. 荔枝草 *Salvia plebeia* R. Br.

【别名】皱皮葱、雪里青、过冬青、凤眼草、赖师草、隔冬青、土犀角、荠苎、蛤蚧草、黑紫苏。

【植物形态】一年生或二年生草本；主根肥厚，向下直伸，有多数须根。茎直立，高15～90厘米，粗壮，多分枝，被向下的灰白色疏柔毛。叶椭圆状卵圆形或椭圆状披针形，长2～6厘米，宽0.8～2.5厘米，先端钝或急尖，基部圆形或楔形，边缘具圆齿或尖锯齿，草质，上面被稀疏的微硬毛，下面被疏短柔毛，余部散布黄褐色腺点；叶柄长4～15毫米，腹凹背凸，密被疏柔毛。轮伞花序6花，多数，在茎、枝顶端密集组成总状或总状圆锥花序，花序长10～25厘米，结果时延长；苞片披针形，长于或短于花萼；先端渐尖，基部渐狭，全缘，两面被疏柔毛，下面较密，边缘具缘毛；花梗长约1毫米，与花序轴密被疏柔毛。花萼钟状，长约 2.7 毫米，外面被疏柔毛，散布黄褐色腺点，内面喉部有微柔毛，二唇形，唇裂约至花萼长 1/3，上唇全缘，先端具 3 个小尖头，下唇深裂成 2 齿，齿三角形，锐尖。花冠淡红色、淡紫色、紫色、蓝紫色至蓝色，稀白色，长 4.5 毫米，冠筒外面无毛，内面中部有毛环，冠檐二唇形，上唇长圆形，长约 1.8 毫米，宽 1 毫米，先端微凹，外面密被微柔毛，两侧折合，下唇长约 1.7 毫米，宽 3 毫米，外面被微柔毛，3 裂，中裂片最大，阔倒心形，顶端微凹或呈浅波状，侧裂片近半圆形。能育雄蕊 2，着生于下唇基部，略伸出花冠外，花丝长 1.5 毫米，药隔长约 1.5 毫米，弯成弧形，上下臂等长，上臂具药室，二下臂不育，膨大，互相连合。花柱和花冠等长，先端不相等 2 裂，前裂片较长。花盘前方微隆起。小坚果倒卵圆形，直径 0.4 毫米，成熟时干燥，光滑。花期 4—5 月，果期 6—7 月。

【生长环境】生于山坡、路旁、沟边、田野潮湿的土壤上，海拔可至 2800 米。潜江市多见。

【药用部位】全草。

【采收加工】6—7 月割取地上部分，除去泥土，扎成小把，鲜用或晒干。

【性味归经】味苦、辛，性凉；归肺、胃经。

【功能主治】清热解毒，凉血散瘀，利水消肿。用于跌打损伤，无名肿毒，流感，咽喉肿痛，小儿惊风，吐血，鼻衄，乳痈，淋巴腺炎，哮喘，腹水肿胀，肾炎水肿，疔疮疖肿，痔疮肿痛，子宫脱垂，尿道炎，高血压，一切疼痛及胃癌等。

荆芥属 *Nepeta* L.

多年生或一年生草本，稀亚灌木。叶具齿或分裂。花轮生，为一稠密的穗状或头状花序，或组成疏散的总状或圆锥花序；苞片狭；花萼管状，15 脉，齿 5，等大或不等大，锥形、狭披针形或三角形，渐尖或刺尖；花冠筒细长，上唇直立，扁平、内凹或 2 裂，下唇扩展，3 裂，中裂片宽大，侧裂片明显或不明显；雄蕊 4，二强，内藏或伸出；花柱伸出，先端 2 等裂。小坚果卵形或长圆形，光滑或具突起。

本属约有 250 种，分布于北半球温带地区。我国有 38 种 1 变种。

潜江市有 1 种。

244. 荆芥 *Nepeta cataria* L.

【别名】薄荷、香薷、小荆芥、土荆芥、大茴香、小薄荷、巴毛。

【植物形态】多年生植物。茎坚强，基部木质化，多分枝，高 40～150 厘米，基部近四棱形，上部钝四棱形，具浅槽，被白色短柔毛。叶卵状至三角状心形，长 2.5～7 厘米，宽 2.1～4.7 厘米，先端钝至锐尖，基部心形至截形，边缘具粗圆齿或牙齿状齿，草质，上面黄绿色，被极短硬毛，下面略发白，被短柔毛但在脉上较密，侧脉 3～4 对，斜上升，在上面微凹陷，下面隆起；叶柄长 0.7～3 厘米，细弱。花序为聚伞状，下部的腋生，上部的组成连续的或间断的、较疏松或极密集的顶生分枝圆锥花序，聚伞花序呈二歧状分枝；苞叶叶状，或上部的变小而呈披针状，苞片、小苞片钻形，细小。花萼花时管状，长约 6 毫米，直径 1.2 毫米，外被白色短柔毛，内面仅萼齿被疏硬毛，齿锥形，长 1.5～2 毫米，后齿较长，花后花萼增大成瓮状，纵肋十分清晰。花冠白色，下唇有紫点，外被白色柔毛，内面在喉部被短柔毛，长约 7.5 毫米，冠筒极细，直径约 0.3 毫米，自萼筒内骤然扩展成宽喉，冠檐二唇形，上唇短，长约 2 毫米，宽约 3 毫米，先端具浅凹，下唇 3 裂，中裂片近圆形，长约 3 毫米，宽约 4 毫米，基部心形，边缘具粗牙齿状齿，侧裂片圆裂片状。雄蕊内藏，花丝扁平，无毛。花柱线形，先端 2 等裂。花盘杯状，裂片明显。子房无毛。小坚果卵形，几三棱状，灰褐色，长约 1.7 毫米，直径约 1 毫米。花期 7—9 月，果期 9—10 月。

【生长环境】多生于宅旁或灌丛中，海拔一般不超过 2500 米。潜江市白鹭湖管理区有发现。

【药用部位】干燥地上部分。

【采收加工】夏、秋季花开到顶、穗绿时采割，除去杂质，晒干。

【性味归经】味辛，性微温；归肺、肝经。

【功能主治】解表散风，透疹，消疮。用于感冒，头痛，麻疹，风疹，疮疡初起。

黄芩属 *Scutellaria* L.

多年生或一年生草本、半灌木，稀至灌木，匍地上升或披散至直立，无香味。茎叶常具齿，或羽状分裂或极全缘，苞叶与茎叶同型或向上成苞片。花腋生、对生或上部者有时互生，组成顶生或侧生总状或穗状花序，有时远离而不明显成花序。花萼钟状，背腹压扁，分 2 唇，唇片短、宽、全缘，在果时闭合最终沿缝合线开裂达萼基部成为不等大两裂片，上裂片脱落而下裂片宿存，有时两裂片均不脱落或一同脱落，上裂片在背上有一圆形、内凹、鳞片状的盾片或无盾片而明显呈囊状突起。冠筒伸出萼筒，背面弯曲或近直立，上方趋于喉部扩大，前方基部膝曲呈囊状增大或成囊状距，内无明显毛环，冠檐二唇形，上唇直伸，盔状，全缘或微凹，下唇中裂片宽而扁平，全缘或先端微凹，稀浅4裂，比上唇长或短，两侧裂片有时开展，与上唇分离或靠合，稀与下唇靠合。雄蕊4，二强，前对较长，均成对靠近延伸至上唇片之下，花丝无齿突，花药成对靠近，后对花药具2室，室分明且多少锐尖，前对花药由于败育而退化为1室，室明显或不明显，药室裂口均具髯毛状毛。花盘前方常呈指状，后方延伸成直伸或弯曲柱状子房柄。花柱先端锥尖，不相等2浅裂，后裂片甚短。小坚果扁球形或卵圆形，背腹面不明显分化，具瘤，被毛或无毛，有时背腹面明显分化，背面具瘤而腹面具刺状突起或无，赤道面上有膜质的翅或无。

本属约有300种，世界广布。本属植物多入药。

潜江市有1种。

245. 半枝莲 *Scutellaria barbata* D. Don

【别名】赶山鞭、瘦黄芩、牙刷草、田基草、水黄芩。

【植物形态】多年生草本。根茎短粗，生出簇生的须状根。茎直立，高12～35（55）厘米，四棱形，基部粗1～2毫米，无毛或在序轴上部疏被紧贴的小毛，不分枝或具或多或少的分枝。叶具短柄或近无柄，柄长1～3毫米，腹凹背凸，疏被小毛；叶片三角状卵圆形或卵圆状披针形，有时卵圆形，长1.3～3.2厘米，宽0.5～1（1.4）厘米，先端急尖，基部宽楔形或近截形，边缘生有疏而钝的浅齿，上面橄榄绿色，下面淡绿色，有时带紫色，两面沿脉上疏被紧贴的小毛或几无毛，侧脉2～3对，与中脉在上面凹陷下面凸起。花单生于茎或分枝上部叶腋内，具花的茎部长4～11厘米；苞叶下部者似叶，但较小，长达8毫米，上部者更变小，长2～4.5毫米，椭圆形至长椭圆形，全缘，上面散布下面沿脉疏被小毛；花梗长1～2毫米，被微柔毛，中部有一对长约0.5毫米具纤毛的针状小苞片。花萼开花时长约2毫米，外面沿脉被微柔毛，边缘具短缘毛，盾片高约1毫米，果时花萼长4.5毫米，盾片高2毫米。花冠蓝紫色，长9～13毫米，外被短柔毛，内在喉部疏被柔毛；冠筒基部囊大，宽1.5毫米，向上渐宽，至喉部宽达3.5毫米；冠檐二唇形，上唇盔状，半圆形，长1.5毫米，先端圆，下唇中裂片梯形，全缘，长2.5毫米，宽4毫米，两侧裂片三角状卵圆形，宽1.5毫米，先端急尖。雄蕊4，前对较长，微露出，具能育半药，退化半药不明显，后对较短，内藏，具全药，药室裂口具髯毛状毛；花丝扁平，前对内侧后对两侧下部被疏柔毛。花柱细长，先端锐尖，微裂。花盘盘状，前方隆起，后方延伸成短子房柄。子房4裂，裂片等大。小坚果褐色，扁球形，直径约1毫米，具小疣状突起。花果期4—7月。

【生长环境】生于水田边、溪边或湿润草地上，海拔 2000 米以下。潜江市渔洋镇有发现。

【药用部位】干燥全草。

【采收加工】夏、秋季茎叶茂盛时采挖，洗净，晒干。

【性味归经】味辛、苦，性寒；归肺、肝、肾经。

【功能主治】清热解毒，化瘀利尿。用于疔疮肿毒，咽喉肿痛，跌打损伤，水肿，黄疸，蛇虫咬伤。民间用全草煎水服，治妇女病，以代益母草（《江苏省植物药材志》），热天生痱子可用全草泡水洗。此外亦用于治各种炎症（肝炎、阑尾炎、咽喉炎、尿道炎等），咯血，尿血，胃痛，疮痈肿毒，跌打损伤，蚊虫咬伤，并试治早期癌症。

水苏属 Stachys L.

　　直立多年生或披散一年生草本，偶有横走根茎而在节上具鳞叶及须根，顶端有念珠状肥大块茎，稀亚灌木或灌木，毛被多种多样。茎叶全缘或具齿，苞叶与茎叶同型或退化成苞片。轮伞花序 2 至多花，常多数组成着生于茎及分枝顶端的穗状花序；小苞片明显或不明显；花柄近无或具短柄。花红色、紫色、淡红色、灰白色、黄色或白色，通常较小。花萼管状钟形、倒圆锥形或管形，5 或 10 脉，口等大或偏斜，齿 5，等大或后 3 齿较大，先端锐尖，刚毛状，微刺尖，或无芒而钝且具胼胝体，直立或反折。花冠筒圆柱形，近等大，内藏或伸出，内面近基部有水平向或斜向的柔毛环，稀无毛环，在毛环上部分的前方呈浅囊状膨大或否，筒上部尚内弯，喉部不增大，冠檐二唇形，上唇直立或近开张，常微盔状，全缘或微缺，稀伸长而近扁平及浅 2 裂，下唇开张，常比上唇长，3 裂，中裂片大，全缘或微缺，侧裂片较短。雄蕊 4，均上升至上唇片之下，多少伸出于冠筒，前对较长，常在喉部向两侧方弯曲，花药 2 室，室明显或平行，或常常略叉开。花盘平顶，稀在前方呈指状膨大。花柱先端 2 裂，裂片钻形，近等大。小坚果卵珠形或长圆形，先端圆钝，光滑或具瘤。

　　本属约有 300 种，广布于温带地区，在热带地区除在山区外几不见，有少数种扩展到较寒冷的地方，澳大利亚及新西兰不见，非洲南部及智利少见。我国有 18 种 11 变种。

　　潜江市有 1 种。

246. 水苏 Stachys japonica Miq.

【别名】鸡苏、望江青、还精草、玉荃草、银脚鹭鸶、血见愁、天芝麻、白马蓝。

【植物形态】多年生草本，高 20 ～ 80 厘米，有在节上生须根的根茎。茎单一，直立，基部多少匍匐，四棱形，具槽，在棱及节上被小刚毛，余部无毛。茎叶长圆状宽披针形，长 5 ～ 10 厘米，宽 1 ～ 2.3 厘米，先端微急尖，基部圆形至微心形，边缘为圆齿状锯齿，上面绿色，下面灰绿色，两面均无毛，叶柄明显，长 3 ～ 17 毫米，近茎基部者最长，向上渐变短；苞叶披针形，无柄，近全缘，向上渐变小，最下部者超出轮伞花序，上部者等于或短于轮伞花序。轮伞花序 6 ～ 8 花，下部者远离，上部者密集组成长 5 ～ 13 厘米的穗状花序；小苞片刺状，微小，长约 1 毫米，无毛；花梗短，长约 1 毫米，疏被微柔毛。花萼钟状，连齿长达 7.5 毫米，外被具腺微柔毛，肋上杂有疏柔毛，稀毛贴生或近无毛，内面在齿上疏被微柔毛，余部无毛，10 脉，不明显，齿 5，等大，三角状披针形，先端具刺尖头，边缘具缘毛。花冠粉红色或淡紫红色，长约 1.2 厘米，冠筒长约 6 毫米，几不超出花萼，外面无毛，内面在近基部 1/3 处有微柔毛毛环及在下唇下方喉部有鳞片状微柔毛，前面紧接在毛环上方呈囊状膨大，冠檐二唇形，上唇直立，倒卵圆形，长 4 毫米，宽 2.5 毫米，外面被微柔毛，内面无毛，下唇开张，长 7 毫米，宽 6 毫米，外面疏被微柔毛，内面无毛，3 裂，中裂片最大，近圆形，先端微缺，侧裂片卵圆形。雄蕊 4，均延伸至上唇片之下，花丝丝状，先端略增大，被微柔毛，花药卵圆形，2 室，室极叉开。花柱丝状，稍超出雄蕊，先端相等 2 浅裂。花盘平顶。子房黑褐色，无毛。小坚果卵珠状，棕褐色，无毛。花期 5—7 月，果期 7 月以后。

【生长环境】生于水沟、河岸等湿地上，海拔 230 米以下。潜江市渔洋镇有发现。

【药用部位】全草或根。

【采收加工】7—8 月采收，鲜用或晒干。

【性味归经】味辛，性凉；归肺、胃经。

【功能主治】清热解毒，止咳利咽，止血消肿。用于百日咳，扁桃体炎，咽喉炎，痢疾等，根又用于带状疱疹。

七十七、茄科 Solanaceae

一年生至多年生草本、半灌木、灌木或小乔木；直立、匍匐、扶升或攀援；有时具皮刺，稀具棘刺。单叶全缘、不分裂或分裂，有时为羽状复叶，互生或在开花枝段上大小不等的二叶双生；无托叶。花单生、簇生或为蝎尾式、伞房式、伞状式、总状式、圆锥式聚伞花序，稀为总状花序；顶生、枝腋生或叶腋生、腋外生；两性或稀杂性，辐射对称或稍微两侧对称，通常5基数，稀4基数。花萼通常具5齿、5中裂或5深裂，稀具2、3、4至10齿或裂片，极稀截形而无裂片，裂片在花蕾中镊合状、外向镊合状、内向镊合状或覆瓦状排列，或不闭合，花后几乎不增大或极度增大，果时宿存，稀自近基部周裂而仅基部宿存；花冠具短筒或长筒，辐状、漏斗状、高脚碟状、钟状或坛状，檐部5（稀4～7或10）浅裂、中裂或深裂，裂片大小相等或不相等，在花蕾中覆瓦状、镊合状、内向镊合状排列或折合而旋转；雄蕊与花冠裂片同数而互生，伸出或不伸出花冠，同型或异型（即花丝不等长或花药大小或形状相异）、有时其中1枚较短而不育或退化，插生于花冠筒上，花丝丝状或在基部扩展，花药基底着生或背面着生，直立或向内弯曲，有时靠合或合生成管状而围绕花柱，药室2，纵缝开裂或顶孔开裂；子房通常由2枚心皮合生而成，2室，有时1室，或由不完全的假隔膜而在下部分隔成4室，稀3～5（6）室，2心皮不位于正中线上而偏斜，花柱细瘦，具头状或2浅裂的柱头；中轴胎座；胚珠多数，稀少数或1枚，倒生、弯生或横生。果实为多汁浆果、干浆果或蒴果。种子圆盘形或肾形；胚乳丰富、肉质；胚弯曲成钩状、环状或螺旋状卷曲，位于周边而埋藏于胚乳中，或直而位于中轴位上。

本科约有30属3000种，广泛分布于温带及热带地区，美洲热带种类最丰富。我国有24属105种35变种。

潜江市有6属9种。

辣椒属 *Capsicum* L.

灌木、半灌木或一年生，多分枝。单叶互生，全缘或浅波状。花单生、双生或有时数朵簇生于枝腋，或有时因节间缩短而生于近叶腋；花梗直立或俯垂。花萼阔钟状至杯状，有5（7）小齿，果时稍增大宿存；花冠辐状，5中裂，裂片镊合状排列；雄蕊5，贴生于花冠筒基部，花丝丝状，花药并行，纵缝裂开；子房2（稀3）室，花柱细长，冠以近头状的不明显2（3）裂的柱头，胚珠多数；花盘不显著。果实俯垂或直立，浆果无汁，果皮肉质或近革质。种子扁圆盘形，胚极弯曲。

本属约有20种，主要分布于南美洲。我国栽培和野生2种。

潜江市有1种。

247. 辣椒 *Capsicum annuum* L.

【别名】牛角椒、长辣椒。

【植物形态】一年生或有限多年生植物，高 40～80 厘米。茎近无毛或微生柔毛，分枝稍"之"字形弯曲。叶互生，枝顶端节不伸长而成双生或簇生状，矩圆状卵形、卵形或卵状披针形，长 4～13 厘米，宽 1.5～4 厘米，全缘，顶端短渐尖或急尖，基部狭楔形；叶柄长 4～7 厘米。花单生，俯垂；花萼杯状，不显著 5 齿；花冠白色，裂片卵形；花药灰紫色。果梗较粗壮，俯垂；果实长指状，顶端渐尖且常弯曲，未成熟时绿色，成熟后成红色、橙色或紫红色。种子扁肾形，长 3～5 毫米，淡黄色。花果期 5—11 月。

【生长环境】我国已有数百年栽培历史，为重要的蔬菜和调味品。潜江市广布，常见。

【药用部位】果实。

【采收加工】青椒一般以果实充分肥大，皮色转浓，果皮坚实而有光泽时采收；干椒可待果实成熟一次采收。可加工成腌辣椒、清酱辣椒、虾油辣椒。干椒可加工成干制品。

【性味归经】味辛，性热；归脾、胃经。

【功能主治】温中散寒，下气消食。种仁油可食用，果实亦有驱虫和发汗之功效。

曼陀罗属 *Datura* L.

　　草本、半灌木、灌木或小乔木；茎直立，二歧分枝。单叶互生，有叶柄。花大型，常单生于枝杈间或叶腋，直立、斜升或俯垂。花萼长管状，筒部五棱形或圆筒状，贴近于花冠筒或膨胀而不贴于花冠筒，5 浅裂或稀同时在一侧深裂，花后自基部稍上处环状断裂而仅基部宿存部分扩大或自基部全部脱落；花冠长漏斗状或高脚碟状，白色、黄色或淡紫色，筒部长，檐部具褶襞，5 浅裂，裂片顶端常渐尖或稀在 2 裂片间亦有 1 长尖头而呈十角形，在花蕾中折合而旋转；雄蕊 5，花丝下部贴于花冠筒内而上部分离，不伸出或稍伸出花冠筒，花药纵缝裂开；子房 2 室，每室由从背缝线伸出的假隔膜而再分成 2 室，则成不完全 4 室，花柱丝状，柱头膨大，2 浅裂。蒴果，规则或不规则 4 瓣裂，或浆果状，表面生硬针刺或无针刺而光滑。种子多数，扁肾形或近圆形；胚极弯曲。

　　本属约有 16 种，多数分布于热带和亚热带地区，少数分布于温带地区。我国有 4 种，南北各地均有分布，野生或栽培。该属植物是提取莨菪碱和东莨菪碱的资源植物。

　　潜江市有 1 种。

248. 曼陀罗 *Datura stramonium* L.

【别名】枫茄花、狗核桃、万桃花、洋金花、野麻子、醉心花、闹羊花、赛斯哈塔肯（维吾尔族语）。

【植物形态】草本或半灌木状，高 0.5～1.5 米，全体近平滑或在幼嫩部分被短柔毛。茎粗壮，圆柱状，淡绿色或带紫色，下部木质化。叶广卵形，顶端渐尖，基部不对称楔形，边缘有不规则波状浅裂，裂片顶端急尖，有时亦有波状齿，侧脉每边 3～5 条，直达裂片顶端，长 8～17 厘米，宽 4～12 厘米；叶柄长 3～5 厘米。花单生于枝杈间或叶腋，直立，有短梗；花萼筒状，长 4～5 厘米，筒部有 5 棱角，两棱间稍向内陷，基部稍膨大，顶端紧围花冠筒，5 浅裂，裂片三角形，花后自近基部断裂，宿存部分随果实而增大并向外反折；花冠漏斗状，下半部带绿色，上部白色或淡紫色，檐部 5 浅裂，裂片有短尖头，长 6～10 厘米，檐部直径 3～5 厘米；雄蕊不伸出花冠，花丝长约 3 厘米，花药长约 4 毫米；子房密生柔针毛，花柱长约 6 厘米。蒴果直立生，卵状，长 3～4.5 厘米，直径 2～4 厘米，表面生有坚硬针刺或有时无刺而近光滑，成熟后淡黄色，规则 4 瓣裂。种子卵圆形，稍扁，长约 4 毫米，黑色。花期 6—10 月，果期 7—11 月。

【生长环境】常生于住宅旁、路边或草地上，也有作药用或观赏植物。全株有毒。潜江市竹根滩镇有发现，少见。

【药用部位】根、叶、种子。

【采收加工】根：夏、秋季挖取，洗净，鲜用或晒干。叶：7—8 月采收，鲜用或晒干、烘干。种子：夏、秋季果实成熟时采收，亦可晒干后倒出种子。

【性味归经】根：味辛、苦，性温；有毒。叶：味苦、辛，性温；有毒。种子：味辛、苦，性温；有毒。

【功能主治】根：镇咳，止痛，拔脓。叶：镇咳平喘，止痛拔脓。子：平喘，祛风，止痛。含莨菪碱，药用有镇痉、镇静、镇痛、麻醉之功效。

枸杞属 *Lycium* L.

灌木，通常有棘刺，稀无刺。单叶互生或因侧枝极度缩短而数枚簇生，条状圆柱形或扁平，全缘，有叶柄或近无柄。花有梗，单生于叶腋或簇生于极度缩短的侧枝上；花萼钟状，具不等大的 2 ～ 5 萼齿或裂片，在花蕾中镊合状排列，花后不甚增大，宿存；花冠漏斗状，稀筒状或近钟状，檐部 5 裂，稀 4 裂，裂片在花蕾中覆瓦状排列，基部有明显的耳片或耳片不明显，筒部常在喉部扩大；雄蕊 5，着生于花冠筒的中部或中部之下，伸出或不伸出花冠，花丝基部稍上处有一圈茸毛或无毛，花药长椭圆形，药室平行，纵缝裂开；子房 2 室，花柱丝状，柱头 2 浅裂，胚珠多数或少数。浆果，具肉质的果皮。种子多数或由于不发育仅有少数，扁平，种皮骨质，密布网纹状凹穴；胚弯曲成大于半圆的环，位于周边，子叶半圆棒状。

本属约有 80 种，主要分布于南美洲，少数种类分布于欧亚大陆温带地区。我国有 7 种 3 变种，主要分布于北部地区。

潜江市有 1 种。

249. 枸杞 *Lycium chinense* Mill.

【别名】枸杞菜、红珠仔刺、牛吉力、狗牙子、狗牙根、狗奶子。

【植物形态】多分枝灌木，高 0.5 ～ 1 米，栽培时可达 2 米多；枝条细弱，弓状弯曲或俯垂，淡灰色，有纵条纹，棘刺长 0.5 ～ 2 厘米，生叶和花的棘刺较长，小枝顶端锐尖呈棘刺状。叶纸质或栽培者质稍厚，单叶互生或 2 ～ 4 枚簇生，卵形、卵状菱形、长椭圆形、卵状披针形，顶端急尖，基部楔形，长 1.5 ～ 5 厘米，宽 0.5 ～ 2.5 厘米，栽培者较大，可长达 10 厘米，宽达 4 厘米；叶柄长 0.4 ～ 1 厘米。花在长枝上单生或双生于叶腋，在短枝上则同叶簇生；花梗长 1 ～ 2 厘米，向顶端渐增粗。花萼长 3 ～ 4 毫米，通常 3 中裂或 4 ～ 5 齿裂，裂片多少有缘毛；花冠漏斗状，长 9 ～ 12 毫米，淡紫色，筒部向上骤然扩大，稍短于或近等于檐部裂片，5 深裂，裂片卵形，顶端圆钝，平展或稍向外反曲，边缘有缘毛，基部耳显著；雄蕊较花冠稍短，或因花冠裂片外展而伸出花冠，花丝在近基部处密生一圈茸毛并交织成椭圆状的毛丛，与毛丛等高处的花冠筒内壁亦密生一环茸毛；花柱稍伸出雄蕊，上端弯曲，柱头绿色。浆果红色，卵状，栽培者可成长矩圆状或长椭圆状，顶端尖或钝，长 7 ～ 15 毫米，栽培者长可达 2.2 厘米，直径 5 ～ 8 毫米。种子扁肾形，长 2.5 ～ 3 毫米，黄色。花果期 6—11 月。

【生长环境】常生于山坡、荒地、丘陵地、盐碱地、路旁及村边宅旁。潜江市少见。

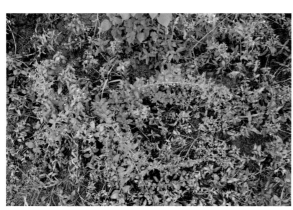

【药用部位】根皮。

【采收加工】早春、晚秋采挖根部，洗净泥土，剥取皮部，晒干；或将鲜根切成6～10厘米长的小段再纵剖至木质部，置蒸笼中略加热，待皮易剥离时取出，剥下皮部，晒干。

【性味归经】味甘，性寒；归肺、肾经。

【功能主治】清虚热，泻肺火，凉血。果实（中药称"枸杞子"），药用功能与宁夏枸杞同；根皮（中药称"地骨皮"），有解热止咳之功效。

烟草属 *Nicotiana* L.

一年生草本、亚灌木或灌木，常有腺毛。叶互生，有叶柄或无，叶片不分裂，全缘或稀波状。花序顶生，圆锥式或总状式聚伞花序；花有苞片或无。花萼整齐或不整齐，卵状或筒状钟形，5裂，果时常宿存并稍增大，不完全或完全包围果实；花冠整齐或稍不整齐，筒状、漏斗状或高脚碟状，筒部伸长或稍宽，檐5裂至几乎全缘，在花蕾中卷折状或稀覆瓦状，开花时直立、开展或外弯；雄蕊5，插生于花冠筒中部以下，不伸出或伸出花冠，不等长或近等长，花丝丝状，花药纵缝裂开；花盘环状；子房2室，花柱具2裂柱头。蒴果2裂至中部或近基部。种子多数，压扁，胚几乎通直或多少弯曲，子叶半棒状。

本属约有60种，分布于南美洲、北美洲和大洋洲。我国栽培4种。

潜江市有1种。

250. 烟草 *Nicotiana tabacum* L.

【别名】烟叶。

【植物形态】一年生或有限多年生草本，全体被腺毛；根粗壮。茎高0.7～2米，基部稍木质化。叶矩圆状披针形、披针形、矩圆形或卵形，顶端渐尖，基部渐狭至茎成耳状而半抱茎，长10～30（70）厘米，宽8～15（30）厘米，柄不明显或成翅状柄。花序顶生，圆锥状，多花；花梗长5～20毫米。花萼筒状或筒状钟形，长20～25毫米，裂片三角状披针形，长短不等；花冠漏斗状，淡红色，筒部色更淡，稍弯曲，长3.5～5厘米，檐部宽1～1.5厘米，裂片急尖；雄蕊中1枚显著较其余4枚短，不伸出花冠喉部，花丝基部有毛。蒴果卵状或矩圆状，长约等于宿存花萼。种子圆形或宽矩圆形，直径约0.5毫米，褐色。夏秋季开花结果。

【生长环境】我国南北各地广为栽培。可作为烟草工业的原料。潜江市总口镇有发现。

【药用部位】叶。

【采收加工】常于 7 月间，当烟叶由深绿色变成淡黄色，叶尖下垂时，按叶的成熟先后，分数次采摘，采后先晒干或烘干，再经回潮、发酵、干燥后即可，亦可鲜用。

【性味归经】味辛，性温；有毒。

【功能主治】行气止痛，燥湿，消肿，解毒杀虫。全株可作农药杀虫剂；亦可药用，有麻醉、发汗、镇静和催吐之功效。

酸浆属 *Physalis* L.

一年生或多年生草本，基部略木质，无毛或被柔毛，稀有星芒状柔毛。叶不分裂或有不规则的深波状齿，稀羽状深裂，互生或在枝上端大小不等二叶双生。花单生于叶腋或枝腋。花萼钟状，5 浅裂或中裂，裂片在花蕾中镊合状排列，果时增大成膀胱状，远较浆果大，完全包围浆果，有 10 纵肋，5 或 10 棱形，膜质或革质，顶端闭合基部常凹陷；花冠白色或黄色，辐状或辐状钟形，有褶襞，5 浅裂或仅 5 角形，裂片在花蕾中成内向镊合状，后来折合而旋转；雄蕊 5，较花冠短，插生于花冠近基部，花丝丝状，基部扩大，花药椭圆形，纵缝裂开；花盘不显著或不存在；子房 2 室，花柱丝状，柱头不显著 2 浅裂；胚珠多数。浆果球状，多汁。种子多数，扁平，盘形或肾形，有网纹状凹穴；胚极弯曲，位于近周边处；子叶半圆棒形。

本属约有 120 种，大多数分布于美洲热带及温带地区，少数分布于欧亚大陆及东南亚地区。我国有 5 种 2 变种。

潜江市有 1 种。

251. 苦蘵 *Physalis angulata* L.

【别名】灯笼泡、灯笼草。

【植物形态】一年生草本，被疏短柔毛或近无毛，高常 30～50 厘米；茎多分枝，分枝纤细。叶柄长 1～5 厘米，叶片卵形至卵状椭圆形，顶端渐尖或急尖，基部阔楔形或楔形，全缘或有不等大的齿，两面近无毛，长 3～6 厘米，宽 2～4 厘米。花梗长 5～12 毫米，纤细，和花萼一样生短柔毛，长 4～5 毫米，5 中裂，裂片披针形，生缘毛；花冠淡黄色，喉部常有紫色斑纹，长 4～6 毫米，直径 6～8 毫米；花药蓝紫色或有时黄色，长约 1.5 毫米。果萼卵球形，直径 1.5～2.5 厘米，薄纸质，浆果直径约 1.2 厘米。种子圆盘形，长约 2 毫米。花果期 5—12 月。

【生长环境】常生于田野、沟边、山坡草地、林下或路旁水边，亦普遍栽培。分布于我国华东、华中、华南及西南地区，日本、印度、澳大利亚和美洲亦有分布。潜江市渔洋镇有发现，多地可见。

【药用部位】全草。

【采收加工】夏、秋季采收，鲜用或晒干。

【性味归经】味苦、酸，性寒。

【功能主治】清热，利尿，解毒，消肿。

茄属 *Solanum* L.

草本、亚灌木、灌木至小乔木，有时为藤本。无刺或有刺，无毛或被单毛、腺毛、树枝状毛、星状毛及具柄星状毛。叶互生，稀双生，全缘，波状或作各种分裂，稀为复叶。花组成顶生、侧生、腋生、假腋生、腋外生或对叶生的聚伞花序，蝎尾状、伞状聚伞花序或聚伞式圆锥花序，少数为单生。花两性，全部能孕或仅在花序下部的为能孕花，上部的雌蕊退化而趋于雄性；花萼通常 4～5 裂，稀在果时增大，但不包被果实；花冠星状辐形，星形或漏斗状辐形，多半白色，有时为青紫色，稀紫红色或黄色，开放前常折叠，（4）5 浅裂、半裂、深裂或几不裂；花冠筒短；雄蕊 5 枚（海南茄为 4 枚），着生于花冠筒喉部，花丝短，间或其中一枚较长，常较花药短，稀较花药长，无毛或在内侧具尖的多细胞的长毛，花药内向，长椭圆形、椭圆形或卵状椭圆形，顶端延长或不延长成尖头，通常贴合成一圆筒，顶孔开裂，孔向外或向上，稀向内；子房 2 室，胚珠多数，花柱单一，直或微弯，被毛或无毛，柱头圆钝，极少数为 2 浅裂。浆果或大或小，多半为近球状、椭圆状、稀扁圆状至倒梨状，黑色、黄色、橙色至珠红色，果内石细胞粒存在或不存在；种子近卵形至肾形，通常两侧压扁，外面具网纹状凹穴。

本属约有 2000 种，分布于热带及亚热带地区，少数分布于温带地区，主要产于南美洲的热带地区。我国有 39 种 14 变种。

潜江市有 4 种。

252. 白英 *Solanum lyratum* Thunberg

【别名】毛母猪藤、排风藤、生毛鸡屎藤、白荚、北风藤、蔓茄、山甜菜。

【植物形态】草质藤本，长 0.5～1 米，茎及小枝均密被具节长柔毛。叶互生，多数为琴形，长 3.5～5.5 厘米，宽 2.5～4.8 厘米，基部常 3～5 深裂，裂片全缘，侧裂片越接近基部越小，先端钝，中裂片较大，通常卵形，先端渐尖，两面均被白色发亮的长柔毛，中脉明显，侧脉在下面较清晰，通常每边 5～7 条；少数在小枝上部的为心形，小，长 1～2 厘米；叶柄长 1～3 厘米，被有与茎枝相同的毛被。聚伞花序顶生或腋外生，疏花，总花梗长 2～2.5 厘米，被具节的长柔毛，花梗长 0.8～1.5 厘米，无毛，顶端稍膨大，基部具关节；花萼环状，直径约 3 毫米，无毛，萼齿 5 枚，圆形，顶端具短尖头；花冠蓝紫色或白色，直径约 1.1 厘米，花冠筒隐于花萼内，长约 1 毫米，冠檐长约 6.5 毫米，5 深裂，裂片椭圆状披针形，长约 4.5 毫米，先端被微柔毛；花丝长约 1 毫米，花药长圆形，长约 3 毫米，顶孔略向上；子房卵形，直径不及 1 毫米，花柱丝状，长约 6 毫米，柱头小，头状。浆果球状，成熟时红黑色，直径约 8 毫米；种子近盘形，扁平，直径约 1.5 毫米。花期夏、秋季，果期秋末。

【生长环境】喜生于山谷草地或路旁、田边，海拔 600～2800 米。潜江市周矶街道有发现。

【药用部位】全草。

【采收加工】夏、秋季采收，鲜用或晒干。

【性味归经】味甘、苦，性寒；有小毒；归肝、胆、肾经。

【功能主治】清热利湿，解毒消肿。用于湿热黄疸，胆囊炎，胆石症，肾炎水肿，风湿关节痛，妇女湿热带下，小儿高热惊搐，痈肿瘰疬，湿疹瘙痒，带状疱疹。

253. 茄 *Solanum melongena* L.

【别名】白茄、茄子、紫茄、落苏、矮瓜、大圆茄、长弯茄。

【植物形态】直立分枝草本至亚灌木，高可达 1 米。小枝、叶柄及花梗均被 6～8（10）分枝，平贴或具短柄的星状茸毛，小枝多为紫色（野生的往往有皮刺），渐老则毛被逐渐脱落。叶大，卵形至长圆状卵形，长 8～18 厘米或更长，宽 5～11 厘米或更宽，先端钝，基部不相等，边缘浅波状或深波状圆裂，上面被 3～7（8）分枝短而平贴的星状茸毛，下面密被 7～8 分枝较长而平贴的星状茸毛，侧脉每边 4～5 条，在上面疏被星状茸毛，在下面则较密，中脉的毛被与侧脉的相同（野生种的中脉及侧脉在两面均具小皮刺），叶柄长 2～4.5 厘米（野生的具皮刺）。能孕花单生，花柄长 1～1.8 厘米，毛被较密，花后常下垂，

不孕花蝎尾状与能孕花并出；花萼近钟状，直径约 2.5 厘米或稍大，外面密被与花梗相似的星状茸毛及小皮刺，皮刺长约 3 毫米，萼裂片披针形，先端锐尖，内面疏被星状茸毛，花冠辐状，外面星状毛被较密，内面仅裂片先端疏被星状茸毛，花冠筒长约 2 毫米，冠檐长约 2.1 厘米，裂片三角形，长约 1 厘米；花丝长约 2.5 毫米，花药长约 7.5 毫米；子房圆形，顶端密被星状毛，花柱长 4～7 毫米，中部以下被星状茸毛，柱头浅裂。果的形状大小变异极大（浆果较大，圆形或圆柱状，紫色或白色，因品种而异）。

【生长环境】我国各地均有栽培。潜江市各地均可见。

【药用部位】果实。

【采收加工】夏、秋季果熟时采收。

【性味归经】味甘，性凉；归脾、胃、大肠经。

【功能主治】清热，活血，消肿。用于肠风下血，热毒疮痈，皮肤溃疡。

254. 龙葵 *Solanum nigrum* L.

【别名】天茄菜、飞天龙、地泡子、白花菜、小果果、野茄秧、山辣椒。

【植物形态】一年生直立草本，高 0.25～1 米，茎无棱或棱不明显，绿色或紫色，近无毛或被微柔毛。叶卵形，长 2.5～10 厘米，宽 1.5～5.5 厘米，先端短尖，基部楔形至阔楔形而下延至叶柄，全缘或每边具不规则的波状粗齿，光滑或两面均被稀疏短柔毛，叶脉每边 5～6 条，叶柄长 1～2 厘米。蝎尾状花序腋外生，由 3～6（10）花组成，总花梗长 1～2.5 厘米，花梗长约 5 毫米，近无毛或具短柔毛；花萼小，浅杯状，直径 1.5～2 毫米，齿卵圆形，先端圆，基部两齿连接处成角度；花冠白色，筒部隐于花萼内，长不及 1 毫米，冠檐长约 2.5 毫米，5 深裂，裂片卵圆形，长约 2 毫米；花丝短，花药黄色，长约 1.2 毫米，约为花丝长度的 4 倍，顶孔向内；子房卵形，直径约 0.5 毫米，花柱长约 1.5 毫米，中部以下被白色茸毛，柱头小，头状。浆果球形，直径约 8 毫米，熟时黑色。种子多数，近卵形，直径 1.5～2 毫米，两侧压扁。花果期 4—11 月。

【生长环境】喜生于田边、荒地及村庄附近。潜江市周矶街道荆桥村有发现。

【药用部位】全草。

【采收加工】春、夏、秋季采收，鲜用或晒干。

【性味归经】味微苦，性寒。

【功能主治】清热解毒，利湿消肿。用于高血压，痢疾，热淋，目赤，咽喉肿痛，疔疮疖肿。

255. 珊瑚樱 *Solanum pseudocapsicum* L.

【别名】吉庆果、冬珊瑚、假樱桃。

【植物形态】直立分枝小灌木，高达2米，全株光滑无毛。叶互生，狭长圆形至披针形，长1～6厘米，宽0.5～1.5厘米，先端尖或钝，基部狭楔形下延成叶柄，边全缘或波状，两面均光滑无毛，中脉在下面凸出，侧脉6～7对，在下面更明显；叶柄长2～5毫米，与叶片不能截然分开。花多单生，很少成蝎尾状花序，无总花梗或近无总花梗，腋外生或近对叶生，花梗长3～4毫米；花小，白色，直径0.8～1厘米；花萼绿色，直径约4毫米，5裂，裂片长约1.5毫米；花冠筒隐于花萼内，长不及1毫米，冠檐长约5毫米，裂片5，卵形，长约3.5毫米，宽约2毫米；花丝长不及1毫米，花药黄色，矩圆形，长约2毫米；子房近圆形，直径约1毫米，花柱短，长约2毫米，柱头截形。浆果橙红色，直径1～1.5厘米，花萼宿存，果柄长约1厘米，顶端膨大。种子盘状，扁平，直径2～3毫米。花期初夏，果期秋末。

【生长环境】生于田边、路旁、丛林中或水沟边。潜江市渔洋镇丛家村有发现。

【药用部位】根。

【采收加工】秋季采挖，晒干。

【性味归经】味辛、微苦，性温；有毒。

【功能主治】活血止痛。用于腰肌劳损，闪挫扭伤。

七十八、玄参科　Scrophulariaceae

草本、灌木或少有乔木。叶互生、下部对生而上部互生，或全对生，或轮生，无托叶。花序总状、穗状或聚伞状，常合成圆锥花序，向心或更多离心。花常不整齐；花萼下位，常宿存，5（少有4）基数；花冠4～5裂，裂片多少不等或作二唇形；雄蕊常4枚，而有1枚退化，少有2～5枚或更多，药室1～2，药室分离或多少汇合；花盘常存在，环状、杯状或小而似腺；子房2室，极少仅有1室；花柱简单，柱头头状或2裂或2片状；胚珠多数，少有各室2枚，倒生或横生。果为蒴果，少有浆果状，具生于1游离的中轴上或着生于果爿边缘的胎座上；种子细小，有时具翅或有网状种皮，脐点侧生或在腹面，胚乳肉质或缺少；胚伸直或弯曲。

本科约有 200 属 3000 种，广布于全球各地。我国有 56 属。

潜江市有 5 属 6 种。

母草属 *Lindernia* All.

草本，直立、倾卧或匍匐。叶对生，有柄或无，形状多变，常有齿，稀全缘，脉羽状或掌状。花常对生，稀单生，生于叶腋之中或在茎枝顶端形成疏总状花序，有时短缩而成假伞形花序，偶有大型圆锥花序者；常具花梗，无小苞片；萼具 5 齿，齿相等或微不等，有深裂、半裂或萼有管而多少单面开裂，其开裂不及一半；花冠紫色、蓝色或白色，二唇形，上唇直立，微 2 裂，下唇较大而伸展，3 裂；雄蕊 4 枚，均有性，也有前方一对退化而无药，其花丝常有齿状、丝状或棍棒状附属物，其花药互相贴合或下方药室顶端有刺尖或距；花柱顶端常膨大，多为二片状。蒴果球形、矩圆形、椭圆形、卵圆形、圆柱形或条形；种子小，多数。

本属约有 70 种，主要分布于亚洲的热带和亚热带地区，美洲和欧洲也有少数种。我国约有 26 种。

潜江市有 1 种。

256. 宽叶母草 *Lindernia nummulariifolia*（D. Don）Wettstein

【别名】圆叶母草。

【植物形态】一年生草本，高 5 ～ 15 厘米。根须状。茎直立，不分枝或有时多枝丛密，枝倾卧后上升，茎枝四方形，棱上有短毛。叶对立；无柄或有短柄；叶片宽卵形或近圆形，长 0.5 ～ 2 厘米，宽 0.4 ～ 1.5 厘米。先端圆钝，基部宽楔形或近心形，边缘有浅圆锯齿，齿端有小突尖，侧脉 2 ～ 3 对于基部发出。伞形花序顶生或腋生，仅顶生者有总花梗，花有梗或无梗，两种类型有时出现在同一植株上；无小苞片；萼齿 5，长约 3 毫米，分裂至中部，裂片披针形；花冠紫色，少有蓝色或白色，上唇直立，卵形，下唇开展，3 裂；雄蕊 4，全育，前面 1 对花丝基部有齿状附属物。蒴果长椭圆形，先端渐尖，比宿存花萼长约 2 倍。种子棕褐色。花期 7—9 月，果期 8—11 月。

【生长环境】生于海拔 1800 米以下的田边、沟旁等湿润处。潜江市森林公园有发现。

【药用部位】全草。

【采收加工】春、夏季采收，鲜用或晒干。

【性味归经】味苦，性凉。

【功能主治】凉血解毒，散瘀消肿。用于咯血，疔疮肿毒，蛇咬伤，跌打损伤。

通泉草属 *Mazus* Lour.

矮小草本。茎圆柱形，少为四方形，直立或倾卧，着地部分节上常生不定根。叶以基生为主，多为莲座状或对生，茎上部的多为互生，叶匙形、倒卵状匙形或圆形，少为披针形，基部逐渐狭窄成有翅的叶柄，边缘有锯齿，少全缘或羽裂。花小，排列成顶生稍偏向一边的总状花序；苞片小，小苞片有或无；花萼漏斗状或钟状，萼齿 5 枚；花冠二唇形，紫白色，筒部短，上部稍扩大，上唇直立，2 裂，下唇较大，扩展，3 裂，有褶襞 2 条，从喉部通至上下唇裂口；雄蕊 4 枚，二强，着生于花冠筒上，药室极叉开；子房有毛或无毛，花柱无毛，柱头二片状。蒴果被包于宿存的花萼内，球形或多少压扁，室背开裂；种子小，极多数。

本属约有 35 种，分布于中国、印度、朝鲜、日本、蒙古人民共和国等地，南到越南、菲律宾、印度尼西亚、马来西亚、大洋洲至新西兰。我国约有 22 种，除新疆、青海、山西外各地均有分布，但比较集中分布于西南、华中地区。

潜江市有 1 种。

257. 通泉草 *Mazus pumilus*（N. L. Burm.）Steenis

【别名】脓泡药、汤湿草、猪胡椒、野田菜、鹅肠草、五瓣梅、猫脚迹、尖板、猫儿草。

【植物形态】一年生草本，高 3 ～ 30 厘米，无毛或疏生短柔毛。主根伸长，垂直向下或短缩，须根纤细，多数，散生或簇生。本种在体态上变化幅度很大，茎 1 ～ 5 支或有时更多，直立，上升或倾卧状上升，着地部分节上常能长出不定根，分枝多而披散，少不分枝。基生叶少至多数，有时成莲座状或早落，倒卵状匙形至卵状倒披针形，膜质至薄纸质，长 2 ～ 6 厘米，顶端全缘或有不明显的疏齿，基部楔形，下延成带翅的叶柄，边缘具不规则的粗齿或基部有 1 ～ 2 片浅羽裂；茎生叶对生或互生，少数，与基生叶相似或几乎等大。总状花序生于茎、枝顶端，常在近基部生花，伸长或上部成束状，通常 3 ～ 20 朵，花稀疏；花梗在果期长达 10 毫米，上部的较短；花萼钟状，花期长约 6 毫米，果期多少增大，萼片与萼筒近等长，卵形，先端急尖，脉不明显；花冠白色、紫色或蓝色，长约 10 毫米，上唇裂片卵状三角形，下唇中裂片较小，稍凸出，倒卵圆形；子房无毛。蒴果球形；种子小而多数，黄色，种皮上有不规则的网纹。花果期 4—10 月。

【生长环境】生于海拔 2500 米以下的湿润草坡、沟边、路旁及林缘。潜江市熊口镇有发现。

【药用部位】全草。

【采收加工】春、夏、秋季均可采收，洗净，鲜用或晒干。

【性味归经】味苦、微甘，性凉。

【功能主治】清热解毒，利湿通淋，健脾消积。用于热毒痈肿，脓疱疮，疔疮，烧烫伤，尿路感染，腹水，黄疸型肝炎，消化不良，小儿疳积。

泡桐属 *Paulownia* Sieb. et Zucc.

落叶乔木，但在热带为常绿，树冠圆锥形、伞形或近圆柱形，幼时树皮平滑而具显著皮孔，老时纵裂；通常假二歧分枝，枝对生，常无顶芽；除老枝外全体均被毛，毛有各种类型，如星状毛、树枝状毛、多节硬毛、黏质腺毛等，有些种类密被星状毛和树枝状毛，肉眼观察似茸毛，故统称茸毛，某些种在幼时或营养枝上密生黏质腺毛或多节硬毛。叶对生，大而有长柄，生长旺盛的新枝上有时3枚轮生，心形至长卵状心形，基部心形，全缘、波状或3～5浅裂，在幼株中常具锯齿，多毛，无托叶。花1～8朵排列成小聚伞花序，具总花梗或无，但因经冬叶状总苞和苞片脱落而多数小聚伞花序组成大型花序，花序枝的侧枝长短不一，使花序成圆锥形、金字塔形或圆柱形；花萼钟状或基部渐狭而为倒圆锥状，被毛；萼齿5，稍不等，后方1枚较大；花冠大，紫色或白色，花冠管基部狭缩，通常在离基部5～6毫米处向前驼曲或弯曲，曲处以上突然膨大或逐渐扩大，花冠漏斗状钟形至管状漏斗形，腹部有2条纵褶（仅白花泡桐无明显纵褶），内面常有深紫色斑点，在纵褶隆起处黄色，檐部二唇形，上唇2裂，多少向后翻卷，下唇3裂，伸长；雄蕊4枚，二强，不伸出，花丝近基处扭卷，药叉分；花柱上端微弯，约与雄蕊等长，子房2室。蒴果卵圆形、卵状椭圆形、椭圆形或长圆形，室背开裂，2片裂或不完全4片裂，果皮较薄或较厚而木质化；种子小而多，有膜质翅，具少量胚乳。

本属共有7种，均产于我国，除东北北部、内蒙古、新疆北部、西藏等地外，全国各地均有分布，栽培或野生，有些地区正在引种。白花泡桐在越南、老挝也有分布，有些种类已在世界许多国家引种栽培，主要用其木材。

潜江市1种。

258. 毛泡桐 *Paulownia tomentosa*（Thunb.）Steud.

【别名】紫花桐。

【植物形态】乔木，高达20米，树冠宽大伞形，树皮灰褐色；小枝有明显皮孔，幼时常具黏质短腺毛。叶片心形，长达40厘米，顶端锐尖头，全缘或波状浅裂，上面毛稀疏，下面毛密或较疏，老叶下面的灰褐色树枝状毛常具柄和 3 ～ 12 条细长丝状分枝，新枝上的叶较大，其毛常不分枝，有时具黏质腺毛；叶柄常有黏质短腺毛。花序枝的侧枝不发达，长约中央主枝之半或稍短，故花序为金字塔形或狭圆锥形，长一般在 50 厘米以下，少有更长，小聚伞花序的总花梗长 1 ～ 2 厘米，几与花梗等长，具花 3 ～ 5 朵；花萼浅钟状，长约 1.5 厘米，外面茸毛不脱落，分裂至中部或裂过中部，萼齿卵状长圆形，在花中锐头或稍钝头至果中钝头；花冠紫色，漏斗状钟形，长 5 ～ 7.5 厘米，在离管基部约 5 毫米处弯曲，向上突然膨大，外面有腺毛，内面几无毛，檐部二唇形，直径约 5 厘米；雄蕊长达 2.5 厘米；子房卵圆形，有腺毛，花柱短于雄蕊。蒴果卵圆形，幼时密生黏质腺毛，长 3 ～ 4.5 厘米，宿存花萼不反卷，果皮厚约 1 毫米；种子连翅长 2.5 ～ 4 毫米。花期 4—5 月，果期 8—9 月。

【生长环境】通常栽培，西部地区有野生。海拔可达 1800 米。潜江市森林公园有栽培。

【药用部位】树皮。

【采收加工】全年均可采收，鲜用或晒干。

【性味归经】味苦，性寒。

【功能主治】祛风除湿，解毒消肿。用于风湿热痹，淋证，丹毒，痔疮肿毒，肠风下血，外伤肿痛，骨折。

玄参属 *Scrophularia* L.

多年生草本或半灌木状草本，少为一年生草本。叶对生或很少上部的叶互生。花先组成聚伞花序，后者可单生于叶腋或可再组成顶生聚伞圆锥花序、穗状花序或近头状花序。花萼 5 裂，花冠通常二唇形，在我国种类中上唇常较长而具 2 裂片，下唇具 3 裂片，除中裂片向外反曲外，其余 4 裂片均近直立；发育雄蕊 4，多少呈二强，内藏或伸出花冠之外，花丝基部贴生于花冠筒，花药汇合成一室，横生于花丝顶端，退化雄蕊微小，位于上唇一方；子房周围有花盘，花柱与子房等长或过之，柱头通常很小，子房具 2室，中轴胎座，胚珠多数。蒴果室间开裂，种子多数。

本属有 200 种以上，分布于欧亚大陆的温带地区，地中海地区尤多，在美洲只有少数种。

潜江市有 1 种。

259. 玄参 *Scrophularia ningpoensis* Hemsl.

【别名】黑参、八稍麻、水萝卜、浙玄参、元参。

【植物形态】高大草本，可达 1 米。支根数条，纺锤形或胡萝卜状膨大，粗 3 厘米以上。茎四棱形，有浅槽，无翅或有极狭的翅，无毛或多少有白色卷毛，常分枝。叶在茎下部多对生而具柄，上部的有时互生而柄极短，柄长者达 4.5 厘米，叶片多变化，多为卵形，有时上部的为卵状披针形至披针形，基部楔形、圆形或近心形，边缘具细锯齿，稀为不规则的细重锯齿，大者长达 30 厘米，宽达 19 厘米，上部最狭者长约 8 厘米，宽仅 1 厘米。花序为疏散的大圆锥花序，由顶生和腋生的聚伞圆锥花序合成，长可达 50 厘米，但在较小的植株中，仅有顶生聚伞圆锥花序，长不及 10 厘米，聚伞花序常二至四回复出，花梗长 3 ～ 30 毫米，有腺毛；花褐紫色，花萼长 2 ～ 3 毫米，裂片圆形，边缘稍膜质；花冠长 8 ～ 9 毫米，花冠筒多少球形，上唇约长于下唇 2.5 毫米，裂片圆形，相邻边缘相互重叠，下唇裂片多少卵形，中裂片稍短；雄蕊稍短于下唇，花丝肥厚，退化雄蕊大而近圆形；花柱长约 3 毫米，稍长于子房。蒴果卵圆形，连同短喙长 8 ～ 9 毫米。花期 6—10 月，果期 9—11 月。

【生长环境】生于海拔 1700 米以下的竹林、溪旁、丛林及高草丛中，并有栽培。潜江市竹根滩镇有栽培。

【药用部位】根。

【采收加工】冬季茎叶枯萎时采挖，除去根茎、幼芽、须根及泥沙，晒或烘至半干，堆放 3 ～ 6 天，反复数次至干燥。

【性味归经】味甘、苦、咸，性微寒；归肺、胃、肾经。

【功能主治】清热凉血，滋阴降火，解毒散结。用于热入营血，温毒发斑，热病伤阴，舌绛烦渴，津伤便秘，骨蒸劳嗽，目赤，咽痛，白喉，瘰疬，疮痈肿毒。

婆婆纳属 *Veronica* L.

多年生草本而有根状茎或一年生、二年生草本而无根状茎，有时基部木质化。叶多数为对生，少为轮生和互生。总状花序顶生或侧生叶腋，在有些种中，花密集呈穗状，有的很短而呈头状。花萼深裂，裂片 4 或 5 枚，如 5 枚则后方（近轴面）那 1 枚小得多，有的种萼 4 裂，深度不等；花冠具很短的筒部，近辐状，或花冠筒部明显，长占总长的 1/2 ～ 2/3，裂片 4 枚，常开展，不等宽，后方 1 枚最宽，前方 1 枚最窄，有时稍稍二唇形；雄蕊 2 枚，花丝下部贴生于花冠筒后方，药室叉开或并行，顶端汇合；花柱宿存，柱头头状。蒴果形状各式，稍稍侧扁至明显侧扁几乎如片状，两面各有一条沟槽，顶端微凹或明显凹缺，室背 2 裂。种子每室 1 至多粒，圆形、瓜子形或卵形，扁平而两面稍膨，或为舟状。

本属约有 250 种，广布于全球，主产于欧亚大陆。我国有 61 种，各地均有，但多数种类产于西南山地。

潜江市有 2 种。

260. 阿拉伯婆婆纳 *Veronica persica* Poir.

【别名】波斯婆婆纳、肾子草。

【植物形态】铺散多分枝草本，高 10 ～ 50 厘米。茎密生 2 列多细胞柔毛。叶 2 ～ 4 对（腋内生花的称苞片），具短柄，卵形或圆形，长 6 ～ 20 毫米，宽 5 ～ 18 毫米，基部浅心形，平截或浑圆，边缘具钝齿，两面疏生柔毛。总状花序很长；苞片互生，与叶同型且几乎等大；花梗比苞片长，有的超过 1 倍；花萼花期长仅 3 ～ 5 毫米，果期增大达 8 毫米，裂片卵状披针形，有睫毛状毛，三出脉；花冠蓝色、紫色或蓝紫色，长 4 ～ 6 毫米，裂片卵形至圆形，喉部疏被毛；雄蕊短于花冠。蒴果肾形，长约 5 毫米，宽约 7 毫米，被腺毛，成熟后几乎无毛，网脉明显，凹口角度超过 90°，裂片钝，宿存的花柱长约 2.5 毫米，超出凹口。种子背面具深的横纹，长约 1.6 毫米。花期 3—5 月。

【生长环境】路边及荒野杂草，潜江市各地均可见。

【药用部位】全草。

【采收加工】夏季采收，鲜用或晒干。

【性味归经】味辛、苦、咸，性平。

【功能主治】祛风除湿，壮腰，截疟。用于风湿痹痛，肾虚腰痛，久疟。

261. 水苦荬 *Veronica undulata* Wall.

【别名】水菠菜、水莴苣、芒种草。

【植物形态】多年生（稀一年生）草本，通常全体无毛，茎、花序轴、花萼和蒴果上多少有大头针状腺毛。根茎斜走。茎直立或基部倾斜，不分枝或分枝，高 10～100 厘米。叶无柄，通常叶缘有尖锯齿，上部的半抱茎，多为椭圆形或长卵形，有时为条状披针形，长 2～10 厘米，宽 1～3.5 厘米，全缘或有疏而小的锯齿。花序比叶长，多花；花梗在果期挺直，横叉开，与花序轴几乎成直角，因而花序宽超过 1 厘米，可达 1.5 厘米；花萼裂片卵状披针形，急尖，长约 3 毫米，果期直立或叉开，不紧贴蒴果；花冠浅蓝色，浅紫色或白色，直径 4～5 毫米，裂片宽卵形；雄蕊短于花冠。蒴果近圆形，长宽近相等，几乎与花萼等长，顶端圆钝而微凹，花柱长 1～1.5 毫米。花期 4—9 月。

【生长环境】生于水边及沼地。潜江市高石碑镇陈岭村有发现。

【药用部位】带虫瘿果实的全草。

【采收加工】夏季果实中红虫未逸出前采收有虫瘿的全草，洗净，切碎，鲜用或晒干。

【性味归经】味苦，性凉；归肺、肝、肾经。

【功能主治】清热解毒，活血止血。用于感冒，咽痛，劳伤咯血，痢疾，血淋，月经不调，疮肿，跌打损伤。

七十九、紫葳科　Bignoniaceae

乔木、灌木或木质藤本，稀草本；常具有各式卷须及气生根。叶对生、互生或轮生，单叶或羽叶复叶，稀掌状复叶；顶生小叶或叶轴有时呈卷须状，卷须顶端有时变为钩状或为吸盘而攀援他物；无托叶或具叶状假托叶；叶柄基部或脉腋处常有腺体。花两性，左右对称，通常大而美丽，组成顶生、腋生的聚伞花序、圆锥花序、总状花序或总状式簇生，稀老茎生花；苞片及小苞片存在或早落。花萼钟状、筒状，平截或具 2～5 齿或具钻状腺齿。花冠合瓣，钟状或漏斗状，常二唇形，5 裂，裂片覆瓦状或镊合状排列。能育雄蕊通常 4 枚，具 1 枚后方退化雄蕊，有时能育雄蕊 2 枚，具或不具 3 枚退化雄蕊，稀 5 枚雄蕊均能育，着生于花冠筒上。花盘存在，环状，肉质。子房上位，2 室，稀 1 室，或因隔膜发达而成 4 室；中轴胎座或侧膜胎座；胚珠多数，叠生；花柱丝状，柱头二唇形。蒴果，室间或室背开裂，形状各异，光滑或具刺，通常下垂，稀为肉质不开裂；隔膜各式，圆柱状、板状增厚，稀为"十"字形（横切面），与果瓣平行或垂直。种子通常具翅或两端有束毛，薄膜质，极多数，无胚乳。

本科约有 120 属 650 种，广布于热带、亚热带地区，少数种延伸到温带地区，但欧洲、新西兰不产。我国约有 12 属 35 种，南北各地均产，但大部分种类集中于南方各地。

潜江市有 1 属 1 种。

凌霄属 *Campsis* Lour.

攀援木质藤本，以气生根攀援，落叶。叶对生，为奇数一回羽状复叶，小叶有粗锯齿。花大，红色或橙红色，排列成顶生花束或短圆锥花序。花萼钟状，近革质，不等 5 裂。花冠钟状漏斗形，檐部微呈二唇形，裂片 5，大而开展，半圆形。雄蕊 4，二强，弯曲，内藏。子房 2 室，基部围一大花盘。蒴果，室背开裂，由隔膜上分裂为 2 果瓣。种子多数，扁平，有半透明的膜质翅。

本属有 2 种，一种产于北美洲，另一种产于我国和日本。

潜江市有 1 种。

262. 凌霄 *Campsis grandiflora*（Thunb.）Schum.

【别名】上树龙、五爪龙、接骨丹、过路蜈蚣、藤五加、搜骨风、堕胎花、苕华、紫葳。

【植物形态】攀援藤本。茎木质，表皮脱落，枯褐色，以气生根攀附他物之上。叶对生，为奇数羽状复叶；小叶 7 ～ 9 枚，卵形至卵状披针形，顶端尾状渐尖，基部阔楔形，两侧不等大，长 3 ～ 6（9）厘米，宽 1.5 ～ 3（5）厘米，侧脉 6 ～ 7 对，两面无毛，边缘有粗锯齿；叶轴长 4 ～ 13 厘米；小叶柄长 5（10）毫米。顶生疏散的短圆锥花序，花序轴长 15 ～ 20 厘米。花萼钟状，长 3 厘米，分裂至中部，裂片披针形，长约 1.5 厘米。花冠内面鲜红色，外面橙黄色，长约 5 厘米，裂片半圆形。雄蕊着生于花冠筒近基部，花丝线形，细长，长 2 ～ 2.5 厘米，花药黄色，"个"字形着生。花柱线形，长约 3 厘米，

柱头扁平，2裂。蒴果顶端钝。花期5—8月，果期9—11月。

【生长环境】喜温湿环境，用压条、扦插及分根繁殖。潜江市梅苑有发现。

【药用部位】花。

【采收加工】夏、秋季花盛开时采摘，干燥。

【性味归经】味甘、酸，性寒；归肝、心经。

【功能主治】活血通经，凉血祛风。用于月经不调，闭经癥瘕，产后乳肿，风疹发红，皮肤瘙痒，痤疮。

八十、爵床科　Acanthaceae

草本、灌木或藤本，稀小乔木。叶对生，稀互生，无托叶，极少数羽裂，叶片、小枝和花萼上常有条形或针形的钟乳体。花两性，左右对称，无梗或有梗，通常排列成总状花序、穗状花序、聚伞花序、伸长或头状，有时单生或簇生而不组成花序；苞片通常大，有时有鲜艳色彩（头状花序的属常具总苞片，无小苞片），或小；小苞片2枚或有时退化；花萼通常5裂（包括3深裂，其中2裂至基部，另一裂再3浅裂；2深裂，各裂片再作2、3裂）或4裂，稀多裂或环状而平截，裂片镊合状或覆瓦状排列；花冠合瓣，具长或短的冠管，直或不同程度弯曲，冠管逐渐扩大成喉部，或在不同高度骤然扩大，有高脚碟形、漏斗形、不同长度的多种钟形，冠檐通常5裂，整齐或二唇形，上唇2裂，有时全缘，稀退化成单唇，下唇3裂，稀全缘，冠檐裂片旋转状排列，双盖覆瓦状排列或覆瓦状排列；发育雄蕊4或2枚（稀5枚），通常为二强，后对雄蕊等长或不等长，前对雄蕊较短或消失，着生于冠管或喉部，花丝分离或基部成对连合，或连合成一体的开口雄蕊管，花药背着，稀基着，2室或退化为1室，若为2室，药室邻接或远离，等大或一大一小，平行排列或叠生，一上一下，有时基部有附属物（芒或距），纵向开裂；药隔多样（具短尖头，蝶形），花粉粒具多种类型，大小均有，有长圆球形、圆球形，萌发孔有螺旋孔、3孔、2孔、3孔沟、2孔沟、隐孔等，外壁纹饰有光滑、刺状、不同程度和方式的网状、不同形式和不同结构肋的条状；具不育雄蕊1～3或无；子房上位，其下常有花盘，2室，中轴胎座，每室有2至多枚、倒生、成2行排列的胚珠，花柱单一，柱头通常2裂。蒴果室背开裂为2果爿，或中轴连同爿片基部一同弹起；每室有1～2至多枚胚珠，通常借助珠柄钩（由珠柄生成的钩状物）将种子弹出，仅少数属不具珠柄钩（如山牵牛属、叉柱花属、蛇根叶属、瘤子草属）。种子扁或透镜形，光滑无毛或被毛，若被毛，基部具圆形基区（基区细胞不同于其他表皮细胞）。

全世界约有250属3450种，分布广，有4个主要分布区：印度—马来西亚、非洲、南美巴西和中美洲，此外，还分布至地中海、北美、大洋洲等。爵床科是一个主要分布于热带地区的大科，生境多样，除森林外，还包括乡野、荒漠，甚至为水生红树林的重要组成成分。生活地形复杂，多为热带森林地被，常聚生，一次性结实。本科的重要特征为营养体上常有肉眼可见的点形或条形的钟乳体；繁殖器官和花序类型，合瓣花的花冠形状、是否弯曲、冠檐裂片排列方式，雄蕊数目、花丝分合和长短、花药和药隔的结构、有无附属物、花粉类型等均有极大的变异和多样性；具珠柄钩。

潜江市有1属1种。

爵床属 *Rostellularia* Reichenb.

草本。叶表面散布粗大、通常横列的钟乳体。花无梗，排列成顶生穗状花序；苞片交互对生，每苞片中有花1朵；小苞片和萼裂片与苞片相似，均被缘毛；花萼不等大5裂或等大4裂，后裂片小或消失；花冠短，二唇形，上唇平展，浅2裂，具花柱槽，槽的边缘被缘毛，下唇有隆起的喉凸，裂片覆瓦状排列；雄蕊2枚，花丝扁平，无毛，花药2室，药隔狭而斜，药室一上一下，下方一室有尾状附属物，花粉粒桶形，稍扁，具2个萌发孔，孔的两侧各有1列小球形雕纹，扁平面有网状纹饰；花盘坛状，每侧有方形附属物；子房被丛毛，柱头2裂，裂片不等长。蒴果小，基部具坚实的柄状部分；种子每室2粒，两侧压扁，种皮皱缩，珠柄钩短，顶部明显扩大。

本属约有10种，主要分布于亚洲的热带和亚热带地区，但1种延至非洲的埃塞俄比亚，1种延至澳大利亚昆士兰州。我国有5～6种，大部分产于云南、海南、台湾。

潜江市有1种。

263. 爵床 *Rostellularia procumbens* (L.) Ness

【别名】白花爵床、孩儿草、密毛爵床。

【植物形态】草本，茎基部匍匐，通常有短硬毛，高20～50厘米。叶椭圆形至椭圆状长圆形，长1.5～3.5厘米，宽1.3～2厘米，先端锐尖或钝，基部宽楔形或近圆形，两面常被短硬毛；叶柄短，长3～5毫米，被短硬毛。穗状花序顶生或生于上部叶腋，长1～3厘米，宽6～12毫米；苞片1，小苞片2，均披针形，长4～5毫米，有缘毛；花萼裂片4，线形，约与苞片等长，有膜质边缘和缘毛；花冠粉红色，长7毫米，二唇形，下唇3浅裂；雄蕊2，药室不等高，下方1室有距，蒴果长约5毫米，上部具4粒种子，下部实心似柄状。种子表面有瘤状皱纹。花期7—8月，果期9—10月。

【生长环境】生于山坡林间草丛中，为习见野草。潜江市各地均可见。

【药用部位】全草。

【采收加工】8—9月盛花期采收，割取地上部分，晒干。

【性味归经】味苦、咸、辛，性寒；归肺、肝、膀胱经。

【功能主治】清热解毒，利湿消积，活血止痛。用于感冒发热，咳嗽，咽喉肿痛，目赤肿痛，疳积，湿热泻痢，疟疾，黄疸，浮肿，小便淋浊，筋骨疼痛，跌打损伤，痈疽疔疮，湿疹。

八十一、胡麻科　Pedaliaceae

一年生或多年生草本，稀灌木。叶对生或生于上部的互生，全缘、有齿缺或分裂。花左右对称，单生、腋生或组成顶生的总状花序，稀簇生；花梗短，苞片缺或极小。花萼4～5深裂。花冠筒状，一边鼓胀，呈不明显二唇形，檐部裂片5，花蕾时覆瓦状排列。雄蕊4枚，二强，常有1枚退化雄蕊。花药2室，内向，纵裂。花盘肉质。子房上位或很少下位，2～4室，很少为假1室，中轴胎座，花柱丝形，柱头2浅裂，胚珠多数，倒生。蒴果不开裂，常覆以硬钩刺或翅。种子多数，具薄肉质胚乳及小型劲直的胚。

本科约有14属50种，分布于旧大陆热带与亚热带的沿海地区及沙漠地带，一些种类已在新大陆热带驯化。我国有胡麻属和茶菱属，前者为栽培油料作物，后者为一野生种类。

潜江市有1属1种。

胡麻属 *Sesamum* L.

直立或匍匐草本。叶生于下部的对生，其他的互生或近对生，全缘、有齿缺或分裂。花腋生、单生或数朵丛生，具短柄，白色或淡紫色。花萼小，5深裂。花冠筒状，基部稍鼓胀，檐部裂片5，圆形，近轴的2片较短。雄蕊4，二强，着生于花冠筒近基部，花药箭形，药室2。花盘微凸。子房2室，每室再由一假隔膜分为2室，每室具有多数叠生的胚珠。蒴果矩圆形，室背开裂为2果瓣。种子多数。

本属约有30种，分布于热带非洲和亚洲。我国南北各地栽培1种。

潜江市有1种。

264. 芝麻 *Sesamum indicum* L.

【别名】油麻、胡麻。

【植物形态】一年生直立草本。高60～150厘米，分枝或不分枝，中空或具有白色髓部，微有毛。叶矩圆形或卵形，长3～10厘米，宽2.5～4厘米，下部叶常掌状3裂，中部叶有齿缺，上部叶近全缘；叶柄长1～5厘米。花单生或2～3朵同生于叶腋内。花萼裂片披针形，长5～8毫米，宽1.6～3.5毫米，被柔毛。花冠长2.5～3厘米，筒状，直径1～1.5厘米，长2～3.5厘米，白色而常有紫红色或黄色的彩

晕。雄蕊 4，内藏。子房上位，4 室（云南西双版纳栽培植物可多至 8 室），被柔毛。蒴果矩圆形，长 2～3 厘米，直径 6～12 毫米，有纵棱，直立，被毛，分裂至中部或至基部。种子有黑白之分。花期夏末秋初。

【生长环境】在我国有极久的栽培历史，潜江市各地均可见。

【药用部位】种子。

【采收加工】秋季果实成熟时采割植株，晒干，打下种子，除去杂质，再晒干。

【性味归经】味甘，性平；归肝、肾、大肠经。

【功能主治】补肝肾，益精血，润肠燥。用于精血亏虚，头晕眼花，耳鸣耳聋，须发早白，病后脱发，肠燥便秘。黑芝麻为含有脂肪油的缓和性滋养强壮剂，有滋润、营养之功效，对于高血压也有治疗的作用。

八十二、车前科　Plantaginaceae

一年生、二年生或多年生草本，稀小灌木，陆生、沼生，稀水生。根为直根系或须根系。茎通常变态成紧缩的根茎，根茎通常直立，稀斜升，少数具直立和节间明显的地上茎。叶螺旋状互生，通常排列成莲座状，或于地上茎上互生、对生或轮生；单叶，全缘或具齿，稀羽状或掌状分裂，弧形脉 3～11 条，少数仅有 1 中脉；叶柄基部常扩大成鞘状；无托叶。穗状花序狭圆柱状、圆柱状至头状，偶尔简化为单花，稀总状花序；花序梗通常细长，出自叶腋；每花具 1 苞片。花小，两性，稀杂性或单性，雌雄同株或异株，风媒，少数为虫媒，或闭花受粉。花萼 4 裂，前对萼片与后对萼片常不相等，裂片分生或后对合生，宿存。花冠干膜质，白色、淡黄色或淡褐色，高脚碟状或筒状，筒部合生，檐部（3）4 裂，辐射对称，裂片覆瓦状排列，开展或直立，多数于花后反折，宿存。雄蕊 4，稀 1 或 2，相等或近相等，无毛；花丝贴生于冠筒内面，与裂片互生，丝状，外伸或内藏；花药背着，丁字药，先端骤缩成一个三角形至钻形的小突起，2 药室平行，纵裂，顶端不汇合，基部多少心形；花粉粒球形，表面具网状纹饰，萌发孔 4～15 个。花盘不存在。雌蕊由背腹向 2 心皮合生而成；子房上位，2 室，中轴胎座，稀 1 室基底胎座；胚珠 1～40 个，横生至倒生；花柱 1，丝状，被毛。果通常为周裂的蒴果，果皮膜质，无毛，内含 1～40 粒种子，稀为含 1 种子的骨质坚果。种子盾状着生，卵形、椭圆形、长圆形或纺锤形，腹面隆起、平坦或内凹成船形，无毛；胚直伸，稀弯曲，肉质胚乳位于中央。

本科约有 3 属 200 种，广布于全世界。中国有 1 属 20 种，分布于南北各地。

潜江市有 1 属 1 种。

车前属 *Plantago* L.

一年生、二年生或多年生草本，稀小灌木（中国不产），陆生或沼生。根为直根系或须根系。叶螺旋状互生，紧缩成莲座状，或在茎上互生、对生或轮生；叶片宽卵形、椭圆形、长圆形、披针形、线形至钻形，全缘或具齿，稀羽状或掌状分裂；叶柄长，少数不明显，基部常扩大成鞘状。花序 1 至多数，出自莲座丛或茎生叶的腋部；花序梗细圆柱状；穗状花序细圆柱状、圆柱状至头状，有时简化至单花。苞片及萼片中脉常具龙骨状突起或加厚，有时翅状，两侧片通常干膜质，白色或无色透明。花两性，稀杂性或单性。花冠高脚碟状或筒状，至果期宿存；冠筒初为筒状，后随果的增大而变形，可呈壶状，包裹蒴果；檐部 4 裂，直立、开展或反折；雄蕊 4，着生于冠筒内面，外伸，少数内藏，花药卵形、近圆形、椭圆形或长圆形，开裂后明显增宽，先端骤缩成三角形小突起。子房 2 ~ 4 室，中轴胎座，具 2 ~ 40 枚胚珠。蒴果椭圆球形、圆锥状卵形至近球形，果皮膜质，周裂。种子 1 ~ 40 粒；种皮具网状或疣状突起，含黏液质，种脐生于腹面中部或稍偏向一侧；胚直伸，两子叶背腹向（与种脐一侧相平行）或左右向（与种脐一侧相垂直）排列。

本属有 190 余种，广布于温带及热带地区，向北达北极圈附近。中国有 20 种，其中 2 种为外来入侵杂草，1 种为引种栽培及归化植物。

潜江市有 1 种。

265. 车前 *Plantago asiatica* L.

【别名】蛤蟆草、饭匙草、车轱辘菜、蛤蟆叶、猪耳朵。

【植物形态】二年生或多年生草本。须根多数。根茎短，稍粗。叶基生呈莲座状，平卧、斜展或直立；叶片薄纸质或纸质，宽卵形至宽椭圆形，长 4 ~ 12 厘米，宽 2.5 ~ 6.5 厘米，先端圆钝至急尖，边缘波状、全缘或中部以下有锯齿、牙齿或裂齿，基部宽楔形或近圆形，多少下延，两面疏生短柔毛；脉 5 ~ 7 条；叶

柄长 2 ~ 15（27）厘米，基部扩大成鞘，疏生短柔毛。花序 3 ~ 10 个，直立或弯曲上升；花序梗长 5 ~ 30 厘米，有纵条纹，疏生白色短柔毛；穗状花序细圆柱状，长 3 ~ 40 厘米，紧密或稀疏，下部常间断；苞片狭卵状三角形或三角状披针形，长 2 ~ 3 毫米，长超过宽，龙骨突宽厚，无毛或先端疏生短毛。花具短梗；花萼长 2 ~ 3 毫米，萼片先端圆钝或钝尖，龙骨突不延至顶端，前对萼片椭圆形，龙骨突较宽，

两侧片稍不对称，后对萼片宽倒卵状椭圆形或宽倒卵形。花冠白色，无毛，冠筒与萼片约等长，裂片狭三角形，长约 1.5 毫米，先端渐尖或急尖，具明显的中脉，于花后反折。雄蕊着生于冠筒内面近基部，与花柱明显外伸，花药卵状椭圆形，长 1～1.2 毫米，顶端具宽三角形突起，白色，干后变淡褐色。胚珠 7～15（18）。蒴果纺锤状卵形、卵球形或圆锥状卵形，长 3～4.5 毫米，于基部上方周裂。种子 5～6（12）粒，卵状椭圆形或椭圆形，长（1.2）1.5～2 毫米，具角，黑褐色至黑色，背腹面微隆起；子叶背腹向排列。花期 4—8 月，果期 6—9 月。

【生长环境】生于草地、沟边、河岸湿地、田边、路旁或村边空旷处，海拔 3～3200 米。潜江市各地均可见。

【药用部位】全草（车前草）、成熟种子（车前子）。

【采收加工】车前草：夏季采挖，除去泥沙，晒干。车前子：夏、秋季种子成熟时采收果穗，晒干，搓出种子，除去杂质。

【性味归经】味甘，性寒；归肝、肾、肺、小肠经。

【功能主治】车前草：清热、利尿通淋、祛痰、凉血、解毒。用于热淋涩痛，水肿尿少，暑湿泄泻，痰热咳嗽，吐血衄血，痈痛肿毒。车前子：清热，利尿通淋，渗湿止泻，明目，祛痰。用于热淋涩痛，水肿胀满，暑湿泄泻，目赤肿痛，痰热咳嗽。

八十三、忍冬科　Caprifoliaceae

灌木或木质藤本，有时为小乔木或小灌木，落叶或常绿，很少为多年生草本。茎干有皮孔或无，有时纵裂，木质松软，常有发达的髓部。叶对生，很少轮生，多为单叶，全缘、具齿或有时羽状或掌状分裂，具羽状脉，极少具基部或离基三出脉或掌状脉，有时为单数羽状复叶；叶柄短，有时两叶柄基部连合，通常无托叶，有时托叶形小而不显著或退化成腺体。聚伞或轮伞花序，或由聚伞花序集合成伞房式或圆锥式复花序，有时因聚伞花序中央的花退化而仅具 2 朵花，排列成总状或穗状花序，极少单生。花两性，极少杂性，整齐或不整齐；苞片和小苞片存在或无，极少小苞片增大成膜质的翅；萼筒贴生于子房，萼裂片或萼齿（2）4～5 枚，宿存或脱落，较少于花开后增大；花冠合瓣，辐状、钟状、筒状、高脚碟状或漏斗状，裂片（3）4～5 枚，覆瓦状或稀镊合状排列，有时二唇形，上唇 2 裂，下唇 3 裂，或上唇 4 裂，下唇单一，有或无蜜腺；花盘不存在，或呈环状或为一侧生的腺体；雄蕊 5 枚，或 4 枚而二强，着生于花冠筒，花药背着，2 室，纵裂，通常内向，很少外向，内藏或伸出花冠筒外；子房下位，2 ～ 5（7 ～ 10）室，中轴胎座，每室含 1 至多数胚珠，部分子房室常不发育。果实为浆果、核果或蒴果，具 1 至多粒种子；种子具骨质外种皮，平滑或有槽纹，内含 1 枚直立的胚和丰富、肉质的胚乳。

　　本科约有 13 属 500 种，主要分布于北半球温带和热带高海拔山地，东亚和北美东部种类最多，个别属分布在大洋洲和南美洲。中国有 12 属 200 余种，大多分布于华中和西南地区，其中七子花属、双盾木属等为中国的特有属。六道木属、毛核木属和荚蒾属均为东亚和北美洲的对应分类群。

　　潜江市有 5 属 6 种。

六道木属 *Abelia* R. Br.

　　落叶或很少常绿灌木。冬芽小，卵圆形，具数对鳞片。叶对生，稀 3 枚轮生，全缘、齿牙或圆锯齿，具短柄，无托叶。具单花、双花或多花的总花梗顶生或生于侧枝叶腋，也有三歧分枝的聚伞花序或伞房花序；苞片 2 ～ 4 枚；花整齐或稍呈二唇形；萼筒狭长，矩圆形，萼檐 5、4 或 2 裂，裂片扁平，开展，狭矩圆形、椭圆形或匙形，具 1、3 或 7 条脉，宿存；花冠白色或淡玫瑰红色，筒状漏斗形或钟形，挺直或弯曲，基部两侧不等或一侧膨大成浅囊，4 ～ 5 裂；雄蕊 4 枚，等长或二强，着生于花冠筒中部或基部，内藏或伸出，花药黄色，内向；子房 3 室，其中 2 室各具 2 列不育的胚珠，仅 1 室具 1 枚能育的胚珠，花柱丝状，柱头头状。果实为革质瘦果，矩圆形，冠以宿存的萼裂片；种子近圆柱形，种皮膜质；胚乳肉质，胚短，圆柱形。

　　本属约有 20 种，分布于中国、日本、中亚及墨西哥地区。我国有 9 种。

　　潜江市有 1 种。

266. 糯米条 *Abelia chinensis* R. Br.

　　【别名】茶条树、小榆蜡叶、小垛鸡、山柳树、毛蜡叶子树、水蜡、白花树。

　　【植物形态】落叶多分枝灌木，高达 2 米；嫩枝纤细，红褐色，被短柔毛，老枝树皮纵裂。叶有时 3 枚轮生，卵圆形至椭圆状卵形，顶端急尖或长渐尖，基部圆形或心形，长 2 ～ 5 厘米，宽 1 ～ 3.5 厘米，边缘有稀疏圆锯齿，上面初时疏被短柔毛，下面基部主脉及侧脉密被白色长柔毛，花枝上部叶向上逐渐变小。聚伞花序生于小枝上部叶腋，由多数花序集合成一圆锥状花簇，总花梗被短柔毛，果期光滑；花芳香，具 3 对小苞片；小苞片矩圆形或披针形，具毛；萼筒圆柱形，被短柔毛，稍扁，具纵条纹，萼檐 5 裂，裂片椭圆形或倒卵状矩圆形，长 5 ～ 6 毫米，果期变红色；花冠白色至红色，漏斗状，长 1 ～ 1.2 厘米，为萼齿的 1 倍，外面被短柔毛，裂片 5，卵圆形；雄蕊着生于花冠筒基部，花丝细长，伸出花冠筒外；花柱细长，柱头圆盘形。果实具宿存而略增大的萼裂片。花期 7—9 月，果期 9—12 月。

【生长环境】长江以北仅在公园、庭院及植物园和温室中栽培。潜江市南门河游园有栽培。

【药用部位】茎叶。

【采收加工】春、夏、秋季采收，鲜用或切段晒干。

【性味归经】味苦，性凉。

【功能主治】清热解毒，凉血止血。用于湿热痢疾，痈疽疮疖，衄血，咯血，吐血，便血，流感，跌打损伤。

忍冬属 *Lonicera* L.

直立灌木或矮灌木，很少呈小乔木状，有时为缠绕藤本，落叶或常绿。小枝髓部白色或黑褐色，枝有时中空，老枝树皮常作条状剥落。冬芽有1至多对鳞片，内鳞片有时增大而反折，有时顶芽退化而代以2侧芽，很少具副芽。叶对生，很少3（4）枚轮生，纸质、厚纸质至革质，全缘，极少具齿或分裂，无托叶或很少具叶柄间托叶或线状突起，有时花序下的1～2对叶相连成盘状。花通常成对生于腋生的总花梗顶端，简称"双花"，或花无柄而呈轮状排列于小枝顶，每轮3～6朵；每双花有苞片和小苞片各1对，苞片小或形呈大叶状，小苞片有时连合成杯状或坛状壳斗而包被萼筒，稀缺失；相邻两萼筒分离或部分至全部连合，萼檐5裂或有时口缘浅波状或环状，很少向下延伸成帽边状突起；花冠白色（或由白色转为黄色）、黄色、淡红色或紫红色，钟状、筒状或漏斗状，整齐或近整齐（4）5裂，或二唇形而上唇4裂，花冠筒长或短，基部常一侧肿大或具浅或深的囊，很少有长距；雄蕊5，花药"丁"字形着生；子房2～3（5）室，花柱纤细，有毛或无毛，柱头头状。果实为浆果，红色、蓝黑色或黑色，具少数至多数种子；种子具浑圆的胚。

本属约有200种，产于北美洲、欧洲、亚洲和非洲北部的温带和亚热带地区，在亚洲南达菲律宾群岛和马来西亚南部。我国有98种，广布于全国各地，以西南部种类最多。

潜江市有1种。

267. 忍冬 *Lonicera japonica* Thunb.

【别名】老翁须、鸳鸯藤、子风藤、右转藤、二色花藤、银藤、金银藤、金银花、双花。

【植物形态】半常绿藤本。幼枝暗红褐色，密被黄褐色、开展的硬直糙毛、腺毛和短柔毛，下部常无毛。叶纸质，卵形至矩圆状卵形，有时卵状披针形，稀卵圆形或倒卵形，极少有1至数个钝缺刻，长3～5（9.5）厘米，顶端尖或渐尖，少有钝、圆或微凹缺，基部圆或近心形，有糙缘毛，上面深绿色，下面淡绿色，小枝上部叶通常两面均密被短糙毛，下部叶常光滑无毛而下面多少带青灰色；叶柄长4～8毫米，密被短柔毛。总花梗通常单生于小枝上部叶腋，与叶柄等长或稍较短，下方者则长2～4厘米，密被短柔毛，并夹杂腺毛；苞片大，叶状，卵形至椭圆形，长2～3厘米，两面均有短柔毛或有时近无毛；小苞片顶端圆形或截形，长约1毫米，为萼筒的1/2～4/5，有短糙毛和腺毛；萼筒长约2毫米，无毛，萼齿卵状三角形或长三角形，顶端尖而有长毛，外面和边缘都有密毛；花冠白色，有时基部向阳面微红色，后变黄色，长2～6厘米，唇形，筒稍长于唇瓣，很少近等长，外被多少倒生的开展或半开展糙毛和长腺毛，上唇裂片顶端钝形，下唇带状而反曲；雄蕊和花柱均高出花冠。果实圆形，直径6～7毫米，成熟时蓝黑色，有光泽；种子卵圆形或椭圆形，褐色，长约3毫米，中部有1凸起的脊，两侧有浅的横沟纹。花期4—6月（秋季亦常开花），果期10—11月。

【生长环境】山坡、梯田、地堰、堤坝、瘠薄的丘陵都可栽培。潜江市各地均可见。

【药用部位】茎枝（忍冬藤）、花蕾或带初开的花（金银花）。

【采收加工】忍冬藤：秋、冬季采割，晒干。金银花：夏初花开放前采收，干燥。

【性味归经】忍冬藤：味甘，性寒；归肺、胃经。金银花：味甘，性寒；归肺、心、胃经。

【功能主治】忍冬藤：清热解毒，疏风通络。用于温病发热，热毒血痢，疮痈肿毒，风湿热痹，关节红肿。金银花：清热解毒，疏散风热。用于疮痈肿毒，喉痹，丹毒，热毒血痢，风热感冒，温病发热。

接骨木属 *Sambucus* L.

落叶乔木或灌木，很少多年生高大草本。茎干常有皮孔，具发达的髓。单数羽状复叶，对生；托叶叶状或退化成腺体。聚伞花序合成顶生的复伞式或圆锥式花序；花小，白色或黄白色，整齐；萼筒短，萼齿5枚；花冠辐状，5裂；雄蕊5，开展，很少直立，花丝短，花药外向；子房3～5室，花柱短或几无，柱头2～3裂。浆果状核果红黄色或紫黑色，具3～5枚核；种子三棱形或椭圆形；胚与胚乳等长。

本属约有20种，分布极广，几遍布北半球温带和亚热带地区。我国有4～5种，另从国外引种栽培1～2种。

潜江市有1种。

268. 接骨草 *Sambucus javanica* Blume

【别名】臭草、八棱麻、陆英、青稞草、走马箭、七叶星、蒴藋。

【植物形态】高大草本或半灌木，高1～2米。茎有棱条，髓部白色。羽状复叶的托叶叶状或有时退化成蓝色的腺体；小叶2～3对，互生或对生，狭卵形，长6～13厘米，宽2～3厘米，嫩时上面被疏长柔毛，先端长渐尖，基部圆钝，两侧不等，边缘具细锯齿，近基部或中部以下边缘常有1或数枚腺齿；顶生小叶卵形或倒卵形，基部楔形，有时与第一对小叶相连，小叶无托叶，基部一对小叶有时有短柄。复伞形花序顶生，大而疏散，总花梗基部托以叶状总苞片，分枝3～5出，纤细，被黄色疏柔毛；杯形不孕花不脱落，可孕花小；萼筒杯状，萼齿三角形；花冠白色，仅基部连合，花药黄色或紫色；子房3室，花柱极短或几无，柱头3裂。果实红色，近圆形，直径3～4毫米；核2～3粒，卵形，长2.5毫米，表面有小疣状突起。花期4—5月，果期8—9月。

【生长环境】生于海拔300～2600米的山坡、林下、沟边和草丛中，亦有栽种。潜江市多地有发现，常见。

【药用部位】茎叶。

【采收加工】夏、秋季采收，切段，鲜用或晒干。

【性味归经】味甘、微苦，性平。

【功能主治】祛风，利湿，舒筋，活血。用于风湿痹痛，腰腿痛，水肿，黄疸，跌打损伤，产后恶露不行，风疹瘙痒，丹毒，疮肿。

荚蒾属 *Viburnum* L.

灌木或小乔木，落叶或常绿，常被簇状毛，茎干有皮孔。冬芽裸露或有鳞片。单叶，对生，稀3枚轮生，全缘或有锯齿，有时掌状分裂，有柄；托叶通常微小或不存在。花小，两性，整齐；聚伞花序合成顶生或侧生的伞形式、圆锥式或伞房式花序，很少紧缩成簇状，有时具白色大型的不孕边花或全部由大型不孕花组成；苞片和小苞片通常微小而早落；萼齿5，宿存；花冠白色，较少淡红色，辐状、钟状、漏斗状或高脚碟状，裂片5枚，通常开展，很少直立，花蕾时覆瓦状排列；雄蕊5枚，着生于花冠筒内，与花冠裂片互生，花药内向，宽椭圆形或近圆形；子房1室，花柱粗短，柱头头状或浅（2）3裂；胚珠1枚，自子房顶端下垂。果实为核果,卵圆形或圆形,冠以宿存的萼齿和花柱;核扁平,较少圆形,骨质,有背、腹沟或无沟,内含1粒种子;胚直,胚乳坚实,硬肉质或嚼烂状。

本属约有200种,分布于温带和亚热带地区,亚洲和南美洲种类较多。我国约有74种,广泛分布于全国各地,以西南地区种类最多。

潜江市有2种。

269. 聚花荚蒾 *Viburnum glomeratum* Maxim.

【别名】丛花荚蒾、球花荚蒾。

【植物形态】落叶灌木或小乔木,高2.5～5米;当年小枝、芽、幼叶下面,叶柄及花序均被黄色或黄白色簇状毛。叶纸质,卵状椭圆形、卵形或宽卵形,稀倒卵形或倒卵状矩圆形,长3.5～15厘米,顶端圆钝、尖或短渐尖,基部圆或多少带斜微心形,边缘有齿,上面疏被簇状短毛,下面初时被由簇状毛组成的茸毛,后毛渐变稀,侧脉5～11对,与其分枝均直达齿端;叶柄长1～2(3)厘米。聚伞花序直径3～6厘米,总花梗长1～2.5(7)厘米,第一级辐射枝(4)5～7(9)条;萼筒被白色簇状毛,长1.5～3毫米,萼齿卵形,长1～2毫米,与花冠筒等长或为其2倍;花冠白色,辐状,直径约5毫米,筒长约1.5毫米,裂片卵圆形,长约等于或略超过筒;雄蕊稍高出花冠裂片,花药近圆形,直径约1毫米。果实红色,后变黑色;核椭圆形,扁,长5～7(9)毫米,直径(4)5毫米,有2条浅背沟和3条浅腹沟。花期4—6月,果期7—9月。

【生长环境】生于山谷林中、灌丛中或草坡的阴湿处,海拔1100～3200米。潜江市园林街道有发现。

270. 珊瑚树 *Viburnum odoratissimum* Ker.–Gawl.

【别名】早禾树、极香荚蒾。

【植物形态】常绿灌木或小乔木,高达10(15)米。枝灰色或灰褐色,有凸起的小瘤状皮孔,无毛或有时稍被褐色簇状毛。冬芽有1～2对卵状披针形的鳞片。叶革质,椭圆形至矩圆形或矩圆状倒卵形至倒卵形,有时近圆形,长7～20厘米,顶端短尖至渐尖而钝头,有时钝形至近圆形,基部宽楔形,稀圆形,边缘上部有不规则浅波状锯齿或近全缘,上面深绿色有光泽,两面无毛或脉上散生簇状微毛,下面有时散生暗红色微腺点，脉腋常有集聚簇状毛和趾蹼状小孔，侧脉 5～6 对，弧形，近缘前互相网结，连同中脉下面凸起而显著；叶柄长 1～2（3）厘米，无毛或被簇状微毛。圆锥花序顶生或生于侧生短枝上，宽尖塔形，长（3.5）6～13.5 厘米，宽（3）4.5～6 厘米，无毛或散生簇状毛，总花梗长可达 10 厘米，扁，有淡黄色小瘤状突起；苞片长不足 1 厘米，宽不及 2 毫米；花芳香，通常生于序轴的第二至第三级分枝上，无梗或有短梗；萼筒筒状钟形，长 2～2.5 毫米，无毛，萼檐碟状，齿宽三角形；花冠白色，后变黄白色，有时微红，辐状，直径约 7 毫米，筒长约 2 毫米，裂片反折，卵圆形，顶端圆，长 2～3 毫米；雄蕊略超出花冠裂片，花药黄色，矩圆形，长近 2 毫米；柱头头状，不高出萼齿。果实先红色后变黑色，卵圆形或卵状椭圆形，长约 8 毫米，直径 5～6 毫米；核卵状椭圆形，浑圆，长约 7 毫米，直径约 4 毫米，有 1 条深腹沟。花期 4—5 月（有时不定期开花），果期 7—9 月。

【生长环境】生于山谷密林中、溪涧旁荫蔽处、疏林中向阳地或平地灌丛中，海拔 200～1300 米。潜江市曹禺公园有发现。

【药用部位】叶、树皮和根。

【采收加工】叶、树皮春、夏季采收，根全年均可采收，树皮、根鲜用或切段晒干，叶鲜用。

【性味归经】味辛，性温。

【功能主治】祛风除湿，通经活络。用于感冒，风湿痹痛，跌打肿痛，骨折。

锦带花属 *Weigela* Thunb.

落叶灌木；幼枝稍呈四方形。冬芽具数枚鳞片。叶对生，边缘有锯齿，具柄或几无柄，无托叶。花单生或由 2～6 花排列成聚伞花序生于侧生短枝上部叶腋或枝顶；萼筒长圆柱形，萼檐 5 裂，裂片深达中部或基底；花冠白色、粉红色至深红色，钟状漏斗形，5 裂，不整齐或近整齐，筒长于裂片；雄蕊 5 枚，着生于花冠筒中部，内藏，花药内向；子房上部一侧生 1 球形腺体，子房 2 室，含多数胚珠，花柱细长，柱头头状，常伸出花冠筒外。蒴果圆柱形，革质或木质，2 瓣裂，中轴与花柱基部残留；种子小而多，无翅或有狭翅。

本属约有 10 种，主要分布于东亚和美洲东北部。我国有 2 种，另有庭院栽培 1～2 种。

潜江市有 1 种。

271. 锦带花 *Weigela florida*（Bunge）A. DC.

【别名】旱锦带花、海仙、锦带。

【植物形态】落叶灌木，高 1～3 米。幼枝稍四方形，有 2 列短柔毛；树皮灰色。芽顶端尖，具 3～4 对鳞片，常光滑。叶矩圆形、椭圆形至倒卵状椭圆形，长 5～10 厘米，顶端渐尖，基部阔楔形至圆形，边缘有锯齿，上面疏生短柔毛，脉上毛较密，下面密生短柔毛或茸毛，具短柄或无柄。花单生或成聚伞花序生于侧生短枝的叶腋或枝顶；萼筒长圆柱形，疏被柔毛，萼齿长约 1 厘米，不等，深达萼檐中部；花冠紫红色或玫瑰红色，长 3～4 厘米，直径 2 厘米，外面疏生短柔毛，裂片不整齐，开展，内面浅红色；花丝短于花冠，花药黄色；子房上部的腺体黄绿色，花柱细长，柱头 2 裂。果实长 1.5～2.5 厘米，顶有短柄状喙，疏生柔毛；种子无翅。花期 4—6 月，果期 7—10 月。

【生长环境】生于海拔 100～1450 米的杂木林下或山顶灌丛中。潜江市梅苑有发现。

八十四、桔梗科　Campanulaceae

花两性，稀少单性或雌雄异株，大多 5 数，辐射对称或两侧对称。花萼 5 裂，筒部与子房贴生，有的贴生于子房顶端，有的仅贴生于子房下部，也有花萼无筒，5 全裂，完全不与子房贴生，裂片大多离生，常宿存，镊合状排列。花冠为合瓣的，浅裂或深裂至基部而成为 5 个花瓣状的裂片，整齐，或后方纵缝开裂至基部，其余部分浅裂，使花冠为两侧对称，裂片在花蕾中镊合状排列，极少覆瓦状排列，雄蕊 5 枚，通常与花冠分离，或贴生于花冠筒下部，彼此间完全分离，或借助于花丝基部的长茸毛而在下部黏合成筒，或花药连合而花丝分离，或完全连合；花丝基部常扩大成片状，无毛或边缘密生茸毛；花药内向，极少侧向，在两侧对称的花中，花药常不等大，常有 2 个或更多个花药有顶生刚毛，别处有或无毛。花盘有或无，如有则为上位，分离或为筒状（或环状）。子房下位或半上位，少完全上位的，2～5（6）室；花柱单一，柱头下常有毛，柱头2～5（6）裂，胚珠多数，大多着生于中轴胎座上。果通常为蒴果，顶端瓣裂或在侧面（在宿存的花萼裂片之下）孔裂，或盖裂，或为不规则撕裂的干果，少为浆果。种子多数，有或无棱，胚直，具胚乳。一年生草本或多年生草本，具根状茎或具茎基，茎基以沙参属和党参属较为典型，有时基茎具横走分枝，有时植株具地下块根。稀为灌木、小乔木或草质藤本。大多数种类具乳汁管，分泌乳汁。叶为单叶，互生，少对生或轮生。花常常集成聚伞花序，有时聚伞花序演变为假总状花序，或集成圆锥花序，或缩成头状花序，有时花单生。

本科有60～70属，约2000种。世界广布，但主产于温带和亚热带地区。风铃草属和半边莲属都有数百种，前者主产于北半球温带地区，后者主产于热带和亚热带地区，尤其是南美洲。我国产16属，约170种，其中沙参属和党参属主产于我国，蓝钟花属和细钟花属仅仅分布于中国—喜马拉雅区系，同钟花属为我国西南地区所特有。

潜江市有1属1种。

半边莲属 *Lobelia* L.

草本，有的种下部木质化；在非洲和夏威夷群岛，有的种树木状。叶互生，排成2行或螺旋状。花单生于叶腋（苞腋），或总状花序顶生，或由总状花序再排列成圆锥花序。花两性，稀单性（一些澳大利亚的种为雌雄异株）；小苞片有或无；花萼筒卵状、半球状或浅钟状，裂片等长或近等长，极少二唇形，全缘或有小齿，果期宿存；花冠两侧对称，背面常纵裂至基部或近基部，极少数种花冠完全不裂或几乎完全分裂，檐部二唇形或近二唇形，个别种所有裂片平展在下方（前方），呈一个平面，上唇裂片2，下唇裂片3，裂片形状及结合程度因种而异；雄蕊筒包围花柱，我国种类均自花冠背面裂缝伸出，花药管多灰蓝色，顶端或仅下方2枚顶端生髯毛状毛；柱头2裂；子房下位、半下位，极少数种为上位，2室，胎座半球状，胚珠多数。蒴果，成熟后顶端2裂。种子多数，小，长圆状或三棱状，有时具翅，表面平滑或有蜂窝状网纹、条纹和瘤状突起。

本属有350余种，我国有19种，除山梗菜外，均产于长江以南各地。

潜江市有1种。

272. 半边莲 *Lobelia chinensis* Lour.

【别名】急解索、细米草、瓜仁草。

【植物形态】多年生草本。茎细弱，匍匐，节上生根，分枝直立，高6～15厘米，无毛。叶互生，无柄或近无柄，椭圆状披针形至条形，长8～25毫米，宽2～6毫米，先端急尖，基部圆形至阔楔形，全缘或顶部有明显的锯齿，无毛。花通常1朵，生于分枝的上部叶腋；花梗细，长1.2～2.5（3.5）厘米，基部有长约1毫米的小苞片2枚、1枚或无，小苞片无毛；花萼筒倒长锥状，基部渐细而与花梗无明显区分，长3～5毫米，无毛，裂片披针形，约与萼筒等长，全缘或下部有1对小齿；花冠粉红色或白色，长 10 ～ 15 毫米，背面裂至基部，喉部以下生白色柔毛，裂片全部平展于下方呈一个平面，2 侧裂片披针形，较长，中间 3 枚裂片椭圆状披针形，较短；雄蕊长约 8 毫米，花丝中部以上连合，花丝筒无毛，未连合部分的花丝侧面生柔毛，花药管长约 2 毫米，背部无毛或疏生柔毛。蒴果倒锥状，长约 6 毫米。种子椭圆状，稍压扁，近肉色（赤褐色）。花果期 5—10 月。

【生长环境】生于水田边、沟边及潮湿草地上。潜江市老新镇老新村有发现。

【药用部位】全草。

【采收加工】夏季采收，除去泥沙，洗净，晒干。

【性味归经】味辛，性平；归心、小肠、肺经。

【功能主治】清热解毒，利尿消肿。用于痈肿疔疮，蛇虫咬伤，湿热黄疸，湿疹湿疮。

八十五、菊科　Asteraceae

草本、亚灌木或灌木，稀乔木。有时有乳汁管或树脂道。叶通常互生，稀对生或轮生，全缘、具齿或分裂，无托叶或有时叶柄基部扩大成托叶状；花两性或单性，极少有单性异株，整齐或左右对称，5 基数，少数或多数密集成头状花序或短穗状花序，由 1 或多层总苞片组成的总苞所围绕；头状花序单生或数个至多数排列成总状、聚伞状、伞房状或圆锥状；花序托平或凸起，具窝孔或无，无毛或有毛；具托片或无；萼片不发育，通常形成鳞片状、刚毛状或毛状的冠毛；花冠常辐射对称，管状，或左右对称，二唇形，或舌状，头状花序盘状或辐射状，有同型的小花，全部为管状花或舌状花，或有异型小花，即外围为雌花，舌状，中央为两性的管状花；雄蕊 4 ～ 5 枚，着生于花冠管上，花药内向，合生成筒状，基部钝，锐尖，戟形或具尾；花柱上端 2 裂，花柱分枝上端有附器或无；子房下位，合生心皮 2 枚，1 室，具 1 枚直立的胚珠；果为不开裂的瘦果；种子无胚乳，具 2 枚子叶，稀 1 枚。

本科约有 1000 属，25000 ～ 30000 种，广布于全世界，热带地区较少。我国约有 200 属 2000 种，产于全国各地。

潜江市有 31 属 35 种。

藿香蓟属 *Ageratum* L.

一年生或多年生草本或灌木。叶对生或上部叶互生。头状花序小，同型，有多数小花，在茎枝顶端排列成紧密伞房状花序，少有排列成疏散圆锥花序的。总苞钟状；总苞片2～3层，线形，草质，不等长。花托平或稍凸起，无托片或有尾状托片。花全部管状，檐部顶端有5齿裂。花药基部钝，顶端有附片。花柱分枝伸长，顶端钝。瘦果有5纵棱。冠毛膜片状或鳞片状，5个，急尖或长芒状渐尖，分离或连合成短冠状；或冠毛鳞片10～20枚，狭窄，不等长。

本属是一个泛热带属。全世界约有30种，主要产于中美洲。我国有2种。

潜江市有1种。

273. 藿香蓟 *Ageratum conyzoides* L.

【别名】臭草、胜红蓟。

【植物形态】一年生草本，高50～100厘米，有时又不足10厘米。无明显主根。茎粗壮，基部直径4毫米，或少有纤细的，而基部直径不足1毫米，不分枝，或自基部或自中部以上分枝，或下基部平卧而节常生不定根。全部茎枝淡红色，或上部绿色，被白色尘状短柔毛或上部被稠密开展的长茸毛。叶对生，有时上部互生，常有腋生的不发育的叶芽。中部茎叶卵形、椭圆形或长圆形，长3～8厘米，宽2～5厘米；自中部叶向上、向下及腋生小枝上的叶渐小或小，卵形或长圆形，有时植株全部叶小型，长仅1厘米，宽仅达0.6毫米。全部叶基部钝或宽楔形，基出3脉或不明显5脉，顶端急尖，边缘圆锯齿，有长1～3厘米的叶柄，两面被白色稀疏的短柔毛且有黄色腺点，上面沿脉处及叶下面的毛稍多，有时下面近无毛，上部叶的叶柄或腋生幼枝及腋生枝上的小叶的叶柄通常被白色稠密开展的长柔毛。头状花序4～18个在茎顶通常排列成紧密的伞房状花序；花序直径1.5～3厘米，少有排列成松散伞房花序式的。花梗长0.5～1.5厘米，被尘状短柔毛。总苞钟状或半球形，宽5毫米。总苞片2层，长圆形或披针状长圆形，长3～4毫米，外面无毛，边缘撕裂。花冠长1.5～2.5毫米，外面无毛或顶端有尘状微柔毛，檐部5裂，淡紫色。瘦果黑褐色，5棱，长1.2～1.7毫米，有白色稀疏细柔毛。冠毛膜片5或6个，长圆形，顶端急狭或渐狭成长或短芒状，或部分膜片顶端截形而无芒状渐尖；全部冠毛膜片长1.5～3毫米。花果期全年。

【生长环境】生于山谷、山坡林下或林缘，河边或山坡草地，田边或荒地上。潜江市森林公园有发现。

【药用部位】全草。

【采收加工】夏、秋季采收，除去根部，鲜用或切段晒干。

【性味归经】味辛、微苦，性凉；归肺、心经。

【功能主治】清热解毒，止血，止痛。用于感冒发热，咽喉肿痛，口舌生疮，咯血，衄血，崩漏，脘腹疼痛，风湿痹痛，跌打损伤，外伤出血，疮痈肿毒，湿疹瘙痒。

豚草属 *Ambrosia* L.

一年生或多年生草本。茎直立；叶互生或对生，全缘或浅裂，或一至三回羽状细裂。头状花序小，单性，雌雄同株；雄头状花序有短花序梗或无，在枝端密集成无叶的穗状或总状花序；雌头状花序无花序梗，在上部叶腋单生或密集成团伞状。雄头状花序有多数不育的两性花。总苞宽半球状或碟状；总苞片5～12个，基部结合；花托稍平，托片丝状或几无托片。不育花花冠整齐，有短管部，上部钟状，上端5裂。花药近分离，基部钝，近全缘，上端有披针形具内屈尖端的附片。花柱不裂，顶端膨大成画笔状。雌头状花序有1个无被能育的雌花。总苞有结合的总苞片，闭合，倒卵形或近球形，背面在顶部以下有4～8瘤或刺，顶端紧缩成围裹花柱的嘴部。花冠不存在。花柱2深裂，上端从总苞的嘴部外露。瘦果倒卵形，无毛，藏于坚硬的总苞中。

植物全部有腺，有芳香或树脂气味，风媒。本属在美洲有亚灌木或灌木。

潜江市有1种。

274. 豚草 *Ambrosia artemisiifolia* L.

【别名】豕草、破布草、艾叶。

【植物形态】一年生草本，高20～150厘米。茎直立，上部有圆锥状分枝，有棱，被疏生密糙毛。下部叶对生，具短叶柄，二回羽状分裂，裂片狭小，长圆形至倒披针形，全缘，有明显的中脉，上面深绿色，被细短伏毛或近无毛，背面灰绿色，被密短糙毛；上部叶互生，无柄，羽状分裂。雄头状花序半球形或卵形，直径4～5毫米，具短梗，下垂，在枝端密集成总状花序。总苞宽半球形或碟形；总苞片全部结合，无肋，边缘具波状圆齿，稍被糙伏毛。花托具刚毛状托片；每个头状花序有10～15朵不育的小花；花冠淡黄色，长2毫米，有短管部，上部钟状，有宽裂片；花药卵圆形；花柱不分裂，顶端膨大成画笔状。雌头状花序无花序梗，在雄头状花序下面或在下部叶腋单生，或2～3个密集成团伞状，有1个无被能育的雌花，

总苞闭合，具结合的总苞片，倒卵形或卵状长圆形，长 4～5 毫米，宽约 2 毫米，顶端有围裹花柱的圆锥状嘴部，在顶部以下有 4～6 个尖刺，稍被糙毛；花柱 2 深裂，丝状，伸出总苞的嘴部。瘦果倒卵形，无毛，藏于坚硬的总苞中。花期 8—9 月，果期 9—10 月。

【生长环境】在我国长江流域已驯化野生成为路旁杂草。潜江市周矶街道永丰村有发现。

木茼蒿属 *Argyranthemum* Webb ex Sch. Bip.

半灌木。头状花序异型，多数，在茎枝顶端排列成不规则伞房花序。边缘舌状花雌性，1 层，中央盘状花两性管状。总苞碟状。总苞片 3～4 层，硬草质。花托极凸起，无托毛。舌状花白色，舌片线形或线状长圆形。管状花黄色，花冠下半部狭管状，上半部突然扩大成宽钟状，顶端 5 齿裂。花柱分枝线形，顶端截形。花药基部钝，顶端有卵状披针形的附片。瘦果多样：边缘舌状花瘦果有 3 条具宽翅的肋及不明显的间肋，顶端有冠状冠毛，冠状冠毛的冠缘不整齐；管状花瘦果有 5～8 条椭圆形的肋，其中 1 或 2 条腹肋强烈凸起（边缘两性花的瘦果成狭翅状），顶端有冠状冠毛。

本属约有 10 种，几乎全部集中于北非西海岸加那利群岛。

潜江市有 1 种。

275. 木茼蒿 *Argyranthemum frutescens*（L.）Sch. –Bip

【别名】木春菊、法兰西菊、小牛眼菊、玛格丽特、茼蒿菊、蓬蒿菊、木菊。

【植物形态】灌木，高达 1 米。枝条大部木质化。叶宽卵形、椭圆形或长椭圆形，长 3～6 厘米，宽 2～4 厘米，二回羽状分裂。一回为深裂或几全裂，二回为浅裂或半裂。一回侧裂片 2～5 对；二回侧裂片线形或披针形，两面无毛。叶柄长 1.5～4 厘米，有狭翼。头状花序多数，在枝端排列成不规则的伞房花序，有长花梗。总苞宽 10～15 毫米。全部苞片边缘白色宽膜质，内层总苞片顶端膜质扩大几成附片状。舌状花舌片长 8～15 毫米。舌状花瘦果有 3 条具白色膜质宽翅形的肋。两性花瘦果有 1～2 条具狭翅的肋，并有 4～6 条细间肋。冠状冠毛长 0.4 毫米。花果期 2—10 月。

【生长环境】我国各地公园或植物园常栽培作盆景，观赏用。潜江市梅苑有发现。

蒿属 *Artemisia* L.

一年生、二年生或多年生草本，少数为半灌木或小灌木；常有浓烈的挥发性香气。根状茎粗或细小，直立、斜上升或匍地，常有营养枝；茎直立，单生，少数或多数，丛生，具明显的纵棱；分枝长或短，稀不分枝；茎、枝、叶及头状花序的总苞片常被蛛丝状的绵毛，或柔毛、黏质的柔毛、腺毛，稀无毛或部分无毛。叶互生，一至三回，稀四回羽状分裂，或不分裂，稀近掌状分裂，叶缘或裂片边缘有裂齿或锯齿，稀全缘；叶柄长或短，或无柄，常有假托叶。头状花序小，多数或少数，半球形、球形、卵球形、椭圆形、长圆形，具短梗或无梗，基部常有小苞叶，稀无，在茎或分枝上排列成疏松或密集的穗状花序，或穗状花序式的总状花序或复头状花序，常在茎上再组成开展、中等开展或狭窄的圆锥花序，稀组成伞房花序状的圆锥花序；总苞片（2）3～4层，卵形、长卵形或椭圆状倒卵形，稀披针形，覆瓦状排列，外、中层总苞片草质，稀半革质，背面常有绿色中肋，边缘膜质，内层总苞片半膜质或膜质，或总苞片全为膜质，且无绿色中肋；花序托半球形或圆锥形，具托毛或无；花异型：边缘花雌性，1（2）层，10余朵至数朵，稀20余朵，花冠狭圆锥状或狭管状，檐部具2～3（4）裂齿，稀无裂齿，花柱线形，伸出花冠外，先端2叉，伸长或向外弯曲，叉端尖或钝尖，稀先端不叉开，柱头位于花柱分叉口内侧，子房下位，2心皮，1室，具1枚胚珠；中央花（盘花）两性，数层，孕育、部分孕育或不孕育，多朵或少数，花冠管状，檐部具5裂齿，雄蕊5枚，花药椭圆形或线形，侧边聚合，2室，纵裂，顶端附属物长三角形，基部圆钝或具短尖头，孕育的两性花开花时花柱伸出花冠外，上端2叉，斜向上或略向外弯曲，叉端截形，稀圆钝或为短尖头，柱头具睫毛状毛及小瘤点，稀无睫毛状毛，子房特点同雌花的子房；不孕两性花的雌蕊退化，花柱极短，先端不叉开，退化子房小或不存在。瘦果小，卵形、倒卵形或长圆状倒卵形，无冠毛，稀具不对称的冠状突起，果壁外具明显或不明显的纵纹，无毛，稀微被疏毛。种子1粒。

本属植物的花粉粒椭圆形或扁球形，具3孔沟，外壁3层明显或稍明显，表面有细刺状或颗粒状纹饰；风媒传粉，稀闭花受粉。染色体基数多数种 $x=9$，$2x=18$，少数种 $2x=36$、54，稀 $2x=34$、90。

本属约有300种。主产于亚洲、欧洲及北美洲的温带、寒温带及亚热带地区，少数种分布到亚洲南部热带地区及非洲北部、东部、南部及中美洲和大洋洲地区。我国有186种44变种，隶属于2亚属7组中；遍布全国，西北、华北、东北及西南地区分布较多，局部地区常组成植物群落，如草原、亚高山草原或荒漠与半荒漠草原的建群种、优势种或主要伴生种，华东、华中、华南地区种类略少，多生于荒坡、旷野及路旁，少数种也分布于海边滩地。

潜江市有3种。

276. 黄花蒿 *Artemisia annua* L.

【别名】草蒿、青蒿、臭蒿、黄蒿、臭黄蒿、茼蒿、黄香蒿。

【植物形态】一年生草本，高40～150厘米。全株具较强挥发油气味。茎直立，具纵条纹，多分枝，光滑无毛。基生叶平铺地面，开花时凋谢；茎生叶互生，嫩时绿色，老时变为黄褐色，无毛，有短柄，向上渐无柄；叶片通常为三回羽状全裂，裂片短细，有极小粉末状短柔毛，上面深绿色，下面淡绿色，具细小的毛或粉末状腺状斑点；叶轴两侧具窄翅；茎上部的叶向上逐渐细小呈条形。头状花序细小，球形，直径约2毫米，具细软短梗，多数组成圆锥状；总苞小，球状，花全为管状花，黄色，外围为雌花，中央为两性花。瘦果椭圆形。花期8—10月，果期10—11月。

【生长环境】适应性强，生于路旁、荒地、山坡、林缘等处。潜江市熊口镇有发现。

【药用部位】地上部分。

【采收加工】秋季花盛开时采割，除去老茎，阴干。

【性味归经】味苦、辛，性寒；归肝、胆经。

【功能主治】清虚热，除骨蒸，解暑热，截疟，退黄。用于温邪伤阴，夜热早凉，阴虚发热，骨蒸劳热，暑邪发热，疟疾寒热，湿热黄疸。

277. 五月艾 *Artemisia indica* Willd.

【别名】艾、野艾蒿、生艾、鸡脚艾、草蓬、白蒿、白艾、黑蒿、狭叶艾。

【植物形态】半灌木状草本，植株具浓烈的香气。主根明显，侧根多；根状茎稍短粗，直立或斜向上，直径3～7毫米，常有短匍茎。茎单生或少数，高80～150厘米，褐色或上部微带红色，纵棱明显，分枝多，开展或稍开展，枝长10～25厘米；茎、枝初时微有短柔毛，后脱落。

叶上面初时被灰白色或淡灰黄色茸毛，后渐稀疏或无毛，背面密被灰白色蛛丝状茸毛；基生叶与茎下部叶卵形或长卵形，（一至）二回羽状分裂或近大头羽状深裂，通常第一回全裂或深裂，每侧裂片3～4枚，裂片椭圆形，上半部裂片大，基部裂片渐小，第二回为深或浅裂齿，或粗锯齿，或基生叶不分裂，有时中轴有狭翅，具短叶柄，花期叶均萎谢；中部叶卵形、长卵形或椭圆形，长5～8厘米，宽3～5厘米，一（至二）回羽状全裂或大头羽状深裂，每侧裂片3（4）枚，裂片椭圆状披针形、线状披针形或线形，长1～2厘米，宽3～5毫米，不再分裂或有1～2枚有深或浅裂齿，边不反卷或微反卷，近无柄，具小型假托叶；上部叶羽状全裂，每侧裂片2（3）枚；苞片叶3全裂或不分裂，裂片或不分裂的苞片叶披针形或线状披针形。头状花序卵形、长卵形或宽卵形，多数，直径2～2.5毫米，具短梗及小苞叶，直立，花后斜展或下垂，在分枝上排列成穗状花序式的总状花序或复总状花序，而在茎上再组成开展或中等开展的圆锥花序；总苞片3～4层，外层总苞片略小，

背面初时微被灰白色茸毛，后渐脱落无毛，有绿色中肋，边缘膜质，中、内层总苞片椭圆形或长卵形，背面近无毛，边宽膜质或全为半膜质；花序托小，凸起；雌花 4 ～ 8 朵，花冠狭管状，檐部紫红色，具 2 ～ 3 裂齿，外面具小腺点，花柱伸出花冠外，先端 2 叉，叉端尖；两性花 8 ～ 12 朵，花冠管状，外面具小腺点，檐部紫色；花药线形，先端附属物尖，长三角形，基部圆钝，花柱略比花冠长，先端 2 叉，花后反卷，叉端扁，扇形，并有毛。瘦果长圆形或倒卵形。花果期 8—10 月。

【生长环境】多生于低海拔或中海拔湿润地区的路旁、林缘、坡地及灌丛处。潜江市总口镇有发现。

【药用部位】干燥叶。

【采收加工】夏季花未开时采摘，除去杂质，晒干。

【性味归经】味辛、苦，性温；有小毒；归肝、脾、肾经。

【功能主治】温经止血，散寒止痛；外用祛湿止痒。用于吐血，衄血，崩漏，月经过多，胎漏下血，小腹冷痛，经寒不调，宫冷不孕；外用治皮肤瘙痒。醋艾炭温经止血，用于虚寒性出血。

278. 蒙古蒿 *Artemisia mongolica*（Fisch. ex Bess.）Nakai

【别名】蒙蒿、狭叶蒿、狼尾蒿、水红蒿。

【植物形态】多年生草本。根细，侧根多；根状茎短，半木质化，直径 4 ～ 7 毫米，有少数营养枝。茎少数或单生，高 40 ～ 120 厘米，具明显纵棱；分枝多，长（6）10 ～ 20 厘米，斜向上或略开展；茎、枝初时密被灰白色蛛丝状柔毛，后稍稀疏。叶纸质或薄纸质，上面绿色，初时被蛛丝状柔毛，后渐稀疏或近无毛，背面密被灰白色蛛丝状茸毛；下部叶卵形或宽卵形，二回羽状全裂或深裂，第一回全裂，每侧有裂片 2 ～ 3 枚，裂片椭圆形或长圆形，再次羽状深裂或浅裂，叶柄长，两侧常有小裂齿，花期叶萎谢；中部叶卵形、近圆形或椭圆状卵形，长（3）5 ～ 9 厘米，宽 4 ～ 6 厘米，（一至）二回羽状分裂，第一回全裂，每侧有裂片 2 ～ 3 枚，裂片椭圆形、椭圆状披针形或披针形，再次羽状全裂，稀深裂或 3 裂，小裂片披针形、线形或线状披针形，先端锐尖，边缘不反卷，基部渐狭成短柄，叶柄长 0.5 ～ 2 厘米，两侧偶有 1 ～ 2 枚小裂齿，基部常有小型的假托叶；上部叶与苞片叶卵形或长卵形，羽状全裂，或 5 或 3 全裂，裂片披针形或线形，无裂齿或偶有 1 ～ 30 浅裂齿，无柄。头状花序多数，椭圆形，直径 1.5 ～ 2 毫米，无梗，直立或倾斜，有线形小苞叶，在分枝上排列成密集的穗状花序，稀少为略疏松的穗状花序，并在茎上组成狭窄或中等开展的圆锥花序；总苞片 3 ～ 4 层，覆瓦状排列，外层总苞片较小，卵形或狭卵形，背面密被灰白色蛛丝状毛，边缘狭膜质，中层总苞片长卵形或椭圆形，背面密被灰白色蛛丝状柔毛，边缘宽膜质，内层总苞片椭圆形，半膜质，背面近无毛；雌花 5～10 朵，花冠狭管状，檐部具 2 裂齿，紫色，花柱伸出花冠外，先端 2 叉，反卷，叉端尖；两性花 8～15 朵，花冠管状，背面具黄色小腺点，檐部紫红色，花药线形，先端附属物尖，长三角形，基部圆钝，花柱与花冠近等长，先端 2 叉，叉端截形并有睫毛状毛。瘦果小，长圆状倒卵形。花果期 8—10 月。

【生长环境】多生于中海拔或低海拔地区的山坡、灌丛、河湖岸边及路旁等。潜江市周矶街道永丰村有发现。

【药用部位】全草。

【采收加工】夏季花未开时采摘，除去杂质，晒干。

【性味归经】味辛、苦，性温；有小毒；归肝、脾、肾经。

【功能主治】温经，止血，散寒，祛湿。

鬼针草属 *Bidens* L.

一年生或多年生草本。茎直立或匍匐，通常有纵条纹。叶对生或有时在茎上部互生，很少 3 枚轮生，全缘或具齿、缺刻，或一至三回三出或羽状分裂。头状花序单生于茎、枝端或多数排列成不规则的伞房状圆锥花序丛。总苞钟状或近半球形；苞片通常 1～2 层，基部常合生，外层草质，短或伸长为叶状，内层通常膜质，具透明或黄色的边缘；托片狭，近扁平，干膜质。花杂性，外围一层为舌状花，或无舌状花而全为筒状花，舌状花中性，稀雌性，通常白色或黄色，稀红色，舌片全缘或有齿；盘花筒状，两性，可育，冠檐壶状，整齐，4～5裂。花药基部钝或近箭形；花柱分枝扁，顶端有三角形锐尖或渐尖的附器，被细硬毛。瘦果扁平或具四棱，倒卵状椭圆形、楔形或条形，顶端截形或渐狭，无明显的喙，有芒刺2～4枚，其上有倒刺状刚毛。果体褐色或黑色，光滑或有刚毛。

　　本属约有230种，广布于热带及温带地区，尤以美洲种类最为丰富。我国有9种2变种，几遍布全国各地，多为荒野杂草。有数种供药用，为民间常用草药。

　　潜江市有1种。

279. 鬼针草 *Bidens pilosa* L.

【别名】金盏银盘、盲肠草、豆渣菜、豆渣草、引线包、一包针、粘连子、粘人草。

【植物形态】一年生草本，茎直立，高30～100厘米，钝四棱形，无毛或上部被极稀疏的柔毛，基部直径可达6毫米。茎下部叶较小，3裂或不分裂，通常在开花前枯萎，中部叶具长1.5～5厘米无翅的柄，三出，小叶3枚，很少为具5（7）小叶的羽状复叶，两侧小叶椭圆形或卵状椭圆形，长2～4.5厘米，宽1.5～2.5厘米，先端锐尖，基部近圆形或阔楔形，有时偏斜，不对称，具短柄，边缘有锯齿，顶生小叶较大，长椭圆形或卵状长圆形，长3.5～7厘米，先端渐尖，基部渐狭或近圆形，具长1～2厘米的柄，边缘有锯齿，无毛或被极稀疏的短柔毛，上部叶小，3裂或不分裂，条状披针形。头状花序直径8～9毫米，有长1～6（果时长3～10）厘米的花序梗。总苞基部被短柔毛，苞片7～8枚，条状匙形，上部稍宽，开花时长3～4毫米，果时长至5毫米，草质，边缘疏被短柔毛或几无毛，外层托片披针形，果时长5～6毫米，干膜质，背面褐色，具黄色边缘，内层较狭，条状披针形。无舌状花，盘花筒状，长约4.5毫米，冠檐5齿裂。瘦果黑色，条形，略扁，具棱，长7～13毫米，宽约1毫米，上部具稀疏瘤状突起及刚毛，顶端芒刺3～4枚，长1.5～2.5毫米，具倒刺毛。花期4—9月，果期9—11月。

【生长环境】生于村旁、路边及荒地中。潜江市周矶街道有发现，多地常见。

【药用部位】全草。

【采收加工】夏、秋季开花盛期，收割地上部分，拣去杂草，鲜用或晒干。

【性味归经】味苦，性微寒。

【功能主治】清热解毒，祛风除湿，活血消肿。用于咽喉肿痛，泄泻，痢疾，黄疸，肠痈，疮痈肿毒，蛇虫咬伤，风湿痹痛，跌打损伤。

飞廉属 *Carduus* L.

一年生或二年生草本，很少为多年生草本，茎有翼。叶互生，不分裂或羽状浅裂、深裂至全裂，边缘及顶端有针刺。头状花序同型同色，有少数（10～12朵）或多数（达100朵）小花，全部小花两性，结实。总苞卵状、圆柱状或钟状，或倒圆锥状、球形、扁球形。总苞片多层，8～10层，覆瓦状排列，直立，紧贴，向内层渐长，最内层苞片膜质；全部苞片扁平或弯曲，中脉明显或不明显，无毛或有毛，顶端有刺尖。花托平或稍凸起，被稠密的长托毛。小花红色、紫色或白色，花冠管状或钟状，管部与檐部等长、短于或长于檐部，檐部5深裂，花冠裂片线形或披针形，其中1裂片较其他4裂片长。花丝分离，中部有卷毛，花药基部附属物撕裂。花柱分枝短，通常贴合。瘦果长椭圆形、卵形、楔形或圆柱形，压扁，褐色、灰色、肉红色或暗肉红色，无肋，具多数纵细线纹及横皱纹，或无纵线纹，基底着生面平，或稍见偏斜，顶端截形或斜截形。有果缘，果缘边缘全缘。冠毛多层，冠毛刚毛不等长，向内层渐长，糙毛状或锯齿状，基部连合成环，整体脱落。

本属约95种，分布于欧亚大陆、北非及非洲热带地区。我国有3种。

潜江市有1种。

280. 飞廉 *Carduus nutans* L.

【别名】飞轻、天荠、伏猪、伏兔、飞雉、木禾。

【植物形态】二年生或多年生草本，高30～100厘米。茎单生或少数茎成簇生，通常多分枝，分枝细长，极少不分枝，全部茎枝有条棱，被稀疏的蛛丝毛和多细胞长节毛，上部或接头状花序下部常呈灰白色，被密厚的蛛丝状绵毛。中下部茎叶长卵圆形或披针形，长（5）10～40厘米，宽（1.5）3～10厘米，羽状半裂或深裂，侧裂片5～7对，斜三角形或三角状卵形，顶端有淡黄白色或褐色的针刺，针刺长4～6毫米，边缘针刺较短；向上茎叶渐小，羽状浅裂或不裂，顶端及边缘具等样针刺，但通常比中下部茎叶裂片边缘及顶端的针刺短。全部茎叶两面同色，两面沿脉被多细胞长节毛，但上面的毛稀疏，或两面兼被稀疏蛛丝毛，基部无柄，两侧沿茎下延成茎翼，但茎叶基部渐狭成短柄。茎翼连续，边缘有大小不等的三角形刺齿裂，齿顶和齿缘有黄白色或褐色的针刺，接头状花序下部的茎翼常呈针刺状。头状花序通常下垂或下倾，单生于茎顶或长分枝的顶端，但不排列成明显的伞房花序，植株通常生4～6个头状花序，极少多于6个头状花序，更少植株含1个头状花序的。总苞钟状或宽钟状；总苞直径4～7厘米。总苞片多层，不等长，覆瓦状排列，向内层渐长；最外层长三角形，长1.4～1.5厘米，宽4～4.5毫米；中层及内层三角状披针形、长椭圆形或椭圆状披针形，长1.5～2厘米，宽约5毫米；最内层苞片宽线形或线状披针形，长2～2.2厘米，宽2～3毫米。全部苞片无毛或被稀疏的蛛丝状毛，除最内层苞片外，其余各层苞片中部或上部曲膝状弯曲，中脉高起，在顶端成长或短针刺状伸出。小花紫色，长2.5厘米，檐部长1.2厘米，5深裂，裂片狭线形，长达6.5毫米，细管部长1.3厘米。瘦果灰黄色，楔形，稍压扁，长3.5毫米，有多数浅褐色的细纵线纹及细横皱纹，下部收窄，基底着生面稍偏斜，顶端斜截形，有果缘，果缘全缘，无锯齿。冠毛白色，多层，不等长，向内层渐长，长达2厘米；冠毛刚毛锯齿状，向顶端渐细，基部连合成环，整体脱落。花果期6—10月。

【生长环境】生于山谷、田边或草地，海拔540～2300米。潜江市熊口镇有发现。

【药用部位】全草或根。

【采收加工】春、夏季采收全草及花，秋季挖根，鲜用；或除花阴干外，其余切段晒干。

【性味归经】味微苦，性凉。

【功能主治】祛风，清热，利湿，凉血止血，活血消肿。用于感冒咳嗽，头痛眩晕，泌尿系感染，乳糜尿，带下，黄疸，风湿痹痛，吐血，衄血，尿血，月经过多，功能性子宫出血，跌打损伤，疔疮，疖肿，痔疮肿痛，烧伤。

天名精属 *Carpesium* L.

多年生草本。茎直立，多有分枝；叶互生，全缘或具不规整的齿。头状花序顶生或腋生，有梗或无梗，通常下垂；总苞盘状、钟状或半球形，苞片 3～4 层，干膜质或外层的草质，呈叶状；花托扁平，秃裸而有细点。花黄色，异型，外围的雌性，一至多列，结实，花冠筒状，顶端 3～5 齿裂，盘花两性，花冠筒状或上部扩大呈漏斗状，通常较大，5 齿裂；花药基部箭形，尾细长；柱头 2 深裂，裂片线形，扁平，先端钝。瘦果细长，有纵条纹，先端收缩成喙状，顶端具软骨质环状物，无冠毛。

本属约有 21 种，大部分分布于亚洲中部，特别是我国西南山区，少数分布欧亚大陆。我国有 17 种 3 变种，少数供药用。

潜江市有 1 种。

281. 天名精 *Carpesium abrotanoides* L.

【别名】鹤虱。

【植物形态】多年生粗壮草本。茎高 60～100 厘米，圆柱状，下部木质，近无毛，上部密被短柔毛，有明显的纵条纹，多分枝。基叶于开花前凋萎，茎下部叶广椭圆形或长椭圆形，长 8～16 厘米，宽 4～7 厘米，先端钝或锐尖，基部楔形，三面深绿色，被短柔毛，老时脱落，几无毛，叶面粗糙，下面淡绿色，密被短柔毛，有细小腺点，边缘具不规整的钝齿，齿端有腺体状胼胝体；叶柄长 5～15 毫米，密被短柔毛；茎上部节间长 1～2.5 厘米，叶较密，长椭圆形或椭圆状披针形，先端渐尖或锐尖，基部阔楔形，无柄或具短柄。头状花序多数，生于茎端及沿茎、枝生于叶腋，近无梗，排列成穗状花序式，着生于茎端及枝端者具椭圆形或披针形长 6～15 毫米的苞叶 2～4 枚，腋生头状花序无苞叶或有时具 1～2 枚甚小的苞叶。总苞钟状球形，基部宽，上端稍收缩，成熟时开展成扁球形，直径 6～8 毫米；苞片 3 层，外层较短，卵圆形，先端钝或短渐尖，膜质或先端草质，具缘毛，背面被短柔毛，内层长圆形，先端圆钝或具不明显的啮蚀状小齿。雌花狭筒状，长 1.5 毫米，两性花筒状，长 2～2.5 毫米，向上渐宽，冠檐 5 齿裂。瘦果长约 3.5 毫米。

【生长环境】生于草地、山坡草地等处。潜江市高石碑镇有发现。

【药用部位】成熟果实。

【采收加工】秋季果实成熟时采收，除去杂质，晒干。

【性味归经】味苦、辛，性平；有小毒；归脾、胃经。

【功能主治】杀虫消积。用于蛔虫病，蛲虫病，绦虫病，虫积腹痛，小儿疳积。

茼蒿属 *Chrysanthemum* L.

一年生草本，直根系。叶互生，叶羽状分裂或边缘有锯齿。头状花序异型，单生于茎顶，或少数生于茎枝顶端，但不形成明显伞房花序。边缘雌花舌状，1 层；中央盘花两性管状。总苞杯状。总苞片 4 层，硬草质。花托凸起，半球形，无托毛。舌状花黄色，舌片长椭圆形或线形。两性花黄色，下半部狭筒状，上半部扩大成宽钟状，顶端 5 齿。花药基部钝，顶端附片卵状椭圆形。花柱分枝线形，顶端截形。边缘舌状花瘦果有 3 或 2 条凸起的硬翅肋及明显或不明显的 2～6 条间肋。两性花瘦果有 6～12 条等距排列的肋，其中 1 条强烈凸起成硬翅状，或腹面及背面各有 1 条强烈凸起的肋，其余诸肋不明显。无冠状冠毛。

本属约有 5 种，主要原产于地中海地区，其中 4 种各地引种栽培，作为蔬菜及观赏用。我国栽培茼蒿已有千余年的历史。

潜江市有 2 种。

282. 茼蒿 *Chrysanthemum coronarium* L.

【别名】艾菜、蓬蒿、菊花菜、蒿菜、同蒿菜。

【植物形态】光滑无毛或几光滑无毛。茎高达70厘米，不分枝或自中上部分枝。基生叶花期枯萎。中下部茎叶长椭圆形或长椭圆状倒卵形，长8～10厘米，无柄，二回羽状分裂。一回为深裂或几全裂，侧裂片4～10对。二回为浅裂、半裂或深裂，裂片卵形或线形。上部叶小。头状花序单生于茎顶或少数生于茎枝顶端，但并不形成明显的伞房花序，花梗长15～20厘米。总苞直径1.5～3厘米。总苞片4层，内层长1厘米，顶端膜质扩大成附片状。舌片长1.5～2.5厘米。舌状花瘦果有3条凸起的狭翅肋，肋间有1～2条明显的间肋。管状花瘦果有1～2条椭圆形凸起的肋及不明显的间肋。花果期6—8月。

【生长环境】我国各地花园观赏栽培。潜江市周矶街道菱芭村有发现。

【药用部位】茎叶。

【采收加工】春、夏季采收，鲜用。

【性味归经】味辛、甘，性凉；归心、脾、胃经。

【功能主治】和脾胃，消痰饮，安心神。用于脾胃不和，二便不通，咳嗽痰多，烦热不安。

菊属 *Dendranthema*（DC.）Des Moul.

多年生草本。叶互生，不分裂或一或二回掌状或羽状分裂。头状花序异型，单生于茎顶，或少数或较多在茎枝顶端排列成伞房或复伞房花序。边缘花雌性，舌状，1层（栽培品种多层），中央盘花两性管状。总苞浅碟状，极少为钟状。总苞片4～5层，边缘白色、褐色、黑褐色或棕黑色膜质，或中外层苞片叶质化而边缘羽状浅裂或半裂。花托凸起，半球形或圆锥状，无托毛。舌状花黄色、白色或红色，舌片长或短，短可至1.5毫米而长可达2.5厘米或更长。管状花全部黄色，顶端5齿裂。花柱分枝线形，顶端截形。花药基部钝，顶端附片披针状卵形或长椭圆形。全部瘦果同型，近圆柱状而向下部收窄，有5～8条纵脉纹，无冠状冠毛。

本属约有30种，主要分布于我国及日本、朝鲜等。我国有17种。

潜江市有1种。

283. 野菊 *Dendranthema indicum* (L.) Des Moul.

【别名】疟疾草、苦薏、路边黄、山菊花、黄菊仔、菊花脑。

【植物形态】多年生草本，高 0.25 ～ 1 米，有地下长或短匍匐茎。茎直立或铺散，分枝或仅在茎顶有伞房状花序分枝。茎枝被疏毛，上部及花序枝上的毛稍多或较多。基生叶和下部叶花期脱落。中部茎叶卵形、长卵形或椭圆状卵形，长 3 ～ 7（10）厘米，宽 2 ～ 4（7）厘米，羽状半裂、浅裂或分裂不明显而边缘有浅锯齿。基部截形、稍心形或宽楔形，叶柄长 1 ～ 2 厘米，柄基无耳或有分裂的叶耳。两面同色或几同色，淡绿色或干后两面为橄榄色，有稀疏的短柔毛，或下面的毛稍多。头状花序直径 1.5 ～ 2.5 厘米，多数在茎枝顶端排列成疏松的伞房圆锥花序或少数在茎顶排列成伞房花序。总苞片约 5 层，外层卵形或卵状三角形，长 2.5 ～ 3 毫米，中层卵形，内层长椭圆形，长 11 毫米。全部苞片边缘白色或褐色宽膜质，顶端钝或圆。舌状花黄色，舌片长 10 ～ 13 毫米，顶端全缘或 2 ～ 3 齿。瘦果长 1.5 ～ 1.8 毫米。花期 6—11 月，果期 10—11 月。

【生长环境】生于山坡草地、灌丛、河边水湿地、滨海盐渍地、田边及路旁。潜江市各地均可见。

【药用部位】头状花序。

【采收加工】秋、冬季花初开放时采摘，晒干或蒸后晒干。

【性味归经】味苦、辛，性微寒；归肝、心经。

【功能主治】清热解毒，泻火平肝。用于痈肿疔疮，目赤肿痛，头痛眩晕。

蓟属 *Cirsium* Mill.

一年生、二年生或多年生植物，无茎至高大草本，雌雄同株，极少异株。茎分枝或不分枝，叶无毛至有毛，边缘有针刺。头状花序同型，全部为两性花或全部为雌花，直立，下垂或下倾，小、中等大小或更大，在茎枝顶端排列成伞房花序、伞房圆锥花序、总状花序或集成复头状花序，少有单生于茎端。总苞卵状、卵圆状、钟状或球状，无毛或被稀疏的蛛丝毛或蛛丝毛极稠密且膨松，或被多细胞的长节毛。总苞片多层，覆瓦状排列或镊合状排列，边缘全缘，无针刺或有缘毛状针刺。花托被稠密的长托毛。小花红色、紫红色，极少为黄色或白色，檐部与细管部几等长或细管部短，5 裂，有时深裂几达檐部的基部。花丝分离，有毛或乳突，极少无毛；花药基部附属物撕裂。花柱分枝基部有毛环。瘦果光滑，压扁，通常有纵条纹，顶端截形或斜截形，有果缘，基底着生面平。冠毛多层，向内层渐长，全部冠毛刚毛长羽毛状，基部连合成环，整体脱落。

　　本属有 250 ～ 300 种，广布于欧洲、亚洲、美洲等。我国有 50 余种，分属 8 个组中。

　　潜江市有 1 种。

284. 刺儿菜 *Cirsium arvense* var. *integrifolium* C. Wimm. et Grabowski

【别名】大刺儿菜、野红花、大小蓟、小蓟、大蓟、小刺盖、蓟蓟芽、刺刺菜。

【植物形态】多年生草本。茎直立，高 30 ～ 80（100 ～ 120）厘米，基部直径 3 ～ 5 毫米，有时可达 1 厘米，上部有分枝，花序分枝无毛或有薄茸毛。基生叶和中部茎叶椭圆形、长椭圆形或椭圆状倒披针形，顶端钝或圆形，基部楔形，有时有极短的叶柄，通常无叶柄，长 7 ～ 15 厘米，宽 1.5 ～ 10 厘米，上部茎叶渐小，椭圆形、披针形或线状披针形，或全部茎叶不分裂，叶缘有细密的针刺，针刺紧贴叶缘，或叶缘有刺齿，齿顶针刺大小不等，针刺长达 3.5 毫米，或大部分茎叶羽状浅裂或半裂，或边缘有粗大圆锯齿，裂片或锯齿斜三角形，顶端钝，齿顶及裂片顶端有较长的针刺，齿缘及裂片边缘的针刺较短且贴伏。全部茎叶两面同色，绿色或下面色淡，两面无毛，极少两面异色，上面绿色，无毛，下面被稀疏或稠密的茸毛而呈现灰色。头状花序单生于茎端，或植株含少数或多数头状花序在茎枝顶端排列成伞房花序。总苞卵形、长卵形或卵圆形，直径 1.5 ～ 2 厘米。总苞片约 6 层，覆瓦状排列，向内层渐长，外层与中层宽 1.5 ～ 2 毫米，包括顶端针刺长 5 ～ 8 毫米；内层及最内层长椭圆形至线形，长 1.1 ～ 2 厘米，宽 1 ～ 1.8 毫米；中外层苞片顶端有长不足 0.5 毫米的短针刺，内层及最内层渐尖，膜质，短针刺。小花紫红色或白色，雌花花冠长 2.4 厘米，檐部长 6 毫米，细管部细丝状，长 18 毫米，两性花花冠长 1.8 厘米，檐部长 6 毫米，细管部细丝状，长 1.2 厘米。瘦果淡黄色，椭圆形或偏斜椭圆形，压扁，长 3 毫米，宽 1.5 毫米，顶端斜截形。冠毛污白色，多层，整体脱落；冠毛刚毛长羽毛状，长 3.5 厘米，顶端渐细。花果期 5—9 月。

【生长环境】分布于平原、丘陵和山地。生于山坡、河旁或荒地、田间，海拔 170 ～ 2650 米。潜江市各地均可见。

【药用部位】地上部分。

【采收加工】夏、秋季花开时采割，除去杂质，晒干。

【性味归经】味甘、苦，性凉；归心、肝经。

【功能主治】凉血止血，散瘀，解毒，消肿。用于衄血，吐血，尿血，血淋，便血，崩漏，外伤出血，疮痈肿毒。

白酒草属 *Eschenbachia* Moench

一年生、二年生或多年生草本，稀灌木。茎直立或斜升，不分枝或上部多分枝；叶互生，全缘或具齿，或羽状分裂；头状花序异型，盘状，通常多数或极多数排列成总状、伞房状或圆锥状花序，少有单生；总苞半球形至圆柱形，总苞片 3 ～ 4 层或不明显的 2 ～ 3 层，披针形或线状披针形，通常草质，具膜质边缘；花托半球状，具窝孔或锯屑状缘毛，边缘的窝孔常缩小；花全部结实，外围的雌花多数，花冠丝状，无舌或具短舌，常短于花柱，或舌片短于管部且几不超出冠毛，中央的两性花，少数，花冠管状，顶端 5 齿裂；花药基部钝，全缘；花柱分枝具短披针形附器，具乳头状突起；瘦果小长圆形，极扁，两端缩小，边缘脉状，无肋，被短微毛或杂有腺体；冠毛污白色或变红色，细刚毛状，1 层，近等长或稀 2 层，外层极短。

本属有 80 ～ 100 种，主要分布于东、西半球的热带和亚热带地区。我国有 10 种 1 变种，分布于南部和西南部。

潜江市有 1 种。

285. 小蓬草 *Eschenbachia canadensis* (L.) cronq

【别名】小飞蓬、飞蓬、加拿大蓬、小白酒草、蒿子草。

【植物形态】一年生草本，根纺锤状，具纤维状根（具锥形直根及很多须根）。茎直立，高 50 ～ 100 厘米或更高，圆柱状，多少具棱，有条纹，被疏长硬毛，上部多分枝。叶密集，互生，基部叶花期常枯萎，下部叶倒披针形，长 6 ～ 10 厘米，宽 1 ～ 1.5 厘米，顶端尖或渐尖，基部渐狭成柄，边缘具疏锯齿或全缘，中部和上部叶较小，线状

披针形或线形，近无柄或无柄，全缘或少有具 1 ～ 2 个齿，两面或仅上面被疏短毛，边缘常被上弯的硬缘毛。头状花序多数，小，直径 3 ～ 4 毫米，排列成顶生多分枝的大圆锥花序；花序梗细，长 5 ～ 10 毫米，总苞近圆柱状，长 2.5 ～ 4 毫米；总苞片 2 ～ 3 层，淡绿色，线状披针形或线形，顶端渐尖，外层约短于内

层之半，背面被疏毛，内层长 3 ～ 3.5 毫米，宽约 0.3 毫米，边缘干膜质，无毛；花托平，直径 2 ～ 2.5 毫米，具不明显的突起（舌状花直立，白色微紫，线形至披针形）；雌花多数，舌状，白色，长 2.5 ～ 3.5 毫米，舌片小，稍超出花盘，线形，顶端具 2 个小钝齿；两性花淡黄色，花冠管状，长 2.5 ～ 3 毫米，上端具 4 或 5 个齿裂，管部上部被疏微毛；瘦果线状披针形，长 1.2 ～ 1.5 毫米，稍压扁，被贴伏微毛；冠毛污白色，1 层，糙毛状，长 2.5 ～ 3 毫米。花期 5—9 月。

【生长环境】生于山坡、草地或田野、路旁。潜江市各地均可见。

【药用部位】全草。

【采收加工】春、夏季采收，鲜用或切段晒干。

【性味归经】味微苦、辛，性凉。

【功能主治】清热利湿，散瘀消肿。用于痢疾，肠炎，肝炎，胆囊炎，跌打损伤，风湿骨痛，疮疖肿痛，外伤出血，牛皮癣。

金鸡菊属 *Coreopsis* L.

一年生或多年生草本。茎直立。叶对生或上部叶互生，全缘或一回羽状分裂。头状花序较大，单生或排列成疏松的伞房状圆锥花序，有长花序梗，有多数异型的小花，外层有 1 层无性或雌性结实的舌状花，中央有多数结实的两性管状花。总苞半球形；总苞片 2 层，每层约 8 个，基部多少连合；外层总苞片窄小，革质；内层总苞片宽大，膜质。花托平或稍凸起，托片膜质，线状钻形至线形，有条纹。舌状花的舌片开展，全缘或具齿，两性花的花冠管状，上部圆柱状或钟状，上端有 5 裂片。花药基部全缘；花柱分枝顶端截形或钻形。瘦果扁，长圆形或倒卵形或纺锤形，边缘有翅或无翅，顶端截形，或有 2 尖齿或 2 小鳞片或芒。

本属约有 100 种，主要分布于美洲、非洲南部及夏威夷群岛等地。在我国除习见栽培或多少归化的 3 个种外，常见的还有金鸡菊、大叶金鸡菊、三叶金鸡菊、轮叶金鸡菊等。

潜江市有 1 种。

286. 两色金鸡菊 *Coreopsis tinctoria* Nutt.

【别名】蛇目菊、雪菊、天山雪菊。

【植物形态】一年生草本，无毛，高 30 ～ 100 厘米。茎直立，上部有分枝。叶对生，下部及中部叶有长柄，二回羽状全裂，裂片线形或线状披针形，全缘；上部叶无柄或下延成翅状柄，线形。头状花序多数，有细长花序梗，直径 2 ～ 4 厘米，排列成伞房状或疏圆锥状花序。总苞半球形，总苞片外层较短，长约 3 毫米，内层卵状长圆形，长 5 ～ 6 毫米，顶端尖。舌状花黄色，舌片倒卵形，长 8 ～ 15 毫米，管状花红褐色、狭钟形。瘦果长圆形或纺锤形，长 2.5 ～ 3 毫米，两面光滑或有瘤状突起，顶端有 2 细芒。花期 5—9 月，果期 8—10 月。观赏植物。

【生长环境】全国各地均有栽培。潜江市南门河游园有发现。

【药用部位】全草。

【采收加工】春、夏季采收，鲜用或切段晒干。

【性味归经】味甘，性平。

【功能主治】清湿热，解毒消痈。用于湿热痢疾，目赤肿痛，疮痈肿毒。

秋英属 *Cosmos* Cav.

一年生或多年生草本。茎直立。叶对生，全缘，二回羽状分裂。头状花序较大，单生或排列成疏伞房状，各有多数异型的小花，外围有 1 层无性的舌状花，中央有多数结果实的两性花。总苞近半球形；总苞片 2 层，基部连合，顶端尖，膜质或近草质。花托平或稍凸；托片膜质，上端伸长成线形。舌状花舌片大，全缘或近顶端齿裂；两性花花冠管状，顶端有 5 裂片。花药全缘或基部有 2 细齿。花柱分枝细，顶端膨大，具短毛或伸出短尖的附器。瘦果狭长，有 4 ～ 5 棱，背面稍平，有长喙。顶端有 2 ～ 4 个具倒刺毛的芒刺。

本属约有 25 种，分布于美洲热带地区。我国常见栽培的有 2 种。

潜江市有 2 种。

287. 秋英 *Cosmos bipinnatus* Cav.

【别名】波斯菊。

【植物形态】一年生或多年生草本。根纺锤状，多须根，或近茎基部有不定根。茎高 1 ～ 2 米，无毛或稍被柔毛。叶二回羽状深裂，裂片狭线形或线形。头状花序单生，直径 3 ～ 6 厘米，花序梗长 6 ～ 18 厘米；总苞外层披针形或线状披针形，近革质，淡绿色，具深紫色条纹，先端长狭尖，与内层等长，长 10 ～ 15 毫米，内层椭圆状卵形，膜质；舌状花紫红色、粉红色或白色；舌片椭圆状倒卵形，长 2 ～ 3 厘米，宽 12 ～ 18 毫米，有 3 ～ 5 钝齿；管状花黄色，长 6 ～ 8 毫米，管部短，裂片披针形；

花柱具短突尖的附属器。瘦果长 8 ～ 12 毫米，黑紫色，无毛，上端有长喙，有 2 ～ 3 尖刺。花期 6—8 月，果期 9—10 月。

【生长环境】各地均有栽培，为观赏植物。

288. 黄秋英 *Cosmos sulphureus* Cav.

【别名】硫华菊、硫黄菊、黄波斯菊。

【植物形态】一年生草本。枝多分枝，叶为对生的二回羽状复叶，深裂，裂片呈披针形，有短尖，叶缘粗糙，与大波斯菊相比叶片更宽；花为舌状花，有单瓣和重瓣两种，直径 3 ～ 5 厘米，颜色多为黄色、金黄色、橙色、红色，瘦果总长 1.8 ～ 2.5 厘米，棕褐色，坚硬，粗糙有毛，顶端有细长喙；瘦果总长 1.8 ～ 2.5 厘米，棕褐色，坚硬，粗糙有毛，顶端有细长喙。春播花期 6—8 月，夏播花期 9—10 月。

【生长环境】各地均有栽培，为观赏植物。

大丽花属 *Dahlia* Cav.

多年生草本。茎直立，粗壮。叶互生，一至三回羽状分裂，或同时有单叶。头状花序大，有长花序梗，有异型花，外围有无性或雌性小花，中央有多数两性花。总苞半球形；总苞片 2 层，外层几叶质，开展，内层椭圆形，基部稍合生，几膜质，近等长。花托平，托片宽大，膜质，稍平，半抱雌花。无性花或雌花舌状，舌片全缘或先端有 3 齿；两性花管状，上部狭钟状，上端有 5 齿；花药基部钝；花柱分枝顶端有线形或长披针形而具硬毛的长附器。瘦果长圆形或披针形，背面压扁，顶端圆形，有不明显的 2 齿。

　　本属约有 15 种，原产于南美、墨西哥和美洲中部。我国广泛栽培 1 种。

　　潜江市有 1 种。

289. 大丽花 *Dahlia pinnata* Cav.

　　【别名】大理花、大丽菊、地瓜花、洋芍药、苕菊、大理菊、西番莲、天竺牡丹、苕花。

　　【植物形态】多年生草本，有巨大棒状块根。茎直立，多分枝，高 1.5～2 米，粗壮。叶一至三回羽状全裂，上部叶有时不分裂，裂片卵形或长圆状卵形，下面灰绿色，两面无毛。头状花序大，有长花序梗，常下垂，宽 6～12 厘米。总苞片外层约 5 个，卵状椭圆形，叶质，内层膜质，椭圆状披针形。舌状花 1 层，白色、红色或紫色，常卵形，顶端有不明显的 3 齿，或全缘；管状花黄色，有时栽培种全部为舌状花。瘦果长圆形，长 9～12 毫米，宽 3～4 毫米，黑色，扁平，有 2 个不明显的齿。花期 6—12 月，果期 9—10 月。

　　【生长环境】适于花坛、花径丛栽，另有矮生品种适于盆栽，为观赏植物。潜江市高石碑镇长市村有发现。

　　【药用部位】根。

　　【采收加工】秋季挖根，洗净，鲜用或晒干。

　　【性味归经】味辛、甘，性平。

　　【功能主治】清热解毒，散瘀止痛。用于腮腺炎，龋齿疼痛，无名肿毒，跌打损伤。

鳢肠属 *Eclipta* L.

　　一年生草本，茎有分枝，被糙毛。叶对生，全缘或具齿。总头状花序小，常生于枝端或叶腋，花序梗异型，放射状；总苞钟状，总苞片2层，草质，内层稍短；花托凸起，托片膜质，披针形或线形。外围的雌花2层，结实，花冠舌状，白色，开展，舌片短而狭，全缘或2齿裂中央的两性花多数，花冠管状，白色，结实，顶端具4齿裂，花药基部具极短2浅裂；花柱分枝扁，顶端钝，有乳头状突起；瘦果三角形或扁四角形，顶端截形，有1～3个刚毛状细齿，两面有粗糙的瘤状突起。

本属有4种，主要分布于南美洲和大洋洲。我国有1种。

潜江市有发现。

290. 鳢肠 *Eclipta prostrata*（L.）L.

【别名】凉粉草、墨汁草、墨旱莲、墨莱、旱莲草、野万红、黑墨草。

【植物形态】一年生草本。茎直立，斜升或平卧，高达60厘米，通常自基部分枝，被贴生糙毛。叶长圆状披针形或披针形，无柄或有极短的柄，长3～10厘米，宽0.5～2.5厘米，顶端尖或渐尖，边缘有细锯齿或有时仅波状，两面密被硬糙毛。头状花序直径6～8毫米，有长2～4厘米的细花序梗；总苞球状钟形，总苞片绿色，草质，5～6个排成2层，长圆形或长圆状披针形，外层较内层稍短，背面及边缘被白色短伏毛；外围的雌花2层，舌状，长2～3毫米，舌片短，顶端2浅裂或全缘，中央的两性花多数，花冠管状，白色，长约1.5毫米，顶端4齿裂；花柱分枝钝，有乳头状突起；花托凸，有披针形或线形的托片。托片中部以上有微毛；瘦果暗褐色，长2.8毫米，雌花的瘦果三棱形，两性花的瘦果扁四棱形，顶端截形，具1～3个细齿，基部稍缩小，边缘具白色的肋，表面有小瘤状突起，无毛。花期6—9月，果期9—10月。

【生长环境】生于河边、田边或路旁。潜江市各地均可见。

【药用部位】地上部分。

【采收加工】花开时采割，晒干。

【性味归经】味甘、酸，性寒；归肾、肝经。

【功能主治】滋补肝肾，凉血止血。用于肝肾阴虚，牙齿松动，须发早白，眩晕耳鸣，腰膝酸软，阴虚血热，吐血，衄血，尿血，血痢，崩漏下血，外伤出血。

飞蓬属 *Erigeron* L.

多年生，稀一年生或二年生草本，或半灌木。叶互生，全缘或具锯齿。头状花序辐射状，单生或数个，少有多数排列成总状、伞房状或圆锥状花序；总苞半球形或钟形，总苞片数层，薄质或草质，边缘和顶端干膜质，具 1 红褐色中脉，狭长（通常宽 0.45 ～ 0.6 毫米，少有 1.6 毫米），近等长，有时外层较短而稍呈覆瓦状，超出或短于花盘；花托平或稍凸起，具窝孔；雌雄同株；花多数，异色；雌花多层，舌状或内层无舌片，舌片狭小（通常长不超过或稍超过 10 毫米，宽不超过 1 毫米），少有稍宽大，紫色、蓝色或白色，少有黄色，多数（通常 100 个以上），有时较少数；两性花管状，檐部狭，管状至漏斗状（直径不超过 1 毫米），上部具 5 裂片，花药线状长圆形，基部钝，顶端具卵状披针形附片；花柱分枝附片短（长 0.15 ～ 0.25 毫米），宽三角形，通常钝或稍尖。花全部结实；瘦果长圆状披针形，压扁，常有边脉，少有多脉，疏或密被短毛；冠毛通常 2 层，内层及外层同型或异型，常有极细而易脆折的刚毛，离生或基部稍连合，外层极短或等长；有时雌花冠毛退化而成少数鳞片状膜片的小冠。

本属约有 200 种，主要分布于欧亚大陆及北美洲，少数分布于非洲和大洋洲。我国有 35 种，主要集中于新疆和西南部山区，共分 2 个亚属：飞蓬亚属及三型花亚属，这两个亚属又各分 2 个组和一些亚组和系。

潜江市有 1 种。

291. 一年蓬 *Erigeron annuus*（L.）Pers.

【别名】千层塔、治疟草、野蒿。

【植物形态】 一年生或二年生草本，茎粗壮，高 30 ～ 100 厘米，基部直径 6 毫米，直立，上部有分枝，绿色，下部被开展的长硬毛，上部被较密的上弯的短硬毛。基部叶花期枯萎，长圆形或宽卵形，少有近圆形，长 4 ～ 17 厘米，宽 1.5 ～ 4 厘米或更宽，顶端尖或钝，基部狭成具翅的长柄，边缘具粗齿，下部叶与基部叶叶柄较短，中部和上部叶较小，长圆状披针形

或披针形，长 1 ～ 9 厘米，宽 0.5 ～ 2 厘米，顶端尖，具短柄或无柄，边缘有不规则的齿序数个或多数，排列成疏圆锥花序，长 6 ～ 8 毫米，宽 10 ～ 15 毫米，总苞半球形，总苞片 3 层，草质，披针形，长 3 ～ 5 毫米，宽 0.5 ～ 1 毫米，近等长或外层稍短，淡绿色或多少褐色，背面密被腺毛和疏长节毛；外围的雌花舌状，2 层，长 6 ～ 8 毫米，管部长 1 ～ 1.5 毫米，上部被疏微毛，舌片平展，白色或有时淡天蓝色，线形，宽 0.6 毫米，顶端具 2 小齿，花柱分枝线形；中央的两性花管状，黄色，管部长约 0.5 毫米，檐部近倒锥形，裂片无毛；瘦果披针形，长约 1.2 毫米，压扁，疏被贴柔毛；冠毛异型，雌花的冠毛极短，膜片状连成小冠，两性花的冠毛 2 层，外层鳞片状，内层为 10 ～ 15 条长约 2 毫米的刚毛。花期 6—9 月。

【生长环境】常生于路边、旷野或山坡荒地。潜江市各地均可见。

【药用部位】全草。

【采收加工】夏、秋季采收，洗净，鲜用或晒干。

【性味归经】味甘、苦，性凉；归胃、大肠经。

【功能主治】消食止泻，清热解毒，截疟。用于消化不良，胃肠炎，齿龈炎，疟疾，毒蛇咬伤。

牛膝菊属 *Galinsoga* Ruiz et Pav.

一年生草本。叶对生，全缘或有锯齿。头状花序小，异型，放射状，顶生或腋生，多数头状花序在茎枝顶端排列成疏松的伞房花序，有长花梗；雌花1层，4～5个，舌状，白色，盘花两性，黄色，全部结实。总苞宽钟状或半球形，苞片1～2层，约5枚，卵形或卵圆形，膜质或外层较短而薄草质。花托圆锥状或伸长，托片质薄，顶端分裂或不分裂。舌片开展，全缘或2～3齿裂；两性花管状，檐部稍扩大或狭钟状，顶端短或极短的5齿。花药基部箭形，有小耳。两性花花柱分枝微尖或顶端短急尖。瘦果有棱，倒卵圆状三角形，通常背腹压扁，被微毛。冠毛膜片状，少数或多数，膜质，长圆形，流苏状，顶端芒尖或钝；雌花无冠毛或冠毛短毛状。

本属约有5种，主要分布于美洲。我国有2种，归化，分布于西南各地。

潜江市有1种。

292. 牛膝菊 *Galinsoga parviflora* Cav.

【别名】铜锤草、珍珠草、向阳花、辣子草。

【植物形态】一年生草本，高10～80厘米。茎纤细，基部直径不足1毫米，或粗壮，基部直径约4毫米，不分枝或自基部分枝，分枝斜升，全部茎枝被疏散或上部稠密的贴伏短柔毛和少量腺毛，茎基部和中部花期脱毛或稀毛。叶对生，卵形或长椭圆状卵形，长（1.5）2.5～5.5厘米，宽（0.6）1.2～3.5厘米，基

部圆形、宽楔形或狭楔形，顶端渐尖或钝，基出3脉或不明显五出脉，在叶下面稍凸起，在上面平，有叶柄，柄长1～2厘米；向上及花序下部的叶渐小，通常披针形；全部茎叶两面粗涩，被白色稀疏贴伏的短柔毛，沿脉和叶柄上的毛较密，边缘浅或钝锯齿或波状浅锯齿，在花序下部的叶有时全缘或近全缘。头状花序半球形，有长花梗，多数在茎枝顶端排列成疏松的伞房花序，花序直径约3厘米。总苞半球形或宽钟状，宽3～6毫米；总苞片1～2层，约5个，外层短，内层卵形或卵圆形，长3毫米，顶端圆钝，白色，膜质。舌状花4～5个，舌片白色，顶端3齿裂，筒部细管状，外面被稠密白色短柔毛；管状花花冠长约1毫米，黄色，下部被稠密的白色短柔毛。托片倒披针形或长倒披针形，纸质，顶端3裂、不裂或侧裂。瘦果长1～1.5毫米，3棱或中央的瘦果4～5棱，黑色或黑褐色，常压扁，被白色微毛。舌状花冠毛毛状，脱落；管状花冠毛膜片状，白色，披针形，边缘流苏状，固结于冠毛环上，正体脱落。花果期7—10月。

【生长环境】生于林下、河谷地、荒野、河边、田间、溪边或市郊路旁。潜江市园林街道有发现。

【药用部位】全草。

【采收加工】夏、秋季采收，洗净，鲜用或晒干。

【性味归经】味淡，性平。

【功能主治】清热解毒，止咳平喘，止血。用于扁桃体炎，咽喉炎，黄疸型肝炎，咳喘，肺结核，疔疮，外伤出血。花（向阳花）：清肝明目。用于夜盲症，视物模糊。

鼠麴草属 *Gnaphalium* L.

　　一年生，稀多年生草本。茎直立或斜升，草质或基部稍带木质，被白色绵毛或茸毛。叶互生，全缘，具短柄或无。头状花序小，排列成聚伞花序或开展的圆锥状伞房花序，稀穗状、总状或紧缩而成球状，顶生或腋生，异型，盘状，外围雌花多数，中央两性花少数，全部结实。总苞卵形或钟形，总苞片2～4层，覆瓦状排列，金黄色、淡黄色或黄褐色，稀红褐色，顶端膜质或几全部膜质，背面被绵毛。花托扁平、凸起或凹入，无毛或蜂巢状。花冠黄色或淡黄色。雌花花冠丝状，顶端3～4齿裂；两性花花冠管状，檐部稍扩大，5浅裂。花药5个顶端尖或略钝，基部箭形，有尾部。两性花花柱分枝近圆柱形，顶端截平或头状，有乳头状突起。瘦果无毛或罕有疏短毛或有腺体。冠毛1层，分离或基部连合成环，易脱落，白色或污白色。

本属近 200 种，广布于全球。我国有 19 种，南北各地均产，大部分种类分布于长江流域和珠江流域。

潜江市有 1 种。

293. 鼠曲草 *Gnaphalium affine* D. Don

【别名】田艾、清明菜。

【植物形态】一年生草本。茎直立或基部发出的枝下部斜升，高 10 ～ 40 厘米或更高，基部直径约 3 毫米，上部不分枝，有沟纹，被白色厚绵毛，节间长 8 ～ 20 毫米，上部节间罕有达 5 厘米。叶无柄，匙状倒披针形或倒卵状匙形，长 5 ～ 7 厘米，宽 11 ～ 14 毫米，上部叶长 15 ～ 20 毫米，宽 2 ～ 5 毫米，基部渐狭，稍下延，顶端圆，具刺尖头，两面被白色绵毛，上面常较薄，叶脉 1 条，在下面不明显。头状花序较多或较少，直径 2 ～ 3 毫米，近无柄，在枝顶密集成伞房花序，花黄色至淡黄色；总苞钟形，直径 2 ～ 3 毫米；总苞片 2 ～ 3 层，金黄色或柠檬黄色，膜质，有光泽，外层倒卵形或匙状倒卵形，背面基部被绵毛，顶端圆，基部渐狭，长约 2 毫米，内层长匙形，背面通常无毛，顶端钝，长 2.5 ～ 3 毫米；花托中央稍凹入，无毛。雌花多数，花冠细管状，长约 2 毫米，花冠顶端扩大，3 齿裂，裂片无毛。两性花较少，管状，长约 3 毫米，向上渐扩大，檐部 5 浅裂，裂片三角状渐尖，无毛。瘦果倒卵形或倒卵状圆柱形，长约 0.5 毫米，有乳头状突起。冠毛粗糙，污白色，易脱落，长约 1.5 毫米，基部连合成 2 束。花期 1—4 月、8—11 月。

【生长环境】生于低海拔干地或湿润草地上，尤以稻田最常见。潜江市高石碑镇有发现。

【药用部位】全草。

【采收加工】春季开花时采收，除去杂质，晒干，干燥储藏；鲜品随采随用。

【性味归经】味甘、微酸，性平；归肺经。

【功能主治】化痰止咳，祛风除湿，解毒。用于咳喘痰多，风湿痹痛，泄泻，水肿，蚕豆病，赤白带下，痈肿疔疮，阴囊湿痒，荨麻疹。

向日葵属 *Helianthus* L.

一年生或多年生草本，通常高大，被短糙毛或白色硬毛。叶对生，上部或全部互生，有柄，常有离基三出脉。头状花序大或较大，单生或排列成伞房状，有多数异型的小花，外围有1层无性的舌状花，中央有极多数结实的两性花。总苞盘形或半球形；总苞片2至多层，膜质或叶质。花托平或稍凸起；托片折叠，包围两性花。舌状花的舌片开展，黄色；管状花的管部短，上部钟状，上端黄色、紫色或褐色，有5裂片。瘦果长圆形或倒卵圆形，稍扁或具4厚棱。冠毛膜片状，具2芒，有时附有2～4个较短的芒刺，脱落。

本属约有100种，主要分布于美洲北部，少数分布于南美洲的秘鲁、智利等地，其中一些种在世界各地栽培很广。我国常见的栽培品种有4～5种。

潜江市有1种。

294. 菊芋 *Helianthus tuberosus* L.

【别名】鬼子姜、番羌、洋羌、五星草、菊诸、洋姜、芋头。

【植物形态】多年生草本，高1～3米，有块状的地下茎及纤维状根。茎直立，有分枝，被白色短糙毛或刚毛。叶通常对生，有叶柄，但上部叶互生；下部叶卵圆形或卵状椭圆形，有长柄，长10～16厘米，宽3～6厘米，基部宽楔形或圆形，有时微心形，顶端渐细尖，边缘有粗锯齿，有离基三出脉，上面被白色短粗毛，下面被柔毛，叶脉上有短硬毛，上部叶长椭圆形至阔披针形，基部渐狭，下延成短翅状，顶端渐尖，短尾状。头状花序较大，少数或多数，单生于枝端，有1～2个线状披针形的苞叶，直立，直径2～5厘米，总苞片多层，披针形，长14～17毫米，宽2～3毫米，顶端长渐尖，背面被短伏毛，边缘被开展的缘毛；托片长圆形，长8毫米，背面有肋，上端不等3浅裂。舌状花通常12～20朵，舌片黄色，开展，长椭圆形，长1.7～3厘米；管状花花冠黄色，长6毫米。瘦果小，楔形，上端有2～4个有毛的锥状扁芒。花期8—9月。

【生长环境】我国各地广泛栽培。潜江市各地均可见。

【药用部位】块茎、茎叶。

【采收加工】秋季采挖块茎，夏、秋季采收茎叶，鲜用或晒干。

【性味归经】味甘、微苦，性凉。

【功能主治】清热凉血，消肿。用于热病，肠热出血，跌打损伤，骨折肿痛。

泥胡菜属 *Hemisteptia* Bunge

一年生草本。茎单生，直立，上部有长花序分枝。叶大头羽状分裂，两面异色，上面绿色，无毛，下面灰白色，密被厚茸毛。头状花序小，同型，多数在茎枝顶端排列成疏松伞房花序，或植株含少数头状花序在茎顶密集排列，极少植株仅含1个头状花序而单生于茎端。总苞宽钟状或半球形。总苞片多层，覆瓦状排列，质地薄，外层与中层外面上方近顶端有鸡冠状突起的附属物。花托平，被稠密的托毛。全部小花两性，管状，结实，花冠红色或紫色，檐部短，长3毫米，5深裂，细管部长1.1厘米。花药基部附属物尾状，稍撕裂，花丝分离，无毛。花柱分枝短，长0.4毫米，顶端截形。瘦果小，楔形或偏斜楔形，压扁，有13～16个粗细不等的尖细纵肋，顶端斜截形，有膜质果缘，基底着生面平或稍偏斜。冠毛2层，异型；外层冠毛刚毛羽毛状，基部连合成环，整体脱落，长1.3厘米，内层冠毛刚毛鳞片状，3～9个，极短，着生于一侧，宿存。

本属为单种属，分布于东亚、南亚及澳大利亚。

潜江市有发现。

295. 泥胡菜 *Hemisteptia lyrata*（Bunge）Fisch. et C. A. Meyer

【别名】艾草、猪兜菜。

【植物形态】一年生草本，高30～80厘米。根圆锥形，肉质。茎直立，具纵沟纹，无毛或具白色蛛丝状毛。基生叶莲座状，具柄，倒披针形或倒披针状椭圆形，长7～21厘米，提琴状羽状分裂，顶裂片三角形，较大，有时3裂，侧裂片7～8对，长椭圆状披针形，下面被白色蛛丝状毛；中部叶椭圆形，无柄，羽状分裂；上部叶条状披针形至条形。头状花序多数，有长梗；总苞球形，长12～14毫米，宽18～22毫米；总苞片5～8层，外层较短，卵形，中层椭圆形，内层条状披针形，各层总苞片背面具1紫红色鸡冠状附片；花紫色。瘦果椭圆形，长约2.5毫米，具15条纵肋；冠毛白色，2列，羽毛状。花期5—6月。

【生长环境】生于路旁、荒草丛中或水沟边。潜江市各地均可见。

【药用部位】全草或根。

【采收加工】夏、秋季采收，洗净，鲜用或晒干。

【性味归经】味辛、苦，性寒。

【功能主治】清热解毒，散结消肿。用于痔漏，痈肿疔疮，乳痈，淋巴结炎，风疹瘙痒，外伤出血，骨折。

旋覆花属 *Inula* L.

多年生，稀一年生或二年生草本，有直立的茎或无茎，或亚灌木，常有腺体，被糙毛、柔毛或茸毛。叶互生或仅生于茎基部，全缘或有齿。头状花序大或稍小，多数，排列成伞房状或圆锥伞房状，或单生，或密集于根茎上，各有多数异型，稀同型的小花，雌雄同株，外缘有 1 至数层雌花，稀无雌花；中央有多数两性花。总苞半球状、倒卵圆状或宽钟状；总苞片多层，覆瓦状排列，内层常狭窄，干膜质；外层叶质、革质或干膜质，狭窄或宽阔，渐短或与内层同长；最外层有时较长、大，叶质。花托平或稍凸起，有蜂窝状孔或浅窝孔，无托片。雌花花冠舌状，黄色稀白色；舌片长，开展，顶端有 3 齿，或短小直立而有 2～3 齿；两性花花冠管状，黄色，上部狭漏斗状，有 5 个裂片。花药上端圆形或稍尖，基部戟形，有细长渐尖的尾部。花柱分枝稍扁，雌花花柱顶端近圆形，两性花花柱顶端较宽，钝或截形。冠毛 1～2 层，稀较多层，有多数或较少的稍不等长而微糙的细毛。瘦果近圆柱形，有 4～5 条多少明显的棱或更多的纵肋或细沟，无毛或有短毛或绢毛。

本属约有 100 种，分布于欧洲、非洲及亚洲，以地中海地区为主。我国有 20 余种和多数变种，其中一部分是广布种；我国的特有种集中于西部和西南部。

潜江市有 1 种。

296. 旋覆花 *Inula japonica* Thunb.

【别名】猫耳朵、六月菊、金佛草、金佛花、金佛草、小旋覆花、条叶旋覆花。

【植物形态】多年生草本。根状茎短，横走或斜升，有多少粗壮的须根。茎单生，有时 2～3 个簇生，直立，高 30～70 厘米，有时基部具不定根，基部直径 3～10 毫米，有细沟，被长伏毛，或下部有时脱毛，上部有上升或开展的分枝，全部有叶；节间长 2～4 厘米。基部叶常较小，在花期枯萎；中部叶长圆形、长圆状披针形或披针形，长 4～13 厘米，宽 1.5～3.5（稀 4）厘米，基部多少狭窄，常有圆形半抱茎的小耳状体，无柄，顶端稍尖或渐尖，边缘有小尖头状疏齿或全缘，上面有疏毛或近无毛，下面有疏伏毛和腺点；中脉和侧脉有较密的长毛；上部叶渐狭小，线状披针形。头状花序直径 3～4 厘米，多数或少数排列成疏散的伞房花序；花序梗细长。总苞半球

形，直径 13～17 毫米，长 7～8 毫米；总苞片约 6 层，线状披针形，近等长，但最外层常叶质而较长；外层基部革质，上部叶质，背面有伏毛或近无毛，有缘毛；内层除绿色中脉外干膜质，渐尖，有腺点和缘毛。舌状花黄色，较总苞长 2～2.5 倍；舌片线形，长 10～13 毫米；管状花花冠长约 5 毫米，有三角状披针形裂片；冠毛 1 层，白色，有 20 余条微糙毛，与管状花近等长。瘦果长 1～1.2 毫米，圆柱形，有 10 条沟，顶端截形，被疏短毛。花期 6—10 月，果期 9—11 月。

【生长环境】生于山坡路旁、湿润草地、河岸和田埂上。

【药用部位】头状花序。

【采收加工】夏、秋季花开放时采收，除去杂质，阴干或晒干。

【性味归经】味苦、辛、咸，性微温；归肺、脾、胃、大肠经。

【功能主治】降气，消痰，行水，止呕。用于风寒咳嗽，痰饮蓄结，胸膈痞闷，喘咳痰多，呕吐噫气，心下痞硬。

马兰属 *Kalimeris* Cass.

多年生草本。叶互生，全缘或有齿，或羽状分裂。头状花序较小，单生于枝端或疏散伞房状排列，辐射状，外围有 1～2 层雌花，中央有多数两性花，都结果实。总苞半球形；总苞片 2～3 层，近等长或外层较短而覆瓦状排列；草质，或边缘膜质或革质；花托凸起或圆锥形，蜂窝状。雌花花冠舌状，舌片白色或紫色，顶端有微齿或全缘；两性花花冠钟状，有分裂片；花药基部钝，全缘；花柱分枝附片三角形或披针形。冠毛极短或膜片状，分离或基部结合成杯状。瘦果稍扁，倒卵圆形，边缘有肋，两面无肋或一面有肋，无毛或被疏毛。

本属约 20 种，分布于亚洲南部及东部、喜马拉雅地区及西伯利亚东部。我国有 7 种。

潜江市有 1 种。

297. 马兰 *Kalimeris indicus* (L.) Sch.–Bip.

【别名】蓑衣莲、鱼鳅串、路边菊、田边菊、鸡儿肠、马兰头、狭叶马兰、多型马兰。

【植物形态】根状茎有匍匐枝，有时具直根。茎直立，高 30～70 厘米，上部有短毛，上部或从下部起有分枝。基部叶在花期枯萎；茎部叶倒披针形或倒卵状矩圆形，长 3～6 厘米，稀达 10 厘米，宽 0.8～2 厘米，稀达 5 厘米，顶端钝或尖，基部渐狭成具翅的长柄，边缘从中部以上具有小尖头的钝或尖齿或有羽状裂片，上部叶小，全缘，基部急狭无柄，全部叶稍薄质，两面或上面有疏微毛或近无毛，边缘及下面沿脉有短粗毛，中脉在下面凸起。头状花序单生于枝端并排列成疏伞房状。总苞半球形，直径 6～9 毫米，长 4～5 毫米；总苞片 2～3 层，覆瓦状排列；外层倒披针形，长 2 毫米，内层倒披针状矩圆形，长达 4 毫米，顶端钝或稍尖，上部草质，有疏短毛，边缘膜质，有缘毛。花托圆锥形。舌状花 1 层，15 ～ 20 个，管部长 1.5 ～ 1.7 毫米；舌片浅紫色，长达 10 毫米，宽 1.5 ～ 2 毫米；管状花长 3.5 毫米，管部长 1.5 毫米，被短密毛。瘦果倒卵状矩圆形，极扁，长 1.5 ～ 2 毫米，宽 1 毫米，褐色，边缘浅色而有厚肋，上部被腺体及短柔毛。冠毛长 0.1 ～ 0.8 毫米，易脱落，不等长。花期 5—9 月，果期 8—10 月。

【生长环境】生于林缘、草丛、溪岸、路旁，极常见。潜江市各地均可见。

【药用部位】全草或根。

【采收加工】夏、秋季采收，鲜用或晒干。

【性味归经】味辛，性凉；归肺、肝、胃、大肠经。

【功能主治】凉血止血，清热利湿，解毒消肿。用于吐血，衄血，血痢，崩漏，创伤出血，黄疸，水肿，淋浊，感冒，咳嗽，喉痹咽痛，痔疮，疖肿，丹毒，小儿疳积。

翅果菊属 *Pterocypsela* Shih

一年生或多年生草本。叶分裂或不分裂。头状花序同型，舌状，较大，在茎枝顶端排列成伞房花序、圆锥花序或总状圆锥花序。总苞卵球形，总苞片 4 ～ 5 层，向内层渐长，覆瓦状排列，全部总苞片质地厚，绿色。花托平，无托毛。舌状小花 9 ～ 25 枚，黄色，极少白色，舌片顶端截形，顶端 5 齿裂，喉部有白色柔毛。花药基部附属物箭形。花柱分枝细。瘦果倒卵形、椭圆形或长椭圆形，黑色、黑棕色、棕红色或黑褐色，边缘有宽厚或薄翅，顶端有粗短喙，极少有细丝状喙。冠毛 2 层，白色，细，微糙。

本属约有 7 种，分布于东亚地区。

潜江市有 1 种。

298. 翅果菊 *Pterocypsela indica* (L.) Shih

【别名】野莴苣、山马草、苦莴苣、山莴苣、多裂翅果菊。

【植物形态】多年生草本，根粗厚，分枝成萝卜状。茎单生，直立，粗壮，高 0.6 ～ 2 米，上部圆锥状花序分枝，全部茎枝无毛。中下部茎叶倒披针形、椭圆形或长椭圆形，规则或不规则二回羽状深裂，长达 30 厘米，宽达 17 厘米，无柄，基部宽大，顶裂片狭线形，一回侧裂片 5 对或更多，中上部的侧裂片较大，向下的侧裂片渐小，二回侧裂片线形或三角形，长短不等，全部茎叶或中下部茎叶极少一回羽状深裂，披针形、倒披针形或长椭圆形，长 14～30 厘米，宽 4.5～8 厘米，侧裂片 1～6 对，镰刀形、长椭圆形或披针形，顶裂片线形、披针形、线状长椭圆形或宽线形；向上的茎叶渐小，与中下部茎叶同型并等样分裂或不裂而为线形。头状花序多数，在茎枝顶端排列成圆锥花序。总苞果期卵球形，长 1.6 厘米，宽 9 毫米；总苞片 4～5 层，外层卵形、宽卵形或卵状椭圆形，长 4～9 毫米，宽 2～3 毫米，中内层长披针形，长 1.4 厘米，宽 3 毫米，全部总苞片顶端急尖或钝，边缘或上部边缘染紫红色。舌状小花 21 枚，黄色。瘦果椭圆形，压扁，棕黑色，长 5 毫米，宽 2 毫米，边缘有宽翅，每面有 1 条高起的细脉纹，顶端急尖成长 0.5 毫米的粗喙。冠毛 2 层，白色，几为单毛状。花果期 7—10 月。

【生长环境】生于山谷、山坡林缘、灌丛、草地及荒地，海拔 300～2000 米。

【药用部位】全草或根。

【采收加工】春、夏季采收，洗净，鲜用或晒干。

【性味归经】味苦，性寒；归肺经。

【功能主治】清热解毒，活血，止血。用于咽喉肿痛，肠痈，疮痈肿毒，宫颈炎，产后瘀血腹痛，疣瘤，崩漏，痔疮出血。

千里光属 *Senecio* L.

直立，稀具匍匐枝，平卧或稀攀援具根状茎，多年生草本，或直立一年生草本。茎通常具叶，稀近葶状。叶不分裂，基生叶通常具柄，无耳，三角形、提琴形或羽状分裂；茎生叶通常无柄，大头羽状或羽状分裂，稀不分裂，边缘多少具齿，基部常具耳，羽状脉。头状花序通常少数至多数，排列成顶生简单或复伞房花序或圆锥聚伞花序，稀单生于叶腋，具异型小花、舌状花，或同型、无舌状花，直立或下垂，通常具花序梗。总苞具外层苞片，半球形、钟状或圆柱形；花托平；总苞片 5～22，通常离生，稀中部或上部连合，草质或革质，边缘干膜质或膜质。无舌状花或舌状花 1～17（24）；舌片黄色，通常明显，有时极小，具 3（4）～9 脉，顶端通常具 3 细齿。管状花 3 至多数；花冠黄色，檐部漏斗状或圆柱状；裂片 5。花药长圆形至线形，基部通常钝，具短耳状体，稀多或少具长达花药颈部 1/4 的尾；花药颈部柱状，向基部稍至明显膨大，两侧具增大基生细胞；花药内壁组织多数细胞壁增厚，辐射状排列，细胞常伸长。花柱分枝截形或多少凸起，边缘具较钝的乳头状毛，中央有或无较长的乳头状毛。瘦果圆柱形，具肋，无毛或被柔毛；表皮细胞光滑或具乳头状毛。冠毛毛状，同型或有时异型，顶端具叉状毛，白色、禾秆色或变红色，有时舌状花或稀全部小花无冠毛。

本属约有 1000 种，除南极洲外遍布于全世界。本属隶属于千里光亚族，是千里光族中最大的属，共有 63 种，主要分布于西南部山区，少数种也产于北部、西北部、东南部至南部。

潜江市有 1 种。

299. 千里光 *Senecio scandens* Buch. –Ham. ex D. Don

【别名】蔓黄菀、九里明。

【植物形态】多年生攀援草本，根状茎木质，粗，直径达 1.5 厘米。茎伸长，弯曲，长 2 ～ 5 米，多分枝，被柔毛或无毛，老时变木质，皮淡色。叶具柄，叶片卵状披针形至长三角形，长 2.5 ～ 12 厘米，宽 2 ～ 4.5 厘米，顶端渐尖，基部宽楔形、截形、戟形或稀心形，通常具浅或深齿，稀全缘，有时具细裂或羽状浅裂，至少向基部具 1 ～ 3 对较小的侧裂片，两面被短柔毛或无毛；羽状脉，侧脉 7 ～ 9 对，弧状，叶脉明显；叶柄长 0.5 ～ 1（2）厘米，具柔毛或近无毛，基部有小耳状体或无；上部叶变小，披针形或线状披针形，长渐尖。头状花序有舌状花，多数，在茎枝端排列成顶生复聚伞圆锥花序；分枝和花序梗被疏至密短柔毛；花序梗长 1 ～ 2 厘米，具苞片，小苞片通常 1 ～ 10，线状钻形。总苞圆柱状钟形，长 5 ～ 8 毫米，宽 3 ～ 6 毫米，具外层苞片；苞片约 8，线状钻形，长 2 ～ 3 毫米。总苞片 12 ～ 13，线状披针形，渐尖，上端和上部边缘有缘毛状短柔毛，草质，边缘宽干膜质，背面被短柔毛或无毛，具 3 脉。舌状花 8 ～ 10，管部长 4.5 毫米；舌片黄色，长圆形，长 9 ～ 10 毫米，宽 2 毫米，钝，具 3 细齿，具 4 脉；管状花多数；花冠黄色，长 7.5 毫米，管部长 3.5 毫米，檐部漏斗状；裂片卵状长圆形，尖，上端有乳头状毛。花药长 2.3 毫米，基部有钝耳；耳长约为花药颈部 1/7；附片卵状披针形；花药颈部伸长，向基部略膨大；花柱分枝长 1.8 毫米，顶端截形，有乳头状毛。瘦果圆柱形，长 3 毫米，被柔毛；冠毛白色，长 7.5 毫米。花期 3—7 月，果期 8—12 月。

【生长环境】常生于森林、灌丛中或溪边，攀援于灌木、岩石上，海拔 50 ～ 3200 米。潜江市运粮湖管理区有发现。

【药用部位】地上部分。

【采收加工】全年均可采收，除去杂质，阴干。

【性味归经】味苦，性寒；归肺、肝经。

【功能主治】清热解毒，明目利湿。用于疮痈肿毒，感冒发热，目赤肿痛，泄泻，痢疾，皮肤湿疹。

豨莶属 *Sigesbeckia* L.

一年生草本。茎直立，有双叉状分枝，多少有腺毛。叶对生，边缘有锯齿。头状花序小，排列成疏散的圆锥花序，有多数异型小花，外围有 1～2 层雌性舌状花，中央有多数两性管状花，全结实或有时中心的两性花不育。总苞钟状或半球形。总苞片 2 层，背面被头状具柄的腺毛；外层总苞片草质，通常 5 个，匙形或线状匙形，开展，内层苞片与花托外层托片相对，半包瘦果。花托小，有膜质半包瘦果的托片。雌花花冠舌状，舌片顶端 3 浅裂；两性花花冠管状，顶端 5 裂。花柱分枝短，稍扁，顶端尖或稍钝；花药基部全缘。瘦果倒卵状四棱形或长圆状四棱形，顶端截形，黑褐色，无冠毛，外层瘦果通常内弯。

本属约有 4 种，分布于热带、亚热带及温带地区。我国有 3 种。

潜江市有 1 种。

300. 豨莶 *Sigesbeckia orientalis* L.

【别名】虾柑草。

【植物形态】一年生草本，高 30～100 厘米。茎直立，上部分枝常成复二歧状，全部分枝被灰白色短柔毛。叶对生；基部叶花期枯萎；中部叶三角状卵圆形或卵状披针形，长 4～10 厘米，宽 1.8～6.5 厘米。先端渐尖，基部阔楔形，下延成具翼的柄，边缘有不规则的浅裂或粗齿，上面绿色，下面淡绿色，具腺点，两面被毛，三出基脉，侧脉及网脉明显；上部叶渐小，卵状长圆形，边缘浅波状或全缘，近无柄。头状花序多数，集成顶生的圆锥花序；花梗长 1.5～4 厘米，密生短柔毛；总苞阔钟状；总苞片 2 层，叶质，背面被紫褐色头状具柄的腺毛；外层苞片 5～6 枚，线状匙形或匙形，开展，长 8～11 毫米，宽约 1.2 毫米；内层苞片卵状长圆形或卵圆形，长约 5 毫米，宽 1.5～2.2 毫米；外层托片长圆形，内弯，内层托片倒卵状长圆形；花黄色；雌花花冠的管部长约 0.7 毫米；两性管状花上部钟状，上端有 4～5 卵圆形裂片。瘦果倒卵圆形，有 4 棱，先端有灰褐色环状突起，长 3～3.5 毫米，宽 1～1.5 毫米。花期 4—9 月，果期 6—11 月。

【生长环境】生于海拔 100～2700 米的山野、荒草地、灌丛及林下。潜江市王场镇代河村有发现，多地可见。

【药用部位】地上部分。

【采收加工】夏、秋季开花前和花期均可采割，除去杂质，晒干。

【性味归经】味辛、苦，性寒；归肝、肾经。

【功能主治】祛风湿，利关节，解毒。用于风湿痹痛，筋骨无力，腰膝酸软，四肢麻痹，半身不遂，风疹湿疮。

苦苣菜属 *Sonchus* L.

一年生、二年生或多年生草本。叶互生。头状花序稍大，同型，舌状，含多数舌状小花，通常80朵以上，在茎枝顶端排列成伞房花序或伞房圆锥花序。总苞卵状、钟状、圆柱状或碟状，花后常下垂。总苞片3～5层，覆瓦状排列，草质，内层总苞片披针形、长椭圆形或长三角形，边缘常膜质。花托平，无托毛。舌状小花黄色，两性，结实，舌状顶端截形，5齿裂，花药基部短箭头状，花柱分枝纤细。瘦果卵形或椭圆形，极少倒圆锥形，极压扁或粗厚，有多数（达20条）高起的纵肋，或纵肋少数，常有横皱纹，顶端较狭窄，无喙。冠毛多层多数，细密、柔软且彼此纠缠，白色，单毛状，基部整体连合成环或连合成组，脱落。

本属约有50种，分布于欧洲、亚洲与非洲。我国有8种。

潜江市有2种。

301. 花叶滇苦菜 *Sonchus asper*（L.）Hill.

【别名】断续菊、续断菊。

【植物形态】一年生草本。根倒圆锥状，褐色，垂直直伸。茎单生或少数茎成簇生。茎直立，高20～50厘米，有纵纹或纵棱，上部长或短总状或伞房状花序分枝，或花序分枝极短缩，全部茎枝光滑无毛或上部及花梗被头状具柄的腺毛。基生叶与茎生叶同型，但较小；中下部茎叶长椭圆形、倒卵形、匙形或匙状椭圆形，包括渐狭的翼柄长7～13厘米，宽2～5厘米，顶端渐尖、

急尖或钝，基部渐狭成短或较长的翼柄，柄基耳状抱茎或基部无柄；上部茎叶披针形，不裂，基部扩大，圆耳状抱茎，或下部叶或全部茎叶羽状浅裂、半裂或深裂，侧裂片4～5对，椭圆形、三角形、宽镰刀形或半圆形。全部叶及裂片与抱茎的圆耳边缘有尖齿刺，两面光滑无毛，质地薄。头状花序少数（5个）或较多（10个）在茎枝顶端排列成稠密的伞房花序。总苞宽钟状，长约1.5厘米，宽1厘米；总苞片3～4层，向内层渐长，覆瓦状排列，绿色，草质，外层长披针形或长三角形，长3毫米，宽不足1毫米，中内层长椭圆状披针形至宽线形，长达1.5厘米，宽1.5～2毫米；全部苞片顶端急尖，外面光滑无毛。舌状小花黄色。瘦果倒披针形，褐色，长3毫米，宽1.1毫米，压扁，两面各有3条细纵肋，肋间无横皱纹。冠毛白色，长达7毫米，柔软，彼此纠缠，基部连合成环。花果期5—10月。

【生长环境】生于山坡、林缘及水边，海拔1550～3650米。潜江市王场镇有发现。

【药用部位】全草或根。

【采收加工】春、夏季采收，鲜用或切段晒干。

【性味归经】味苦，性寒。

【功能主治】清热解毒，止血。用于疮疡肿毒，小儿咳喘，肺痨咳血。

302. 苦苣菜 *Sonchus oleraceus* L.

【别名】滇苦荬菜。

【植物形态】一年生或二年生草本。根圆锥状，垂直直伸，有多数纤维状的须根。茎直立，单生，高 40 ～ 150 厘米，有纵条棱或条纹，不分枝或上部有短的伞房花序状或总状花序式分枝，全部茎枝光滑无毛，或上部花序分枝及花序梗被头状具柄的腺毛。基生叶羽状深裂，长椭圆形或倒披针形，或大头羽状深裂，倒披针形，或基生叶不裂，椭圆形、椭圆状戟形、三角形或三角状戟形或圆形，全部基生叶基部渐狭成长或短

翼柄；中下部茎叶羽状深裂或大头羽状深裂，椭圆形或倒披针形，长 3 ～ 12 厘米，宽 2 ～ 7 厘米，基部急狭成翼柄，翼狭窄或宽大，向柄基且逐渐加宽，柄基圆耳状抱茎，顶裂片与侧裂片等大、较大或大，宽三角形、戟状宽三角形、卵状心形，侧生裂片 1 ～ 5 对，椭圆形，常下弯，全部裂片顶端急尖或渐尖，下部茎叶或接花序分枝下方的叶与中下部茎叶同型并等样分裂或不分裂而呈披针形或线状披针形，且顶端长渐尖，下部宽大，基部半抱茎；全部叶或裂片边缘及抱茎小耳状体边缘有大小不等的急尖锯齿或大锯齿，或上部及接花序分枝处的叶边缘大部全缘或上半部边缘全缘，顶端急尖或渐尖，两面光滑无毛，质地薄。头状花序少数在茎枝顶端排列成紧密的伞房花序或总状花序，或单生于茎枝顶端。总苞宽钟状，长 1.5 厘米，宽 1 厘米；总苞片 3 ～ 4 层，覆瓦状排列，向内层渐长；外层长披针形或长三角形，长 3 ～ 7 毫米，宽 1 ～ 3 毫米，中内层长披针形至线状披针形，长 8 ～ 11 毫米，宽 1 ～ 2 毫米；全部总苞片顶端长急尖，外面无毛，或外层或中内层上部沿中脉有少数头状具柄的腺毛。舌状小花多数，黄色。瘦果褐色，长椭圆形或长椭圆状倒披针形，长 3 毫米，宽不足 1 毫米，压扁，每面各有 3 条细脉，肋间有横皱纹，顶端狭，无喙，冠毛白色，长 7 毫米，单毛状，彼此纠缠。花果期 5—12 月。

【生长环境】生于山坡或山谷林缘、林下，平地田间、空旷处或近水处，海拔 170 ～ 3200 米。潜江市各地均可见。

【药用部位】全草。

【采收加工】冬、春、夏季采收，鲜用或晒干。

【性味归经】味苦，性寒；归心、脾、胃、大肠经。

【功能主治】清热解毒，凉血止血。用于肠炎，痢疾，黄疸，淋证，咽喉肿痛，疮痈肿毒，乳腺炎，痔瘘，吐血，衄血，咯血，尿血，便血，崩漏。

紫菀属 *Aster* L.

多年生草本，亚灌木或灌木。茎直立。叶互生，有齿或全缘。头状花序排列成伞房状或圆锥伞房状，或单生，各有多数异型花，辐射状，外围有 1 ～ 2 层雌花，中央有多数两性花，都结实，少有无雌花而呈盘状。总苞半球状、钟状或倒锥状；总苞片 2 至多层，外层渐短，覆瓦状排列或近等长，草质或革质，边缘常膜质。花托蜂窝状，平或稍凸起。雌花花冠舌状，舌片狭长，白色、浅红色、紫色或蓝色，顶端有 2 ～ 3 个不明显的齿；两性花花冠管状，黄色或顶端紫褐色，通常有 5 等形的裂片。花药基部钝，通常全缘。花柱分枝附片披针形或三角形。冠毛宿存，白色或红褐色，有多数近等长的细糙毛，或外面另有 1 层极短的毛或膜片。瘦果长圆形或倒卵圆形，扁或两面稍凸，有 2 边肋，通常被毛。

紫菀属是紫菀族中最大的属。不同学者对属的范围的观点不同，该属所包括的种的数目也不一致。广泛分布于亚洲、欧洲及北美洲。狭义的紫菀属在中国近百种。

潜江市有 1 种。

303. 钻叶紫菀 *Aster subulatus* Michx.

【别名】白菊花、土柴胡、九龙箭、钻形紫菀。

【植物形态】一年生草本，高 25 ～ 80 厘米。茎基部略带红色，上部有分枝。叶互生、无柄；基部叶倒披针形，花期凋落；中部叶线状披针形，长 6 ～ 10 厘米，宽 0.5 ～ 1 厘米，先端尖或钝，全缘；上部叶渐狭线形。头状花序顶生，排列成圆锥花序；总苞钟状；总苞片 3 ～ 4 层，外层较短，内层较长，线状钻形，无毛，背面绿色，先端略带红色；舌状花细狭、小，红色；管状花多数，短于冠毛。瘦果略有毛。花期 9—11 月。

【生长环境】生于潮湿含盐的土壤。

【药用部位】全草。

【采收加工】秋季采收，切段，鲜用或晒干。

【性味归经】味苦、酸，性凉。

【功能主治】清热解毒。用于痈肿，湿疹。

蒲公英属 *Taraxacum* F. H. Wigg.

多年生葶状草本，具白色乳状汁液。茎花葶状。花葶 1 至数个，直立、中空，无叶状苞片叶，上部被蛛丝状柔毛或无毛。叶基生，密集成莲座状，具柄或无柄，叶片匙形、倒披针形或披针形，羽状深裂、浅裂，裂片多为倒向或平展，或具波状齿，稀全缘。头状花序单生于花葶顶端；总苞钟状或狭钟状，总苞片数层，有时先端背部增厚或有小角，外层总苞片短于内层总苞片，通常稍宽，常有浅色边缘，线状披针形至卵圆形，贴伏或反卷，内层总苞片较长，多少呈线形，直立；花序托多少平坦，有小窝孔，无托片，稀少有托片；全为舌状花，两性，结实，头状花序通常有花数 10 朵，有时 100 余朵，舌片通常黄色，稀白色、红色或紫红色，先端截平，具 5 齿，边缘花舌片背面常具暗色条纹；雄蕊 5，花药聚合，呈筒状，包于花柱周围，基部具尾，戟形，先端有三角形的附属物，花丝离生，着生于花冠筒上；花柱细长，伸出聚药雄蕊外，柱头 2 裂，裂瓣线形。瘦果纺锤形或倒锥形，有纵沟，果体上部或儿全部有刺状或瘤状突起，稀光滑，上端突然缢缩或逐渐收缩为圆柱形或圆锥形的喙基，喙细长，少粗短，稀无喙；冠毛多层，白色或有淡的颜色，毛状，易脱落。

本属约有 2000 种，主产于北半球温带至亚热带地区，少数产于热带南美洲。我国有 70 种 1 变种，广布于东北、华北、西北、华中、华东及西南地区，西南和西北地区较多。

潜江市有 1 种。

304. 蒲公英 *Taraxacum mongolicum* Hand. –Mazz.

【别名】黄花地丁、婆婆丁、蒙古蒲公英、灯笼草、姑姑英、地丁。

【植物形态】多年生草本。根圆柱状，黑褐色，粗壮。叶倒卵状披针形、倒披针形或长圆状披针形，长 4 ～ 20 厘米，宽 1 ～ 5 厘米，先端钝或急尖，边缘有时具波状齿或羽状深裂，有时倒向羽状深裂或大头羽状深裂，顶端裂片较大，三角形或三角状戟形，全缘或具齿，每侧裂片 3 ～ 5 片，裂片三角形或三角状披针形，通常具齿，平展或倒向，裂片间常夹生小齿，基部渐狭成叶柄，叶柄及主脉常带紫红色，疏被蛛丝状白色柔毛或儿无毛。花葶 1 至数个，与叶等长或稍长，高 10 ～ 25 厘米，上部紫红色，密被蛛丝状白色长柔毛；头状花序直径 30 ～ 40 毫米；总苞钟状，长 12 ～ 14 毫米，淡绿色；总苞片 2 ～ 3 层，外层总苞片卵状披针形或披针形，长 8 ～ 10 毫米，宽 1 ～ 2 毫米，边缘宽膜质，基部淡绿色，上部紫红色，先端增厚或具小到中等的角状突起；内层总苞片线状披针形，长 10 ～ 16 毫米，宽 2 ～ 3 毫米，先端紫红色，具小角状突起；舌状花黄色，舌片长约 8 毫米，宽约 1.5 毫米，边缘花舌片背面具紫红色条纹，花药和柱头暗绿色。瘦果倒卵状披针形，暗褐色，长 4 ～ 5 毫米，宽 1 ～ 1.5 毫米，上部具小刺，下部具成行排列的小瘤，顶端逐渐收缩为长约 1 毫米的圆锥至圆柱形喙基，喙长 6 ～ 10 毫米，纤细；冠毛白色，长约 6 毫米。花期 4—9 月，果期 5—10 月。

【生长环境】广泛生于中海拔、低海拔地区的山坡草地、路边、田野、河滩。潜江市各地均可见。

【药用部位】全草。

【采收加工】春至秋季花初开时采挖，除去杂质，洗净，晒干。

【性味归经】味苦、甘，性寒；归肝、胃经。

【功能主治】清热解毒，消肿散结，利尿通淋。用于疔疮肿毒，乳痈，瘰疬，目赤，咽痛，肺痈，肠痈，湿热黄疸，热淋涩痛。

苍耳属 *Xanthium* L.

一年生草本，粗壮。根纺锤状或分枝。茎直立，具糙伏毛、柔毛或近无毛，有时具刺，多分枝。叶互生，全缘或多少分裂，有柄。头状花序单性，雌雄同株，无或近无花序梗，在叶腋单生或密集成穗状，或成束聚生于茎枝顶端。雄头状花序着生于茎枝上端，球形，具多数不结实的两性花；总苞宽半球形，总苞片1～2层，分离，椭圆状披针形，革质；花托柱状，托片披针形，无色，包围管状花；花冠管部上端有5宽裂片；花药分离，上端内弯，花丝结合成管状，包围花柱；花柱细小，不分裂，上端稍膨大。雌头状花序单生或密集于茎枝下部，卵圆形，各有2结实的小花；总苞片2层，外层小，椭圆状披针形，分离；内层总苞片结合成囊状，卵形，在果实成熟时变硬，上端具1～2个坚硬的喙，外面具钩状的刺；2室，各具1小花；雌花无花冠；柱头2深裂，裂片线形，伸出总苞的喙外。瘦果2，倒卵形，藏于总苞内，无冠毛。

本属约有25种，主要分布于美洲的北部和中部、欧洲、亚洲及非洲北部。我国有3种1变种。

潜江市有1种。

305. 苍耳 *Xanthium strumarium* L.

【别名】苍子、稀刺苍耳、菜耳、猪耳、野茄、胡苍子、痴头婆、抢子、青棘子、羌子裸子、绵苍浪子、苍浪子。

【植物形态】一年生草本，高20～90厘米。根纺锤状，分枝或不分枝。茎直立不分枝或少有分枝，下部圆柱形，直径4～10毫米，上部有纵沟，被灰白色糙伏毛。叶三角状卵形或心形，长4～9厘米，宽5～10厘米，近全缘，或有3～5不明显浅裂，顶端尖或钝，基部稍心形或截形，与叶柄连接处成相等的楔形，边缘有不规则的粗锯齿，有基出脉3，侧脉弧形，直达叶缘，脉上密被糙伏毛，上面绿色，下面苍白色，被糙伏毛；叶柄长3～11厘米。雄头状花序球形，直径4～6毫米，有或无花序梗，总苞片长圆状披针形，长1～1.5毫米，被短柔毛，花托柱状，托片倒披针形，长约2毫米，顶端尖，有微毛，有多数的雄花，花冠钟形，管部上端有5宽裂片；花药长圆状线形；雌头状花序椭圆形，外层总苞片小，披针形，长约3毫米，被短柔毛，内层总苞片结合成囊状，宽卵形或椭圆形，绿色、淡黄绿色或有时带红褐色，在瘦果成熟时变硬，连同喙部长12～15毫米，宽4～7毫米，外面有疏生的具钩状的刺，刺极细而直，基部微增粗或几不增粗，长1～1.5毫米，基部被柔毛，常有腺点，或全部无毛；喙坚硬，锥形，上端略呈镰刀状，长1.5～2.5毫米，常不等长，少有结合而成1个喙。瘦果2，倒卵形。花期7—8月，果期9—10月。

【生长环境】常生于空旷干旱山坡、旱田边盐碱地、干涸河床及路旁。潜江市各地均可见。

【药用部位】带总苞的果实。

【采收加工】秋季果实成熟时采收，干燥，除去梗、叶等杂质。

【性味归经】味辛、苦，性温；有毒；归肺经。

【功能主治】散风寒，通鼻窍，祛风湿。用于风寒头痛，鼻塞流涕，风疹瘙痒，湿痹拘挛。

黄鹌菜属 *Youngia* Cass.

一年生或多年生草本。叶羽状分裂或不分裂。头状花序小，极少中等大小，同型，舌状，具少数（5枚）或多数（25枚）舌状小花，多数或少数在茎枝顶端或沿茎排列成总状花序、伞房花序或圆锥状伞房花序。总苞圆柱形、圆柱状钟形、钟形或宽圆柱形。总苞片3～4层，外层及最外层短，顶端急尖，内层及最内层长，外面顶端有鸡冠状附属物或无。花托平，蜂窝状，无托毛。舌状小花两性，黄色，1层，舌片顶端截形，5齿裂；花柱分枝细，花药基部附属物箭形。瘦果纺锤形，向上收窄，近顶端有收缢，顶端无喙，有顶端收窄成短粗的喙状物，有10～15条粗细不等的椭圆形纵肋。冠毛白色，少鼠灰色，1～2层。单毛状或糙毛状，易脱落或不脱落，有时基部连合成环，整体脱落。

本属约有40种，主要分布于我国。据记载，我国有37种，现知31种。日本、朝鲜、蒙古及俄罗斯（西伯利亚、远东地区）有少数种。

潜江市有1种。

306. 黄鹌菜 *Youngia japonica*（L.）DC.

【别名】黄鸡婆。

【植物形态】一年生草本，高10～100厘米。根垂直直伸，生多数须根。茎直立，单生或少数茎成簇生，粗壮或细，顶端伞房花序状分枝或下部有长分枝，下部被稀疏的皱波状长或短毛。基生叶倒披针形、椭圆形、长椭圆形或宽线形，长2.5～13厘米，宽1～4.5厘米，大头羽状深裂或全裂，极少不裂，叶柄长1～7厘米，有狭或宽翼或无翼，顶裂片卵形、倒卵形或卵状披针形，顶端圆形或急尖，边缘有锯齿或几全缘，侧裂片3～7对，椭圆形，向下渐小，最下方的侧裂片耳状，全部侧裂片边缘有锯齿或细锯齿，或边缘有小尖头，极少边缘全缘；无茎叶或极少有1～2枚茎生叶，且与基生叶同型并等样分裂；全部叶及叶柄被皱波状长或短柔毛。头状花序含10～20枚舌状小花，少数或多数在茎枝顶端排列成伞房花序，花序梗细。总苞圆柱状，长4～5毫米，极少长3.5～4毫米；总苞片4层，外层及最外层极短，宽卵形或宽形，长宽不足0.6毫米，顶端急尖，内层及最内层长，长4～5毫米，极少长3.5～4毫米，宽1～1.3毫米，披针形，顶端急尖，边缘白色宽膜质，内面有贴伏的短糙毛；全部总苞片外面无毛。舌状小花黄色，花冠管外面有短柔毛。瘦果纺锤形，压扁，褐色或红褐色，长1.5～2毫米，向顶端有收缢，顶端无喙，有 11 ～ 13 条粗细不等的纵肋，肋上有小刺毛。冠毛长 2.5 ～ 3.5 毫米，糙毛状。花果期 4—10 月。

【生长环境】生于山坡、山谷及山沟林缘、林间草地及潮湿地、河边沼泽地、田间与荒地。潜江市各地均可见。

【药用部位】根或全草。

【采收加工】春季采收全草，秋季采根，鲜用或切段晒干。

【性味归经】味甘、微苦，性凉。

【功能主治】清热解毒，利尿消肿。用于感冒，咽痛，结膜炎，乳痈，疮疖肿毒，毒蛇咬伤，痢疾，肝硬化腹水，急性肾炎，淋浊，血尿，带下，风湿性关节炎，跌打损伤。

百日菊属 *Zinnia* L.

一年生或多年生草本，或半灌木。叶对生，全缘，无柄。头状花序小或大，单生于茎顶或二歧式分枝枝端。头状花序辐射状，有异型花；外围有 1 层雌花，中央有多数两性花，全结实。总苞钟状或狭钟状；总苞片 3 至多层，覆瓦状排列，宽大，干质或顶端膜质。花托圆锥状或柱状；托片对折，包围两性花。雌花舌状，舌片开展，有短管部；两性花管状，顶端 5 浅裂。花柱分枝顶端尖或近截形；花药基部全缘。雌花瘦果扁三棱形；雄花瘦果扁平或外层的三棱形，上部截形或有短齿。冠毛有 1 ～ 3 个芒或无冠毛。

本属约 17 种，主要分布于墨西哥地区。在我国栽培的有 3 种，都属于百日菊组，常见 2 种，其中 1 种已归化逸为野生。

潜江市有 1 种。

307. 百日菊 *Zinnia elegans* Jacq.

【别名】百日草、火毡花、鱼尾菊、节节高、步步登高。

【植物形态】一年生草本。茎直立，高 30 ～ 100 厘米，被糙毛或长硬毛。叶宽卵圆形或长圆状椭圆形，长 5～10 厘米，宽 2.5～5 厘米，基部稍心形抱茎，两面粗糙，下面被密的短糙毛，基出 3 脉。头状花序直径 5～6.5 厘米，单生于枝端，无中空肥厚的花序梗。总苞宽钟状；总苞片多层，宽卵形或卵状椭圆形，外层长约 5 毫米，内层长约 10 毫米，边缘黑色。托片上端有延伸的附片；附片紫红色，流苏状三角形。舌状花深红色、玫瑰色、紫堇色或白色，舌片倒卵圆形，先端 2～3 齿裂或全缘，上面被短毛，下面被长柔毛。管状花黄色或橙色，长 7～8 毫米，先端裂片卵状披针形，上面被黄褐色密茸毛。雌花瘦果倒卵圆形，长 6～7 毫米，宽 4～5 毫米，扁平，腹面正中和两侧边缘各有 1 棱，顶端截形，基部狭窄，被密毛；管状花瘦果倒卵状楔形，长 7～8 毫米，宽 3.5～4 毫米，极扁，被疏毛，顶端有短齿。花期 6—9 月，果期 7—10 月。

【生长环境】在我国各地栽培很广，有时成为野生。潜江市龙湾镇有栽培。

【药用部位】全草。

【采收加工】春、夏季采收，鲜用或切段晒干。

【性味归经】味苦、辛，性凉。

【功能主治】清热，利湿，解毒。用于湿热痢疾，淋证，乳痈，疖肿。

单子叶植物纲 Monocotyledones

八十六、泽泻科　Alismataceae

多年生，稀一年生，沼生或水生草本；具乳汁或无；具根状茎、匍匐茎、球茎、珠芽。叶基生，直立、挺水、浮水或沉水；叶片条形、披针形、卵形、椭圆形、箭形等，全缘；叶脉平行；叶柄长短随水位深浅有明显变化，基部具鞘，边缘膜质或否。花序总状、圆锥状或呈圆锥状聚伞花序，稀 1～3 花单生或散生。花两性、单性或杂性，辐射对称；花被片 6 枚，排成 2 轮，覆瓦状，外轮花被片宿存，内轮花被片易枯萎、凋落；雄蕊 6 或多枚，花药 2 室，外向，纵裂，花丝分离，向下逐渐增宽，或上下等宽；心皮多数，轮生，或螺旋状排列，分离，花柱宿存，胚珠通常 1 枚，着生于子房基部。瘦果两侧压扁，或为小坚果，多少胀圆。种子通常褐色、深紫色或紫色；胚马蹄形，无胚乳。

本科约有 11 属 100 种，主要产于北半球温带至热带地区，大洋洲、非洲亦有分布。我国有 4 属 20 种 1 亚种 1 变种 1 变型，野生或引种栽培，南北各地均有分布。

潜江市有 1 属 1 种。

慈姑属 *Sagittaria* L.

草本。具根状茎、匍匐茎、球茎、珠芽。叶沉水、浮水、挺水；叶片条形、披针形、深心形、箭形，箭形叶有顶裂片与侧裂片之分。花序总状、圆锥状；花和分枝轮生，每轮（1）3 数，2 至多轮，基部具 3 枚苞片，分离或基部合生；花两性或单性；雄花生于上部，花梗细长；雌花位于下部，花梗短粗或无；雌雄花被片相似，通常花被片 6 枚，外轮 3 枚绿色，反折或包裹；内轮花被片花瓣状，白色，稀粉红色，或基部具紫色斑点，花后脱落，稀枯萎宿存；雄蕊 9 至多枚，花丝不等长，长于或短于花药，花药黄色，稀紫色；心皮离生，多数，螺旋状排列。瘦果两侧压扁，通常具翅，或无。种子发育或否，马蹄形，褐色。

全属约有 30 种，广布于世界各地，多数种类集中于北半球温带地区，少数种类分布在热带或近北极圈地区。我国已知 9 种 1 亚种 1 变种 1 变型，除西藏等少数地区无记录外，其余各地均有分布。

潜江市有 1 种。

308. 华夏慈姑 *Sagittaria trifolia* subsp. *leucopetala*（Miq.）Q. F. Wang

【别名】茨菰、燕尾草、白地栗、乌芋、驴耳朵草、慈姑。

【植物形态】植株高大，粗壮；叶片宽大，肥厚，顶裂片先端圆钝，卵形至宽卵形；匍匐茎末端膨大呈球茎，球茎卵圆形或球形，可达（5～8）厘米 ×（4～6）厘米；圆锥花序高大，长 20～60 厘米，

有时 80 厘米以上，分枝 1～3，着生于下部，具 1～2 轮雌花，主轴雌花 3～4 轮，位于侧枝之上；雄花多轮，生于上部，组成大型圆锥花序，果期常斜卧水中；果期花托扁球形，直径 4～5 毫米，高约 3 毫米。种子褐色，具小突起。

【生长环境】我国长江以南各地广泛栽培。潜江市返湾湖风景区有发现。

【药用部位】球茎。

【采收加工】秋季初霜后，茎叶黄枯、球茎充分成熟至翌春发芽前，可随时采收。采收后，洗净，鲜用或晒干。

【性味归经】味甘、微苦、微辛，性微寒；归肝、肺、脾、膀胱经。

【功能主治】活血凉血，止咳通淋，散结解毒。用于产后血闷，胎衣不下，带下，崩漏，衄血，呕血，咳嗽痰血，淋浊，疮肿，目赤肿痛，角膜白斑，瘰疬，睾丸炎，骨膜炎，毒蛇咬伤。

八十七、水鳖科　Hydrocharitaceae

一年生或多年生淡水和海水草本，沉水或漂浮水面。根扎于泥里或浮于水中。茎短缩，直立，少有匍匐。叶基生或茎生，基生叶多密集，茎生叶对生、互生或轮生；叶形、大小多变；叶柄有或无；托叶有或无。佛焰苞合生，稀离生，无梗或有梗，常具肋或翅，先端多为 2 裂，其内含 1 至数朵花。花辐射对称，稀左右对称；单性，稀两性，常具退化雌蕊或雄蕊。花被片离生，3 或 6 枚，有花萼花瓣之分或无；雄蕊 1 至多枚，花药底部着生，2～4 室，纵裂；子房下位，由 2～15 枚心皮合生，1 室，侧膜胎座，有时向子房中央凸出，但从不相连；花柱 2～5，常分裂为 2；胚珠多数，倒生或直生，珠被 2 层。果实肉果状，果皮腐烂开裂。种子多数，形状多样；种皮光滑或有毛，有时具细刺瘤状突起；胚直立，胚芽极不明显，海生种类有发达的胚芽，无胚乳。

本科约有 17 属 80 种，广泛分布于热带、亚热带地区，少数分布于温带地区。我国有 9 属 20 种 4 变种，主要分布于长江以南各地，亦分布于东北、华北、西北地区。生于江湖、溪沟、池塘和稻田，少数种见于海边。

潜江市有 1 属 1 种。

水鳖属　*Hydrocharis* L.

浮水草本。匍匐茎横走，先端有芽。叶漂浮或沉水，稀挺水；叶片卵形、圆形或肾形，先端圆或急尖，基部心形或肾形，全缘，有的种在远轴面中部具有广卵形的垫状贮气组织；叶脉弧形，5 条或 5 条以上；具叶柄和托叶。花单性，雌雄同株；雄花序具梗，佛焰苞 2 枚，内含雄花数朵；萼片 3，花瓣 3，白色；雄蕊 6～12 枚，花药 2 室，纵裂；雌佛焰苞内生花 1 朵；萼片 3，花瓣 3，白色，较大；子房椭圆形，不完全 6 室，花柱 6，柱头扁平，2 裂。果实椭圆形至圆形，有 6 肋，在顶端呈不规则开裂。种子多数，椭圆形。

　　本属有 3 种，均属地区隔离种。我国有 1 种。

　　潜江市有发现。

309. 水鳖 *Hydrocharis dubia*（Bl.）Backer

【别名】水白、水苏、苤菜、马尿花、油灼灼、白苹。

【植物形态】浮水草本。须根长可达 30 厘米。匍匐茎发达，节间长 3 ～ 15 厘米，直径约 4 毫米，顶端生芽，并可产生越冬芽。叶簇生，多漂浮，有时伸出水面；叶片心形或圆形，长 4.5 ～ 5 厘米，宽 5 ～ 5.5 厘米，先端圆，基部心形，全缘，远轴面有蜂窝状贮气组织，并具气孔；叶脉 5 条，稀 7 条，中脉明显，与第一对侧生主脉所成夹角为锐角。雄花序腋生；花序梗长 0.5 ～ 3.5 厘米；佛焰苞 2 枚，膜质，透明，具紫红色条纹，苞内雄花 5 ～ 6 朵，每次仅 1 朵开放；花梗长 5 ～ 6.5 厘米；萼片 3，离生，长椭圆形，长约 6 毫米，宽约 3 毫米，常具红色斑点，尤以先端为多，顶端急尖；花瓣 3，黄色，与萼片互生，广倒卵形或圆形，长约 1.3 厘米，宽约 1.7 厘米，先端微凹，基部渐狭，近轴面有乳头状突起；雄蕊 12 枚，成 4 轮排列，最内轮 3 枚退化，最外轮 3 枚与花瓣互生，基部与第 3 轮雄蕊连合，第 2 轮雄蕊与最内轮退化雄蕊基部连合，最外轮与第 2 轮雄蕊长约 3 毫米，花药长约 1.5 毫米，第 3 轮雄蕊长约 3.5 毫米，花药较小，花丝近轴面具乳突，退化雄蕊顶端具乳突，基部有毛；花粉圆球形，表面具凸起纹饰；雌佛焰苞小，苞内雌花 1 朵；花梗长 4 ～ 8.5 厘米；花大，直径约 3 厘米；萼片 3，先端圆，长约 11 毫米，宽约 4 毫米，常具红色斑点；花瓣 3，白色，基部黄色，广倒卵形至圆形，较雄花花瓣大，长约 1.5 厘米，宽约 1.8 厘米，近轴面具乳头状突起；退化雄蕊 6 枚，成对并列，与萼片对生；腺体 3 枚，黄色，肾形，与萼片互生；花柱 6，每枚 2 深裂，长约 4 毫米，密被腺毛；子房下位，不完全 6 室。果实浆果状，球形至倒卵形，长 0.8 ～ 1 厘米，直径约 7 毫米，具数条沟纹。种子多数，椭圆形，顶端渐尖；种皮上有许多毛状突起。花果期 8—10 月。

【生长环境】生于静水池沼中。潜江市王场镇代河村有发现。

【药用部位】全草。

【采收加工】春、夏季采收，鲜用或晒干。

【性味归经】味苦，性寒。

【功能主治】清热利湿。用于湿热带下。

八十八、百合科　Liliaceae

通常为具根状茎、块茎或鳞茎的多年生草本，很少为亚灌木、灌木或乔木。叶基生或茎生，后者多为互生，较少为对生或轮生，通常具弧形平行脉，极少具网状脉。花两性，很少为单性异株或杂性，通常辐射对称，极少稍两侧对称；花被片6，少有4或多数，离生或不同程度合生（成筒），一般为花冠状；雄蕊通常与花被片同数，花丝离生或贴生于花被筒上；花药基着或"丁"字形着生；药室2，纵裂，较少汇合成1室而为横缝开裂；心皮合生或不同程度离生；子房上位，极少半下位，一般3室（很少为2、4、5室），具中轴胎座，少有1室而具侧膜胎座；每室具1至多数倒生胚珠。果实为蒴果或浆果，较少为坚果。种子具丰富的胚乳，胚小。

本科约有230属3500种，广布于全世界，特别是温带和亚热带地区。我国约有60属560种，分布遍及全国。

潜江市有8属10种。

葱属　*Allium* L.

多年生草本，绝大部分的种具特殊的葱蒜气味；具根状茎或根状茎不甚明显；地下部分的肥厚叶鞘形成鳞茎，鳞茎形态多样，从圆柱状到球状，最外面的为鳞茎外皮，质地多样，可为膜质、革质或纤维质；须根从鳞茎基部或根状茎上长出，通常细长，在有的种中则增粗，肉质化，甚至呈块根状。叶形多样，从扁平的狭条形到卵圆形，从实心到空心的圆柱状，基部直接与闭合的叶鞘相连，无叶柄或少数种类叶片基部收狭为叶柄，叶柄再与闭合的叶鞘相连。花葶从鳞茎基部长出，有的生于中央（由顶芽形成），有的侧生（由侧芽形成），露出地面的部分被叶鞘或裸露；伞形花序生于花葶的顶端，开放前为一闭合的总苞所包，开放时总苞单侧开裂或2至数裂，早落或宿存；小花梗无关节，基部有或无小苞片；花两性，极少退化为单性（但仍可见到退化的雌、雄蕊）；花被片6，排成2轮，分离或基部靠合成管状；雄蕊6枚，排成2轮，花丝全缘或基部扩大而每侧具齿，通常基部彼此合生并与花被片贴生，有时合生部位较高而成筒状；子房3室，每室1至数枚胚珠，沿腹缝线的部位具蜜腺，蜜腺的位置多在腹缝线基部，蜜腺的形状多样，有的平坦，有的凹陷，有的具帘，有的隆起，花柱单一；柱头全缘或3裂。蒴果室背开裂。种子黑色，多棱形或近球状。本属植物花葶上不具叶或叶状苞片；伞形花序生于花葶顶端，花序开放前为一闭合的总苞所包，开放时总苞破裂。很容易与本科其他属区分。

本属约有500种，分布于北半球。我国有110种（包括变种和引进的外来种），主要分布于东北、华北、西北和西南地区，生于干旱地区的种较多，但有的种则生于阴湿的沟边林下或多水的草甸上。

潜江市有2种。

310. 薤白 *Allium macrostemon* Bunge

【别名】薤根、野蒜、小独蒜、薤白头。

【植物形态】鳞茎近球状，粗 0.7 ～ 1.5（2）厘米，基部常具小鳞茎（因其易脱落故在标本上不常见）；鳞茎外皮带黑色，纸质或膜质，不破裂，但在标本上多因脱落而仅存白色的内皮。叶 3 ～ 5 枚，半圆柱状，或因背部纵棱发达而为三棱状半圆柱形，中空，上面具沟槽，比花葶短。花葶圆柱状，高 30 ～ 70 厘米，1/4 ～ 1/3 被叶鞘；总苞 2 裂，比花序短；伞形花序半球状至球状，具多而密集的花，间具珠芽或有时全为珠芽；小花梗近等长，比花被片长 3 ～ 5 倍，基部具小苞片；珠芽暗紫色，基部亦具小苞片；花淡紫色或淡红色；花被片矩圆状卵形至矩圆状披针形，长 4 ～ 5.5 毫米，宽 1.2 ～ 2 毫米，内轮的常较狭；花丝等长，比花被片稍长至比其长 1/3，在基部合生并与花被片贴生，分离部分的基部呈狭三角形扩大，向上收狭成锥形，内轮基部宽约为外轮基部的 1.5 倍；子房近球状，腹缝线基部具有凹陷蜜穴；花柱伸出花被外。花果期 5—7 月。

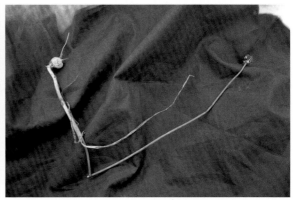

【生长环境】生于海拔 1100 ～ 2300 米的较干旱山坡或草地上。

【药用部位】鳞茎。

【采收加工】栽后第 2 年 5—6 月采收，将鳞茎挖起，除去叶苗和须根，洗净，鲜用或略蒸一下，晒干或烘干。

【性味归经】味辛、苦，性温；归肺、心、胃、大肠经。

【功能主治】理气宽胸，通阳散结。用于胸痹心痛彻背，胸脘痞闷，咳喘痰多，脘腹疼痛，泻痢后重，带下，疮疖痈肿。

311. 韭 *Allium tuberosum* Rottler ex Sprengle

【别名】韭菜。

【植物形态】多年生草本，植株多棵簇生。具倾斜的横生根状茎。鳞茎簇生，近圆柱状；鳞茎外皮暗黄色至黄褐色，破裂成纤维状，呈网状或近网状。叶条形，扁平，实心，比花葶短，宽 1.5 ～ 8 毫米，边缘平滑。花葶圆柱状，常具 2 纵棱，高 25 ～ 60 厘米，下部被叶鞘；总苞单侧开裂，或 2 ～ 3 裂，宿存；伞形花序半球状或近球状，具多但较稀疏的花；小花梗近等长，比花被片长 2 ～ 4 倍，基部具小苞片，且数枚小花梗的基部又为 1 枚共同的苞片所包围；花白色；花被片常具绿色或黄绿色的中脉，内轮的矩圆状倒卵形，稀矩圆状卵形，先端具短尖头或圆钝，长 4 ~ 7（8）毫米，宽 2.1 ~ 3.5 毫米，外轮的常较窄，矩圆状卵形至矩圆状披针形，先端具短尖头，长 4 ~ 7（8）毫米，宽 1.8 ~ 3 毫米；花丝等长，为花被片长度的 2/3 ~ 4/5，基部合生并与花被片贴生，合生部分高 0.5 ~ 1 毫米，分离部分狭三角形，内轮的稍宽；子房倒圆锥状球形，具 3 圆棱，外壁具细的疣状突起。花果期 7—9 月。

【生长环境】全国各地均有栽培，潜江市各地均可见。

【药用部位】种子。

【采收加工】秋季果实成熟时采收果序，晒干，搓出种子，除去杂质。

【性味归经】味辛、甘，性温；归肝、肾经。

【功能主治】温补肝肾，壮阳固精。用于肝肾亏虚，腰膝酸痛，阳痿遗精，遗尿尿频，白浊带下。

山麦冬属 *Liriope* Lour.

多年生草本。根状茎很短，有的具地下匍匐茎；根细长，有时近末端呈纺锤状膨大。茎很短。叶基生，密集成丛，禾叶状，基部常为具膜质边缘的鞘所包裹。花葶从叶丛中央抽出，通常较长，总状花序具多数花；花通常较小，几朵簇生于苞片腋内；苞片小，干膜质；小苞片很小，位于花梗基部；花梗直立，具关节；花被片 6，分离，2 轮排列，淡紫色或白色；雄蕊 6 枚，着生于花被片基部；花丝稍长，狭条形；花药基着，2 室，近于内向开裂；子房上位，3 室，每室具 2 枚胚珠；花柱三棱柱形，柱头小，略具 3 齿裂。果实在发育的早期外果皮即破裂，露出种子。种子 1 粒或几粒同时发育，浆果状，球形或椭圆形，早期绿色，成熟后常呈暗蓝色。

本属约有 8 种，分布于越南、菲律宾、日本和我国。我国有 6 种，主要产于秦岭以南各地，华北地区也有。潜江市有 2 种。

312. 禾叶山麦冬 *Liriope graminifolia*（L.）Baker

【别名】寸冬。

【植物形态】多年生草本。根细或稍粗，分枝多，有时有纺锤形小块根；根状茎短或稍长，具地下茎。叶长 20 ~ 50（60）厘米，宽 2 ~ 3（4）毫米，先端钝或渐尖，具 5 条脉，近全缘，但先端边缘具细齿，基部常有残存的枯叶或有时撕裂成纤维状。花葶通常稍短于叶，长 20 ~ 48 厘米，总状花序长 6 ~ 15 厘米，具许多花；花通常 3 ～ 5 朵簇生于苞片腋内；苞片卵形，先端具长尖，最下面的长 5 ～ 6 毫米，干膜质；花梗长约 4 毫米，关节位于近顶端；花被片狭矩圆形或矩圆形，先端圆钝，长 3.5 ～ 4 毫米，白色或淡紫色；花丝长 1 ～ 1.5 毫米，扁而稍宽；花药近矩圆形，长约 1 毫米；子房近球形；花柱长约 2 毫米，稍粗，柱头与花柱等宽。种子卵圆形或近球形，直径 4 ～ 5 毫米，初期绿色，成熟时蓝黑色。花期 6—8 月，果期 9—11 月。

【生长环境】生于海拔几十米至 2300 米的山坡、山谷林下、灌丛中或山沟阴处、石缝间及草丛中。潜江市各地均可见。

313. 山麦冬 *Liriope spicata*（Thunb.）Lour.

【别名】麦门冬、土麦冬、麦冬。

【植物形态】植株有时丛生；根稍粗，直径 1 ～ 2 毫米，有时分枝多，近末端处常膨大成矩圆形、椭圆形或纺锤形的肉质小块根；根状茎短，木质，具地下茎。叶长 25 ～ 60 厘米，宽 4 ～ 6（8）毫米，先端急尖或钝，基部常包以褐色的叶鞘，上面深绿色，背面粉绿色，具 5 条脉，中脉比较明显，边缘具细锯齿。花葶通常长于或几等长于叶，少数稍短于叶，长 25 ～ 65 厘米；总状花序长 6 ～ 15（20）厘米，具多数花；花通常（2）3 ～ 5 朵簇生于苞片腋内；苞片小，披针形，最下面的长 4 ～ 5 毫米，干膜质；花梗长约 4 毫米，关节位于中部以上或近顶；花被片矩圆形、矩圆状披针形，长 4 ～ 5 毫米，先端圆钝，淡紫色或淡蓝色；花丝长约 2 毫米；花药狭矩圆形，长约 2 毫米；子房近球形，花柱长约 2 毫米，稍弯，柱头不明显。种子近球形，直径约 5 毫米。花期 5—7 月，果期 8—10 月。

【生长环境】生于海拔 50 ～ 1400 米的山坡、山谷林下、路旁或湿地。潜江市各地均可见。

【药用部位】块根。

【采收加工】夏初采挖，洗净，反复暴晒、堆置至近干，除去须根，干燥。

【性味归经】味甘、微苦，性微寒；归心、肺、胃经。

【功能主治】养阴生津，润肺清心。用于肺燥干咳，虚劳咳，津伤口渴，心烦失眠，肠燥便秘。

沿阶草属 *Ophiopogon* Ker–Gawl.

多年生草本。根或细而分枝多，近末端有时膨大成小块根，或粗壮而分枝少，常木质、坚硬；根状茎通常很短，不明显，少数较长，多为木质，极少肉质，有的具细长的地下匍匐茎。茎长或短，不分枝，匍匐或直立，常为叶鞘所包裹，有的每年长短不等地延长，上部生出新叶，下部叶脱落后直立或平卧地面，并生根，形如根状茎。叶基生成丛或散生于茎上，或为禾叶状，没有明显的叶柄，下部常具膜质叶鞘，或呈矩圆形、披针形及其他形状，有明显的叶柄，叶上面绿色，背面常为粉绿色或具粉白色条纹，有时边缘具细锯齿。总状花序生于花葶顶端或茎端；花单生或 2 ～ 7 朵簇生于苞片腋内；苞片短于或长于花；小苞片很小，位于花梗基部；花梗常下弯，具关节；花被片 6，分离，2 轮排列；雄蕊 6 枚，着生于花被片基部，通常分离，少数花药连合成圆锥形；花丝很短，有时不明显；花药基着，2 室，近于内向开裂；子房半下位，上端宽而平，中间稍凹，3 室，每室具 2 枚胚珠；花柱三棱柱状或细圆柱状，或基部粗，向上渐细，柱头微 3 裂。果实在发育早期外果皮即破裂而露出种子。种子常 1 粒或几粒同时发育，浆果状，球形或椭圆形，早期绿色，成熟后常呈暗蓝色。

本属约有 50 种和一些变种，分布于亚洲东部和南部的亚热带和热带地区。我国有 33 种和一些变种，分布于华南、西南地区，只有麦冬一种广布到秦岭南部等地。

潜江市有 1 种。

314. 麦冬 *Ophiopogon japonicus*（L. f.）Ker–Gawl.

【别名】金边阔叶麦冬、沿阶草、麦门冬、矮麦冬、狭叶麦冬、小麦冬、书带草、养神草。

【植物形态】多年生草本。根较粗，中间或近末端常膨大成椭圆形或纺锤形的小块根；小块根长 1 ～ 1.5 厘米，或更长些，宽 5 ～ 10 毫米，淡黄褐色；地下茎细长，直径 1 ～ 2 毫米，节上具膜质的鞘。茎很短，叶基生成丛，禾叶状，长 10 ～ 50 厘米，少数更长些，宽 1.5 ～ 3.5 毫米，具 3 ～ 7 条脉，边缘具细锯齿。花葶长 6 ～ 15（27）厘米，通常比叶短得多，总状花序长 2 ～ 5 厘米，或有时更长些，具几至十几朵花；花单生或成对着生于苞片腋内；苞片披针形，先端渐尖，最下面的长可达 8 毫米；花梗长 3 ～ 4 毫米，关节位于中部以上或近中部；花被片常稍下垂而不展开，披针形，长约 5 毫米，白色或淡紫色；花药三角状披针形，长 2.5 ～ 3 毫米；花柱长约 4 毫米，较粗，宽约 1 毫米，基部宽阔，向上渐狭。

种子球形，直径 7 ～ 8 毫米。花期 5—8 月，果期 8—9 月。

【生长环境】生于海拔 2000 米以下的山坡阴湿处、林下或溪旁。潜江市各地均可见。

【药用部位】块根。

【采收加工】夏季采挖，洗净，反复暴晒、堆置至七八成干，除去须根，干燥。

【性味归经】味甘、微苦，性微寒；归心、肺、胃经。

【功能主治】养阴生津，润肺清心。用于肺燥干咳，虚劳咳嗽，喉痹咽痛，津伤口渴，心烦失眠，肠燥便秘。

黄精属 *Polygonatum* Mill.

具根状茎草本。茎不分枝，基部具膜质的鞘，直立，或上端向一侧弯拱而叶偏向另一侧（某些具互生叶的种类），或上部有时作攀援状（某些具轮生叶的种类）。叶互生、对生或轮生，全缘。花生于叶腋间，通常集生似成伞形、伞房或总状花序；花被片 6，下部合生成筒，裂片顶端外面通常具乳突状毛，花被筒基部与子房贴生，成小柄状，并与花梗间有一关节；雄蕊 6，内藏；花丝下部贴生于花被筒，上部离生，似着生于花被筒中部上下，丝状或两侧扁，花药矩圆形至条形，基部 2 裂，内向开裂；子房 3 室，每室有 2 ～ 6 枚胚珠，花柱丝状，多数不伸出花被外，很少有稍稍伸出的，柱头小。浆果近球形，具几粒至 10 余粒种子。

本属约有 40 种，广布于北半球温带地区。我国有 31 种。

潜江市有 1 种。

315. 黄精 *Polygonatum sibiricum* Delar. ex Redoute

【别名】鸡爪参、老虎姜、爪子参、笔管菜、黄鸡菜、鸡头黄精。

【植物形态】多年生草本。根状茎圆柱状，由于结节膨大，因此"节间"一头粗、一头细，在粗的一头有短分枝（《中药志》将由这种根状茎所制成的药材称为鸡头黄精），直径 1 ～ 2 厘米。茎高 50 ～ 90 厘米，或可达 1 米以上，有时呈攀援状。叶轮生，每轮 4 ～ 6 枚，条状披针形，长 8 ～ 15 厘米，宽（4）6～16毫米，先端弯曲成钩。花序通常具2～4朵花，似成伞状，总花梗长1～2厘米，花梗长（2.5）4～10毫米，俯垂；苞片位于花梗基部，膜质，钻形或条状披针形，长3～5毫米，具1条脉；花被乳白色至淡黄色，全长9～12毫米，花被筒中部稍缢缩，裂片长约4毫米；花丝长0.5～1毫米，花药长2～3毫米；子房长约3毫米，花柱长5～7毫米。浆果直径7～10毫米，黑色，具4～7粒种子。花期5—6月，果期8—9月。

【生长环境】生于林下、灌丛或山坡阴处，海拔800～2800米。潜江市竹根滩镇有栽培。

【药用部位】根茎。

【采收加工】春、秋季采挖，除去须根，洗净，置沸水中略烫或蒸至透心，干燥。

【性味归经】味甘，性平；归脾、肺、肾经。

【功能主治】补气养阴，健脾，润肺，益肾。用于脾胃气虚，胃阴不足，口干食少，肺虚燥咳，劳嗽咳血，精血不足，腰膝酸软，须发早白，内热消渴。

吉祥草属 *Reineckea* Kunth

多年生常绿草本。茎匍匐于地上，似根状茎，绿色，多节，顶端具叶簇；根聚生于叶簇的下面。花葶侧生，从一叶腋抽出，直立，较短；花较多，排列成穗状花序；苞片卵状三角形，膜质，淡褐色或带紫色；花被片合生成短管状，上部6裂；裂片在开花时反卷，与花被管近等长；雄蕊6，着生于花被管的喉部，花丝丝状，近基部贴生于花被筒上；花药背着，内向纵裂；子房瓶状，3室，每室有胚珠2枚；花柱细长，柱头头状，3裂。浆果球形，有数粒种子。

本属仅1种，分布于我国和日本。

潜江市有发现。

316. 吉祥草 *Reineckea carnea*（Andrews）Kunth

【别名】洋吉祥草、解晕草、广东万年青、结实兰、竹叶草、佛顶珠。

【植物形态】多年生草本。茎匍匐于地上，似根茎，绿色，多节，节上生须根。叶簇生于茎顶或茎节，每簇3～8枚；叶片条形至披针形，长10～38厘米，宽0.5～3.5厘米，先端渐尖，向下渐狭成柄。花葶长5～15厘米；穗状花序长2～6.5厘米，上部花有时仅具雄蕊；苞片卵状三角形，膜质，淡褐色或带紫色；花被片合生成短管状，上部6裂，裂片长圆形，长5～7毫米，稍肉质，开花时反卷，粉红色，花芳香；雄蕊6，短于花柱，花丝丝状；花药近长圆形，两端微凹；子房瓶状，3室；花柱丝状，柱头头状，3裂。浆果球形，直径6～10毫米，成熟时鲜红色。花果期7—11月。

【生长环境】生于阴湿山坡、山谷、密林下或栽培。潜江市森林公园有发现。

【药用部位】全草。

【采收加工】种植1年后，四季均可采收，可利用去密留稀的办法收获。采收时连根挖起，抖去泥土，洗净，鲜用或晒干。

【性味归经】味甘，性凉。

【功能主治】清肺止咳，凉血止血，解毒利咽。用于肺热咳嗽，咯血，吐血，衄血，便血，咽喉肿痛，目赤翳障，疮疖痈肿。

绵枣儿属 *Scilla* L.

　　多年生草本。鳞茎具膜质鳞茎皮。叶基生，条形或卵形。花葶不分枝，直立，具总状花序；花小或中等大，花梗有关节（有时由于关节位于顶端而不明显），苞片小；花被片6，离生或基部稍合生；雄蕊6，着生于花被片基部或中部，花药卵形至矩圆形，背着，内向开裂；子房3室，通常每室具1～2枚胚珠，较少8～10枚胚珠，花柱丝状，柱头很小。蒴果室背开裂，近球形或倒卵形，通常具少数黑色种。

　　本属约有90种，广布于欧洲、亚洲和非洲的温带地区，少数也见于热带山地。我国有1种1变种。

　　潜江市有1种。

317. 绵枣儿 *Scilla scilloides* Druce

【别名】石枣儿、天蒜、地兰、山大蒜。

【植物形态】多年生草本。鳞茎卵形或近球形，高2～5厘米，宽1～3厘米，鳞茎皮黑褐色。基生叶通常2～5枚，狭带状，长15～40厘米，宽2～9毫米，柔软。花葶通常比叶长；总状花序长2～20厘米，具多数花；花紫红色、粉红色至白色，小，直径4～5毫米，在花梗顶端脱落；花梗长5～12毫米，基部有1～2枚较小的、狭披针形苞片；花被片近椭圆形、倒卵形或狭椭圆形，长2.5～4毫米，宽约1.2毫米，基部稍合生而成盘状，先端钝而且增厚；雄蕊生于花被片基部，稍短于花被片；花丝近披针形，边缘和背面常多少具小乳突，基部稍合生，中部以上骤然变窄，变窄部分长约1毫米；子房长1.5～2毫米，基部有短柄，表面多少有小乳突，3室，每室1枚胚珠；花柱长为子房的1/2～2/3。果近倒卵形，长3～6毫米，宽2～4毫米。种子1～3粒，黑色，矩圆状狭倒卵形，长2.5～5毫米。花果期7—11月。

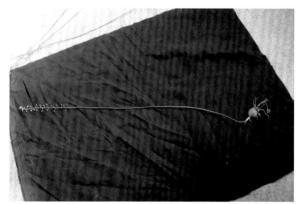 

【生长环境】生于海拔2600米以下的山坡、草地、路旁或林缘。潜江市老新镇有发现。

【药用部位】鳞茎或全草。

【采收加工】6—7月采收，洗净，鲜用或晒干。

【性味归经】味苦、甘，性寒；有小毒。

【功能主治】活血止痛，解毒消肿，强心利尿。用于跌打损伤，筋骨疼痛，疮疡肿痛，乳痈，心脏病水肿。

菝葜属 *Smilax* L.

攀援或直立小灌木，常绿或有时落叶，极少为草本，常具坚硬的根状茎。枝条圆柱形或有时四棱形，常有刺，有时有疣状突起或刚毛。叶为2列互生，全缘，具3～7条主脉和网状细脉；叶柄两侧边缘常具长或短的翅状鞘，鞘的上方有一对卷须或无卷须，向上至叶片基部一段有一色泽较暗的脱落点，由于脱落点位置不同，在叶片脱落时或带着一段叶柄，或几乎不带叶柄。花小，单性异株，通常排列成单个腋生的伞形花序，较少若干个伞形花序又排列成圆锥花序或穗状花序；腋生花序的基部有时有1枚和叶柄相对的鳞片（先出叶）；花序托常膨大，有时稍伸长，而使伞形花序多少呈总状；花被片6，离生，有时靠合；雄花通常具6枚雄蕊，极少为3枚或多达18枚（中国不产）；花药基着，2室，内向，通常在靠近药隔的一侧开裂；雌花具（1）3～6枚丝状或条形的退化雄蕊，极少无退化雄蕊；子房3室，每室具 1～2 枚胚珠，花柱较短，柱头 3 裂。浆果通常球形，具少数种子。

本属约有 300 种，广布于热带地区，也见于东亚和北美的温暖地区，少数种类产于地中海一带。我国有 60 种和一些变种，大多数分布于长江以南各地。

潜江市有 1 种。

318. 菝葜 *Smilax china* L.

【别名】金刚兜、大菝葜、金刚刺、金刚藤。

【植物形态】攀援灌木。根状茎粗厚，坚硬，为不规则的块状，粗 2～3 厘米。茎长 1～3 米，少数可达 5 米，疏生刺。叶薄革质或坚纸质，干后通常呈红褐色或近古铜色，圆形、卵形或其他形状，长 3～10 厘米，宽 1.5～6（10）厘米，下面通常淡绿色，较少苍白色；叶柄长 5～15 毫米，占全长的 1/2～2/3，具宽 0.5～1 毫米的鞘（一侧），几乎都有卷须，少有例外，脱落点位于靠近卷须处。伞形花序生于叶尚幼嫩的小枝上，具十几朵或更多的花，常呈球形；总花梗长 1～2 厘米；花序托稍膨大，近球形，较少稍延长，具小苞片；花绿黄色，外花被片长 3.5～4.5 毫米，宽 1.5～2 毫米，内花被片稍狭；雄花中花药比花丝稍宽，常弯曲；雌花与雄花大小相似，有 6 枚退化雄蕊。浆果直径 6～15 毫米，成熟时红色，有粉霜。花期 2—5 月，果期 9—11 月。

【生长环境】生于海拔 2000 米以下的林下、灌丛中、路旁、河谷或山坡上。潜江市白鹭湖管理区有发现。

【药用部位】根茎。

【采收加工】秋末至次年春采挖，除去须根，洗净，晒干或趁鲜切片，干燥。

【性味归经】味甘、微苦、涩，性平；归肝、肾经。

【功能主治】利湿去浊，祛风除痹，解毒散瘀。用于小便淋浊，带下量多，风湿痹痛，疔疮痈肿。

丝兰属 *Yucca* L.

茎很短或长而木质化，有时有分枝。叶近簇生于茎或枝的顶端，条状披针形至长条形，常厚实、坚挺而具刺状顶端，边缘有细齿或作丝裂（丝兰名称由此而来）。圆锥花序从叶丛抽出；花近钟形；花被片 6，离生；雄蕊 6，短于花被片；花丝粗厚，上部常外弯；花药较小，箭形，"丁"字形着生；花柱短或不明显，柱头 3 裂；子房近矩圆形，3 室。果实为不裂或开裂的蒴果，或为浆果。种子多数，扁平，薄，常具黑色种皮。

本属约有 30 种，分布于中美洲至北美洲。我国有引种栽培。

潜江市有 1 种。

319. 细叶丝兰 *Yucca flaccida Haw.*

【别名】荷兰铁树、丝兰。

【植物形态】木本。茎很短或不明显。叶近莲座状簇生，近剑形或线状披针形，坚硬，开展，直生，长 25 ～ 75 厘米，宽约 4 厘米，先端有硬尖刺，边缘有多数稍弯曲的丝状纤维，稍被白色粉。花葶高而粗壮；圆锥花序狭长，花序轴有乳突状毛；花黄白色，下垂；花被片长 3 ～ 4 厘米；花丝疏生柔毛；花柱长 5 ～ 6 毫米。蒴果长约 5 厘米，开裂。花期秋季。

【生长环境】各地有栽培，为观赏植物。潜江市火车站有发现。

八十九、石蒜科　Amaryllidaceae

多年生草本，极少数为半灌木、灌木至乔木。具鳞茎、根状茎或块茎。叶多数基生，多少呈线形，全缘或有刺状锯齿。花单生或排列成伞形花序、总状花序、穗状花序、圆锥花序，通常具佛焰苞状总苞，总苞片 1 至数枚，膜质；花两性，辐射对称或左右对称；花被片 6，2 轮；花被管和副花冠存在或否；雄蕊通常 6，着生于花被管喉部或基生，花药背着或基着，通常内向开裂；子房下位，3 室，中轴胎座，每室具胚珠多数或少数，花柱细长，柱头头状或 3 裂。蒴果多数背裂或不整齐开裂，很少为浆果状；种子含有胚乳。

本科约有 100 属 1200 种，分布于热带、亚热带及温带地区。我国约有 17 属 44 种 4 变种，野生或引种栽培。

潜江市有 1 属 2 种。

葱莲属 *Zephyranthes* Herb.

多年生矮小禾草状草本，具有皮鳞茎。叶数枚，线形，簇生，常与花同时开放。花茎纤细，中空；花单生于花茎顶端，佛焰苞状总苞下部管状，顶端2裂；花漏斗状，直立或略下垂；花被管长或极短；花被裂片6，各片近等长；雄蕊6，着生于花被管喉部或管内，3长3短，花药背着；子房每室胚珠多数，柱头3裂或凹陷。蒴果近球形，室背3瓣开裂；种子黑色，多少扁平。细胞染色体基数x=6、7。

本属约有40种，分布于西半球温暖地区。我国引种栽培的有2种。

潜江市有2种。

320. 葱莲 *Zephyranthes candida*（Lindl.）Herb.

【别名】葱兰、玉帘、白花菖蒲莲、韭菜莲、肝风草、草兰。

【植物形态】多年生草本。鳞茎卵形，直径约2.5厘米，具有明显的颈部，颈长2.5～5厘米。叶狭线形，肥厚，亮绿色，长20～30厘米，宽2～4毫米。花茎中空；花单生于花茎顶端，下有带红褐色的佛焰苞状总苞，总苞片顶端2裂；花梗长约1厘米；花白色，外面常带淡红色；几无花被管，花被片6，长3～5厘米，顶端钝或具短尖头，宽约1厘米，近喉部常有很小的鳞片；雄蕊6，长约为花被的1/2；花柱细长，柱头不明显3裂。蒴果近球形，直径约1.2厘米，3瓣开裂；种子黑色，扁平。花期6—8月。

【生长环境】我国为栽培供观赏。潜江市森林公园有发现。

【药用部位】全草。

【采收加工】全年均可采收，洗净，多鲜用。

【性味归经】味甘，性平；归肝经。

【功能主治】平肝息风。用于小儿惊风，癫痫，破伤风。

321. 韭莲 *Zephyranthes carinata* Herb.

【别名】红花葱兰、肝风草、韭菜莲、韭菜兰、风雨花。

【植物形态】多年生草本。鳞茎卵球形，直径2～3厘米。基生叶常数枚簇生，线形，扁平，长

15～30厘米，宽6～8毫米。花单生于花茎顶端，下有佛焰苞状总苞，总苞片常带淡紫红色，长4～5厘米，下部合生成管；花梗长2～3厘米；花玫瑰红色或粉红色；花被管长1～2.5厘米，花被裂片6，裂片倒卵形，顶端略尖，长3～6毫米；雄蕊6，长为花被的2/3～4/5，花药"丁"字形着生；子房下位，3室，胚珠多数，花柱细长，柱头深3裂。蒴果近球形，种子黑色。花期夏、秋季。

【生长环境】全国各地均有栽培。潜江市森林公园有发现。

【药用部位】全草。

【采收加工】夏、秋季采收，晒干。

【性味归经】味苦，性寒。

【功能主治】凉血止血，解毒消肿。用于吐血，便血，崩漏，跌伤红肿，疮痈红肿，毒蛇咬伤。

九十、雨久花科　Pontederiaceae

　　多年生或一年生的水生或沼泽生草本，直立或飘浮；具根状茎或匍匐茎，通常有分枝，富海绵质和通气组织。叶通常2列，大多数具有叶鞘和明显的叶柄；叶片宽线形至披针形、卵形甚至宽心形，具平行脉，浮水、沉水或露出水面。某些属的叶鞘顶部具耳（舌）状膜片。有的种叶柄充满通气组织，膨大呈葫芦状，如凤眼蓝。气孔为平列型。花序为顶生总状、穗状或聚伞圆锥花序，生于佛焰苞状叶鞘的腋部；花小至大型，虫媒花或自花受精，两性，辐射对称或两侧对称；花被片6枚，排成2轮，花瓣状，蓝色、淡紫色、白色，很少黄色，分离或下部连合成筒，花后脱落或宿存；雄蕊多数为6枚，2轮，稀3或1枚，1枚雄蕊则位于内轮的近轴面，且伴有2枚退化雄蕊；花丝细长，分离，贴生于花被筒上，有时具腺毛；花药内向，底着或盾状，2室，纵裂或稀顶孔开裂；花粉粒具2（3）核，1～3沟；雌蕊由3心皮组成；子房上位，3室，中轴胎座，或1室具3个侧膜胎座；花柱1，细长；柱头头状或3裂；胚珠少数或多数，倒生，具厚珠心，稀仅有1下垂胚珠。蒴果，室背开裂，或小坚果。种子卵球形，具纵肋，胚乳含丰富淀粉粒，胚为线形直胚。染色体 $x=8$，14，15。本科植物导管具梯状穿孔板，叶中无导管。

　　本科约有9属39种，广布于热带和亚热带地区。常生于沼泽、浅湖、河流、溪沟水域中。我国有2属4种。

　　潜江市有1属1种。

凤眼蓝属 *Eichhornia* Kunth

　　一年生或多年生浮水草本，节上生根。叶基生，莲座状或互生；叶片宽卵状菱形或线状披针形，通常具长柄；叶柄常膨大，基部具鞘。花序顶生，由2至多朵花组成穗状；花两侧对称或近辐射对称；花被漏斗状，中、下部连合成长或短的花被筒，裂片6个，淡紫蓝色，有的裂片常具1黄色斑点，花后凋存；雄蕊6枚，着生于花被筒上，常3长3短，长者伸出筒外，短的藏于筒内；花丝丝状或基部扩大，常有毛；花药长圆形；子房无柄，3室，胚珠多数；花柱线形，弯曲；柱头稍扩大或3～6浅裂。蒴果卵形、长圆形至线形，包藏于凋存的花被筒内，室背开裂；果皮膜质。种子多数，卵形，有棱。

　　本属约有7种，分布于美洲和非洲的热带和暖温带地区。通常生于池塘、河川或沟渠中。我国有1种。潜江市有1种。

322. 凤眼蓝 *Eichhornia crassipes*（Mart.）Solme

【别名】水葫芦、水浮莲、凤眼莲。

【植物形态】浮水草本，高30～60厘米。须根发达，棕黑色，长达30厘米。茎极短，具长匍匐枝，匍匐枝淡绿色或带紫色，与母株分离后长成新植物。叶在基部丛生，莲座状排列，一般5～10片；叶片圆形、宽卵形或宽菱形，长4.5～14.5厘米，宽5～14厘米，顶端圆钝或微尖，基部宽楔形或在幼时为浅心形，全缘，具弧形脉，表面深绿色，有光泽，质地厚实，两边微向上卷，顶部略向下翻卷；叶柄长短不等，中部膨大成囊状或纺锤状，内有许多多边形柱状细胞组成的气室，维管束散布其间，黄绿色至绿色，光滑；叶柄基部有鞘状苞片，长8～11厘米，黄绿色，薄而半透明；花葶从叶柄基部的鞘状苞片腋内伸出，长34～46厘米，多棱；穗状花序长17～20厘米，通常具9～12朵花；花被裂片6枚，花瓣状、卵形、长圆形或倒卵形，紫蓝色，花冠略两侧对称，直径4～6厘米，上方1枚裂片较大，长约3.5厘米，宽约2.4厘米，三色，即四周淡紫红色，中间蓝色，在蓝色的中央有1个黄色圆斑，其余各片长约3厘米，宽1.5～1.8厘米，下方1枚裂片较狭，宽1.2～1.5厘米，花被片基部合生成筒，外面近基部有腺毛；雄蕊6枚，贴生于花被筒上，3长3短，长的从花被筒喉部伸出，长1.6～2厘米，短的生于近喉部，长3～5毫米；花丝上有腺毛，长约0.5毫米，2～4个细胞，顶端膨大；花药箭形，基着，蓝灰色，2室，纵裂；花粉粒长卵圆形，黄色；子房上位，长梨形，长6毫米，3室，中轴胎座，胚珠多数；花柱1，长约2厘米，伸出花被筒的部分有腺毛；柱头上密生腺毛。蒴果卵形。花期7—10月，果期8—11月。

【生长环境】生于海拔 200 ～ 1500 米的水塘、沟渠及稻田中。潜江市各地均可见。

【药用部位】根或全草。

【采收加工】春、夏季采收，洗净，鲜用或晒干。

【性味归经】味辛、淡，性寒。

【功能主治】疏散风热，利水通淋，清热解毒。用于风热感冒，水肿，热淋，尿路结石，风疹，湿疮，疖肿。

九十一、鸢尾科　Iridaceae

多年生、稀一年生草本。地下部分通常具根状茎、球茎或鳞茎。叶多基生，少为互生，条形、剑形或为丝状，基部成鞘状，互相套叠，具平行脉。大多数种类只有花茎，少数种类有分枝或不分枝的地上茎。花两性，色泽鲜艳美丽，辐射对称，少为左右对称，单生、数朵簇生或多花排列成总状、穗状、聚伞及圆锥花序；花或几花序下有 1 至多个草质或膜质的苞片，簇生、对生、互生或单一；花被裂片 6，2 轮排列，内轮裂片与外轮裂片同型等大或不等大，花被管通常为丝状或喇叭形；雄蕊 3，花药多外向开裂；花柱 1，上部多有 3 个分枝，分枝圆柱形或扁平呈花瓣状，柱头 3 ～ 6，子房下位，3 室，中轴胎座，胚珠多数。蒴果，成熟时室背开裂；种子多数，半圆形或为不规则的多面体，少为圆形，扁平，表面光滑或皱缩，常有附属物或小翅。

本科约有 60 属 800 种，广泛分布于热带、亚热带及温带地区，分布中心在非洲南部及美洲热带地区。我国有 11 属（其中野生的 3 属，引种栽培的 8 属），71 种 13 变种 5 变型，主要是鸢尾属植物，主要分布于西南、西北及东北地区。

潜江市有 2 属 2 种。

射干属　*Belamcanda* Adans.

多年生直立草本。根状茎为不规则的块状。茎直立，实心。叶剑形，扁平，互生，嵌迭状 2 列。二歧状伞房花序顶生；苞片小，膜质；花橙红色；花被管甚短，花被裂片 6，2 轮排列，外轮的略宽大；雄蕊 3，着生于外轮花被的基部；花柱圆柱形，柱头 3 浅裂，子房下位，3 室，中轴胎座，胚珠多数。蒴果倒卵形，黄绿色，成熟时 3 瓣裂；种子球形，黑紫色，有光泽，着生于果实的中轴上。

本属有 2 种，分布于亚洲东部。我国有 1 种。

潜江市有发现。

323. 射干　*Belamcanda chinensis*（L.）Redoute

【别名】野萱花、交剪草。

【植物形态】多年生草本。根状茎为不规则的块状，斜伸，黄色或黄褐色；须根多数，带黄色。茎高1～1.5米，实心。叶互生，嵌迭状排列，剑形，长20～60厘米，宽2～4厘米，基部鞘状抱茎，顶端渐尖，无中脉。花序顶生，叉状分枝，每分枝的顶端聚生有数朵花；花梗细，长约1.5厘米；花梗及花序的分枝处均包有膜质的苞片，苞片披针形或卵圆形；花橙红色，散生紫褐色的斑点，直径4～5厘米；花被裂片6，2轮排列，外轮花被裂片倒卵形或长椭圆形，长约2.5厘米，宽约1厘米，顶端圆钝或微凹，基部楔形，内轮较外轮花被裂片略短而狭；雄蕊3，长1.8～2厘米，着生于外轮花被裂片的基部，花药条形，外向开裂，花丝近圆柱形，基部稍扁而宽；花柱上部稍扁，顶端3裂，裂片边缘略向外卷，有细而短的毛，子房下位，倒卵形，3室，中轴胎座，胚珠多数。蒴果倒卵形或长椭圆形，长2.5～3厘米，直径1.5～2.5厘米，顶端无喙，常残存有凋萎的花被，成熟时室背开裂，果瓣外翻，中央有直立的果轴；种子圆球形，黑紫色，有光泽，直径约5毫米，着生于果轴上。花期6—8月，果期7—9月。

【生长环境】生于林缘或山坡、草地，大部分生于海拔较低的地方。潜江市竹根滩镇有栽培。

【药用部位】根茎。

【采收加工】春初刚发芽或秋末茎叶枯萎时采挖，除去须根和泥沙，干燥。

【性味归经】味苦，性寒；归肺经。

【功能主治】清热解毒，消痰，利咽。用于痰火郁结，咽喉肿痛，痰涎壅盛，咳嗽气喘。

鸢尾属 *Iris* L.

多年生草本。根状茎长条形或块状，横走或斜伸，纤细或肥厚。叶多基生，相互套叠，排成2列，叶剑形、条形或丝状，叶脉平行，中脉明显或无，基部鞘状，顶端渐尖。大多数种类只有花茎而无明显的地上茎，花茎自叶丛中抽出，多数种类伸出地面，少数短缩而不伸出，顶端分枝或不分枝；花序生于分枝的顶端或仅在花茎顶端生1朵花；花及花序基部着生数枚苞片，膜质或草质；花较大，蓝紫色、紫色、紫红色、黄色、白色；花被管喇叭形、丝状，或甚短而不明显，花被裂片6，2轮排列，外轮花被裂片3，常较内轮的大，上部常反折下垂，基部爪状，多数呈沟状，平滑，无附属物或具鸡冠状及须毛状的附属物，内轮花被裂片3，直立或向外倾斜；雄蕊3，着生于外轮花被裂片的基部，花药外向开裂，花丝与花柱基部离生；雌蕊的花柱单一，上部3分枝，分枝扁平，拱形弯曲，有鲜艳的色彩，呈花瓣状，顶端再2裂，裂片半圆形、三角形或狭披针形，柱头生于花柱顶端裂片的基部，多为半圆形、舌状，子房下位，3室，中轴胎座，胚珠多数。蒴果椭圆形、卵圆形或圆球形，顶端有喙或无，成熟时室背开裂；种子梨形、扁平状半圆形或为不规则的多面体，有附属物或无。

本属约有 300 种，分布于北半球温带地区。我国约有 60 种 13 变种 5 变型，广布于全国，以西北、北部及西南地区为多。

潜江市有 1 种。

324. 蝴蝶花 *Iris japonica* Thunb.

【别名】日本鸢尾、开喉箭、兰花草、扁竹、剑刀草、豆豉草、扁担叶、扁竹根、铁豆柴。

【植物形态】多年生草本。根状茎可分为较粗的直立根状茎和纤细的横走根状茎，直立的根状茎扁圆形，具多数较短的节间，棕褐色，横走的根状茎节间长，黄白色；须根生于根状茎的节上，分枝多。叶基生，暗绿色，有光泽，近地面处带紫红色，剑形，长 25 ～ 60 厘米，宽 1.5 ～ 3 厘米，顶端渐尖，无明显的中脉。花茎直立，高于叶片，顶生稀疏总状聚伞花序，分枝 5 ～ 12 个，与苞片等长或略超出；苞片叶状，3 ～ 5 枚，宽披针形或卵圆形，长 0.8 ～ 1.5 厘米，顶端钝，其中包含 2 ～ 4 朵花，花淡蓝色或蓝紫色，直径 4.5 ～ 5 厘米；花梗伸出苞片外，长 1.5 ～ 2.5 厘米；花被管明显，长 1.1 ～ 1.5 厘米，外花被裂片倒卵形或椭圆形，长 2.5 ～ 3 厘米，宽 1.4 ～ 2 厘米，顶端微凹，基部楔形，边缘波状，有细齿裂，中脉上有隆起的黄色鸡冠状附属物，内花被裂片椭圆形或狭倒卵形，长 2.8 ～ 3 厘米，宽 1.5 ～ 2.1 厘米，爪部楔形，顶端微凹，边缘有细齿裂，花盛开时向外展开；雄蕊长 0.8 ～ 1.2 厘米，花药长椭圆形，白色；花柱分枝较内花被裂片略短，中肋处淡蓝色，顶端裂片繸状丝裂，子房纺锤形，长 0.7 ～ 1 厘米。蒴果椭圆状柱形，长 2.5 ～ 3 厘米，直径 1.2 ～ 1.5 厘米，顶端微尖，基部钝，无喙，6 条纵肋明显，成熟时自顶端开裂至中部；种子黑褐色，为不规则的多面体，无附属物。花期 3—4 月，果期 5—6 月。

【生长环境】生于山坡较荫蔽而湿润的草地、疏林下或林缘草地。潜江市曹禺公园有发现。

【药用部位】全草。

【采收加工】春、夏季采收，切段，晒干。

【性味归经】味苦，性寒；有小毒。

【功能主治】清热解毒，消肿止痛。用于肝炎，肝肿大，肝痛，胃痛，咽喉肿痛，便血。

九十二、灯心草科　Juncaceae

多年生、稀一年生草本，极少为灌木状。根状茎直立或横走，须根纤维状。茎多丛生，圆柱形或压扁，表面常具纵沟棱，内部具充满或间断的髓心或中空，常不分枝，绿色。在某些种类茎秆常进行光合作用。叶全部基生成丛而无茎生叶，或具茎生叶数片，常排成3列，稀为2列（寒蔺属和刺蔺属）；有些多年生种类茎基部常具数枚低出叶（芽苞叶），呈鞘状或鳞片状；叶片线形、圆筒形、披针形、扁平或稀为毛鬖状，具横隔膜或无，有时退化呈芒刺状或仅存叶鞘；叶鞘开放或闭合，在叶鞘与叶片连接处常形成一对叶耳或无叶耳。花序圆锥状、聚伞状或头状，顶生、腋生或有时假侧生（即由一直立的总苞片将花序推向一侧，此总苞片圆柱形，似茎的直接延伸）；花单生或集生成穗状或头状，头状花序往往再组成圆锥、总状、伞状或伞房状等各式复花序；头状花序下通常有数枚苞片，最下面1枚常比花长；花序分枝基部各具2枚膜质苞片；整个花序下常有1～2枚叶状总苞片；花小型，两性，稀为单性异株，多为风媒花，有花梗或无，花下常具2枚膜质小苞片；花被片6枚，排成2轮，稀内轮缺如，颖状，狭卵形至披针形、长圆形或钻形，绿色、白色、褐色、淡紫褐色至黑色，常透明，顶端锐尖或钝；雄蕊6枚，分离，与花被片对生，有时内轮退化而只有3枚；花丝线形或圆柱形，常比花药长；花药长圆形、线形或卵形，基着，内向或侧向，药室纵裂；花粉粒为四面体形的四合花粉，每粒花粉具1远极孔；雌蕊由3心皮结合而成；子房上位，1或3室，有时为不完全3个隔膜（胎座延伸但不及中部）；花柱1，常较短；柱头3分叉，线形，多弯曲；胚珠多数，着生于侧膜胎座或中轴胎座上，或仅3枚（地杨梅属），基生胎座；倒生胚珠具双珠被和厚珠心。果实通常为室背开裂的蒴果，稀不开裂。种子卵球形、纺锤形或倒卵形，有时两端（或一端）具尾状附属物（常为锯屑状，在地杨梅属中则常被称为种阜）；种皮常具纵沟或网纹；胚乳富淀粉，胚小，直立，位于胚乳的基部中心，具一大而顶生的子叶。染色体基数如下：地杨梅属 $x=6$，灯心草属 $x=20$。

本科约有8属300种，广布于温带和寒带地区，热带山地也有。常生于潮湿多水的环境中。灯心草属和地杨梅属广布于世界各地，其余几个小属则产于南半球。我国有2属93种3亚种13变种，全国各地都产，主产于西南地区。

潜江市有1属1种。

灯心草属　*Juncus L.*

多年生、稀一年生草本。根状茎横走或直伸。茎直立或斜上，圆柱形或压扁，具纵沟棱。叶基生和茎生，或仅具基生叶，有些种类具有低出叶；叶片扁平或圆柱形、披针形、线形或毛发状，有明显或不明显的横隔膜或无横隔膜，有时叶片退化为刺芒状而仅存叶鞘；叶鞘开放，偶有闭合，顶部常延伸成2个叶耳，有时叶耳不明显或无。复聚伞花序或由数朵至多朵小花集成头状花序；头状花序单生于茎顶或由多个小头状花序组成聚伞、圆锥状等复花序；花序有时为假侧生，花序下常具叶状总苞片，有时总苞片圆柱状，似茎的延伸；花的雌蕊先熟，花下具小苞片或缺如；花被片 6 枚，2 轮，颖状，常淡绿色或褐色，少数黄白色、红褐色至黑褐色，顶端尖或钝，边缘常膜质，外轮常有明显背脊；雄蕊 6 枚，稀 3 枚；花药长圆形或线形；花丝丝状；子房 3 或 1 室，或具 3 个隔膜；花柱圆柱状或线形；柱头 3；胚珠多数。蒴果常为三棱状卵形或长圆形，顶端常有小尖头，3 或 1 室或具 3 个不完全隔膜。种子多数，表面常具条纹，有些种类具尾状附属物。

本属约有 240 种，广泛分布于世界各地，主产于温带和寒带地区。通常生于草甸、沼泽、水边及阴湿的环境中。我国有 77 种 2 亚种 10 变种，南北各地均产，主产于西南地区。

潜江市有 1 种。

325. 灯心草 *Juncus effusus* L.

【别名】水灯草。

【植物形态】多年生草本，高 27 ～ 91 厘米，有时更高；根状茎粗壮横走，具黄褐色稍粗的须根。茎丛生，直立，圆柱形，淡绿色，具纵条纹，直径 1 ～ 4 毫米，茎内充满白色的髓心。叶全部为低出叶，呈鞘状或鳞片状，包围在茎的基部，长 1 ～ 22 厘米，基部红褐色至黑褐色；叶片退化为刺芒状。聚伞花序假侧生，含多花，排列紧密或疏散；总苞片圆柱形，生于顶端，似茎的延伸，直立，长 5 ～ 28 厘米，顶端尖锐；小苞片 2 枚，宽卵形，膜质，顶端尖；花淡绿色；花被片线状披针形，长 2 ～ 12.7 毫米，宽约 0.8 毫米，顶端锐尖，背脊增厚凸出，黄绿色，边缘膜质，外轮稍长于内轮；雄蕊 3 枚（偶有 6 枚），长约为花被片的 2/3；花药长圆形，黄色，长约 0.7 毫米，稍短于花丝；雌蕊具 3 室子房；花柱极短；柱头 3 分叉，长约 1 毫米。蒴果长圆形或卵形，长约 2.8 毫米，顶端钝或微凹，黄褐色。种子卵状长圆形，长 0.5 ～ 0.6 毫米，黄褐色。花期 4—7 月，果期 6—9 月。

【生长环境】生于海拔 1650 ～ 3400 米的河边、池旁、水沟、稻田旁、草地及沼泽湿处。潜江市周矶街道沿河村有发现。

【药用部位】茎髓。

【采收加工】夏末至秋季割茎，晒干，取出茎髓，理直，扎成小把。

【性味归经】味甘、淡，性微寒；归心、肺、小肠、膀胱经。

【功能主治】清心火，利小便。用于心烦失眠，尿少涩痛，口舌生疮。

九十三、鸭跖草科 Commelinaceae

一年生或多年生草本，有的茎下部木质化。茎有明显的节和节间。叶互生，有明显的叶鞘；叶鞘开口或闭合。花通常在蝎尾状聚伞花序上，聚伞花序单生或集成圆锥花序，有的伸长且很典型，有的缩短成头状，有的无花序梗而花簇生，有的甚至退化为单花。顶生或腋生，有的腋生的聚伞花序穿透包裹的叶鞘而钻出鞘外。花两性，极少单性。萼片3枚，分离或仅在基部连合，常为舟状或龙骨状，有的顶端盔状。花瓣3枚，分离，但在蓝耳草属和鞘苞花属中，花瓣在中段合生成筒，而两端仍然分离。雄蕊6枚，全育或仅2～3枚能育而有1～3枚退化雄蕊；花丝有念珠状长毛或无毛；花药并行或稍稍叉开，纵缝开裂，罕见顶孔开裂；退化雄蕊顶端各式（4裂成蝴蝶状，或3全裂，或2裂叉开成哑铃状，或不裂）；子房3室或退化为2室，每室有1至数枚直生胚珠。果实大多为室背开裂的蒴果，稀为浆果状而不裂。种子大而少数，富含胚乳，种脐条状或点状，胚盖（脐眼一样的东西，胚就在它的下面）位于种脐的背面或背侧面。

本科约有40属600种，主产于热带地区，少数种生于亚热带地区，仅个别种生于温带地区。我国有13属53种，主产于云南、广东、广西和海南。另有3个常见栽培并已归化的种。

潜江市有2属3种。

鸭跖草属 *Commelina* L.

一年生或多年生草本。茎上升或匍匐生根，通常多分枝。蝎尾状聚伞花序藏于佛焰苞状总苞片内；总苞片基部开口或合缝而成漏斗状、僧帽状；苞片不呈镰刀状弯曲，通常极小或缺失。生于聚伞花序下部分枝的花较小，早落；生于上部分枝的花正常发育；萼片3枚，膜质，内方2枚基部常合生；花瓣3枚，蓝色，其中内方（前方）2枚较大，明显具爪；能育雄蕊3枚，位于一侧，2枚对萼，1枚对瓣，退化雄蕊2～3枚，顶端4裂，裂片排成蝴蝶状，花丝均长而无毛。子房无柄，无毛，3或2室，背面1室含1枚胚珠，有时这枚胚珠败育或完全缺失；腹面2室，每室含1～2枚胚珠。蒴果藏于总苞片内，2～3室（有时仅1室），通常2～3爿裂至基部，最常2爿裂，背面1室常不裂，腹面2室，每室有种子1～2粒，但有时也不含种子。种子椭圆状或金字塔状，黑色或褐色，具网纹或近平滑，种脐条形，位于腹面，胚盖位于背侧面。

全属约有100种，广布于全世界，主产于热带、亚热带地区。我国南方有7种，其中鸭跖草广布。

潜江市有2种。

326. 饭包草 *Commelina benghalensis* L.

【别名】圆叶鸭跖草、狼叶鸭跖草、竹叶菜、火柴头。

【植物形态】多年生草本。地下根茎横生，茎上部直立，基部匍匐，多少被毛。叶互生，有柄；叶片椭圆状卵形或卵形，长 3～6.5 厘米，宽 1.5～3.5 厘米，先端钝或急尖，基部圆形或渐狭而成阔柄状，全缘，边缘有毛，两面被短柔毛、疏长毛或近无毛；叶鞘近膜质，有数条脉纹；苞片漏斗状，长约 1.2 厘米，宽约 1.6 厘米，与上部叶对生或 1～3 个聚生，无柄或具极短柄。聚伞花序数朵，几不伸出苞片，花梗短；萼片 3 枚，膜质，其中 2 枚基部常合生；花蓝色，花瓣 3 枚，直径约 8 毫米；雄蕊 6 枚，能育雄蕊 3 枚，花丝丝状，无毛；子房长圆形，具棱，长约 1.5 毫米，花柱线形。蒴果椭圆形（短圆柱形），膜质，长约 5 毫米，种子 5 粒，肾形，黑褐色，表面有窝孔及皱纹。花期 6—7 月，果期 11—12 月。

【生长环境】生于田边、沟内或林下阴湿处。潜江市王场镇代河村有发现。

【药用部位】地上部分。

【采收加工】夏、秋季采收，洗净，鲜用或晒干。

【性味归经】味苦，性寒。

【功能主治】清热解毒，利水消肿。用于热病烦渴，咽喉肿痛，热淋，痔疮，疔疮痈肿，蛇虫咬伤。

327. 鸭跖草 *Commelina communis* L.

【别名】淡竹叶、竹叶菜、鸭趾草、挂梁青、鸭儿草、竹芹菜。

【植物形态】一年生披散草本。茎匍匐生根，多分枝，长可达 1 米，下部无毛，上部被短毛。叶披针形至卵状披针形，长 3～9 厘米，宽 1.5～2 厘米。总苞佛焰苞状，有 1.5～4 厘米的柄，与叶对生，折叠状，展开后为心形，顶端短急尖，基部心形，长 1.2～2.5 厘米，边缘常有硬毛；聚伞花序，下面一枝仅有花 1 朵，具长 8 毫米的梗，不孕；上面一枝具花 3～4 朵，具短梗，几乎不伸出佛焰苞。花梗花期长仅 3 毫米，果期弯曲，长不超过 6 毫米；萼片膜质，长约 5 毫米，内面 2 枚常靠近或合生；花瓣深蓝色；内面 2 枚具爪，长近 1 厘米。蒴果椭圆形，长 5～7 毫米，2 室，2 片裂，有种子 4 粒。种子长 2～3 毫米，棕黄色，一端平截、腹面平，有不规则窝孔。花果期 4—10 月。

【生长环境】常见，生于湿地。潜江市龙湾镇有发现。

【药用部位】地上部分。

【采收加工】夏、秋季采收，晒干。

【性味归经】味甘、淡，性寒；归肺、胃、小肠经。

【功能主治】清热泻火，解毒，利水消肿。用于感冒发热，热病烦渴，咽喉肿痛，水肿尿少，热淋涩痛，痈肿疔毒。

水竹叶属 *Murdannia* Royle

多年生（少一年生）草本，通常具狭长、带状的叶子，许多种的主茎不育而叶密集呈莲座状，许多种的根纺锤状加粗。茎花葶状或否。蝎尾状聚伞花序单生或复出而组成圆锥花序，有时缩短为头状，有时退化为单花；萼片3枚，浅舟状；花瓣3片，分离，近相等；能育雄蕊3枚，对萼，有时其中1枚（更稀2枚）败育；退化雄蕊3枚（稀2枚、1枚或无），对瓣，顶端钝而不裂，戟状2浅裂或3全裂，花丝有毛或无毛；子房3室，每室有胚珠1至数枚。蒴果3室，室背3片裂，每室有种子2至数粒，极少1粒，排成1或2列。种脐点状，胚盖位于背侧面，具各式纹饰。

本属约有40种，广布于热带及亚热带地区。我国有20种，大多数产于南方地区，个别种分布于长江以北地区。

潜江市有1种。

328. 水竹叶 *Murdannia triquetra*（Wall. ex C. B. Clarke）Bruckn.

【别名】细竹叶高草、肉草。

【植物形态】多年生草本，具长而横走根状茎。根状茎具叶鞘，节间长约6厘米，节上具细长须状根。茎肉质，下部匍匐，节上生根，上部上升，通常多分枝，长达40厘米，节间长8厘米，密生一列白色硬毛，这一列毛与下一个叶鞘的一列毛相连续。叶无柄，仅叶片下部有毛和叶鞘合缝处有一列毛，这一列毛与上一个节上的衔接而成一个系列，叶的其他处无毛；叶片竹叶形，平展或稍折叠，长2～6厘米，宽5～8毫米，顶端渐尖而头钝。花序通常仅有单朵花，顶生并兼腋生，花序梗长1～4厘米，顶生者梗长，腋生者短，花序梗中部有1枚条状的苞片，有时苞片腋中生1朵花；萼片绿色，狭长圆形，浅舟状，长4～6毫米，无毛，果期宿存；花瓣粉红色、紫红色或蓝紫色，倒卵圆形，稍长于萼片；花丝密生长须毛。蒴果卵圆状三棱形，长5～7毫米，直径3～4毫米，两端钝或短急尖，每室有种子3粒，有时仅1～2粒。种子短柱状，不扁，红灰色。花期9—10月（但在云南也有5月开花的），果期10—11月。

【生长环境】生于海拔1600米以下的水稻田边或湿地。潜江市周矶街道有发现。

【药用部位】全草。

【采收加工】夏、秋季采收，洗净，鲜用或晒干。

【性味归经】味甘，性寒；归肺、膀胱经。

【功能主治】清热解毒，利尿。用于发热，咽喉肿痛，肺热咳喘，咯血，热淋，热痢，痈疖疔肿，蛇虫咬伤。

九十四、禾本科　Poaceae

　　植物体木本（竹类和某些高大禾草亦可呈木本状）或草本。绝大多数根的类型为须根。茎多为直立，但亦有匍匐蔓延乃至如藤状的，通常在其基部容易生出分蘖条，一般具有明显的节与节间（茎在本科中常特称为秆；在竹类中称为竿，以与禾草者相区别）；节间中空，常为圆筒形或稍扁，髓部贴生于空腔之内壁，但亦有充满空腔而使节间为实心者；节处之内有横隔板存在，故是闭塞的，从外表可看到鞘环和在鞘上方的秆环，同一节的这两环间的上下距离称为节内，秆芽即生于此处。叶为单叶互生，常以1/2叶序交互排列为2行，一般可分3部分：①叶鞘，它包裹着主秆和枝条的各节间，通常是开缝的，以其两边缘重叠覆盖，或两边缘愈合而成为封闭的圆筒，鞘的基部稍可膨大；②叶舌，位于叶鞘顶端和叶片相连接处的近轴面，通常为低矮的膜质薄片，或由鞘口繸毛来代替，稀不明显乃至无叶舌，在叶鞘顶端之两边还可各伸出一突出体，即叶耳，其边缘常生纤毛或繸毛；③叶片，常为窄长的带形，亦有长圆形、卵圆形、卵形或披针形等形状，其基部直接着生于叶鞘顶端，无柄（少数禾草及竹类的营养叶具叶柄），叶片有近轴（上表面）与远轴（下表面）两个平面，在未开展或干燥时可作席卷状，有1条明显的中脉和若干条与之平行的纵长次脉，小横脉有时亦存在。

　　本科已知约有700属10000种，是单子叶植物中仅次于兰科的第二大科，但在分布上则较之更广泛，更能适应不同类型的生态环境，甚至可以说，地球上凡是有种子植物生长的场所皆有其踪迹。我国各地均有分布，除引种的外来种外，国产200余属，1500种以上，可归隶于7亚科，约45族。

　　潜江市有19属20种。

看麦娘属 *Alopecurus* L.

一年生或多年生草本。秆直立，丛生或单生。圆锥花序圆柱形；小穗含 1 朵小花，两侧压扁，脱节于颖之下；颖等长，具 3 条脉，常于基部连合；外稃膜质，具不明显 5 条脉，中部以下有芒，其边缘与下部连合；内稃缺；子房光滑。颖果与稃分离。

本属约有 50 种，分布于北半球寒温带地区。我国有 9 种。多数种类为优良牧草。

潜江市有 1 种。

329. 看麦娘 *Alopecurus aequalis* Sobol.

【别名】牛头猛、山高粱。

【植物形态】一年生。秆少数丛生，细瘦，光滑，节处常膝曲，高 15～40 厘米。叶鞘光滑，短于节间；叶舌膜质，长 2～5 毫米；叶片扁平，长 3～10 厘米，宽 2～6 毫米。圆锥花序圆柱状，灰绿色，长 2～7 厘米，宽 3～6 毫米；小穗椭圆形或卵状长圆形，长 2～3 毫米；颖膜质，基部互相连合，具 3 条脉，脊上有细纤毛，侧脉下部有短毛；外稃膜质，先端钝，等大或稍长于颖，下部边缘互相连合，芒长 1.5～3.5 毫米，约于稃体下部 1/4 处伸出，隐藏或稍外露；花药橙黄色，长 0.5～0.8 毫米。颖果长约 1 毫米。花果期 4—8 月。

【生长环境】生于低海拔田边及潮湿之地。潜江市各地均可见。

【药用部位】全草。

【采收加工】春、夏季采收，鲜用或晒干。

【性味归经】味淡，性凉。

【功能主治】清热利湿，止泻，解毒。用于水肿，水痘，泄泻，黄疸型肝炎，赤眼，毒蛇咬伤。

荩草属 *Arthraxon* Beauv.

一年生或多年生纤细草本。叶片披针形或卵状披针形，基部心形，抱茎。总状花序 1 至数枚在秆顶常成指状排列；小穗成对着生于总状花序轴的各节，一无柄，一有柄。有柄小穗雄性或中性，有时完全退化仅剩一针状柄或柄的痕迹而使小穗单生于各节；无柄小穗两侧压扁或第一颖背腹压扁，含 1 朵两性小花，有芒或无芒，随同节间脱落；第一颖厚纸质或近革质，具多脉或脉不显，脉上粗糙或具小刚毛，有时在边缘内折或具篦齿状疣基钩毛，或不呈龙骨状而边缘内折或稍内折；第二颖等长或稍长于第一颖，具 3 条脉，对折而使主脉成 2 脊，先端尖或具小尖头；第一小花退化仅剩一透明膜质的外稃；第二小花两性，其外稃透明膜质，基部质稍厚而自该处伸出一芒，全缘或顶端具 2 微齿；内稃微小或不存在；雄蕊 2 或 3；柱头 2，花柱基部分离；鳞被 2，折叠，具多脉。颖果细长而近线形，染色体基数 $x=9$、10。叶片表皮硅质体为短哑铃形、十字形、近半月形或半边凹形；气孔副卫细胞为圆屋顶形至三角形；双胞微毛顶细胞钝或稍尖，长于基细胞，脉间细胞结构多型，可作为分组特征。

本属约有 20 种，分布于东半球的热带与亚热带地区。我国有 10 种 6 变种。

潜江市有 1 种。

330. 荩草 *Arthraxon hispidus*（Trin.）Makino

【别名】绿竹、光亮荩草、匿芒荩草。

【植物形态】一年生。秆细弱，无毛，基部倾斜，高 30 ～ 60 厘米，具多节，常分枝，基部节着地易生根。叶鞘短于节间，生短硬疣毛；叶舌膜质，长 0.5 ～ 1 毫米，边缘具纤毛；叶片卵状披针形，长 2 ～ 4 厘米，宽 0.8 ～ 1.5 厘米，基部心形，抱茎，除下部边缘生疣基毛外，余均无毛。总状花序细弱，长 1.5 ～ 4 厘米，2 ～ 10 枚呈指状排列或簇生于秆顶；总状花序轴节间无

毛，长为小穗的 2/3 ～ 3/4。无柄小穗卵状披针形，两侧压扁，长 3 ～ 5 毫米，灰绿色或带紫色；第一颖草质，边缘膜质，包住第二颖的 2/3，具 7 ～ 9 条脉，脉上粗糙至生疣基硬毛，尤以顶端及边缘为多，先端锐尖；第二颖近膜质，与第一颖等长，舟形，脊上粗糙，具 3 条脉而 2 条侧脉不明显，先端尖；第一外稃长圆形，透明膜质，先端尖，长为第一颖的 2/3；第二外稃与第一外稃等长，透明膜质，近基部伸出一膝曲的芒；芒长 6 ～ 9 毫米，下部扭转；雄蕊 2；花药黄色或带紫色，长 0.7 ～ 1 毫米。颖果长圆形，与稃体等长。有柄小穗退化仅剩针状刺，柄长 0.2 ～ 1 毫米。花果期 9—11 月。

【生长环境】生于山坡、草地和阴湿处。潜江市周矶街道有发现。

【药用部位】全草。

【采收加工】7—9 月割取全草，晒干。

【性味归经】味苦，性平；归肺经。

【功能主治】止咳定喘，解毒杀虫。用于久咳气喘，肝炎，咽喉炎，口腔炎，鼻炎，淋巴结炎，乳腺炎，疮疡疥癣。

燕麦属 *Avena* L.

一年生草本。须根多粗壮。秆直立或基部稍倾斜，常光滑无毛。圆锥花序顶生，常开展，分枝多纤细，粗糙；小穗含 2 至数朵小花，大都长过 2 厘米，其柄常弯曲；小穗轴节间被毛或光滑，脱节于颖之上与各小花之间，稀在各小花之间不具关节，所以不易断落；颖草质，具 7 ～ 11 条脉，长于下部小花；外稃质地多坚硬，顶端软纸质，齿裂，裂片有时呈芒状，具 5 ～ 9 条脉，常具芒，少数无芒，芒常自稃体中部伸出，膝曲而具扭转的芒柱；雄蕊 3；子房具毛。

本属约有 25 种，分布于欧亚大陆的温寒带地区。我国有 7 种 2 变种，多为栽培种。

潜江市有 1 种。

331. 野燕麦 *Avena fatua* L.

【别名】燕麦草、乌麦、南燕麦。

【植物形态】一年生。须根较坚韧。秆直立，光滑无毛，高 60 ～ 120 厘米，具 2 ～ 4 节。叶鞘松弛，光滑或基部被微毛；叶舌透明膜质，长 1 ～ 5 毫米；叶片扁平，长 10 ～ 30 厘米，宽 4 ～ 12 毫米，微粗糙，或上面和边缘疏生柔毛。圆锥花序开展，金字塔形，长 10 ～ 25 厘米，分枝具棱角，粗糙；小穗长 18 ～ 25 毫米，含 2 ～ 3 朵小花，其柄弯曲下垂，顶端膨胀；小穗轴密生淡棕色或白色硬毛，其节脆硬易断落，第一节间长约 3 毫米；颖草质，几相等，通常具 9 条脉；外稃质地坚硬，第一外稃长 15 ～ 20 毫米，背面中部以下具淡棕色或白色硬毛，芒自稃体中部稍下处伸出，长 2 ～ 4 厘米，膝曲，芒柱棕色，扭转。颖果被淡棕色柔毛，腹面具纵沟，长 6 ～ 8 毫米。花果期 4—9 月。

【生长环境】生于山坡草地、路旁及农田中。潜江市梅苑有发现。

【药用部位】全草。

【采收加工】在未结实前采割，晒干。

【性味归经】味甘，性平。

【功能主治】收敛止血，固表止汗。用于吐血，便血，血崩，自汗，盗汗，带下。

菵草属 *Beckmannia* Host

一年生直立草本。圆锥花序狭窄，由多数简短贴生或斜生的穗状花序组成。小穗含 1 朵，稀 2 朵小花，几为圆形，两侧压扁，近无柄，成 2 行覆瓦状排列于穗轴一侧，小穗脱节于颖之下，小穗轴亦不延伸于内稃之后；颖半圆形，等长，草质，具较薄而色白的边缘，有 3 条脉，先端钝或锐尖；外稃披针形，具 5 条脉，稍露出于颖外，先端尖或具短尖头；内稃稍短于外稃，具脊；雄蕊 3。

本属有 2 种 1 变种，广布于寒温带地区。我国有 1 种 1 变种。

潜江市有 1 种。

332. 菵草 *Beckmannia syzigachne*（Steud.）Fern.

【别名】菵米、水稗子。

【植物形态】一年生。秆直立，高 15～90 厘米，具 2～4 节。叶鞘无毛，多长于节间；叶舌透明膜质，长 3～8 毫米；叶片扁平，长 5～20 厘米，宽 3～10 毫米，粗糙或下面平滑。圆锥花序长 10～30 厘米，分枝稀疏，直立或斜升；小穗扁平，圆形，灰绿色，常含 1 朵小花，长约 3 毫米；颖草质；边缘质薄，白色，背部灰绿色，具淡色的横纹；外稃披针形，具 5 条脉，常具伸出颖外之短尖头；花药黄色，长约 1 毫米。颖果黄褐色，长圆形，长约 1.5 毫米，先端具丛生短毛。花果期 4—10 月。

【生长环境】生于海拔 3700 米以下的湿地、水沟边。潜江市各地均可见。

【药用部位】种子。

【采收加工】秋季采收，晒干。

【性味归经】味甘，性寒。

【功能主治】益气健胃。

薏苡属　*Coix* L.

一年生或多年生草本。秆直立，常实心。叶片扁平宽大。总状花序腋生成束，通常具较长的总梗。小穗单性，雌雄小穗位于同一花序的不同部位；雄小穗含2朵小花，2～3枚生于1节，1枚无柄，1或2枚有柄，排列于一细弱而连续的总状花序上部而伸出念珠状总苞外；雌小穗常生于总状花序的基部而被包于一骨质或近骨质念珠状总苞（变形的叶鞘）内，雌小穗2～3枚生于1节，常仅1枚发育，孕性小穗的第一颖宽，下部膜质，上部质厚渐尖；第二颖与第一外稃较窄；第二外稃及内稃膜质；柱头细长，自总苞的顶端伸出。颖果大，近圆球形。

本属约有10种，分布于热带亚洲。我国有5种2变种。

潜江市有1种。

333. 薏苡　*Coix lacryma-jobi* L.

【别名】菩提子。

【植物形态】一年生粗壮草本，须根黄白色，海绵质，直径约3毫米。秆直立丛生，高1～2米，具10余节，节多分枝。叶鞘短于其节间，无毛；叶舌干膜质，长约1毫米；叶片扁平宽大，开展，长10～40厘米，宽1.5～3厘米，基部圆形或近心形，中脉粗厚，在下面隆起，边缘粗糙，通常无毛。总状花序腋生成束，长4～10厘米，直立或下垂，具长梗。雌小穗位于花序下部，外面包以骨质念珠状总苞，总苞卵圆形，长7～10毫米，直径6～8毫米，珐琅质，坚硬，有光泽；第一颖卵圆形，顶端渐尖呈喙状，具10余条脉，包围着第二颖及第一外稃；第二外稃短于颖，具3条脉，第二内稃较小；雄蕊常退化；雌蕊具细长柱头，从总苞顶端伸出。颖果小，含淀粉少，常不饱满。雄小穗2～3对，着生于总状花序上部，长1～2厘米；无柄雄小穗长6～7毫米，第一颖草质，边缘内折成脊，具有不等宽之翼，顶端钝，具多数脉，第二颖舟形；外稃与内稃膜质；第一及第二小花常具雄蕊3枚，花药橘黄色，长4～5毫米；有柄雄小穗与无柄者相似，或较小而不同程度退化。花果期6—12月。

【生长环境】多生于湿润的屋旁、池塘、河沟、山谷、溪涧或易受涝的农田等地，海拔 200 ～ 2000 米处常见，野生或栽培。潜江市周矶街道有发现。

【药用部位】成熟种仁。

【采收加工】秋季果实成熟时采割植株，晒干，打下果实，再晒干，除去外壳、黄褐色种皮和杂质，收集种仁。

【性味归经】味甘、淡，性凉；归脾、胃、肺经。

【功能主治】利水渗湿，健脾止泻，除痹，排脓，解毒散结。用于水肿，脚气，小便不利，脾虚泄泻，湿痹拘挛，肺痈，肠痈，赘疣，癌肿。

稗属 *Echinochloa* Beauv.

一年生或多年生草本。叶片扁平，线形。圆锥花序由穗形总状花序组成；小穗含 1 ～ 2 朵小花，背腹压扁，呈一面扁平，一面凸起，单生或 2 ～ 3 个不规则地聚集于穗轴的一侧，近无柄；颖草质；第一颖小，三角形，长为小穗 1/3 ～ 1/2 或 3/5；第二颖与小穗等长或稍短；第一小花中性或雄性，其外稃草质或近革质，内稃膜质，罕或缺；第二小花两性，其外稃成熟时变硬，顶端具极小尖头，平滑，光亮，边缘厚而内抱同质的内稃，但内稃顶端外露；鳞被 2，折叠，具 5 ～ 7 条脉；花柱基分离；种脐点状。

本属约有 30 种，分布于热带和温带地区。我国有 9 种 5 变种。

潜江市有 1 种。

334. 稗 *Echinochloa crus-galli*（L.）P. Beauv.

【别名】稗子、扁扁草。

【植物形态】一年生。秆高 50 ～ 150 厘米，光滑无毛，基部倾斜或膝曲。叶鞘疏松裹秆，平滑无毛，下部者长于节间而上部者短于节间；叶舌缺；叶片扁平，线形，长 10 ～ 40 厘米，宽 5 ～ 20 毫米，无毛，边缘粗糙。圆锥花序直立，近尖塔形，长 6 ～ 20 厘米；主轴具棱，粗糙或具疣基长刺毛；分枝斜上举或贴向主轴，有时再分小枝；穗轴粗糙或生疣基长刺毛；小穗卵形，长 3 ～ 4 毫米，脉上密被疣基刺毛，具短柄或近无柄，密集在穗轴的一侧；第一颖三角形，长为小穗的 1/3 ～ 1/2，具 3 ～ 5 条脉，脉上具疣基毛，基部包卷小穗，先端尖；第二颖与小穗等长，先端渐尖或具小尖头，具 5 条脉，脉上具疣基毛；第一小花通常中性，其外稃草质，上部具 7 条脉，脉上具疣基刺毛，顶端延伸成一粗壮的芒，芒长 0.5 ～ 1.5（3）厘米，内稃薄膜质，狭窄，具 2 脊；第二外稃椭圆形，平滑，光亮，成熟后变硬，顶端具小尖头，尖头上有一圈细毛，边缘内卷，包着同质的内稃，但内稃顶端露出。花果期夏、秋季。

【生长环境】多生于沼泽地、沟边及水稻田中。潜江市各地均可见。

【药用部位】根或苗叶。

【采收加工】夏季采收，鲜用或晒干。

【性味归经】味甘、苦，性微寒。

【功能主治】凉血止血。用于金疮，外伤出血。

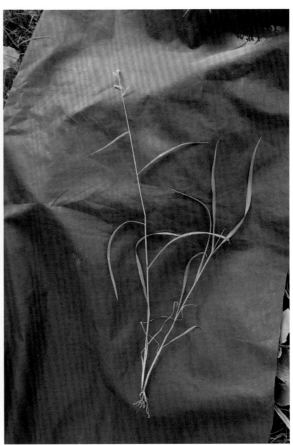

穆属 *Eleusine* Gaertn.

一年生或多年生草本。秆硬，簇生或具匍匐茎，通常1个长节间与几个短节间交互排列，因而叶于秆上似对生；叶片平展或卷折。穗状花序较粗壮，常数个成指状或近指状排列于秆顶，偶有单一顶生；穗轴不延伸出顶生小穗之外；小穗无柄，两侧压扁，无芒，覆瓦状排列于穗轴的一侧；小穗轴脱节于颖上或小花之间；小花数朵紧密地呈覆瓦状排列于小穗轴上；颖不等长，颖和外稃背部都具强压扁的脊；外稃顶端尖，具3～5条脉，2条侧脉若存在则极靠近中脉，形成宽而凸起的脊；内稃较外稃短，具2脊。鳞被2，折叠，具3～5条脉；雄蕊3。囊果果皮膜质或透明膜质，宽椭圆形，胚基生，近圆形，种脐基生，点状。

本属有9种，产于热带和亚热带地区。我国2种。

潜江市有1种。

335. 牛筋草 *Eleusine indica*（L.）Gaertn.

【别名】千金草、千千踏、忝仔草、千人拔、穆子草、牛顿草、鸭脚草、粟仔越、野鸡爪、粟牛茄草、蟋蟀草。

【植物形态】一年生草本。根系极发达。秆丛生，基部倾斜，高 10～90 厘米。叶鞘两侧压扁而具脊，松弛，无毛或疏生疣毛；叶舌长约 1毫米；叶片平展，线形，长 10～15 厘米，宽 3～5毫米，无毛或上面被疣基柔毛。穗状花序 2～7个指状着生于秆顶，很少单生，长 3～10 厘米，宽 3～5 毫米；小穗长 4～7 毫米，宽 2～3 毫米，含 3～6 朵小花；颖披针形，具脊，脊粗糙；第一颖长 1.5～2 毫米；第二颖长 2～3 毫米；第

一外稃长 3～4 毫米，卵形，膜质，具脊，脊上有狭翼；内稃短于外稃，具 2 脊，脊上具狭翼。囊果卵形，长约 1.5 毫米，基部下凹，具明显的波状皱纹。鳞被 2，折叠，具 5 条脉。花果期 6—10 月。

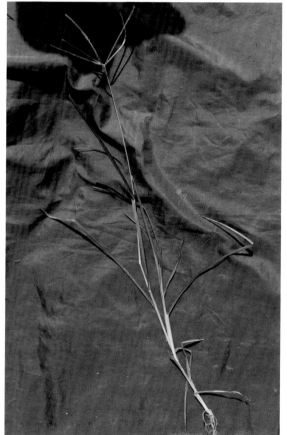

【生长环境】生于荒芜之地及道路旁。分布几遍全国。潜江市各地均可见。

【药用部位】根或全草。

【采收加工】8—9 月采挖，洗净，鲜用或晒干。

【性味归经】味甘、淡，性凉。

【功能主治】清热利湿，凉血解毒。用于伤暑发热，小儿惊风，乙脑，流脑，黄疸，淋证，小便不利，痢疾，便血，疮疡肿痛，跌打损伤。

画眉草属 *Eragrostis* Wolf

多年生或一年生草本。秆通常丛生。叶片线形。圆锥花序开展或紧缩；小穗两侧压扁，有数朵小花，小花常疏松地或紧密地呈覆瓦状排列；小穗轴常作"之"字形曲折，逐渐断落或延续而不折断；颖不等长，通常短于第一小花，具1条脉，宿存，或个别脱落；外稃无芒，具3条明显的脉，或侧脉不明显；内稃具2脊，常作"弓"字形弯曲，宿存，或与外稃同落。颖果与稃体分离，球形或压扁。

本属约有300种，多分布于热带与温带地区。我国包括引种共有29种1变种。

潜江市有1种。

336. 知风草 *Eragrostis ferruginea*（Thunb.）Beauv.

【别名】程咬金。

【植物形态】多年生。秆丛生或单生，直立或基部膝曲，高30～110厘米，粗壮，直径约4毫米。叶鞘两侧极压扁，基部相互跨覆，均较节间长，光滑无毛，鞘口与两侧密生柔毛，通常在叶鞘的主脉上生有腺点；叶舌退化为一圈短毛，长约0.3毫米；叶片平展或折叠，长20～40毫米，宽3～6毫米，上部叶超出花序，常光滑无毛或上面近基部偶疏生有毛。圆锥花序大而开展，分枝节密，每节生枝1～3个，向上，枝腋间无毛；小穗柄长5～15毫米，在其中部或中部偏上有一腺体，在小枝中部也常存在，腺体多为长圆形，稍凸起；小穗长圆形，长5～10毫米，宽2～2.5毫米，有7～12朵小花，多带黑紫色，有时也出现黄绿色；颖开展，具1条脉，第一颖披针形，长1.4～2毫米，先端渐尖；第二颖长2～3毫米，长披针形，先端渐尖；外稃卵状披针形，先端稍钝，第一外稃长约3毫米；内稃短于外稃，脊上具有小纤毛，宿存；花药长约1毫米。颖果棕红色，长约1.5毫米。花果期8—12月。

【生长环境】生于路边、山坡草地。

【药用部位】根。

【采收加工】8月采挖，除去地上部分，洗净，鲜用或晒干。

【性味归经】味甘，性平。

【功能主治】舒筋散瘀。用于跌打损伤，筋骨疼痛。

白茅属 *Imperata* Cyrillo

多年生草本，具发达多节的长根状茎。秆直立，常不分枝。叶片多数基生，线形；叶舌膜质。圆锥花序顶生，狭窄，紧缩呈穗状。小穗含1朵两性小花，基部围以丝状柔毛，具长短不一的小穗柄，孪生于细长延续的总状花序轴上，两颖近相等，披针形，膜质或下部草质，具数脉，背部被长柔毛；外稃透明膜质，无脉，具裂齿和纤毛，顶端无芒；第一内稃不存在；第二内稃较宽，透明膜质，包围着雌、雄蕊；鳞被不存在；雄蕊2或1枚；花柱细长，下部多少连合；柱头2枚，线形，自小穗顶端伸出。颖果椭圆形，胚大型，种脐点状。

本属约有10种，分布于热带和亚热带地区。我国有4种。

潜江市有1种。

337. 白茅 *Imperata cylindrica*（L.）Beauv.

【别名】丝茅草、茅草、白茅草。

【植物形态】多年生，具粗壮的长根状茎。秆直立，高30～80厘米，具1～3节，节无毛。叶鞘聚集于秆基，甚长于其节间，质地较厚，老后破碎呈纤维状；叶舌膜质，长约2毫米，紧贴其背部或鞘口，具柔毛，分蘖叶片长约20厘米，宽约8毫米，扁平，质地较薄；秆生叶片长1～3厘米，窄线形，通常内卷，顶端渐尖呈刺状，下部渐窄，或具柄，质硬，被白粉，基部上面具柔毛。圆锥花序稠密，长20厘米，宽达3厘米，小穗长4.5～5（6）毫米，基盘具长12～16毫米的丝状柔毛；两颖草质及边缘膜质，近相等，具5～9条脉，顶端渐尖或稍钝，常具纤毛，脉间疏生长丝状毛，第一外稃卵状披针形，长为颖片的2/3，透明膜质，无脉，顶端尖或齿裂，第二外稃与其内稃近相等，长约为颖片的1/2，卵圆形，顶端具齿裂及纤毛；雄蕊2枚，花药长3～4毫米；花柱细长，基部多少连合，柱头2，紫黑色，羽状，长约4毫米，自小穗顶端伸出。颖果椭圆形，长约1毫米，胚长为颖果的1/2。花果期4—6月。

【生长环境】生于低山带平原河岸草地、沙质草甸、荒漠与海滨。潜江市各地均可见。

【药用部位】根茎。

【采收加工】春、秋季采挖，洗净，晒干，除去须根和膜质叶鞘，捆成小把。

【性味归经】味甘，性寒；归肺、胃、膀胱经。

【功能主治】凉血止血，清热利尿。用于血热吐血，衄血，尿血，热病烦渴，湿热黄疸，水肿尿少，热淋涩痛。

千金子属 *Leptochloa* Beauv.

一年生或多年生草本。叶片线形。圆锥花序由多数细弱穗形的总状花序组成；小穗含 2 朵至多数小花，两侧压扁，无柄或具短柄，在穗轴的一侧成 2 行覆瓦状排列，小穗轴脱节于颖之上和各小花之间；颖不等长，具 1 条脉，无芒，或有短尖头，通常短于第一小花，偶有第二颖长于第一小花；外稃具 3 朵脉，脉下部具短毛，先端尖或钝，通常无芒；内稃与外稃等长或较之稍短，具 2 脊。

本属约有 20 种，主要分布于温暖地区。我国有 2 种。

潜江市有 1 种。

338. 千金子 *Leptochloa chinensis*（L.）Nees

【别名】油草、油麻。

【植物形态】一年生草本。秆直立，基部膝曲或倾斜，高 30～90 厘米，平滑无毛。叶鞘无毛，大多短于节间；叶舌膜质，长 1～2 毫米，常撕裂具小纤毛；叶片扁平或多少卷折，先端渐尖，两面微粗糙或下面平滑，长 5～25 厘米，宽 2～6 毫米。圆锥花序长 10～30 厘米，分枝及主轴均微粗糙；小穗多带紫色，长 2～4 毫米，含 3～7 朵小花；颖具 1 条脉，脊上粗糙，第一颖较短而狭窄，长 1～1.5 毫米，第二颖长 1.2～1.8 毫米；外稃顶端钝，无毛或下部被微毛，第一外稃长约 1.5 毫米；花药长约 0.5 毫米。颖果长圆球形，长约 1 毫米。花果期 8—11 月。

【生长环境】生于海拔 200～1020 米的潮湿之地。潜江市森林公园有发现。

【药用部位】全草。

【采收加工】夏、秋季采收，晒干。

【性味归经】味辛、淡，性平。

【功能主治】行水破血，化痰散结。用于癥瘕积聚，久热不退。

求米草属 *Oplismenus* Beauv.

一年生或多年生草本。秆基部通常平卧地面而分枝。叶片薄，扁平，卵形至披针形，稀线状披针形。圆锥花序狭窄，分枝或不分枝而使小穗数枚聚生于主轴的一侧；小穗卵圆形或卵状披针形，多少两侧压扁，近无柄、孪生、簇生，少单生，含 2 朵小花；颖近等长，第一颖具长芒，第二颖具短芒或无芒；第一小花中性，外稃等长于小穗，无芒或具小尖头，内稃存在或缺；第二小花两性，外稃纸质，后变坚硬，平滑光亮，顶端具微尖头，边缘质薄，内卷，包着同质的内稃；鳞被 2，薄膜质，折叠，3 条脉；花柱基分离；种脐椭圆形。

本属约有 20 种，广布于温带地区。我国有 4 种 11 变种。

潜江市有 1 种。

339. 求米草 *Oplismenus undulatifolius*（Arduino）Beauv.

【别名】缩箬。

【植物形态】秆纤细，基部平卧地面，节处生根，上升部分高 20～50 厘米。叶鞘短于节间或上部者长于节间，密被疣基毛；叶舌膜质，短小，长约 1 毫米；叶片扁平，披针形至卵状披针形，长 2～8 厘米，宽 5～18 毫米，先端尖，基部略圆形而稍不对称，通常具细毛。圆锥花序长 2～10 厘米，主轴密被疣基长刺柔毛；分枝短缩，有时下部的分枝延伸长达 2 厘米；小穗卵圆形，被硬刺毛，长 3～4 毫米，簇生于主轴或部分孪生；颖草质，第一颖长约为小穗的 1/2，顶端具长 0.5～1（1.5）厘米硬直芒，具 3～5 条脉；第二颖较第一颖长，顶端芒长 2～5 毫米，具 5 条脉；第一外稃草质，与小穗等长，具 7～9 条脉，顶端芒长 1～2 毫米，第一内稃通常缺；第二外稃草质，长约 3 毫米，平滑，结实时变硬，边缘包着同质的内稃；鳞被 2，膜质；雄蕊 3；花柱基分离。花果期 7—11 月。

【生长环境】生于疏林下阴湿处。潜江市森林公园有发现。

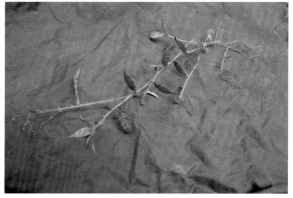

黍属 *Panicum* L.

一年生或多年生草本，可具根茎。秆直立或基部膝曲或匍匐。叶片线形至卵状披针形，通常扁平；叶舌膜质或顶端具毛，甚至全由一列毛组成。圆锥花序顶生，分枝常开展，小穗具柄，成熟时脱节于颖下或第一颖先落，背腹压扁，含2朵小花；第一小花雄性或中性；第二小花两性；颖草质或纸质；第一颖通常较小穗短而小，有的种基部包着小穗；第二颖与第一颖等长，且常常同型；第一内稃存在或退化甚至缺；第二外稃硬纸质或革质，有光泽，边缘包着同质内稃；鳞被2，其肉质程度、折叠程度、脉数等因种而异；雄蕊3；花柱2，分离，柱头帚状；染色体基数 $x=9$，10；叶片解剖具花圈型构造；为四碳植物；幼秆顶原套细胞为一层；内稃顶部表皮电镜扫描特征：乳头状突起为复合的或数个聚生，呈不规则的排列。

本属约有500种，分布于热带和亚热带地区，少数分布达温带地区；我国有18种2变种（包括引种归化的）。

潜江市有1种。

340. 糠稷 *Panicum bisulcatum* Thunb.

【植物形态】一年生草本。秆纤细，较坚硬，高0.5～1米，直立或基部伏地，节上可生根。叶鞘松弛，边缘被纤毛；叶舌膜质，长约0.5毫米，顶端具纤毛；叶片质薄，狭披针形，长5～20厘米，宽3～15毫米，顶端渐尖，基部近圆形，几无毛。圆锥花序长15～30厘米，分枝纤细，斜举或平展，无毛或粗糙；小穗椭圆形，长2～2.5毫米，绿色或有时带紫色，具细柄；第一颖近三角形，长约为小穗的1/2，具1～3条脉，基部略微包卷小穗；第二颖与第一外稃同型并且等长，均具5条脉，外被细毛或后脱落；第一内稃缺；第二外稃椭圆形，长约1.8毫米，顶端尖，表面平滑，光亮，成熟时黑褐色。鳞被长约0.26毫米，宽约0.19毫米，具3条脉，透明或不透明，折叠。花果期9—11月。

【生长环境】产于我国东南部、南部、西南部和东北部，生于荒野潮湿处。印度、菲律宾、日本、朝鲜及大洋洲也有分布。

狼尾草属 *Pennisetum* Rich.

一年生或多年生草本。秆质坚硬。叶片线形，扁平或内卷。圆锥花序紧缩呈穗状圆柱形；小穗单生或 2 ～ 3 个聚生成簇，无柄或具短柄，有 1 ～ 2 朵小花，其下围以总苞状的刚毛；刚毛长于或短于小穗，光滑、粗糙或生长柔毛而呈羽毛状，随同小穗一起脱落，其下有或无总梗；颖不等长，第一颖质薄而微小，第二颖较第一颖长；第一小花雄性或中性，第一外稃与小穗等长或稍短，通常包 1 内稃；第二小花两性，第二外稃厚纸质或革质，平滑，等长或较短于第一外稃，边缘质薄而平坦，包着同质的内稃，但顶端常游离；鳞被 2，楔形，折叠，通常 3 条脉；雄蕊 3，花药顶端有毫毛或无；花柱基部多少连合，很少分离。颖果长圆形或椭圆形，背腹压扁；种脐点状，胚长为果实的 1/2 以上。叶表皮脉间细胞结构为相同或不同类型。硅质体为哑铃形或十字形；气孔辅卫细胞呈圆屋顶形或三角形。

本属约有 140 种，主要分布于热带、亚热带地区，少数种类可达寒温带地区，非洲为本属分布中心。我国有 11 种 2 变种（包括引种栽培）。多为优良牧草，谷粒可食，又为造纸、编织、盖屋等原料。

潜江市有 1 种。

341. 狼尾草 *Pennisetum alopecuroides*（L.）Spreng.

【别名】狗尾巴草、芮草、老鼠狼、狗仔尾。

【植物形态】多年生。须根较粗壮。秆直立，丛生，高 30 ～ 120 厘米，在花序下密生柔毛。叶鞘光滑，两侧压扁，主脉呈脊，在基部者跨生状，秆上部者长于节间；叶舌具长约 2.5 毫米纤毛；叶片线形，长 10 ～ 80 厘米，宽 3 ～ 8 毫米，先端长渐尖，基部生疣毛。圆锥花序直立，长 5 ～ 25 厘米，宽 1.5 ～ 3.5 厘米；主轴密生柔毛；总梗长 2 ～ 3（5）毫米；刚毛粗糙，淡绿色或紫色，长 1.5 ～ 3 厘米；小穗通常单生，偶有双生，线状披针形，长 5 ～ 8 毫米；第一颖微小或缺，长 1 ～ 3 毫米，膜质，先端钝，脉不明显或具 1 条脉；第二颖卵状披针形，先端短尖，具 3 ～ 5 条脉，长为小穗的 1/3 ～ 2/3；第一小花中性，第一外稃与小穗等长，具 7 ～ 11 条脉；第二外稃与小穗等长，披针形，具 5 ～ 7 条脉，边缘包着同质的内稃；鳞被 2，楔形；雄蕊 3，花药顶端无毫毛；花柱基部连合。颖果长圆形，长约 3.5 毫米。叶片上下表皮细胞结构不同；上表皮脉间细胞 2 ～ 4 行，为长筒状、有波纹、壁薄的长细胞；下表皮脉间细胞 5 ～ 9 行，为长筒状、壁厚、有波纹长细胞与短细胞交叉排列。花果期夏、秋季。

【生长环境】生于田岸、荒地、道旁及小山坡上。分布几遍全国。潜江市返湾湖风景区有发

现，多地可见。

【药用部位】全草。

【采收加工】夏、秋季采收，洗净，晒干。

【性味归经】味甘，性平；归脾经。

【功能主治】清肺止咳，凉血明目。用于肺热咳嗽，目赤肿痛。

芦苇属 *Phragmites* Adans.

多年生，具发达根状茎的苇状沼生草本。茎直立，具多数节；叶鞘常无毛；叶舌厚膜质，边缘具毛；叶片宽大，披针形，大多无毛。圆锥花序大型密集，具多数粗糙分枝；小穗含 3～7 朵小花，小穗轴节间短而无毛，脱节于第一外稃与成熟花之间；颖不等长，具 3～5 条脉，顶端尖或渐尖，均短于其小花；第一外稃通常不孕，含雄蕊或中性，小花外稃向上逐渐变小，狭披针形，具 3 条脉，顶端渐尖或呈芒状，无毛，外稃基盘延长具丝状柔毛，内稃狭小，甚短于其外稃；鳞被 2，雄蕊 3，花药长 1～3 毫米。颖果与其稃体相分离，胚小型。

本属有 10 余种，分布于热带、大洋洲、非洲、亚洲。芦苇是唯一的世界种。我国有 3 种。

潜江市有 1 种。

342. 芦苇 *Phragmites australis*（Cav.）Trin. ex Steud.

【别名】芦、苇、葭。

【植物形态】多年生，根状茎十分发达。秆直立，高 1～3（8）米，直径 1～4 厘米，具 20 多节，基部和上部的节间较短，最长节间位于下部第 4～6 节，长 20～25（40）厘米，节下被蜡粉。叶鞘下部者短于其节间，而上部者长于其节间；叶舌边缘密生一圈长约 1 毫米的短纤毛，两侧缘毛长 3～5 毫米，易脱落；叶片披针状线形，长 30 厘米，宽 2 厘米，无毛，顶端长渐尖成丝形。圆锥花序大型，长 20～40 厘米，宽约 10 厘米，分枝多数，长 5～20 厘米，着生稠密下垂的小穗；小穗柄长 2～4 毫米，无毛；小穗长约 12 毫米，含 4 朵花；颖具 3 条脉，第一颖长 4 毫米；第二颖长 7 毫米；第一不孕外稃雄性，长约 12 毫米，第二外稃长 11 毫米，具 3 条脉，顶端长渐尖，基盘延长，两侧密生外稃与等长的丝状柔毛，与无毛的小穗轴相连接处具明显关节，成熟后易自关节上脱落；内稃长约 3 毫米，两脊粗糙；雄蕊 3，花药长 1.5～2 毫米，黄色；颖果长约 1.5 毫米。花果期 7—11 月。

【生长环境】除森林生境不生长外，在各种有水源的空旷地带，常因其迅速扩展的繁殖能力，形成连片的芦苇群落。潜江市各地均可见。

【药用部位】根茎。

【采收加工】全年均可采挖，除去芽、须根及膜状叶，鲜用或晒干。

【性味归经】味甘，性寒；归肺、胃经。

【功能主治】清热泻火，生津止渴，除烦，止呕，利尿。用于热病烦渴，肺热咳嗽，肺痈吐脓，胃热呕哕，热淋涩痛。

矢竹属 *Pseudosasa* Makino ex Nakai

地下茎复轴型，竿散生兼为多丛性，直立，无刺；节间圆筒形，唯具分枝节间之一侧在基部可有短距离的纵沟槽，中空，髓常作海绵状，呈圆柱体填充于节间的空腔；竿环较平坦；竿的每节具1芽，生出1～3枝，至竿上部则每节分枝可更多，枝上举而基部贴竿较紧。竿箨宿存或迟落；箨鞘质常较厚，长于或短于节间；鞘口繸毛存在或否，当存在时则为白色而劲直或波曲，繸毛平滑（或稍粗糙），彼此平行；箨片直立或开展，早落。叶鞘通常宿存；叶舌矮或较高；叶片长披针形，小横脉显著。花序呈总状或圆锥状，生于竿上部枝条的下方各节，花序轴明显；小穗具柄，线形，含2～10朵小花，稀更多花；小穗轴节间可逐节折断；颖片2；外稃可作镰状弯曲，具多条纵脉和小横脉，先端尖，但不呈芒状；内稃背部有2脊和沟槽以及数条纵脉，其间亦可有小横脉，先端尖；鳞被3；近相等或居中一片可较窄小，雄蕊3（4或5）枚，花丝互相分离；子房无毛，花柱1，柱头3，呈羽毛状而有波曲。颖果无毛，具纵长腹沟，其顶端与花柱基部无关节；种子越年萌发。

本属已知约有30种，分布于中国、朝鲜及日本，我国有23种5变种，分布于华南和华东南部地区，但也有1种（鸡公山茶竿竹）可向北分布至秦岭以南。

潜江市有1种。

343. 茶竿竹 *Pseudosasa amabilis*（McClure）Keng f.

【别名】茶杆竹。

【植物形态】竿直立，高5～13米，粗2～6厘米；节间长25～50厘米，圆筒形，幼时疏被棕色小刺毛，老则变光滑无毛，橄榄绿色，具一层薄灰色蜡粉，竿壁较厚，坚硬，有韧性，髓白色或枯草黄色，呈横片状或海绵状充满上部节间的内腔，下部节间空腔内的髓则常干缩，呈薄片状或碎片状附着内壁，中空；竿环平坦或微隆起；竿每节分1～3枝，其枝贴竿上举，主枝梢较粗，二级分枝通常为每节1枝。箨鞘迟落性，暗棕色，革质、坚硬、质脆，中部和基部较厚，背面密被栗色刺毛，尤以其中下部密集，腹面平滑而有光泽，边缘具较密的长约5毫米的纤毛，顶端截形，鞘口于箨片两边各有数条直而坚硬、先端略弯曲的刚毛状繸毛，其长可达15毫米，箨舌棕色、拱形，边缘不规则，具毛，背面具微毛；箨片狭长三角形，直立，暗棕色，先端锐尖或呈锥形，边缘粗糙，内卷，纵脉显著，具小横脉，质较箨鞘稍薄。小枝顶端具 2 或 3 叶；叶鞘除边缘具纤毛外，余处均无毛，质厚而脆，鞘口两边稍高，具几根直而先端扭曲的繸毛，后者长 7 ～ 15 毫米；叶舌高 1 ～ 2 毫米，边缘密生短毛；叶片厚而坚韧，长披针形，长 16 ～ 35 厘米，宽 16 ～ 35 毫米，上表面深绿色，下表面灰绿色，无毛，嫩时基部有微毛，先端渐尖，基部楔形，嫩叶边缘一侧具刺状小锯齿，另一侧锯齿不明显而略粗糙，老叶边缘近平滑而内卷，次脉 7 ～ 9 对，有小横脉；叶柄长约 5 毫米。花序生于叶枝下部的小枝上，为 3 ～ 15 枚小穗所组成的总状花序或圆锥花序；小穗柄长 2 ～ 10 毫米，生有较长的微毛，其下还具长 2 ～ 3 毫米的小型苞片；小穗含 5 ～ 16 朵小花，披针形，长 2.5 ～ 5.5 厘米；小穗轴节间长约 3 毫米，粗 1 毫米，基部扁而细，上部具毛；颖 2，背面上部密生纤毛，并在边缘有较长的纤毛，而下部则无毛，第一颖披针形，长 6 ～ 7 毫米，宽 2 ～ 2.5 毫米，第二颖长圆状披针形，长 9 ～ 11 毫米，宽 4 ～ 5 毫米；外稃卵状披针形，先端渐尖，长 10 ～ 15 毫米，宽 4 ～ 8 毫米，背面密生微毛，上部的边缘有纤毛；内稃广披针形，长 5 ～ 9.5 毫米，脊间宽 1 ～ 2.5 毫米，下部无毛，脊上具微毛；鳞被 3，居中一片较小，匙状乃至披针形，长 2.5 毫米，宽约 1 毫米，膜质，下部则较厚，边缘上部生纤毛；雄蕊 3，花丝长约 9 毫米，花药长 6 ～ 7 毫米；子房细长，呈纺锤形，无毛，柱头 3，长约 5 毫米，劲直，疏生羽毛。颖果成熟后呈浅棕色，长 5 ～ 6 毫米，直径约 2 毫米，具腹沟。笋期 3—5 月下旬，花期 5—11 月。

【生长环境】生于丘陵平原或河流沿岸的山坡。

狗尾草属 *Setaria* Beauv.

一年生或多年生草本，有或无根茎。秆直立或基部膝曲。叶片线形、披针形或长披针形，扁平或具褶襞，基部圆钝或窄狭成柄形。圆锥花序通常呈穗状或总状圆柱形，少数疏散而开展至塔状；小穗含 1 ～ 2 朵小花，椭圆形或披针形，全部或部分小穗下托以 1 至数枚由不发育小枝而成的芒状刚毛，脱节于极短且呈杯状的小穗柄上，并与宿存的刚毛分离；颖不等长，第一颖宽卵形、卵形或三角形，具 3 ～ 5 条脉或无脉，第二颖与第一外稃等长或较短；具 5 ～ 7 条脉；第一小花雄性或中性，第一外稃与第二颖同质，通常包着纸质或膜质的内稃；第二小花两性，第二外稃软骨质或革质，成熟时背部隆起或否，平滑或具点状、横条状皱纹，等长、稍长或短于第一外稃，包着同质的内稃；鳞被 2，楔形；雄蕊 3，成熟时由谷粒顶端伸出；花柱 2，基部连合或少数种类分离。颖果椭圆状球形或卵状球形，稍扁，种脐点状；胚长为颖果的 1/3 ～ 2/5。黍型（P-PP）；幼苗第一片真叶披针形，水平展出，叶脉多数；叶片表皮硅质体哑铃形或十字形，有时结节形，气孔保卫细胞三角形或圆屋顶形，其脉间细胞结构有 5 种类型。染色体基数 $x=9$，淀粉粒为单纯型。

　　本属约有 130 种，广布于热带和温带地区，甚至可分布至北极圈内，多数分布于非洲。我国有 15 种 3 亚种 5 变种。

　　潜江市有 2 种。

344. 粱 *Setarie italica*（L.）Beauv.

【别名】白粱粟、粢米、粟谷、小米、硬粟、籼粟、谷子、寒粟、黄粟、稞子。

【植物形态】一年生。须根粗大。秆粗壮，直立，高 0.1 ～ 1 米或更高。叶鞘松裹茎秆，密具疣毛或无毛，毛以近边缘及与叶片交接处的背面为密，边缘密具纤毛；叶舌为一圈纤毛；叶片长披针形或线状披针形，长 10 ～ 45 厘米，宽 5 ～ 33 毫米，先端尖，基部圆钝，上面粗糙，下面稍光滑。圆锥花序呈圆柱状或近纺锤状，通常下垂，基部多少有间断，长 10 ～ 40 厘米，宽 1 ～ 5 厘米，常因品种的不同而多变异，主轴密生柔毛，刚毛显著长于或稍长于小穗，黄色、褐色或紫色；小穗椭圆形或近圆球形，长 2 ～ 3 毫米，黄色、橘红色或紫色；第一颖长为小穗的 1/3 ～ 1/2，具 3 条；第二颖稍短于或长为小穗的 3/4，先端钝，具 5 ～ 9 条脉；第一外稃与小穗等长，具 5 ～ 7 条脉，其内稃薄纸质，披针形，长为其 2/3，第二外稃等长于第一外稃，卵圆形或圆球形，质坚硬，平滑或具细点状皱纹，成熟后，自第一外稃基部和颖分离脱落；鳞被先端不平，呈微波状；花柱基部分离；叶表皮细胞同狗尾草。

【生长环境】广泛栽培于欧亚大陆的温带和热带地区，我国黄河中上游为主要栽培区，其他地区也有少量栽种。潜江市竹根滩镇有发现。

【药用部位】种仁。

【采收加工】秋季果实成熟后采收，打下种子，除去杂质，晒干。

【性味归经】味甘、咸，性凉。

【功能主治】和中，益肾，除热，解毒。用于脾胃虚热，反胃呕吐，腹满食少，消渴，泻痢，烫火伤。

345. 狗尾草 *Setaria viridis*（L.）Beauv.

【别名】莠、莠草子、莠草、光明草、阿罗汉草、狗尾半支、谷莠子、洗草、大尾草、大尾曲、毛娃娃、毛嘟嘟、毛毛草。

【植物形态】一年生。根为须状，高大植株具支持根。秆直立或基部膝曲，高 10～100 厘米，基部直径 3～7 毫米。叶鞘松弛，无毛或疏具柔毛或疣毛，边缘具较长的绵毛状密纤毛；叶舌极短，缘有长 1～2 毫米的纤毛；叶片扁平，长三角状狭披针形或线状披针形，先端长渐尖或渐尖，基部圆钝，几呈截状或渐窄，长 4～30 厘米，宽 2～18 毫米，通常无毛或疏被疣毛，边缘粗糙。圆锥花序紧密呈圆柱状或基部稍疏离，直立或稍弯垂，主轴被较长柔毛，长 2～15 厘米，宽 4～13 毫米（除刚毛外），刚毛长 4～12 毫米，粗糙或微粗糙，直或稍扭曲，通常绿色或褐黄色到紫红色或紫色；小穗 2～5 个簇生于主轴上或更多的小穗着生于短小枝上，椭圆形，先端钝，长 2～2.5 毫米，铅绿色；第一颖卵形、宽卵形，长约为小穗的 1/3，先端钝或稍尖，具 3 条脉；第二颖几与小穗等长，椭圆形，具 5～7 条脉；第一外稃与小穗第长，具 5～7 条脉，先端钝，其内稃短小狭窄；第二外稃椭圆形，顶端钝，具细点状皱纹，边缘内卷，狭窄；鳞被楔形，顶端微凹；花柱基分离；叶上下表皮脉间均为微波纹或无波纹的、壁较薄的长细胞。染色体 $2n=18$。颖果灰白色。花果期 5—10 月。

【生长环境】广布于热带和温带地区。潜江市各地均可见。

【药用部位】全草。

【采收加工】夏、秋季采收，鲜用或晒干。

【性味归经】味甘、淡，性凉；归心、肝经。

【功能主治】清热利湿，祛风明目，解毒，杀虫。用于风热感冒，黄疸，小儿疳积，痢疾，小便涩痛，目赤肿痛，寻常疣，疮癣。秆、叶可作饲料，也可入药；全草加水煮沸 20 分钟后，滤出液可喷杀菜虫；小穗可提炼糠醛，全草含粗脂肪 2.6%、粗蛋白 10.27%、无氮浸出物 34.55%、粗纤维 34.40%、粗灰分 10.60%。

高粱属 *Sorghum* Moench

高大的一年生或多年生草本；具或不具根状茎。秆多粗壮而直立。叶片宽线形、线形至线状披针形。圆锥花序直立，稀弯曲，开展或紧缩，由多数含 1～5 节的总状花序组成；小穗孪生，一无柄，一有柄，总状花序轴节间与小穗柄为线形，其边缘常具纤毛；无柄小穗两性，有柄小穗雄性或中性，无柄小穗之第一颖革质，背部凸起或扁平，成熟时变硬而有光泽，具狭窄而内卷的边缘，向顶端则渐内折；第二颖舟形，具脊；第一外稃膜质，第二外稃长圆形或椭圆状披针形，全缘，无芒，或具 2 齿裂，裂齿间具 1 长或短的芒。

本属约有 20 种，分布于热带、亚热带和温带地区。我国现知有 11 种（包括引种逸生），大多作为谷物和饲料栽培。

潜江市有 1 种。

346. 高粱 *Sorghum bicolor*（L.）Moench

【别名】蜀黍、蜀秫、芦粟。

【植物形态】一年生栽培作物。秆高随栽培条件及品种而异，节上通常无白色髯毛状毛。叶鞘无毛或被白粉；叶舌硬纸质，先端圆，边缘有纤毛；叶片狭长披针形，长达 50 厘米。宽约 4 厘米。圆锥花序有轮生、互生或对生的分枝；无柄小穗卵状椭圆形，长 5～6 毫米，颖片成熟时下部硬革质，光滑无毛，上部及边缘具短柔毛，两性，有柄小穗雄性或中性；穗轴节间及小穗柄为线形，边缘均具纤毛，但无纵沟；第一颖背部凸起或扁平，成熟时变硬而光亮，有窄狭内卷的边缘，向先端渐内折，第二颖舟形，有脊；第一外稃透明膜质，第二外稃长圆形或线形，先端 2 裂，从裂齿间伸出芒，或全缘而无芒。颖果倒卵形，成熟后露出颖外，花、果期秋季。

【生长环境】我国北方普遍栽培。潜江市竹根滩镇有发现。

【药用部位】种仁。

【采收加工】秋季种子成熟后采收，晒干。

【性味归经】味甘、涩，性温；归脾、胃、肺经。

【功能主治】健脾止泻，化痰安神。用于脾虚泄泻，霍乱，消化不良，痰湿咳嗽，失眠多梦。

荻属 *Triarrhena* Nakai

多年生直立高大草本，具多数发达的横走根状茎。叶片带状，叶舌与耳部具长毛。顶生圆锥花序大型，由多数总状花序组成。小穗含1朵两性小花，孪生于延续的总状花序轴上，具不等长的小穗柄；基盘具长于小穗2倍的长柔毛；颖厚纸质，第一颖两侧内折而成2脊，边缘和上部或背部具长柔毛，脊间无脉或有不明显的脉；外稃透明膜质，第一外稃内空；第二小花两性，其外稃顶端无芒；雄蕊3枚，先于雌蕊成熟，柱头从小穗下部两侧伸出。

本属约有3种，分布于中国及日本。我国有2种8变种8变型。

潜江市有1种。

347. 荻 *Miscanthus sacchariflorus*（Maxim.）Hackel

【别名】大茅根、野苇子、红柴、红刚芦。

【植物形态】多年生，具发达被鳞片的长匍匐根状茎，节处生有粗根与幼芽。秆直立，高1～1.5米，直径约5毫米，具10多节，节生柔毛。叶鞘无毛，长于或上部者稍短于其节间；叶舌短，长0.5～1毫米，具纤毛；叶片扁平，宽线形，长20～50厘米，宽5～18毫米，除上面基部密生柔毛外两面无毛，边缘锯齿状粗糙，基部常收缩成柄，顶端长渐尖，中脉白色，粗壮。圆锥花序舒展成伞房状，长10～20厘米，宽约10厘米；主轴无毛，具10～20枚较细弱的分枝，腋间生柔毛，直立而后开展；总状花序轴节间长4～8毫米，或具短柔毛；小穗柄顶端稍膨大，基部腋间常生有柔毛，短柄长1～2毫米，长柄长3～5毫米；小穗线状披针形，长5～5.5毫米，成熟后带褐色，基盘具长为小穗2倍的丝状柔毛；第一颖2脊间具1条脉或无脉，顶端膜质长渐尖，边缘和背部具长柔毛；第二颖与第一颖近等长，顶端渐尖，与边缘皆为膜质，并具纤毛，有3条脉，背部无毛或少数具长柔毛；第一外稃稍短于颖，先端尖，具纤毛；第二外稃狭窄披针形，短于颖片的1/4，顶端尖，具小纤毛，具1条脉或无脉，稀有1芒状尖头；第二内稃长约为外稃的1/2，具纤毛条；雄蕊3枚，花药长约2.5毫米；柱头紫黑色，自小穗中部以下的两侧伸出。颖果长圆形，长1.5毫米。

【生长环境】生于山坡草地或岸边湿地。潜江市总口镇有发现。

【药用部位】根茎。

【采收加工】全年均可采收，洗净，切段晒干。

【性味归经】味甘，性凉。

【功能主治】清热活血。用于干血痨，潮热，产妇失血口渴，牙痛。

菰属 *Zizania* L.

一年生或多年生水生草本，有时具长匍匐根状茎。秆高大、粗壮、直立，节生柔毛。叶舌长，膜质；叶片扁平，宽大。顶生圆锥花序大型，雌雄同株；小穗单性，含1小花；雄小穗两侧压扁，大都位于花序下部分枝上，脱节于细弱小穗柄之上；颖退化；外稃膜质，具5条脉，紧抱其同质之内稃；雄蕊6枚，花药线形；雌小穗圆柱形，位于花序上部的分枝上，脱节于小穗柄之上，其柄较粗壮且顶端杯状；颖退化；外稃厚纸质，具5条脉，中脉顶端延伸成直芒；内稃狭披针形，具3条脉，顶端尖或渐尖；鳞被2。颖果圆柱形，为内外稃所包裹，胚位于果体中央，长约为果体的1/2。

本属有4种，1种为广布种，主要分布于东亚，其余分布于北美。我国有1种，近年从北美引种2种。潜江市有1种。

348. 菰 *Zizania latifolia*（Griseb.）Stapf

【别名】高笋、菰笋、菰首、菱首、菰菜、茭白、野茭白。

【植物形态】多年生，具匍匐根状茎。须根粗壮。秆高大直立，高1～2米，直径约1厘米，具多数节，基部节上生不定根。叶鞘长于其节间，肥厚，有小横脉；叶舌膜质，长约1.5厘米，顶端尖；叶片扁平宽大，长50～90厘米，宽15～30毫米。圆锥花序长30～50厘米，分枝多数簇生，上升，果期开展；雄小穗长10～15毫米，两侧压扁，着生于花序下部或分枝上部，带紫色，外稃具5条脉，顶端渐尖具小尖头，内稃具3条脉，中脉成脊，具毛，雄蕊6枚，花药长5～10毫米；雌小穗圆筒形，长18～25毫米，宽1.5～2毫米，着生于花序上部和分枝下方与主轴贴生处，外稃之5条脉粗糙，芒长20～30毫米，内稃具3条脉。颖果圆柱形，长约12毫米，胚小型，为果体的1/8。

【生长环境】分布于亚洲温带地区、日本、俄罗斯及欧洲。潜江市浩口镇有发现。

【药用部位】嫩茎秆被菰黑粉菌刺激而形成的纺锤形肥大部分。

【采收加工】秋季采收，鲜用或晒干。

【性味归经】味甘，性寒；归肝、脾、肺经。

【功能主治】解热毒，除烦渴，通二便。用于烦热，消渴，二便不通，痢疾，热淋，目赤，乳汁不下，疮疡。

九十五、棕榈科　Arecaceae

灌木、藤本或乔木，茎通常不分枝，单生或几丛生，表面平滑或粗糙，或有刺，或被残存老叶柄的基部或叶痕，稀被短柔毛。叶互生，在芽时折叠，羽状或掌状分裂，稀全缘或近全缘；叶柄基部通常扩大成具纤维的鞘。花小，单性或两性，雌雄同株或异株，有时杂性，组成分枝或不分枝的佛焰花序（或肉穗花序），花序通常大型多分枝，被一个或多个鞘状或管状的佛焰苞包围；花萼和花瓣各 3 片，离生或合生，覆瓦状或镊合状排列；雄蕊通常 6 枚，2 轮排列，稀多数或更少，花药 2 室，纵裂，基着或背着；退化雄蕊通常存在或稀缺；子房 1～3 室或 3 个心皮离生或于基部合生，柱头 3，通常无柄；每个心皮内有 1～2 枚胚珠。果实为核果或硬浆果，1～3 室或具 1～3 个心皮；果皮光滑或有毛、有刺、粗糙或被覆瓦状鳞片。种子通常 1 粒，有时 2～3 粒，多者 10 粒，与外果皮分离或黏合，被薄的或有时是肉质的外种皮，胚乳均匀或嚼烂状，胚顶生、侧生或基生。

本属约有 210 属 2800 种，分布于热带、亚热带地区，主要分布于热带亚洲及美洲，少数分布于非洲。我国约有 28 属 100 种（含常见栽培属、种），分布于西南至东南地区。本科植物中大多数种类有较高的经济价值，许多种类为热带、亚热带的风景树种，是庭院绿化不可缺少的材料。

潜江市有 1 属 1 种。

棕榈属　*Trachycarpus* H. Wendl.

乔木状或灌木状，树干被覆永久性的下悬的枯叶或部分地裸露；叶鞘解体成网状的粗纤维，环抱树干并在顶端延伸成一个细长的干膜质的褐色舌状附属物。叶片呈半圆形或近圆形，掌状分裂成许多具单折的裂片，内向折叠，叶柄两侧具微粗糙的瘤突或细圆齿状的齿，顶端有明显的戟突。花雌雄异株，偶为雌雄同株或杂性；花序粗壮，生于叶间，雌雄花序相似，多次分枝或二次分枝；佛焰苞数个，包着花序梗和分枝；花 2～4 朵成簇着生，罕为单生于小花枝上；雄花花萼 3 深裂或几分离，花冠大于花萼，雄蕊 6 枚，花丝分离，花药背着；雌花的花萼与花冠如雄花的，雄蕊 6 枚，花药不育，箭形，心皮 3，分离，有毛，卵形，顶端变狭成一个短圆锥状的花柱，胚珠基生。果实阔肾形或长圆状椭圆形，有脐或在种脊面稍具沟槽，外果皮膜质，中果皮稍肉质，内果皮壳质贴生于种子上。种子形如果实，胚乳均匀，角质，在种脊面有一个稍大的珠被侵入，胚侧生或背生。

本属约有 8 种，分布于印度、中南半岛至中国和日本。我国约有 3 种，其中 1 种普遍栽培于南部地区，另 2 种产于云南西部至西北部。

潜江市有 1 种。

349. 棕榈 *Trachycarpus fortunei*（Hook.）H. Wendl.

【别名】棕树。

【植物形态】乔木状，高 3 ～ 10 米或更高，树干圆柱形，被不易脱落的老叶柄基部和密集的网状纤维，除非人工剥除，否则不能自行脱落，裸露树干直径 10 ～ 15 厘米甚至更粗。叶片呈 3/4 圆形或近圆形，深裂成 30 ～ 50 片具皱褶的线状剑形、宽 2.5 ～ 4 厘米、长 60 ～ 70 厘米的裂片，裂片先端具短 2 裂或 2 齿，硬挺甚至顶端下垂；叶柄长 75 ～ 80 厘米甚至更长，两侧具细圆齿，顶端有明显的戟突。花序粗壮，多次分枝，从叶腋抽出，通常是雌雄异株。雄花序长约 40 厘米，具有 2 ～ 3 个分枝花序，下部的分枝花序长 15 ～ 17 厘米，一般只二回分枝；雄花无梗，每 2 ～ 3 朵密集着生于小穗轴上，也有单生的；黄绿色，卵球形，钝 3 棱；花萼 3 枚，卵状急尖，几分离，花冠长约为花萼的 2 倍，花瓣阔卵形，雄蕊 6 枚，花药卵状箭形；雌花序长 80 ～ 90 厘米，花序梗长约 40 厘米，其上有 3 个佛焰苞包着，具 4 ～ 5 个圆锥状的分枝花序，下部的分枝花序长约 35 厘米，二至三回分枝；雌花淡绿色，通常 2 ～ 3 朵聚生；花无梗，球形，着生于短瘤突上，萼片阔卵形，3 裂，基部合生，花瓣卵状近圆形，长于萼片的 1/3，退化雄蕊 6 枚，心皮被银色毛。果实阔肾形，有脐，宽 11 ～ 12 毫米，高 7 ～ 9 毫米，成熟时由黄色变为淡蓝色，有白粉，柱头残留在侧面附近。种子胚乳均匀，角质，胚侧生。花期 4 月，果期 12 月。

【生长环境】罕见于野疏林中。潜江市渔洋镇从家村新桥口有发现。

【药用部位】干燥叶柄。

【采收加工】采棕时割取旧叶柄下延部分和鞘片，除去纤维状的棕毛，晒干。

【性味归经】味苦、涩，性平；归肺、肝、大肠经。

【功能主治】收敛止血。用于吐血，衄血，尿血，便血，崩漏。

九十六、天南星科　Araceae

草本植物，具块茎或伸长的根茎；稀为攀援灌木或附生藤本，富含苦味水汁或乳汁。叶单一或少数，有时花后出现，通常基生，如茎生则为互生，2 列或螺旋状排列，叶柄基部或一部分鞘状；叶片全缘时多为箭形、戟形，或掌状、鸟足状、羽状，或放射状分裂；大都具网状脉，稀具平行脉（如菖蒲属）。花小或微小，常极臭，排列为肉穗花序；花序外面有佛焰苞包围。花两性或单性。花单性时雌雄同株（同花序）或异株。雌雄同序者雌花居于花序的下部，雄花居于雌花群之上。两性花有花被或否。花被如存在则为2轮，花被片2或3枚，整齐或不整齐地覆瓦状排列，常倒卵形，先端拱形内弯，稀合生成坛状。雄蕊通常与花被片同数且与之对生、分离；在无花被的花中；雄蕊（2）4～8或多数，分离或合生为雄蕊柱；花药2室，药室对生或近对生，室孔纵长；花粉分离或集成条状；花粉粒头状椭圆形或长圆形，光滑。假雄蕊（不育雄蕊）常存在；在雌花序中围绕雌蕊（泉七属的一些种），有时单一、位于雌蕊下部（千年健属）；在雌雄同序的情况下，有时多数位于雌花群之上（犁头尖属），或常合生成假雄蕊柱（海芋属），但经常完全退废，这时全部假雄蕊合生且与肉穗花序轴的上部形成海绵质的附属器。子房上位或稀陷入肉穗花序轴内，1至多室，基底胎座、顶生胎座、中轴胎座或侧膜胎座，胚珠直生、横生或倒生，1枚至多数，内珠被之外常有外珠被，后者常于珠孔附近作流苏状（菖蒲属），珠柄长或短；花柱不明显，或伸长成线形或圆锥形，宿存或脱落；柱头各式，全缘或分裂。果为浆果，极稀紧密结合而为聚合果（隐棒花属）；种子1至多粒，圆形、椭圆形、肾形或伸长，外种皮肉质，有的上部呈流苏状；内种皮光滑，有窝孔，具疣或肋状条纹，种脐扁平或隆起，短或长。胚乳厚，肉质，贫乏或不存在。

本科有115属2000余种，分布于热带和亚热带地区，92%的属分布于热带地区，绝大多数的属不是分布于东半球，就是分布于西半球。我国有35属205种，其中有4属20种系引种栽培。

潜江市有3属4种。

魔芋属 *Amorphophallus* Blume

多年生草本。芽萌发后，首先出少数鳞叶，然后幼株出单叶，老株则抽出三裂叶，叶枯后，翌年再出鳞叶和花序。成年植物块茎常呈扁球形、稀萝卜状或长圆柱形，顶部中央下凹，叶1；叶柄光滑或粗糙具疣，粗壮，具各样斑块；叶片通常3全裂，裂片羽状分裂或二次羽状分裂，或二歧分裂后再羽状分裂，最后小裂片多少长圆形，锐尖。花序1，通常具长柄，稀短柄。佛焰苞宽卵形或长圆形，基部漏斗形或钟形，席卷，内面下部常多疣或具线形突起；檐部多少展开，凋萎脱落或缩存。肉穗花序直立，长于或短于佛焰苞，下部为雌花序，上接能育雄花序，最后为附属器，附属器增粗或延长。花单性，无花被。雄花有雄蕊1、3、4、5、6枚，雄蕊短，花药近无柄或生于长宽相等（比药室长）的花丝上，药室倒卵圆形或长圆形，室孔顶生，常两孔汇合成横裂缝，花粉粉末状。雌花有心皮1、3、4，子房近球形或倒卵形，1～4室，每室有胚珠1枚；胚珠倒生，从直立于基底的珠柄上或从直立于隔膜中部的珠柄上下垂，或珠柄极短，着生于基底胎座或靠近侧壁胎座，珠孔朝向基底；花柱延长或不存在；柱头多样，头状，2～4裂，微凹或全缘。浆果具1粒或少数种子；种子无胚乳，表皮透明，种皮光滑，单一者椭圆形，2个者平凸，胚同型，外面淡绿色。

本属约有100种，分布于东半球。我国有19种，主要分布于江南各地。

潜江市有1种。

350. 花魔芋 *Amorphophallus konjac* K. Koch

【别名】蛇六谷、东川魔芋、魔芋。

【植物形态】块茎扁球形，直径 7.5 ～ 25 厘米，顶部中央多少下凹，暗红褐色；颈部周围生多数肉质根及纤维状须根。叶柄长 45 ～ 150 厘米，基部粗 3 ～ 5 厘米，黄绿色，光滑，有绿褐色或白色斑块；基部膜质鳞叶 2 ～ 3，披针形，内面的渐长大，长 7.5 ～ 20 厘米。叶片绿色，3 裂，一次裂片具长 50 厘米的柄，二歧分裂，二次裂片二回羽状分裂或二回二歧分裂，小裂片互生，大小不等，基部的较小，向上渐大，长 2 ～ 8 厘米，长圆状椭圆形，骤狭渐尖，基部宽楔形，外侧下延成翅状；侧脉多数，纤细，平行，近边缘连结为集合脉。花序柄长 50 ～ 70 厘米，粗 1.5 ～ 2 厘米，色泽同叶柄。佛焰苞漏斗形，长 20 ～ 30 厘米，基部席卷，管部长 6 ～ 8 厘米，宽 3 ～ 4 厘米，苍绿色，杂以暗绿色斑块，边缘紫红色；檐部长 15 ～ 20 厘米，宽约 15 厘米，心状圆形，锐尖，边缘波状，外面变绿色，内面深紫色。肉穗花序比佛焰苞长 1 倍，雌花序圆柱形，长约 6 厘米，粗 3 厘米，紫色；雄花序紧接（有时杂以少数两性花），长 8 厘米，粗 2 ～ 2.3 厘米；附属器伸长为圆锥形，长 20 ～ 25 厘米，中空，明显具小薄片或具棱状长圆形的不育花遗垫，深紫色。花丝长 1 毫米，宽 2 毫米，花药长 2 毫米。子房长约 2 毫米，苍绿色或紫红色，2 室，胚珠极短，无柄，花柱与子房近等长，柱头边缘 3 裂。浆果球形或扁球形，成熟时黄绿色。花期 4—6 月，果期 8—9 月。

【生长环境】生于疏林下、林缘或溪谷两旁湿润地，或栽培于房前屋后、田边地角，有的地方与玉米混种。

【药用部位】块茎。

【采收加工】10—11 月采收，挖出块茎，鲜用或洗净，切片晒干。

【性味归经】味辛、苦，性寒；有毒。

【功能主治】化痰消积，解毒散结，行气止痛。用于咳嗽，积滞，疟疾，瘰疬，癥瘕，跌打损伤，痈肿，疔疮，丹毒，烫火伤，蛇咬伤。

芋属 *Colocasia* Schott

多年生草本植物，具块茎、根茎或直立的茎。叶柄延长，下部鞘状；叶片盾状着生，卵状心形或箭状心形，后裂片浑圆，连合部分短或达 1/2，稀完全合生；一级侧脉多数，由中肋伸出，于边缘附近连接成 2～3 条集合脉，由一级侧脉伸出的二、三级脉纤细，在侧脉之间汇合成细弱的集合脉；后裂片基脉具数条侧脉。花序柄通常多数，于叶腋抽出。佛焰苞管部短，为檐部长的 1/5～1/2，卵圆形或长圆形，席卷，宿存，果期增大，然后不规则地撕裂；檐部长圆形或狭披针形，脱落。肉穗花序短于佛焰苞：雌花序短，不育雄花序（中性花序）短而细，能育雄花序长圆柱形；不育附属器直立，长圆锥状或纺锤形、钻形，或极短缩而成小尖头。花单性、无花被。能育雄花为合生雄蕊，每花有雄蕊 3～6，倒金字塔形，向上扩大，顶部几截平，不规则的多边形；药室线形或线状长圆形，下部略狭，彼此靠近，比雄蕊柱短，裂缝短、纵裂，花粉粉末状。不育雄花：合生假雄蕊扁平、倒圆锥形，顶部截平，侧向压扁。雌花心皮 3～4，子房卵圆形或长圆形，花柱不存在或开始很短，后来不存在，柱头扁头状，有 3～5 浅槽，子房 1 室；胚珠多数或少数，半直立或近直立，珠柄长，2 列着生于 2～4 个隆起的侧膜胎座上，珠孔朝向室腔中央或室顶。浆果绿色，倒圆锥形或长圆形，冠以残存柱头，1 室。种子多数，长圆形，珠柄长，种阜儿与珠柄连生，外种皮薄，透明，内种皮厚，有明显的槽纹，胚乳丰富，胚具轴。

　　本属有 13 种，分布于亚洲热带及亚热带地区。我国有 8 种，大多分布于江南各地。

　　潜江市有 1 种。

351. 芋 *Colocasia esculenta*（L.）Schott.

【别名】独皮叶、接骨草、青皮叶、毛芋、毛芋、芋茄、水芋、芋头、台芋、红芋。

【植物形态】湿生草本。块茎通常呈卵形，常生多数小球茎，均富含淀粉。叶 2～3 枚或更多。叶柄长于叶片，长 20～90 厘米，绿色，叶片卵状，长 20～50 厘米，先端短尖或短渐尖，侧脉 4 对，斜伸达叶缘，后裂片浑圆，合生长度达 1/3～1/2，弯缺较钝，深 3～5 厘米，基脉相交成 30° 角，外侧脉 2～3 条，内侧脉 1～2 条，不显。花序柄常单生，短于叶柄。佛焰苞长短不一，一般为 20 厘米左右：管部绿色，长约 4 厘米，粗 2.2 厘米，长卵形；檐部披针形或椭圆形，长约 17 厘米，展开成舟状，边缘内卷，淡黄色至绿白色。肉穗花序长约 10 厘米，短于佛焰苞；雌花序长圆锥状，长 3～3.5 厘米，下部粗 1.2 厘米；中性花序长 3～3.3 厘米，细圆柱状；雄花序圆柱形，长 4～4.5 厘米，粗 7 毫米，顶端骤狭；附属器钻形，长约 1 厘米，粗不及 1 毫米。花期 2—4 月（云南），8—9 月（秦岭）。

【生长环境】我国南北各地长期以来均有栽培；由于芋最喜高温湿润，栽培习惯越向南也就越盛，视为主要食材。潜江市各地均有栽培或野生。

【药用部位】根茎。

【采收加工】秋季采挖，除去须根及地上部分，洗净，鲜用或晒干。

【性味归经】味甘、辛，性平；归胃经。

【功能主治】健脾补虚，散结解毒。用于脾胃虚弱，纳少乏力，消渴，瘰疬，腹中痞块，肿毒，赘疣，鸡眼，疥癣，烫火伤。块茎入药可治乳腺炎，口疮，疔疮痈肿，颈淋巴结核，烧烫伤，外伤出血；叶可治荨麻疹，疥疮。

半夏属 *Pinellia* Tenore

多年生草本，具块茎。叶和花序同时抽出。叶柄下部或上部、叶片基部常有珠芽；叶片全缘，3 深裂、3 全裂或鸟足状分裂，裂片长圆状椭圆形或卵状长圆形，侧脉纤细，近边缘有集合脉 3 条。花序柄单生，与叶柄等长或超过。佛焰苞宿存，管部席卷，有增厚的横隔膜，喉部几乎闭合；檐部长圆形，长约为管部的 2 倍，舟形。肉穗花序下部雌花序与佛焰苞合生达隔膜（在喉部），单侧着花，内藏于佛焰苞管部；雄花序位于隔膜之上，圆柱形，短，附属器为延长的线状圆锥形，超出佛焰苞很长。花单性，无花被，雄花有雄蕊 2，雄蕊短，纵向压扁，药隔细，药室顺肉穗花序方向伸长，顶孔纵向开裂，花粉无定形。雌花：子房卵圆形，1 室，1 胚珠；胚珠直生或几为半倒生，直立，珠柄短。浆果长圆状卵形，略锐尖，有不规则的疣皱；胚乳丰富，胚具轴。

本属有 6 种，分布于亚洲东部。我国有 5 种。

潜江市有 2 种。

352. 虎掌 *Pinellia pedatisecta* Schott

【别名】大三步跳、真半夏、南星、独败家子、半夏子、麻芋子、狗爪半夏、天南星、绿芋子、半夏、麻芋果、掌叶半夏。

【植物形态】块茎近圆球形，直径可达 4 厘米，根密集，肉质，长 5 ～ 6 厘米；块茎四旁常生若干小球茎。叶 1 ～ 3 枚或更多，叶柄淡绿色，长 20 ～ 70 厘米，下部具鞘；叶片鸟足状分裂，裂片 6 ～ 11，披针形，渐尖，基部渐狭，楔形，中裂片长 15 ～ 18 厘米，宽 3 厘米，两侧裂片依次渐短小，最外的有时仅长 4 ～ 5 厘米；侧脉 6 ～ 7 对，离边缘 3 ～ 4 毫米处弧曲，连结为集合脉，网脉不明显。花序柄长 20 ～ 50 厘米，直立。佛焰苞淡绿色，管部长圆形，长 2 ～ 4 厘米，直径约 1 厘米，向下渐收缩；檐部长披针形，锐尖，长 8 ～ 15 厘米，基部展平宽 1.5 厘米。肉穗花序：雌花序长 1.5 ～ 3 厘米；雄花序长 5 ～ 7 毫米；附属器黄绿色，细线形，长 10 厘米，直立或略呈"S"形弯曲。浆果卵圆形，绿色至黄白色，小，藏于宿存的佛焰苞管部内。花期 6—7 月，果期 9—11 月。

【生长环境】生于林下、山谷或河谷阴湿处。潜江市竹根滩镇有发现。

【药用部位】块茎。

【采收加工】10 月挖出块茎，除去泥土及茎叶、须根，装入撞兜内撞搓，撞去表皮，倒出用水清洗，再用竹刀刮净未撞净的表皮，最后用硫黄熏制，使之色白，晒干。本品有毒，加工操作时应戴手套、口罩或手上擦菜油，预防皮肤发痒红肿。

【性味归经】味苦、辛，性温；有毒；归肺、肝、脾经。

【功能主治】散结消肿。用于痈肿，蛇虫咬伤。

353. 半夏 *Pinellia ternata*（Thunb.）Breit.

【别名】地珠半夏、守田、和姑、地文、三兴草、三角草、三开花、三片叶、半子。

【植物形态】块茎圆球形，直径1～2厘米，具须根。叶2～5枚，有时1枚。叶柄长15～20厘米，基部具鞘，鞘内、鞘部以上或叶片基部（叶柄顶头）有直径3～5毫米的珠芽，珠芽在母株上萌发或落地后萌发；幼苗叶片卵状心形至戟形，为全缘单叶，长2～3厘米，宽2～2.5厘米；老株叶片3全裂，裂片绿色，背淡，长圆状椭圆形或披针形，两头锐尖，中裂片长3～10厘米，宽1～3厘米；侧裂片稍短；全缘或具不明显的浅波状圆齿，侧脉8～10对，细弱，细脉网状，密集，集合脉2圈。花序柄长25～30(35)厘米，长于叶柄。佛焰苞绿色或绿白色，管部狭圆柱形，长1.5～2厘米；檐部长圆形，绿色，有时边缘青紫色，长4～5厘米，宽1.5厘米，钝或锐尖。肉穗花序：雌花序长2厘米，雄花序长5～7毫米，其中间隔3毫米；附属器绿色变青紫色，长6～10厘米，直立，有时呈"S"形弯曲。浆果卵圆形，黄绿色，先端渐狭为明显的花柱。花期5—7月，果期8月。

【生长环境】常见于草坡、荒地、玉米地、田边或疏林下。潜江市各地均可见。

【药用部位】干燥块茎。

【采收加工】夏、秋季采挖，洗净，除去外皮和须根，晒干。

【性味归经】生半夏：味辛，性温；有毒；归脾、胃、肺经。法半夏：味辛，性温；归脾、胃、肺经。姜半夏：味辛，性温；归脾、胃、肺经。

【功能主治】生半夏：燥湿化痰，降逆止呕，消痞散结。用于湿痰寒痰，咳喘痰多，痰饮眩悸，风痰眩晕，痰厥头痛，呕吐反胃，胸脘痞闷，梅核气；外用治痈肿痰核。法半夏：燥湿化痰。用于痰多咳喘，痰饮眩悸，风痰眩晕，痰厥头痛。姜半夏：温中化痰，降逆止呕。用于痰饮呕吐，胃脘痞满。

九十七、香蒲科　Typhaceae

多年生沼生、水生或湿生草本。根状茎横走，须根多。地上茎直立，粗壮或细弱。叶2列，互生；鞘状叶很短，基生，先端尖；条形叶直立或斜升，全缘，边缘微向上隆起，先端圆钝至渐尖，中部以下腹面渐凹，背面平凸至龙骨状突起，横切面呈新月形、半圆形或三角形；叶脉平行，中脉背面隆起或否；叶鞘长，边缘膜质，抱茎或松散。花单性，雌雄同株，花序穗状；雄花序生于上部至顶端，花期时比雌花序粗壮，花序轴具柔毛或无毛；雌花序位于下部，与雄花序紧密相接，或相互远离；苞片叶状，着生于雌雄花序基部，亦见于雄花序中；雄花无被，通常由1～3枚雄蕊组成，花药矩圆形或条形，2室，纵裂，花粉粒单体或四合体，纹饰多样；雌花无被，具小苞片或无，子房柄基部至下部具白色丝状毛；孕性雌花柱头单侧，条形、披针形、匙形，子房上位，1室，胚珠1枚，倒生；不孕雌花柱头不发育，无花柱，子房柄不等长，果实纺锤形、椭圆形，果皮膜质，透明或灰褐色，具条形或圆形斑点。种子椭圆形，褐色或黄褐色，光滑或具突起，含1枚肉质或粉状的内胚乳，胚轴直，胚根肥厚。

本科只有香蒲属1属，过去记载15种，现有16种，分布于热带至温带地区，主要分布于欧亚和北美，大洋洲有3种。我国有11种，南北各地广泛分布，以温带地区种类较多。

潜江市有1属1种。

香蒲属　*Typha* L.

属的特征同科。

潜江市有1种。

354. 水烛　*Typha angustifolia* L.

【别名】菖蒲、长苞香蒲。

【植物形态】多年生水生或沼生草本。根状茎乳黄色、灰黄色，先端白色。地上茎直立，粗壮，高

1.5～2.5（3）米。叶片长54～120厘米，宽0.4～0.9厘米，上部扁平，中部以下腹面微凹，背面向下逐渐隆起呈凸形，下部横切面呈半圆形，细胞间隙大，呈海绵状；叶鞘抱茎。雌雄花序相距2.5～6.9厘米；雄花序轴具褐色扁柔毛，单出或分叉；叶状苞片1～3枚，花后脱落；雌花序长15～30厘米，基部具1枚叶状苞片，通常比叶片宽，花后脱落；雄花由3枚雄蕊合生，有时由2或4枚组成，花药长约2毫米，长矩圆形，花粉粒单体，近球形、卵形或三角形，纹饰网状，花丝短，细弱，下部合生成柄，长（1.5）2～3毫米，向下渐宽；雌花具小苞片；孕性雌花柱头窄条形或披针形，长1.3～1.8毫米，花柱长1～1.5毫米，子房纺锤形，长约1毫米，具褐色斑点，子房柄纤细，长约5毫米；不孕雌花子房倒圆锥形，长1～1.2毫米，具褐色斑点，先端黄褐色，不育柱头短尖；白色丝状毛着生于子房柄基部，并向上延伸，与小苞片近等长，均短于柱头。小坚果长椭圆形，长约1.5毫米，具褐色斑点，纵裂。种子深褐色，长1～1.2毫米。花果期6—9月。

【生长环境】生于湖泊、池塘、沟渠、沼泽及河流缓流带。潜江市各地均可见。

【药用部位】干燥花粉。

【采收加工】夏季采收蒲棒上部的黄色雄花序，晒干后碾轧，筛取花粉。

【性味归经】味甘，性平；归肝、心经。

【功能主治】止血，化瘀，通淋。用于吐血，衄血，咯血，崩漏，外伤出血，闭经痛经，胸腹刺痛，跌打肿痛，血淋涩痛。

九十八、莎草科　Cyperaceae

多年生草本，较少为一年生；多数具根状茎，少有兼具块茎。大多数具有三棱形的秆。叶基生和秆生，一般具闭合的叶鞘和狭长的叶片，或有时仅有鞘而无叶片。花序多种多样，有穗状花序、总状花序、圆锥花序、头状花序或长侧枝聚伞花序；小穗单生、簇生或排列成穗状或头状，具2至多朵花，或退化至仅具1朵花；花两性或单性，雌雄同株，少有雌雄异株，着生于鳞片（颖片）腋间，鳞片覆瓦状螺旋排列或2列，无花被或花被退化成下位鳞片或下位刚毛，有时雌花为先出叶形成的果囊所包裹；雄蕊3枚，少有 1～2 枚，花丝线形，花药底着；子房 1 室，具 1 枚胚珠，花柱单一，柱头 2～3 个。果实为小坚果，三棱形、双凸状、平凸状或球形。

本科约有 80 属 4000 种，中国有 28 属 500 余种，广布于全国，多生于潮湿处或沼泽中，苔草属多分布于东北、西北及华北或西南高山地区，南方种类较少，蔗草属和莎草属广布于全国各地，刺子莞属和珍珠茅属多分布于华中、华东以及南部各地，割鸡芒属则只产于热带、亚热带地区。

潜江市有 3 属 6 种。

莎草属 *Cyperus* L.

一年生或多年生草本。秆直立、丛生或散生，粗壮或细弱，仅于基部生叶。叶具鞘。长侧枝聚伞花序简单或复出，或有时短缩成头状，基部具叶状苞片数枚；小穗几个至多数，成穗状、指状、头状排列于辐射枝上端，小穗轴宿存，通常具翅；鳞片 2 列，极少为螺旋状排列，最下面 1～2 枚鳞片为空的，其余均具 1 朵两性花，有时最上面 1～3 朵花不结实；无下位刚毛；雄蕊 3 枚，少数 1～2 枚；花柱基部不增大，柱头 3 个，极少 2 个，成熟时脱落。小坚果三棱形。

我国共有 30 余种及一些变种，大多数分布于华南、华东、西南地区，少数种亦分布于东北、华北、西北地区；此外，世界各国也都广泛分布。多生于潮湿处或沼泽地。

潜江市有 4 种。

355. 阿穆尔莎草 *Cyperus amuricus* Maxim.

【植物形态】根为须根。秆丛生，纤细，高 5～50 厘米，扁三棱形，平滑，基部叶较多。叶短于秆，宽 2～4 毫米，平张，边缘平滑。叶状苞片 3～5 枚，下面 2 枚常长于花序；简单长侧枝聚伞花序具 2～10 个辐射枝，辐射枝最长达 12 厘米；穗状花序蒲扇形、宽卵形或长圆形，长 10～25 毫米，宽 8～30 毫米，具 5 个至多数小穗；小穗排列疏松，斜展，后期平展，线形或线状披针形，长 5～15 毫米，宽 1～2 毫

米，具 8 ～ 20 朵花；小穗轴具白色透明的翅，翅宿存；鳞片排列稍松，膜质，近圆形或宽倒卵形，顶端
具由龙骨状突起延伸出的稍长的短尖，长约 1 毫米，中脉绿色，具 5 条脉，两侧紫红色或褐色，稍有光泽；
雄蕊 3，花药短，椭圆形，药隔凸出于花药顶端，红色；花柱极短，柱头 3，也较短。小坚果倒卵形或长
圆形，三棱形，几与鳞片等长，顶端具小短尖，黑褐色，具密的微凸起细点。花果期 7—10 月。

【生长环境】分布于辽宁、吉林、河北、山西、陕西、浙江、安徽、云南、四川等地；为平地田园
中的杂草，潜江市各地均可见。

356. 扁穗莎草 *Cyperus compressus* L.

【植物形态】丛生草本，根为须根。秆稍纤细，高 5 ～ 25 厘米，锐三棱形，基部具较多叶。叶短于
秆，或与秆几等长，宽 1.5 ～ 3 毫米，折合或平张，灰绿色；叶鞘紫褐色。苞片 3 ～ 5 枚，叶状，长于花
序；长侧枝聚伞花序简单，具（1）2 ～ 7 个辐射枝，辐射枝最长达 5 厘米；穗状花序近头状；花序轴很短，
具 3 ～ 10 个小穗；小穗排列紧密，斜展，线状披针形，长 8 ～ 17 毫米，宽约 4 毫米，近四棱形，具 8 ～ 20
朵花；鳞片紧贴呈覆瓦状排列，稍厚，卵形，顶端具稍长的芒，长约 3 毫米，背面具龙骨状突起，中间
较宽部分为绿色，两侧苍白色或麦秆色，有时有锈色斑纹，脉 9 ～ 13 条；雄蕊 3，花药线形，药隔突出
于花药顶端；花柱长，柱头 3，较短。小坚果倒卵形，三棱形，侧面凹陷，长约为鳞片的 1/3，深棕色，
表面具密的细点。花果期 7—12 月。

【生长环境】多生于空旷田野，潜江市各地均可见。

357. 碎米莎草 *Cyperus iria* L.

【别名】三轮草、四方草、细三棱、三棱
草、水三棱、小三棱草。

【植物形态】一年生草本，无根状茎，具
须根。秆丛生，细弱或稍粗壮，高 8 ～ 85 厘米，
扁三棱形，基部具少数叶，叶短于秆，宽 2 ～ 5
毫米，平张或折合，叶鞘红棕色或棕紫色。叶
状苞片 3 ～ 5 枚，下面的 2 ～ 3 枚常较花序长；

长侧枝聚伞花序复出，很少为简单的，具 4 ～ 9 个辐射枝，辐射枝最长达 12 厘米，每个辐射枝具 5 ～ 10 个穗状花序，或有时更多些；穗状花序卵形或长圆状卵形，长 1 ～ 4 厘米，具 5 ～ 22 个小穗；小穗排列松散，斜展开，长圆形、披针形或线状披针形，压扁，长 4 ～ 10 毫米，宽约 2 毫米，具 6 ～ 22 朵花；小穗轴上近无翅；鳞片排列疏松，膜质，宽倒卵形，顶端微缺，具极短的短尖，不凸出于鳞片的顶端，背面具龙骨状突起，绿色，有 3 ～ 5 条脉，两侧呈黄色或麦秆黄色，上端具白色透明的边；雄蕊 3，花丝着生于环形的胼胝体上，花药短，椭圆形，药隔不凸出于花药顶端；花柱短，柱头 3。小坚果倒卵形、椭圆形或三棱形，与鳞片等长，褐色，具密的微凸起细点。花果期 6—10 月。

【生长环境】除青藏高原外全国均有分布，潜江市各地均可见。

【药用部位】全草。

【采收加工】8—9 月抽穗时采收，洗净，晒干。

【性味归经】味辛，性微温；归肝经。

【功能主治】祛风除湿，活血调经。用于风湿筋骨疼痛，瘫痪，月经不调，闭经，痛经，跌打损伤。

358. 香附子 *Cyperus rotundus* L.

【别名】雀头香、莎草根、香附、雷公头、香附米。

【植物形态】匍匐根状茎长，具椭圆形块茎。秆稍细弱，高 15 ～ 95 厘米，锐三棱形，平滑，基部呈块茎状。叶较多，短于秆，宽 2 ～ 5 毫米，平张；鞘棕色，常裂成纤维状。叶状苞片 2 ～ 3（5）枚，常长于花序，或有时短于花序；长侧枝聚伞花序简单或复出，具（2）3 ～ 10 个辐射枝；辐射枝最长达 12 厘米；穗状花序轮廓为陀螺形，稍疏松，具 3 ～ 10 个小穗；小穗斜展开，线形，长 1 ～ 3 厘米，宽约 1.5 毫米，具 8 ～ 28 朵花；小穗轴具较宽的、白色透明的翅；鳞片稍密地呈覆瓦状排列，膜质，卵形或长圆状卵形，长约 3

毫米，顶端急尖或钝，无短尖，中间绿色，两侧紫红色或红棕色，具 5 ～ 7 条脉；雄蕊 3，花药长，线形，暗血红色，药隔凸出于花药顶端；花柱长，柱头 3，细长，伸出鳞片外。小坚果长圆状倒卵形、三棱形，长为鳞片的 1/3 ～ 2/5，具细点。花果期 5—11 月。块茎名为香附子，可供药用，除作健胃药外，还可以治疗妇科病。本种分布很广，因而变化较大，有时小穗长达 6.5 厘米。

【生长环境】生于山坡草地、耕地、路旁水边潮湿处。潜江市各地均可见。

【药用部位】根茎。

【采收加工】春、秋季采挖，用火燎去须根，晒干。

【性味归经】味辛、甘、微苦，性平；归肝、三焦经。

【功能主治】理气解郁，调经止痛，安胎。用于胁肋胀痛，乳房胀痛，疝气疼痛，月经不调，脘腹痞满疼痛，嗳气吞酸，呕恶，经行腹痛，崩漏带下，胎动不安。

水蜈蚣属 *Kyllinga* Rottb.

多年生草本，少一年生草本，具匍匐根状茎或无。秆丛生或散生，通常稍细，基部具叶。苞片叶状，展开；穗状花序 1 ～ 3 个，头状，无总花梗，具多数密聚的小穗；小穗小，压扁，通常具 1 ～ 2 朵两性花，极少至 5 朵花；小穗轴基部上面具关节，于最下面 2 枚空鳞片以上脱落；鳞片 2 列，宿存于小穗轴上，后期与小穗轴一起脱落。最上面 1 枚鳞片内亦无花，极少具 1 朵雄花；无下位刚毛或鳞片状花被；雄蕊 1 ～ 3 枚；花柱基部不膨大，脱落，柱头 2。小坚果扁双凸状，棱向小穗轴。

本属约有 40 种，我国有 6 种和少数变种，多分布于华南、西南地区，只有 1 种广布于全国。此外也分布于非洲、喜马拉雅山区、印度以及马来西亚、印度尼西亚、菲律宾、琉球群岛、澳大利亚和美洲热带地区。多生于水边或潮湿处。

潜江市有 1 种。

359. 短叶水蜈蚣 *Kyllinga brevifolia* Rottb.

【别名】球子草、疟疾草、三荚草、金牛草。

【植物形态】根状茎长而匍匐，外被膜质、褐色的鳞片，具多数节间，节间长约 1.5 厘米，每一节上长一秆。秆成列地散生，细弱，高 7 ～ 20 厘米，扁三棱形，平滑，基部不膨大，具 4 ～ 5 个圆筒状叶鞘，下面 2 个叶鞘常为干膜质，棕色，鞘口斜截形，顶端渐尖，上面 2 ～ 3 个叶鞘顶端具叶片。叶柔弱，短于或稍长于秆，宽 2 ～ 4

毫米，平张，上部边缘和背面中肋上具细刺。叶状苞片3枚，极开展，后期常向下反折；穗状花序单个，极少2或3个，球形或卵球形，长5～11毫米，宽4.5～10毫米，具极多数密生的小穗。小穗长圆状披针形或披针形，压扁，长约3毫米，宽0.8～1毫米，具1朵花；鳞片膜质，长2.8～3毫米，下面鳞片短于上面的鳞片，白色，具锈斑，少为麦秆黄色，背面的龙骨状突起、绿色，具刺，顶端延伸成外弯的短尖，脉5～7条；雄蕊1～3枚，花药线形；花柱细长，柱头2，长不及花柱的1/2。小坚果倒卵状长圆形，扁双凸状，长约为鳞片的1/2，表面具密的细点。花果期5—9月。

【生长环境】生于山坡、溪旁、荒地、路边草丛中及海边沙滩上。潜江市王场镇有发现。

【药用部位】全草。

【采收加工】5—9月采收，洗净，鲜用或晒干。

【性味归经】味辛、微苦、甘，性平；归肺、肝经。

【功能主治】疏风解表，清热利湿，活血解毒。用于感冒发热头痛，急性支气管炎，百日咳，疟疾，黄疸，痢疾，乳糜尿，疮疡肿毒，皮肤瘙痒，毒蛇咬伤，风湿性关节炎，跌打损伤。

藨草属 *Scirpus* L.

草本，丛生或散生，具根状茎或无，有时具匍匐根状茎或块茎。秆三棱形，很少圆柱状，有节或无节，具基生叶或秆生叶，或兼而有之，有时叶片不发达，或叶片退化只有叶鞘生于秆的基部。叶扁平，很少为半圆柱状。苞片为秆的延长或呈鳞片状或叶状；长侧枝聚伞花序简单或复出，顶生或几个组成圆锥花序，或小穗成簇而为假侧生，很少只有1个顶生的小穗；小穗具少数至多数花；鳞片螺旋状覆瓦式排列，很少呈2列，每枚鳞片内均具1朵两性花，或最下1至数枚鳞片中空无花，极少最上1枚鳞片内具1朵雄花；下鳞刚毛2～6条，很少为7～9条或不存在，一般直立，少有弯曲，较小坚果长或短，常有倒刺，少数有顺刺，或有时只有上部有刺，很少全部平滑而无刺；雄蕊1～3枚；花柱与子房连生，柱头2～3个。小坚果三棱形或双凸状。

全世界约有200种，中国有37种3杂种及一些变种，广布于全国。

潜江市有1种。

360. 三棱水葱 *Scirpus trisetosus* Tang et Wang

【别名】藨草、野荸荠、光棍子、光棍草。

【植物形态】多年生草本，高 20～100 厘米。匍匐根茎细长。秆散生，三棱形，较粗壮，近基部有 2～3 个叶鞘，先端叶鞘有叶片。叶片扁平，长 1～5 厘米，宽 1.5～2 毫米。苞片 1 枚，为秆的延长，三棱形，长 1.5～6 厘米，聚伞花序假侧生，有 1～8 个簇生小穗；小穗卵形或长圆形，长 6～14 毫米，宽 3～7 毫米，密生多数花；鳞片长圆形或椭圆形，长 3～4 毫米，膜质，黄棕色，具 1 条脉，边缘疏生缘毛，先端微凹或圆形；下位刚毛 3～5 条，有倒刺，与小坚果近等长；雄蕊 3，花药线形；花柱短，柱头 2，细长。小坚果卵形，长 2～3 毫米，成熟时黑褐色，平滑，有光泽。花果期 6—10 月。

【生长环境】生于河边、溪塘边、沼泽地及低洼潮湿处。潜江市王场镇有分布。

【药用部位】全草。

【采收加工】秋季采收，洗净，切段，晒干。

【性味归经】味甘、微苦，性平；归脾、胃、膀胱经。

【功能主治】开胃消食，清热利湿。用于饮食积滞，胃纳不佳，呃逆饱胀，热淋，小便不利。

九十九、姜科　Zingiberaceae

多年生（少有一年生）、陆生（少有附生）草本，通常具有芳香、匍匐或块状的根状茎，或有时根的末端膨大呈块状。地上茎高大、很矮或无，基部通常具鞘。叶基生或茎生，通常 2 行排列，少数螺旋状排列，叶片较大，通常为披针形或椭圆形，有多数致密、平行的羽状脉自中脉斜出，有叶柄或无，具有闭合或不闭合的叶鞘，叶鞘的顶端有明显的叶舌。花单生或组成穗状、总状或圆锥花序，生于具叶的茎上或单独由根茎发出，而生于花葶上；花两性（罕杂性，中国不产），通常两侧对称，具苞片；花被片 6 枚，2 轮，外轮萼状，通常合生成管，一侧开裂及顶端齿裂，内轮花冠状，美丽而柔嫩，基部合生成管状，上部具 3 裂片，通常位于后方的 1 枚花被裂片较两侧的大；退化雄蕊 2 或 4 枚，其中外轮的 2 枚称侧生退化雄蕊，呈花瓣状，齿状或不存在，内轮的 2 枚连合成一唇瓣，常十分显著而美丽，极稀无；

发育雄蕊 1 枚，花丝具槽，花药 2 室，具药隔附属体或无；子房下位，3 室，中轴胎座，或 1 室，侧膜胎座，稀基生胎座（中国不产）；胚珠通常多数，倒生或弯生；花柱 1 枚，丝状，通常经发育雄蕊花丝的槽中由花药室之间穿出，柱头漏斗状，具缘毛；子房顶部有 2 枚形状各式的蜜腺或无蜜腺而代之以陷入子房的隔膜腺。果为室背开裂或不规则开裂的蒴果，或肉质不开裂，呈浆果状；种子圆形或有棱角，有假种皮，胚直，胚乳丰富，白色，坚硬或粉状。

本科分为 2 亚科 3 族约 49 属，1500 种，分布于热带、亚热带地区，主产地为亚洲热带地区。我国有 19 属 150 余种 5 变种，产于东南至西南各地区。

潜江市有 2 属 2 种。

姜花属 *Hedychium* J. Koen.

陆生或附生草本，具块状根茎；地上茎直立。叶片通常为长圆形或披针形；叶舌显著。穗状花序顶生，密生多花；苞片覆瓦状排列或疏离，宿存，其内有花 1 至数朵；小苞片管状；花萼管状，顶端具 3 齿或截平，常一侧开裂；花冠管纤细，极长，通常凸出于花萼管之上，稀与花萼近等长，裂片线形，花时反折；侧生退化雄蕊花瓣状，较花冠裂片大；唇瓣近圆形，通常 2 裂，具长瓣柄或无；花丝通常较长，罕近无；花药背着，基部叉开，药隔无附属体；子房 3 室，中轴胎座。蒴果球形，室背开裂为 3 瓣；种子多数，被撕裂状假种皮。

本属约有 50 种，分布于亚洲热带地区；我国有 15 种 2 变种，分布于西南至南部地区。

潜江市有 1 种。

361. 姜花 *Hedychium coronarium* Koen.

【别名】蝴蝶花、白草果。

【植物形态】茎高 1 ～ 2 米。叶片长圆状披针形或披针形，长 20 ～ 40 厘米，宽 4.5 ～ 8 厘米，顶端长渐尖，基部急尖，叶面光滑，叶背被短柔毛；无柄；叶舌薄膜质，长 2 ～ 3 厘米。穗状花序顶生，椭圆形，长 10 ～ 20 厘米，宽 4 ～ 8 厘米；苞片呈覆瓦状排列，卵圆形，长 4.5 ～ 5 厘米，宽 2.5 ～ 4 厘米，每一苞片内有花 2 ～ 3 朵；花芬芳，白色，花萼管长约 4 厘米，顶端一侧开裂；花冠管纤细，长 8 厘米，裂片披针形，长约 5 厘米，后方的 1 枚呈兜状，顶端具小尖头；侧生退化雄蕊长圆状披针形，长约 5 厘米；唇瓣倒心形，长、宽均约 6 厘米，白色，基部稍黄，顶端 2 裂；花丝长约 3 厘米，花药室长 1.5 厘米；子房被绢毛。花期 8—12 月。

【生长环境】生于林下阴湿处，庭院常有栽培。潜江市各地均可见。

【药用部位】根茎。

【采收加工】冬季采挖，除去泥土、茎叶，晒干。

【性味归经】味辛，性温。

【功能主治】解表，散风寒。用于头痛，身痛，风湿痛及跌打损伤等。

姜属 *Zingiber* Boehm.

多年生草本。根茎块状，平生，分枝，芳香；地上茎直立。叶2列，叶片披针形至椭圆形。穗状花序球果状，通常生于由根茎发出的总花梗上，或无总花梗，花序贴近地面，罕花序顶生于具叶的茎上；总花梗被鳞片状鞘；苞片呈绿色或其他颜色，覆瓦状排列，宿存，每一苞片内通常有花1朵（极稀多朵）；小苞片佛焰苞状；花萼管状，具3齿，通常一侧开裂；花冠管顶部常扩大，裂片中后方的1片常较大，内凹，直立，白色或淡黄色；侧生退化雄蕊常与唇瓣相连合，形成具有3裂片的唇瓣，罕无侧裂片，唇瓣外翻，全缘，微凹或短2裂，皱波状；花丝短，花药2室，药隔附属体延伸成长喙状，并包裹住花柱；子房3室；中轴胎座，胚珠多数，2列；花柱细弱，柱头近球形。蒴果3瓣裂或不整齐开裂，种皮薄；种子黑色，被假种皮。

本属约有80种，分布于亚洲的热带、亚热带地区。我国有14种，分布于西南至东南地区。

潜江市有1种。

362. 姜 *Zingiber officinale* Roscoe

【植物形态】株高0.5～1米。根茎肥厚，多分枝，有芳香及辛辣味。叶片披针形或线状披针形，长15～30厘米，宽2～2.5厘米，无毛，无柄；叶舌膜质，长2～4毫米。总花梗长达25厘米；穗状花序球果状，长4～5厘米；苞片卵形，长约2.5厘米，淡绿色或边缘淡黄色，顶端有小尖头；花萼管长约1厘米；花冠黄绿色，管长2～2.5厘米，裂片披针形，长不及2厘米；唇瓣中央裂片长圆状倒卵形，短于花冠裂片，有紫色条纹及淡黄色斑点，侧裂片卵形，长约6毫米；雄蕊暗紫色，花药长约9毫米；药隔附属体钻状，长约7毫米。花期秋季。

【生长环境】我国中部、东南至西南地区各地广为栽培。潜江市各地多有野生或栽培。

【药用部位】根茎。

【采收加工】秋、冬季采挖，除去须根和泥沙。

【性味归经】生姜：味辛，性微温。干姜：味辛，性热。

【功能主治】生姜：解表散寒，温中止呕，化痰止咳，解鱼蟹毒。用于风寒感冒，胃寒呕吐，寒痰咳嗽，鱼蟹中毒。干姜：温中散寒，回阳通脉，温肺化饮。用于脘腹冷痛，呕吐泄泻，肢冷脉微，寒饮喘咳。

一〇〇、美人蕉科　Cannaceae

多年生、直立、粗壮草本，有块状的地下茎。叶大，互生，有明显的羽状平行脉，具叶鞘。花两性，大而美丽，不对称，排成顶生的穗状花序、总状花序或狭圆锥花序，有苞片；萼片3枚，绿色，宿存；花瓣3枚，萼状，通常披针形，绿色或其他颜色，下部合生成一管并常和退化雄蕊群连合；退化雄蕊花瓣状，基部连合，为花中最美丽、最显著的部分，红色或黄色，3～4枚，外轮的3枚（有时2枚或无）较大，内轮的1枚较狭，外反，称为唇瓣；发育雄蕊的花丝亦增大呈花瓣状，多少旋卷，边缘有1枚1室的花药室，基部或一半和增大的花柱连合；子房下位，3室，每室有胚珠多枚；花柱扁平或棒状。果为一蒴果，3瓣裂，多少具3棱，有小瘤体或柔刺；种子球形。

本科约有1属约55种，产于美洲的热带和亚热带地区。中国常见引入栽培的约6种。

潜江市有1属1种。

美人蕉属 *Canna* L.

属的特征和分布与科相同。

潜江市有发现。

363. 黄花美人蕉 *Canna indica* var. *flava* Roxb.

【别名】美人蕉。

【植物形态】植株全部绿色，高可达1.5米。叶片卵状长圆形，长10～30厘米，宽达10厘米。总状花序疏花，略超出于叶片之上；花单生；苞片卵形，绿色，长约1.2厘米；萼片3，披针形，长约1厘米，绿色而有时染红色；花冠管长不及1厘米，花冠裂片披针形，长3～3.5厘米；外轮退化雄蕊2～3枚，杏黄色，其中2枚倒披针形，长3.5～4厘米，宽5～7毫米，另1枚如存在则特别小，长 1.5 厘米，宽仅 1 毫米；唇瓣披针形，长 3 厘米，弯曲；发育雄蕊长 2.5 厘米，花药室长 6 毫米；花柱扁平，长 3 厘米，一半和发育雄蕊的花丝连合。蒴果绿色，长卵形，有软刺，长 1.2～1.8 厘米。花果期 3—12 月。

【生长环境】我国南北各地常有栽培。潜江市多处可见栽培品种。

【药用部位】根茎。

【采收加工】夏、秋季采收，除去茎叶及须根，鲜用或切片晒干。

【性味归经】味甘、淡，性寒。

【功能主治】清热利湿，舒筋活络。用于黄疸型肝炎，风湿麻木，外伤出血，跌打损伤，子宫脱垂，心气痛等。

一〇一、兰科　Orchidaceae

　　地生、附生或较少为腐生草本，极罕为攀援藤本；地生与腐生种类常有块茎或肥厚的根状茎，附生种类常有由茎的一部分膨大而成的肉质假鳞茎。叶基生或茎生，后者通常互生或生于假鳞茎顶端或近顶端处，扁平，或有时圆柱形或两侧压扁，基部具或不具关节。花葶或花序顶生或侧生；花常排列成总状花序或圆锥花序，少有为缩短的头状花序或减退为单花，两性，通常两侧对称；花被片 6，2 轮；萼片离生或不同程度合生；中央 1 枚花瓣的形态常有较大的特化，明显不同于 2 枚侧生花瓣，称唇瓣，唇瓣由于花（花梗和子房）做 180° 扭转或 90° 弯曲，常处于下方（远轴的一方）；子房下位，1 室，侧膜胎座，较少 3 室而具中轴胎座；除子房外整个雌雄蕊器官完全融合成柱状体，称蕊柱；蕊柱顶端一般具药床和 1 枚花药，腹面有 1 个柱头穴，柱头与花药之间有 1 个舌状器官，称蕊喙（源自柱头上裂片），极罕具 2～3 枚花药（雄蕊）、2 个隆起的柱头或不具蕊喙的；蕊柱基部有时向前下方延伸成足状，称蕊柱足，此时 2 枚侧萼片基部常着生于蕊柱足上，形成囊状结构，称萼囊；花粉通常黏合成团块，称花粉团，花粉团的一端常变成柄状物，称花粉团柄；花粉团柄连接于由蕊喙的一部分变成的固态黏块即黏盘上，有时黏盘还有柄状附属物，称黏盘柄；花粉团、花粉团柄、黏盘柄和黏盘连接在一起，称花粉块，但有的花粉块不具花粉团柄或黏盘柄，有的不具黏盘而只有黏质团。果实通常为蒴果，较少呈荚果状，具极多种子。种子细小，无胚乳，种皮常在两端延长成翅状。

本科约有 700 属 20000 种，分布于热带和亚热带地区，少数种类也见于温带地区。我国有 171 属 1247 种及许多亚种、变种和变型。

潜江市有 1 属 1 种。

白及属 *Bletilla* Rchb. f.

地生植物。茎基部具膨大的假鳞茎，其近旁常具多枚前一年和以前每年所残留的扁球形或扁卵圆形的假鳞茎；假鳞茎的侧边常具 2 枚突起，彼此以同一方向的突起与毗邻的假鳞茎相连成一串，假鳞茎上具荸荠似的环带，肉质，富黏性，生数条细长根。叶（2）3～6 枚，互生，狭长圆状披针形至线状披针形，叶片与叶柄之间具关节，叶柄互相卷抱成茎状。花序顶生，总状，常具数朵花，通常不分枝或极罕分枝；花序轴常常弯曲成 "之" 字状；花苞在开花时常凋落；花紫红色、粉红色、黄色或白色，倒置，唇瓣位于下方；萼片与花瓣相似，近等长，离生；唇瓣中部以上常明显 3 裂；侧裂片直立，多少抱蕊柱，唇盘上从基部至近先端具 5 条纵脊状褶片，基部无距；蕊柱细长，无蕊柱足，两侧具翅，顶端药床的侧裂片常常为略宽的圆形，后侧的中裂片齿状；花药着生于药床的齿状中裂片上，帽状，内屈或近悬垂，具或多或少分离的 2 室；花粉团 8 个，成 2 群，每室 4 个，成对而生，粉粒质，多颗粒状，具不明显的花粉团柄，无黏盘；柱头 1 个，位于蕊喙之下。蒴果长圆状纺锤形，直立。

本属约有 6 种，分布于亚洲的缅甸北部，经我国至日本。我国有 4 种，分布地北起江苏、河南，南至台湾，东起浙江，西至西藏东南地区（察隅）。

潜江市有 1 种。

364. 白及 *Bletilla striata*（Thunb. ex Murray）Rchb. F.

【别名】白芨。

【植物形态】植株高 18～60 厘米。假鳞茎扁球形，上面具荸荠似的环带，富黏性。茎粗壮，劲直。叶 4～6 枚，狭长圆形或披针形，长 8～29 厘米，宽 1.5～4 厘米，先端渐尖，基部收狭成鞘并抱茎。花序具 3～10 朵花，常不分枝或极罕分枝；花序轴或多或少呈 "之" 字状弯曲；花苞片长圆状披针形，长 2～2.5 厘米，开花时常凋落；花大，紫红色或粉红色；萼片和花瓣近等长，狭长圆形，长 25～30 毫米，宽 6～8 毫米，先端急尖；花瓣较萼片稍宽；唇瓣较萼片和花瓣稍短，倒卵状椭圆形，长 23～28 毫米，白色带紫红色，具紫色脉；唇盘上面具 5 条纵褶片，从基部伸至中裂片近顶部，仅在中裂片上面为波状；蕊柱长 18～20 毫米，柱状，具狭翅，稍弯曲。花期 4—5 月。

【生长环境】生于海拔 100 ～ 3200 米的常绿阔叶林下、针叶林下、路边草丛或岩石缝中。潜江市竹根滩镇有栽培。

【药用部位】干燥块茎。

【采收加工】夏、秋季采挖，除去须根。

【性味归经】味苦、甘、涩，性微寒。

【功能主治】收敛止血，消肿生肌。用于咯血，吐血，外伤出血，疮疡肿毒，皮肤皲裂。

植物名索引

拉丁名索引

参 考 文 献

[1] 中国科学院中国植物志编辑委员会 . 中国植物志 [M]. 北京：科学出版社，1978.

[2] 国家中医药管理局《中华本草》编委会 . 中华本草 [M]. 上海：上海科学技术出版社，1999.

[3] 国家药典委员会 . 中华人民共和国药典 [M]. 北京：中国医药科技出版社，2015.

[4] 傅书遐 . 湖北植物志 [M]. 武汉：湖北科学技术出版社，2002.

[5] 汪乐原 . 武汉易见药用植物图谱 [M]. 北京：中国医药科技出版社，2018.

[6] 王国强 . 全国中草药汇编 [M]. 北京：人民卫生出版社，2014.

[7] 湖北省药品监督管理局 . 湖北省中药饮片炮制规范 [M]. 北京：中国医药科技出版社，2019.

[8] 康延国 . 中药鉴定学 [M]. 北京：中国中医药出版社，2003.

[9] 南京中医药大学 . 中药大辞典 [M].2 版 . 上海：上海科学技术出版社，2006.

[10] 郭普东，刘德盛，俞邦友 . 湖北利川药用植物志 [M]. 武汉：湖北科学技术出版社，2016.

[11] 《中国高等植物彩色图鉴》编委会 . 中国高等植物彩色图鉴 [M]. 北京：科学出版社，2016.

[12] 李晓东，李建强，刘宏涛，等 . 神农架常见植物图谱 [M]. 武汉：华中科技大学出版社，2014.